CHRISTIAN WOLFF
GESAMMELTE WERKE

I. ABT. BAND 8

CHRISTIAN WOLFF

GESAMMELTE WERKE

HERAUSGEGEBEN UND BEARBEITET VON
J. ÉCOLE · H.W. ARNDT · CH.A. CORR
J.E. HOFMANN † · M. THOMANN

I. ABTEILUNG · DEUTSCHE SCHRIFTEN

BAND 8

VERNÜNFTIGE GEDANKEN
(DEUTSCHE PHYSIOLOGIE)

HERAUSGEGEBEN VON

CH. A. CORR

1980

GEORG OLMS VERLAG

HILDESHEIM · NEW YORK

CHRISTIAN WOLFF

VERNÜNFFTIGE GEDANCKEN

VON DEM GEBRAUCHE DER THEILE
IN MENSCHEN, THIEREN UND PFLANTZEN

1980
GEORG OLMS VERLAG
HILDESHEIM · NEW YORK

Nachdruck der Ausgabe Frankfurt und Leipzig 1725
Printed in Germany
Herstellung: Strauß & Cramer GmbH, 6945 Hirschberg 2
ISBN 3 487 06945 8

Consona, qvæ diversa sonant.

Vernünfftige
Gedancken
Von dem
Gebrauche
Der Theile
In
Menschen, Thieren
Und
Pflantzen,
Den Liebhabern der Wahrheit
Mitgetheilet
Von
Christian Wolffen,

Hochfürstl. Heßischem Hoff-Rathe, und Math. &
Phil. Prof. primario zu Marburg,

Der Königl. Groß-Britannischen und Königl. Preuß. So-
cietäten der Wissenschafften Mitgliede.

Mit Röm. Pabſtl. u. Churf. Sächſ. allergn. Privilegio.

Franckfurt und Leipzig 1725.
In der Rengerischen Buchhandlung.

Dem

Durchlauchtigsten

Fürsten und

Herrn/

HERRN

CARL,

dem Ersten

dieses Nahmens/

Landgraffen zu Hessen/
Fürsten zu Herßfeld/
Graffen zu Catzeneln-
bogen/ Dietz/ Ziegen-
hayn/ Nidda und
Schaumburg/
&c. &c.

Meinem gnädigsten Fürsten
und Herrn.

Durchlauchtigster Fürst/

Gnädigster Fürst und Herr.

Aß gründliche Wissenschafften und Künste sich mit Tapfferkeit und Klugheit zu regieren vereinbahren lassen/ haben Euer HochFürstliche Durchlauchtigkeit durch Dero hohes Exempel die

)(3   Welt

Welt gelehret/ und ein durchdrin=
gender Verstand schauet mit so=
viel grösserem Vergnügen darein/
je mehr er darinnen findet/ was
er zu bewundern Ursache hat. Euer
Hoch = Fürstliche Durchlauch=
tigkeit haben sich im Felde als ei=
nen tapfferen Helden und bey De=
ro Regierungs = Geschäfften als
einen weisen Regenten erwiesen/
und die Welt hat gelernet/ daß
ein Fürst alsdenn erst vor sich
selbst wohl regieret/ wenn er sei=
nen Verstand geübet hat.   Den
delicaten Grad in Wissenschaff=
ten/ insonderheit in der Mathe=
matick und der Natur=Wissen=
schafft/ und in denen damit ver=
knüpfften Künsten/ zeigen so viele
herrliche Proben eigener Erfin=
dungen/ welche selbst grosse Po=
tentaten bewundert/ und wer in
Wis=

Wiſſenſchafften und Künſten ſich
vor andern hervor gethan / hat
erfahren / man könne ſein Glück
nirgends beſſer und gewiſſer ma=
chen als unter einem Fürſten / der
vor ſich zu urtheilen geſchickt iſt /
wie weit man es darinnen ge=
bracht / und der mit unter die Re=
gierungs=Sorgen rechnet / daß er
ſich als einen mächtigen Beförde=
rer dererjenigen erweiſe / die bey=
de zu gröſſerer Vollkommenheit
und in mehrere Aufnahme zu brin=
gen geſchickt ſind. Euer Hoch=
Fürſtliche Durchlauchtigkeit
tragen auch dannenhero Landes=
väterliche Vorſorge / daß auf
Dero Unverſitäten die ſtudirende
Jugend in allen Stücken gründ=
lich unterrichtet werde / damit
ſie der Kirche und dem Vater=
lande in allen Ständen dienen
)(4   können.

können. Und in der That ist die⸗
ses nicht die geringste Sorge eines
klugen Regentens. Denn wenn
die studirende Jugend auf Univer⸗
sitäten entweder versäumet / oder
wohl gar verdorben wird / so feh⸗
let es nach diesem in allen Stän⸗
den an allen Ecken und Orten /
und kan der Flor eines Landes
nicht weiter bestehen. Euer Hoch⸗
Fürstliche Durchlauchtigkeit
haben Ihnen auch meinen Eifer
und daher rührende Bemühungen
für die Aufnahme der Wissen⸗
schafften und Beförderung gründ⸗
licher Erkäntnis bey der studi⸗
renden Jugend gnädigst gefal⸗
len lassen und mich nun fast vor
zwey Jahren gantz unvermuthet
auf ansehnliche Conditiones zum
Professore Matheseos und Philo-
sophiæ Primario auf Dero Uni⸗
versität

versität zu Marburg vociret. Ich
konnte einiger erheblichen Ursachen halber mich nicht so fort dieser Hohen und sonderbahren Gnade theilhafftig machen und ent-
schuldigte einige Zeit darauf selbst
persönlich den Verzug.   Ob nun
zwar einige wiedriggesinnte sich
wieder mich empöreten und mich
durch eine Weltbekandte Verfolgung derselben verlustig zu machen sich eifrigst bemüheten; so
liessen doch Euer Hoch-Fürstli-
che Durchlauchtigkeit / welche
durch Dero hocherleuchteten Verstand alles selbst zu beurtheilen
gewohnet sind / sich dadurch nicht
abwendig machen / sondern mich
die edelen Früchte der mir einmahl
zugedachten unschätzbahren Gnade in vergrössertem Maasse geniess-
sen.   Man hat dieses in der gelehrten

lehrten Welt schon öffentlich ge-
priesen und die Nachwelt wird
darinnen zu vielfältigem Ruhme
den Beweisthum finden. Ja!
was noch mehr ist / ein grosser
Monarche / den die Welt in seinen Rathschlägen mit Erstaunen
bewundert / hat höchst gebilliget/
was Euer Hoch = Fürstliche
Durchlauchtigkeit gethan / und
mich gleichfals so wohl schrifft-
lich / als mündlich versichern lassen / wie Sie mir nicht allein alle
vormahls angebothene Gnade
unverändert vorbehalten hätten/
sondern auch dieselbe noch um ein
grosses zu vermehren geneigt wären / wenn ich Dero allerhöchsten
Intention gemäß die Vorsorge für
die Einführung und den Wachsthum guter Künste und Wissenschafften in Dero grossem und weitem

tem Reiche zu übernehmen mich
entschliessen wollte.   Ich habe
demnach um so viel mehr Ursache
die Hohe Fürstliche Gnade / da=
mit ich überschüttet worden / öf=
fentlich zu preisen und mit allen
treu gesinnten Unterthanen den
HErrn der Heerschaaren anzu=
ruffen/ daß er Euer Hoch=Fürst=
liche Durchlauchtigkeit die bey
Dero hohem Alter zu jedermanns
Verwunderung und zur innigsten
Freude Dero getreuesten Unter=
thanen noch blühende Kräffte
durch lange Jahre unverändert
erhalten wolle! Damit ich nun
hierzu Gelegenheit hätte/ so habe
Euer Hoch=Fürstlichen Durch=
lauchtigkeit diesen letzten Theil
der deutschen Wercke von der
Welt=Weißheit/ den ich in den
Hoch=Fürstlichen Diensten verfer=
tiget/

tiget / mit unterthänigſter Devo-
tion darlegen ſollen / in Hoff-
nung / es werde mit gnädigſten
Augen angeſehen werden. Ich
werde vor alle hohe Fürſtliche
Gnade lebenslang verharren

Euer Hoch - Fürſtlichen Durchlauchtigkeit

Meines Gnädigſten Fürſtens und Herrns

Marburg den 10. Martii
1725.

unterthänigſt-gehorſamſter

Chriſtian Wolff.

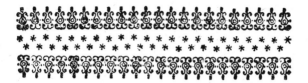

Vorrede.

Geneigter Leser.

Dieser letzte Theil meiner deutschen Wercke von der Welt-Weisheit wäre schon vor einem Jahre zum Vorscheine kommen/ wann nicht die Welt bekandte Verfolgung dieses gehindert hätte. Denn unerachtet ich in Marburg so gleich meine sichere Stäte fand/ da ich ungehindert des meinen abwarten koste; so legeten sich doch verschiedene andere Hindernisse in Weg/ welche das Vorhaben hintertrieben. Insonderheit fand sich auf einer berühmten Universität in Deutschland ein Mann/ der unter den Gelehrten in gar gutem Ansehen stund/ welcher auf eine sehr hefftige Weise meinen Verfol-

gern

gern zu Liebe auf mich loß gieng und ihre böse Sache rechtfertigen wollte.   Ob
ich nun zwar bey mir feste beschlossen hatte die gantze Sache SOTT zu befehlen
und meine Verfolger seinen Gerichten zu
überlassen / da ohne dem der gelehrten
Welt zur Gnüge bekand / daß sie keine
Leute sind / welche der Wahrheit Platz
geben ; so fand ich mich doch genöthiget ihrem Advocaten zu antworten / wie
sichs gebührete / und daneben in einem
besonderen Wercke / welches ich unter
dem Titul der Anmerckungen über meine
vernünfftige Gedancken von GOtt / der
Welt und der Seele des Menschen heraus
gab / zu besserem Verstande dererjenigen/
welche der demonstrativischen Lehr-Art
ungewohnet sind / und das gantze Werck/
darum man mich so angefochten / mit gehöriger Aufmercksamkeit und Uberlegung
durchzulesen nicht Zeit und Vorsatz haben / meine Lehren und Meinungen zu
erläutern.   Also muste ich eine Weile die
an einem andern Orte angefangene Arbeit liegen lassen und / als ich sie wieder
in die Hände nahm/ fanden sich noch verschiedene

schiedene andere Abhaltungen / daß ich sie
nicht so fördern konnte / wie ich anfangs vermeinete. GOtt/ der mir bey
diesen schweeren Verfolgungen allen Beystand geleistet/daß meine Feinde ihren Zweck
nicht haben erreichen können / hat mir alle
Kräffte des Leibes und des Gemüthes unverändert erhalten/ja ich kan seinem Nahmen zu Ehren rühmen / daß ich zur
Gnüge spüre / wie er sie in einigen Stücken vermehret. Er hat mir dannenhero die Gnade verliehen / daß ich auch gegenwärtiges Werck und mit ihm die gantze Arbeit zu Ende bringen können / die
ich mir vorgenommen hatte/ als ich den
Schluß fassete alle Theile der Weltweis-
heit in einer ununterbrochenen Ordnung
und steten Verknüpffung mit einander in
deutscher Sprache heraus zu geben. Ich
habe in gegenwärtigem Wercke mir vorgenommen den Gebrauch der Theile in
den Menschen / Thieren und Pflantzen
zu erklären / weil man daraus die Weisheit / Erkäntnis / Gütte und Macht
GOttes auf das herrlichste erkennet / und
bey einem jeden Theile durch eine neue
Probe von diesen göttlichen Eigenschaff-

X X   ten

ten überzeuget wird: wodurch die Erkäntnis derselben feste in unserem Gemüthe einwurtzelt und der Mensch zu den Pflichten gegen GOtt angefeuret wird. Indem ich die Theile/ daraus der Leib des Menschen und der Thiere zubereitet ist/ durchgegangen bin/ so habe ich hauptsächlich auf den Menschen gesehen und es grösten Theils bey demjenigen bewenden lassen/ was die Thiere mit ihnen gemein haben. Denn ich suche hier insonderheit den Menschen zu seiner Selbst-Erkäntnis zu führen/ damit er nicht allein mit Verstande GOtt dancken kan/ daß er wunderbahrlich gemacht sey/ und mit Grunde der Wahrheit hinzu setzen mag/ daß dieses seine Seele wohl erkenne; sondern daß er auch von sich/ so offte er sich ansiehet/ oder an einen Theil seines Leibes gedencket/ davon Gelegenheit nehmen kan an GOtt zu gedencken und in Liebe gegen ihn zu entbrennen. Uber dieses nutzet uns auch die Erkäntnis unseres Leibes darzu/ daß wir besser wissen/ was uns fehlet/ wenn wir einiges Ungemach an unserem Leibe verspüren/ und uns nächst diesem besser in acht nehmen können/ damit

mit wir unferem Leibe keinen Schaden /
noch Leid zufügen. Zu geschweigen daß
es einem vernünfftigen Menschen / der
sich von der Sclaverey der Sinnen und
fleischlichen Affecten loßgeriffen hat / ein
nicht geringes Vergnügen ist / wenn er
einzusehen geschickt wird / mit was für
groffer Erkäntnis und Weisheit unser
Leib zubereitet ist. Die Leiber der Menschen und der Thiere sind viel künstlicher
zubereitet als alle Wercke / welche die
Kunst hervor bringen kan: Denn nicht
allein der gantze Leib und ein jeder Theil
deffelben / sondern auch alle kleinere Theile / in die sich die gröfferen zerlegen laf-
sen / immerfort sind lauter besondere
Machinen / deren Verrichtungen alle insgesammt zusammen stimmen und den
gantzen Leib um so viel vollkommener
machen / je mehr dieser Theile vorhanden
sind. Wir treffen aber die kleinen in so
groffer Anzahl an / daß wir sie nicht alle
bestimmen können. Und demnach findet
ein vernünfftiger Mensch um so viel mehr
und gröfferes Vergnügen / je mehr er die
unaussprechliche Kunst / damit der Leib
zubereitet ist / einsiehet und von seiner

)( )(2   Völl-

Vollkommenheit begreiffet. Ja er findet überall neue Proben / dadurch er von der Weisheit / Erkäntnis / Macht und Gütte GOttes auf eine besondere Weise überzeuget wird / daß er niemahls müde werden kan GOtt in diesem Spiegel zu betrachten. Und in diesem allen kommet der Leib des Menschen mit der gantzen Welt überein / daß man ihn mit Recht eine kleine Welt nennet / in dem die allgemeine Erkäntnis einer Welt so wohl von ihm / als von der gantzen Welt insgesammt genommen werden kan: wie diejenigen zur Gnüge erfahren / welche die Welt dergestalt anzusehen geschickt sind / daß sie das allgemeine in dem besonderen erblicken. Ich habe aber nicht allen Gebrauch der Theile so ausführlich zeigen können / als es sich thun liesse / wenn man Zeit gnung dazu hätte und ein grosses Werck davon schreiben sollte: Denn die Arbeit ist mir ohne dem schon unter den Händen gewachsen / und grösser worden / als ich mir vorgenommen hatte. Ja es ist auch zur Zeit noch nicht alles in völliger Gewisheit und diejenigen/ welche die Structur unseres Leibes untersucht/

tersucht / sind nicht überall einstimmig:
gleichwohl aber gehet es nicht an / daß
man gleich alles selbst in solchen Dingen
untersuchen kan. Und lässet sich aus dieser Ursache am allerwenigsten bey allen
Theilen in Deutlichkeit zeigen / wie sie zu
denen Verrichtungen aufgeleget sind / darinnen ihr Gebrauch bestehet. Zu geschweigen / daß man in vielen Stücken
ohne die mathematische Erkäntnis nicht
auskommen kan / daran sich noch ein gar
grosser Mangel zeiget. Denn unerachtet
man eines und das andere zu geben sich
bemühet / auch eben nicht alles zu verach-
ten ist / was man gegeben; so gefället
doch denenjenigen / welche die Erkäntnis
der Natur mit der Mathematick verknüpffet / eben nicht gar wohl / daß man solche
Gründe setzet / darauf sich nicht sicher
bauen lässet. Es ist demnach noch eine
Arbeit / darinnen viele mit vereinigten
Kräfften zusammen treten und den Baue
der Wissenschafften befördern können.
Diejenigen finden noch zu thun / welche
den Leib des Menschen und seine Theile
künstlich zu zergliedern geschickt sind. Wer
die Erkäntnis der Natur sich angelegen

)(3   seyn

seyn lässet / findet hier Gelegenheit zu allerhand Versuchen und Untersuchungen /
wenn er von den ersten die wahre Beschaffenheit der Theile gelehret worden.
Und wer es in der Mathematick so weit
gebracht / daß er sie in Erkäntnis der Natur zu nutzen weiß; der findet Gelegenheit sie anzubringen / wenn er die Arbeit
der vorigen vor sich hat. Es ist in andern
Theilen der Wissenschafften / ja auch selbst
in der Kunst gleichfals so beschaffen / daß
viele / die in verschiedenen Theilen der Künste / Wissenschafften und Gelehrsamkeit
was rechtschaffenes gethan / mit vereinigten Kräfften in einer Sache zum gemeinen Nutzen arbeiten können; hingegen vielerley Ursachen halber nicht möglich / daß einer allein alles thun kan /
wenn er auch gleich allein gewachsen wäre / zumahl wenn er Ambts-Geschäffte
dabey hat / die den grösten Theil der Zeit
wegnehmen und öffters noch dazu das
Gemüthe und den Leib zu der andern
Arbeit ermüden. Und demnach wäre zu
wünschen / daß auch die Gelehrten einmahl verträglicher würden und nicht dadurch / daß immer einer wieder den an-

dern

dern seyn wil / den Fortgang der Wissenschafften hinderten / ja wohl gar diejenigen / welche ihn am meisten fördern
könnten / zu dieser Arbeit verdrüßlich
machten / indem sie ihnen alle ihre Mühe /
Fleiß und Kosten / die sie darauf angewandt / nur mit schmähen / lästern und
öffters gar mit Verfolgungen bezahlen.
Mir hat niemahls gefallen / daß ein
Mensch des andern Teuffel wird / und
habe ich mich stets davor gehüttet / daß
ich nicht in derey Rath willigte / welche
andern um des guten Willen Verdruß
machen.   Und da ich aus der Geschichte
der Welt-Weisen gelernet / was für Leute diejenigen unter den Heyden waren /
welche dergleichen Boßheit ausübeten ;
so bin ich allemahl darüber betrübet worden / wenn ich erfahren müssen / daß
dieses ungeartete Geschlechte auch noch einen Saamen unter den Christen übrig
hat / da doch Christi Lehre uns dahin ver-
verbindet / daß ein Mensch des andern
sein Engel ist / alle in der Liebe neben einander leben / einer dem andern / wo er
fehlet / mit Sanfftmuth aufhielfft und
durch Erkäntnis der Wahrheit den

)(4   Wachs-

Wachsthum der Tugend befördert / damit
keine Heucheley und angewöhntes Wesen
die Stelle der Tugend vertrete. Allein da die
Welt im Argen lieget / so wird auch wohl
immer in der gelehrten Welt solch Unkraut
wachsen / welches dem guten Weitzen seine
Nahrung entziehen und ihn ersticken wil.
Ich habe / wie in meinen übrigen Schrifften / also auch hier keine lateinische / sondern
deutsche Kunst-Wörter gebraucht /
und daher die Theile im menschlichen Leibe
insgesammt mit deutschen Nahmen genennet. Die Ursache habe ich schon zu anderer Zeit angezeiget / nemlich weil Schrifften / die in der Mutter-Sprache geschrieben
werden / auch Leute zu lesen pflegen / die
vom Studiren kein Gewerbe machen / und
sich öffters mehr daraus erbauen als mancher Gelehrter / der durch verkehrte Art zu
studiren sich zum Nachdencken ungeschickt
gemacht / oder auch wohl nur mit dem Vorsatze Bücher lieset / damit er Materie findet
sich mit tadeln einen grossen Nahmen
unter seines gleichen zu machen. Wo man
demnach keine Wörter gehabt / da habe ich
die Sache nach unserer deutschen Mund-Art benennet / wie es mir gefallen : wo
aber

aber ein Wort schon vorhanden gewesen/
da habe ich es behalten/ damit ich nicht oh=
ne Roth die Wörter vermehrete. Dero=
wegen weil in den Anatomischen Ta=
bellen/ welche der gelehrte Medicus in Dan=
tzig Herr Johann Adam Kulmus in
deutscher Sprache heraus gegeben/ fast alle
Theile im menschlichen Leibe biß auf einige
wenige mit deutschen Nahmen benennet
sind/ so habe ich dieselben um so viel lieber be=
halten/ je nützlicher dieses Buch für die An=
fänger der Anatomie und alle diejenigen
ist/ welche mit schlechter Mühe und in
weniger Zeit einen deutlichen Begriff von
der Structur des menschlichen Leibes er=
langen wollen. Damit aber diejenigen/
welche andere anatomische Bücher dabey
lesen oder aus ihnen die darinnen übliche
Kunst=Wörter schon erlernet haben/ sich
darein finden können; so habe ich die la=
teinischen zugleich jedesmahl dabey gesetzet.
Was nun ferner den andern Theil dieser
Arbeit betrifft/ darinnen ich mir vorgenom=
men habe den Gebrauch der Theile zu erklä=
ren/ daraus alles/ was aus der Erde wächst/
bestehet; so bin ich nur bey demjenigen ste=
hen geblieben/ was allen diesen Gewächsen

)(5   gemein

gemein ist/ jedoch so daß ich grösten Theils
auf die Bäume meine Absicht gerichtet/
welche unter den Gewächsen der Erde das
vollkommenste sind/ so sie gewehret. Ich
habe aber nicht nöthig gehabt auf eine besondere Art der Bäume zu gehen/ weil ich
bloß dasjenige erkläret/ was sie alle gemein
haben. Es ist auch noch lange nicht Zeit
den Unterscheid der Bäume aus ihrer inneren Structur zubestimmen. Denn unerachtet *Malpighius, Grevv, Leeuwenhœk*
und andere vieles von der Anatomie der
Pflantzen gelehret/ auch Her: Prof. Thümmig die Structur der Blätter noch sorgfältiger als sie untersuchet; so ist doch noch
nicht alles zu einer erwünschten Gewisheit
gebracht/ und findet man in Erklärung des
Gebrauches der Theile unterweilen kaum
zu einer gegründeten Muthmaßung
gnung/ dadurch man zu einer weiteren Un-
tersuchungAnleitung bekommet. Derowegen habe ich auch an gehörigen Orten erin-
nert/ was man noch weiter zu untersuchen
hat/ wenn man mehrere Gewisheit in diesen Dingen verlanget. Und weil viele/ welche keine Freunde von demjenigen sind/
was man durch die Vergrösserungs-Gläser
ent-

entdecket / in Zweiffel ziehen / was *Malpighius* und andere von den verschiedenen kleinen Theilen / daraus die grossen Theile der Plantzen zusamen gesetzet werden / vorgeben; so habe ich alles auch selbst von neuem untersucht und mit neuen Observationen befestiget / werde mir über dieses angelegen seyn lassen bey anderer Gelegenheit / was noch zweiffelhafftes vorkommet / oder von einigen nur davor gehalten wird / in noch mehrere Gewisheit zu setzen / als vor diesesmahl einiger besonderer Umstände halber nicht geschehen können und das gegenwärtige Vorhaben zum Theil selbst nicht gelitten. Und da ich nun durch GOttes Beystand meine Arbeit hiermit zu Ende gebracht / die ich mir vorgenommen hatte / als ich die gewöhnlichen Theile der Welt-Weisheit in einer beständigen Verknüpfsung mit einander in deutscher Sprache abzuhandeln Sinnes worden war; so wünsche ich nichts mehr / als daß dieselbe zu vieler Nutzen ausschlagen möge: woran ich um so viel weniger zweiffele / weil einige davon schon zum dritten / ja vierdten mahl aufgeleget worden / ehe ich damit zu Ende kommen können / und über dieses

mir

mir bekand worden / wie die Zahl derjenigen sich von Tage zu Tage vermehret / welche daran einen Geschmack finden.   Und
eben dieses muntert mich auf den Baue der
Wissenschafften nicht zu verlassen : viel
mehr werde ich / so lange mir GOtt Leben
und Kräffte verleihet / mir angelegen seyn
lassen nach meinem Vermögen ihn zu befördern und mich freuen / wenn ich sehe /
daß auch andere bauen helffen / ja mir ihn
weiter fortzuführen Gelegenheit geben.
Hingegen werde ich mich um die jenigen
wenig bekümmern / die sich durch Einreis-
sen einen Nahmen bey Leuten machen wollen / bey denen ich keinen zu haben verlange. *Borrichius* verwieß dieses selbst *Conrin-
gen*, welcher doch sonst Verdienste vor sich
hatte / und verständige urtheileten / daß er
dadurch seine Verdienste nicht wenig ver-
kleinerte.   GOtt sende Arbeiter!
Marburg. den 16. Martii. 1725.

Inhalt

Inhalt

Des gantzen Werckes.

Der erste Theil.

Von dem Gebrauche der Theile in Menschen und Thieren.

Das 1. Capitel.

Von GOttes Absichten beym Leibe der Menschen und der Thiere.

Das 2. Capitel.

Von den verschiedenen Arten der Theile / daraus der Leib bestehet.

Das

Das 3. Capitel.

Von den besonderen Theilen des Leibes/
die zur Ernährung nöthig sind.

Das 4. Capitel.

Von den Theilen / die zur Erhaltung
des Lebens nöthig sind.

Das 5. Capitel.

Von den Theilen/ die zur Empfindung
und den Verrichtungen der Seele dienen.

Das 6. Capitel.

Von den Geburths-Gliedern.

Das 7. Capitel.

Von den Theilen/ die zur Bewegung
dienen.

Der

Der andere Theil.

Von dem Gebrauche der Theile in Pflantzen.

Das 1. Capitel.

Von GOttes Absichten bey den Pflantzen.

Das 2. Capitel.

Von den verschiedenen Arten der Theile, daraus die Pflantzen in ihren Theilen zusammengesetzt sind.

Das 3. Capitel.

Von der Wurtzel der Pflantzen.

Das 4. Capitel.

Von dem Stengel und Stamme.

Das 5. Capitel.

Von den Blättern.

Das

✻❀ ∘ ❀✻

Das 6. Capitel.

Von den Augen oder Knospen.

Das 7. Capitel.

Von den Blumen und dem Saamen.

Der

Vernünfftige Gedancken
von dem Gebrauche der Theile in den Menschen, Thieren und Pflantzen.

Der Erste Theil.
Von dem Gebrauche der Theile in Menschen und Thieren.

Das I. Capitel.
Von GOttes Absichten beym Leibe der Menschen und der Thiere.

§. 1.

Enschen und Thiere werden durch Speise und Tranck ernähret, und ihre Leiber sind so zugerichtet, daß sie davon ernähret und des steten

Der Leib soll sich in seinem Zustande und beym Leben erhalten.

(Physik III.)   A   Ab=

Abganges durch die unvermerckte Ausdämpffung ungeachtet, in ihrem Zustande
gleichsam unverändert und eine zeitlang
bey Leben erhalten werden können (§. 408.
& seqq. it. §. 455. 456. Phys.). Da nun
das Wesen derselben in der Art und Weise ihrer Zusammensetzung aus den verschiedenen Theilen bestehet (§. 611. Met.),
dieses aber das Mittel ist, wodurch GOtt
seine Absichten erreichet, die er bey den
natürlichen Dingen hat (§. 1032. Met.);
so kan man es auch nicht anders als eine
Absicht ansehen, die er bey dem Leibe der
Menschen und der Thiere gehabt, daß er
sich durch Speise und Tranck erhalten,
und sein Leben auf eine gewisse Zeit dauren soll.

Der Leib soll sich von seiner Stelle bewegen und verschiedene Lagen annehmen können. §. 2. Menschen und Thiere bewegen
sich von einer Stelle in die andere, und
sind geschickt die Lage ihrer Glieder gegen
einander zu verändern, oder allerhand Posituren anzunehmen. Dieses alles ist abermahls möglich, weil ihre Leiber so gestaltet
sind, wie es die Bewegung von der Stelle und die Veränderung der Posituren erfordert (§. 434. 435. 438. Phys.), und
demnach lässet sich wie vorhin (§. 1.) begreiffen, GOtt habe diese Absicht bey den
Leibern der Thiere und der Menschen gehabt, daß sie zur Bewegung aus ihrer
Stelle und zu Veränderung der Stellungen

gen aufgelegt seyn sollen, auch in gewissen Fällen sich würcklich bewegen und ihre Stellung ändern.

§. 3. Menschen und Thiere haben Empfindungen, und wir finden in ihrem Leibe
Gliedmaßen der Sinnen, wodurch dieselben möglich sind, als sie haben Augen zu
sehen (§. 426. Phys.), Ohren zu hören
(§. 428. Phys.), eine Nase zum riechen
(§. 431. Phys.), eine Zunge zum schmecken (§. 432. Phys.), und der gantze Leib
ist überall so zugerichtet, daß er ein Gefühle hat (§. 433. Phys.). Derowegen lässet sich abermahl wie vorhin (§. 1.) begreiffen, daß GOtt diese Absicht bey dem
Leibe der Menschen und Thiere gehabt,
daß er auf so vielerley Weise empfindlich
seyn soll, als es der Unterscheid der Gliedmaßen des Leibes mit sich bringet.

Der Leib soll empfindlich seyn.

§. 4. Menschen und Thiere zeugen ihres gleichen, und ihre Leiber sind mit solchen Gliedmaßen versehen, auch im übrigen so zugerichtet, daß dieses durch sie erhalten werden kan (§. 439. & seqq. Phys.).
Und demnach kan man abermahl wie vorhin (§. 1.) begreiffen, GOtt habe diese
Absicht gehabt, daß Menschen und Thiere ihres gleichen zeugen, folgends, da sie
mit der Zeit absterben, und nicht beständ-
dig fortdauren können, auf eine solche
Weise ihr Geschlecht so lange erhalten sol-

Menschen und Thiere sollen ihr Geschlecht erhalten.

len,

len, als die Erde in dieſem ihrem gegenwärtigen Zuſtande verharret.

**Men-
ſchen und
Thiere
ſollen eine
Sprache
u. Stim-
me ha-
ben.**

§. 5. Thiere haben eine Stimme und
können ſie auf vielerley Art verändern, wiewohl eines immer mehr als das andere, und
der Menſch bringet es gar biß zur Sprache, daß er durch Worte die Gedancken
ſeiner Seelen andeuten kan. Nun iſt a-
bermahls der Leib ſo zugerichtet, daß dieſes alles geſchehen kan (§. 430. Phyſ.) und
demnach läſſet ſich auch hier wie vorhin
(§. 1.) begreiffen, GOtt habe bey Thieren und Menſchen eben mit zur Abſicht
gehabt, daß ſie mit einer Stimme begabt
und die Menſchen ſo gar reden ſollen.

**GOttes
Haupt-
Abſicht
bey dem
Leibe der
Men-
ſchen und
der Thie-
re.**

§. 6. Die Haupt-Abſicht heiſſet eigentlich diejenige, die den Grund der übrigen Abſichten in ſich hält. Denn ob man
gleich insgemein ſaget, es ſey diejenige,
warum die übrigen ſtat finden; ſo iſt doch
dieſes nicht deutlich genung erkläret, maſſen man noch weiter fragen muß, woraus
man denn erkennet, daß um einer Abſicht
willen die übrigen ſind, folgends ein ſiche-
res Merckmahl hiervon angegeben werden
muß, woferne die Erklärung beſtehen ſoll
(§. 37. c. 1. Log.). Weil nun aber die
Haupt-Abſicht, wenn ſie den Grund der
übrigen in ſich enthält, ſo beſchaffen, daß
man aus ihr erſehen kan, warum die ü-
brigen ſtat finden können (§. 29. Met.);
ſo

so hat eben die gegebene Erklärung ihre
Richtigkeit und ist der Gewohnheit zu reden gemäß. Wenn wir demnach die bisher erwehnten Absichten überlegen, so
werden wir leicht finden, daß der Mensch
und die Thiere Empfindungen und ein
Vermögen sich zu bewegen und ihre Stellungen zu verändern, auch eine Stimme
und Sprache haben, weil sie ihr Leben
auf eine zeitlang fristen und ihr Geschlechte so lange erhalten sollen, als die Erde
in ihrem gegenwärtigen Zustande verharret, massen das Geschlechte der Menschen
und Thiere, nicht ohne Erzeugung seines
gleichens (§. 4.), folgends nicht ohne den
Beyschlaff (§. 439. Phys.); hingegen ihr
Leben nicht ohne Speise und Tranck (§.
423. Phys.) erhalten werden mag, keines
aber von beyden geschehen könte, woffer-
ne sie nicht empfindlich wären, und nicht
allein ihre Gliedmassen, sondern auch ihren Leib von der Stelle bewegen könten,
wie wir aus der Erfahrung als bekandt
annehmen, bald aber mit mehrerem ausführen wollen. Derowegen können wir wohl
die Haupt-Absicht des Leibes, die GOtt
dabey gehabt, darinnen suchen, daß derselbe eine zeitlang sein Leben fristen und
sein Geschlechte, so lange die Erde dauret, erhalten soll.

A 3 §. 7.

§. 7. GOtt hat es in der Natur so eingerichtet, daß immer einerley Menge der Materie auf dem Erdboden erhalten werden muß (§. 92. Phys. II.). So ist auch bekandt, daß beständig einerley Krafft verbleibet und durch die Mittheilung der Bewegung keine verlohren gehet (§. 426. Mech. Lat.). Nun geschiehet es auch seiner Absicht gemäß, daß die Erde allzeit einerley Arten der Thiere und Menschen behält (§. 6.): Derowegen kan man daraus nichts anders schlüssen, als daß auch bey der steten Veränderung, die sich auf dem Erdboden ereignet, dennoch der Zustand der Erde immer von einerley Art verbleiben soll. Diese Maxime, die GOtt als eine Probe von seinem unveränderlichen Wesen bey der Welt gehabt, lässet sich durch die verschiedene Arten der leblosen Dinge noch weiter bestätigen, wenn wir darauf acht haben wollen. Nemlich daselbst bleiben die Ursachen, von denen sie kommen, und der Lauff der Natur ist so eingerichtet, daß dieselben zu gewisser Zeit vergängliche Dinge von neuem hervor zubringen determiniret werden. Ein Exempel kan die Sache, erläutern. Der Regenbogen ist eine Sache die nicht lange dauret, sondern gar bald wieder vergehet. Seine Ursachen sind Regen-Tropffen, die das Sonnen = Licht brechen und zurücke

werf-

Daß GOtt den Zustand der Erde von einerley Art haben will.

werffen, und die Strahlen der Sonnen
(§. 291. 292. Phyſ.), nebſt dem Winde,
der die Regen = Wolcke von der Sonne
weg und ihr entgegen treibet. Nach dem
ordentlichen Lauffe der Natur beweget ſich
die Sonne alle Tage um die Erde herum
und gehet alle Höhen durch, die ſie biß zu
der Gröſſe am Mittage über dem Horizont erreichen kan, und demnach hat ſie
alle Tage eine gute Zeit eine ſolche Höhe,
wie zu Erzeugung des Regenbogens erfordert wird (§. 292. Phyſ.). Regen-
Wetter iſt auch nichts ungewöhnliches und
die Winde treiben beſtändig die Wolcken,
welche nicht ſtets den gantzen Himmel dergeſtalt bedecken, daß niemahls die Sonne
frey durchblicken könnte. Und demnach
kan es vermöge des gewöhnlichen Lauffes
der Natur geſchehen, daß die Urſachen
des Regenbogens zuſammen kommen und
einen hervor bringen. Derowegen erhält
GOtt den Regenbogen auf dem Erdboden,
indem die Sonne, das Waſſer, als die
Materie des Regens, und die Lufft, als die
Materie des Windes, beſtändig fort dauren und der Lauff der Natur ſo eingerichtet,
daß die Sonne verſchiedene Höhen über
dem Horizont erhält, aus dem Waſſer Re-
g n formiret wird, und in der Lufft Wind
entſtehet, der die Wolcken von einander und
aus einer Stelle in die andere treibet.

A 4

§. 8.

Empfin-
dung ist
zur Nah-
rung der
Speise
nöthig.

§. 8. Weil nun GOtt gewolt, daß eine jede Art der Thiere nebst dem menschlichen Geschlechte dauren sollte, so lange
die Erde in diesem ihrem Zustande verbleibet (§. 4.), dazu aber die Erzeugung
durch den Beyschlaff als ein Mittel gebraucht (§. cit.); so hat eben der Mensch
und ein jedes Thier eine zeitlang sein Leben fort fristen und dannenhero durch Speise und Tranck sich nähren müssen. Und
also hält diese letztere Absicht (§. 1.) ihren
Grund in der ersten (§. 29. Met.) als
ihrer Haupt-Absicht (§. 6.). Wenn nun
aber die Thiere und der Mensch sich nähren sollen; so müssen sie Speise und Tranck
suchen, auch, da ein jedes seine besondere
Speise hat (§. 229. Phys. II.), dieselbe unterscheiden. Keines kan geschehen ohne die
Sinnen. Speise und Tranck zu suchen
und zu unterscheiden, brauchen Menschen
und Thiere das Auge, womit sie sehen,
was sie vor sich haben. Es dienet auch
dazu der Geruch und der Geschmack, welche beyde Sinnen zugleich den Appetit zum
Essen erwecken und erhalten. Ja es ist auch
insonderheit das Gefühle nöthig. Denn
die Thiere, welche sonst verdrüßlich würden, Speise zu suchen, werden durch den
Hunger dazu angetrieben, und die Menschen würden selbst bey allerhand Fällen
ihrer vergessen, wenn sie nicht der Hunger
und

und Durst erinnerte. Und demnach sind
die Sinnen als ein Mittel anzusehen, die
Haupt-Absicht zu erreichen (§.7.).

§. 9. Es können dem Leibe allerhand *Ob die*
Zufälle zustossen, die seiner Erhaltung *Sinnen*
nachtheilig sind. Frost und Kälte kan *noch wei-*
ihm schaden, und grosse Hitze ist ihm gleich- *ter zur*
fals nachtheilig. Er kan auf vielerley *Erhal-*
tung des
Weise verletzet und verwundet werden, *Leibes*
selbst durch allzuviele Arbeit und andere *dienen.*
starcke oder auch zulange anhaltende Bewegungen entkräfftet werden. Eine Sache, die aus der Erfahrung einem jeden bekand ist, und aus natürlichen Ursachen zu
erklären viel zu weitläufftig fället, brauchet
an diesem Orte keine weitere Ausführung.
Wenn nun Menschen und Thiere ihren
Leib für Schaden bewahren sollen; so müssen sie nicht allein empfinden, was ihm zuwieder ist, sondern auch die Dinge, so ihnen
schaden können, durch das Gehöre und Gesichte, auch wohl unterweilen durch den
Geruch und das Gefühle unterscheiden,
wovon von einem jeden insonderheit Exempel bey Menschen und Thieren in der täglichen Erfahrung vorkommen. Und gleich
wie dieses abermahls der Haupt-Absicht
gemäß ist (§.7.); so ist es auch derjenige
Grund, daraus sich gar vieles erklären lässet, was von dem Unterscheide der Sinnen bey verschiedenen Thieren vorkommet,

A 5 wo-

wovon wir an seinem Orte ein mehreres beybringen werden.

Was die
Bewe-
gung bey
Erhal-
tung der
Thiere
u. Men-
schen thut

§. 10. Die Bewegung ist abermahls
umb der Haupt-Absicht willen. Denn
ohne Nahrung kan diese nicht erhalten werden (§. 8.). Da nun das Thier seine
Nahrung nicht an dem Orte findet, wo es
zur Welt gebracht wird, sondern so wohl
Speise, als Tranck bald hier, bald dort
suchen muß; so gehet es auch nicht an, daß
die Thiere wie die Bäume und Kräuter
aus der Erde wachsen, als die von Regen
und Thau ernähret werden, der überall
hinfället (§. 394. Phys.). Nächst diesem läufft Speise und Tranck Menschen
und Thieren nicht selbst in das Maul und
von dar weiter in den Magen, gleichwie
bey den Pflantzen die Nahrung in die
Wurtzeln und Blätter, auch insonderheit
die Rinde vor sich dringet (§. 393. 398.
Phys.); sondern sie müssen ihre Speise
und Tranck selbst in den Mund bringen,
die Speise im Munde käuen und die ge-
käuete hinunter schlucken. Hierzu aber
sind gar vielerley Bewegungen von nöthen
(§. 408. & seqq. Phys.). Menschen
und Thiere müssen einen beqvemen Ort
haben, wo sie liegen, damit sie theils vor
den Witterungen der Lufft, theils von dem
Anfalle anderer Thiere sicher sind. Und
sich demnach einen solchen Ort auszusu-
chen

chen und zur Ruhe nieder zu legen, haben
sie abermahls Bewegung von nöthen. Es
wird sich noch ein mehreres zeigen, wenn
wir von dem Gebrauche der besonderen
Gliedmaßen reden werden.

§. 11. Vermöge der Haupt-Absicht,
die GOtt bey den Leibern der Thiere hat,
sol keines von ihrem Geschlechte untergehen und sind daher mit der Gabe ihres
gleichen zu zeugen begabet (§. 6.). Damit sie nun zu rechter Zeit dem Beyschlaffe
beywohnen, und insonderheit das Weiblein durch Erinnerung der Geburths-
Schmertzen nicht davon abgehalten wird;
so hat ihnen die Natur denselben angenehm machen müssen. Und deswegen
sind die Leiber so eingerichtet, daß nicht
allein zu rechter Zeit eine Brunst entstehet, die sie darzu antreibet, sondern auch
im Wercke selbst von beyden Seiten eine
empfindliche Lust genossen wird. Dieses
aber hätte wiederumb nicht geschehen können, wenn nicht die Thiere mit Sinnen,
und insonderheit mit Gefühle wären begabet gewesen: wie sich alles in der grösten Klarheit zeigen wird, wenn wir auf
die besonderen Gliedmaßen, und insonderheit auf die Geburths-Glieder kommen
werden. Der Beyschlaff bey Menschen
und Thieren kan weder angefangen, noch
fortgesetzet und vollendet werden, ohne das
vie-

Was Empfin-dung und Bewe-gung bey Erhal-tung der Arten der Thiere thut.

vielerley verschiedene Bewegungen dabey
vorgehen.   Und demnach hat auch der
Mensch und das Thier in dieser Absicht
das Vermögen sich zu bewegen von nöthen.

Ob die
Stimme
der
Haupt-
Absicht
gemäß.

§. 12. Ein Mensch hat den andern
auf vielerley Weise nöthig, wenn nicht
allein er mit Bequemlichkeit in der Welt
leben, sondern auch das menschliche Geschlecht erhalten werden soll.   Eine Sache, die einem jeden aus der gemeinen Erfahrung bekandt, braucht keine weitere
Ausführung.   Die jungen Thiere brauchen die Alten, bis sie von ihnen erzogen,
das ist, in den Stand gesetzt worden sind,
da sie sich selbst versorgen und gegen feind-
liche Anfälle verwahren und vertheidigen
können.   Die Alten haben einander nöthig hauptsächlich zum Beyschlaffe.   Es
wird demnach erfordert, daß es ein Mensch
und ein Thier dem andern andeuten kan,
wenn es seiner von nöthen hat.   Und hieraus erhellet die Nothwendigkeit der
Stimme in Ansehung der Haupt-Absicht
(§. 6.).   Es wird sich aber bey genauer
Untersuchung finden, daß die Thiere auch
so viel Veränderung in ihrer Stimme haben, als sie verschiedenes andern ihres
gleichen anzudeuten haben.

Ob die
Haupt-

§. 13. Wir finden, daß unter den verschiedenen Absichten, die GOtt bey den
Lei-

Leibern der Thiere und der Menschen gehabt, eine um der andern Willen, dergestalt daß man eine als ein Mittel ansehen kan die andere zu erreichen und endlich alle insgesammt ein Mittel zu einer Haupt-Absicht werden (§. 7. & seqq.). Da nun solcher gestalt die Leiber der Menschen und Thiere ein Spiegel der Weisheit GOttes werden (§. 14. Phys. II.), wie nicht weniger der grossen Erkäntnis (§. 13. Phys. II.), der Vernunfft (§. 20. Phys. II.), und der Güte desselben (§. 21. Phys. II.); GOtt aber die Welt zu dem Ende gemacht, daß man aus ihrer Betrachtung Gründe ziehen kan, daraus sich seine Eigenschafften und was man sonst von ihm erkennen kan, mit Gewißheit schlüssen lassen (§. 8. Phys. II.); so ist auch der Haupt-Absicht, die er bey der Welt gehabt gemäß, daß Menschen und Thiere beständig auf dem Erdboden sind (§. 1045. Met.). Und demnach haben wir die Erhaltung des Menschlichen Geschlechtes und der verschiedenen Arten der Thiere als ein Mittel anzusehen, dadurch seine Haupt-Absicht von der Welt erreichet wird (§ 912. Met.) Weil aber insonderheit der Mensch allein geschickt GOttes Vollkommenheit aus seinen Wercken zu erkennen (§. 235. Phys. II.); so siehet man auch insonderheit, warumb das menschliche Geschlechte erhalten

Absicht der Leiber der Haupt-Absicht der gantzen Welt gemäß.

ten werden muß, und daß seine beständige Erhaltung der Haupt-Absicht von der Welt gemäß sey. Ja da immer ein Thier dem andern und die Thiere dem Menschen zur Nahrung dienen (§.229. b. Phys. II.); der Mensch aber in Ansehung der Haupt-Absicht von der Welt erhalten werden muß, wie erst erwiesen worden: So erkennet man auch hieraus insbesondere, warumb das Geschlechte der Thiere erhalten werden muß und wie diese Erhaltung der Haupt-Absicht von der Welt gemäß sey.

Erinnerung.

§. 14. Man siehet hieraus, wie fruchtbahr mein Begriff von der Weißheit Gottes ist und wie auf eine vortreffliche Weise sich daraus zeigen lässet, daß überall in der Natur göttliche Weißheit ist, auch was nur darinnen zur Weißheit kan gerechnet werden. Und dieses ist die rechte Probe, daraus man inne wird, ob Begriffe was nutzen oder nicht. Die jenigen, welche einfältige und Anfänger bereden wollen, als wenn ich die Vollkommenheiten GOttes in keinem eigentlichen Verstande erkläret hätte, mögen ihre Begriffe, die sie besser zu seyn erachten, angeben und wir wollen zusehen, ob sie so fruchtbahr wie meine sind.

Warum
der Leib
nach den

§. 15. Der Leib des Menschen ist dergestalt gebildet, das die Theile, die ihres gleichen nicht haben, in der Mitten stehen,

die

die zu beyden Seiten aber einander ähnlich sind, ja die Theile in der Mitten lassen sich in zwey ähnliche Theile zertheilen. Es braucht nichts als den Menschen, sonderlich wenn er bloß stehet, von vornen oder von hinten anzusehen, wenn man davon überführet werden will. Z. E. der Mensch hat nur eine Nase und diese stehet mitten im Gesichte. Wenn man den Kopf mitten von einander hiebe; so würde die Nase in zwey ähnliche Theile getheilet. Es ist wohl wahr, daß, da es in der Natur nicht zwey ähnliche Dinge geben kan (§. 587. Met.), auch diese beyden Theile nicht einander vollkommen ähnlich sind; sondern man vielmehr allezeit in dem einen Theile etwas finden wird, was in dem andern nicht anzutreffen ist, und wodurch man sie von einander unterscheiden kan: allein wir verlangen hier keine völlige Aehnlichkeit, es ist genung, daß so viel davon vorhanden, als dem ersten Anblicke ein Gnügen thut, ehe man nemlich alles genau zu betrachten und stückweise gegen einander zu halten beginnet (§. 19. c. 2. Log.). Mit dem Munde, der Stirne und dem Kinne hat es eben die Beschaffenheit wie mit der Nasen: Hingegen die Backen und Ohren, die zur Seite stehen, sind doppelt. Wie es mit dem Kopffe beschaffen, eben so befinden wir den übrigen

gen

Regeln der Wohlgereimheit gebildet.

gen Leib , wie ein jeder vor sich wahrnehmen kan.   Die Regel der Wohlgereimheit erfordert es , daß die Theile, die ihres gleichen nicht haben, in einem zusammen gesetzten Dinge in der Mitten stehen ;
die andern hingegen zur Seite einander
ähnlich sind (§. 26. Archit. civ.). Derowegen ist die äussere Gestalt des Leibes
nach den Regeln der Wohlgereimheit eingerichtet. Weil nun die Wohlgereimheit
zur Schönheit eines Cörpers dienet, der
aus Theilen von verschiedener Art zusammen gesetzet ist (§. 30. Archit. civ.); so
wird auch hierdurch die Schönheit des
menschlichen Leibes befördert.   Es gilt
aber dieses nicht allein von ihm , sondern
auch von dem Leibe der Thiere : Denn
auch bey dem Ungezieffer selbst ist diese Regel auf das netteste in acht genommen worden , so gar auch in dem kleinen , wo man
es mit blossen Augen nicht sehen kan , sondern ein gutes Vergrösserungs Glaß dazu
brauchet.   Weil nicht allein die Theile zu
den Seiten von einerley Art und Grösse
sind , sondern auch die in der Mitten sich
in zwey gleich grosse und ähnliche zertheilen lassen: so wird dadurch ein Theil des
Leibes nicht allein gleich schweer , sondern
auch gleich wichtig (§. 46. 47. Mech.).
Derowegen siehet man, daß der Leib deswegen nach den Regeln der Wohlgereimheit

heit gebildet ist, damit er aufgerichtet und
gerade stehen kan, ohne daß er sich auf eine Seite mehr neiget, als gegen die andere.   Zwar stehen die Thiere nicht aufgerichtet, weder die vier-noch zwey süßigen,
noch auch das vielfüßige Ungezieffer, allein
es stehet doch um dieser Ursache willen gerade, da es sich sonst auf die jenige Seite
hängen würde, wo die Theile schweerer
wären.   Unerachtet aber inwendig im Leibe das Eingeweide sich nicht völlig nach der
Wohlgereimheit hat stellen lassen; so ist
doch alles dergestalt neben einander zu finden, daß, wenn der Leib nach seiner äusseren
Gestalt in zwey gleiche und ähnliche Theile getheilet wird, man das innere zugleich
in zwey gleichwichtige Theile zerschneidet.   Und eben dieses zeiget an, daß der
Leib auch deßwegen seine äussere Gestalt
nach den Regeln der Wohlgereimheit erhalten, damit er gerade stehen könte.
Gleichwie im Gegentheile, da die Wohlgereimheit dazu nicht schlechter dinges nöthig ist, und daher auch inwendig, wo man
nichts zu sehen bekommet, nicht beobach-
tet worden, man zugleich erkennet, daß die
Wohlgereimheit in der äusseren Gestalt
anzutreffen, damit der Leib schöne würde.

§. 16. Man hat auch für langen Zeiten
die Proportion der Glieder unter einander
und zu dem gantzen Leibe untersucht, Anfangs des Lei-

Was die Propor- tion der Theile

(*Physik. III.*)   B

bes gegen einander zu sagen hat.

fangs zum Gebrauche der Mahler und Bildhauer, nach diesem auch der Baumeister (§. 24. Archit. civ.). Was die Alten davon gewust, hat *Vitruvius* (a) aufbehalten, wo er zeiget, wie die Griechen, von welchen die tüchtige Bau-Kunst auf die Römer, und endlich durch sie auf uns kommen ist, die Maasse zu ihrem Tempel-Baue von den menschlichen Leibern genommen. Was bey denen von ihm angegebenen Proportionen zu erinnern ist, hat *Perrault* in den Anmerckungen zu seiner vortreflichen Ubersetzung des *Vitruvii* in Frantzösischer Sprache (b) beygebracht, und schon längst vor ihm bey uns *Rivius* in der Auslegung des von ihm ins Deutsche übersetzten *Vitruvii* ein gleiches gethan (c). Der berühmte Mahler Albert Dürer hat hiervon ein gantzes Buch geschrieben, welches von Verständigen durchgehends werth gehalten wird. Wenn man kurtz bey einander haben will, was man hiervon zu mercken hat; so kan uns *Testelin*, unlängst Königlicher Mahler, Professor und Secretarius, der Königl. Mahler- und Bildhauer-Academie zu Paris da-

---

(a) lib. 3. c. 1. f. m. 38. & seqq.
(b) f. m. 57. & seqq.
(c) f. m. 191. & seqq.

davon Nachricht ertheilen (d), aus welchem
wir soviel anführen wollen, als zu unserem
gegenwärtigen Vorhaben dienlich.   Es
ist aber ein Unterscheid nach dem Alter.
Denn in der Kindheit werden bey Kindern
von 3 Jahren für die gantze Länge 5 Kopff=
Grössen, als von der Scheitel biß auf den
untersten Theil des Bauches 3, von dar an
biß auf die Sohlen 2, für die Breite der
Schultern $1\frac{1}{8}$, bey den Hüfften nur 1; bey
Kindern von 4 Jahren zur Höhe des gan=
tzen Leibes $6\frac{1}{3}$ Gesichts=Längen, nemlich
von der Scheitel bis an das unterste des
Bauches $3\frac{1}{3}$, von dar an bis auf die
Sohlen 3, für die Breite der Schultern
$1\frac{2}{3}$, bey den Hüfften $1\frac{1}{3}$; bey Kindern von
5 und 6. Jahren für die gantze Höhe $6\frac{1}{4}$
gerechnet, und wird der völlige Cörper in
zwey gleiche Theile getheilet, nur daß der
untere $\frac{1}{4}$ einer Gesichts=Länge kürtzer
wird. Bey Jünglingen von 12 oder 13
Jahren rechnet man für die gantze Höhe 9
Gesichts=Längen, für die Breite der Schul=
tern 2, bey den Hüfften $1\frac{1}{2}$; bey denen
Personen von mannbahrem Alter für die
gantze Höhe 10 Gesichts=Längen, und
zwar

B 2

<hr>

(d) In Anmerckungen der fürtrefflichsten Mah=
ler unserer Zeit über die Zeichen= und Mah=
lerey=Kunst. Tab. 2. f. m. 4. 5.

zwar eine von der Scheitel bis unter die
Nase, zwey bis an die Höhlen des Halses,
3. bis auf die Hertzgrube, 4 bis unter dem
Nabel, 5 bis an den Ort unter dem Pyra-
midal-Muscul, $7\frac{1}{2}$ bis auf die Knie, und
endlich von dar an bis auf die Sohlen
$2\frac{1}{2}$ oder, wie vorhin gedacht, von der Scheitel an bis auf die Sohle 10. Wenn der
Mensch seine Armen ausstrecket, so ist er
eben so breit, als lang. Er hält nemlich
von dem äussersten des Mittel-Fingers bis
an das Gelencke der Hand eine Gesichts-
Länge, von dar bis zu dem Buge des Armes
oder Ell-Bogen $1\frac{1}{3}$, weiter bis zum Anfange der Schulter $1\frac{1}{3}$, von dar bis an die
Höhle der Kehle $1\frac{1}{3}$, welches zusammen 5
Gesichts-Längen austräget, und die halbe
Breite ausmachet. Ferner ist die Breite
der Schultern, und zwar bey dem Muscu-
lo Deltoide $2\frac{1}{6}$; der Brust, wo die Armen stehen, 2; der Hüfften bey nahe $2\frac{1}{4}$;
der Schenckel, wo sie am dickesten sind, 1;
der Knie $1\frac{7}{8}$; der Waden $2\frac{1}{8}$; des äusersten Knöchels $1\frac{3}{8}$; des untersten Fusses
$1\frac{1}{8}$. Da sich alles durch Gesichts-Längen ausmessen lässet; so muß auch alles zu
der Länge des Gesichtes eine Verhältniß
ha-

haben, die sich mit Zahlen aussprechen lässet (§. 62. Met.) und zeiget es der Augenschein selbst, daß diese Zahlen nicht sehr
groß sind, folgends die Theile eine geschick-
te Verhältniß unter einander und gegen
den gantzen Leib haben (§.21. Arch. civ.),
und demnach derselbe nach der Symetrie
eingerichtet ist (§.22. Arch. lat.). Nun
ist bekandt, daß die Symetrie ein Grund
der Schönheit ist in zusammengesetzten
Dingen (§. 24. Arch. civ.) und also auf-
ser Zweiffel, daß auch dieserwegen der Leib
darnach eingerichtet. Gleichwie aber vielerley Verhältnisse sind, die man ohne
Verletzung der Symmetrie gebrauchen
kan (21. Arch. civ.), ja wir auch in der
That in dem gegenwärtigen Falle finden,
daß die Natur nach dem verschiedenen Geschlechte derselben, in einerley Sache verschiedene gebrauchet; so muß noch ein anderer Grund vorhanden seyn, daraus insonderheit determiniret wird, welche denn
eigentlich von den guten Verhältnissen in
jedem Falle gebraucht werden soll. Derowegen weil die Verhältniß um desselben
willen erwehlet wird; so hat man auch
ihn als seine Absicht anzusehen (§ 910.
Met.). Solcher gestalt muß die Verhältniß, welche die Theile des Leibes unter
einander und gegen den gantzen Leib haben,
noch auf etwas mehrers, als auf die

Schön-

Schönheit zielen. Gleichwie aber vermöge der Weißheit GOttes, die überall in
ſeinen Wercken angetroffen werden muß (§.
8. Phyſ. II. & §. 1036. Met.), dieſe Ab
ſichten ihren Grund in andern haben
müſſen (§. 14. Phyſ. II.), als ein Mittel,
wodurch die andern erhalten werden (§
912. Met.); unter die andern Abſichten
aber, die GOtt bey dem Leibe hat, auch
die Bewegungen und Stellungen gehören
(§. 2.) und zwar inſonderheit diejenigen,
welche zur Erhaltung deſſelben nöthig ſind
(§. 6.): ſo iſt klar, daß die Gröſſe der Glieder und aller Theile des Leibes dergeſtalt
eingerichtet ſeyn muß, daß derſelbe alle
Stellungen und Wendungen annehmen,
ja alle Bewegungen verrichten kan, die
dazu erfordert werden, daß er in ſeinem Zuſtande unverrückt erhalten wird.
Und aus dieſem Grunde läſſet ſich klärlich
zeigen, warum inſonderheit in jedem Falle dieſe und nicht eine andere Verhältniß
erwehlet worden, nach der allgemeinen Regel, die ich in dieſen Fällen ausgemacht
(§. 25. Arch. civ.). Wer nun dieſes
deutlicher einſehen will, der muß erwegen,
was wir für Stellungen des Leibes anzunehmen pflegen, was für Wendungen ge
ſchehen, was für Bewungen vorgenommen
werden, und die bey denen in jedem Falle
erforderten Gliedmaſſen vorkommende
Pro-

Proportion gegen andere und den gantzen Leib halten: so wird er von diesem, was ich überhaupt beygebracht, zur
Gnüge überzeuget werden. Und ich will
nach diesem, wenn ich von dem Gebrauche
der Glieder ins besondere reden werde,
selbst Exempel davon beybringen, damit
man daraus ersiehet, wie man in diesem
Stücke verfahren muß, wofern man die
Sache gehöriger Weise einsehen, und den
Reichthum der Weißheit GOttes erkennen
will.

Das 2. Capitel.
Von den verschiedenen Ar-
ten der Theile, daraus der Leib
bestehet.

§. 17.

DA der menschliche Cörper zu so vielerley Absichten gemacht ist (§. 1.
seqq.); so hat er auch aus gantz
verschiedenen Theilen, und seine
Theile haben abermahls aus gantz verschiedenen Arten müssen zusammen gesetzet werden. Weil nun in den Gliedmaßen des Leibes
verschiedene Absichten zugleich erreichet
werden, wie sichs hernach an seinem Orte mit mehrerem zeigen wird; so müssen wir

*Warum verschie-
dene Ar-
ten der
Theile
sind.*

B 4 für

für allen Dingen die verschiedene Arten der
Theile untersuchen, daraus dieselben zusammen gesetzet werden, damit wir hernach
gleich urtheilen können, zu was ein jedes
von ihnen durch die Art der Zusammensetzung aufgeleget ist.　Was wir aber von
dem menschlichen Leibe sagen, das kan auch
auf die Thiere appliciret werden, in so
weit sie hierinnen mit dem menschlichen
Cörper überein kommen.

Wie vie-
lerley
Arten
derselben
seyn.
§. 18. Wenn man den menschlichen
Cörper zergliedert, so trifft man zweyerley
Arten der Theile an, nemlich feste und flüs-
sige.　Denn daß die flüßigen gleifals zu
dem Cörper als ein Theil müssen gerechnet werden; kan man gar leicht erweisen.
Wer weiß nicht, daß dasjenige mit zu einem Cörper als ein Theil zu rechnen ist,
welches mit dem andern den Cörper ausmachet (§. 24. Met.), und ohne das er
nicht bestehen kan? Nun wird niemand in
Abrede seyn, daß der Leib ohne die flüßigen Theile nicht bestehen kan, wer nur ein
wenig darauf acht gegeben.　Denn z. E.
das Blut ist in dem Leibe nothwendig, daß
er ohne dasselbe nicht leben kan, indem
durch seinen ungehinderten Umlauff das
Leben erhalten wird (§. 455. Phys.). Ja
es ist bekandt, daß, wenn man Adern eröffnet, und das Geblüte so lange heraus
lauffen lässet, als es will, der Mensch hinfället

fället und ſtirbet. Und im folgenden werden
wir ſehen, daß andere flüßige Materien eben
ſo nothwendig ſind, als das Blut, woferne
der Leib leben, und im Stande verbleiben
ſoll, da er die ihm vorgeſchriebene Abſichten erreichen kan. Die Urſache, warum
es zweiffelhafft ſcheinet, ob man die flüßigen Materien im menſchlichen Cörper mit
für Theile deſſelben rechnen könne, rühret
einig und allein daher, weil man vermeinet, das flüßige bliebe nicht beſtändig einerley im Cörper. Allein dieſes Vorur-
theil iſt ſchon anders wo (§. 25. Phyſ.)
benommen worden. Es iſt nemlich nicht
nöthig, daß unſer Leib beſtändig aus einerley Materie beſtehet; ſondern es iſt
gnung, wenn in die Stelle derjenigen, die
weggehet, andere wiederkommet, die von
eben der Art iſt, wie die vorige. Z. E.
Es iſt nicht nöthig, daß immer einerley Blut
die Adern erfüllet; ſondern es iſt gnung,
daß, wenn ein Abgang darinnen zu ſpüren,
anderes Blut, das von neuem aus anderer Materie, nemlich der Speiſe und des
Tranckes, zubereitet wird, in die Stelle des
vorigen kommet. Wegen der Transpiration iſt der menſchliche Cörper beſtän-
diger Aenderung, auch in Anſehung ſeiner
Materie, unterworffen. Einige verraucht,
und andere hingegen kommet durch Speiſe und Tranck wieder dazu. Und es wird

B 5   ſich

sich nach diesem zeigen, daß selbst die festen
Theile dergleichen Aenderungen unter=
worffen sind , ob es zwar nicht so in die
Sinnen fället. Jedoch gleich wie man
nicht den Unrath von der Speise, der durch
seinen ordentlichen Gang von dem Leibe ab=
geführet wird, für einen Theil desselben bloß
deßwegen halten kan, weil er in demselben
sich so lange verhält, biß ihn die Natur ab=
führet; eben so gehet es auch nicht an, daß
man diejenigen flüßigen Materien, die
als ein Unrath abgeführet werden, für Thei=
le des Leibes halten kan , als da sind der
Koth, der Urin, das Ohren=Schmaltz, und
so weiter: wiewohl wir deßwegen mit den
Anatomicis keinen Streit anfangen wol=
len, die dergleichen Materien mit unter die
flüßigen Theile setzen, weil sie ihnen sonst
keine Stelle zu geben wissen.

§. 19. Die festen Theile bestehen insge=
sammt aus Fasern, welche man als die klei=
nesten Theile anzusehen hat, die man mit
blossen Augen unterscheiden kan. Es haben
die Fasern (*fibræ*) die Figur eines Fadens,
und sind von verschiedener Art nach dem
Unterscheide der Theile, die daraus beste=
hen. Wenn sie dünne sind, wie ein zarter
Faden, pfleget man sie *fibrillas* oder Fä=
selein , ingleichen Zäserlein zu nennen.
Es sind insonderheit drey derselben für an=
dern zu mercken, nemlich die Fasern der
Mäuß=

*Nutzen
der Fa=
sern und
ihre Be=
schaffen=
heit.*

Mäußlein (*fibræ carneæ*), die Fasern der
Flechsen (*fibræ tendineæ*) und die Fasern
der Nerven (*fibræ nervosæ*). Diese drey
Arten hat niemand sorgfältiger, als *Leu-
wenhoek* betrachtet, und wil ich davon
umständlicher handeln, wenn ich den Nutzen der Mäußlein, des Haarwachses und
der Nerven untersuchen werde. Hier mer-
cke ich bloß an, daß die grossen Fasern immer aus kleinern bestehen, welches man
wahrnimmet, wenn man sie durch tüchtige Vergrösserungs-Gläser nach und nach
immer mehr vergrössert. Und hierinnen
kommen sie mit den Faden überein, die
gleichfals aus sehr vielen kleinen Fäselein
bestehen: wie denn ein einiger Faden Seide, wie er aus Taffent gezogen wird, mehr
als hundert Fäselein in sich fasset (§. 85.
T. III. Exper.). Viele kleine zusammen
machen eine Faser aus, damit sie feste
wird, und in dem Gebrauche ausdauren
kan: gleich wie wir finden, daß ein jedes
Fäselein von einem Faden Seide über die
maassen leichte zerreisset, hingegen viele zusammen einen festen Faden ausmachen.
Ihren Nutzen weiset der Augenschein, nemlich daß die verschiedenen Arten der Theile
daraus zusammen gesetzet werden. Sie
sind alle ausgespannet: denn wenn man sie
mitten durchschneidet, so fahren sie zusammen, und werden kürtzer. Und dieses ist
die

die Ursache, warum die Wunde sich so weit
von einander giebet, wenn man ein Mäußlein, oder auch einen Nerven durchschneidet. Fraget man nun ferner, was sie aus-
spannet; so kan man wohl nicht anders
antworten, als daß es die flüßige Materie ist, so sie feuchte erhält. Denn wenn
man ein Mäußlein, oder einen Nerven,
oder sonst dergleichen etwas austrocknen
lässet; so verlieret sich auch diese Eigen-
schafft, und mag man die Fasern nach diesem durchschneiden wie man will, so werden sie nicht mehr in einander fahren. Es
haben demnach die Fäselein eine ausdehnende Krafft, welches auch gar sehr nöthig
ist, indem die Feuchtigkeit, dadurch sie gespannet werden, nicht immer in gleicher
Menge anzutreffen, und sie daher bald viel,
bald wenig gespannet werden. Es werden die Fasern mit der Zeit immer zäher,
und endlich gantz harte, womit ihre ausdehnende Krafft abnimmet. Das kan man
an dem alten Fleische sehen, welches sich
gar nicht will weich kochen lassen: woraus man abnehmen kan, daß das Wasser
nicht mehr so leichte, wie in junge Fasern,
dringen kan, folgends daß die Materie
derselben dichter worden, als sie Anfangs
war. Ich sage, das Wasser kan nicht so
leichte hinein dringen, und sie erweichen:
Denn durch die so genannte *Machinam Pa-
pinia-*

pinianam, davon ich bald ein mehrers an=
führen werde, laſſen ſie ſich ſo viel erwei=
chen, als man nun verlangen kan. War=
um aber die meiſten Theile aus Faſern zu=
ſammen geſetzet werden, wird ſich nach die=
ſem zeigen, wenn wir die daraus zuſam=
mengeſetzte Theile des Leibes ins beſondere
betrachten werden.

§. 20. Die härteſten Theile in dem
Leibe der Menſchen und der Thiere ſind die
Knochen oder Beine, die man zu beſchrei=
ben nicht nöthig hat, weil ſie jederman ih=
ren Eigenſchafften nach bekandt ſind. Es
wiſſen auch die Anatomici, davon weiter
nichts anzugeben, als was man mit bloſſen
Augen ſehen, und den ubrigen Sinnen er=
reichen kan, nichts mehr zu ſagen, als daß
ſie harte, weiß, und ohne Empfindung
ſeyn. Ihr Haupt=Nutzen iſt, daß ſie den
Leib feſte und ſteiff machen. Denn da
die übrigen Theile alle weich ſind, und ſich
gleich beugen durch ihre eigene Laſt und
zuſammen fallen; ſo wäre nicht möglich,
daß weder ein Menſch, noch ein Thier auf=
gerichtet ſtehen, noch gehen könte, wenn
nicht überall Knochen wären, welche die
Glieder ſteiff machten. Und eben deßwe=
gen gehen die Knochen nicht allein durch den
gantzen Leib, ſondern auch durch alle ein=
tzele Glieder, die als beſondere Theile
daran zu ſehen, als durch die Armen, Füſſe,

Nutzen und Be= ſchaffen= heit der Knochen.

Hän=

Hände, Finger, Zehen. Sie haben aber
ihre Gelencke, nachdem es nöthig ist, daß
das Glied, welches sie steiff machen, sich an
den andern hin und wieder bewegen soll.
Ich rede hier bloß von dem allgemeinen Nutzen der Knochen: denn was von
einigen ins besondere zu sagen ist, werde
ich an seinem gehörigen Orte beybringen.

Nutzen
des
Marcks
in den
Knochen.

§. 21. Die meisten Knochen sind in der
Mitten hohl, und ist die Höhle mit Marck
erfüllet, welches eine öhlichte Fettigkeit in
sich begreiffet. Die Knochen sind nicht so
dichte, daß sie nicht überall viele Räumlein
leer liessen, die nicht mit ihrer Materie erfüllet sind. Derowegen da ölichte Fettigkeit sich in dergleichen leere Räumlein der
Cörper gantz willig hinein ziehet, wie solches die gemeine Erfahrung überflüßig bezeuget; so kan es auch nicht anders geschehen, als daß die ölichte Fettigkeit des Marckes, welches die Höhle des Knochens erfüllet, sich in dieselben hinein ziehet. Nun
machet das Oele harte Cörper geschmeidig,
daß sie sich leichter biegen lassen, und nicht
so leichte springen. Und demnach siehet
man, daß auch das Marck die Knochen geschmeidig erhält, damit sie nicht durch einen jeden Zufall springen, sondern einen
Stoß aushalten können. Es ist wohl
wahr, daß auch das Wasser, welches die
Sachen erweichet, dergleichen Nutzen ge-
weh-

wehren kan : allein das Oele hat doch in
gegenwärtigem Falle einen nicht geringen
Vorzug. Denn es sind nicht allein die
Knochen so dichte, daß es gar schweer hält,
Wasser hinein zu bringen, und sie dadurch
zu erweichen ; sondern das Oele bleibet
auch länger darinnen , und kan nicht so
bald wie das Wasser, oder eine andere flüsi-
sige Materie wieder ausdämpffen : zu geschweigen, daß auch noch ein grosser Unterscheid ist, ob etwas durch Wasser, oder eine andere flüßige Materie erweichet , oder
aber durch ölichte schmeidig gemacht wird.

§. 22. So harte als die Knochen sind, so
lassen sie sich doch wieder erweichen, und so
zu reden, in eine Gallert verwandeln. Man
brauchet dazu ein besonderes Instrument,
welches man insgemein *Machinam Papi-*
nianam zu nennen pfleget, weil es der berühmte Frantzose, *Dionysius Papinus,* der eine Zeitlang Sr. Hochfürstl. Durchlauch-
rigkeit, des Herrn Landgrafens von Hessen-
Cassel Mathematicus, und Mathematum
Professor zu Marburg gewesen , erfunden.
Wie er es angegeben, wird es in den Actis
Eruditorum (a) umständlich beschrieben:
nach diesem aber hat man es mit geringe-
rem Zugehöre verfertiget. Ich habe es,
wie

Wie die
Knochen
sich er-
weichen
lassen,
und Be-
schrei-
bung der
dazu ge-
hörigen
Machi-
ne.

(a) A, 1697. p. 276, & seqq.

wie den grösten Theil meiner übrigen Instrumente, welche ich zum Experimentiren
gebrauchet, bey dem berühmten Mechani-
co in Leipzig, dem Herrn Commercien-
Rathe Leupold, machen lassen, und will
es so, wie ich es besitze, beschreiben. Es ist
ein hohler Cylinder von Meßing, in der Länge von 9 und in der Weite von $3\frac{1}{2}$ Zollen.
Der Meßing ist etwas starck, damit er die
Gewalt der von der Wärme sich ausdehnenden Lufft vertragen kan (§.146. T. I.
Exper.): zu welchem Ende auch das Instrument mit Schlageloth gelöthet, damit es
in der grossen Hitze nicht schmeltzet. Das
meiste kommet auf die Befestigung des
Deckels an, daß ihn die Gewalt der Lufft,
von welcher ich erst gedacht, nicht heraus-
stossen kan. Es wird aber dazu eben dasjenige Kunst-Stücke gebraucht, wodurch
der Deckel in dem Instrumente befestiget
wird, damit man die Lufft zusammen drü-
cket ($\mathcal{f}$. 5. T. III. Exper.). Denn es ist
gleich viel, ob die ausdehnende Krafft der
Lufft durch gewaltsames Zusammenpres-
sen, oder aber durch grosse Hitze vermehret
wird. Und deßwegen achte ich es auch
nicht für nöthig, das Instrument erst im
Kupffer vorzustellen, weil man es gar leicht
sich vorstellen kan, wenn man die Beschreibung gegen die Figur von dem erstermel-
deten Instrumente hält, darinnen man die
Lufft

Lufft zusammen zu drucken pfleget (b):
Nemlich auch hier ist der eine Boden, wo
man die Knochen hinein thut, oval ausgeschnitten, und wird der Oval-Deckel, der
ein wenig länger und breiter ist als die Eröffnung, nach der Seite hinein gesteckt.
Zwischen Deckel und den Rand des Bo-
dens leget man einen Ring von Filtz, aus
einem alten Hute geschnitten, und feuchtet
ihn vorher starck an, damit er sich desto genauer anpressen lässet, und verhindert, daß
keine Lufft darzwischen heraus kommen
kan, wenn ihre ausdehnende Krafft
durch die Wärme noch soviel verstärcket
wird.   Es wird aber der Boden vermittelst einer Schraube und einem eisernen
Qverbande von aussen so starck angezogen,
als man es für nöthig erachtet.   Wenn
man nun in dieses Instrument Wasser
geußt, und die Knochen hinein leget, nach
diesem dasselbe auf das Feuer setzet; so
werden sie darinnen erweichet, wie vorhin
gedacht worden.   Wer bedencket, wie die
Knochen in Menschen erzeuget und ernähret worden; der wird sich nicht wundern,
wie es möglich ist, daß sie in diesem Instrumente weich kochen können.   Sie werden von einer flüßigen Materie ernähret,
nemlich von dem Saltz-Wasser des Geblü-

(Physik. III.)   C   tes

tes, wovon der gantze Leib ernähret wird
(§. 418. Phyſ.). Dieſes Waſſer wird
wie eine Gallert, wenn die übrige Näſſe
ausdämpfft. Und in einen ſolchem Zuſtande ſind auch Anfangs die Knochen der
Frucht, wenn ſie in Mutterleibe gebildet
wird: es läſſet ſich auch nicht anders begreiffen, als daß der Zuſatz, den ſie im
Wachsthume erhalten, von eben derſelben
Art iſt, ehe er die Feſtigkeit und Härte eines Knochens bekommet. Da nun die
Knochen aus einer weichen Materie worden, die nach und nach durch die Ausdämpffung der Feuchtigkeit entſtanden; ſo iſt es
auch kein Wunder, wenn ſie durch das
Waſſer wieder erweicht werden. Die
Wärme vermehret nicht allein die ausdehnende Krafft der Lufft gewaltig, indem das
Inſtrument über dem Feuer lieget, (§.133.
T. I. Exper.); ſondern erfüllet ſie auch mit
Dämpffen wie in den Dampff-Kugeln (§.
171. T. I. Exper.). Weil nun die Lufft
nirgends einen Ausgang findet, ſo drucket
ſie auf das Waſſer und den Knochen, und
treibet daher das durch die Wärme ſubti-
liſirte Waſſer (§. 215. T. I. Exper.) in die
Zwiſchen-Räumlein des Knochens hinein.
Wenn nun ſolchergeſtalt die Feuchtigkeit
wieder auflöſet, was durch das Trocknen
vereiniget worden war; ſo wird der Knochen wieder weich, wie er im Anfange war
(§. 64.

§. 64. Phyſ.). Die groſſe Hitze, welche doch aber durch das Waſſer gelinde gemacht worden, daß ſie den Knochen nicht calciniren, oder in einen Kalck verwandeln kan, dringet gleichfalls in die Zwiſchen-Räumlein hauffig hinein, und erweitert dieſelben (§. 295. T. II. Exper.), damit das Waſſer deſto williger hineingehet. In dem Magen der Hunde werden die Knochen auch verdauet, oder in eine flüßige Materie aufgelöſet: allein da gehet es auf eine andere Art zu, maſſen ſie nicht durch bloſſes Waſſer, ſondern durch eine andere flüßige Materie aufgelöſet werden, nemlich den Magendrüſen-Safft (§. 411. Phyſ.), und deßwegen braucht es auch nicht ſo groſſe Gewalt, die flüßige Materie in die Zwiſchen-Räumlein des Knochens hinein zu treiben. Weil aber die Erweichung der Knochen durch das Papiniſche Inſtrument zeiget, daß ſie ſich wieder in eine ſolche Materie auflöſen laſſen, die wie eine Speiſe genoſſen werden kan; ſo darf uns auch nicht befremden, wenn ſie die Hunde nähren, deren Magen ſie aufzulöſen geſchickt iſt.

§. 22. Es ſind die Knochen aus Faſern zuſammen geſetzet, die ſich wie Faden noch der Länge fortziehen. In weichen Knochen, dergleichen man in jungen Thieren und verſtorbenen Kindern antrifft, kan man

Innere Beſchaffenheit der Knochen.

C 2 ſol-

solches gar leicht sehen : denn da lässet sich
ein Stücke nach der Länge von ihnen abreissen, sie lassen sich auch wie Holtz spal-
ten, welches nicht geschehen könte, woferne
sie nicht aus Fäsern bestünden, die nach der
Länge des Knochens fortgehen ($. 47.
Phys.). Will man mit Vergnügen sehen, wie die grossen Fasern aus kleineren
Fäserlein zusammen gesetzet sind, und was
es mit diesen für eine Beschaffenheit hat ;
so darf man es nur auf die Art und Weise
angreiffen, wie ich es mit dem Holtze angefangen, da ich es unter das Vergrösserungs-
Glaß gebracht, um seine innere Beschaffenheit genauer zu erkennen ($. 96. T. III. Ex-
per.). Und dieses dienet dazu, daß der
nöthige Nahrungs-Safft sich nach der Länge des Knochens hinein ziehen, und denselben ernähren kan, sonder Zweiffel auf die
Art und Weise wie sich die Nässe im Holtze nach der Länge der Fäselein beweget ($.
cit. III. Exper.). Es gienge auch an,
daß man dieses in subtilen von jungen
Knochen abgeschnittenen Spänlein versuchte, nach dem Exempel, wie ich es mit
dem Holtze gemacht. Ja da in dem Experi-
mente mit dem Holtze der Speichel sich nach
der Länge der Fäserlein, auch wo sie etwas
krumm lagen, und nicht gerade in einem
fortgiengen, bewegte, der von aussen in das
Holtz hinein drang; so kan man daraus
auch

auch leicht abnehmen, daß das ölichte von
dem Marckte, welches sich in den Knochen
hinein ziehet, zwischen den Fäserlein sich
fort beweget, und solchergestalt überall
hinein ziehet, um sie gezüge zu machen.
Daß der Nahrungs-Safft würcklich durch
die Knochen nach der Länge der Fäserlein
sich beweget, kan man daraus sehen, weil
sie wieder zusammen wachsen, wenn sie gebrochen sind. Und hat *Diemerbroek* (a)
ein merckwürdiges Exempel, daß aus einem
gebrochenen Schienbein ein Stücke heraus gesäget worden, und dasselbe doch
wieder so zusammen gewachsen, daß es seine rechte Länge behalten, indem die beyden
von einander abgesonderten Theile sich
wieder nach und nach verlängert, daß sie
vermittelst desjenigen, was an beyden Enden herausgewachsen, wieder zusammen
gestossen, un endlich an einander gewachsen.
Man giebet gantz gerne zu, daß, was von
neuem angewachsen, nicht eben in allen so
gebildet gewesen wie die Knochen zu seyn
pflegen, und keine solche Fasen, wie sie, gehabt: allein dieses ist auch nicht zu unserem Beweise nöthig. Es ist gnung, daß
durch die gantze Breite des Knochens an
beyden Enden nach und nach so viel Nahrungs-Safft heraus gedrungen, als den lee-

C 3 ren

(a) Anat. lib. 9. c. 1. p. m. 770. 771

ren Raum zwischen beyden Theilen zu erfüllen nöthig gewesen.   Denn solchergestalt ist mehr als zu klar, daß der Nahrungs-Safft durch den gantzen Knochen
nach der Länge der Fasern in Menge durch-
rinnet.   Und ersiehet man auch hieraus,
was es für einen Nutzen hat, daß die Knochen aus Fasern, und diese wiederum aus
viel subtileren Fäselein zusammen gesetzet
wird.

Wie der Nahrungs-Safft in die Knochen kommet. §. 24. Der Nahrungs-Safft ist eigentlich das Wässerige von dem Geblüte, wel-
ches man *serum* oder, das Saltz-Wasser
nennet (§.414.Phys.).   Da er nun von
dem Geblüte kommet, so muß auch, wo er
sich absondern soll, das Blut durch die Puls-
Adern zugeführet werden (§.415.Phys.).
Wo aber Puls-Adern vorhanden sind, die
Geblüte zuführen, da müssen auch Blut-
Adern vorhanden seyn, die es wieder zu dem
Hertzen abführen.   Man kan demnach
nicht anders schliessen, als daß auch Puls-
Adern und Blut-Adern in die Knochen
gehen müssen.   Nun berufft man sich zwar
darauf, daß man keine darinnen siehet:
allein sie können so kleine seyn, daß man sie
nicht wahrnimmet, gleich wie wir, die kleinen Blut-Gefäßlein nicht sehen können, ausser nur in gewissen Fällen durch sehr gute
Vergrösserungs-Gläser, dadurch das Blut
aus den Puls-Adern in die Adern zurücke
gehet

gehet (§. 98. T. III. Exper.). Unterdessen hat man doch auch in einigen Fällen
Puls-und Blut Adern in den Knochen-an-
getroffen. Denn Anfangs kan man in
grossen Knochen den Eingang der Blut-
Gefässe in dieselben auch mit blossem Auge
wahrnehmen, dergleichen das Achselbein
und das Schenckelbein ist, wo man die Höhlen, wo sie durchgehen, biß an das Marck
antrifft, darnach hat auch *Diemerbræk* einen besonderen Fall angeführet (b), da man
sie gantz eigentlich wahrgenommen. Z. E.
Er hat in einem jungen Menschen, der das
Schienbein gebrochen hatte, mitten in den
Knochen ein Puls-Aederlein angetroffen,
welches einige Tage hinter einander in einem sehr starck fortgeschlagen, unerachtet
das Fleisch um den Knochen gantz weggenommen war: woraus zugleich erhellet,
daß das Puls-Aederlein aus einem ent-
ferneten Orte in dem Knochen muß kommen seyn.

§. 25. *Clopton Havers*, der von den
Knochen mit besonderem Fleisse geschrieben (c), und der berühmte *Malpighius* (d)
haben die innere Structur der Knochen genau

Beschaf-
fenheit
der Fä-
serlein in
Knochen.

C 4

(b) loc. cit. p. m. 768.

(c) Osteologia Nova, or sane observations
of the Bones p. 33.

(d) in Operib. posthum. p. 47. Conf. Anat.
Plant. idea p. m. 4. & Arat. plant. p. 19.

nau zu unterſuchen ſich angelegen ſeyn laſſen. Es reimet ſich aber zu dem, was vorhin von der Bewegung des Ortes von Marcke und Nahrungs-Saffte durch die Knochen beygebracht worden (§. 24.) am beſten, welches inſonderheit *Leeuwenhæk* ausgeführet (a), daß die Fäſerlein, daraus der
Knochen zuſammen geſetzet iſt, nichts anders als lauter kleine Röhrlein ſind, deren
er viererley Arten nach der Länge, zweyerley aber nach der Breite angemercket, welche letztere von der inneren Fläche an die
äuſſere gleichſam wie die radii des
Circuls aus dem Mittel-Puncte an die
Peripherie, gehen. Denn durch die Röhrlein nach der Breite findet die ölichte Materie ihren Eingang darein; durch die andern nach der Länge beweget ſich der Nahrungs-Safft. Was aber der Unterſcheid
der Röhrlein zu ſagen hat, brauchet eine
weitere Unterſuchung, und läſſet ſich zur
Zeit noch nicht beſtimmen. Es iſt aber um
ſo viel ſchwerer in dergleichen Dingen
zu Stande zu kommen, weil die Obſervationen mit den Vergröſſerungs-Gläſern,
die dazu erfordert werden, eine ſehr delica-
te Sache ſind, dabey man es gar leichte
verſehen kan: wie denjenigen nicht unbekandt iſt, welche damit zu thun gehabt. Und
über

a) in Epiſt. part. 2.

über dieſes machet nicht geringe Schwierigkeiten, daß die Natur in ihrer Eintheilung
ſo ſubtil herunter ſteiget, daß wir ihr auch
mit den beſten Vergröſſerungs-Gläſern,
die am allermeiſten vergröſſern, nicht folgen können (§. 3. Phyſ.)

§. 26. Es iſt bekandt, daß man die Knochen calciniren, oder zu einem Kalcke laſſen ſich
brennen kan, wiewohl derſelbe Kalck unterſchieden iſt von dem gemeinen, den man
aus Steinen brennet; ja auch ſelbſt nicht
einerley von den Knochen verſchiedener
Thiere. Und dieſes hat dazu Anlaß gegeben, daß man vermeynet, die Materie der
Knochen wäre eine Kalck-Erde, und andere behauptet, ſie würden aus einem Gyps-
Saffte erzeuget. Allein da dieſes uns
weiter nichts lehret, als was die Erfahrung von der Calcinirung der Knochen mit
ſich bringet, ſo können wir daraus weiter
nichts machen. Man ſiehet aber leicht,
daß dieſe Materie der Haupt-Abſicht der
Knochen gemäß iſt. Denn da dieſelben
den gantzen Leib ſteiff und feſte machen ſollen (§. 20.); ſo müſſen ſie auch aus einer
Materie beſtehen, die zur Feſtigkeit und
Härte geſchickt iſt. Und erkennet man
ferner, daß inſonderheit die irrdiſchen Theile des Geblütes ſich für die Knochen abſondern, maſſen die übrigen Theile des Leibes ſich nicht, wie ſie, calciniren laſſen. Es

C 5　　　　wer-

werden aber die Knochen, wenn sie calci-
niret werden, leichter als sie vorhin waren, gleich den Steinen (§. 69. Arch. civ.),
und behalten auch nicht mehr ihre vorige
Festigkeit und Härte. Derowegen ist klar,
daß sie einen Abgang der Materie leiden
müssen, und zwar insonderheit derjenigen,
welche zur Festigkeit der Knochen dienet,
und die irrdischen Theile gleichsam zusammen leimet. Weil diese Materie im Feuer
weggehet, und die übrigen, welche Kalck
wird, zurücke verbleibet; so muß sie von
dieser unterschieden seyn.　Weil aber der
Knochen, nachdem sie weg ist, nicht mehr
seine Festigkeit behält; so muß diejenige,
welche weggehet, eben die Ursache von der
Festigkeit seyn.　Und demnach ist klar,
daß in den Knochen mehr als eine kalckich-
te Erde ist, ob wohl diese den grösten Theil
ausmachet.

§. 27. Uber die Knochen ist von aussen
eine subtile Haut überspannet, die man *Periostium* nennet.　Sie ist über alle massen
empfindlich, wie die Erfahrung der Wund-
Artzte bezeuget, die sie bey Wunden haben,
welche biß an die Knochen gehet. Und eben
daher kommet es, daß es uns so wehe thut,
wenn wir einen Knochen wieder etwas
Hartes starck anschlagen.　Ja daß man
sich einbildet, als wenn einem die Knochen
wehe thäten, kommet her von dem Schmertzen

Nutzen der Haut um die Knochen.

tzen, den man in dieser Haut empfindet.
Denn daß der Schmertz nicht biß in den
harten Knochen selber gehet, bezeuget abermahls die Erfahrung der Wund-Aertzte,
welche Knochen sengen und zersägen, ohne
daß dadurch dem Patienten ein Schmertz
verursachet wird. Es hat zwar *Diemerbræk* (a) ein Exempel angeführet, welches
diesem entgegen zu seyn scheinet, da einer in
einem Knochen, welches von der gemelde-
ten Haut entblöset gewesen, einen so em-
pfindlichen Schmertz gehabt, daß man ihn
nicht hat anrühren dörffen: allein er hat
den Zweiffel, der daher entstehen könte,
schon selbst genommen, nemlich daß der
Schmertz in dem oberen Theile der Haut
gewesen, ingleichen in der unteren, wo der
Knochen noch im Fleische gesessen, und sein
periostium gehabt, oder mit seiner subtilen Haut umgeben gewesen. Denn da
oben und unten ein Schmertz an den Knochen gewesen, so hat es nicht anders gelassen, als wenn sich der Schmertz durch
den gantzen Knochen durchzöge. Und hat
es um so viel mehr gelassen, als wenn der
Schmertz in dem Knochen wäre, weil die
subtile Haut ihn rings herum umkleidet,
folgends der Schmertz um den gantzen
Knochen herum zu spüren gewesen. Daß
aber

—————————————————

(a) Anat.lib. 9.c. 1.p. m, 772.

aber der Knochen nicht hat dörffen angerühret werden, ohne einen erleidlichen
Schmertz; Lässet sich nicht weniger begreiffen. Denn es ist nicht möglich, daß,
indem der Knochen zwischen den beyden
Enden angegriffen wird, die Bewegung
nicht den gantzen treffen solte. Derowegen weil dadurch auch diejenigen Theile
gerühret werden, wo das schmertzhaffte
Häutlein gewesen; so hat man auch dadurch den Schmertz empfindlicher gemacht,
indem das Häutlein entweder gespannet,
oder angestossen worden, welches beydes
den Schmertz in einem schmertzhafften
Theile vermehret. Diese grosse Empfindlichkeit des *periostii* zeiget seinen Nutzen.
Es dienet dazu, daß man die Knochen desto besser in acht nimmet, damit sie nicht
durch einen Zufall gebrochen werden.
Wäre kein Schmertz zu spüren, wenn man
mit einen Knochen starck aufschlüge, oder
anstösse, oder auch ihn beschweerete; so
würde man in vorkommenden Fällen mehr
wagen, als er vertragen kan, und sie öffters
entzwey brechen. Allein da der Schmertz
sehr empfindlich ist, wenn man ihnen zu nahe kommet; so ziehet man nicht gleich wieder zurücke, wo Gefahr ist, und entrinnet
derselben, sondern man mercket auch, was
uns wehe gethan, und nimmt sich inskünff-
tige nicht allein in diesem Falle, so denn
auch

auch in allen übrigen, wo man den Knochen zu nahe kommen kan, mit allem Fleiffe in acht. *Clopton Haver* b) mercket an, daß das periostium aus zweyerley Arten der Fasern bestehet, nemlich aus Nerven-Fasern, die an dem Knochen hart anliegen, und aus Fasen der Flechsen und Mäußlein, die von auffen über jenen weglauffen, und aus dem Mäußlein und den Flächsen, oder dem Haarwachse ihren Ursprung haben. Und hierdurch wird dasjenige überflüßig bekräfftiget, was wir vorhin von der Empfindlichkeit des Knochens erinnert, der von seinem periostio entblösset gewesen, wo man ihn angerühret. Und siehet man zugleich, daß der Schmertz hauptsächlich daher empfindlich worden, weil das Häutlein des Knochens, welches so zu reden, an die Flächse und die anliegenden Mäußlein angewachsen ist, durch das Anrühren des Knochens gespannt worden.

§. 28. Das Knorpel (*Cartilago*) kom- Nutzen met den Knochen am nächsten, an deren des Knor-Ende es auch gemeiniglich zu sehen ist. Die pels. genaue Verwandschafft mit Knochen er- hellet daraus, daß einige mit der Zeit zu Knochen werden. Denn es haben nicht allein die *Anatomici* (a) angemercket,

daß

(a) in Osteologia nova p. 16.
(b) Verheyen Anat. lib. 1. Tom. c. 2. p. m. 9.

daß in Kindern weit mehr Knorpel ange=
troffen wird, als in erwachsenen; sondern
es lehret auch solches die gemeine Erfah=
rung, als aus welcher einem jeden, der
auf alles, was ihm vorkommet, acht zu ge=
ben gewohnet ist, erhellet, daß das Kalb=
fleisch weit mehr Knorpel hat, als das
Rindfleisch. Wenn nun aber das Knor=
pel zu Knochen wird, so muß es aus ei=
nerley Materie mit ihm bestehen, und ist
daher auch nicht Wunder, daß es so wohl
als die Knochen gantz unempfindlich ist.
Unterdessen ist es nicht so harte wie die
Knochen, und viel glätter als sie. Und
unerachtet es mit der Zeit auch härter wird,
wie wir z. E. finden, daß es im Kalbfleische
sehr weich ist, und mit dem Fleische so weich
kochet, daß es sich geniessen lässet, hinge=
gen aber im Rindfleische gantz harte, daß
es durch ordentliches Kochen nicht erwei=
chet wird. Es ist nun zwar so weich, daß
es sich mit einem Messer schneiden lässet,
aber hat doch dabey so viel Härte, daß es
nicht nachgiebet, wenn man es mit dem
Finger drücket. Dieses alles zeiget von
seinem Nutzen, den es an den Gelencken
der Knochen hat, wo sie in einander ein=
gesetzet sind, nemlich daß sich ein Knochen
beqvemer an den andern beweget. Denn
weil das Knorpel glatt ist, so reiben sich die
Knochen in ihrer Bewegung nicht an ein=
ander

ander, und so geschichet dieselbe leichter
als sonst, indem kein Wiederstand zu uber-
winden ist, der daher entstehet, daß sich die
Theile an einander reiben (§.209.Mech.).
Aber eben dazu dienet mit, daß das Knorpel gnugsame Härte hat: denn sonst würz-
de es nachgeben, wenn sich in der Bewegung der eine Knochen an den andern drück-
te, und auch dadurch einigen Widerstand
verursachen (§.212. Mech.). Unterdessen
muß es doch einige Weiche haben, damit
es unvermerckt in etwas nachgiebet, und
eines das andere abreibet, wenn es an einander beweget wird. Ihre Weiche wird
zu dem Ende von einer steten Feuchtigkeit
unterhalten, die zu den Puls-Adern zugeführet wird (s.413.Phys.). Es ist nicht
eine blosse Feuchtigkeit, sondern eine ölichte, damit sie durch die grosse Hitze, die allzeit in den inneren Theilen des Leibes ist,
nicht bald wieder vertrieben wird, jedoch
auch nicht bloß eine ölichte Materie, wie
der Knochen von dem Marcke erhält, damit sie dabey etwas schlüpffrich werden,
und solcher gestalt das Knorpel einen geschickten Grad der Weiche erhält, wie es
die vorhin angezeigte Bewegung erfordert. An andern Theilen hat das Knorpel noch besondern Nutzen, der sich aber
am füglichsten an seinem Ort erkläreu
läffet.

§. 29.

§. 29. Von den kleinen Fäserlein werden die Häutlein (*membranæ*) gleichsam als wie aus Faden gewebet. Sie sind über die massen dünne, und bestehen die dicken jederzeit aus andern dünneren, wie man insonderheit durch meinen Anatomischen Heber erfahren kan (§. 69. T. III. Exper.). Sie sind unterschieden nach dem Unterscheide der Fasern und anderer Theile, die sie unterweilen haben: der sich aber am besten bey den besondern Arten der Theile, wo sie gebraucht werden, oder die aus ihnen bestehen, erklären lässet Daß sie so dünne und zarte sind, darff man sich nicht verwundern, indem die Fäserlein, daraus sie bestehen, sehr dünne und zarte sind (§. 19.). Dünne Fäserlein geben ein zartes Gewebe Ihr Nutzen ist verschieden. Unterweilen aber überkleiden sie andere Theile, wie wir vorhin an dem periostio bey den Knochen ein Exempel gehabt: sie dienen aber auch dazu, daß gantze Theile, die inwendig eine Höhle vonnöthen haben, als da sind Schlund, Magen und Gedärme aus ihnen zusammen gesetzet worden, alsdenn pfleget man sie *Tunicas* zu nennen. Im Deutschen haben wir keinen besondern Nahmen, sondern nennen sie auch noch alsdenn mit den allgemeinen Nahmen Häute. In besonderen Theilen haben sie besonderen Nutzen,

de=

der sich am bequemsten an seinem Orte erklären lässet. Z. E. die Häute des Auges/
daraus es zusammen gesetzet ist/ haben ihren besonderen Nutzen (§. 22. *Optic.*) und
werden wir davon noch umbständlicher an
seinem Orte reden/ wann wir von dem Auge handeln werden. Es werden aber die
Häute aus kleineren zusammengesetzt/ nicht
allein der Festigkeit halber/ sondern auch
daß sie zu verschiedenen Verrichtungen nach
dem Unterscheide der Fasern zugleich aufgeleget sind.

§. 30. Die **Bänder** oder **Sehnen** Nutzen
kommen fast mit den Häuten überein/ nur der Bän-
daß sie wie ein Band schmaal und lang der.
sind/ davon sie auch den Nahmen haben.
Sie sind gemeiniglich fester als die Häute
und lassen sich leicht biegen/ wie man es
haben will. Sie verbinden verschiedene
Theile/ insonderheit die Knochen mit einander: Daher sie auch im Lateinischen *Liga-*
menta genennet werden. Und eben deßwegen haben sie zehe und feste seyn müssen/
daß sie sich zwar leicht ziehen und biegen
lassen/ aber doch nicht zerreissen. Sie haben demnach dasjenige an sich/ was man
bey einem Bande verlangen kan. Um dieser Ursache willen sind die Bänder an den
Knochen sehr feste/ daß man sie nicht wohl
zerreissen kan/ weil sie bey der vielen Bewegung der Knochen viel auszustehen ha-

(*Physik. III.*) D ben.

ben. Man spüret auch an ihnen gar keine
Empfindung / damit dadurch die Bewegung nicht beschwerlich / oder / wenn sie
offte wiederhohlet wird / gar schmertzhafft
wird. Es sind dieselben aber auch so willig / daß sie sich in der Bewegung nicht zu
viel dörffen ausdehnen lassen. Und eben
deswegen ist es nicht nöthig gewesen / daß
sie Empfindung hätten und Menschen und
Thiere dadurch für Mißbrauch gewarnet
würden. Hingegen an andern Orten / wo
die Empfindung Nutzen bringet / fehlet es
ihnen nicht daran / wie sichs nach diesem
bey Betrachtung der besonderen Theile des
Leibes satsam zeigen wird. Bey den Anatomicis bekommen die Bänder besondere
Nahmen und heissen bald *ligamenta membranacea*, **häutige Bänder**/ bald *nervosa*, **nervichte** oder **spannaderichte Bänder**/ bald *cartilaginea*, **Knorpelichte
Bänder**/ nachdem sie aus Fasern von dieser oder jener Art (§. 19.) bestehen.

**Nutzen
der
Spann-
Adern
oder
Nerven.**

§. 31. Die **Nerven** oder **Spann-
Adern** (*nervi*) sind von ungemeinem Nutzen: Denn sie machen den Leib der Menschen und Thiere zum Empfinden und zur
Bewegung aufgeleget / dergestalt daß ohne
dieselben keine Empfindung / noch Bewegung im menschlichen Leibe und in Thieren
stat finden würde. Dieser Nutzen ist von
alten Zeiten her bekandt gewesen und ist
dannen-

dannenhero dahin kommen / daß bey vielen
sich der Beweis davon verlohren; Wie es
in dergleichen Fällen zu geschehen pfleget /
daß man vermeinet / weil eine Sache be=
kandt und ausgemacht ist / so habe man
nicht nöthig/ sie erst zu erweisen. Wir fin=
den in allen Gliedmaſſen der Sinnen Ner=
ven / welche den Eindruck derer Dinge/ die
wir empfinden / biß zu dem Gehirne fort=
bringen (§. 426. 427. 431. 432. 433. Phyſ.
I.) Und insonderheit mercken wir / daß das
Gefühle an denjenigen Orten des Leibes
am empfindlichsten ist / wo die Nerven o=
der Nerven=Wärtzlein am häuffigsten an=
zutreffen sind/ als mitten auf der Fuß=So=
le. So hat man auch längst angemercket/
daß/ wann die Nerven verletzt werden /
welche gegen Gliedmaſſen der Sinnen ge=
hen / die Empfindung sich daselbst verlieret.
Und wenn das Häutlein von der groben
Haut abgesondert ist / als wenn man sich
mit heiſſem Waſſer und dergleichen ver=
brandt hat / daß das Häutlein davon abge=
het / und die Nerven=Wärtzlein liegen an
der groben Haut bloß; so kan man weder
die Lufft/ noch die Wärme des Feuers da=
ran vertragen / sondern empfindet davon so
gleich einen Schmertz. Gleichergestalt fin=
den wir / daß in die Mäuslein / wodurch
die Theile des Leibes beweget werden/ Ner=
ven gehen / und keine Bewegung geschehen

D 2   kan/

kan / woferne dieselben entweder zerschnitten / oder gebunden werden : Wie denn auch ein Glied lahm wird / wenn die Nerven / so in das Mäuslein gehen / dadurch es beweget wird / in der Verwundung verletzt werden / unerachtet die Wunde wieder heilet. Die Aertzte und Wund-Aertzte haben so viele Erfahrungen von dem Schaden/ der durch Verletzung der Nerven der Empfindung und Bewegung geschiehet / daß es ihnen wunderlich vorkommen würde / wenn man daran zweiffeln wolte / ob auch würcklich die Nerven zu beydem nöthig wären.

Warum die Nerven unterschieden sind. §. 32. Man pfleget dannenhero in der Anatomie die Nerven in zwey Arten einzutheilen / nemlich in die **Empfindungs-Nerven** / (*nervos sensorios*) und in die **Bewegungs-Nerven** / (*nervos motorios*): deren jene / wie man gleich aus dem Nahmen siehet / zur Empfindung; diese aber zur Bewegung dienen. (§. 31.) Und findet sich auch in der That in ihnen ein innerer Unterscheid. Denn *Raymundus Vieußens* (a) mercket an / daß die Empfindungs-Nerven weicher sind und zärtere Fasern haben / als die Bewegungs-Nerven/ welche viel härter und stärcker sind : Wiewohl

(a) Neurographiæ Universalis lib. 3. c. 1. f. 629. Tom. 2. Biblioth. Anatom.

wohl sich auch unter den letzten in diesem
Stücke ein mercklicher Unterscheid befindet/
nachdem sie in diesem/ oder jenem Theile des
Leibes anzutreffen seyn/ wovon sich eines und
das andere ins besondere wird anmercken las-
sen/ wenn wir dieselbe ins besondere vorneh-
chen und ihren Nutzen untersuchen werden.
Man kan leicht erachten/ daß/ wenn alles/
was man in der Beschaffenheit des Menschlichen Leibes und in dem Leibe der Thiere
antrifft/ seinen Grund haben soll/ warum
es vielmehr auf eine solche Art gemacht ist
als auf eine andere (§. 30. Met.), die Nerven an denjenigen Orten härter und stärcker seyn müssen/ wo sie mehr auszustehen
haben/ als an anderen/ wo ihnen weniger
Gewalt geschiehet. Die Nerven sind wie
lange Faden und also kan ihnen ordentlicher
Weise keine Gewalt geschehen/ als daß sie
gespannet werden. Und demnach müsten
die Empfindungs-Nerven weniger gespannet werden als die Bewegungs-Nerven/
und diese in einem Orte mehr/ als in dem
andern. Und in der That findet sichs auch
so und nicht anders. Z. E. der Gesichts-
Nerve wird bloß von dem Lichte (§. 426.
Phys. I.) und der Gehör-Nerve durch den
Schall (§. 427. Phys. I.), oder die in Bewegung gesetzte Lufft (§. 428. Phys. I.) gerühret: Dadurch aber kan keine grosse
Spannung in ihren Fasern vorgehen/ und
deßwegen sind sie weich und haben zarte

D 3   Fasern

Faſern. Wenn ein Mäuslein einen Theil
des Leibes beweget / ſo werden die Faſern
verkürtzet und zwar ſehr mercklich (§. 435.
Phyſ. I.). Da nun hierdurch die Nerven/
ſo in das Mäuslein gehen/ zugleich ſtarck
gezogen werden; ſo werden ſie hier mehr
geſpannet als in dem Geſichts-und Gehör-
Nerven/ und demnach ſind ſie härter und
feſter. Es ſtimmet alſo die Erfahrung damit überein / was wir durch die bloſſe Vernunfft heraus gebracht. Und man findet
es auch ſo in anderen Theilen des Leibes/
Vergnü- daß/ wenn man ſich bemühet ihre Beſchaf-
gen aus fenheit durch Gründe der Vernunfft her-
der Er- aus zu bringen / man ſie eben ſo heraus
käntnus bringet / wie man ſie in der Anatomie oder
unſeres Zergliederung des Leibes findet. Und die-
Leibes. ſes giebet einem Liebhaber der Warheit
nicht ein geringes Vergnügen / zumahl
wenn er bedencket/ daß unſer Leib wie die
gantze Welt dadurch ein Spiegel der
Weisheit (ſ. 14. Phyſ. II.) und der Vernunfft GOttes wird (ſ. 20. Phyſ. II.)und
man alſo in der Vollkommenheit des Leibes
(§. 152. Met.) zugleich die Vollkommenheiten GOttes (§. 1036. 964. 1083. Met.)
empfindet / wodurch nicht anders als ein
groſſes Vergnügen entſtehen kan (ſ. 409.
Weg die Met.). Uber dieſes bekommet man dadurch
verbor- auch ein Muſter/ wie man die Beſchaffen-
gene Be- heit in den Theilen des Leibes heraus brin-
ſchaffen- gen

gen kan / wo die Sinnen sie zu erkennen nicht zureichen wollen / damit wir weder dichten / was nicht ist / noch auch als etwas erdichtetes verwerffen / was mit gutem Grunde behauptet wird. Da aber mehrere dergleichen Fälle in der Natur vorkommen / wenn man die verborgene Ursachen ihrer Würckungen zu untersuchen sich angelegen seyn lässet; so giebet dieses nicht nur ein Licht / wenn sie uns vorkommen / wie wir darinnen zu verfahren haben / sondern machet uns auch behertzter die Untersuchung zu wagen / daran ein anderer sich nicht leicht machen will.

§. 33. Wir haben besondere Gliedmassen der Empfindung / als das Auge / die Ohren / die Nase / die Zunge / die Haut (§. 426. 427. 431. 432. 433. Phys. I.) und auch besondere Instrumente der Bewegung (§. 434. Phys. I.). Es möchte einen demnach befremden / was dann die Nerven bey dem Empfinden und bey der Bewegung eigentlich zu thun haben. Von der Empfindung habe ich schon anderswo erwiesen / daß sie vermittelst einer subtilen Materie / die sich in ihnen befindet / die Bewegung / welche in den Gliedmassen der Sinnen durch die Sache / die man empfindet / erreget wird / bis zu dem Gehirne fortbringen (§. 778. Met.). Und noch an einem andern Orte (§. 435. Phys. I.) habe ich gezeiget /

heit der Dinge zu suchen.

Eigentliches Ambt der Nerven.

D 4   daß

daß durch die Nerven zu dem Mäuslein /
welches beweget werden soll / eine flüßige
Materie zugeführet wird / die man weder
mit blossen Augen / noch auch durch die
Vergrösserungs-Glässer sehen kan. Da
nun diese Materie der Nerven-Safft oder
die Lebens-Geister genennet wird (§. cit.) ; so
erhellet / daß das Ambt der Nerven hauptsächlich darinnen bestehet / daß sie den Nerven-Safft oder die Lebens-Geister aus dem
Gehierne den Gliedmassen der Sinnen und
denen Mäuslein zuführen und ihn auch
nach Erforderung der Umstände in das Gehierne wieder zurücke führen : wovon sich
ein mehreres wird reden lassen / wenn ich
von Lebens-Geistern und von dem Gehierne reden werde.

Warum sie zum Empfinden und zur Bewegung zugleich dienen. §. 34. Man siehet hieraus zugleich die
Ursachen / warum die Nerven zur Empfin-
dung und Bewegung zugleich dienen / nemlich weil die Bewegungen durch die Empfindungen in denen Fällen ohne allen Zweifel determiniret werden / wo sich die Seele
nicht darein mischet / dergleichen wir gar
viele in unserem Leibe antreffen und die
man insgemein die **Lebens-Bewegungen** (*motus vitales*) zu nennen pfleget /
zum Unterscheide der andern / die man die
willkührlichen Bewegungen (*motus
voluntarios*) heißt. Aus der vorher bestimmten Harmonie ist gewiß / daß auch
diese /

dieſe/ ob zwar nicht unmittelbahr/ durch
die Empfindungen determiniret werden (§.
845. Met.): allein diejenigen / welchen dieſelbe nicht gefallen will/ und entweder mit
dem *Ariſtotele* davor halten/ daß die Seele auf eine natürliche Weiſe oder durch einen natürlichen Einfluß die Lebens-Geiſter
determiniret in die Mäuslein durch die gehörige Nerven zu flieſſen / wo die Bewegung erfolgen ſoll/ oder mit *Carteſio* an-
nehmen/ daß GOtt ſolches verrichte/ können doch auch nicht in Zweiffel ziehen / daß
auch bey den willkührlichen Bewegungen
die Empfindung etwas zu ſagen habe.
Denn gleichwie die Seele von den Empfindungen zu andern Gedancken Anlaß nim-
met/die entweder bloß aus der Einbildungs-
Krafft/ oder zum Theil aus dem Vermögen Vernunffts-Schlüſſe zu machen her-
rühren/ wodurch ſie ſich eine Bewegung
zu wollen determiniret (§. 847. 878. 342.
Met.); ſo müſſen auch nicht allein die Empfindungen (§. 778. Met.), ſondern auch
die Einbildungen (§. 812. Met.) und die
bey den Vernunffts-Schlüſſen gebrauchte
Wörter (§. 842. Met.) auf eine cörperliche
Weiſe/ das iſt/ durch beſondere Bewegungen der flüßigen Nerven-Materie oder Lebens-Geiſter vorgeſtellet werden/ und kan
man bey dem natürlichen Ariſtoteliſchen
Einfluſſe und der unmittelbahren Carte-

ſianiſchen

sianischen Würckung GOttes nichts
weiter einräumen/ als daß nicht immer eine
Bewegung aus der andern nach den natürlichen Gesetzen der Bewegung / wie bey der
vorher bestimmten **Leibnitzischen** Harmonie / erfolget / sondern nach der **Aristotelischen** Meinung unterweilen die Seele/
nach der **Cartesianischen** GOtt der Seele zu gefallen/ bloß die Direction oder Richtung in der Bewegung der Materie ändert/
die sonst andere Bewegungen hervor bringen würde / welche mit den Würckungen
der Seele nicht gleichstimmig wären.

Was zu thun wo man die vorher bestimmte Harmonie wiederlegen will.

Man siehet demnach (welches ich zufälliger
Weise erinnere)/ daß *Aristoteles* und *Cartesius* in ihren Erklärungen der Gemeinschafft zwischen Leib und Seele vorausse-
tzen/ daß/ wenn die Bewegung der Nerven-Materie oder der Lebens-Geister im
Gehierne nach den ordentlichen Regeln der
Bewegung sollte fortgesetzet werden/ solche
Bewegungen herauskommen würden/ die
den Vorstellungen und dem Willen der
Seele/ welche von ihrer Freyheit herrüh-
ren/ gantz zuwieder wären: welches aber
der Herr von **Leibnitz** nicht davor hält.
Wer nun die vorher bestimmte Harmonie
wiederlegen wollte/ der müste diesen Satz/
der bloß für die lange Weile angenommen
wird/ erweisen.   Man siehet/ daß ich wie
überhaupt / also auch für die vorher bestimmte

stimmte Harmonie nicht so eingenommen
bin / daß ich nicht eine Meinung willig
würde fahren lassen/ wenn man ihre Un-
richtigkeit richtig erwiese: vielmehr siehet
man / daß ich allzeit bereit bin der Wahrheit Platz zu geben / indem ich selbst bey
Gelegenheit an die Hand gebe/ worauf es
eigentlich ankäme / wenn man eine Mei-
nung/ die ich für wahrscheinlicher als andere halte/ umb der Gründe willen / die
sie vor sich hat / als unrichtig darstellen
sollte. Wer aber sich über dergleichen Arbeit machen wil / der muß in der Erkäntnis der Natur und insonderheit des menschlichen Cörpers mehr Verstand haben als
Leuten beyzuwohnen pfleget / welche von
natürlichen Dingen kaum so viel als der
gemeine Mann wissen.

§. 35. Weil die Nerven dazu dienen/
daß die Bewegungen im Leibe durch den
Eindruck in die Sinnen determiniret werden können (§. 34.); so unterhalten sie eine
Communication unter den Gliedmaßen der
Sinnen und den bewegenden Mäuslein.
Und deßwegen haben sie auch alle einen allgemeinen Ursprung: denn sie entspringen
entweder unmittelbahr aus dem Gehierne/
oder aus dem Rücken-Marcke / welches
bis in das Gehierne gehet / wie wir unten
an seinem Orte umbständlicher davon reden
werden / und kommen demnach alle aus
dem

Wie die Nerven die Communication zwischen den Gliedmaßen der Sinnen und Mäuslein unterhalten/ auch die Ge-

schafft des Leibes mit der Seele.

dem Gehirne. Da nun die Seele sonderlich bey den Empfindungen und den Bewegungen gewisser Gliedmassen des Leibes interessiret ist (§. 528. 535. Met.); so dienen die Nerven mit zu Unterhaltung der Gemeinschafft zwischen Leib und Seele / dergestalt daß man sagen kan / die Seele sey hauptsächlich mit den Nerven vereiniget/ weil weder sie anders von dem Leibe / noch der Leib anders von ihr dependiret als durch die Nerven.

Nerven machen daß der Cörper leben kan.

§. 36. Das Leben der Menschen und der Thiere ist hauptsächlich dem Umlauffe des Geblütes zuzuschreiben (§. 455. Phys. I.). Der Umlauff des Geblütes kommet von der Bewegung des Hertzens / so aus fleischernen Fasern bestehet (§. 415. Phys. I.) und daher auf eben eine solche Art beweget wird. Da nun die Nerven zur Bewegung nöthig sind (§. 34.); so kan auch ohne sie das Leben des Leibes nicht bestehen. Man kan dieses auch noch auff eine andere Art begreiffen. Ohne die Nerven kan keine Empfindung/ noch Bewegung in dem Leibe stat finden (§. 34.). Wenn man annehmen wollte / daß alle Nerven im menschlichen Leibe auff einmahl vernichtet / oder in andere Fasern verwandelt würden; so würde der gantze Leib auff einmahl alle Empfindung und Bewegung verlieren (§. cit.). Da nun ein Leib / der weder Empfindung/
noch

noch Bewegung hat / ein lebloſer Cörper
iſt; ſo kan ein Leib ohne Nerven nicht leben. Und demnach iſt es klar / daß die
Nerven dazu dienen / daß ein Cörper lebhafft ſeyn kan. Freylich gehöret noch
mehr dazu / wenn er würcklich leben ſoll:
allein da wir bloß behaupten / daß der Leib
ohne Nerven nicht lebhafft ſeyn kan / ſo
ſchlüſſen wir das übrige nicht davon aus.
Wenn einer von den Wahrheits-Gründen
fehlet / ſo findet die Wahrheit nicht mehr
ſtat: unterdeſſen wenn er geſetzet wird / ſo
wird dadurch der Wahrheit noch kein Platz
gemacht (§. 127. Annot. Met.).

§. 37. Da durch die Nerven der Nerven-Safft oder die Lebens-Geiſter durch
den Leib vertheilet werden (§. 33.) und dadurch der Leib belebt wird / der ſonſt ohne
alle Empfindung und Bewegung ſeyn würde (§. 34. 35.); ſo kan man nicht anders
als auf die Gedancken verfallen / daß die
Nerven hohl ſind und man die kleinen Faſern / daraus ſie beſtehen / nicht anders als
ſubtile Röhren anzuſehen hat. Und dieſes
hat auch Anlaß gegeben / daß ſich viele bemühet dieſelbe zu ſehen; aber vergebens.
Sie haben endlich wie Vieuſſens (a) geſte-
hen müſſen / daß ſie nirgends einige merckliche Höhle entdecken können. Der berühmte

Ob die Nerven hohl ſind.

_____

(a) loc. cit. ad §. 32.

rühmte *Leeuwenhœk* (b), der durch seine
Observationen vermittelst der Vergrösserungs-Gläser in der Natur vieles entde-
cket/ hat in diesem Stücke auch lange Zeit
vergebene Mühe angewandt: endlich aber
ist es ihm doch nach Wunsch gelungen/
daß er in einem Scheiblein von einem quer
durchgeschnittenen Nerven die subtilen Fäserlein erblicket/ als wenn sie mit einer subtilen Nadel durchstochen werden.   Und
also hat man hier abermahls eine Probe/
daß man in der Natur für nichts erdichtetes anzusehen hat/ was aus der natürlichen
Absicht geschlossen wird/ wie insgemein
von einigen zu geschehen pfleget/ die absonderlich in der Anatomie alles gleich vor
erdichtet ausschreyen/ was sie mit blossen
Augen nicht sehen können/ noch mehr aber/
was man durch die Vergrösserungs-Gläser nicht gleich entdecken kan.   Es lehret
auch dieses Exempel/ daß man nicht gleich
dasjenige vor eine Sache ausgeben muß/
die man durch das Vergrösserungs-Glaß
nicht sehen kan/ was man nicht gleich das erste oder das andere mahl dadurch ansichtig
werden kan: Denn bey diesen Observationen kommet es unterweilen auf eine sonderbahre Geschicklichkeit an/ die bald von
der Beschaffenheit der Sache/ welche man
betrach-

*Erinne-
rung we-
gen der
Obser-
vationen
mit Ver-
grösse-
rungs-
Gläs-
sern.*

(b) Epist. Physiolog. p. 310. & seqq.

betrachten will/ bald von dem Gebrauche
des Vergröſſerungs = Glaſſes herrühret/
wie man zur Gnüge erfähret/ wenn man
auf geſchickte Betrachtung der Kleinigkeiten in der Natur durch die Fern = Gläſſer
Fleiß anwendet. Es bleibet demnach ge-
wiß/ daß die Fäſerlein der Nerven hohl
ſind/ und die Urſache/ warum ſie hohl
ſind/ iſt eben dieſe/ daß dadurch der Nerven = Safft/ oder die Lebens = Geiſter durch
den Leib denſelben zur Empfindung und
Bewegung zu beleben vertheilet werden
können.

§. 38. Man hat längſt wahr genom-
men/ daß jeder Nerven/ wenn er auch
gleich nur wie ein ſubtiler Faden ausſiehet/
aus vielen kleinen Fäſerlein zuſammen geſetzet iſt. Dieſe Fäſerlein beſtehen aus einer weiſſen Materie/ wie das Rücken-
Marck/ und ſind mit zweyen Häutlein ü-
berkleidet/ die von den Häuten des Gehiernes ihren Urſprung nehmen. Und dieſes
hat eben Anlaß gegeben/ warum einige ver-
meinet/ die Nerven wären nicht hohl:
ſondern vielmehr gantz erfüllet: denn ſie haben die Nerven = Fäſerlein nicht anders an-
geſehen/ als wenn durch das doppelte
Hirn = Häutlein ein Röhrlein gemacht
würde/ welches das Rücken = Marck aus-
füllete. Allein *Leeuwenhœk* hat (c) gewie-
ſen/

Warum man die Höhle der Ner-ven nicht wohl ſe-hen kan.

(c) loc. cit. p. 311.

sen/ daß man die Fäserlein/ welche man
mit blossen Augen unterscheiden kan/ nicht
mit Recht für die kleinesten hält/ daraus
die Nerven bestehen/ indem er in einem
kleinen Nerven etliche hundert kleine Fäserlein entdecket: Woraus man leicht erachten kan/ daß viele kleine Fäserlein zusammen wieder von einer neuen Haut umkleidet werden/ damit sie ein grösseres Fäserlein machen/ gleichwie die grössere zusammen endlich von der doppelten Haut umkleidet sind/ damit der gantze Nerven heraus kommet.   Wer bedencket/ was schon
überhaupt von den Fasern (§. 19.) angeführet worden/ den wird dieses nicht be-
fremden/ und wer die Kleinigkeiten der
Natur untersuchet/ der wird finden/ daß
die Natur in mehreren Fällen das Grössere
aus Kleinerem von eben der Art zusammen setzet.   Da nun aber die Nerven-
Fäserlein/ darinnen sich die Höhlen zeigen/
so subtile sind; so ist kein Wunder/ daß
man sie nicht durch ein jedes Vergrösse-
rungs-Glaß/ geschweige dann mit blossen
Augen sehen kan.   Es kommet aber auch
noch dieser Umstand dazu/ den *Leeuwen-*
hœk angemercket/ daß die Nerven-Fäserlein im Augenblicke trocken werden und zusammen fallen: Denn dadurch verschwinden einem die Eröffnungen unter den Augen.   Indem man sie recht sehen will/ so
                                        sind

sind sie schon wieder weg. Und hier siehet man in einem Exempel/ was ich erst überhaupt erinnert (§. 38.). Die Nerven sind sehr weich (§. 32.) und daher ist kein Wunder/ daß sie zusammen fallen/ wenn die Materie verraucht/ welche die Fäserlein von einander hält. Weil aber dieselbe Materie so gleich verraucht/ so muß sie eben sehr subtile und flüchtig seyn. Ja da die Häutlein/ welche die subtile Röhrlein machen/ sehr dünne und feuchte sind/ so müssen sie freylich zusammen fallen/ wenn die darinnen enthaltene Materie verrauchet: Die Materie aber/ welche aus ihnen verrauchet/ muß subtiler seyn als diejenige/ welche die Häutlein befeuchtet/ weil diese nicht so geschwinde wie jene verrauchet. Denn wenn die Häulein so bald vertrockneten als die in den Röhrlein enthaltene Materie verrauchet/ so würden sie nicht zusammen fallen/ und die Nerven-Fasern noch wie vorhin sich als mit subtilen Nadeln durchstochen zeigen.

§. 39. Da die Nerven eine sehr subtile flüßige Materie aus dem Gehierne durch den gantzen Leib leiten (§. 33.)/ auch die von subtilen Materien/ als der Materie des Lichtes/ der Lufft/ den Geruch-Stäublein ꝛc. in den Gliedmassen der Sinnen erregete Bewegung in Geschwindigkeit biß zu dem Gehierne fortbringen (§. 33.): so müssen die Fäserlein in einem Nerven sehr subtil seyn.

Ob und warum die Nerven aus vielen Fäserlein bestehen.

(Physik. III.)   E

seyn. Denn wenn sie weit wären/ so würde weder die subtile flüßige Materie ohne
Vermischung fremder sich in den weichen
Röhrlein halten können / noch in grosser
Quantität von einem jeden Eindrucke leicht
können gerühret werden. Der Wiederstand wäre allzeit zu groß. Es kommet a-
ber noch eine gantz besondere Ursache dazu/
darauf nicht so gleich ein jeder verfället/
weil es eine genauere Erkäntnis der Seele
und ihrer Gemeinschafft mit dem Leibe vor-
aussetzet. Eine jede Empfindung hält unzehlich viel in sich/ indem dadurch in der Seele alles dasjenige vorgestellet wird / was in
der Sache unterschiedenes befunden wird/
welche das Gliedmaas der Sinnen rühret
(§. 769. Met.). Nun ist aber die Vorstellung in der Seele so beschaffen/ wie die
cörperliche im Gehirne (§. 845. Met.). Derowegen wenn die Vorstellung in der Seele Deutlichkeit haben sol; so muß auch die
cörperliche im Gehirne Deutlichkeit haben.
Soll diese Deutlichkeit haben; so müssen
die Bewegungen/ welche von verschiedenen
Theilen der die Gliedmassen der Sinnen
berührenden Sachen erreget werden/ ohne
Vermengung durch die Nerven in das Gehirne fortgebracht werden (§. 206. 845.
Met.). Es wird aber ein jeder gar leicht
begreiffen/ daß dieses letztere viel besser geschehen kan/ wenn die Nerven-Fäserlein
sehr

*Wo-
durch
die Em-
pfindung
deutlich
wird.*

sehr kleine sind: Denn je subtiler dieselben
sind / je besser können sich verschiedene Bewegungen unterscheiden.   Man siehet aber
auch ferner daraus / warum so viele Fäserlein in einem Nerven bey einander seyn müssen / weil nemlich durch einen einigen Eindruck in die Gliedmaassen der Sinnen viele
unterschiedene Bewegungen zugleich müssen
erreget werden.   Wer der Sache nachden-
cket / der wird in den Nerven / welche man
vor diesem so schlecht angesehen / daß man
sie für einfache Theile ausgegeben und nicht
mit unter die Gliedmassen gerechnet / einen
Abgrund der Weisheit GOttes antreffen.
Und wie würde sich ein Liebhaber der natürlichen Wissenschafften vergnügen ($.404.
Met.) / wenn wir alles / was in den Nerven vorgehet / in völliger Deutlichkeit einzusehen vermögend wären ?   Unterdessen
bleibet auch noch eine andere Ursache übrig, Festig-
warum so viele Nerven-Fäserlein bey ein- keit der
ander sind / nemlich daß die Nerven da- Nerven.
durch ihre Festigkeit erhälten / und nicht
durch Spannen und andere Zufälle leicht
zerrissen werden / da an ihnen so gar viel
gelegen (§.31.) / gleichwie ein Faden seine
Festigkeit durch die Menge der Flachs-oder
Seiden-Fäserlein hat / welche eintzeln über
die Maassen leichte sich zerreissen lassen ($.
85. T. III. Exper.).   Und deßwegen sind die
Fasern in einem Nerven / der viel auszu-
E 2 stehen

stehen hat/ stärcker/ in andern aber zärter
(§ 32.)/ weil nemlich mehr kleine Fäserlein
in ein Häutlein im ersten Falle zusammen
Exempel verkleidet werden als im andern.   Ich will
von der dasjenige/was von der Deutlichkeit der Em-
Deut- pfindung gesaget worden/ durch ein Exem-
lichkeit pel erläutern.   Wenn wir eine Sache se-
in der hen/ so mahlet sich im Auge ein Bild ab
Empfin- und nach der Beschaffenheit dieses Bildes
dnug, ist das Sehen beschaffen (§. 426. Phys. I.
& §. 25. & seqq. Optic.).   Da nun aber die
Vorstellung in der Seele sich hauptsächlich
nach der Cörperlichen im Gehierne richtet
(§. 845. Met.); so muß dieselbe allen Unterscheid behalten/ der sich in dem im Auge abgemahleten Bildlein zeiget/ folgends
müssen die Strahlen/ welche verschiedene
Pünctlein im Bilde abmahlen/ auch verschiedene Bewegungen in den Nerven erre-
gen/welches vermittelst besonderer Nerven-
Fäserlein geschiehet.

Daß die §. 40. Man hat bey den Anatomicis (a)
Nerven eine besondere Observation, dadurch dasje-
im Em- nige gantz augenscheinlich bekräftiget wird/
pfinden was wir von dem Ambte der Nerven bey
die Be- der Empfindung und Bewegung angeführet
wegung (§. 33.)/ nemlich daß die flüßige Nerven-
bis ins Materie im Empfinden ihre Bewegung bis
Gehier- in das Gehierne fortbringet/ in der Bewe-
ne brin- gung
gen und
und in
der Be-
wegung

(a) Verheyen lib. 1. Tract. 1. c. 6. p. m. 19.

gung der Glieder aber eine im Gehierne der vielleicht auch in einigen Fällen (derglei= chen zu seiner Zeit vorkommen werden)/ in einem andern Nerven entstandene Be= wegung biß in das Mäuslein leiten/ wel= ches die Bewegung verrichten soll. Man hat angemercket/ daß/ wenn ein Nerve durchschnitten wird/ da das verletzte Glied/ darinnen er sich befindet/ wieder geheilet worden/ derjenige/ welcher zur Bewegung dienet/ gantz unnütze wird und das Glied lahm verbleibet; hingegen ein anderer/ wel= cher bey der Empfindung seine Dienste lei= stet/ dieselbe noch in dem Theile zwischen dem Orte der Verwundung und gegen das Gehierne oder den Rücke=Grad zu/ aus dessen Marck er entspringet (§. 35.)/ ver= richtet. Denn wenn ein Nerven durch= schnitten ist/ so kan aus dem Gehierne durch ihn nichts in das Mäuslein geleitet wer= den/ darein er gehet/ wie ein jeder vor sich gleich siehet; hingegen hindert es nichts/ daß die Bewegung/ welche in dem Theile zwischen der Wunde und dem Gehierne zu/ bis in das Gehierne (wo es nöthig ist/ durch das Rücken=Marck) fortgebracht wird: aber freylich aus dem übrigen Thei= le mag so wenig etwas in das Gehierne zu= rücke/ als von ihm in dasselbe herunter kommen. Daß es so seyn müsse/ folget nothwendig daraus/ wenn in der Empfin=

dung

(Randnote:) der Glie= der aus dem Ge= hierne in die Mäus= lein.

dung eine Bewegung aus dem Nerven in
das Gehierne und aus dem Gehierne hingegen in den Nerven bey Bewegung der
Glieder gebracht wird. Da nun die Erfahrung dieses so und nicht anders zeiget;
so wird auch die Bewegung der Nerven-
Materie dadurch bekräfftiget / die wir aus
andern Gründen erhärtet. Wo Wahrheit ist / stimmet alles vortrefflich miteinander überein / und es ist einem Liebhaber
derselben angenehm / wenn er findet / wie
die aus einigen Erfahrungen hergeleitete
Wahrheit durch andere bekräfftiget wird.

Was die Häute nützen / welche die Nerven bekleiden. §. 41. Die Nerven bestehen aus über
die Maassen subtilen Fäserlein / die nichts
anders als kleine Röhrlein sind / und verschiedene zusammen werden mit einer Haut
umkleidet / daß grössere Fasern werden / und
die grösseren Fasern umkleidet abermahls
eine Haut / daß der gantze Nerven daraus wird (§. 38.). Nemlich dieses kommet heraus / wenn man alles zusammen
nimmet was durch fleißige Untersuchung
so wohl mit blossen Augen / als durch
Hülffe der Vergrösserungs-Gläser entdecket wird. Da die Gehiern-Häute / daraus die Uberkleidung der Nerven entspringet (§. cit.) / und alle Häute insgesammt
aus einer zehen Materie bestehen / die sich
leichte ausspannen lässet / auch in den Thieren überall ausgespannet anzutreffen sind /
wie

wie man daraus abnehmen kan/ daß sich
alles zusammen ziehet/ wenn es zerschnit=
ten wird; so lässet sich der Nutzen/ den
sie in den Nerven haben/ vermittelst der
Structur derselben gar wohl errathen.
Das doppelte Häutlein macht in den einze=
len Fäserlein die Röhrlein als eine dazu ge=
schickte Materie/ wie wir es bald mit meh=
rerem bey den Gefässen sehen werden: in der
Uberkleidung aber giebet es die Festigkeit
und erleichtert die Bewegung. Die Festig=
keit der Nerven entspringet aus der Menge
der Fäserlein/ die zusammen genommen
werden: dadurch aber/ daß viele zusammen
eine besondere Einwickelung bekommen/
halten sie desto besser aneinander. Weil
die Häutlein ausgespannet sind/ so können
sie durch einen kleinen Eindruck stärcker be=
weget werden/ als sonst durch einen grösse=
ren nicht möglich wäre. Wir haben ein
gemeines Exempel an den Saiten auf den
Musicalischen Instrumenten/ welche nur
wenig dörffen gerühret werden/ damit sie
starck klingen/ wenn sie scharff gespannet
sind/ und die Trommeln und Paucken zei=
gen ein gleiches/ wenn das Fell darüber
scharff angezogen wird. Diese Leichtigkeit
der Bewegung ist absonderlich bey dem Em=
pfinden nöthig/ wozu die Nerven grosse
Dienste leisten/ wenn sie die Bewegung
bis in das Gehierne fortbringen (§. 33.)/

C 4   wir

wir werden künfftig bey der Haut sehen /
daß sie mit zu dem Fühlen dienet / unerachtet das Gefühle eigentlich in den Nerven-
Wärtzlein und denen damit verknüpfften
Nerven seinen Sitz hat (§. 433. Phyſ. I.)
Und wer dieses einsiehet / dem wird nicht
bedencklich fallen zu behaupten / daß auch
selbst die Häutlein der Einwickelung die
Bewegung der Nerven mit erleichtern.
Wer nun ferner bedencket / was vorhin
(§. 39.) von dem Gebrauche der Nerven die
Empfindung deutlich zu machen erinnert
worden / der wird mir nicht ungerne zugeben / daß man auch in diesem Stücke denen
Häutlein in der Uberkleidung eines und das
andere beymessen könne.   Man hat aber
überall in Erkäntnis der natürlichen Dinge/
sonderlich wo es auf deren Gebrauch ankom-
met/ als welcher jederzeit eine Göttliche Absicht ist (§. 1029. Met.) mit seine Gedancken auf GOtt zurichten / damit man seine
Weisheit und übrige Eigenschafften (§. 14.
& seqq. Phyſ. II.) zu seinem Vergnügen
(§. 404. Met.) erblickt.   Eine Sache / die
von grossem Nutzen ist / kan nicht gnung
eingepräget werden.   Es ist hier erlaubet
eine Sache mehr als einmahl zu wiederhohlen.

Was die
Blut-
Gefässe
in Ner-   §. 42. Man trifft auch in den Nerven
subtile Blut-Gefäßlein an/ die das Geblüte zu-und ab-führen / und von denen wir
                                            über-

überhaupt bald ausführlich reden werden. Da alles in dem Leibe von dem Blute ernähret wird (§. 420. Phyſ. I.); ſo erkennet man aus den Blut-Gefäſſen/ wo ſie vorhanden ſind/ daß auch derſelbe Theil ernehret werde und daß eben zu dem Ende darinnen Gefäſſe vorhanden ſind/ die das Blut zu- und ab-führen/ damit derſelbe Theil ernehret werden kan. Da die Nerven mit allen übrigen Theilen des Leibes wachſen; ſo ſiehet man auch daß ſie Nahrung haben müſſen/ und dieſe wird ihnen durch das Blut in den Blut-Gefäſſen zugeführet. Ein Nerven trocknet ein/ wenn er aus dem Thiere geſchnitten wird/ und wird harte. Derowegen muß er auſſer der feſten Materie auch Feuchtigkeit in ſich haben. Wo aber Feuchtigkeit iſt/ das nimmet durch die Tranſpiration ab/ und muß der Abgang durch die Nahrung erſetzet werden (§. 423. Phyſ. I.). Und da die Nerven aus vielen Faſern zuſammen geſetzet ſind/ deren Häutlein/ die ſie umkleiden und die Röhrlein formiren/ alle auf beſagte Weiſe müſſen ernähret werden ; ſo trifft man nicht allein die Blut-Gefäßlein an der äuſſerſten Fläche des Nerven an/ ſondern man nimmet ſie auch von innen wahr. Ja man kan aus dem/ was bisher geſaget worden/ nicht anders urtheilen/ als daß auch die allerſubtileſten Fä-

von au-
ſſen.

E 5   ſerlein

serlein / die sich kaum durch die besten Ver=
grösserungs= Gläßer unterscheiden laßen /
ihre besondere Blut= Gefäßlein haben müs=
sen / die ihnen das Blut ab= und zu=führen /
ob es gleich unmöglich ist sie wegen ihrer
allzukleinen Gröffe zu entdecken.   Es hat
aber auch noch einen Nutzen / warum das
Blut den Nerven und ihren Fäserlein zu=
geführet wird.   Das Blut ist warm / wie
einem jeden bekandt.   Und also werden
auch die Nerven durch das Blut erwär=
met.   Da nun die Wärme alles erweitert
(§.107. T. II. Exper.); so muß man ihr auch
diesen Nutzen in den Nerven zuschreiben:
Wodurch demnach die Häutlein desto mehr
ausgespannet erhalten werden / wie es ihr
Gebrauch erfordert (§. 41.)/ auch die Er=
nährung derselben (§. 421. Phys. I.).   Al=
ler Nutzen nun / den die Wärme den Ner=
ven gewehren kan / würde in ihnen nicht
stat finden / woferne ihnen nicht warmes
Geblüte beständig zugeführet würde. Denn
wenn man gleich vermeinet / es könte ih=
nen von den anderen Theilen des Leibes /
an denen sie liegen und darinnen sie zum
Theil vergraben sind / Wärme gnung mit=
getheilet werden; so ist doch ein gantz gros=
ser Unterscheid unter der innerlichen Lebens=
Wärme und unter der von aussen mitge=
theileten (§. 207. Phys. II.).   Die Natur
bringet in einem jeden Orte des Leibes die
inner=

innerliche Wärme durch die Bewegung
des Geblütes hervor / die ihm gebühret.
Die äussere hindert nur / daß der Abgang
der innern nicht zu groß wird.

§. 43. Die Nerven / welche zur Empfindung dienen / müssen die Bewegung /
welche in ihnen erreget wird: biß zu dem
Gehierne fortbringen (§. 33.): und alle bekommen den Nerven-Safft und die Lebens-
Geister aus dem Gehierne und dem Rücken-Marcke (§. 35.). Derowegen ist nöthig / daß sie von dem Gehierne und dem
Rücken-Grabe nicht leicht können abgesondert werden: Welches in solchen Fällen
leichte geschehen könte / wo die Nerven ge-
waltsam beweget werden / wie in einigen
Kranckheiten zu geschehen pfleget. Und
hiervor hat GOtt auch Vorsorge getragen.
Denn die Nerven / welche unmittelbahr
aus dem Gehierne entspringen / gehen durch
die Hirn-Schaale / und die aus dem Rücken-Marcke kommen / durch die Gelencke
des Rücken-Grabes: Jene aber sind an
der Hirn-Schaale / diese an dem Rücken-
Grabe so feste / daß man sie kaum mit den
Fingern loßreissen kan / wenn man gleich
starck ziehet.

§. 44. Ich habe zwar schon erwiesen /
daß die Nerven die Bewegung / welche ihnen in den Gliedmaassen der Sinnen eingedruckt wird / biß zu dem Gehierne fortbringen

Warum die Ner-ven an der Hirn-Schaa-le und den Ge-lencken des Rück-Grades so feste sind.

Ob alle Nerven würck-lich bis ins Ge-

hierne gehen.

bringen (§. 33.) / folgends biß in das Gehierne würcklich gehen müssen. Da aber gleichwohl viele Nerven bloß aus dem Rücken-Marcke (§. 35.) durch dir Gelencke des Rücken-Grades (§. 43.) entspringen und an ihm / wie die übrigen an der Hirn-Schaale feste sind (*f. cit.*); so dörffte vielleicht einigen noch ein Zweiffel entstehen / ob auch die Nerven / die aus dem Rücken-Marcke kommen / würcklich dadurch biß in das Gehierne gehen / oder wenigsten alle Nerven-Fäserlein vermittelst dieses Marckes mit dem Gehierne Communication haben. Da nun bey dem Gebrauche der Nerven / den wir weitläufftig bestätiget haben / viel darauf ankommet / daß man davon gantz gewiß versichert ist; so habe ich noch eine Observation anführen wollen / deren der berühmte Anatomicus *Verheyen* (a) gedencket. Nemlich wenn oben / wo sich das Rücken-Marck anfänget / auf einige Art und Weise der Einfluß der flüßigen Materie aus dem Gehierne gehindert wird; so kan kein einiger von den Nerven / die aus dem Rücken-Marcke entspringen / sein Ambt vorher verrichten.

Nutzen der Mäuslein.

§. 45. Die **Mäuslein** (*Musculi*) sind das eigentliche Instrument / oder Werckzeug der Bewegung: Denn wenn das Mäus-

---

(a) Anot. lib. 1. Tract. 1. c. 6. p. m. 17.

Mäuslein durchschnitten wird / so höret
die Bewegung des jenigen Theiles gleich
auf / das durch ihn beweget werden soll.
Man nimmet auch Veränderungen in de=
nen Mäuslein wahr / in dem die Bewe=
gung geschiehet (§. 435. Phys. I.). Es kom=
met nur darauf an / daß wir die verschie=
denen Theile der Mäuslein und ihre Be=
schaffenheit untersuchen / was nemlich ein
jedes von ihnen in der Bewegung nutzet.

§. 46. Das Mäuslein bestehet aus Flei= Nutzen
sche und Haarwachse oder Flächsen. Der der
fleischige Theil ist in der Mitten und wird der Flächsen
Bauch des Mäusleins (*Venter*) genannt. Fleisches
In den meisten Mäuslein sind an beyden im
Enden die Flächsen / damit es an den Kno= Mäus=
chen befestiget wird. Der Augenschein gie= lein.
bet es / daß die Flächsen hauptsächlich zur
Befestigung des Mäusleins an den Kno=
chen dienen / und bleibet demnach der
Bauch oder der fleischige Theil hauptsäch=
lich zur Verrichtung der Bewegung übrig.
Und dieses ist die Ursache / warum an eini=
gen Theilen des Leibes / wo keine Knochen
zu bewegen sind / die Bewegung durch blosse
fleischerne Fasern geschiehet / als z. E. in
dem Magen / den Gedärmen / ja gar im
Hertzen / wie wir solches zu seiner Zeit deut=
licher erkennen werden. Es wird aber von
diesen Flächsen eine das **Haupt** (*Caput*),
die andere der **Schwantz** (*Cauda*) genannt.

Die

Die **Flächse** (*Tendo*) heisset das **Haupt/** womit das Mäuslein an den Knochen oder Theil des Leibes befestiget ist/ gegen den die Bewegung geschiehet; hingegen der **Swantz/** womit es an den Theil befestiget ist/ welcher beweget wird.

§. 47. Der Bauch des Mäusleins ist eigentlich dasjenige/ was **Fleisch** (*Caro*) genannt wird/ und zwar hauptsächlich für andern Theilen des Leibes. Denn unterweilen wird das Wort **Fleisch** in einem weitläufftigen Verstande genommen für alle dasjenige/ was man von den festen Theilen des Thieres zur Speise geniessen kan/ dergestalt daß wenn die Knochen (§. 21.) so erweichet würden/ daß man sie zur Speise geniessen könte/ man so gar auch dieselben mit für Fleisch halten würde. Es bestehet der Bauch des Mäusleins aus lauter Fasern/ welche nach der Länge des Mäusleins durchgehen und so wohl neben einander als über einander liegen: Wodurch das Mäuslein seine Breite und Dicke erhält. Ich habe schon überhaupt (§. 19.) erinnert/ und wir haben es auch so bey den Nerven gefunden (§. 38.)/ daß die grössern Fasern aus kleineren und diese wiederum aus noch kleinerern zusammen gesetzet sind: allein es findet sich doch noch eines und das andere/ welches vor den fleischernen Fasern insbesondere anzuführen ist. Und hierzu ist sehr dien-

(Marginalie:) Nutzen der Theile in dem Bauche des Mäusleins.

dienlich was *Leeuwenbœk* in diesem Stücke
untersuchet / als welches in einem und dem
andern ein helles Licht anzündet.

§. 48. Die grossen Fasern lassen sich an
dem Fleische mit blossen Augen unterscheiden
und mit den Fingern leichte losreissen.
Weil die Fasern in jungen Thieren kleiner
sind als in grossen / z. E. im Kalbfleische
nicht so groß wie im Rindfleische; so sollte
man auf die Gedancken gerathen / als wenn
sie mit der Zeit dicker würden / indem die
Materie / daraus sie bestehen / sich mehre-
rete. Allein was *Leeuwenbœk* observiret /
zeiget ein anders. Er hat das Fleisch von
Wallfischen / von Rindern / von Kühen /
von Mäusen / Schaafen / Schweinen /
Hünern / Mücken / Fliegen / Käffern rc.
untersucht / um den Unterscheid / der sich
darinnen befindet / desto deutlicher anzumer-
cken (a). Er hat demnach wahrgenommen / daß die grossen Fasern wieder aus
kleineren zusammen gesetzet sind und mit einer Haut umkleidet werden / die sie zusammen hält / damit eine grosse Faser daraus
wird / wie wir es bey den Nerven gefunden
haben. Die kleinesten Fäserlein / die er
durch sein vortreffliches Vergrösserungs-
Glaß hat unterscheiden können / sind in
dem

Beschaffenheit der Fasern und wie sie wachsen / auch wo-her ihre Stärcke kommet.

(a) in Epistolis Physiolog. epist. 1. 2. 4. 6.
7. 10. 11. 12. &c.

dem Fleische des Wallfisches nicht grösser ge=
wesen als wie in dem kleinesten Ungezieffer:
Wie er dann überhaupt in allerhand Arten
des Fleisches von grossen und kleinen Thie=
ren / so gar auch des Ungeziffers keinen Un=
terscheid in der Grösse der Fäserlein gefun=
den. Wenn demnach eine Faser dicker
wird / indem sie wächset; so geschiehet sol=
ches dadurch / daß sich die Haut / die sie um=
kleidet / erweitert und mehrere Fäserlein da=
zu kommen / als vorher in den jungen Fasern
zugegen waren. Und hierinnen haben die
fleischerne Fasern eine Gleichheit mit den
Bäumen / als welche in die Dicke wachsen /
indem sich alle Jahre die Rinde erweitert
und rings herum eine neue Reihe von Fasern
anleget (§. 48. Phyf. I.) Solchergestalt be=
hält auch die Natur eine Aehnlichkeit zwi=
schen dem Wachsthume der Bäume und
der Thiere / wenn man sie nur in dem rech=
ten Orte suchet / uneracht es Anfangs das
Ansehen hat / als wenn der Wachsthum
der Bäume und Pflantzen mit dem Wachs=
thume der Menschen und Thiere nichts ge=
mein hätte. Wir finden in Menschen und
Thieren nichts / was mit den Bäumen und
Sträuchen eine Aehnlichkeit hätte als die
Fasern / wie ich erst gezeiget / und daher ist
auch kein Wunder / daß man bloß bey ihnen
die Aehnlichkeit des Wachsthumes mit den
Bäumen und Sträuchen in die Dicke findet.

Da

Da nun aber die Natur eine Aehnlichkeit
erhält zwischen dem Wachsthume der fleiſ-
ſchernen Faſern und dem Holtze in den
Bäumen und Sträuchen; ſo iſt um ſo viel
weniger zu zweiffeln/ daß es nicht auch mit
den übrigen Faſern im Leibe gleiche Bewandniß haben ſollte/ zumahl da die übrigen Faſern/ wie wir es ſchon von denen in
den Nerven geſehen (§. 38.)/ eben eine ſolche Structur wie die fleiſchernen haben.
Es kommet zwar den meiſten Anfangs lächerlich und faſt unglaublich vor/ wenn ſie
vernehmen/ daß in dem Fleiſche des Wall-
fiſches und eines groſſen Ochſens die Fäſerlein in den Faſern nicht gröſſer ſeyn ſollen
als in einer Maus/ oder gar in einer Fliege
und einer Mücke: allein man hat keinen
Grund dazu. Es kommt blos daher/ weil
wir gewohnet ſind von Sachen in der Undeutlichkeit zu urtheilen/ ehe wir in dem
Stande ſind ein Urtheil zu fällen/ und weil
uns niemahls ein Zweifel daran gemacht
worden/ es für eine klare und ausgemachte Wahrheit zuhalten/ daran man
nicht zweiffeln könnte. Höret man nun das
Gegentheil/ ſo kommet es einem ungerei-
met vor und man verlacht es; oder wenn
man ſich nach dieſem gewöhnet eine Sache
erſt zu unterſuchen/ ehe man ſie verwirfft/
wenn uns ohne dem beywohnet/ daß wir
ſie noch niemahls überleget haben/ wie ſichs

gebühret / so verwundert man sich darüber.
Wir sehen täglich die Aehnlichkeit vor Augen / die sich zwischen den Theilen des Leibes in einem grossen und kleinen Thiere von
einer und von verschiedener Art findet / und/
wenn man die Theile genauer zu zergliedern
sich angelegen seyn lässet / nimmet man sie
noch weiter wahr.　Unterdessen findet sich
bey der Aehnlichkeit ein beständiger Unterscheid der Grösse. Was wir in einem grossen
Thiere antreffen ist grösser als eben dasselbe
in einem kleineren. z. E. Die Augen in erwachsenen Thieren sind grösser als in kleinern und in erwachsenen von grösserer Art
grösser als in erwachsenen von kleinerer Art/
als die Ochsen=Augen sind grösser als die
Schaaffs=Augen und so weiter.　Weil
man nun niemahls das Gegentheil observirt
und / wenn dergleichen etwas vorkommet/
dasselbe für etwas ungewöhnliches hält und
unter die Mißgeburten rechnet; so schleicht
sich unvermerckt diese allgemeine Maxime
bey uns ein / alles / was in kleinen Thieren
klein anzutreffen / ist in grossen grösser zu
finden.　Diese Maxime aber ist nicht
schlechter Dinges wahr / auch kein Satz / der
in der Vernunfft gegründet wäre / unerachtet wir in der Undeutlichkeit dergleichen allgemeine Urtheile davor ansehen / die sich
auf vorgeschriebene Weise bey uns einschlei-
chen.　Es ist kein grösseres Wunder / wenn
man

man in der Natur die kleinen Fäserlein in
den grösten und kleinesten Thieren von einerley Grösse antrifft/ als wenn man in
der Kunst einerley Fäserlein des Flachses o-
der Hanffes in dem subtilesten Faden und
in dem grösten Seile findet.

§. 49. Gleichwie nun ein Faden seine
Festigkeit und Stärcke durch die Menge
der Fäserlein und ein Bind-Faden/ Strick
und Seil durch die Menge der Faden erhält; so hat es mit denen Mäuslein eben
dieselbe Bewandnis.   Die Fasern haben
ihre Festigkeit und Stärcke durch die Menge der kleinen Fäserlein/ wie wir es auch bey
den Nerven gefunden (§. 39.); die gantzen
Mäuslein aber bekommen ihre Stärcke und
Festigkeit durch die Menge der Fasern.
Man siehet auch aus diesem Exempel/ wie
man es in andern findet/ daß Natur und
Kunst einander ähnlich sind und die Betrachtung der Wercke der Kunst/ die man
öffters/ weil sie gemein sind/ verachtet und
nicht mit Uberlegung anzusehen würdiget/
nicht allein zur Erläuterung in Erklärung
der Natur dienen/ sondern auch den Sachen nachzudencken Anlaß geben/ und den
Ungrund solcher Vorurtheile zeigen/ die
unterweilen der Wahrheit nicht geringen
Auffenthalt geben.   Wenn durch Hülffe
des Mäusleins eine Bewegung hervor gebracht wird/ so wird von der Last/ die be-

Woher die Mäus-lein ihre Stärcke haben.

F 2   weget

weget werden sol und der Bewegung wi-
derstehet/ eine jede Faser und in derselben
ein jedes Fäserlein gezogen/ und nimmet
demnach eine jede Faser und in ihr ein jedes
Fäserlein einen Theil von der Last auf sich.
Je mehr nun dieselbe vertheilet wird/ je
weniger kommet davon auf eine Faser und
je weniger ferner auf ein Fäserlein/ solchergestalt ist es eben so viel/ als wenn eine Faser
nur eine kleine Gewalt und ein Fäserlein nur
einen geringen Theil derselben zu übertragen
hätte. Es ist demnach hier bey denen Mäuslein eben so/ wie bey den Faden/ Stricken und
Seilen. Und es ist auch kein Wunder/
weil wir gesehen haben/ daß beyderseits einerley Structur vorhanden / als worinnen
der Grund von der Stärcke und Festigkeit
zu suchen ist (§. 614. Met.). Unterdessen siehet man auch hieraus/ daß es bey der
Stärcke des Mäusleins nichts thut/ ob
die Fasern lang oder kurtz sind: denn eine
jede Faser hat ihren bescheidenen Theil von
der Gewalt/ die zu überwinden ist/ und
theilet davon wieder einem jeden Fäserlein
seinen bescheidenen Theil zu. Es ist demnach
eben so/ als wenn ein Faden von einem
Gewichte gezogen wird/ welches daran
hänget. Er mag lang/ oder kurtz seyn/
so wird der Faden einmahl so starck gezogen
als das andere. Viele Faden oder Stricke vertheilen die gemeinschaftliche Last nicht
nach

nach der Länge derselben / sondern nach ihrer Anzahl / wie wir es auch in der Mechanick bey den Kloben finden. Ob im Mäuslein eine jede Faser / oder ein jedes Fäserlein einen gleichen Theil von dem Widerstande / welcher der Bewegung geschiehet / zu übertragen hat / oder nicht / wollen wir hier nicht untersuchen. Man siehet freylich wohl / wenn man in den Gründen der Statick nicht unwissend ist / daß es auf die Lage der Fasern ankommet / und da die Anatomie nicht eine völlige Gleichheit zeiget / auch eine Ungleichheit in Vertheilung der Last Platz habe: allein dieselbe genauer zu untersuchen und aus Statischen Gründen zu determiniren ist keine Arbeit / die sich hieher schicket / wo wir von der Stärcke und Festigkeit des gantzen Mäusleins überhaupt handeln.

§. 50. Wir finden in einigen Mäuslein / daß nicht alle Fasern nach einerley Länge fortgehen / sondern vielmehr in einem Theile desselben nach einer anderen Länge / als in dem andern. Da nun eine Reihe fleischerner Fasern / die neben und über einander nach einer Länge liegen / den Bauch des Mäusleins ausmachet (§. 47.) / so hat man denen Mäuslein da man verschiedene dergleichen Reihen fleischerner Fasern antrifft / mehr als einen Bauch zugeeignet. Was vorhin von der Stärcke des Mäusleins (§. 49.) gesaget

Warum einige Mäuslein mehr als einen Bauch haben.

F 3   worden /

worden / gilt auch von einem jeden Bauche
ins besondere.   Und also hat ein jeder
Bauch seine Stärcke nach der Menge der
Fasern und derer in einem jeden sich befin-
denden Fäserlein.   Da nun zwey Bäuche
mehr Stärcke haben als einer; so muß
auch das Mäuslein / welches zwey Bäuche hat / mehr Stärcke haben / als wenn
es nur einen davon hätte.   Unerachtet nun
aber klar ist / daß die Vielheit der Bäuche
die Stärcke des Mäusleins vermehret; so
hat man doch noch mehrere Uberlegung hierbey von nöthen.   Ich habe schon erinnert
(§. 49.) daß / wenn die Fasern nicht alle
einerley Lage haben / die Last oder Gewalt /
der sie in der Bewegung zu wiederstehen
haben / nicht gleich unter sie vertheilet wird.
Da nun in den verschiedenen Bäuchen der
Mäuslein die Fasern nach ihrer Länge of-
fenbahr eine gantz verschiedene Lage haben;
so ist auch mehr als zu gewiß / daß die Fasern in einem Mäuslein von der Gewalt
nicht so viel übertragen helffen / als in dem
andern / unerachtet sie in beyden von gleicher Dicke sind.   Auf diese Weise vermehret der unterschiedene Bauch die Stärcke
des Mäusleins weniger / als wenn alle Fasern nur einen Bauch ausmachten.   Oder
woferne man das Mäuslein wollte stärcker
haben als es vermöge eines Bauches seyn
könnte / und ihm so viel Stärcke geben als

es

es von zweyen haben kan; so sollte man
vermeinen/ es könnte dieses mit wenigeren
Fasern geschehen/ wenn man bloß den einen Bauch vergrösserte/ als wenn man ihrer zwey machet. Da wir nun wissen/ daß
GOtt alles auf das Beste macht (§. 98.
Met.); so muß allerdings eine Ursache seyn/
warum GOtt die Stärcke des Mäusleins
lieber durch Vervielfältigung als durch
Vergrösserung des Bauches vermehret.
Der Zweiffel/ der hier gemacht wird/ hat
noch nicht seine völlige Gewißheit. Denn
da die Art und Weise/ wie die Verkürtzung der fleischernen Fasern geschiehet/ noch
keine völlig ausgemachte Sache ist; am allerwenigsten aber man zur Zeit aus Mathematischen Gründen in dergleichen Mäuslein determiniret hat/ wie die Last/ welche
in der Bewegung den Wiederstand verur-
sachet/ durch die Fasern vertheilet wird/ indem nicht alle einerley Lage haben/ massen
sie in dem Haar-Wachse enge zusammen
lauffen/ und sich gegen dasselben nach und
nach verdünnen; so lässet sich auch nicht
mit Gewißheit behaupten/ ob ein Mäuslein mit einem Bauche möglich ist/ das
aus weniger Fasern bestehet als ein viel-
bäuchiges und dessen ungeachtet mit ihm
einerley Stärcke hat. Es hat zwar der
berühmte Italiänische Medicus *Nicolaus
Steno* die Bewegung der Mäuslein auf ei-

F 4 ne-

ne Geometrische Weise aus der Figur der
fleischernen/ oder (wie er sie nennet) der **bewegenden Fasern** und der aus ihnen zusammengesetzten Mäuslein untersucht/ dessen zwar kleine/ aber sinnreiche Schrifft
(a) *Daniel Clericus* und *J. Jacob Mange-
tus* ihrer Bibliothecæ Anatomicæ (b) mit
einverleibet: allein gleichwie dieses noch
nicht hinreichend ist die gegenwärtige Frage und andere ihr ähnliche zu entscheiden;
so können wir auch an diesem Orte/ was
Steno vorgebracht/ weder erklären/ noch
untersuchen.   Man muß aber auch nicht
vermeinen/ als wenn man bey Untersuchung
der Absicht/warumb es vielbäuchige Mäuslein giebt/ einig und allein darauf zu sehen
hat/ ob dadurch mit wenigerern Fasern mehr
ausgerichtet wird/ als wenn sie einbäuchig
wären: Denn unterweilen sind verschiedene
Absichten in der Natur/ bey denen zusammen genommen die Beurtheilung des kür-
tzesten Weges/ den sonst GOtt in der Natur erwehlet (§. 1049. Met.)/ auf besondere Art eingerichtet werden muß (§. 918.
Met.).   Damit man aber erkennen möge/
daß ich diese allgemeine Erinnerung hier
nicht am unrechten Orte anbringe; so muß
ich

(a) Elementorum Myologiæ Specimen.
(b) Tom. 2. part. 4. f. 524. & seqq. edit.
see.

ich etwas ins besondere/ was die Mäuslein angehet/ erinnern. Die Glieder des
Leibes/ welche durch die Mäuslein beweget
werden/ haben nicht einerley Art der Bewegung; sondern lassen sich auf gar verschiedene Weise bewegen. Wenn nun durch
ein einiges Mäuslein verschiedene Bewegungen sollen bewerckstelliget werden/ oder
auch ein einiges Mäuslein mit verschiedenen andern zu verschiedenen Bewegungen
seine Bey-Hülffe leisten soll; so lässet sich
solches im ersten Falle durch ein einbäuchi-
ges Mäuslein gar nicht/ im anderen aber
nicht allzeit verrichten/ wenn nemlich in
der zusammengesetzten Bewegung/ dazu
viele Mäuslein das ihre beytragen/ die Bey-
Hülffe nicht einerley ist. Man siehet leich-
te/ daß dergleichen Betrachtungen am
glücklichsten von statten gehen würden/
wenn man die besonderen Arten der Mäuslein in dem Leibe des Menschen oder eines
Thieres vornähme/ und die Bewegungen/
welche sie verrichten/ vor allen Dingen aus
der Erfahrung bekandt machte. Denn wenn
man schon weiß/ was man aus ihrer Structur für eine Bewegung herausbringen sol;
so lässet sich desto leichter dasjenige in der
Structur und Lage des Mäusleins wahr-
nehmen/ was zu dieser Bewegung etwas
beytråget. Und so gehet man gewis/ daß
man den wahren Grund der Bewegung

F 5 findet/

findet/ auch im Gegentheile nicht Bewegungen dichtet/ die von dem Mäuslein sich nicht bewerckstelligen lassen. Es ist aber auch alsdenn nöthig/ daß einer nicht bloß mit fremden / sondern vielmehr mit seinen eigenen Augen siehet/ und daher die Mäuslein selbst abgesondert/ jedoch in seiner natürlichen Lage liegen siehet. Die besondere Untersuchungen würden zu allgemeinen Lehren den richtigsten Weg zeigen: maassen man überhaupt in natürlichen Dingen am sichersten gehet/ wenn man das allgemeine aus Betrachtung des besondern heraussiehet.

Ob die fleischerne Fasern die Bewegung alleln verursachen. §. 51. Das Mäuslein verrichtet die Bewegung/ indem die Fasern verkürtzet werden (§. 435. Phys. I.). Die Fasern sind nur in der Mitten/ wo sie durch den Bauch gehen/ fleischern; an den beyden Enden aber verlieren sie sich im Haar-Wachse oder den Flechsen und werden flechsern. Es entstehet demnach die Frage/ ob die fleischernen Fasern allein verkürtzet werden/ oder ob die Flechsernen zugleich dergleichen Veränderung leiden/ indem die Bewegung geschiehet. Die Erfahrung weiset/ daß die fleischernen Fasern zusammen fahren und einkriechen/ oder kürtzer werden/ wenn man sie zerschneidet. Denn wenn ein Mäuslein durchschnitten wird/ so gaffet die Wunde von einander/ welches nicht geschehen

hen könte / woferne nicht beyderseits die zerschnittenen Fasern verkürtzet werden. Hieraus erhellet / daß die Fasern alle gespannet
sind : gleichwie eine Seite / die auf einem
Musicalischen Instrumente starck angezogen ist / zu beyden Seiten kürtzer wird /
wenn man sie mitten durchschneidet. Nun
hat man acht gegeben auf die flechsernen
Fasern an beyden Enden der fleischernen /
in ihnen aber keine Aenderung verspüret / indem dis beyden Theile der fleischernen eingekrochen / wie es *Steno* (c) außdrücklich
bezeuget / der mit Fleiß die Sache untersucht. Da nun hieraus klar ist / daß die
flechsernen Theile der Fasern nicht einerley
Veränderungen mit den fleischernen leiden /
auch nicht so wie diese ausgespannet sind;
so siehet man leicht / daß man keinen Grund
vor sich hat / warum man eine Verkürtzung
der flechsernen Fasern zugeben wollte / indem in der Bewegung die fleischernen verkürtzet werden. Es sind demnach die fleischerne Fasern eigentlich dasjenige Instrument / wodurch die Bewegung verursachet
wird. Und deßwegen hat sie auch *Steno*,
wie ich vorhin (§. 50.) schon angemercket
habe / die **bewegenden Fasern** oder **die
Bewegungs-Fasern** (*fibras motrices*)
genen-

(c) In Specimine Elem. Myolog. f. 540.
T. 2. Bibl. Anat.

genennet welchen Nahmen auch andere von
ihm angenommen haben/ wie dann *Bagli-*
vius einen Tractat de fibra motrice oder
der Bewegungs = Faser geschrieben. Wir
müssen aber nun weiter die Beschaffenheit
dieser Faser untersuchen/ damit wir sehen/
wie sie zu dieser Verrichtung aufgeleget
ist.

Ob die
Fäser-
lein
hohl
sind.

§. 52. *Steno*, welcher die Beschaffenheit
der Mäuslein mit grossem Fleisse und son-
derbahrer Geschicklichkeit sie zu zergliedern
untersucht/ hat angemerckt/ daß die fleischernen Fasern einerley sind mit den flechsernen/
nur daß sie in den Flechsen dichte an einander
liegen/ hingegen in dem Fleische weiter aus
einander gehen: weswegen er auch schon
erinnert/ man könne mit Recht sagen/ daß
die eine Flechse von ihrem Anfange durch das
gantze Mäuslein biß zu dem Ende des andern
in einem fortgehe (a). Wenn man nun fra-
get/ wie es möglich ist/ daß der Bauch
des Mäusleins so dicke wird/ da hingegen
die Flechsen so gar dünne zu achten sind in
Ansehung des Bauches; so ist die Antwort
leichte zu geben. Die Fäserlein sind hohle
Röhrlein/ welche mit dem Nahrungs=
Saffte/ der aus dem Geblütte kommet/
erfüllet sind. Und wird daher das Mäuslein

(a) Specimen Observationum de musculis, Bibl. Anat. f. 520. 521.

lein dicke/ wenn diese Röhrlein starck erfüllet sind; hingegen dünne/ wenn dieser
Safft abnimmt. Und daher kommet es/ Wie das
Fleisch
ab- und
zunim-
met.
daß der Mensch in Kranckheiten und wenn
er zu viel fastet/ sehr abnimmet/ weil er
entweder nicht Speise gnung geniessen/ o-
der die genossene Speise nicht recht verdau-
en kan; hingegen sich wieder erhohlet und
zunimmet/ nachdem er wieder Speise
gnung zu sich nimmet und wohl verdauet/
ohne daß den festen Theilen des Leibes etwas
abgehet/ oder zuwächset. Ich entsinne
mich eines Exempels von einem welschen
Hahne/ der wegen einer Kranckheit gantz ab-
genommen hatte. Es ist bekandt/ daß
diese Art des Feder-Viehes eine sehr starcke
Brust hat/ absonderlich wenn ein Hahn
recht ausgewachsen und wohl gemestet ist.
Unterdessen hatte doch die Brust so abge-
nommen/ daß sie nicht mehr so dicke war
als in einem gantz jungen Küchlein von einer gemeinen Henne. Es ist gewiß/ daß
sich nicht die Anzahl der Fasern in dem Flei-
sche/ noch auch in ihnen die Fäserlein
vergeringert haben/ denn sonst gienge es
nicht an/ daß sich das in vieler Zeit verloh-
rene Fleisch nach ausgestandener Kranckheit
oder geendigter Fasten bald wieder ersetzen
liesse (§. 25. Phys. 1.): derowegen muß bloß
der Safft in den Fäserlein sich verlohren
haben. Ich habe zwar oben erwiesen (§.
48.)

48.) daß die fleischerne Fasern dicker werden/
indem sich die Anzahl der Fäserlein in ihnen
vermehret: allein dieses geschiehet nur so
lange der Mensch und die Thiere wachsen.
So bald sie aber ausgewachsen haben/ kommen keine neue Fäserlein dazu. Denn sonst
müsten die Mäuslein beständig fort wachsen
und stärckere Fasern immerfort bekommen/
so lange das Thier lebet: welches aber der
Erfahrung zuwider ist. So bald sie demnach ausgewachsen/ nimmt das Fleisch bloß
ab und zu/ nachdem der Safft in den Fäserlein sich vermehret/ oder vermindert. Und
eben dieses ist die Ursache/ wie ich schon zu
verstehen gegeben/ warum die Thiere langsam auswachsen und einige/ als selbst der
Mensch/ viele Jahre brauchen/ ehe sie ihren völligen Wachsthum erreichen; hingegen das Fleisch bey sich ereignenden Kranck-
heiten/ welche die Nahrung hindern/ bald
verfället/ und nach diesem auch bald wieder
Warum zunimmet. Der Safft spannet also die
man Fasern und hält sie gespannet: so bald er a-
schwach ber abnimmet/ werden sie schlaf. Weil
wird. man in Kranckheiten schwach wird und zwar
immer schwächer/ jemehr man verfället/
daß man sich kaum regen und bewegen kan;
hingegen wiederum Stärcke bekommet/
nachdem man/ wenn die Kranckheit geen-
diget worden/ wieder zunimmet; in dem
ersten Falle aber die Fasern schlaff/ in dem
andern

andern aber gespannet sind: so siehet man
augenscheinlich/ daß die Schwäche davon
kommet/ weil die Bewegungs-Fasern zu
schlaf sind; hingegen die Stärcke davon
herrühret/ daß sie gnungsam ausgespannet
erhalten werden. Weil nun aber die Bewegungs-Fasern ihr Amt verrichten/ indem
sie verkürtzet werden (§. 435. Phys. I.); so
müssen sich die schlaffen nicht so leicht verkürtzen lassen/ als die gnungsam ausgespannet sind. Wir finden doch aber auch/ daß/
wenn man allzufleischig wird/ folgends gar
zu viel Safft in die Fäserlein kommet/ die
Bewegung einem beschweerlicher wird:
woraus man nicht anders abnehmen kan/
als daß die Bewegungs-Fasern sich nicht
mehr wohl verkürtzen lassen/ wenn sie all zusehr ausgespannet sind. Und man kan es
auch leicht begreiffen/ weil sie durch die Ausspannung von dem Saffte schon verkürtzet
werden/ so viel sichs durch das Aufblasen o-
der Aufschwellen thun lässet. Wenn die
Art der Verkürtzung völlig ausgemacht wä-
re/ so würde sich solches noch deutlicher erweisen lassen. Man siehet aber hieraus
Gottes Vorsorge für die Menschen und
Thiere/ daß er die Stärcke ihnen auf eine
solche Art mitgetheilet/ daß sie dieselbe bald
wieder erhalten können/ nachdem sie sie
durch Kranckheiten und andere Zufälle verlohren. Ich kan aber auch aus dem von Worin
mir

Kinder durch Kranckheiten im Wachsthume so sehr nach gesetzt werden.

mir bestetigten Gründen zeigen/ warum Kinder durch viele Kranckheiten in ihrem Wachsthume so sehr nach gesetzt werden/ und das/ was nachgeblieben/ nicht so bald wieder erhohlen können/ als was erwachsene in ihrer Kranckheit verlohren.   Nemlich in Kindern/ die erst wachsen/ müssen alle Fasern durch Ansetzung neuer Fäserlein vergrössert werden (§. 48.)/ welches freylich viele Zeit erfordert: hingegen in Erwachsenen/ die sich nach der Kranckheit wieder erhohlen/ oder auch in Kindern in einem gleichen Zustande/ werden die bereits vorhandenen Fäserlein nur mit Saffte erfüllet.   Es hat

Warum viele bewegung die Fortsetzung beschwerlich machet.

Rohault (b) nach fleißiger und durch viele Jahre widerhohlete Untersuchung gefunden/ daß/ wenn das Viehe/ welches weit über Land getrieben worden/ bald geschlachtet worden/ das Fleisch nicht so fett und safftig gewesen/ als wenn man es eine Zeitlang erst im Stalle gehabt und gefüttert.   Indem das Viehe starck getrieben wird/ sind die Bewegungs-Fasern in steter Arbeit/ und solcher gestalt ist klar/ daß in der Bewegung/ wenn sie öffters wiederhohlet/ oder eine Zeitlang fortgesetzet wird/ sich der Safft in den Fäserlein vergeringert.   Die Art und Weise/ wie solches geschiehet/ wollen wir hier nicht untersu=

(b) Tract. Physf. part. 2. c. 27. p. m. 319.

tersuchen/ damit wir von unserem Vorhaben nicht gar zu weit ausschweiffen. Und
demnach siehet man/ daß durch allzu viele
hinter einander fortgesetzte Bewegung die
Fasern schlaffer werden/ folgends sich nicht
mehr so leichte/ wie im Anfange/ verkürtzen
lassen. Dieses ist eine Ursache/ warum die
fortgesetzte Bewegung nach und nach immer beschwerlicher wird. Ich sage mit
Fleiß/ eine Ursache: denn es kommen freylich noch andere dazu. Da die Bewegungs-Fasern bloß das Werckzeug sind/
wodurch die Bewegung verrichtet wird/
kein Werckzeug aber durch seine eigene
Krafft seine Verrichtung bewerckstelliget:
so muß ja noch eine würckende Ursache seyn/
welche die Fasern verkürtzet/ indem die
Bewegung geschiehet/ und auf diese hat
man auch mit zu sehen/ wenn man völlig
begreiffen wil/ warum die Bewegung im
Fortgange beschwerlicher wird/ als sie im
Anfange war. Eben dieses hat man auch
bey der Stärcke und Schwäche der Menschen und Thiere zu mercken/ die sich in der
Bewegung zeiget. Hier haben wir bloß
mit dem Werckzeuge der Bewegung zu
thun und bekümmern uns nicht darum/
was von der würckenden Ursache herrühret.
Weil die fleischernen Fasern mit den flech-   Warum
sernen eine Röhre ausmachen/ die in einem der
fort gehet: so sollte man vermeynen/ es   Safft
müsse nicht in

(Physik. III.) G

die flech-
sernen
Fasern
dringet.

muſſe der Safft / welcher die fleiſchernen
erfüllet / abſonderlich wenn deſſelben viel
wird und ſie zu ſehr davon aufſchwellen /
auch biß in die flechſernen dringen : wodurch das Haar-Wachs zu Fleiſche würde.
Da nun die Erfahrung klärlich zeiget / daß
dieſes nicht geſchiehet ; ſo wird man nicht
unbillig fragen / warum es nachbleibet : ja
vielleicht werden einige gar daher in Zweiffel
ziehen / was wir aus dem *Stenone* angeführet / daß die fleiſcherne Jaſern mit den beyden flechſernen Enden in einem fortgehen.
Man ſiehet leicht / daß die flechſernen Jaſern entweder nicht hohl bleiben / oder doch
die Höhlen ſo gar kleine verbleiben / daß
ſich nicht viel von dem Saffte hinein ziehen kan / inſonderheit ſie ſich auch / weil ſie
dichte an einander liegen / durch hinein
dringenden Safft nicht ſo wie im Bauche
erweitern laſſen. *Leeuwenhœk* (a hat gefunden / daß / wenn man die fleiſcherne Jaſern austrocknen läſſet / und ſie darnach
vermittelſt eines ſubtilen Pinſels mit Waſſer netzet / ſie wiederum ſo Dicke werden /
als ſie Anfangs waren / ehe man ſie aus-
trocknete. Dieſes befeſtiget das vorherge-
hende / was wir von der Dicke der Jaſern
und dem Ab-und Zu-nehmen des Mäusleins beygebracht / daß man daran zuzweif-
feln

_____

(a) Epiſt. Phyſ. 11. p. 192.

feln nicht die geringſte Urſache findet. Es
hat *Leeuwenhœk* dieſes gar offte verſucht
und weil die ſubtilen Fäſerlein ſich nicht
wohl unterſcheiden laſſen / wenn ſie ſich von
Waſſer vollgezogen / indem ſie ſehr durchſichtig ſind / an ſtatt des Waſſers Spiritum
vini genommen / den er mit ein wenig
Saffran gefärbet.

§. 53. Ich muß hier einem Zweiffel be-
gegnen / den man machen könte / wenn
man *Leeuwenhœks* Schrifften durchlieſet.
Er hat (b) gefunden / daß die Fäſerlein in
einem jungen Verſchen kleiner geweſen als
in einem erwachſenen / und ſchleuſſt daraus
das Gegentheil deſſen / was wir oben behauptet / daß nemlich die Fäſerlein ſich
nicht in der Zahl vermehreten / ſondern nur
in der Gröſſe zunehmen / indem das Thier
und der Menſch wächſt. Allein wenn man
genau darauf acht hat; ſo wird man finden / daß ſeine Obſervation dem jenigen / was
ich behauptet / nicht entgegen iſt. Denn *Leeuwenhœk* redet von den Fäſerlein / die man
durch das Vergröſſerungs-Glaß unterſcheiden kan / und von ihnen ſaget er / daß ſie ſich
nicht in ihrer Anzahl vermehreten. Allein
da jedes von ihnen in ein beſonders Häutlein
zuſammen eingekleidet iſt / ſo kan man leicht
erachten / daß ſie aus noch ſubtileren Fä-

G 2 ſerlein

Es wird einem Zweiffel wegen des Wachs-thums der Fa-ſern be-gegnet.

(b) Epiſt. Phyſ. 2. p. 22.

serlein bestehen/ und *Leeuwenhœk* hat es
auch selbst so gefunden. Derowegen da die
Fäserlein/ woraus die grossen Fasern unmittelbahr zusammen gesetzt sind/ in dem
Wachsthume dicker werden; so geschiehet
solches durch die Vermehrung der Anzahl
der kleinesten Fäserlein. Ob aber diese
Fäserlein von neuem formiret werden/ oder
im kleinen schon vorhanden sind und sich
nach und nach/ eine Reihe nach der an-
dern/ bloß vergrössern/ ist eine Sache/
die so wenig als bey den Bäumen (*J. 3. c. 8.*
Log.) sich bestimmen lässet. Wenn man
die Sache auf solche Weise erkläret/ so
stimmen die Observationen die wir bey dem
Leeuwenhœk antreffen/ alle wohl mit einander überein/ da sich sonst nicht wohl erklären lässet/ warum die Fäserlein/ daraus die Fasern zusammen gesetzet sind/ in
grossen und kleinen Thieren von verschiedener Art dennoch nicht der Grösse nach
mercklich von einander unterschieden sind.
Gleichwie es aber an so delicaten observationen mit den Vergrösserungs-Gläsern eben
eine solche Bewandniß hat/ wie mit den
Astronomischen/ wo es auf Kleinigkeiten
ankommet/ und man dannenhero leicht etwas versehen kan; so wäre zu wünschen/
daß mehrere/ die zu dergleichen Observationen aufgelegt wären/ dieses untersuchten.
Denn wenn viele einerley anmerckten und
durch

durch widerhohlete Obſervationen das/
was ſie ſonderbahres obſervirten/ andern
deutlich zeigen lerneten; ſo würde man mit
mehrerer Gewisheit/ als ſich jetzund thun
läſſet/ auf dergleichen Obſervationen in
Erklärung der Natur bauen laſſen. Unterdeſſen muß man es machen/ wie es ſich
in Erkäntniß der Natur thun läſſet.
Man muß von Muthmaſſungen anfangen
und dadurch Gelegenheit geben zu weiterer
Unterſuchung. Mit der Zeit giebet ſichs
weiter und die Nachkommen bringen in den
Stand/ was wir zu Ende zu bringen nicht
vermögend waren.

§. 54. Die Bewegungs-Faſern beſtehen aus kleineren Fäſerlein/ die durch eine
Haut/ damit ſie umkleidet ſind/ von einander abgeſondert werden/ also daß jede
Faſer als ein beſonderes Inſtrument anzuſehen iſt. Da nun die Natur/ als ein
Werck der Weisheit GOttes/ nichts für
die lange Weile thut/ ſondern überall göttliche Abſichten vorhanden ſind/ warum es
ſo und nicht anders iſt; ſo muß auch dieſe
Abtheilung der Fäſerlein in Faſern ſeine
Abſicht haben. Ein Nutzen zeiget ſich of-
fenbahr. Wenn einige Faſern zerſchnitten werden; ſo wird dadurch das gantze
Mäuslein nicht unbrauchbahr/ ſondern
die übrigen können ihr Amt noch verrichten/
ohne daß dadurch ein Schmertz in der

Warum die Faſern von einander abgeſondert.

G 3 Wunde

Wunde verursachet wird/ der die Bewegunghinderte.   Wir haben hiervon die Erfahrung und dörffen an der Gewisheit nicht zweiffeln.   *Steno* (a) versichert/ er habe öffters wahr genommen/ daß die übrigen Fasern ihr Amt verrichtet/ unerachtet er den grösten Theil derselben zerschnitten/ und zwar eine gute Zeit lang.   Daß die unzerschnittenen Fasern sich bewegt haben/ ist vor sich klar: daß aber durch diese Bewegung oder vielmehr ihre Verkürtzung kein Schmertz in den zerschnittenen verursachet worden/ lässet sich daraus abnehmen/ weil die unzerschnittenen eine gute Zeit ihr Amt in einem fort verrichtet.   Wäre ein mercklicher Schmertz dadurch verursachet worden/ so würde das Thier die Bewegung unterlassen haben/ massen wir finden daß der Schmertz ein jedes Thier davon abhält/ was ihm den Schmertz verursachet.   Es führet aber *Steno* noch eine andere Observation an/ dadurch augenscheinlich befestiget wird/ daß eine Faser ohne die andere ihr Amt verrichten kan.   Er hat die Haut/darein das Mäuslein eingekleidet ist/ abgesondert und die Bewegungs-Fasern gleichfals mit solcher Vorsichtigkeit von einander gebracht/ daß keine die andere mehr berühret/

(a) Spec. Elem. Myolog. f. 540. T. 2. Bibl. Anat.

ret / sondern eine jede von den anliegenden
gantz frey gewesen. Dessen ungeachtet haben die Fasern sich verkürtzt und wieder verlängert wie vorhin / da sie noch an einander
und das Mäuslein mit seiner Haut umkleidet waren. Man siehet demnach / daß
allerdings eine jede Faser im Mäuslein als
ein besonderes Bewegungs-Instrument
anzusehen ist / und daß die Fasern nicht der
Bewegung halber / die sie zu verrichten haben / mit einander vereiniget sind; sondern
nur damit sie ein Mäuslein aus machen als
Theile ein gantzes und nicht so leicht Schaden nehmen können / als wenn sie einzeln
wären. Eine einzele Faser lässet sich auf
vielfältige Weise verrücken und verletzen /
welches alles nicht mehr angehet / wenn sie
an einander befestiget sind. Unterdessen
weil man siehet / daß die Bewegungs-Faser ihr Amt noch wie vorhin verrichten kan /
wenn sie von den anliegenden ohne Verletzung abgesondert worden; so erhellet / daß
die Befestigung an einander bloß an der
Haut geschiehet / die sie umkleidet. Da
nun die Fäserlein / daraus die Fasern zusammen gesetzet sind / gleichfalls mit einer
Haut umkleidet sind / so müssen auch sie an
derselben an einander befestiget seyn.

§. 55. *Leeuwenhœk*, der sich so angelegen seyn lassen die Beschaffenheit der Bewegungs-Fasern durch die besten Vergrös-
ferungs-

Son-
derbah-
re Figur
der Fa-
fern.

O 4

serungs-Gläser zu untersuchen/ hat gefun=
den/ daß die Fäserlein nicht glatte Röhr=
lein sind/ sondern Falten haben/ die wie
ein Schrauben = Gewinde herum gehen
(a). Er hat diese Figur in allen Fäserlein
gefunden/ sie mögen von dem Fleische der
vierfüßigen Thiere oder Fische genommen
worden seyn/ oder auch von dem Fleische
des Geflügels und des Ungeziffers. Und
damit er in einer so wichtigen Sache Zeu=
gen haben möchte/ so hat er diese Figur
vielen braven Leuten gewiesen und zwar um
so viel mehr/ weil er sich Anfangs in etwas
geirret hatte/ indem er die Falten circul-
rund ausgegeben (b), da sie doch wie die
Gewinde einer Schraube herum gehen/
wie man auch im Zwirne und Stricken sie=
het. Wenn die Fasern in der Bewegung
des Thieres ausgedehnet werden/ so hat er
wahrgenommen/ daß diese Falten vergan=
gen und kaum zusehen gewesen/ derglei=
chen auch in einem Faden zu geschehen pfle=
get/ wenn er starck gezogen wird. Auf
solche Weise drehen sich die Fäserlein wie
ein Faden mehr zusammen/ wenn sie kürtzer
werden/ und wickeln sich wieder auf/
wenn sie sich verlängern. Und also siehet
man noch eine Ursache/ warum auch die
Fäser=

(a) Epist. Physiol. 12. p. 122.
(b) Epist. Physiol. 1. p. 7. &c.

Fäserlein durch eine besondere Haut/ die sie umkleidet/ von einander abgesondert werden/ damit nemlich einjedes ungehindert sich in seinem Raume zusammen drehen und wieder aufwickeln kan. Auf solche Weise geschiehet die Verkürzung wie von einer Saite/die aus einem Darme gemacht worden/ oder auch wie in einem gezwirnten Faden/ und lässet sich begreiffen/ warum die Fäserlein/ die solcher Gestalt nichts anders als gewundene Röhrlein sind/ nicht so wohl sich mehr verkürtzen lassen/ wenn all zu viel Safft darinnen ist/ weil alsdenn die Falten durch die Ausspannung des Röhrleins vergeringert werden. Und dieses kommet mit der Erfahrung überein: denn *Leeuwenhœk* hat schon angemercket/ daß man in grossen Thieren diese Falten nicht so leicht siehet/ als in kleinen/ und sie absonderlich in fetten und gemesteten Thieren nicht wohl zu erkennen sind. Ob aber die Verkürtzung einig und allein durch die Veränderung der Figur in den Fäserlein geschiehet/ oder ob noch ein mehreres das seine mit dazu beyträget/ ist eine Sache/ die man noch weiter untersuchen muß.

§. 56. Man weiß aus der gemeinen Anatomie/ daß die fleischernen Fasern von andern viel subtilern flechsernen Fäserlein durch webet werden. Weil das Mäuslein in der Verkürtzung der fleischernen Fasern

Was die flechsernen Fäserlein in Mäuslein

G 5

lein für Nutzen haben.

fern kleiner und härter wird; so hat man diesen stechsernen Fäserlein die Verkürtzung der fleischernen Faser zu geschrieben (9. 435. Phyf. I.). Da nun aber auch eine Verkürtzung vermöge ihrer Figur möglich ist (§. 55.); so bleibt es freylich noch zweiffelhafft/ ob die Verkürtzung der fleischernen Fasern theils durch die Veränderung der Figur in den Bewegungs-Fäserlein/ theils durch Veränderung der Figur der grossen Fasern/ indem sie von den stechsernen Fäserlein nieder gedruckt werden/ oder von einem allein herkommet/ oder auch noch wohl was mehreres das seine dazu bey träget. Man siehet also/ daß man in diesem Stücke noch verschiedenes zu untersuchen hat/ ehe man auf eine völlige Gewisheit kommen kan. Unterdessen siehet man/ wie viele Weisheit Gottes in einem Stücke Fleische verborgen ist/ dabey wir insgemein nicht die geringste suchen. Man siehet auch/ daß noch besondere Arten der Versuche nöthig sind/ wodurch man hinter die Kleinigkeiten kommet/ die in denen Dingen verborgen sind/ welche man nur durch gute Vergrösserungs-Glässer kan ansichtig werden. Denn in den natürlichen Dingen haben die Veränderungen in solchen Kleinigkeiten ihren Grund (§. 615. Met.) und wer diesen einsehen wil/ der muß sich nicht verdrüssen lassen mit Kleinigkeiten zu versuchen/ was man

in grosin grossen versuchen würde/ wenn man hinter etwas kommen wolte. Es können die flechsernen Fäserlein noch einen Nutzen haben/ wenn sie gleich zur Verkürtzung nichts beytragen. Da durch sie die fleischernen Fasern als wie ein Gewebe durch schossen sind; so halten sie dieselben in ihrer Ordnung neben einander/ daß sich keine verrücken kan.

§. 57. Die wahre Figur einer Bewegungs-Faser/ die sich mit blossen Augen unterscheiden lässet/ hat *Steno* deutlich gewiesen (c), der sich für andern hat lassen angelegen seyn dieselben geschickt von dem Mäuslein ab-zusondern. Ich habe schon (§.51.) erinnert/ daß die Bewegungs-Faser nur in dem Bauche des Mäusleins fleischern ist/ an beyden Enden aber flechsern wird. Diese drey Theile gehen nicht in einer graden Lienie fort/ sondern die beyden flechsernen Theile machen ordentlicher Weise in dem Mäuslein mit dem fleischernen/ der nach der Länge des Bauches durch gehet/ einen schiefen Winckel und zwar lieget der eine flechserne Theil auf der einen Seite/ der andere hingegen auf der andern/ daß die gantze Bewegungs-Faser eine Figur vorstellet/ die man in der Geometrie Rhomboides oder **die Rautenförmige Figur** zu nen-

Figur einer Bewegungs-Faser.

(c) Bibl. Anal. f. 521. 533.

zu nennen pfleget (§. 22. Geom.). Wenn
nun der fleischerne Theil verkürtzet wird/
so ändert sich der Winckel und kommet einem rechten Winckel näher. Hierinnen
stecket eine sonderbahre Probe der Weisheit
Gottes. Denn man weiß aus der Mecha-
nick/ daß eine Krafft stärcker ziehet/ wenn
die Linie/ nach welcher sie ziehet/ mit dem/
was gezogen wird/ einen rechten Winckel
macht/ als wenn sie einen schiessen damit
macht (§. 33. 59. Mech.). Und hieraus siehet
man abermahls eine Probe/ daß GOtt in
der Natur alles auf das Beste einrichtet/
und überall auf das genaueste in acht nim-
met/ was die Sache in einen vollkommene-
ren Stand setzet/ als sie sonst seyn würde.
Du nun in der Bewegung/ welche das
Mäuslein verrichtet/ an dieser Figur gar
viel gelegen ist; so hat auch *Steno* wohl ge-
than/ daß er für die Gewisheit der Erkäntnis in diesem Stücke gesorget/ indem er (d)
erwiesen/ daß die Figur der Bewegungs-
Faser nicht durch die Zerlegung des Mäuslein mit dem Anatomie-Messer von ihm
gemacht werde: wie er denn auch bey andern Anatomicis Beyfall gefunden.

Noth-
wendig-
keit des
§. 58. Ein jedes Mäuslein hat seinen
Nerven/ der seine Aestlein durch ihn vertheilet. Da durch die Nerven der Nerven-
Safft

(d) loc. cit. f. 539.

Safft oder die Lebens-Geister aus dem Gehirne dem Mäuslein zu geführet werden
(§. 33.) / ohne welche keine Verkürtzung
der fleischernen Fasern geschehen kan (§.
31.); so siehet man / daß ein jedes Mäuslein einen Nerven nothwendig hat / damit
es zu rechter Zeit und nach dem Willen der
Seele (§. 35.) sein Amt verrichten kan. Es
erstrecket aber der Nerven seine Aestlein
nicht weit / sondern nur in der Nähe /
wovon sich die Ursache noch nicht wohl geben
lässet / weil noch nicht eigentlich bewust / wie
die flüßige Nerven-Materie oder die Lebens-
geister die Verkürtzung der fleischernen Fasern determiniren. Unterdessen siehet man
so viel hieraus / daß die Natur nichts vergebens thut: denn da die Bewegung in
einem Mäuslein durch die flüßige Materie / welche die Nerven zu führen / zu determiniren nicht nöthig ist / daß der Nerven
seine Aestlein durch das gantze Mäuslein
vertheilet; so findet man auch / daß solches
nicht geschiehet. Dieses aber ist abermahls
eine Probe der Weisheit Gottes (§. 1049.
Met.) und wir werden mehrere von dieser
Art finden / wenn wir in den natürlichen
Cörpern alles genau überlegen.

§. 59. Es gehen auch Puls-Adern und
Blut-Adern in die Mäuslein / deren jene
das Geblüte zu führen / diese hingegen
wiederum abführen / wovon bald mit mehrerem

(Marginalia:) Nervens in dem Mäuslein.

(Marginalia:) Nutzen der Blut-Gefässe in den

Mäus-
lein.
rerem wird zu reden seyn. Daß das Geblütte denen Mäuslein zu geführet wird/
damit sie ihre Nahrung haben/ ist daher
klar/ weil alles in dem Leibe von dem Blute
ernähret wird (§. 420. Phys. I.). Daß die fleischerne Fasern Nahrung brauchen und zwar
mehr als andere Theile des Leibes/ erhellet
zur Gnüge aus dem jenigen/ was vorhin
(§. 52.) angeführet worden/ wie das
Fleisch ab = und zu = nimmet. Allein gleich
wie GOtt überall mit den allgemeinen Absichten noch andere besondere verknüpffet; so
geschiehet es auch in gegenwärtigem Falle/
da die Zuführung des Geblüttes so wohl
als wie in den Nerven (§. 42.) noch ihren besonderen Nutzen haben. Einen davon habe ich schon (∫. 52.) berühret/ daß die
Mäuslein dadurch ihre Stärcke erhalten
und/ wenn sie dieselbe durch Kranckheiten
verlohren/ wieder bekommen. Man hat
aber auch angemercket/ daß das Blut/
welches durch die Arterien zu geführet wird/
selbst zu der Bewegung des Mäusleins das
seine beyträget. *Steno* hat verschiedene
Versuche zu dem Ende angestellet/ die auch
von anderen angeführet werden/ wenn sie
die Nothwendigkeit der Bewegung des
Blutes durch die Puls=Ader zu der Bewegung des Mäusleins behaupten wollen.
Es erinnert der berühmte Engelländische
Medicus

Medicus *Thomas Willis* (a), daß *Steno* in einem Hunde mit der aorta descendente einen Versuch angestellet. So offte er dieselbe gebunden/ hat der Hund keines von denen hinteren Theilen bewegen können/ denen das Geblütte durch diese Puls-Ader zugeführet wird: so bald er aber den Knoten wiederum aufgelöset/ ist die Bewegung wieder da gewesen. Es berufft sich auf eben diesen Versuch Johann *Mayow* (b) und nebst ihm beruffen sich darauff noch andere. Nun ist freylich daraus noch nicht klar/ was denn eigentlich das Blut/ welches durch die Puls-Adern zugeführet wird/ bey der Bewegung des Mäusleins thut: allein wir wissen auch nicht/ was eigentlich die flüßige Materie der Nerven dabey verrichtet. Es ist gnung daß ohne die Bewegung des Geblüttes in den Arterien keine Bewegung des Mäusleins erfolgen kan. Es hat aber *Mayow* noch einen besonderen Umstand angeführet/ der daraus seine Erklärung erhält. Er hat angemercket/ daß nicht allein durch die Arterien denen Mäuslein mehr Blut zugeführet wird als sie zu ihrer Nahrung brauchen/ sondern auch weit

(a) in Exercitat. Medico physica de motu musculari Bibl. Anat. Tom. 2. f 547.

(b) in Tract. de motu musculari & spiritibus animalibus c. 3. f. 557. Bibl. Anat. T. 2.

weit mehr als zu den übrigen Theilen des
Leibes. Da nun die Natur und GOtt
der Urheber derselben nichts vergebens thun
(§. 614. Met.) / ja dieses selbst dadurch be=
kräfftiget wird / indem denen übrigen Thei=
len / die so wohl als die Mäuslein von dem
Blute ihre Nahrung empfangen / doch
nicht so viel Blut zugeführet wird; so muß
es freylich eine besondere Ursache haben /
warum denen Mäuslein das Geblütte in so
grosser Menge zugeführet wird. Da wir
nun finden / daß ohne den freyen Lauff des
Geblüttes durch die Puls=Adern die Be=
wegung des Mäusleins nicht bestehen mag;
so kan man mit gutem Grunde schliessen /
daß eben deswegen das Blut sich in grös=
serer Menge zu denen Mäuslein / als zu an=
dern Theilen des Leibes beweget / weil es
zu dessen Bewegung erfordert wird. Weil
die Adern das Geblütte aus den Puls=
Adern wieder zurücke in das Hertze führen
(§. 415. Phys. I.); so müssen da auch Adern
seyn / wo Puls=Adern sind. Ob aber die
Blut=Adern noch einen besonderen Vor=
theil bey der Bewegung der Mäuslein ha=
ben / ist eine Frage / die noch insbesondere
zu untersuchen stünde. Es hat aber aller=
dings das Ansehen / daß auch die Blut=
Adern einen besonderen Nutzen haben.
Denn *Mayow* hat angemercket / daß / wenn
das Mäuslein seine Verrichtung thut / sich

das

das Geblüte in den Adern geschwinder als
sonst beweget. Diese geschwinde Bewegung geschiehet wohl nicht von die lange Weile / indem wir es sonst so finden /
daß alles / was in der Natur aus würckenden Ursachen entstehet / doch auch seinen besonderen Endzweck hat / darzu es gerichtet ist. Derowegen unerachtet man
auch hier ohne Schwierigkeit erkennet / daß /
indem die fleischernen Fasern verkürtzt werden / und dadurch das Mäuslein gleichsam
zusammen gepresset wird / das Blut in den
Adern zugleich eine Pressung auszustehen
hat / wodurch die Bewegung des Geblütes geschwinder wird ; so kan dessen ungeachtet die Geschwindigkeit der Bewegung
doch ihren Nutzen haben. Und hat auch
schon *Mayow* einigen davon eingesehen / indem er gefunden / daß / wann das Mäuslein in seiner Verrichtung ist / das Geblüte durch die Arterien in grösser Quantität
zugeführet wird / als wenn es in seiner Ruhe lieget / folgends auch wiederum durch
die Adern geschwinder abgeführet werden
muß. Daß sich aber das Blut in den A-
dern geschwinder beweget / wenn das Mäuslein in seiner Verrichtung ist / als wenn es
stille lieget ; lässet sich aus einer gemeinen
Erfahrung erweisen / die bey dem Aderlassen vorkommt. Denn wenn die Median-
Ader in dem Arme eröffnet wird / und man

will haben/ daß das Geblütte stärcker gehen sol; so beweget man nur starck die Finger und drucket sie an die Hand/ wodurch
die Mäuslein an der Ader in ihre Verrichtung gesetzet werden.

Beschaf-
fenheit
der
Flech-
sen.

§. 60. Ich habe schon oben erinnert
(§. 46.)/ daß die Flechsen hauptsächlich
zur Befestigung des Mäusleins an den
Knochen dienen.   Ich habe ferner angemercket (§. 51.)/ daß die Bewegung allein
von den fleischernen Fasern in dem Bauche
des Mäusleins verrichtet wird und die flechsernen keine Veränderung leiden/ indem
jene verkürtzet werden.   Und hieraus lässet
sich die Beschaffenheit der Flechsen beurtheilen.   Die Flechsen sind zähe und feste/ damit sie in der Bewegung aushalten können.
Denn indem sich der Bauch verkürtzet/
werden die Flechsen gezogen und ziehen mit
sich den Knochen/ daran sie befestiget sind/
nebst der gantzen Last/ die zubewegen ist.
Solchergestalt haben sie nicht allein die Gewalt des bewegenden Mäusleins/ sondern
auch die Last/ welche dem Gliede/ so durch
das Mäuslein beweget wird/ zu heben oblie-
get/ zu ertragen/ nicht anders/ als wenn sie von
beyden Seiten starck gezogen würden. Man
weiß/ wie schweere Lasten man bewegen kan/
umb kan daraus ermessen/ wie starck die Flechsen gezogen werden. Wer es noch deutlicher
einsehen wil/ der darf nur *Borellum* de motu ani-

tu animalium oder von der Bewegung der
Thiere aufschlagen; so wird er finden wie
groß die Bewegende Krafft der Mäuslein
ist/ welche die Flechsen ziehet. Und hieraus siehet man nun ferner die Ursache/ warum die flechsernen Jäserlein so dichte an einander liegen/ daß sich eine ohne die übrigen nicht bewegen lässet. Denn wenn sich
eintzele bewegen liessen/ könten sie leicht zerrissen werden/ absonderlich wenn man sich
anstrengete etwas zuheben/ was einem zu
schweer fallen wil/ und in anderen dergleichen Fällen mehr.

§. 61. Man nennet in dem Leibe der **Nutzen**
Menschen und der Thiere **Gefässe** Röhren/ **der**
durch welche eine Feuchtigkeit oder flüßige **Blut-**
Materie beweget wird. Und demnach **Gefässe.**
sind die **Blut-Gefässe** Röhren/ dadurch
das Blut in dem Leibe herum beweget wird.
Es sind aber zweyerley Arten dieser Blut-
Gefässe/ die **Arterien** oder **Puls-Adern**
(*Arteriæ*) und die **Blut-Adern** (*Vena*).
Jene dienen dazu/ daß sie das Blut durch
den gantzen Leib von dem Hertzen leiten und
es also einem jeden Theile zuführen: diesen
hingegen lieget ob dasselbe zu dem Hertzen
wieder zurücke zu führen (§. 415. Phys. I.).
Daher beweget sich das Blut in den Puls-
Adern von dem Hertzen weg gegen die äuser-
sten Theile des Leibes/ und in den Blut-
Adern hingegen von ihnen zurücke gegen

H 2 das

das Hertze. Es entſpringen demnach ſo
wohl die Puls-Adern/ als die Blut-Adern
aus dem Hertzen/ damit alles Geblütte dem
Hertzen zugeführet und aus ihm wiederum
durch den Leib vertheilet werden mag. Zu
dem Ende zertheilet ſich der groſſe Stamm/
der aus dem Hertzen gehet/ in lauter Aeſte/
und dieſe theilen ſich wiederum in kleinere/
und die kleineren in noch kleinere und ſo weiter fort/ damit nicht der geringſte Theil im
Leibe vorhanden iſt/ dem das Blut nicht
zugeführet würde/ weil alles im Leibe von
dem Blute ernähret und in ſeinem Zuſtande
erhalten wird (§. 420. Phyſ. I.). Weil ſich das
Blut in den Puls-Adern von dem Hertzen/
in den Blut-Adern aber gegen das Hertze
beweget; ſo hat man gar wohl geſehen/ daß
das Blut aus den Puls-Adern wiederum
in die Blut-Adern kommen muß. Da
man aber gleichwohl in der Anatomie nicht
gefunden/ daß die Blut-Adern mit den
Puls-Adern irgendswo zuſammen ſtieſſen:
ſo hat man ſich lange Zeit vielerley Gedancken gemacht/ wie das Blut aus den Puls-
Adern in die Blut-Adern kommen mag:
allein gantz vergeblich. Denn nachdem
Leeuwenhœk, der die Kleinigkeiten der Natur ſorgfältig unterſucht/ ſich auch über die
Bewegung des Blutes gemacht/ hat er
endlich (§. 98. T. III. Exper.) gefunden/ daß
durch den gantzen Leib durch überall aus den
kleinen

kleinen Aeſtlein der Puls-Adern in die kleine
Aeſtlein der Blut-Adern über die maaſſen
kleine Röhrlein gehen / die mit bloſſen Augen ſich nicht unterſcheiden laſſen und aus
den Puls-Aederlein anfangs von dem Hertzen weggehen / nach dieſem ſich in die Krümme wenden und gegen das Hertze zu in die
Blut-Aederlein gehen. In dieſen ſubtilen
Röhrlein beweget ſich anfangs das Blut
von dem Hertzen weg / in der Krümme wendet es ſich und ſteiget durch den übrigen
Theil des Röhrleins gegen das Hertze zu in
das Blut-Aederlein. Solchergeſtalt ſind
dieſe kleine Röhrlein zugleich Puls-Aederlein und auch Blut-Aederlein; der Theil
aber / welcher die Krümme abgiebet / iſt keines von beyden / ſondern macht die Communication der Puls-Adern und Blut-Adern
aus / und dienet eben dazu / daß ſich das
Blut nach und nach wenden kan. Weil
die Blut-Gefäſſe in ſo gar kleinen Röhrlein
zuſammen kommen / ſo iſt kein Wunder /
daß ſie die Anatomici nicht entdecken können.
Man ſiehet aber hieraus abermahls / daß
die Natur ihre Sachen im kleinen verrichtet / und man dannenhero Urſache hat die
Kleinigkeiten durch die Vergröſſerungs-
Gläſer zu unterſuchen / woferne man in der
Erkäntniß der Natur zurechte kommen wil.
Weil aber das Blut durch ſo gar ſubtile
Röhrlein aus den Puls-Adern in die Blut-

Adern

Adern kommet; so müssen eben die Blut-
Gefässe durch den gantzen Leib durch an allen Orten ihre Communication mit einander haben/ indem sonst das Blut mit allzugrosser Geschwindigkeit durch die kleinen
Gefäßlein durchgehen müste: wodurch sie
leicht zerspringen könten/ wenn sie zu starck
gedehnet würden.

§. 62. Gleichwie nun *Leeuwenhoek* die
Communication der Puls- und Blut-Adern
durch seine Vergrösserungs-Gläser augenscheinlich entdecket; so haben hingegen die
Anatomici dieselbe durch Versuche ausge-
macht/ unerachtet diese die Art und Weise/
wie sie mit einander communiciren/ nicht
klärlich vor Augen geleget. Es führet
Verheyen (a) dergleichen Versuch an. Man
hat nemlich einen Theil von einer Ader ge-
bunden/ welche alsdenn zwischen dem Hertzen und dem Bünde abnimmet/ von der
andern Seite aber aufschwellet/ weil sich
das Blut gegen das Hertze nicht mehr frey
bewegen kan/ sondern durch den Bund
aufgehalten wird. Nach diesem hat man
in die anliegende Arterie gefärbten spiritum
vini oder gefärbtes Wasser eingelassen/ und
befunden/ daß dieses gleich in die Ader hin-
über gedrungen. Es hat aber einen sehr
grossen Nutzen/ daß die Blut-Gefässe in
allen

Marginal note: Besonderer Nutzen/ Warum die Puls- und Blut-Adern überall mit einander Communiciren.

(a) Anat. lib. 1. Tract. 1. c, 4. p. m. 13.

allen Theilen des Leibes durchgehends mit
einander communiciren.   Wenn die
Puls-und Blut-Adern bloß in den äussersten Theilen des Leibes mit einander communicirten; so würde durch Verwundung
eines Theiles die Circulation des Geblüttes
gehindert/ welche doch höchst nöthig ist/
woferne ein Theil ernähret werden sol/ indem durch die Puls-Adern das nahrhaffte
Geblütte muß zugeführet/ durch die Adern
aber zu dem Hertzen wieder zurücke geführet
werden.   Man setze/ damit man es besser
begreiffen kan/ es communicirten die Puls-
und Blut-Adern/ welche durch den Arm
in die Hände gehen/ bloß in den äusersten
Theilen der Finger.   Wenn einem die
Hand abgehauen würde; so führeten die
Puls-Adern das Blut bis an das Ende
des Armes/ wo die Hand abgehauen ist/
aus den Adern aber gienge es zurücke gegen
das Hertze.   Wenn man nun gleich setzte/
daß das Blut sich stillen liesse; so bliebe es
doch in den Puls-Adern stehen und die
Blut-Adern würden leer.   Solchergestalt
könte der Arm nicht mehr leben.   Er verlie-
rete nicht allein seine Bewegung (§. 59.)
und würde gleich unbrauchbahr; sondern
das stehende Geblütte müste auch verderben.
Hingegen da die Blut-Gefässe überall mit
einander communiciren; so mag ein Theil
verletzet oder gar abgehauen werden/ und

H 4   dessen

deſſen ungeachtet wird die Circulation des
Geblüttes / die zum Leben des Menſchen ſo
nöthig iſt / nicht gehindert.

Warum die Puls- und Blut-Adern unterſchieden ſind.

§. 63. In lebendigen Thieren und
Menſchen laſſen ſich die Puls- und Blut-
Adern durch das Fühlen unterſcheiden / indem in jenen der Puls ſchläget / in dieſen
hingegen nicht. Man kan den Puls nicht
allein ſehen / wenn die Puls-Adern in einem
lebendigen Thiere entblöſet werden; ſondern auch öffters / wo ſie etwas frey unter
der Haut liegen und wenn der Puls ſtarck
ſchläget. Wenn man aber dieſe Blut-
Gefäſſe genauer betrachtet / ſo findet man /
daß ſie in ihrer Structur von einander unterſchieden ſind. Anfangs findet man / daß
die Arterien oder Puls-Adern viel enger ſind
als die Blut-Adern. Da nun alles Blut /
was durch die Puls-Adern von dem Hertzen
weggeführet wird / durch die Adern wieder
zu dem Hertzen zurücke geführet werden muß
(§. 415. Phyſ. I.); ſo muß ſich das Blut in
den Blut-Adern langſamer bewegen als in
den Puls-Adern. Wenn in gleicher Zeit
durch einen engen und weiten Canal einerley
flüßige Materie paſſiret; ſo muß ſich dieſelbe in dem engen geſchwinder und in dem
weiten langſamer bewegen. Und eben deswegen weil die Puls-Adern enger ſind als
die Blut-Adern und gleichwohl durch die
ſchnellere Bewegung des Geblüttes einem

ſtärckern

ſtärckern Triebe zu wiederſtehen haben; ſo
ſind ſie in ihren Häuten auch dicker als die
Blut=Adern. Solcher geſtalt können ſie
zugleich der Gewalt des Pulſes beſſer wider=
ſtehen/ inſonderheit in denen Fällen/ da
die Schläge langſam auf einander folgen/
das Blut aber ſehr ſtarck an die äuſſere Sei=
te der Puls=Ader getrieben wird/ als wenn
ſie ſollte durchbohret werden/ dergleichen
man in ſehr hefftigem Zorne obſerviret.
Den Unterſcheid in den Häuten werden wir
bald mit mehrerem ſehen.

§. 64. Der berühmte Medicus in En=
gelland *Willis,* der ſich ſehr angelegen ſeyn laſ=
ſen die Würckung der Artzneyen in dem kran=
cken Cörper verſtändlich zu erklären/ und
darzu von nöthen gehabt die Structur der
Theile genau zu unterſuchen (§.614. Met.)/
hat nach genauer Unterſuchung gefundē (a)/
daß ſo wohl die Puls=Adern/ als die
Blut=Adern/ unerachtet dieſe viel dünner
ſind/ als jene/ aus vier Häuten beſtehen/
da hingegen die Alten vermeinet/ die Blut=
Adern beſtünden nur aus einer einfachen
Haut/ die Puls=Adern hingegen aus einer
doppelten. Dieſe traueten ihren Muth=
maſſungen/ die ſie darauf gründeten/ weil
die Haut der Puls=Adern wohl noch ein=
mahl ſo ſtarck ausſiehet als die Blut=Adern:

Nutzen der Häu=te/ dar=aus die Puls= und Blut= Adern beſtehē.

H 5   *Wil-*

(a) Pharmaceut. Ration. part. 2. c. 1. p. 2.

Willis hingegen hat die Haut von einander
abgesondert. Es hätten aber auch die Alten gar leicht sehen können/ daß sie ihren
Muthmassungen nicht viel trauen dörffen:
denn da die Blut-Adern viel weiter sind als
die Puls-Adern/ hätten sie gar leicht auf
die Gedancken kommen können/ ob nicht
gar einerley Haut in den Puls-Adern und
den Blut-Adern wäre/ und sie bloß in diesen dünner würde/ weil sie weiter ausgedehnet wird/ indem sie eine weitere Röhre
formiren muß. Und diese Muthmassung
würde sie angetrieben haben die Häute genauer zubetrachten und es nicht bey dem ersten Anblicke bewenden zu lassen. Die innere Haut (*tunica nervosa*)/welche die dünneste
ist unter allen/ bestehet aus spannaderichten
Fasern/die nach der Länge der Röhre in einem
fortgehen. Die darauf folget/ (*tunica musculosa*) hat fleischerne Fasern/ die ziemlich
dichte an einander circulrundt herum gehen
und von den spannaderichten recht-winck-
licht durchschnitten werden. Die dritte
von innen angerechnet ist ein Drüsen-Häutlein (*tunica glandulosa*), welche überall viele kleine Drüßlein hat und dabey viele Ge-
fäßlein/ die von der Puls-Ader hergeleitet
werde. Sie ist dicker als die übrigen und
lässet sich in viele Blättlein zerlegen. Endlich die äussere (*tunica vasculosa*) hat viele
Blut-Gefäßlein/ auch andere und inson-
der-

derheit verschiedene spannaderichte Fasern/
die alle insgesammt wunderlich durch einander gehen.   Wenn man bedencket/ was
die Spann-Adern oder Nerven/ die Blut-
Gefässe/ die Drüssen und fleischerne Fasern für Nutzen im menschlichen Leibe haben:
so wird man auch den Nutzen dieser verschiedenen Häute einsehen.   Die fleischernen
Fasern dienen zur Bewegung (§. 46.)/
und in der Bewegung werden sie verkürtzet
(§. 51.). Indem nun die circulrundten Fasern in der fleischernen Haut sich zusammen
ziehen/ so wird der Canal enger und das
Blut durch die Pressung in eine schnellere
Bewegung gebracht: indem sie wieder nach-
geben/ so erweitert sich wieder die Röhre.
Und demnach werden die Puls-Adern durch
die fleischerne Haut zu einer doppelten Bewegung aufgeleget/ wodurch sie einmahl
einkriechen und enger werden/ nach diesem
sich wieder erweitern und aus einander gehen.   Die erste Bewegung hat man *systo-
len*; die andere *diastolen* genannt.   Wir
haben vorhin gesehen (§. 61.)/ daß die Puls-
Adern an allen Orten kleine Aestlein auswerffen und diese sich hin und wieder wiederum in kleinere vertheilen/ biß sie endlich zu
Puls-und Blut-Aederlein zugleich werden.
Solchergestalt dienet die Bewegung der
Puls-Adern nicht allein den Fortgang des
Geblüttes zu erhalten/ sondern auch dasselbe

selbe in die Aestlein und durch die subtilesten
in die Blut-Adern zu pressen/ da der blosse Trieb durch das Hertze dazu nicht gnung
seyn würde. Wenn die fleischernen Fasern
sollen in Bewegung gebracht werden/ so
müssen sie durch Hülffe der Nerven vermittelst der Empfindung/ die in diesen ge-
schiehet/ determiniret werden (§. 34.) Daher lieget die nervichte oder spannaderichte
Haut unmittelbahr an der fleischernen/ und
wer weiß/ wie sie durch ihre Verknüpffung
mit einander Communication haben.
Denn da uns noch nicht bekand ist/ wie
die so genannten Lebens-Geister die Bewegung in den fleischernen Fasern determini-
ren/ wie aber die fleischerne Haut mit der
nervichten verknüpfft ist/ gleichfals nicht
erhellet; so lässet sich die eigentliche Beschaffenheit dieser Communication nicht
erklären. Man siehet aber/ warum die nervichte die innerste ist und die fleischerne so
gleich darauf folget. Nemlich die Puls-
Adern müssen sich zusammen ziehen und dem
Blute einen Druck geben/ indem der
Puls aufhöret/ und wieder aus einander
gehen/ indem er schläget. Der Puls ist
nichts anders als ein Trieb/ den das Blut
von dem Hertzen erhält/ und dadurch es
an die Puls-Adern anstösset. Durch diesen Stoß werden die Nerven in der nervichten Haut gerühret und die daselbst in Bewegung

wegung gebrachte Lebens-Geifter nehmen
ihren Einfluß in die fleischerne Haut und
determiniren daselbst ihre Bewegung.
Wir werden bald nach diesem hören/ daß
die Drüsen das Instrument sind/ wodurch an einem jeden Orte des menschlichen Leibes von dem Geblütte abgesondert
wird/ was nöthig ist/ und haben schon ge-
sehen/ daß allen Theilen des Leibes und also auch den Drüsen des Geblütte durch die
Puls-Adern zugeführet/ durch die Blut-
Adern aber von ihnen abgeführet wird.
Man siehet demnach auch hieraus/ was die
übrigen Häute oder die beyden äusersten für
einen Nutzen haben. Durch die Puls-
Aederlein in der äusersten wird der grossen
Puls-Ader das Blut zur Nahrung zugeführet und die Blut-Adern führen das ü-
brige gleich wieder zurücke. Die Aestlein von
den Puls-Aederlein/ die in das Drüsen-
Häutlein gehen/ führen das Blut den
Drüselein zu/ damit von ihnen saltzige
Feuchtigkeiten (*serositates*) abgesondert
werden. Die fleischernen Fasern sind endlich an den drey übrigen Häuten der innersten und den beyden äusersten starck befesti-
get/ damit sie die gantze Röhre der Puls-
Ader enger machen/ indem sie sich zusammen ziehen/ und erweitern/ indem sie sich
aus einander geben/ auch keine Gefahr ist/
daß sie sich nicht irgendswo loß reissen/ oder
in die

in die Haut einreissen/ die nicht folgen wil.
Die Blut-Adern bestehen auch aus vier
Häuten/ wie die Puls-Adern; allein sie
folgen in einer andern Ordnung auf einander. Die innere Haut ist fleischern und bestehet aus fleischernen Fasern/ die zwar
auch wie in der fleischernen Haut der Puls-
Adern circulrundt herum gehen/ aber viel
zärter sind als in Puls-Adern. Man siehet leicht/ da die Stärcke der Fasern von
ihrer Dicke herrühret (§. 49.)/ daß sie nicht
eine so starcke Bewegung hervor bringen
können/ als wie in den Puls-Adern/ folgends auch dem Blute nicht einen so starcken Druck geben/ wie es in jenem erhält.
Wir haben schon vorhin gesehen (§. 63.)/
daß sich das Blut in den Blut-Adern läng-
samer beweget/ als in den Puls-Adern.
Allein es sind auch noch andere Ursachen/
warum die Blut-Adern das Blut nicht so
starck pressen dörffen als die Puls-Adern.
Aus den Puls-Adern gehet das Blut jederzeit aus weiteren Röhren in engere; hingegen in den andern kommet es aus den engeren in die weiteren. In jenen muß es also aus den weite Röhren in die engeren gepresset werden: in diesen hingegen wird es
durch die engen in weite gebracht und in
den gantz engen hat es noch den starcken
Trieb/ den es von den Puls-Adern erhalten/
welcher nicht gantz erhalten werden darf/
indem

indem es sich in den Blut-Adern langsamer
beweget. Wenn man nun aber fraget/
wie deñ die fleischerne Fasern zur Bewegung
determiniret werden/ da man hier keine
nervichte Haut siehet/ daran das Geblütte
stösset/ wie in der Puls-Ader; so scheinet
es/ als wenn sich diese Frage nicht wohl be-
antworten liesse/ weil wir keine Ursache sehen von dem/ das wir suchen. Allein da
die äuserste Haut (*tunica membranacea*)
von der Art ist/ wie diejenige/ so mit zum
Gefühle dienet (§. 41.); so ist wohl kein
Zweiffel/ daß sie nicht von nervichter Art
seyn sollte/ und die Fäserlein/ welche nach
der Länge durchgehen/ ob zwar nicht paral-
lel/ wie in den Puls-Adern/ sondern daß sie
hin und wider einander durchschneiden/
spannaderichte seyn. Weil die Häute in
den Blut-Adern dünne, sind; so kan das
Gefühle von dem Geblütte biß dahin kom-
men/ wenn sie auch gleich nicht unmittelbahr an ihm anlieget/ zumahl da wegen
der schwächeren Zusammenziehung der fleischernen Fasern auch kein so starckes Gefühle von nöthen ist. Die **drüsige Haut**
(*tunica glandulosa*) und die mit **Blut** und
anderen **Gefäßlein** erfüllete (*tunica vasculosa*), welche zwischen den beyden andern
liegen/ haben eben den Nutzen/ den sie bey
den Puls-Adern haben/ wie man leicht
siehet.

§. 65.

Warum
de Adern
Ventile
haben.

§. 65. Die Blut=Adern haben auch
noch dieses für den Puls=Adern besonders/
daß in ihnen hin und wieder Ventile (*Valvula*) angetroffen werden/ die von einer
Seite an die Ader angewachsen sind/ von
der andern aber frey liegen und sich von den
kleinen Aestlein weg gegen das Hertze zu an=
legen/ wenn das Blut in seinem ordentli=
chen Gange ist und gegen das Hertze zufleust.
Wenn sie sich herauf geben und die Blut=
Ader verschliessen; so hindern sie/ daß das
Blut nicht wieder von dem Hertzen zurücke
in die kleinen Aestlein treten kan/ wodurch
die Bewegung des Blutes in Unordnung
gebracht würde: denn wenn es zurücke tritt/
beweget es sich dem Blute in den Puls=
Adern entgegen. Und hieraus erhellet der
Nutzen/ den die Ventile haben/ und sie=
het man zugleich/ warum sie absonderlich
an den Orten anzutreffen sind/ wo sich die
Blut=Adern in Aeste abtheilen. Es hat
diesen Nutzen schon insonderheit der be=
rühmte *Harvæus* ausgeführet (a) und sie sind
unter andern ausführlich von dem *Meibomio*
(b) beschrieben worden: denn man trifft ih=
rer unterschiedene an/ denen man auch
nicht allen einerley Nutzen zueignet. Uns
begnüget/ daß wir von den gewöhnlichsten
Mes=

(a) de motu Cordis p. 120.
(b) in Differtat. de Valvulis.

Meldung gethan. Man siehet aber/ daß
die Puls-Adern dergleichen Ventile gar
nicht nöthig haben/ weil in ihnen das Geblüte nicht zurücke treten kan/ indem es
nicht allein durch den Trieb des Hertzens/
sondern auch durch die starcke Zusammenziehung der Puls-Adern starck fortgetrieben
wird (§. 64.).

§. 66. Ausser denen Blut-Gefässen Nutzen
finden sich auch in dem Leibe der Menschen der Fließ-
und Thiere die **Fließwasser-Gänge** (*Va-* Wasser-
sa lymphatica). Es sind subtile Röhrlein/ Gänge.
die aus einer dünnen Haut bestehen/ und
das durch die Drüßlein abgesonderte Fließ-
Wasser wieder dem Blute zuführen. Insgemein eignet man die Entdeckung dieser
Gefässe dem berühmten Leib-Medico in
Coppenhagen *Thomæ Bartholino* zu/ der sie
gegen das Ende des 1651. Jahres wahrgenommen (c): gleichwie aber insgemein alle Erfindungen und Entdeckungen streitig
gemacht werden; so ist man auch in diesem
Stücke nicht einig. Zum Exempel **Schrei-
der** (d) wil sie schon A. 1636. auf der
Universität Jena in einer Anatomie gezei-

(*Physik. III.*) J get

(c) Cent. 2. Histor. 48. p. 225. conf. Hi-
storia nova vasorum lymphaticorum c. 2.
f. 722. Tom. 2. Bibl. Anat.

(d) Libr. de catarrhis specialiss. p. 523.

(e) in Exercit. Anat. de ductibus hepaticis
aquosis.

get haben. *Olaus Rudbeck* (e), der sie A.
1650. und 1651. vor sich will wahrgenommen haben/ hat sie insonderheit beschrieben/
wie sie bey der Leber angetroffen werden und
daher auch *ductus hepaticos aquosos*, **die
wäßrigen Leber-Gänge**/ und der Kür-
tze halber bloß *ductus hepaticos*, **die Leber-
Gänge**/ genannt. Den Nutzen der Fließ-
Wasser-Gänge habe ich schon angedeutet/
nemlich daß sie das **Fließ-Wasser** (*lym-
pham*), welches von dem Blute in den
Puls-Adern abgesondert wird/ wieder zu
dem Blute in den Blut-Adern führen/
nachdem es durch die Drüßlein abgesondert worden. Daß diese Bewegung des
Fließ-Wassers in die Blut-Adern nicht erdichtet sey/ kan man durch den Versuch
erweisen/ den *Verheyen* (f) recommendiret
die Fließ-Wasser-Gänge zu entdecken. Man
schneidet ein Thier lebendig auf und bindet
eine Ader/ wo ein Fließ-Wasser-Gang anlieget; so beginnet dieser Gang aufzuschwel-
len/ der mit ihr zugleich gebunden wird:
woraus man siehet/ daß sich das Fließ-
Wasser wie das Blut in den Adern gegen
das Hertze zu beweget/ und also an denen
Orten dem Blute in den Adern zugeführet
wird/ wo sie in die Adern gehen. Dann
bey Betrachtung der besonderen Theile des
Leibes werden wir sehen/ daß nicht alles
Fließ-

(f) Lib. 1. Tract. 1. c. 4. p. m. 16.

Fließ-Wasser wieder in das Blut geführet
wird. Da man sie / weil sie vor und an
sich selbst gar zu subtile sind / nicht eher zu
sehen bekommet / als biß sie von dem Fließ-
Wasser starren; so ist kein Wunder / daß
man sie nicht vor Alters wahrgenommen /
da man nicht alles mit so grosser Sorgfalt
untersucht / als wie um das Mittel des
verwichenen Jahrhundertes / da eine güldene Zeit für die Wissenschafften war / weil
sich viele mit Ernst darauff legten dieselbe
zu vermehren und allen möglichen Beytrag
zu thun / nachdem *Cartesius* mit seiner Art
deutlich und verständlich zu philosophiren
einen Eiffer für die Wissenschafften erwe-
ckete. Es sind im übrigen die Fließ-Wasser-Gänge sehr häuffig mit Ventilen versehen / welche verhindern / daß das Fließ-
Wasser / welches sie gegen das Hertze zu
führen / nicht wieder gegen die Drüßlein
zurücke treten kan. Die Gewißheit davon
zeiget sich in dem Verheyenischen Versuche. Denn wenn der Fließ-Wasser-Gang
gebunden wird / und er beginnet aufzuschwel-
len; so nimmet man überall Knötlein wahr.
So bald man zwischen zweyen Knötlein eine Eröffnung macht; so laufft das Fließ-
Wasser alles aus den kleinen Aestlein heraus / die zwischen der Eröffnung und dem
Theile liegen / wo es herkommet / hingegen
zwischen der Eröffnung und dem Orte / wo
man es gebunden / bleibet es aufgeschwollen.

I 2   Könte

Könte nun das Wasser zurücke treten/ so würde es sowohl als aus dem anderen Theile herauslauffen. Weil demnach die Knöt-lein/ welche sich häufig zeigen/ indem der Fließ-Wasser-Gang gebunden wird/ den Fortgang des Wassers nicht aufhalten/ a-ber wohl hindern/ daß es nicht wieder zu-rücke treten kan; so müssen daselbst Ven-tile seyn. Denn man nennet ja Ventile/ wodurch in einer Röhre gehindert wird/ daß die flüßige Materie nicht zurücke tre-ten kan/ ob sie gleich dadurch ihren Fort-gang behält. Die Fließ-Wasser-Gänge/weil sie sonderlich erst auffschwellen/sind so helle wie ein Chrystall: Denn das Häutlein/ wel-ches das Röhrlein ausmachet/ ist über die Massen dünne und das Wasser welches da-rinnen fleußt/ in einem lebendigen Thiere sehr helle/ in verstorbenen aber wird es et-was gelbicht und behält nicht seine Klarheit. Es hat schon *Verheyen* angemercket/ daß das Fließwasser sich auch noch eine Weile nach dem Tode beweget/ und erinnert/ man könne auch in einem todten Thiere den Ver-such anstellen/ wenn man es bald nach dem Tode eröffnet.

Warum nicht von mehre-ren Ge-fässen ge-redet wird.

§. 67. Ausser denen Gefässen/ deren Nutzen wir bisher erkläret haben/ finden sich zwar noch andere in besonderen Theilen des Leibes der Menschen und der Thiere/ als die Milch-Adern *(Vena Lactea)* in dem Gekröse. Allein von diesen wird sich besser reden

reden laſſen / wenn wir diejenigen Theile
des Leibes durchgehen werden / davon ſie
Theile ſind.   Denn ihr Gebrauch läſſet ſich
erſt erklären / wenn wir die übrigen mit ver=
ſtehen / die mit ihnen zugleich einen Theil des
Leibes ausmachen.

§. 68. Endlich gehören unter die ſeſten
Theile des Leibes auch **die Drüſen** (*Glandulæ*), welche durch den gantzen Leib häuf=
ſig angetroffen werden / ſo daß man für un=
möglich hält alle zu zehlen / zumahl da
viele unter ihnen ſo gar kleine ſind / daß man
ſie mit bloſſen Augen kaum ſehen kan.   Sie
ſind das Inſtrument / wodurch dasjenige
von dem Geblütte abgeſondert wird / was
entweder als was unnützes aus dem Leibe ſol
hinaus geworffen / oder zu anderem Ge=
brauche verwandt werden (§. 419. Phyſ.).
Weil ſie rundt und ſchwammicht ausſehen;
ſo haben die Alten ſich damit vergnüget /
wenn ſie die Drüſen für ein weiches / rund=
tes und ſchwammichtes Weſen ausgegeben.
Allein in neueren Zeiten haben inſonderheit
Marcellus Malpighius (a) und *Antonius
Nuck* (b) ihnen angelegen ſeyn laſſen / die

J 3   inne=

Nutzen
d e r
Drüſen
und ih=
rer
Theile.

(a) in Epiſt. ad Societ. Reg. Angl. de ſtru-
ctura glandularum conglobatarum. Tom. 2.
Bibl. Anat. f. 797.

(b) in Adenographia curioſa. f. 28. T. 2.
Bibl. Anat.

innere Structur oder Beschaffenheit der
Drüsen mit Fleiß zu untersuchen/ nachdem
vorher *Thomas Wharton* (c) und *Nicolaus
Steno* (d) die besondere Arten der Drüsen
nebst ihren Gefässen und ihrem Nutzen umständlich beschrieben.   Man theilet die
Drüsen ein in **einzele Drüsen** *Glandulas
conglobatas*) und **zusammengesetzte Drüsen** (*Glandulas conglomeratas*). Die zusammengesetzte Drüsen bestehen aus vielen eintzelen und demnach;haben wir uns hier hauptsächlich um die eintzelen zubekümmern und
bloß dasjenige anzumercken/ was allen
insgesammt gemein ist.   Man trifft demnach in jeder Drüse viererley Gefässe an/
nemlich Puls-Adern/ Blut-Adern/ Fließ-
wasser Gänge und **Absonderungs-Gän-
ge** (*ductus excretorios*). Da die Puls-
Adern das Blut allen Theilen des Leibes
zuführen (§. 61.); so siehet man auch hier/
daß dadurch der Drüse das Blut als die
Materie zugeführet wird/ wovon die Absonderung geschehen sol.   Da die Blut-A-
dern das Blut aus den Puls-Adern wieder zurücke zu dem Hertzen führen (§.61.);

so

(c) In Adenographia f. Glandularum to-
tius corporis descriptione f. 753. T. 2. Bibl.
Anat.

(d) In Tractatu de Glandulis f. 792. T.
2. Bibl. Anat.

so siehet man auch hier / daß das Blut /
wovon in der Drüse eine besondere Materie abgesondert worden / wieder aus ihr
fortgebracht wird. Da die Fließ-Wasser-
Gänge die unnütze Feuchtigkeiten / die von
dem Blute der Puls-Adern abgesondert
worden / wegleiten (§. 66.); so siehet man
auch hier / daß von dem Blute / davon eine gewisse Materie abgesondert werden sol/
auch zugleich das Fließ-Wasser abgesondert
wird / damit es nicht die besondere Materie verunreiniget / zu deren Absonderung
die Drüse gewiedmet ist. Endlich die Ab-
sonderungs-Gänge führen die besondere
Materie ab / welche in der Drüse abgesondert worden. Man hat auch angemercket/
daß Nerven in die Drüsen gehen. Da
nun die Nerven nöthig sind die Bewegung
zu determiniren so wohl in den Puls-A-
dern/ als Blut-Adern/ und wo sonst einige
von nöthen ist (§.31.64.); so siehet man leicht
die Ursache/ warum auch die Drüsen Nerven
brauchen. *Edmundus King* (e) erkennet in den
Drüsen weiter nichts als die Gefässe/ welche
wir jetzt beschrieben / deren kleine Aestlein
auf eine vielfältige Weise in einander ver-
wickelt werden. *Bellinus* (f) hat gleichfals
behauptet / daß die Drüsen aus einem aus

J 4　　　　einer

(e) Transact. Anglic. Num. 52. p. 1046.
(f) In Opusc. Anat. p. 146.

einer Puls-Ader hergeleiteten und unterweilen in einander gewickelten subtilen Aestlein entstehen.   Und hat insonderheit *Cow-*
per (g) gezeiget / wie die Absonderungs-
Gänge von den Blut-Gefässen abstammen.
Hingegen *Malpighius* (h) setzet an die
Blut-Gefässe kleine Bläslein / die bald
Kugel-rund / bald länglicht / wie ein O-
val sind.   Allein da die innere Structur
der Drüßlein noch nicht in allem ihre Richtigkeit hat; so lässet sich auch nicht der Gebrauch der besonderen Theile erklären.

Nutzen   §. 69.   Wir lassen die festen Theile
des Blu- des Cörpers fahren und gehen fort zu dem
tes.   flüßigen Theile / die wir in dem Leibe antreffen. Unter diesen ist der vornehmste das
Blut/ welches in den Puls-Adern und
Blut-Adern sich beständig in dem Leibe
herum beweget / und durch seine rothe Farbe erkandt wird.   Es ist die Quelle aller
übrigen flüßigen Materien / die wir in dem
Leibe antreffen / als welche vermittelst der
Drüsen davon abgesondert werden.   Alle
Theile des Leibes erhalten von dem Blute
ihre Nahrung (§. 420. Physſ. I.).   Durch
die Bewegung des Blutes wird die Wärme im Leibe (§. 207. Phyſ. II.) / ja selbst das
Leben

(g) Anat. of the humane Bodies Append.
T. 3. Fig. 7.
(h) loc. cit.

Leben des Menschen und der Thiere erhalten (§. 455. Phyſ. I.)/ und ohne den Beytrag des Blutes können Menſchen und Thiere kein Glied regen (§. 59.). Wir finden demnach das Blut von gar groſſem Nutzen.

§. 70. Das Geblüte wird durch den Nahrungs-Safft (*Chylum*) unterhalten/ der von den verdaueten Speiſen abgeſondert und durch die Milch-Adern dem Blute zugeführet wird (§. 413. Phyſ. I.). In der ſteten Bewegung des Blutes durch den gantzen Leib wird nicht allein beſtändig abgeſondert/ was zur Nahrung aller Theile des Leibes gehöret und wodurch der Abgang erſetzet wird/ der durch die Tranſpiration entſtehet (§. 423. Phyſ. I.); ſondern es gehen ja auch andere Materien davon weg/ die entweder zu beſonderem Gebrauche in verſchiedenen Orten des Leibes angewandt/ oder als unnütze ausgeworffen werden. Alle Materie/ die von neuem in den Leib kommet/ wird durch Speiſe und Tranck hinein gebracht: Davon aber bleibet nichts als der Nahrungs-Safft im Leibe zurücke/ das übrige wird als ein Unflat aus dem Leibe wieder hinaus geführet (§. cir. Phyſ. I.). Und alſo iſt es der Nahrungs-Safft/ der das Blut im Leibe unterhält/ und in einem ſolchen Zuſtande erhält/ daß es ſeinen Gebrauch (§. 69.) im Leibe behält.

Nutzen des Nahrungs-Safftes.

J 5 §. 71.

§. 71. Wenn man das Blut stehen lässet/ daß es gerinnet/ so setzet sich oben das Saltz=Wasser (*Serum*)/ welches zwar wie ein Wasser aussiehet und etwas saltzig schmecket/ wiewohl bey einem mehr als bey dem andern (wovon es auch den Nahmen bekommen hat); jedoch kein blosses Wasser ist/ indem es durch die Wärme sich erhärten lässet/ oder wenigsten gerinnet. Es hält dasselbe das Blut flüßig. Denn so lange es unter die übrige Materie gemenget ist/ bleibet das Blut flüßig: so bald sich aber das Saltz=Wasser davon scheidet/ gerinnet es. Die Bewegung des Blutes erhält die Vermengung. Daher gerinnet auch das Blut nicht/ was man aus den Blut=Gefässen heraus gelassen/ wenn man es in einem rühret/ damit das rothe/ welches leicht gerinnet/ sich nicht setzen kan. *Leeuwenhœk*, der das Blut in lebendigen Thieren observiret/ und andere mit ihm haben gefunden/ daß die Materie des Blutes/ welche so leicht gerinnet/ in kleine Kügelein vertheilet ist/ die in dem Saltz=Wasser schwimmen. Weil sie die unterste Stelle behält/ das Saltz=Wasser aber die obere/ wenn das Blut gerinnet; so muß jene schweerer als dieses seyn. Und demnach siehet man die Ursache/ warum die Bewegung das Blut flüßig erhalten kan. Wenn das Blut stille stehet/ so sincket die schwee-

rere

rere Materie in der leichteren nieder/ und
also scheidet sich das Saltz-Wasser von
der übrigen Materie. Wenn aber das
Blut in Bewegung ist/ so kan die schweere-
re Materie so wenig sich in dem Saltz-Wasser setzen als eine Kugel in der Lufft fallen
kan/ die sich mit der Lufft zugleich wider die
natürliche Schweere nach einer gantz anderen Richtung bewegte. Ausser dem aber/
daß das Blut durch das Saltz-Wasser seine Flüßigkeit erhält/ wird es auch von
ihm nahrhafft gemacht (§. 420. Phyf. I.).

§. 72. Das Fließ-Wasser (*Lympha*) Nutzen
wird von dem Blut abgesondert und durch des Fließ-
seine besondere Gänge wiederum in das Ge- Wassers.
blüte geleitet (§. 66.). Daß es von dem
Blute der Puls-Adern abgesondert wird/
hat *Verheyen* (a) durch folgenden Versuch
erwiesen. Er hat in dem Miltze und einigen
andern Theilen die Puls-Adern starck auf-
geblasen/ oder auch vieles Wasser hinein
gesprützt; so ist so wohl die Lufft als das
Wasser in die Fließ-Wasser-Gänge gedrungen und sie sind zum Vorschein kommen. Es muß aber der Versuch angestellet werden/ ehe das Thier erkaltet. Nun
siehet man hieraus/ daß die Puls-Adern
mit den Fließ-Wasser-Gängen Communication haben. Wir wissen aber/ daß sich
das

(a) Anat. lib. 2. Tract. 1. c. 22. p. 105.

das Blut in den Puls-Adern von dem Hertzen weg (§. 61.) / das Fließwasser hingegen in seinen Gängen gegen das Hertze / wie das Blut in den Adern beweget (§. 66.). Derowegen ist klar / daß nicht das Fließ-Wasser aus seinen Gängen in die Puls-Adern kommet / ja wegen der Ventile / welche es nicht zurücke treten lassen (§. 66.) / auch nicht einmahl ausser ordentlicher Weise in die Puls-Adern zurücke treten kan; sondern vielmehr aus ihnen in die Fließwasser-Gänge gehet. Er hat eben diesen Versuch mit der Pfort-Ader in der Leber angestellet / und dadurch die Communication mit den Adern entdecket. Nun beweget sich so wohl in den Adern das Blut (§. 61.) / als in den Fließwasser-Gängen das Fließwasser gegen das Hertze (§. 66.) / und demnach siehet man / daß es aus ihnen in die BlutAdern tritt und sich mit dem Blute wieder vermenget / wo dieselben mit den Fließ-Wasser-Gängen Communication haben. Man hat dannenhero wohl nicht Ursache zu zweiffeln / daß nicht das Fließwasser von dem Blute in den Puls-Adern abgeleitet und dem Blute in den Blut-Adern zugeführet würde. Weil die Natur und GOtt ihr Urheber nichts für die lange Weile thun (§. 1049. Met.); so muß es auch freylich seine besondere Ursache haben / warum das Fließwasser von dem Blute in den Puls-Adern abgeführ

geführet und gleichwohl bald wider demselben in den Blut-Adern zugeführet wird.
Man kan leicht daraus erachten/ daß es zu
einem Gebrauche des Blutes in der Puls-
Ader muß undienlich seyn/ und dannenhero umb ihn nicht zu hindern abgeführet
wird. Nachdem aber derselbe vorbey ist/
kan es wohl wieder zu dem Blute komen.
Nun führet das Blut in den Puls-Adern
allen Theilen des Leibes die Nahrung zu
(§. 61.)/ und wird insonderheit das Saltz-
Wasser dazu angewandt/ in soweit es eine Materie hat/ welche durch austrocknen
zehe und feste wird (§. 420. Phys. I.). Was
demnach gar zu wässerig ist/ dasselbe muß
davon abgesondert werden. Und also hat
man das Fließ-Wasser als eine Materie
anzusehen/ die zu der Nahrung des Leibes
nicht dienlich ist/ und daher von der andern/
dadurch er ernähret werden sol/ sich so lange scheiden muß/ biß dieses geschehen.
Wenn man in einem Löffel über dem Lichte
das Fließ-Wasser ausdämpffen lässet/ so
bleibet wie bey dem Saltz-Wasser eine Materie wie eine Gallert zurücke/ ob zwar nicht
in solcher Menge. Da nun diese die rechte
Materie ist/ wodurch der Leib ernähret
wird (§. 420. Phys. I.); so hat das Fließ-
Wasser noch nahrhaffte Materie bey sich
und verdienet daher wieder in das Blut zurücke geführet zu werden/ damit nichts gutes

tes verlohren gehe / was noch zur Nahrung
des Leibes angewandt werden mag. Aber
eben weil von dem Blute der Puls-Adern
von dem Saltz-Wasser viel abgegangen
um den Leib zu nähren; so ist das Blut in
den Blut-Adern nicht so flüßig wie in den
Puls-Adern / wie man es auch in der Erfahrung findet. Derowegen wird auch
durch das Fließ-Wasser das Blut in den
Blut-Adern flüßiger gemacht. Wir werden aber in der besonderen Betrachtung der
Theile des Leibes sehen / daß über dieses
das Fließ-Wasser noch anderen Nutzen in
dem Leibe hat: aus welcher Ursache es sich
auch in besonderen Gefässen fort beweget
und nicht sogleich wieder mit dem Blute
vermischet.

Nutzen des Ma-gen-Drü-sen-Saff-tes und des Spei-chels. §. 73. In dem Magen treffen wir den
Magen-Drüsen-Safft (*liquorem gastri-
cum*) an/ welcher zur Verdauung der Speise dienet (§. 411. Phyſ. I.). Unterdessen hat
er auch noch einen andern Nutzen: er erwecket nemlich den Hunger / wie wir hernach ausführlicher zeigen werden / wenn
wir von dem Magen reden werden. Der
Hunger aber warnet Menschen und Thiere / daß sie an das Essen gedencken und ihrem Leibe nicht die nöthige Nahrung entziehen. Also hat es GOtt so eingerichtet/
daß Menschen und Thiere durch eine wiedrige Empfindung für Schaden gewarnet
und

und umb dieser abzuhelffen das beste ihres
Leibes zu befördern angetrieben werden/
indem der Appetit bey Menschen und Thieren auf das gehet/ was ihnen angenehm
ist/ und dem entgegen stehet/ was ihm wiedrig befunden wird (*§.* 434. 436. 888.
Met.). Der Speichel (*saliva*) im Munde dienet zwar die Speisen zu käuen/ und
ist zu ihrer Verdauung behülfflich (§. 409.
Phyſ I.): er hat aber doch über dieses noch
andern Nutzen. Er erhält die Zunge/ den
Gaumen und den Mund feuchte/ damit
wir ohne Beschwerlichkeit reden können.
Wie beschwerlich es fället/ wenn man mit
trocknem Munde reden soll; ist eine aus
der täglichen Erfahrung bekandte Sache/
und die Ursache davon ist auch nicht schweer
zu errathen. Im Reden werden die
verschiedenen Theile/ die man im Munde
antrifft/ bald an einander geleget/ daß sie
einander berühren/ bald wieder von einander
entfernet. Was trocken ist/ reibet sich
an einander/ da die Feuchtigkeit solches hindert. Wir finden auch/ daß der Mund
und die Zunge zu andern Bewegungen bequemer sind/ wenn sie von Speichel ange-
feuchtet/ als wenn sie trocken seyn. Wir
erfahren es/ wenn wir essen sollen/ und
der Mund ist gantz trocken/ insonderheit
wenn wir trockne Speise geniessen. Es
hindert der Speichel den Durst/ damit
wir

wir nicht zur Unzeit dürſten / indem wir
dadurch bloß ſollen zu trincken / wie durch
den Hunger zu eſſen gewarnet werden / damit wir nicht dem Leibe den nöthigen Tranck
entziehen. Es dienet endlich der Speichel
auch zu dem Geſchmacke / indem er die
Saltze / welche ihn verurſachen / auflöſet
und durch die Haut der Zunge den Nerven-
Wärtzlein zuführet (§. 432. Phyſ. I.).

§. 74. Daß der **Gekröſe-Drüſen-**
Safft (*ſuccus pancreaticus*) und die Galle (*bilis*) keine Materien ſind / welche als
ein Unflat von dem Blute abgeführet und
aus dem Leibe hinaus geworffen werden /
ſondern daß ſie vielmehr zu mehrerer Verdauung der Speiſe und inſonderheit zu Beförderung der Scheidung des Nahrungs-
Safftes von der übrigen verdaueten Speiſe dienen / habe ich ſchon an ſeinem Orte
ausgeführet (§.412. Phyſ. I.) / und iſt unnöthig ſolches zu wiederhohlen. Es könnte aber einem ein Zweiffel entſtehen / ob
denn auch der Gekröſe-Drüſen-Safft den
Nutzen hat / den man ihm zueignet / wenn
er vernimmet / daß einige in Hunden den
Gekröſe-Drüſen-Gang bey den Gedärmen
gebunden / damit nichts von ſeinem Saffte
in die in den Gedärmen befindliche verdauete Speiſe hat kommen können / ja gar dieſen Gang zerſchnitten / und deſſen ungeachtet die Hunde gegeſſen / getruncken / ihren

Nutzen
des Ge-
kröſe-
Drüſen-
Safftes
und der
Gallen.

ren Urin / wie sonst / gelassen / den Unflat
durch seinen natürlichen Gang abgeführet /
und im übrigen das ihrige verrichtet haben.
Allein es hat schon *Verheyen* (a) diesem
Zweiffel abgeholffen / indem er nicht unbillig erinnert / daß man die Hunde nicht lange gnung aufbehalten / weil man sie auf
das längste nach vier Monathen zu Anatomischen Gebrauche gezogen. Denn wir
wissen ja / daß in der Natur alles nach und
nach geschiehet und durch unvermerckte Grade auch wiedrige Zufälle in dem Leibe der
Menschen und der Thiere sich erzeugen / da
man die Zeit abwarten muß / ehe man sie
wahrnehmen kan. Es können die Säffte
in dem Leibe wegen einer schlimmen Verdauung sehr verderbet werden / ehe man
solches an den äusserlichen Verrichtungen
des Menschen und der Thiere mercket. Allein wenn man genau acht hat auf dasjenige / was ein gewisser *Chirurgus* angemerckt / der den **Gekröse-Drüsen-Gang**
(*ductum pancreaticum*) in einem Hunde zerschnitten; so dünckt mich / es erhelle daraus
augenscheinlich / daß der **Gekröse-Drüsen-**
Safft die Scheidung des Nahrungs-Safftes von der verdaueten Speise befördert /
oder auch das Blut verändert. Denn er
hat gefunden / daß nach diesem der Hund

(*Physik. III.*)   **K**   viel

(a) Anat. lib. 2. Tract. 1. c. 17. p. 76.

viel hungriger oder gefreßiger worden/ als
vorhin.   Weil er mehr gefressen/ so muß
entweder die Speise im Magen nicht sowohl seyn verdauet worden als wie vorhin/
oder es muß sich von der verdaueten Speise nicht so viel Nahrungs-Safft abgesondert haben/ oder es muß den Hund mehr
gehungert haben.   Man wehle/ welches
man wolle/ so wird man finden/ daß der
Gekröse-Drüsen-Safft zur Verdauung
der Speise nothwendig erfordert wird.
Hat der Hund deßwegen mehr gegessen/ weil
nicht so viel Nahrungs-Safft von der
Speise sich absondern lassen/ ob sie gleich
eben so/ wie vorhin verdauet worden; so
muß der Gekröse-Drüsen-Safft seinen Nutzen in der Scheidung des Nahrungs-Safftes von der verdaueten Speise äussern. Ist
aber entweder die Speise im Magen nicht
mehr so gut wie vorhin verdauet worden/
oder der Hund hat auch einen grössern Hunger gehabt/ so muß der Magen-Drüsen-
Safft eine Aendrung erlitten haben (§.
73.): Woraus ferner zu ersehen/ daß
das Geblüte/ wovon er kommet/ eine Aenderung erlitten habe.   Es braucht demnach
dieses noch eine weitere Untersuchung durch
Versuche/ die auf eine mehr determinirte
Art angestellet werden/ wozu das Unter-
nehmen und der Fortgang der ersten Versuche selbst Gelegenheit an die Hand gie-
bet/

bet/ wie denen nicht unbekandt seyn kan/
die auf eine solche Weise die Beschaffenheit
der natürlichen Dinge untersucht haben.
Was aber die Galle und der Gekröse=Drü=
sen=Safft eigentlich dabey thut/ daß sich
der Nahrungs=Safft entweder leichter und
in grösser Menge absondert/ oder auch in
seiner Art verbessert wird/ dieses ist noch
eine Sache/ darüber man viel disputiret
und erfordert wie das vorige weitere Un=
tersuchung.

§. 75. Man findet in den Gelencken **Nutzen**
eine wäßrige Feuchtigkeit/ die man das **des**
Glied=Wasser (*synoviam*) nennet. Der **Glied=**
Nutzen ist nicht schweer zu errahten. In **Wassers**
den Gelencken bewegen sich die Glieder an
einander. Was aneinander beweget wird/
reibet sich aneinander und nutzet sich ab/
giebt auch durch das Reiben einen Wieder=
stand (§.209. & seqq.Mech.). Wenn man es
aber naß oder feuchte macht/ so wird dadurch
der Wiederstand vergeringert/ die Bewe=
gung folglich bequemer/ und nutzet sich
auch nicht so ab/ wie da es trocken war.
Das Glied=Wasser demnach macht die
Bewegung bequemer und verhindert/ daß
die Glieder in den Gelencken sich davon ab=
nutzen.

§. 76. Der **Saame** (*semen*) ist dieje= **Nutzen**
nige Materie/ wodurch das Geschlechte der **des Saa=**
Menschen und Thiere fortgepflantzet wird/ **mens.**

K 2 Daher

daher ſie auch der **Saame** und inſonder=
heit in Anſehung der Manns=Perſonen der
männliche Saame genannt wird. Daß
dieſer Saame zu Erzeugung eines Menſchen
und Thieres höchſt=nöthig ſey/ ſo daß ohne
ihn ſo wenig ein Menſch und Thier können
erzeuget werden/ als ohne Saamen eine
Pflantze wachſen mag/iſt aus der beſtändigen
Erfahrung klar/ indem man kein einiges Ex=
empel hat/daß natürlicher Weiſe ohne männ=
lichen Saamen ein Menſch oder Thier wäre
erzeuget worden. Was eigentlich in dem
Saamen ſey/ warum er einen ſo groſſen
Nutzen haben kan/ iſt ſchon an einem an=
dern Orte (§. 444. 445. Phyſ. I.) unterſucht
worden/ wo ich auch (§. 441. Phyſ. I.) ge=
wieſen/ daß bloß das Männlein/ keines=
weges aber das Weiblein dergleichen Saa=
men hat. Da nun der Saame einen ſo
wichtigen Nutzen hat/ indem dadurch das
gantze Geſchlechte/ wie durch das Blut ein
jeder Menſch vor ſeine Perſon und ein jedes
Thier bloß vor ſich erhalten wird; ſo iſt es
eine unnütze Frage/ ob man den Saamen
unter diejenigen Materien zu rechnen habe/
welche die Natur als etwas unnützes im
Leibe auswirfft/ dergleichen wir hernach
anführen werden. Sein Gebrauch erfor=
dert es/ daß er muß außgeworffen werden/
und alſo wird er nicht deßwegen außgeworf=
ſen/ weil er im Leibe unnütze iſt. Man
könnte

könnte aber dabey doch noch einen Zweiffel
haben/ ob er nicht in Ansehung des Leibes/
darinnen er erzeuget wird/ für was unnü=
tzes zu halten/ und nehmen daher einige ei=
nen Beweis es zu behaupten/ weil die Na=
tur selbst ausser dem Beyschlaffe den über=
flüßigen auswirfft. Man solte auch ver=
meinen/ daß/ wenn solches nicht geschähe/
der Saame in den Saamen=Bläßlein/
wenn er allzulange stille stehet/ verderben
sollte. Allein die gantze Entscheidung die=
ser Frage kommet endlich darauf an/ ob
der Saame wegen seines Uberflusses/ oder
nicht vielmehr bloß wegen unzüchtiger Ge=
dancken ausgeworffen wird/ und ob nicht
wie einige davor halten/ der überflüßige
Saamen aus den Saamen=Bläßlein wie=
der zurücke in das Blut tritt. Man sie=
het aber gar leicht/ daß diese Fragen eine
genauere Erkäntnis der Geburths=Glieder
erforderen/ und sich dannenhero hier nicht
entscheiden lassen/ wo wir bloß den Saa=
men vor sich als einen flüßigen Theil von
dem Leibe des Menschen und der Thiere an=
sehen.

§. 77. Es haben schon die Alten ange=
nommen/ daß durch die Nerven sich eine
subtile Materie bewege/ die man mit Au=
gen nicht sehen kan/ und daß diese Mate=
rie in dem Gehierne erzeuzet werde/ und
darinnen sich auf vielerley Art bewege.

Nutzen
des Ner=
ven=
Safftes
oder der
Lebens=
Geister.

K 3 Diese

Diese Materie haben sie die **Lebens-Gei-**
ster (*spiritus animales*) genannt. *Willis*
(a) hat in den Nerven noch eine etwas grö-
bere flüßige Materie angegeben/ wodurch
die Nerven befeuchtet und darinnen die Lebens-Geister fortgebracht werden. Er nennet sie den **Nerven-Safft** (*succum nervo-*
sum), und viele von den Neuern haben diese Materie vor die Lebens-Geister selbst an-
genommen/ das ist/ ihnen die Verrichtungen zugeschrieben/ welche man vor diesem den Lebens-Geistern zugeeignet. Das
ist gewiß/ daß eine flüßige Materie aus
den Nerven in das Mäuslein kommen muß/
wenn es die Bewegung verrichten sol/ und
durch den Eindruck in die Gliedmassen der
Sinnen die Bewegung in einer subtilen
Materie biß in das Gehierne fortgebracht
wird/ wenn anders die Empfindung geschehen soll (§. 33.): Allein ob dieselbe mit
dem Nerven-Saffte/ der die Nerven be-
feuchtet/ einerley ist/ oder ob sie von ihm
unterschieden/ läßt sich durch die Erfahrungen nicht so leicht ausmachen/ dadurch
wir jenes erwiesen. Es mag aber seyn/ wie
ihm wolle/ so ist uns gnung/ daß eine subtile Materie in dem Gehierne erzeuget wird/
die vermittelst der Nerven sich durch den
gantzen

(a) in Cerebri Anatome c. 19. f. 50. Tom·
2. Bibl. Anat.

gantzen Leib vertheilet umb ihn belebt zu
machen / daß er nemlich zu Empfindungen
und Bewegungen aufgelegt ist. Ich habe
in der Metaphysick / wo ich von den Würckungen der Seele gehandelt / gezeiget / daß
keine Veränderung in der Seele vorgehet /
da nicht auch eine einstimmende in dem Gehirne vermittelst der flüßigen Nerven-Materie sich ereignete. In den Anmerckungen
darüber habe ich gewiesen / daß dieses nicht
allein der vorherbestimmten Harmonie zugefallen erdichtet werde / wodurch der Herr
von Leibnitz die Gemeinschafft zwischen
Leib und Seele zu erklären gesucht; sondern
daß man es überall muß gelten lassen / man
mag dieselbe erklären / auf was für eine Art
und Weise man immer mehr will. Und
in der That ist es auch nichts neues / was
erst von mir auf die Bahn gebracht würde. Man schlage die Scholastische Phi-
losophien auf / wo sie von dieser Materie
handeln; man lese alte und neue Medicos,
die von dem Zustande des Gehirnes und
der Nerven geschrieben; so wird man finden / daß sie den Lebens-Geistern oder / wie
einige reden / dem Nerven-Saffte im Gehirne eben dergleichen Verrichtungen zuschreiben. Wenn man hierzu nimmet / was
oben (§. 31. & seqq.) von dem Nutzen der
Nerven beygebracht worden / in so weit sie
zur Empfindung und Bewegung die Le-
bens-

bens-Geister aus dem Gehierne in den Leib
und aus diesem in das Gehierne leiten; so
wird man gar wohl begreiffen / wie viel
durch die Nerven-Materie ausgerichtet
wird / und wie wir ohne Empfindung/
Phantasie / Gedächtniß und Bewegung
seyn würden/ wenn wir nicht dieselbe hätten;
ja wie ohne sie keine Gemeinschafft des Leibes
mit der Seele und der Seele mit dem Leibe
bestehen könte / noch möglich wäre / daß
Leib und Seele zusammen einen Menschen
ausmachten / wenn diese Materie nicht vorhanden wäre. Der unaussprechliche Nutzen derselben ist gewiß und kan nicht in
Zweiffel gezogen werden/ ob gleich ihre
Beschaffenheit noch so sehr für unsern Augen verborgen ist.

Warum der U-rin wegge-lassen wird. §. 78. Unter den flüssigen Materien/
welche aus dem Leibe als etwas unnützes
von der Natur weggeschafft werden/ fället für allen andern der Urin in die Augen/
als welcher des Tages mehr als einmahl ordentlich weggelassen wird. Weil ihn die
Natur abführet/ und weder im Geblüte/
noch im Leibe leiden wil; so müste er Schaden verursachen/ wenn er zurücke bliebe.
Man findet/ daß in der Wassersucht wenig Urin weggelassen wird/ und also hat
man ein Exempel / was diese Materie verursachen kan/ wenn sie im Leibe zurücke
bleibet.

§. 79.

§. 79. Der Schweiß ist eine salßwässe= Warum
rige Materie / die in starcker Bewegung der
und wenn uns sonst heiß ist / durch die Schweiß
Schweiß=Löcher der Haut durchdringet. weggehet
Sie hat viele Verwandniß mit dem Urine/ und man
weil man weniger Urin lässet / wenn man translpi=
starck schwißt. Wenn man sich nicht starck riret.
beweget / so dünstet der Leib nur gelinde aus/
welches man *transpiriren* nennet (§. 422.
Phyl I.). Es wird dadurch das Blut von
der salßwässerigen Materie gereiniget / daß
sie nicht zu alt wird / und das Blut dadurch
zu viele Schärffe bekommet. Ja es hat
schon *Sanctorius* ausgeführet / daß der
Mensch nicht gesund bleiben kan / woferne
nicht eine beständige Ausdünstung ungehin=
dert in einem fortgehet. Weil aber derglei=
chen Materien / die aus dem Leibe ausge=
worffen werden als ihm schädliche Dinge/
wenn sie darinnen verblieben / nicht für
Theile können gehalten werden / daraus
der Leib bestehet; so wird sich auch von ihnen
am besten reden lassen / wenn wir diejenigen
Theile vornehmen werden / wo sie entweder
abgesondert / oder auch selbst einigen Nu=
ßen noch dabey haben / indem sie als inwen=
dig im Leibe unnüße ausgeworffen wer=
den.

K 5 Das

Das 3. Capitel.

Von den besonderen Theilen
des Leibes / die zur Ernährung
nöthig sind.

§. 80.

Mund
dienet
die Speise zu sich
zu nehmen.

Die Speise nehmen Menschen und Thiere durch den Mund zu sich / und ist daher nicht allein die äussere Eröffnung / welche die Lippen (*Labia*) machen / sondern auch die innere Höhle / die eigentlich der Mund (*os*) genennet wird / nach der Grösse des Bissens eingerichtet / den man auf einmahl zu sich nimmet. Man trifft hier allerhand Unterscheid bey den Thieren an / nachdem sie entweder von dieser / oder von einer anderen Speise genehret werden. Die Vögel / welche sich von kleinen Würmen und fliegendem Ungezieffer nehren / haben einen kleinen und sehr spitzigen Schnabel. Die sich von Körnern nehren / haben zwar einen spitzigen und doch nicht gar zu langen / damit sie die Körner einzeln aufheben können; Aber doch dabey einen hinten etwas breiteren / damit sie die Körner hinunter schlucken mögen. Da nun ein gar grosser Unterscheid in den Körnern ist / so wohl in der Grösse / als in der Figur; so haben auch die Schnäbel der Vögel einen gar grossen Unterscheid / nachdem

dem sie sich von dieser/ oder einer andern
Art Körner nehren. Enten fressen Frö=
sche und dergleichen Ungezieffer. Dazu ha=
ben sie einen breiten Schnabel nöthig und
bey dem Schlunde eine weite Eröffnung.
Hingegen Vögel/ die sich vom Luder neh=
ren/ haben einen solchen Schnabel/ der
nicht allein geschickt ist in das Fleisch wohl
einzuhauen/ sondern auch ein Stücke da=
von loß zu machen. Wer hierauf selbst
acht haben wil/ der wird von dieser War=
heit noch mehr überzeuget werden. Man
findet aber bey den Thieren auch noch die=
sen Umstand darbey/ daß das Maul/ weil
sie damit die Speise suchen müssen/ so be=
schaffen ist/ wie es diese Absicht erfordert.
Ein klares Exempel haben wir an dem
Rüssel der Schweine/ damit sie im Unflate
wühlen. Das Wühlen der Schweine und
der Maul=Würffe/ welche letztere die Er=
de unterwühlen/ zeiget zugleich ein Exem=
pel/ daß das Maul bey den Thieren auch
zu gewissen andern Verrichtungen mit auf=
geleget seyn kan/ und man von dessen Be=
schaffenheit daraus mit urtheilen müsse.
So findet man ferner/ daß Mund/ Maul/
Rachen/ Rüssel/ Schnabel/ (nachdem
wegen des Unterscheides in der Figur der
Nahme stat findet) so eingerichtet ist/ wie
es das Käuen der Speise erfordert. Und
weil das Maul aus vielen Ursachen zu seyn
muß/

muß / als z. E. daß es nicht von der Lufft
zu starck austrocknet / wie wir wahrnehmen /
daß es geschiehet / wenn die Nase verstopfft
ist und wir um Athem zu hohlen den Mund
offen halten / noch auch Ungezieffer hinein
fleugt oder kreucht nach Beschaffenheit der
Umstände / wie man dergleichen Exempel
hat von Leuten / die mit offenem Munde
im Grase geschlaffen; so wird man gleich=
wohl finden / daß ein jedes Thier ohne
Schaden daßelbe so weit auffthun kan / als
es nöthig ist nicht allein die Speise zu sich
zu nehmen / sondern auch zu andern Ver=
richtungen / die damit geschehen. Ja wo
entweder bey dem Kauen oder bey anderem
Gebrauche der Mund oder das Maul auf
verschiedene Art zu bewegen ist; so findet
man es zu dergleichen Bewegungen aufge=
legt. Da in allen diesen Stücken ein gar
mannigfaltiger Unterscheid sich bey den
Menschen und Thieren befindet / absonder=
lich wenn man Fische und Ungezieffer mit
dazu nimmet; so gehet es nicht an / daß
man diese Materie umständlicher ausfüh=
ret / wo man nicht auf besondere Arten der
Thiere gehen will / welches eine Sache ist /
die weder hieher gehöret / noch sich so gleich
thun läßet. Diejenigen / welche Gelegen=
heit haben viel um ein Thier zu seyn / müs=
fen vor allen Dingen auf alles acht geben /
was es mit dem Maule oder Schnabel ver=
richtet /

richtet / und was für veränderliche Bewegungen sie darvon obferviren / damit es
nicht an der hiſtoriſchen Nachricht fehlet /
die hierzu gehöret. Nach dieſem müſte man
nicht allein die äuſſere Geſtalt des Mundes
oder Schnabels auf das genaueſte abzeich-
nen / ſondern auch durch die Anatomie unterſuchen / was inwendig verborgen iſt und
nicht von auſſen in die Augen fället. Es
hat zwar *Perrault* (a) eine und die andere
Anmerckung beygebracht: allein es iſt nur ein
Anfang von dem / was wir wünſchen. Und
unerachtet auch verſchiedene Anatomici bey
allerhand Gelegenheiten eines und das andere unterſuchet / was in der Anatomie der
Thiere beſonders vorkommet / welches *Ger-
hardus Blaſius* , ein gelehrter Medicus in
Holland / zuſammen getragen / und mit
eignen Anmerckungen vermehret (b); ſo
iſt doch dieſes auch noch nicht etwas aus-
führliches / da man ſich in allem / was man
zu wiſſen begehret / Rathes erhohlen könnte : wie denn auch von der Zeit an / da er
geſchrieben / nemlich nach A. 1681/ verſchie-
denes dazu kommen / wovon die Transa-
ctiones Anglicanæ und die Hiſtoire de l' A-
cademie Royale des Sciences zeuget. In
jenen

(a) la Mecanique des Animaux. Eſſ. I. de
Phyſique.

(b) Anatome Animalium.

jenen haben wir ein herrliches Exempel an
der Anatomie des Elephanten/ die nach allen Theilen ausführlich beschrieben wird.

Wie der Mund aufge-than wird. §. 81. Wenn der Mund eröffnet wird/
wird nicht allein der **untere Kienbacke**
(*maxilla inferior*) nieder gezogen/ indem
der obere unbeweglich stehen bleibet; sondern es werden auch zugleich die **Lippen**
(*Labia*) beweget und wird ihre Figur
geändert/ nachdem es die Umstände erfor-
dern/ daß die Eröffnung des Mundes entweder rundt/ oder länglicht wird/ und
entweder von dieser/ oder von jener mehr
participiret. Da nun bey einerley Entfernung
des unteren Kienbackens von dem oberen
die Figur der Lippen auf verschiedene Weise
verändert wird; so hat der Kienbacken und
die Lippen besondere Mäuslein/ dadurch sie
beweget werden/ damit die Bewegung des
einen die Bewegung des andern nicht hindert. Der untere Kienbacken wird durch das
zweybäuchige Mäuslein (*musculum biventrem* seu *digastricum*) niedergedruckt: die
Lippen aber haben zu ihrer Bewegung gar
verschiedene Mäuslein/ nicht allein weil ihrer zwey sind/ die zugleich entgegen gesetzte
Bewegungen haben/ indem die obere Lippe
in die Höhe gezogen wird/ da die untere
niedergedruckt wird; sondern auch weil ihre
Figur auf verschiedene Weise verändert
wird. Hierzu kommet/ daß die Mäuslein

lein von beyden Seiten verdoppelt werden/
weil sie nicht mitten im Gesichte liegen kön-
nen/ sondern von beyden Seiten der Nase
ihren Sitz haben. Die **obere Lippe** zu
erhöhen hat man beyderseits das **Hunde-
Mäuslein** (*Musculum Caninum*), welches
oben unter dem Auge an dem oberen Kienbacken befestiget ist und gegen die Lippe zu herunter immer schmäler wird/ biß es sich endlich
mit seiner Flechsen in der Lippe verlieret.
Denn so bald dieses Mäuslein verkürtzet
wird/ so wird der Raum zwischen dem Auge und der Lippe kleiner/ und also die Lippe
gegen das Auge hinaufgehoben. Im Gegentheile hat man gleichfals die **Unterlippe**
niederzudrücken das **Kinn-Mäuslein**
(*musculum mentalem*), welches an dem Kinne lieget/ davon es auch seinen Nahmen
hat: denn so bald dieses Mäuslein verkürtzet wird/ wird der Raum zwischen dem Ende des unteren Kinnbackens/ oder dem Ende
des Kinnes und der Unterlippe kleiner/ und
also wird dieselbe gegen das Ende des Kinnes herunter gezogen. Wenn nun die
Oberlippe gegen die Augen hinauf und die
Unterlippe gegen das Ende des Kinnes herunter gezogen wird/ so stehen sie von einander viel oder wenig/ nachdem zugleich der
untere Kienbacke viel oder wenig herunter
gezogen wird. Um beyde Lippen gehet in
einem Circul herum an dem Rande des
Mundes

Mundes das **rundte Mäuslein** (*musculus orbicularis*), oder **das zusammenzie-hende** (*Constrictor*), wodurch man die Er-öffnung des Mundes / nachdem man die Lippen von einander gebracht / in eine cir-culrundte Figur bringen kan. Denn wenn die fleischernen Fasern in dem rundten Mäuslein verkürtzt werden / so werden die Winckel zusammen gebracht / daß die Brei-te der Eröffnung des Mundes verkürtzt wird/ und hingegen das Mittel der beyden Lippen giebt sich etwas weiter von einander/ daß die Eröffnung dadurch an diesem Orte etwas breiter wird. Und so kommet sie der Figur des Circuls um so viel näher / je glei-cher diese beyde Weiten durch die Eröff-nung werden. Ausser diesen Mäuslein die besonders zu der Ober-und Unter-Lippe gehören / sind auch noch einige gemein-schafftliche / die gleichfals doppelt anzutref-fen / weil das Gesichte von beyden Seiten eine Aehnlichkeit hat. Beyde Lippen zu-gleich zu erhöhen dienet das **aufhebende Mäuslein** (*musculus attollens*) / welches unter dem Hunde-Mäuslein gleich unter der Augen-Höhle herunter gehet und neben ihm an dem Winckel des Mundes in beyde Lippen eingepflantzet wird. Wenn sich die-ses verkürtzet / so werden beyde Lippen an dem Winckel des Mundes etwas in die Höhe gegen das Auge zugezogen. Beyde

Lippen

Lippen zugleich nieder zu drücken oder her=
unter zu ziehen dienet das **niederdrücken=
de Mäuslein** (*musculus deprimens*), wel=
ches von dem Ende des unteren Kienbackens
von der Seite des Kinnes herauf gehet und
zum Theil in der Unter=Lippe an dem Win=
ckel sich endiget / zum Theile biß an die obere
herauf steiget. Wenn dieses verkürtzet wird;
so ziehet sich zugleich die Unter= und Ober=
Lippe gegen das Ende des Gesichtes etwas
herunter. Hierzu kommet noch das **ge=
schlancke Mäuslein** (*musculus gracilis
sive zygomaticus*), welches gar sehr geschlan=
cke ist in Ansehung der übrigen / davon es
auch den Nahmen bekommen hat / und
zwischen dem Auge und Ohre von dem
Joch=Beine (*osse jugali*) gegen den Winckel
des Mundes schräge herunter läufft. Wenn
dieses Mäuslein verkürtzet wird / so ziehen
sich die Lippen etwas schräge gegen das Oh=
re hinauf. Dieses sind die einfachen Be=
wegungen / dazu die Lippen aufgeleget sind/
nachdem man annimmet / daß entweder
dieses / oder jenes Mäuslein allein sein
Ambt thut. Allein weil mehrentheils ver=
schiedene zugleich ihr Ambt verrichten; so
kan der Mund auf gar verschiedene Art be=
weget werden.

§. 82. Die **Zähne** (*dentes*) dienen die
Speise zu zerschneiden oder davon abzu=
beissen (§. 408. Phys. I.) und zu käuen/ da=

Nutzen
der Zäh=
ne und
de Zähn=
Fleisch=.

(Physik. III.) L mit

mit man sie hinunter schlucken kan (§. 409.
Phyſ. I.). Da dieſelben nicht einerley Gebrauch haben; ſo ſind ſie auch nicht auf
einerley Art geſtaltet/ ſondern ein jeder hat
eine Figur/ wie es ſein Gebrauch erfordert/
und ſtehet an dem Orte/ wo es für ſeinen
Gebrauch am bequemſten iſt. Die zum
Abbeiſſen ſtehen vornen/ damit man bey
Eröffnung des Mundes die Speiſe gleich
darzwiſchen bringen kan. Sie ſind ſchmaal
und ſchneidig auf Art einer Scheere/ wie
es zum Abbeiſſen nöthig iſt. Von ihrem
Gebrauche werden ſie die **Schneide-Zähne** (*inciſores*) genannt. Die zum Kauen
gebraucht werden ſtehen zu beyden Seiten
an den Backen/ welche hindern/ daß die
Speiſe nicht unter ihnen zur Seite wegfallen kan. Sie ſind breiter als die übrigen/
wie es ihr Gebrauch erfordert. Man nennet ſie im Deutſchen von ihrer Gegend die
Backen-Zähne; im Lateiniſchen von ihrem Gebrauche *dentes molares*. Zwiſchen
den Backen-Zähnen und Schneide-Zähnen
ſtehen die **Augen-Zähne** (*dentes canini*),
deren Wurtzel in der oberen Reihe gegen
das Auge zu gehet. Sie haben etwas von
den Schneide-Zähnen und etwas von den
Backen-Zähnen/ und dienen daher die
Speiſen kleine zu machen/ die nicht groſſen
Wiederſtand haben. Unterweilen kommen
ſie den Backen-Zähnen in ihrer Figur nä-
her

her als den Schneide = Zähnen / und sind
von jenen nicht leicht zu unterscheiden. Sie
stehen feste in den Kien=Laden (*alveolis*),
damit sie in dem Gebrauche nicht leicht
Schaden nehmen und sich ausbeissen / oder
auch durch einen Zufall ausstossen lassen.
Zu dem Ende haben sie auch tieffe Wurtzeln / damit sie in den Kienladen eingesetzt
sind / weil sie sich um so viel schweerer ausstossen oder auch wanckend machen lassen /
je tieffer sie darinnen stehen. Und zwar findet sich hierinnen ein Unterscheid zwischen
den Schneide = Zähnen und den Backen=
Zähnen.   Jene haben nur eine einfache
Wurtzel / diese hingegen / sonderlich die
hinteren / welche an der Grösse die übrigen
übertreffen / eine doppelte / dreyfache / ja
auch wohl gar vierfache Wurtzel / weil
nemlich jene mehr auszustehen haben als
diese.   Die Augen=Zähne / die am wenigsten gebraucht werden / und nur in solchen
Fällen / wo kein grosser Wiederstand ist /
haben gleichfals nur eine einfache Wurtzel.
Das Zahn=Fleisch (*Gingiva*) dienet gleichfals zu ihrer Befestigung / und findet man
unterweilen / daß die Zähne wackeln / wenn
es einen Mangel hat / aber wiederum feste
werden / wenn demselben abgeholffen wird.
Da sie sich durch den steten Gebrauch abnutzen; so pflegen sie beständig in etwas fort
zu wachsen / wiewohl dieses *Clopton Ha-*
ver

ver (a) nicht einräumen will. Wenn sie
nicht wachsen/ so ist doch gewiß/ daß sie
eine solche Härte haben/ die im Gebrauche
sich nicht abnutzen lässet. Da der **untere**
Kienbacken (*maxilla inferior*) vorne an
dem Kinne/ wo er sich von beyden Seiten
zusammen schleußt/ tieffer herunter/ hinten
aber etwas weiter herauf gehet/ so sind
auch die fördern Zähne höher/ und die hintern werden etwas niedriger: Weil sie nun
am aller langsamsten heraus brechen/ und
und erst gegen das dreyßigste Jahr sich bey
einigen zeigen/ ja in einigen gar nicht zum
Vorscheine kommen; so hat man sie die
Weisheits-Zähne (*dentes sapientiae*) genannt. Da sie so weit hinten liegen/ werden sie am allerwenigsten gebraucht. Die
Kienladen sind/ wo die Wurtzeln der Zähne inne stehen/ mit einem sehr empfindli-
chen Häutlein bekleidet/ damit man den
Zähnen nicht mehr zuzumuthen gewarnet
wird/ als sie ausstehen können. Die Zähne an sich haben keine Empfindung/ damit
ihr Gebrauch nicht Schmertzen verursachet.
Ich habe hier bloß von den Zähnen geredet/
wie wir sie bey den Menschen finden. Deñ
bey den Thieren ist in diesem Stücke ein
gar sehr grosser Unterscheid. Z. E. Ein
Eichhörnlein muß die Hasel-Nüsse/ welche
es

(a) Osteolog. Disc. 1. p. 82.

es isset / mit seinen Zähnen aufmachen.
Der Mund ist zu kleine / als daß es die
Hasel-Nuß hinein nehmen und wie wir zur
Seite aufbeissen könnte: es möchte ihm
auch wohl an dem Vermögen fehlen so
starck zu zudrucken. Derowegen sind seine Zähne nur wie Schneide-Zähne / an
deren Stelle sie auch meistens stehen / aber
lang / sehr feste und scharffschneidig / damit
sie von der Nuß so viel abschaben und
abbrechen können / biß sie von einander fället. Eine gleiche Bewandnis hat es mit
andern Thieren. Da die Thiere ihre Zähne auch mit zur Wehre und zu anderen
Verrichtungen brauchen / die nach ihrer
Art zu ihrer Erhaltung dienen; so hat man
zugleich mit darauf zu sehen / wenn man
von dem Gebrauch ihrer Zähne urtheilen
will. Ein Exempel haben wir an den Hunden / welche sich mit beissen wehren / und an
den wilden Schweinen / die mit ihren Zähnen gewaltig einhauen. Hieher gehören
auch die Hechte / die ein Raub-Fisch sind /
und die kleinen Fische gantz verschlingen /
daher keine Zähne brauchen die Speise ab-
zubeissen und zu zermalmen. Ihre Zähne
dienen ihnen demnach bloß den Raub feste
zu halten und sind daher spitzig / daß man
damit weder beissen / noch kauen / sondern nur etwas durchstechen und es feste
halten kan. Sie stehen zu dem Ende auch nicht

L 3   nahe

nahe an einander / noch über einander / sondern die in der obern Reihe fallen zwischen
die in der unteren.

§. 83. Die obere Reihe der Zähne ist
unbeweglich und lässet sich bloß die untere
bewegen. Es ist eben so / wie in allen In-
strumenten der Kunst / da zwischen zweyen
Theilen etwas sol zerschnitten / zerdruckt o-
der zermalmet werden / als wie wir es an
den Scheeren / Pressen und Mühlen sehen.
Die untere Reihe der Zähne ist beweglich
und nicht die obere / weil der obere Kienbacken wegen der Festigkeit des Kopffes unbeweglich seyn muß und demnach bloß der untere beweglich seyn kan / denn die Zähne lassen sich nicht anders bewegen als mit dem
Kienbacken / in dessen Laden sie stehen.
Wir können aber die Zähne auf zweyerley
Art bewegen / entweder daß wir sie bloß
starck an einander drucken / wenn wir die
unteren nicht höher bringen können / oder
daß wir die unteren Zähne an die oberen
nach der Seite ziehen. Die erste Bewegung dienet bey den Schneide-Zähnen /
wenn wir etwas weiches oder auch hartes
abbeissen wollen / daß nicht dabey zähe ist:
Denn alsdenn darf man bloß drucken / und
zwar viel oder wenig / nachdem das jenige
harte oder weich ist / davon man etwas abbeissen wil. Ist es aber zähe / daß es sich
durch blosses Drucken nicht von einander
bringen

Was bey Bewe-gung der Zähne zu bedeu-cken.

bringen lässet; so braucht man dabey die
Bewegung nach der Seite / da man es vollends zerschneidet.   Gleichergestalt wenn
man mit den Backen-Zähnen etwas aufbeissen wil / so wird bloß die untere Reihe
Zähne starck an die obere gedruckt / maassen die Sache so beschaffen seyn muß / daß
sie durch den Druck springet / wie z. E. die
Schaale einer Hasel-Nuß oder eines Kirsch-
Kernes.   Wenn man weiche Sachen kau-
et / die sich zerdrucken lassen / so wird gleichfals der untere Zahn nur Wechselsweise an
den oberen gedruckt und wieder etwas herunter gezogen.   Ist aber / was man kauet/
zähe als wie das Fleisch / so beweget man
zugleich mit die Zähne etwas nach der Seite.
Man hat grosses Vermögen zu beissen. Dieses aber ist nicht in den Zähnen; sondern sie
erhalten ihre Krafft von dem Mäuslein/
welches sie beweget / wie alle Cörperliche
Krafft demjenigen zu zuschreiben / der etwas
beweget. Kein Instrument hat seine Krafft
vor sich / sondern es erhält dieselbe von dem/
der sie beweget / und ist grösser / oder kleiner / nachdem die Bewegung geschwinder
ist oder die Bemühung zu bewegen / nemlich
der Druck / auf eine geschwindere Bewegung abzielet / oder auf eine längsamere.
Das Instrument modificiret bloß die Krafft
durch seine Figur / daß eine verlangte Würckung damit erfolgen kan.   Mit den Zäh-

nen

nen hat es gleiche Bewandnis/ denn sie
sind bloß ein Instrument/ welches vor sich
nichts verrichtet/ wo es nicht von einer auswärtigen Krafft beweget wird. Gleichwie
aber die Festigkeit der Instrumente dazu
dienet/ daß sie in der starcken Bewegung
aushalten können; so finden wir es auch bey
der Härte der Zähne. Und in dessen Ansehung pfleget es zugeschehen/ daß wir die
Krafft zu zubeissen als etwas in den Zähnen
befindliches/ oder ihnen eigenthümliches
ansehen/ da sie doch als wie alle Instrumente durch eine fremde Krafft würcken/
die sie anders woher empfangen. Der untere Kienbacken wird schlechter Dinges nieder gezogen durch das **zweybäuchige
Mäuslein** (*musculum biventrem s. digastricum*), welches von dem **Zitzen förmigen Knochen** (*processu mammillari s. ma-
stoideo*) entspringet und unten an dem unteren Kienbacken feste ist. Denn so bald sich
dieses Mäuslein zu beyden Seiten verkür-
tzet/ wird der untere Kienbacken in unver-
änderter Lage gerade herunter gezogen:
welche Verrichtung nöthig ist/ wenn man
das Maul aufsperret und die Zähne von einander bringet/ damit etwas darzwischen
kommen kan/ folgends wenn man etwas
beissen und kauen wil. Wenn aber dieses
Mäuslein von einer Seite allein verkürtzet
wird/ so beweget sich der Kienbacke mit den
Zähnen

Zähnen etwas nach der Seite / welche Ver=
richtung / wie wir vorhin gesehen / erfordert
wird / wenn man etwas zehes abbeissen oder
käuen sol.   Wenn man etwas abbeissen /
aufbeissen und kauen sol / so müssen die un=
teren Zähne starck gegen die oberen gedruckt
werden / nach Beschaffenheit des Wider=
standes / den man von der Sache empfindet /
die zwischen den Zähnen lieget.   Dieses kan
durch das zweybäuchige Mäuslein / da=
durch der Kienbacke nieder gezogen wird /
nicht bewerckstelliget werden: denn wenn
dieses nicht mehr verkürtzet wird / so kommet
der untere Kienbacken bloß in seine natürli=
che Lage und die untere Zähne berühren die
oberen / ohne daß sie daran gedruckt wer=
den.   Derowegen sind dazu besondere
Mäuslein von nöthen.   Wir treffen dem=
nach zu dem Ende an das **Schlaaf=Mäus=**
lein (*musculum temporalem*), welches von
dem **Schlaffbeine** (*osse temporis*) seinen
Nahmen bekommen / daran es lieget; das
Käu=Mäuslein (*masseterem*) an dem
Joch=Beine (*osse jugali*) und das innere
und äussere **Flügel=Mäuslein** (*Pterigo-*
ideos, s. alarem internum & externum)
an den Flügel=förmigen Processen (*processi-*
bus aliformibus). Wenn man starck zubeisset /
so verrichten alle diese Mäuslein zusammen
ihr Ambt; weil sie aber verschiedene Lagen
haben / so kan man durch eintzele / oder

L 5			durch

einige zusammen verschiedene Bewegungen
nach der Seite/ einwarts und auswarts
hervorbringen/ nachdem es die Nothdurfft
erfordert. Wenn das **Käu=Mäuslein**
verkürtzet wird/ so wird der untere Kien-
Backen gerade herauf gezogen und werden
die unteren Zähne an die oberen angedruckt/
daher es auch hauptsächlich sein Ambt ver=
richtet/ wenn man käuet oder etwas auf=
beisset/ indem es an den Backen=Zähnen
lieget/ und hat es daher seinen Nahmen
bekommen. Die übrigen Mäuslein dienen
hauptsächlich zu den übrigen Bewegungen/
davon wir erst Meldung gethan haben. Es
ist aber merckwürdig/ was *Borellus* (a)
umbständlicher ausführet/ daß die Mäus=
lein/ welche zur Bewegung der Zähne die=
nen in einer kleinen Entfernung von dem
Ruhe=Puncte eingepflantzet sind/ und also
die Krafft derselben wohl grösser seyn muß
als der Wiederstand/ den die Speise gie=
bet/ die man zerbeissen oder käuen sol (§.
77. Mech.)/ jedoch die Bewegung dadurch
geschwinder wird/ als sie sonst seyn würde
(§. 84. Mech.). Nun ist zwar wahr/ daß/
wie es **Borell** versucht/ die Käu=und
Schlaff=Mäuslein zusammen ein Gewichte
von 200. Pfunden an einem Stricke auf
den

(a) de Motu. animalium part. I. prop. 88.
f. 939. T. 2. Bibl. Anat.

den Backen=Zähnen / damit man käuet und
aufbeisset / erhalten können / und nach sei=
ner Rechnung die Mäuslein eine Krafft
von 534. Pfunden dazu anwenden müs=
sen : allein es weiset es doch eben die Er=
fahrung / daß es den Mäuslein an einer
so grossen Krafft nicht fehlet. Eine grös=
sere aber ist zum Gebrauche der Zähne nicht
nöthig. Denn unerachtet wir nicht alles
aufbeissen können ; so ist es auch nicht nö=
thig / daß es geschiehet / indem wir andere
Mittel haben harte Sachen aufzumachen /
ohne daß wir die Zähne dazu brauchen / als
wenn wir eine Mandel aufmachen wollen /
da der Kern noch in der harten Schaale lie=
get. Hierzu kommet / daß dergleichen
Fälle nicht gemein sind / in dem wir zu
unseren ordentlichen Speisen keine so grosse
Krafft brauchen.

§. 84. Bey den vielen Bewegungen **Wie die**
des Mundes und der Lippen / welche die **Lippen**
Zähne bedecken / haben die Lippen einer **befesti=**
Befestigung nöthig gehabt / damit sie nicht **get sind.**
zuweit weggezogen würden. Sie sind
dannenhero nicht allein mit dem Zahn=Flei=
sche mit einerley Haut umkleidet / sondern
auch in der Mitten durch ein Bändlein (*fre-
nulum*), das aus Verdoppelung der überklei=
denden Haut erwächset / an dem Zahn=Flei=
sche befestiget. Dadurch wird die Lippe in
der Mitten an das Zahn=Fleisch angezogen
und

und bekommet von auſſen in der Mitten eine Vertieffung/ daß ſie durch den mittleren
Unterſcheid in zwey gleich ähnliche Theile
zertheilet wird: welches zur Schönheit des
Angeſichtes dienet (§. 15.). Und ſiehet man
demnach die Urſache/ warum das **Bändlein** in der mitten iſt und die Lippe ſo ſtarck
anziehet. Das Häutlein an der unteren
Lippe ſetzet auch beſſer das Kinne ab und un-
terſcheidet es von den übrigen Theilen.

Wo der
Speichel
herkom-
met. §. 85. Da der Speichel nicht allein zur
Bequemlichkeit der Bewegung alle Theile
des Mundes von innen feuchte erhalten
muß/ ſondern auch zur Kauung der Speiſe
erfordert wird (§. 73.); ſo ſind überall Drü-
ſen/ welche den Speichel abſondern (§. 86.)/
und durch die Abſonderungs = Gänge/ die
man ins beſondere **Speichel = Gänge**
(*ductus ſalivales*) nennen kan /| in den
Mund ergieſſen. Wir treffen dergleichen
Drüßlein in groſſer Mänge nicht allein an
den Lippen/ ſondern auch an dem Gaumen
an/ der ſonderlich von hinten zu gegen
den Schlund viel Drüſen hat/ weil da eine
ſtarcke Anfeuchtung nöthig iſt. Man nennet dieſe Drüſen ins beſondere die **Gau-
men-Drüſen** (*glandulas palati*), die an
den Lippen aber die **Lippen-Drüſen** (*glandulas labiorum*). Es liegen inſonderheit
zwey groſſe Drüſen zu beyden Seiten unter
dem Ohre/ welche man die **Ohren-Drü-**
ſen

sen (*Parotides*) nennet. Diese führen dem
Munde den meisten Speichel zu/ der durch
ihren, besonderen **Speichel-Gang** (*ductum
salivalem Stenonianum*) bey den Backen-
Zähnen aus einer ziemlich weiten **Eröff-**
nung an der Ober-Lippe (*orificium*) sich ergeußt. Woraus man siehet/ daß aus so vielen
Drüsen/ die in der grossen Ohren-Drüse bey
einander sind/ und noch verschiedenen andern deswegen aller Speichel zusammen in
einen so weiten Gang geleitet wird/ damit
die Speisen im Kauen gnungsam angefeuchtet werden können.   Zur Befeuchtung der
Zunge von unten ist noch eine besondere Eröffnung des Speichel-Ganges/ den *War-*
thon zuerst wahrgenommen/ und die ihm
zu Ehren *orificium ductus salivalis War-*
thonii, gleichwie vorhin der Speichel-Gang
der *Stenoni*sche dem *Stenoni* zum Andencken genant wird.   Denn es ist billig/ daß
man das Andencken derer zu erhalten sucht/
die sich mit Erfindungen zur Vermehrung
der Wissenschafft um das menschliche Geschlechte verdient machen.   Wenn die
Speichel-Gänge gedruckt werden/ so gehet
der Speichel häuffig heraus.   Dieses aber
geschiehet durch die Bewegung des Mun-
des/ da die Haut/ damit der innere Mund
überkleidet ist/ auf vielerley Weise gespannet wird.   Wir haben unterweilen eine
Erfahrung/ die uns dieses gantz klärlich zeiget,

get.　Wenn der *Stenonische* Speichel-
Gang sehr voll ist und wir gähnen starck/
so sprützet der Speichel wie ein Regen heraus und setzet ziemlich Tröpfflein auf dem
Buche an/ oder was man sonst vor sich
hat.　Wer weiß aber nicht/ daß man im
Gähnen den Mund weit aufthut und sonderlich an den Backen herunter die Haut
von innen starck gespannet wird.　Ich halte
es aber vor unnöthig/ alle Drüsen insbesondere anzuführen/ welche die Anatomici
in dem Munde angemercket/ weil sich noch
eben nicht ein besonderer Nutzen zeigen läs-
set/ den sie haben.

Nutzen der Zun-ge bey Genieß-sung der Speise.　§. 86. Wenn man auf alles genau acht
hat/ so findet man/ daß die Zunge gar vie-
len Gebrauch bey Genießung der Speise hat.
Man nimmet gleich anfangs war/ daß sie
die Speise zum Kauen und Hinunterschlucken bequem erhält und hindert/ damit
nicht etwas davon irgendswo herunter falle
und in dem Munde liegen bleibe/ welches
insonderheit bey den Thieren was gar be-
schweerliches seyn würde/ weil sie nicht
Hände wie die Menschen haben und in den
Mund hinein langen können.　Und wenn es
ja geschehen sollte/ daß etwas in die untere
Höhle des Mundes käme/ welches dahin
nicht gehöret; so kan die Zunge sich krüm-
men/ spizig und breit machen/ auch hin
und wieder bewegen/ damit man es herauß
bekom-

bekommen kan. Man lege etwas unter
die Zunge; so wird man finden/ wie man
es durch ihre Bewegung bald wieder herauf bringen kan. Wenn man etwas mit
den Schneide-Zähnen beisset/ so feyret dabey die Zunge nicht/ sondern ist mit ihnen
zugleich in steter Arbeit. Indem man zubeisset und also die unteren Zähne an die
oberen starck andruckt/ giebt sich die Spitze der Zunge von innen herunter und stem-
met sich etwas an das Zahn-Fleisch/ damit
es/ was abgebissen wird/ in einem von der
Spitze etwas entfernetem Orte berühret.
So bald der Biß geschehen/ giebet sich die
Spitze der Zunge wieder herauf und ziehet
sich die Zunge etwas zurücke; so lieget das
abgebissene darauf/ daß die Spitze der
Zunge über das Ende/ wo es abgebissen
worden/ noch ein wenig vorgehet. Behält man es nun lange unter den Schneide-
Zähnen und beisset hinter einander fort; so
stösset es nicht allein die Zunge mit ihrer
Spitze zurücke/ sondern wendet es auch/
wenn es nöthig ist/ ja macht es durch
Bewegung an dem Gaumen rundt/ wenn
es weich ist/ gleichwie von der äusseren
Seite die Lippen das ihre beytragen.
Wenn man mit den Backen-Zähnen käuet; so wendet sich die Zunge mit der Spitze
nach der Seite/ wo man käuet/ damit sie
eben daselbst die Dienste verrichten kan/ die
sie

sie bey den Schneide-Zähnen leistet. Die
Zunge lieget ordentlicher Weise in Ansehung der Backen-Zähne etwas hoch. Derowegen wenn wir etwas käuen / so wendet
sie sich bald nach derselben Seite / wo
es geschiehet und wird daselbst erniedriget /
von der andern aber erhoben. Alsdann
lieget die Zunge mit einem von dem Rande
erhabenen Theile etwas an und die Speise
daran. Wenn sich nun die Spitze von der
Seite wieder hervor und der Rand der
Zunge in die Höhe giebet; so wird die Speise zwischen den Zähnen / indem der untere
Kienbacken ein wenig herunter gezogen
wird / weggenommen. Und so siehet man
die Speise auf der Zunge nach der Seite zu /
wo man sie gekauet / ein wenig von ihrem
Rande abliegen. Es kommet aber hierzu
wohl zu statten / daß die Zunge nicht glatt /
sondern raue ist. Denn so hängt sich die
Speise / wo sie die anliegende Zunge berühret / an und wird dadurch mit ihr von den
Zähnen abgezogen / an die sie sich nicht anhängen kan / weil sie aus einem harten und
glatten Knochen bestehen. Da nun aber
die Speise von den Zähnen auf eine solche
Weise von der Zunge weggenommen wird;
so siehet man die Ursache / warum grösten-
theils unter den Zähnen liegen bleibet / was
so weich ist / daß es zerfliessen wil / wie man
es mit ein wenig Brodte versuchen kan.

Denn

Denn wegen der vielen Nässe kan es sich
weder an die Zunge anhängen / noch an
einander halten/ daß es von ihr miteinander weggezogen wird. Unterdessen wenn
dergleichen geschiehet/ weiß sich die Zunge
doch noch zu helffen/ daß sie ihr Ambt verrichten kan. Denn wir können die Zunge
biß auf die Zähne mit der Spitze bringen
und die Backen halten auf/ daß nicht von
der andern Seite herunter fallen kan/ was
man damit wegstossen und auf die Zunge
haben wil. Es bringet über dieses die Zunge die Speise unter die Zähne und von einer Seite zu der andern. Denn wenn die
Speise auf der Zunge liegt / wendet sie
sich nach der Seite und der Backen wird
etwas an die Backen-Zähne angedruckt.
Wenn nun die Speise die Zähne erreichet/
giebt sich die Zunge unter ihr wieder etwas
aufwarts herauf/ schiebt sie dadurch etwas
weiter unter die Zähne und stösset sie mit
dem Rande/ oder auch wohl gar mit der
herum gewandten Spitze vollends darun-
ter/ nachdem es die Nothdurfft erfordert.
Wenn sie etwas von der einen Seite unter den Zähnen auf vorhin beschriebene
Weise weg nimmet und es liegt zu nahe an
dem Rande der Zunge/ daß es durch ihre
Wendung gegen die andere Seite die Zähne von derselben Seite nicht erreichen kan/
ist auch nicht feuchte gnung daß es an der

(*Physik. III.*)   M   Zunge

Zunge nicht hängen bliebe/ sondern durch
seine Schwere von ihr sich abwerts bewegte; so erhöhet sich die Zunge gegen den
Gaumen/ druckt daselbst die Speise an den
Gaumen/ und ziehet sich gegen die Seite
zu/ wovon sie die Speise weghaben wil/
so kommet sie entweder mitten auf die Zun-
ge/ oder noch weiter gegen die andere Seite herüber/ wo man sie hin häben wil.
Lieget sie in der Mitten zu weit gegen den
Schlund weg; so kan sie die Zunge auf
gleiche Weise gegen die Spitze hervor schieben. Lieget sie aber nicht gar zu weit hinein; so streckt man die Zunge über die
oberen Zähne heraus/ druckt sie nach diesem daran und ziehet sie an den Schneide-
Zähnen zurücke/ daß man die darauf liegende Speise gegen die Spitze streichet:
Denn so bald sie weit gnung hervor gestrichen worden/ giebt sie sich gleich wieder
herunter/ damit dieselbe nicht mehr an die
Zähne anstösset/ und sie sich unter ihnen
wieder in den Mund zurücke ziehen kan/
ohne daß die Speise von ihr gantz herunter
gestrichen wird. Man muß sich billig verwundern über die Weisheit GOttes/ damit er die Zunge zubereitet/ daß sie in einer Geschwindigkeit zu so vielerley Bewegungen geschickt ist und ohne Uberlegung
so gleich zu derjenigen determiniret wird/
welche in dem vorkommenden Falle nöthig
ist.

ift. Und in dieser Abſicht laſſe ich mir auch.
angelegen ſeyn alles deutlich zu erklären /
damit man erkennen lernet / daß wir wun=
derbahrlich gemacht ſind / und den Unter=
ſcheid zwiſchen den natürlichen und künſtli=
chen Machinen wahrnehmen mag / auch die
Wahrheit begreifft / daß GOtt durch den
natürlichen Mechaniſmum ſeine Weisheit
und hohe Erkäntnis offenbahret / (§.1037.
Met.): ingleichen daß wir daraus die Güte
GOttes einſehen lernen (§. 1063. Met.) /
und die Begriffe von ſeiner Weisheit / All=
wiſſenheit / Gütte und Allmacht reeller ma=
chen / je mehrere Proben wir davon er=
blicken.   Es iſt aber noch nicht gnung /
was wir von dem Gebrauche der Zunge bey
Genieſſung der Speiſe angeführet haben :
ſondern ſie hat noch mehr dabey zu verrich=
ten.   Wenn wir etwas unter die Backen=
Zähne gebracht und zubeiſſen / laufft der
Mund voll Speichel / damit die Speiſe /
welche man kauen ſoll / befeuchtet werden
kan.   Die Zunge iſt nun dazu behülflich /
daß die Speiſe mit dem Speichel vermiſcht
wird.   Sie beweget nicht allein durch ih=
re Bewegungen den Speichel zu der Spei=
ſe / ſondern nimmet ſie auch unter den Zäh=
nen weg und bringet ſie in den Speichel /
drucket dieſen zuſammen / wo die Speiſe
lieget / und weltzet ſie nach Gelegenheit da=
rinnen herum : Wobey denn abermahls

gar viele Bewegungen sich in einer Ge=
schwindigkeit ereignen/ nachdem es die Be=
schaffenheit der Sache erfordert. Die
Zunge träget auch das ihre zum Hinun=
terschlucken bey: jedoch nicht weiter/ als
sie die Speise dazu geschickt macht und sie
biß an den Schlund bringet. Daß sie die
Speise nicht mit in den Schlund hinein
drucken hielfft/ sondern sie bloß bis nahe
an den Schlund bringet/ kan man daraus
abnehmen. Wenn man etwas auf der
herausgereckten Zunge liegen hat und man
hält sie an der Spitze feste/ daß sie sich
nicht zurücke ziehen kan; so lässet sich nichts
hinunter schlucken: Lieget es hingegen weit
dahinten oder nahe an dem Schlunde/ so
gehet es an/ ob man gleich die Zunge feste
hält. Die Zunge macht die gekauete Spei=
sen zum hinunter schlucken geschickt/ indem
sie sie in ein Klümplein zusammen bringet/
und dasselbe mit Speichel von aussen an=
feuchtet/ daß es nicht an der Zunge han=
gen bleibet: Wiewohl dieses nicht allzeit
geschiehet/ indem man unterweilen etwas
so klein käuet/ biß es von dem zufliessenden
Speichel flüßig wird/ und sich wie ein
Geträncke auf der Zunge ergeust. Im
Hinunterschlucken giebt sie sich hinten in
die Höhe/ damit der Raum zwischen ihr
und dem Gaumen enger wird und die
Speise desto leichter in den Schlund hinein
gedruckt

gedruckt mag werden. Hingegen den fördern Theil der Zunge beuget man öffters in
die Höhe und leget ihn an den Gaumen/
damit die Speise/ wenn sie gedruckt wird/
sich nicht hervor giebt/ sondern in den
Schlund fähret. Es dienet ferner die Zunge das unnütze aus dem Munde auszu-
speyen/ nemlich nicht allein den Speichel/
der überflüßig ist/ und was aus dem
Haupte herunter in den Mund fleußt/
sondern auch wenn man etwas darein be-
kommet/ so einem nicht schmecket/ oder davor einem eckelt/ und was dergleichen Fälle mehr sind. Wenn man etwas auf der
Zunge hat/ so man ausspeyen wil; so
streckt man die Zunge über die Zähne her-
vor/ und wenn es zuweit darhinten ist/ beisset man ein wenig zu und ziehet die Zunge
zwischen den Zähnen zurücke/ daß sich/ was
man ausspeyen wil/ von den Schneide-
Zähnen an das Ende der Zunge zwischen
die Lippen hervor schieben lässet/ damit es
zum Ausspeyen bequem lieget. Im Ausspeyen selbst wird die Zunge sehr spitzig gemacht und schnelle zurücke gezogen. Das
Ausspeyen aber geschiehet mehr durch Bewegung der Lippen und mit Hülffe des
Blasens/ als von der Zunge. Endlich
dienet die Zunge auch zum Geschmacke (§.
432. Phys. I.)/ wozu insonderheit das so
genannte **Zungen-Häutlein** mit den

M 3 **Nerven-**

Nerven = Wärtzlein (*tunica papillaris nervosa*) dienet/ welches zu unterste lieget.
Denn auſſer dieſem hat dieſelbe noch o=
ben eine ſehr ſtarcke und harte Haut/ wel=
che ſie verwahret/ daß ſie nicht Schaden
nehmen kan: Wie denn die Zunge die
ſtärckſte Wärme leiden mag/ welche die
anderen Theile des Mundes/ als die Lippen
und der Gaumen/ nicht vertragen können.
Daher pfleget es zu geſchehen/ daß/ wenn
wir etwas heiſſes in den Mund nehmen/
und es brennt uns an den Lippen und Gau=
men/ wir den Mund aufthun und die Zun=
ge frey halten/ damit es weder an den
Gaumen/ noch ſonſt irgendswo anſtoſſen
kan/ und ſich auf ſolche Weiſe erſt etwas ab=
kühlet/ ehe wir es entweder zu dem Schlun=
de/ oder unter die Zähne bringen/ nach=
dem es die Beſchaffenheit der Speiſe erfor=
dert.   In dieſer groben Haut iſt kein Ge=
ſchmack: Denn unerachtet dieſelbe die Zun=
ge überall überkleidet/ ſo iſt doch der Ge=
ſchmack nicht an allen Orten gleich ſtarck
und weñ unterweilen ein ſtarcker Geſchmack
nicht vergehen will/ mag man die Zunge
und den Mund mit Waſſer ausſpülen wie
man will/ ſo bleibet er doch zurücke. Die=
ſe dicke Haut iſt oben mit eben dem Häut=
lein überkleidet/ welches alle innere Theile
des Mundes/ auch den Schlund ſelbſt ü=
berkleidet: Woraus man eben ſiehet/ daß
der

der Geschmack nicht in der äusersten Fläche
der Zunge ist / weil sonst auch die Lippen /
der Gaumen / der Schlund schmecken müsten / welches aber der Erfahrung zuwieder.
Dieses Häutlein / welches die obere Haut
(*tunica communis*) heisset / lässet sich am
besten absondern / wenn die Zunge gekocht/
oder wenigstens in heissem Wasser erwellet
ist. Ob gleich ein jeder aus der gemeinen
täglichen Erfahrung gnung überzeuget ist/
daß die Zunge eigentlich dasjenige Glied des
Leibes ist / welches uns zum Schmecken
gegeben worden / und daher niemand ge-
zweiffelt / daß nicht der Geschmack in der
Zunge seinen Sitz haben sollte; unerachtet auch diejenigen / welche sich auff die A-
natomie und Erkäntnis der Natur geleget/
längst erkandt / daß die Nerven in der Zunge zum Geschmacke dienen müssen (§. 33.) ;
so ist doch *Malpighius* der erste gewesen/
welcher entdeckt hat / daß der Geschmack
seinen eigentlichen Sitz in den Nerven-
Wärtzlein (*papillis nerveis*) hat / die an
der Zunge zu sehen / so bald die dicke Haut
davon abgesondert worden (a). Es hat
diese Nerven-Wärtzlein in Menschen/Thie-
ren und Fischen / auch *Carolus Fracassatus*
zu eben selbiger Zeit untersucht und beschrieben

M 4

(a) in Exercitat. epistolica de lingua ad
J. A. Borellum Bibl. Anat. Tom. 2. f. 319.

ben (b) und *Laurentius Bellini* (c) hat
weitläufftig ausgeführet/ daß in ihnen der
eigentliche Sitz des Geschmackes sey.   Es
ist der einige Beweis gnung dieses auszu-
machen/ weil die Zunge nicht schmeckt/
wo keine Nerven-Wärtzlein vorhanden
sind.   Denn da unten auf der Zunge von
dem Bändlein an biß zu der Spitze keine
Nerven-Wärtzlein sind; so hat er befun-
den/ daß man nicht das geringste daselbst
schmeckt/ wenn man gleich Salmiack darauf streuet/ dessen starcken Geschmack man
hingegen bald empfindet/ wenn man ihn
oben auff die Zunge/ oder an den Rand
bringet/ wo die Nerven-Wärtzlein in grosser Menge angetroffen werden.   Man siehet aber auch/ warum unten auf der Zunge keine Nerven-Wärtzlein vorhanden sind/
weil sie mit der verkehrten Seite die Speise niemahls berühret und also von dar
nichts zu schmecken bekommet.   Und hat
man hier eine offenbahre Probe/ daß in
den natürlichen Dingen nichts vor die lange Weile gemacht ist/ und ein jedes seinen
Grund hat/ warum es vielmehr an diesem Orte als in einem andern anzutreffen/
wie

(b) in Exercit. epistol. de lingua ad eun-
dem loc. cit. f. 323.

(c) de Gustus organo c. 14. loc. cit. f.
362.

wie es die von mir in der Metaphysick be=
hauptete weise Verknüpffung dem Raum
nach erfordert (§. 546. Met.). Es wird a=
ber dieses noch ferner auf eine besondere
Weise dadurch befestiget / was *Bellinus*
(d) in den Zungen der Katzen wahrgenom=
men / daß an der Spitze / womit sie sich
lecken und reinigen / keine Nerven=Wärtz=
lein anzutreffen sind / die sich doch bald in
grosser Menge mitten auf der Zunge zeigen:
Denn es ist bequemer für sie / daß ihre
Zunge an dem Theile keinen Geschmack hat/
womit sie sich reinigen.   Es sind aber die=
se Nerven=Wärtzlein an den Nerven=Fa=
sern sehr feste / die durch die Zunge zerstreu=
et sind/ weil sie den Eindruck von demje=
nigen / was den Geschmack verursachet/
bis zu dem Gehierne fortbringen müssen (§.
31.).   Hingegen sitzen sie in der dicken Haut/
die deßwegen überall Vertieffungen hat /
wo sie von ihnen loßgerissen worden/damit
sie feste und unverrückt stehen bleiben und
der Eindruck von dem/ was man schme=
ckendes auf die Zunge bekommet/ an dem
rechten Orte geschiehet / wo das Nerven=
Wärtzlein gerühret werden muß/ gleichwie
man z. E. im Auge wahrnimmet / daß der
Eindruck gegen das Mittel des Sehungs=
Nerven geschiehet / nicht aber gegen den

M 5   Rand

_____

(d) loc. cit. c. 13. f. 357.

Rand. Und hat eben *Bellini* angemercket/
daß die Haut/ welche die Zunge bekleidet/
an denen Orten dicker ist/ wo die Nerven-
Wärtzlein mehr in die Höhe gehen / als
wo sie nicht so erhaben sind: welches abermahls wie alles übrige/ was man in ge-
naueren Untersuchungen der Natur wahr-
nimmet/ bekräfftiget / daß nicht das geringste vorhanden/ welches nicht seinen
Grund hätte/ warum es vielmehr so als
anders ist/ und daß eben dadurch die Vollkommenheit der natürlichen Dinge erhalten
wird. Es müssen aber auch die Nerven-
Wärtzlein wohl verwahret stehen/ weil be-
kandt/ wie gefährlich es ist/ wenn ein
Nerven gestochen wird/ und was für
Schmertzen daraus entstehen. Es ist ferner
diese Haut von der Beschaffenheit / daß
sich die saltzigen Theilgen/ welche den Geschmack verursachen / leicht hinein ziehen.
Und daher kommet es auch/ daß der starcke Geschmack öffters lange zurücke bleibet
und man ihn gar nicht weg bekommen kan/
unerachtet man die obere Haut der Zunge
abschweifft/ wie ich schon vorhin angemerckt.
Es sitzen die Nerven-Wärtzlein an der unteren nervichten Haut/ weil sonder Zweiffel diese mit dazu dienet/ daß die Bewe-
gung/ die zum Geschmacke erfordert wird/
desto leichter eingedruckt werden mag: wovon wir an seinem Orte ein mehreres gedencken

dencken werden / wenn wir von den Werckzeugen der Empfindungen ins besondere
handeln werden. Weil der Geschmack wegen des Genusses der Speise und des Tranckes Menschen und Thieren gegeben ist:
so habe ich nicht wohl weglassen können/
was wir in diesem Stücke bey der Zunge
finden/ deren Gebrauch in Genusse der
Speise und des Tranckes wir uns zu erklären vorgenommen haben. Die obere
Haut der Zunge wird die **gemeine Haut**
(*tunica communis*), die mittlere die **Ne-
tzen-förmige Haut** (*tunica reticularis
Malpighii*) und die dritte das **wärtzige
Häutlein** (*tunica papillaris nervosa*) genannt.

§. 88. Zur Befestigung der Zunge dienet insonderheit das **Zungenbein** (*Os Hy-
oïdes, Hypsiloides, bicorne*), welches wie
ein paar Hörner an einem Ochsen in die
Runde von beyden Seiten gebogen ist/
nemlich auf die Art/ wie man es bey denen
Ochsen antrifft/ wo die Hörner einen erhabenen Bogen von beyden Seiten/ und einen starck ausgehöleten von innen einander
gegen über machen. Es bestehet in erwachsenen aus drey Theilen/ **dem mitt-
lern** oder dem **Grund-Theile** (*Basi*) und
den beyden Seiten-Theilen oder **Hörnern**
(*Cornubus*). Die erhabene Seite des
Grund-Theiles lieget an der Zunge/ die

**Wie die
Zunge
befestigt
ist.**

Hörner

Hörner aber gehen zu beyden Seiten weiter
hinein als die Zunge und sind nicht allein
mit starcken Bändern an dem **Griffel-förmigem Knochen** (*processu Styloide*) befe-
stiget/ sondern auch viele Mäuslein daran
angewachsen/ damit die Zunge hinten recht
feste sitzet. Sie ist auch über dieses noch
hinten an dem Gaumen und dem Schlunde/
auch vermittelst einiger Mäuslein an dem
unteren Kienbacken angewachsen/ und vornen durch das **Zungen-Bändlein** (*Fre-
nulum linguæ*), welches unterweilen bey
den Kindern zuweit hervor gehet/ daß sie
die Zunge nicht gnung bewegen können/
als wie es der Gebrauch derselben im Reden
und Saugen erfordert/ daher es ein wenig
abgelöset werden muß/ damit der fördere
Theil der Zunge frey genug ist/ wie er in
gar vielen Fällen seyn muß/ wenn sie ihr
Amt ungehindert verrichten sol (§. 87.).

Was zur Bewe-gung der Zunge dienet. §. 89. Wir haben schon vorhin gesehen/
daß bloß bey dem Genusse der Speise gar
vielerley Bewegungen der Zunge von nöthen sind (§. 87.)/ und werden ins künfftige
finden/ daß die Sprache nicht wenigeren
Unterscheid erfordert. Man darf aber
auch nur so auf die Bewegungen der Zunge
acht haben/ ohne Absicht auf den Genuß
der Speise oder die Sprache; so wird man
den vielfältigen Unterscheid der Bewegung
gar leicht wahrnehmen. Man kan sie in die
Länge

Länge ziehen / gantz steif machen und über
die Lippen heraus strecken. Man kan sie
aber auch zu dem Munde heraus strecken
und so breit machen / daß sie zwischen den
Lippen / damit man sie andruckt / die gantze
Breite des Mundes einnimmet. Man
kan sie wieder zurücke ziehen / nachdem man
sie auf eine oder die andere Weise hervor
gestreckt / wie sie denn auch ordentlicher
Weise gantz über die Zähne hinein im Munde lieget. Man kan sie erhöhen und bis zu
oberste an den Gaumen bringen / indem sich
der freye Theil zugleich in die Krümme bewegen lässet / wie man es verlanget. Und
dieses gehet auch noch an / wenn man sie
über die Zähne / ja gar biß über die Lippen
heraus bringet. Im Gegentheile aber kan
man sie auch niederwarts bewegen biß an
den Grund des Mundes unter die Kienladen. Und dieses gehet noch an / wenn man
sie über die Zähne / ja gar bis über die Lippen heraus strecket. Man kan die Zunge
von einer Seite zu der andern bewegen und
gegen die eine Seite beugen / von der andern aber erhöhen: ja mit der Spitze der
Zunge kan man in dem Munde überall hinkommen. Sie lässet sich schnelle hin und
wieder bewegen / so wohl wenn sie spitzig gemacht wird / als wenn sie breit bleibet.
Weil nun alle Bewegung durch die Mäuslein geschiehet (§. 45.); so ist die Frage /
was

was doch hier für Mäuslein von GOtt verordnet sind um so vielfältige Bewegung
hervor zu bringen.   Es ist demnach zu mer-
cken/ daß die Zunge selbst aus Mäusleinen
bestehet/ die paar Weise in ihr anzutreffen/
indem sie der Länge nach durch die **Median-**
Linie (*Lineam medianam*) in zwey Theile
getheilet wird.   Dieses hat eben den Nu-
tzen/ daß sich die Zunge mit dem einen Rande gegen die eine Seite wenden kan/ indem
der andere Theil erhöhet wird/ und daß ein
Theil eine andere Figur annehmen kan als
der andere/ wenn es die Nothdurfft erfordert.   Das erste Paar ist das **Kinn-Zun-**
gen-Mäuslein (*Genio-glossus*), welcher
seinen Nahmen von dem Kinne bekommen/
allwo er von dem inneren Theile des unteren Kinbackens entspringet und durch die
gantze Zunge durch gehet.   Die Fasern dieses Mäuslein gehen in der Mitten gerade auf
die Median-Linie zu/ daß sie auf der Flä-
che/ welche die Zunge daselbst durchschnei-
det/ perpendicular stehen.   Von der einen
Seite lauffen sie schräge zu gegen die Spitze/
von der andern aber gegen den Grund der
Zunge.   Wenn die Fasern/ welche gegen
die Spitze zu gehen/ verkürtzet werden; so
wird die Zunge zurücke gezogen: wenn hingegen die andern/ welche bis an den Grund
der Zunge hinlauffen/ verkürtzet werden:
so wird sie heraus gestreckt: wenn die nach

der

der Breite sich verkürtzen/ so wird sie
schmäler/ oder auch/ wenn es nur von
einer Seite geschiehet/ mit dem einen Rande
herunter gezogen. Das andere Paar sind
das Horn-Zungen-Mäuslein (*Cerato-*
glossus). Es bekommet den Nahmen von den
Hörnern des Zungenbeines/ daran es be-
festiget/ und gehet an dem Rande der Zunge nach der Länge derselben weg. Wenn
es von der einen Seite verkürtzet wird/ so
beuget sich die Zunge gegen dieselbe herüber
und wird der Rand hernieder gezogen.
Das dritte Paar sind das Grund-Zungen-Mäuslein (*Basio-glossus*), welches
an dem Grunde des Zungenbeines befestiget
ist und mit geraden Fasern bis gegen die
Spitze der Zunge hervor läufft. Wenn
diese verkürtzt werden/ so wird die Zunge
gegen den Grund des Zungenbeines zurück-
gezogen. Einige halten es für einen Theil
des Horn-Zungen-Mäusleins und rechnen
es für kein besonderes Paar. Endlich das
vierdte Paar (oder nach einigen/ die das
Grund-Zungen-Mäuslein für kein besonderes Paar halten/ das dritte) ist das Grif-
fel-Zungen-Mäuslein (*Stylo-glossus*),
welches an dem Griffel-förmigem Knochen (*Styloide* seu *appendice Styliformi*) des
Schlaffbeines (*Ossis temporis*) angewachsen und von der Seite nach der Länge der
Zunge fort gehet. Weñ dieses sich von beyden
Seiten

Seiten verkürtzt; so wird die Zunge da=
durch gegen den Grund gezogen: hingegen
wenn es sich nur von einer Seite verkürtzet/
so wird es zugleich mit etwas gegen die Sei=
te gezogen. Und diese drey oder vier Paar
sind eigentlich die Mäuslein/ daraus die
Zunge bestehet/ und durch deren Amt sie
ihre Figur auf vielfältige Weise nebst der
damit verknüpfften Lage in dem Munde ver=
ändert/ nachdem entweder eines allein/
oder viele zugleich ihr Amt verrichten:
welches alles umständlicher zu erklären zu
wäutläufftig fallen würde. Wenn man
die einfache Bewegungen und daher entste=
hende Aenderungen in der Figur und Lage
der Zunge weiß; so lässet sich auch das ü=
brige darus erklären/was man veränderli=
ches in der Erfahrung wahrnimmet/ und
von der Verrichtung vieler Mäuslein zu=
gleich herrühret. Ausser diesen Mäuslei=
nen/ daraus die Zunge selbst bestehet/sind
noch fünff Paar andere/ daran sie ange=
wachsen ist/ und die demnach zu ihrer Be=
wegung mit dienen. Und daher ist sich gar
nicht zu verwundern/ daß die Zunge so gar
vielerley Bewegungen haben kan/ als man
bey ihrem vielfältigen Gebrauche wahrnim=
met. Man möchte aber sich vielleicht be=
fremden lassen/ warum dann die Bewe=
gungen der Zunge nicht alle bloß durch äus=
sere Mäuslein verrichtet werden; sondern
noch

noch dazu selbst innere Mäuslein/ daraus
sie als aus Theilen bestehet/ verordnet
sind. Es ist demnach zu wissen/ daß die
Zunge nicht allein beweget wird/ sondern
auch in der Bewegung zugleich ihre Figur
ändert: welches beydes durch äussere Mäuslein sich nicht zugleich bewerckstelligen liesse/
wie wir sehen und begreiffen/ daß es durch
die inneren geschiehet. Uber dieses werden
wir bald sehen/ daß die auswärtigen Mäuslein eigentlich nur den Zungen = Knochen
bewegen/ daran sie befestiget sind/ und die
Zunge davon nur was weniges mit geneußt;
keinesweges aber die starcken und merckli-
chen Bewegungen von ihnen herrühren kön-
nen/ welche wir bey dem Gebrauche der
Zungen im Reden und im Genusse der
Speise und des Tranckes von den inneren
bewerckstelliget sehen. Das erste Paar von
diesen äusseren Mäuslein ist das Brust =
bein = Zungen = Mäuslein (*Sternohyoi-
dens*), welches wie die übrigen seinen Nahmen von der Lage bekommen. Denn es
entspringet von dem Brust = Beine (*Ster-
no*) und laufft an der Lufft = Röhre weg bis
an den Grund des Zungen = Beines/ wo
beyde Mäuslein zusammen stossen. Wenn
sich nun ihre Fasern verkürtzen/ so wird
der Grund des Zungen = Beines mit dem
Grunde der Zunge etwas niedergezogen/
welches im Hinunterschlucken seinen Nu-

(*Physik. III.*)   N   tzen

tzen hat. Das andere Paar ist das **Ancker = Zungenbein = Mäuslein** (*Coraco-hyoideus*), welches von dem **Anckerförmigen Knochen** des Schulter = Blates (*Carcoide*) sehr lang herauf bis an die Hörner des Zungen = Beines gehet. Wenn er verkürtzt wird / so wird das Zungen = Bein gegen das Genicke zu gezogen : Woferne aber nur eines von diesem Mäuslein sein Ambt verrichtet / so ziehet sich das Zungen = Bein nach der Seite etwas nieder und zugleich rückwarts. Das dritte und vierdte Paar sind die **Kinn = Zungen = Bein = Mäuslein** (*Genio - hyoidei*), welche von dem unteren Kien = Backen an dem Kinne entspringen und bis an das Zungen = Bein gehen. Das innere Paar (*Geniohyoideus internus*) nimmet seinen Anfang unten an dem unteren Kinn = Backen und gehet etwas schräge zu gegen den Grund des Zungen = Beines / daher es auch von einigen das **schräge Kinn = Zungen = Bein = Mäuslein** genant wird (*Geniohyoideus obliquus*). Wenn die schrägen Fasern sich verkürtzen / so wird das Zungen = Bein etwas seitwarts und nach der Höhe hervorgezogen. Das **äussere Paar** (*Geniohyoideus externus*) lieget unter dem andern und gehet von dem unteren Kinn = Backen gegen den Grund des Zungen = Beines gerade zu : Daher es auch von einigen das **gerade Kinn = Zungen = Bein =**

Bein = Mäuslein (*Geniohyoideus rectus*) genannt wird. Wenn demnach seine ge= rade Fasern sich verkürtzen/ so wird der Grund des Zungen=Beines etwas auf= warts hervor gezogen. Ein Theil davon gehet in die Zunge und wird von einigen als ein besonderes Paar der Zungen=Mäus= lein angegeben/ in welchem Falle es den Nahmen des Backen=Zungen = Mäus= leins (*Mylogloffi*) erhält. Endlich das fünffte Paar ist das Griffel = Zungen= Bein=Mäuslein (*Stylohyoideus*), wel= ches von dem Griffel = förmigem Kno= chen (*Styloide*) des Schlaff = Beines quer herüber gehet. Hieraus nun ist überflüßig zu ersehen/ mit was für grosser Vorsich= tigkeit die Zunge zubereitet ist/ damit es nicht an dem allergeringsten fehlet/ was nur eine Bequemlichkeit in ihrem Gebrau= che verschaffen kan. Und hat man dabey auch mit darauf acht zu geben/ wie so vie= le Mäuslein/ welche die Zunge nöthig hat/ nicht allein in ihr/ sondern auch ausser ihr so geschickt angebracht sind/ daß so wohl die Zunge vor sich/ als auch der Hals und der Raum unter dem Kinne wohlgestaltet verbleibet/ unerachtet so viel besondere Thei= le neben/ an und übereinander liegen/ die alle ungestöhret ihr Ambt verrichten zu der Zeit/ wenn es nöthig ist/ ohne daß wir daran gedencken und überlegen/ was zu

N 2   thun

thun ist. Und ist allerdings zu bewundern/ wie so viele Mäuslein/ die an/ neben und untereinander liegen/ sogleich ihr Ambt verrichten/ wenn es nöthig ist/ ohne daß jemahls eine Irrung geschiehet/ und eines sich zu unrechter Zeit bewegete.

§. 90. Der Schlund (*Gula, Oesophagus*) dienet die Speise und den Tranck in den Magen hinunter zu schlucken. Denn er ist der Weg aus dem Munde in den Magen und kan durch keinen andern von außen etwas hinein kommen. Weil der Magen weit unten lieget/ so ist er wie eine lange Röhre/ die hinten im Munde bey dem Rachen (*Faucibus*) an biß zu dem Magen gerades Weges fortgehet. Er ist aus vier Häuten zusammen gesetzet/ die weich sind und zusammen fallen/ damit er sich erweiten lässet/ wenn die Speise hinunter geschlucket wird/ und nach diesem sich wieder zusammen giebet/ um nicht in Gefahr zu lauffen/ wenn etwan ein zu grosser Bissen auf einmahl hinein käme. Der Eingang ist etwas weit wie ein Trichter/ damit sich die Speise desto bequemer hinein füllen lässet. Die vier Häute sind folgende. Die erste Haut ist die gemeine (*tunica membranosa*), welche die Röhre befestiget und verwahret. Sie lässet sich ausdehnen und giebet sich wieder zusammen/ weil der Schlund dieses nöthig hat/ wenn die Speise

Verrichtung des Schlundes.

hinein

hinein kommet/ absonderlich wo viele auf
einmahl hinein gedruckt wird. Auf diese
äuserste Haut folget die **fleischige** (*tunica*
musculosa), welche mit fleischernen Fasern
versehen/ und daher zur Bewegung dienet
(§. 51.). Sie ist wegen dieser Fasern dicker als die übrigen/ damit dieselben Stärcke gnung haben die Speise hinunter zu
drucken (§. 49.). Die Beschreibung der
Fasern/ wie sie liegen/ wird nicht von allen Anatomicis auf einerley Art angegeben:
sonder Zweiffel/ weil sie nicht alle im Men-
schen/ oder auch in einer Art von Thieren
untersucht/ massen sich hierinnen ein Unterscheid befindet. *Verheyen* (a) hat im
Menschen zwey Reihen gefunden/ davon
einige nach der Länge gerade herunter/ die
andern aber im Circul rund herum gehen/
da hingegen beyde im Ochsen-Schlunde
nach Art der Schrauben-Gänge herum geführet sind. Es lässet sich dannenhero die
fleischige Haut in zwey Theile zerlegen/ deren eine die eine Reihe Fasern/ die andere
hingegen die andere hat. Die geraden Fasern sind in dem äuserstem Theile; Die
rundten hingegen in dem inneren. Wenn
sich die rundten Fasern zusammen ziehen/
so wird der Schlund enger und gleichsam

N 3　　　　　zuge-

(a) Anat. lib. 1. Tract. 3. c. 14. p. m.
201.

zugeschnüret und solchergestalt die Speise/
welche daselbst vorhanden/ gedruckt/ daß
sie weiter fortrücken muß.   Will man
wissen/ wie es zugehet/ daß die Speise
nicht so leicht wieder in die Höhe tritt/ als
hinunter gleitet; so darf man sich nur vor-
stellen/ daß die fleischernen Fasern nicht
eher sich zusammen ziehen/ biß die Speise
an den Ort kommet/ wo sie sind.   Daher
bleibet der Schlund unten weiter/ oben
aber wird er zugeschnüret/ und also weichet die Speise dahin/ wo sie am freyesten
durchpassiren kan.   Und hieraus ersiehet
man/ daß eigentlich die rundten Fasern
die Speise hinunter bringen: aus welcher
Ursache sie auch die innersten sind.   Wenn
die Fasern/ welche nach der Länge herunter gehen/ sich verkürtzen/ so wird der
Schlund nach der Länge etwas verkürtzt/
daß er sich nach der Weite etwas stärcker
ausdehnen lässet.   Und demnach haben die
geraden Fasern ihren Nutzen/ wenn man
einen zu grossen Bissen hinunter schlucket.
Sie machen auch/ daß die rundten Fasern
nebst den übrigen Häuten gleichsam in etwas faltig werden/ welches verursacht/
daß sie/ indem sie sich zusammenziehen/
den Schlund desto enger zusammen schnü-
ren.   Und auf eine solche Weise haben sie
auch ihren Nutzen/ wenn man ordentlicher Weise etwas hinunter schlucket. Und

in

in der That scheinet es nicht wahrscheinlich
zu seyn / daß sie bloß um eines Zufalles
willen / der sich selten ereignet / gegeben
worden. Es würde sehr dienlich seyn/ wenn
man durch die Kunst Instrumente und
Machinen verfertigte / die mit den natürlichen in unserem Leibe eine Aehnlichkeit
hätten / darinnen man die Veränderungen zeigen könnte / die sich vermöge ihrer
Structur ereignen. Die dritte Haut ist
die spannadrige (*tunica nervosa*), welche
zur Empfindung dienet (§. 31.)/ damit
durch die Berührung von der Speise die
fleischerne Fasern zu ihrer Verrichtung können determiniret werden (§. 35.). Die
vierdte Haut ist die innere oder zottige
(*crusta villosa*), welche macht/ daß der
Schlund von innen feuchte und schlüpffrig
kan erhalten werden / damit sich von den
Speisen nichts anhängt und zurücke bleibt:
welches daselbst verderben würde. Die
spannadrige Haut ist einerley mit derjeni-
gen/ die von innen den Gaumen/ die Zunge/
Lefftzen/ ja den gantzen Mund überkleidet/
und von dem Rachen in einem durch den
Schlund fortgehet. Zwischen der spannadrigen und fleischigen Haut setzet *Ver-*
heyen (b) noch zwey andere Häutlein/ in
deren einem die Drüsen/ in dem andern

N 4 aber

(b) loc. cit. p. m. 202.

aber die Blut=Gefäßlein sind. Das Drü=
sen = Häutlein (*tunica glandulosa*), welches
zu einer Absonderung dienet (§. 68.)/ son=
dert die Feuchtigkeit ab/ welche die zottige
Haut oder Schaale schlüpffrig erhält und
deßwegen lieget sie nahe an der spannadri=
gen. Man sollte vielleicht meinen/ es wä=
re ja besser/ wenn sie solchergestalt gleich
an der zottigen läge/ weil die Drüsen ihr
zu gefallen hauptsächlich die Feuchtigkeit
absondern. Allein wenn man der Sache
genauer nachdencket/ so wird man finden/
daß sie die beste Stelle erhalten/ die sie ha=
ben kan. Denn die Drüsen müssen die
Feuchtigkeit/ wodurch der Schlund schlüpf=
rig erhalten wird/ von dem Geblütte ab=
sondern/ das ihnen durch die Puls=Adern
zugeführet wird (§. 61.). Und demnach
müsten die Blut=Gefässe hinter dem Drü=
sen=Häutlein/ wie auch würcklich geschiehet/
aber noch vor der spannadrigen Haut kom=
men. Da nun aber gleichwohl die Spei=
sen durch die Berührung der spannadrigen
Haut die fleischernen Fasern zur Bewegung
determiniren müssen; so würde sie zu weit
von der inneren Höhle des Schlundes/
wo die Speisen sind/ wegkommen und
nicht mehr so empfindlich verbleiben/ indem
die Berührung durch viele Häute/ ja selbst
durch die Blut=Gefässe durchgehen müste.
Es hat sich demnach besser geschickt/ daß
das

das spannadrige Häutlein zuerst käme / damit es von den Speisen desto leichter könte berühret werden / da ohne dem die von den Drüsen abgesonderte Feuchtigkeit gar leichte durch die subtile oder sehr zarte spannadrige Haut durchdringet und sie zugleich feuchte erhält. Das **Blut-Gefäß-Häutlein** (*tunica vasculosa*) hat Adern und Puls-Adern in sich / die sich gewöhnlicher maassen in viele Aestlein zertheilen / und nicht allein allen Häuten ihre Nahrung (§. 61.); sondern auch den Drüsen das Blut zuführen (§. 68.) / damit davon die gehörige Feuchtigkeit abgesondert werden mag. Und eben deßwegen lieget es nahe an dem Drüsen-Häutlein / damit die Puls-Adern den Drüsen / die aus ihnen entspringen (§. 68.) / das Blut zuführen können. Weil es aber viele fleischerne Fäserlein hat / die gantz unordentlich untereinander liegen / so hat man es insgemein von der fleischernen Haut nicht unterschieden. Wolte man nun alle Häutlein genau von einander unterscheiden / so liessen sich derselben wohl sechse zehlen / als von innen angerechnet / die zottige / die spannadrige / die drüsige / die blutgefäßige / die fleischige und die äussere oder gemeine. Der obere Theil des Schlundes wird der **Kopff** (*Pharynx*) genannt / welcher erweitert werden muß / wenn die Speise hinein gedruckt werden

N 5   sol /

sol / und hingegen sich wiederum schlüssen /
wenn dieselbe hinein ist / damit sie nicht
wieder zurücke tritt.

§. 91. Da nun alle Bewegungen in
dem Leibe der Menschen und Thiere durch
die Mäuslein geschiehet (§. 45.)/ so kan
man leicht erachten / daß auch besondere
Mäuslein dazu verordnet seyn müssen/ welche den Kopff des Schlundes erweitern und
zusammen schlüssen / nachdem es der Gebrauch erfordert. Und in der That findet man auch drey Paar Mäuslein / welche den Schlund erweitern / und ein Paar/
welches ihn verschleußt. Das erste Paar/
das gröste unter allen / ist das **Schlund-
Kopff-Mäuslein** (*Cephalopharyngæus*),
welches aus dem obersten Theile des Kopffes entspringet und unten bey dem **Hinter-
haupt-Beine** (*osse occipitis*) an dem
Würbel befestiget ist. Das andere Paar/
so zu beyden Seiten neben dem Kopff-
Schlund-Mäuslein folget / ist das **Keil-
Schlund-Mäuslein** (*Sphænopharyn-
gæus*), welches an dem **Keil-Beine** (*osse
sphænoide*) befestiget. Endlich das dritte
Paar ist das **Griffel-Schlund-Mäus-
lein** (*Stylopharyngæus*), welches an dem
Griffel-förmigen Knochen des Schlaff-
Beines befestiget. Da diese Mäuslein an
dem Kopffe des Schlundes angewachsen
sind und zu beyden Seiten herum stehen;
so

Marginal note: Wie der Schlund erweitert und zu-geschlossen wird.

so ist klar/ daß/ wenn sie zugleich verkürtzt
werden/ der Schlund in seinem Eingange
erweitert wird/ gleichwie man einen Sack
erweitert/ wenn man ihn rings herum an-
fasset und die gegenüberstehende Theile
nach einander entgegen gesetzten Richtungen ziehet.   Da nun der Schlund durch
die Mäuslein von hinten erhaben wird/
vornen an der Zunge aber niedrig bleibet/
so weltzet sie die Speise von sich in den Eingang des Schlundes durch ihre Bewegung
ab. Endlich das Mäuslein zu verschliessen/
daß die Speise/ welche in den Schlund
einmahl hineinkommen ist/ nicht wieder
zurücke treten kan/ dienen die **Schließ-**
Mäuslein (*Conſtrictores, Spincter*) , welche hinten an dem Schlunde nahe an seinem Kopffe angewachsen und an dem
Schild-förmigem Knorpel (*Cartaligi-*
ne Scutiformi) von beyden Seiten befestiget sind.   Einige halten sie nur für ein einiges Mäuslein/ welches von hinten um
den Schlund bis zu beyden Seiten herum
gehet.   Alle Mäuslein an dem Kopffe des
Schlundes zusamen werden die **Schlund-**
Mäuslein (*Pharyngæi*) genannt.

§. 92.   Der Schlund gehet mit dem
Magen in einem fort/ und eröffnet sich da-
rein/ wo er an das Zwerge-Fell angewach-
sen/ durch den **oberen** oder **lincken Ma-**
gen-Mund (*Stomachum*).   Der Schlund
stehet

Nutzen
des Ma-
gens und
seiner
Theile.

stehet gerade auf dem Magen/ daß er zu keiner Seite sich neiget/ damit die Speiße gleich auf den Boden hinunter fället/ und nicht leicht in den Schlund zurücke treten kan. Der **untere oder rechte Magen-Mund** (*Pylorus*), den man auch den **Pförtner** nennet/ vergönnet der Speiße/ wenn sie verdauet ist/ ihren Ausgang in die Gedärme. Der obere Magen-Mund stehet etwas höher als der untere/ damit die Speise nicht in den Schlund treten kan/ wenn sie von dem Magen in die Gedärme geworffen wird. Und eben deswegen muß sie auch nicht starck/ sondern nach und nach gemächlich ausgeworffen werden: denn sonst würde sie gleichfals leicht in den Schlund fahren. Allein da nicht dieselbe in grosser Menge auf einmahl aus dem Magen gehet/ so ist auch der rechte Magen-Mund enger als der lincke/ wodurch die Speise in den Magen kommet. Dieser hat nicht gar zu enge seyn dörffen/ damit keine Gefahr entstehet/ wenn man auf einmahl zu viel hinunter schlucket/ wiewohl unterweilen zu geschehen pfleget. *Helvetius* (a) mercket an/ daß im Magen der Menschen/ den er genau betrachtet/ der lincke Magen-Mund dem rechten nicht gerade über

---

(a) Memoires de l'Acad. Roy. des Scienc. A. 1719. p. 445. edit. Bat.

ber stehet. Wenn man den Magen mitten durcheinander schneidet/ daß er nach
der Länge in zwey gleiche Theile getheilet
wird; so bleibet der lincke Mund gantz auf
der förderen Seite/ und hingegen der gröste Theil von dem rechten Munde auf der
hinteren. Und dieses dienet ebenfalls dazu/
daß/ wenn die Speise gezwungen wird
aus dem Magen zu gehen/ sie nicht eben
so leichte durch den lincken Mund in den
Schlund/ als durch den rechten in die Gedärme treten kan: gleichwie auch im Ge-
gentheile/ wenn sich der Magen erbricht/
dasjenige/ was weggebrochen wird/ nicht
so bequem durch den rechten Mund in die
Gedärme/ als durch den lincken in den
Schlund kommen mag. Da wir bißher
gnugsame Proben gehabt/ daß alles in
dem Leibe der Menschen und der Thiere dergestalt eingerichtet ist/ wie es der Gebrauch
eines jeden Theiles erfordert; so ist auch
kein Zweiffel/ daß nicht die fleischernen Fasern dergestalt in dem Magen liegen/ daß
sie den lincken Mund zuschnüren/ wenn
die verdauete Speise durch den rechten ausgeworffen wird. Unterdessen sind die Anatomici in diesem Stücke nicht mit einander
einig. Insgemein saget man/ es giengen
viele an einander liegende Fasern gleichsam
als ein Gebündlein von dem lincken Magen-
Munde biß an den rechten nach der Länge

des

des Magens fort. Wenn man nun setzet/
daß dieselben verkürtzt werden; so kommet
der lincke Mund näher zu dem rechten und
werden beyde zugeschnüret. Allein weil
solchergestalt beyde zugleich zugeschnüret
würden; so siehet man nicht/ wodurch der
lincke Magen-Mund zugehalten wird/ indem durch den rechten die verdauete Speise
hinausgehet. *Helvetius* (b) hat erinnert/
daß in dem Magen des Menschen/ den er
genau betrachtet/ die fleischerne Fasern
gantz anders liegen/ als man bißher angegeben. Was demnach das Bündlein der
fleischernen Fasern betrifft/ welches an dem
lincken Magen-Munde lieget; so hat er
befunden/ daß diese Fasern/ welche an dem
Munde sehr dichte bey einander liegen/ nach
diesem durch den Magen sich ausbreiten/
aber keinesweges/ wie man insgemein vor-
giebet/ nach der Länge desselben an einander
biß zu dem rechten Magen-Munde gehen.
Die auswarts an dem Magen-Munde zur
Lincken liegen/ breiten sich schräge nach der
Länge des Magens aus/ daß einige davon
biß den Grund des Magens erreichen. Hingegen die von der inneren Seite dem rechten Magen-Munde gegen über liegen/ gehen etwas gerader an dem Magen biß an
den Grund herunter/ indem der Magen von
der

(b) loc. cit.

der Seite herüber nicht so lang ist/ daß sie
Raum hätten sich gleich den ersten auszubreiten / und über dieses an der lincken
Seite des Magens/ wo sie sich noch sonst
auszubreiten einigen Raum finden kön-
nen/ die Fasern eine gantz besondere Lage
haben/ davon wir bald mit mehrerem reden werden. Es gehen demnach die Bündlein Fasern wie zwey Bänder um den lincken Magen-Mund/ die zu beyden Seiten
einander Creutzweise durchschneiden. Wenn
nun diese Fasern verkürtzt werden/ so wird
was darinnen ist/ gegen den rechten Magen-Mund gepresset und hingegen der lin-
cke/ wie wenn man die Bänder/ so man von
beyden Seiten auf gleiche Weise an einen
Sack legete/ zöge/ zugeschnüret. Wenn
der Magen von Speise und Tranck auf-
schwellt; so werden diese Bänder gleichfals
gezogen/ und solchergestalt schleußt sich der
Magen. Denn daß er sich schleußt/ hat
man längst erkandt/ maassen man nicht im
geringsten verspüret/ daß/ wenn man starcke Spiritus getruncken/ man das geringste
davon riechen kan/ woferne nicht im Magen ausserordentlicher Weise aufstösset/ was
darinnen ist/ und der Geruch mit andern
Dünsten aufsteiget. Man siehet also/ daß
die Lage der Fasern/ wie sie *Helvetius* be-
schreibet/ ihrer Verrichtung gemäß ist:
da hingegen die Lage/ wie man sie insgemein

mein angiebet/ mit ihr sich nicht wohl zusammen reimen wil.   Wer hierauf acht
hat/ der wird finden/ wie man durch
Muthmaſſungen die Aufmerckſamkeit im
Anatomiren und den Fleiß nachzuſuchen/
was von der Natur etwas verſteckt lieget/
befördern kan.   Denn wir können nicht
allein öffters die Verrrichtungen der Theile des Leibes aus der Erfahrung lernen/
ſondern auch unterweilen errathen/ indem
wir wiſſen/ daß die Natur alles jederzeit
auf das beſte macht.   Wenn man nun be-
dencket/ auf wie vielerley Weiſe eine Verrichtung bewerckſtelliget werden mag und
welches darunter am bequemſten fället; ſo
läſſet ſich durch Muthmaſſen errathen/
wie die Structur beſchaffen ſeyn müſſe.
Nun kan man ſich zwar in dieſen Muthmaſſungen gar leicht betrügen/ inſonderheit weil in der Natur niemahls eine Abſicht eintzeln/ ſondern neben andern zugleich erreichet wird: allein da man es nicht
weiter als eine Muthmaſſung anſiehet/
dadurch man zur Aufmerckſamkeit und
Sorgfalt im Nachſuchen aufgemuntert
wird/ ſo kan man dadurch in keinen Irr-
thum verleitet werden. Braucht man doch
überall im Erfinden die Muthmaſſungen/
und wer dieſes nicht thun wollte/ würde
in der That nicht weit kommen.   Muthmaſſungen müſſen einem Anlaß geben die
                                                  Sache

Sache immer weiter zu untersuchen/ biß
wir endlich damit zu Stande kommen.
Man darf nicht einwenden/ daß man dergleichen Weitläufftigkeiten nicht von nöthen
habe/ indem es in der Anatomie ja bloß
auf das Sehen ankomme: Denn wir haben hier bey dem Magen die Probe/ da
so viele die Lage der fleischernen Fasern be-
trachtet/ und deſſen ungeachtet doch nicht
eingesehen/ wie sie eigentlich beschaffen ist.
Wo Verstand und Vernunfft die Sinnen
im Observiren lencken/ da gehet es immer
beſſer von statten und man kommet wei-
ter/ als wenn man es auf die Augen allein ankommen läſſet. Ja dieses ist selbst
mit eine Ursache/ warum diejenigen/ welche die Theile im Leibe der Menschen und
Thiere zu erst zu beschreiben angefangen
haben/ nicht so weit darinnen kommen
sind als die ihnen nachgefolget/ auch eines
und das andere unrichtig angegeben/ so
von denen anders befunden worden/ die
Schwierigkeiten bey dem Gebrauche der
Theile befunden und dadurch genauer nach-
zusehen angetrieben worden. Weil der
rechte Magen-Mund oder der Pförtner
nicht mit ein Paar solchen Bändern versehen ist als der lincke; so kan er auch nicht
so zugeschnüret werden als wie der lincke.
Unterdeſſen da doch mehr Gefahr ist/ daß
die einmahl ausgeworffene Speise aus den

(*Physik. III.*)　　O　　Gedär-

Gedärmen wieder zurücke in den Magen
tritt/ als daß sie aus dem Magen in den
Schlund steiget / wie aus der Lage des
Schlundes und der Gedärme leicht abzunehmen; so hat GOtt ein anderes Mittel
gebraucht den Pförtner geschickt zu machen/
daß er die Speise / welche einmahl in die
Gedärme kommen ist / nicht wieder zurücke tretten lässet.   Denn er ist in dem Anfange der Gedärme mit einem Schluß-
Mäuslein (*Sphinctere*) versehen / welches
aus ihnen nichts wieder zurücke läst.   Er
hat in die Rundte herum starcke Fasern/
die ihn zuschnüren / ohne daß der übrige
Magen einige Veränderung leidet : wodurch er zugehalten werden kan/ wenn aus
dem Magen nichts hinaus soll.   Uberdieses gehet die Speise nach ihrer Verdauung
nicht so gerade in die Gedärme/ als wie sie
durch den Schlund hineinkommet / sondern der Pförtner hat einige Krümme/
weil dasjenige / was aus dem Magen gehet / flüßig ist und nach und nach gemächlich ausgelassen wird.

Warum
der Ma-
gen im
Unter-
Leibe lie-
get.

§. 93.   Der Magen lieget im Unter-
Leibe / nicht aber im Ober-Leibe / welcher
von jenem durch das Zwerg-Fell abgesondert wird.   Denn wenn er im Ober-Leibe
läge / so würde man im Athem hohlen gehindert werden / wenn der Magen voll
wäre.   Indem der Magen erfüllet wird/
muß

muß er allerdings aufschwellen / maaſſen
er aus weichen Häuten beſtehet / die zuſam-
menfallen / wenn nichts oder wenig darinnen iſt / hingegen ſich von einander geben /
wenn etwas hinein kommet / wie es mit
einem Sacke beſchaffen iſt. Derowegen
nimmet er mehr Platz ein / wenn er voll /
als wenn er leer iſt. Man kan es auch
gar eigentlich ſehen / daß der Unter = Leib
höher getrieben wird / wenn der Magen
voll iſt / als wie er leer war. Der O-
ber=Leib iſt wegen der Ribben harte und
kan nicht nachgeben. Wenn demnach der
Magen einen gröſſeren Raum einnähme /
indem Speiſe und Tranck hinein kommet /
als er vorher hatte / ſo würden die Lungen
ſich nicht mehr wie zuvor / da der Raum
frey war / ausdehnen können und würden
wir ſolchergeſtalt im Athem hohlen gehindert. Daß dieſes die wahre Urſache ſey /
kan man daraus erſehen / weil in den Fi-
ſchen / die nicht Athem hohlen / als in den
Aalen / der Magen gleich an dem Munde
lieget / und ſie gar keinen Schlund haben. Es
iſt dannenhehro der Schlund bloß nöthig/weil
der Magen in Menſchen und Thieren / die
Athem hohlen / von dem Munde hat müſſen weggerücket werden. Damit er nun
nicht ohne Noth länger würde; ſo iſt auch der
lincke Magen=Mund oder der Eingang des
Schlundes in den Magen gleich im Zwerg-

Felle/

Felle/ welches die Höhle des Ober=Leibes
verschleußt. Und ist der Unter=Leib oder
der Bauch gantz weich/ damit er nachgie-
bet/ wenn Magen und Gedärme erfüllet
werden. Man findet in den Fischen/ die
nicht Athem hohlen/ daß der Magen durch
einen Unterscheid von dem Hertzen abgesondert wird. Da nun GOtt und die
Natur nichts vergebens thun (§. 1049.
Met.); so siehet man daraus/ daß der Magen auch dem Hertzen hinderlich seyn muß.
Das Hertze liegt in dem Ober=Leibe/ wo
die Lungen sind. Und demnach ist auch
ihm zu gefallen in Menschen und Thieren/
die Athem hohlen/ der Magen daraus ver-
wiesen worden. Das Hertze ist in steter
Bewegung (§. 415. Phys.)/ und beruhet auf
seiner Bewegung das Leben (§. 455. Phys.)
Wenn nun der Magen zu viel aufschwell-
te/ könnte er der Bewegung des Hertzens
hinderlich seyn. Zu dem dampfft der Magen beständig/ und die feuchten Dämpffe/
welche durch die Schweiß=Löcher der Häute von aussen durchdringen (§. 69. T. II.
Exper.)/ würden in die Blut=Gefässe dringen
und das Blut verunreinigen. Vielleicht
dörfften einige meinen/ es könnte auch wohl
geschehen/ daß der Magen im Athem hohlen von den Lungen incommodiret würde.
Denn indem wir die Lufft hineinziehen/
schwellen die Lungen auf und die hinein-
drin-

dringende Lufft hat grosse Gewalt (§. 437.
Phyf. & §. 127. Tom. I. Exper.). Wenn
nun dadurch der volle Magen gedruckt
würde; so würde die Speise in den Schlund
fahren/ als wie wir unterweilen erfahren/
daß sie heraus wil/ wenn wir viel gegessen
und getruncken haben und uns starck bü-
cken/ daß der Magen sehr gedruckt wird/
absonderlich wenn man starck von Leibe ist.
Allein daß dieses nicht wäre zu besorgen ge-
wesen/ erkennet man gar bald/ wenn man
verstehet/ wie das Athem hohlen geschiehet.
Da die Lufft nicht in die Lungen dringet/
wenn nicht vorher durch die Erweiterung
der Höhle in dem Ober-Leibe sie Freyheit
bekommen sich auszubreiten (§. 437. Phyf.);
die Erweiterung aber gehindert würde/
wenn der volle Magen darinnen läge: so
könnte man alsdenn auch nicht so viel Lufft
in die Lungen an sich ziehen/ daß dadurch
der Magen Beschwerung empfindete. Es
dörfften vielleicht auch einige vermeinen/
als wenn die Höhle des Ober-Leibes nur
grösser seyn dörffte/ und so könnte der
Magen die Lungen im Athem hohlen nicht
stöhren. Allein man dencket dieses abermahl mit nicht gnugsamer Uberlegung. Es
ist mehr als eine Ursache/ die dieses hin-
dert/ und würden sich gar viele Unbequem-
lichkeiten hervor thun/ wenn man den
Magen in die erweiterte Höhle des Ober-

O 3

Leibes

Leibes logiren wollte. Der volle Magen
nimmet vielmehr Raum ein als der leere /
absonderlich weñ er mit Speise und Tranck
überladen wird. Woferne er nun den Lungen im Athem hohlen nicht hinderlich fallen / sondern ihnen gnung Raum sich auf-
zublasen lassen sollte (§. 437. Phys.); so
müste die Grösse der Höhle in dem Unter-
Leibe nach dem vollen Magen eingerichtet
seyn und zwar nach der ordentlichen Völle/
wenn man ordentlichen Hindernissen steuren wollte / oder nach der ausserordentlichen/
woferne man gar keines verstatten sollte.
Im ersten Falle wäre der übrige Raum in
der Höhle des Unter-Leibes so groß / wie
jetzund / wenn der Magen seine ordentliche
Völle hat / nachdem man nicht mehr gegessen und getruncken / als unsere gewöhn-
liche Mahlzeit ist: im andern Falle bliebe
er noch so weit / wenn der Magen mit ü-
bermäßiger Speise und übermäßigem
Trancke beladen worden. Nun ist be-
kandt/ daß nach Proportion der verdün-
neten Lufft in der Höhle des Unter-Leibes
die äussere Lufft in die Lungen hinein dringet / wenn wir Athem hohlen (§. 437.
Phys). Derowegen da ferner gewiß/ daß
viele Lufft sich nicht so sehr ausbreiten kan
als wenigere / wenn der Raum / da durch
sie sich ausbreiten soll/ einerley verbleibet:
so würden wir / wenn der Magen leer ist /
gar

gar wenig Athem hohlen können / und folgends zu der Zeit beständig schweer athmen.
Es würde aber nicht besser gehen/ wenn
der Magen voll wird. Denn weil er alsdenn sehr auffschwellet und einen grossen
Raum erfüllet; so würde die Lufft in der
Höhle des Unter=Leibes zu viel zusammen
gedruckt und pressete folgends die Lungen
zusammen / daß sie zum Athem hohlen ungeschickt würden (§. cit. Phyf.). Alles dieses
ist nicht zu besorgen / indem der Magen
im Unter=Leibe lieget/ wo der weiche Bauch
nachgiebet/ wenn der Magen und die Gedärme noch so viel angefüllet werden. Hierzu kommet ferner / daß/ wenn der Magen
in einer freyen Höhle läge / er hin und wieder wancken würde und zugleich der
Schlund keine Befestigung haben / sondern von der Last des Magens nach der
Seite gezogen werden / wo der Magen
hinfället : welches wohl gar hindern könn-
te/ daß sich die Speise nicht hinunter schlucken liesse. Es würde eben diese Beschweerlichkeit haben / wenn die Speise aus dem
Magen in die Gedärme gehen sollte / weil
die Last des schwanckenden Magens den
Darm/ wo er durch das Zwerg=Fell gien-
ge/ leicht verschnüren / oder doch wenigstens
den Weg enge machen könnte. Solte a-
ber der Magen und der Schlund angewachsen seyn/ damit er nicht wancken könte;

so

so würde nicht allein die starcke Völle/ weñ
man nemlich den Magen mit zu vieler Speise umd Tranck überladet/ oder den Schlund
mit einem allzugrossen Bissen beschweeret/
unterweilen einen Schmertz verursachen/
wo sie angewachsen wären; sondern es würde auch der Magen nicht seine gehörige Bewegungen verrichten können/ die insonderheit die verdauete Speise aus dem Magen
heraus zu pressen nöthig sind (§. 412.
Phys.). Man hat hier demnach eine herrliche Probe/ daß auch die Lage eines jeden
Theiles nicht ohne gnungsamen Grund in
dem Leibe der Menschen und Thiere determiniret ist/ wodurch die weise Verknüpffung der Dinge dem Raume nach/ die wir
anderswo behauptet (§. 546. Met.) und die
übelgesinnten ein Anstoß worden ist/ herr-
lich erläutert wird. Und wir werden im
folgenden noch mehrere Proben davon antreffen. Nachdem nun aber der Magen
in dem weichen Unter-Leibe lieget; so hat
man alle die Beschweerlichkeiten nicht zu be-
sorgen/ die sich in dem Ober-Leibe ereignen würden. Denn im Unter-Leibe lieget
er nicht frey/ sondern überall an. Wenn
er voll wird/ so giebet nach Proportion
seiner Völle der weiche Bauch nach. Und
wenn die Haut des Bauches gespannet
wird/ so druckt sie durch ihre ausdehnende
Krafft so viel zurücke an den Magen als
                                              sie

sie von ihm gedruckt wird (§. 679. Met.)/
und liegt daher der Magen feste an/ daß
er nicht wancken kan. Unterdessen da er
an nichts angewachsen ist/ was nicht nachgeben könnte; so behält er seine Freyheit
alle Bewegungen hervorzubringen/ dazu er
durch die fleischerne Fasern aufgeleget ist.
Man siehet aber auch zugleich bey dem
Magen eine Probe/ daß GOtt und die
Natur nichts überflüßiges thun. Denn
da der Schlund bloß zu dem Ende einen
Platz bey den Menschen und Thieren/ die
Athem hohlen/ findet/ weil der Magen
nicht nahe an den Mund kommen dörffen;
so ist er auch nicht einen quer Finger länger gemacht als nöthig gewesen/ massen
er biß an das Zwerg-Fell gehet und nicht
weiter/ weil der Magen gleich darunter
lieget. Aber auch der Magen ist nicht
weiter hinunter kommen/ als es die Noth
erfordert. Weil er bloß aus dem Ober-
Leibe hat wegbleiben müssen/ im Unter-
Leibe aber nichts vorhanden/ was er hin-
derte; so lieget er auch gleich oben und
stösset an das Zwerg-Fell an. Da die Leber neben ihm lieget/ so hat er gegen die
lincke Seite herüber rücken müssen. Es
ist ihm aber die Leber zugesellet worden/ damit der Leib sein gleiches Gewichte erhielte.
Denn sonst hätte so wohl die Leber/ als
der Magen in die Mitten kommen müssen/

O 5   und

und wäre nichts gewesen / was ihnen zur
Seite hätte können zugeordnet werden.
Ob nun aber gleich der Magen nirgends
feste angewachsen seyn muß / wodurch er
in seinen Bewegungen gehindert würde;
so hat er doch einige Befestigung nöthig
gehabt / wodurch er in seiner Stelle erhalten würde / weil er zur Seite liegen muß
und nicht zu weit sich herüber auf die rechte geben darf.   Die erste Befestigung erhält er durch das Zwerg-Fell / wo der
Schlund in seinem Eingange feste einge-
wachsen.   Und demnach siehet man hier
von neuem eine Ursache / warum der
Schlund nicht über das Zwerg-Fell in den
unteren Leib herausgehet.   Nächst diesem
ist er an das Netze angewachsen und vermittelst dessen an der Leber befestiget. Und
dienet diese Befestigung hauptsächlich / daß
er sich nicht verrücken kan / wenn er leer
ist und zusammen fället / folgends von der
Haut des Schmeer-Bauches / die nun
nicht gespannet wird / nicht mehr zurücke
gehalten wird.

Nutzen
der Häu-
te des
Magens.
§. 44.   Der Magen macht mit dem
Schlunde und den Gedärmen einen Canal aus und bestehet demnach mit beyden
aus einerley Häuten.   Insgemein rechnet
man drey Häute / die gemeine / die fleischige
und die spañadrige mit der zottigen Schaale. Nachdem man aber einige in mehrere
zerthei-

zertheilet; so kommen derselben wie in dem
Schlunde mehrere heraus. Da der Magen
einerley Häute mit dem Schlunde hat; so
siehet man ohne mein Erinnern/ daß sie
auch eben den Gebrauch haben müssen/ den
wir ihnen in dem Schlunde zugeeignet.
Nemlich die gemeine Haut (*tunica membranosa*) dienet zur Befestigung des Magens; die fleischige (*tunica musculosa*)
zur Bewegung; die spannadrige (*tunica nervosa*) zur Empfindung/ wodurch
die Bewegung der fleischernen Fasern determiniret wird/ und die zottige (*crusta villosa*), daß der Magen schlüpffrig erhalten
werden kan/ damit die Speise sich nirgends
an dem Magen reiben kan und dadurch
die Empfindung an der spannadrigen zu
starck/ oder auch zu unrechter Zeit geschiehet. Von der äusseren Seite/ wo die
zottige Schaale an der spannadrigen Haut
anlieget/ sind Drüsen in grosser Menge
anzutreffen/ welchen das Blut zur Absonderung von den Puls-Adern/ die durch
die spannadrige Haut lauffen/ zugeführet
wird/ damit sie den **Mage-Drüsen-
Safft** (§. 73.) zur Verdauung der Speise absondern. Sie werden überaus schöne
sichtbahr/ wenn man ein Stücke vom
Magen auf meinen Anatomischen Heber
dergestalt bindet/ daß die äussere Fläche
das Wasser im Gefässe berühret (*f.* 70.

Tom.

T. III. Exper.). Und deßwegen sind sie
auch der inneren Höhle des Magens sehr
nahe / damit sich dieser Safft desto besser
darein ergießen kan. Am allermeisten sind
hier die fleischernen Fasern zu mercken / wodurch der Magen zu Bewegung aufgeleget
ist / und zwar um so viel mehr / weil heute zu Tage viele mit dem berühmtem Medico **Pitcarn** behaupten / als wenn die Speise bloß durch die Bewegung des Magens
zerdruckt würde / und die Dauung in nichts
weiterem bestünde. Und Liefes ist eben die
Ursache gewesen / warum *Helvetius* die
Lage der fleischernen Fasern in dem Magen
auf das sorgfältigste untersucht (a). Da
er nun die Sache gantz anders befunden /
als bißher von allen Anatomicis angemercket worden; so will ich erstlich den Unterscheid der Fasern beschreiben / wie man ihn
insgemein angiebet / darnach auch anführen / wie ihn *Helvetius* befunden. Insgemein setzet man zwey Reihen Fasern / die
äussere und die **innere.** Die **äussere**
Fasern gehen um den Magen wie ein Circul herum / nicht nach der Länge des Magens / sondern nach seiner Tieffe. Die **in-**
neren hingegen lauffen etwas schräge herum und schneiden die vorigen schieffwinck-
licht. Wenn die äusseren Faseren verkürtzt
wer-

(a) loc. cit. ad §. 92.

werden/ so muß der Boden des Magens
gehoben werden: Wenn aber die inneren
sich verkürtzen/ so wird die Speise darinnen gedruckt und zwar gegen den rechten
Magen-Mund/ weil die Fasern alle schräge gegen ihn liegen. Von dem Bündlein
Fasern/ das bey dem inneren lieget/ habe
ich schon oben (§. 92.) geredet. Ich habe auch zu anderer Zeit (§. 412. Phys.)
gewiesen/ daß man durch diese Lage der
Fasern gar wohl begreiffen kan/ wie die
verdauete Speise nach und nach durch den
Pförtner aus dem Magen gelassen wird/
und demnach scheinet es nicht unglaublich/
daß/ wenigstens bey einigen Thieren/ als
etwan bey Hunden und Ochsen/ die Anatomici diese Lage der Fasern angetroffen/
wenn es gleich bey Menschen durchgehends
so seyn sollte/ wie es *Helvetius* angegeben.
Wir wollen aber sehen/ wie er die Sache
beschreibet. Der Magen liegt etwas schief
und also auf der lincken Seite tiefer herun-
ter/ damit die Speise dahinunter fället
und von dem Pförtner weg ist/ der sie in
die Gedärme hinaus lässet. Diesen rundten Theil des Magens/ der in der lincken
Seite über den lincken Magen-Mund heraus lieget/ pfleget man den **Grund des
Magens** (*Fundum ventriculi*) zu nennen/
weil es in der That der niedrigste Theil ist
in der natürlichen Lage des Magens. *Helvetius*

vetius nun hat gefunden / daß der Grund
des Magens sehr starcke Fasern hat / die
in lauter Circuln herum lauffen / welche
ihren gemeinen Mittel-Punct in der Spitze
des Grundes haben / und daher von dem
lincken Magen-Münde an / wo sie ihren
Anfang nehmen / biß an das Ende des
Grundes immer kleiner werden. Da nun
die Speise in dem Grunde lieget; so begreifft man leicht / daß / so bald diese Fasern verkürtzt werden / die Speise daraus
unter dem lincken Magen-Munde / der sogleich durch seine Fasern verschlossen wird
(§. 92.) / weiter hervor gegen den rechten
Magen-Mund oder den Pförtner gedruckt
wird. Und also haben die Fasern im Boden die beste Lage / die man ihnen zu ihren
Verrichtungen zueignen kan. Wie denn
insonderheit zu mercken / daß die Fasern
von dem einen Bündlein / welches von der
rechten Seiten des lincken Magen-Mundes
lieget / sich unter den Circuln des Grundes um ihn herum ziehen / damit / so bald
die Speise hervor gerückt wird / sie anfangen
den lincken Magen-Mund zu zuschliessen:
wie sie dann auch bloß von der Seite sich
über den Boden des Magens ausbreiten /
wo der lincke Magen-Mund weiter hinü-
ber stehet als der rechte (§. 92.). In dem
übrigen Magen hat er die innere Fasern
bey nahe so gefunden / wie sie von den Anatomicis

micis angemerckt werden : allein die Circulrundten hat er anders befunden/ indem
keiner um den Magen gantz herum gehet/
sondern es nur eintzele Stücke sind/ die hinter einander liegen und ihre Aestlein sehr unordentlich auswerffen.   Was er von Ausbreitung der Fasern von dem lincken Bündlein angemercket/ ist schon oben (§. cit.) beygebracht worden.   Man siehet/ daß/
wenn die einzeln Fasern/ die man insgemein
die Circulrundten nennet/ verkürtzt wer-
den/ die aus dem Grunde hervor getriebene
Speise gegen den Pförtner gedruckt wird/
indem ihre erhabene Seite gegen den Grund
lieget.   Es merckt aber auch *Helvetius* (b)
an/ daß der Magen/ wenn viele Speise
hinein kommet/ sich besser ausdehnen kan/
als wenn diese Fasern in einem Circul oben
zusammen lieffen.   Die spannadrige und
zottige Haut liegen an den übrigen nicht
glat an/ sondern sind etwas weiter/ daher
der Magen inwendig faltig wird/ ausser
daß *Willisius* angemercket/ daß in Säuffern
und Fressern/ die den Magen zuviel be-
schweeren/ die äusseren Häute endlich auch
so weit ausgedehnet werden/ daß die inneren sich daran schliessen.   Man kan hieraus
den Nutzen erkennen/ den die Weite der
inneren Häute hat.   Nemlich die zottige
und

(b) loc. cit. p. 450.

und spannadrige Haut laſſen ſich nicht ſo
viel ausdehnen als wie die äuſſeren/ die fleiſchige und gemeine. Gleichwohl aber müſſen ſie ſo wohl als die äuſſeren ausgedehnet
werden/ wenn der Magen mit vieler Speiſe und vielem Trancke überladen wird.
Damit nun durch das übermäßige Ausſpannen der Magen nicht verletzt wird;
ſo iſt durch die Falten der inneren Häute
davor geſorget worden. Endlich finden
wir ſehr viele Nerven in dem Magen/ wodurch er überaus empfindlich wird (§. 31.)/
ſonder Zweiffel zu dem Ende/ daß wir durch
den Hunger des Eſſens erinnert werden.
Denn da die Drüſen den Magen-Drüſen-
Safft beſtändig abſondern; ſo muß er ſich
in dem Grunde des Magens ſammlen/
wenn keine Speiſe darinnen iſt/ wie ihn
denn auch *Du Hamel* in hungrigen Hunden gefunden (§. 411. Phyſ.). Weil nun
alsdenn der Safft durch die zottige Haut
zu den Nerven dringet; ſo wird dadurch
die Empfindung erreget/ die man den
Hunger nennet/ welcher dannenhero gleich
geſtillet wird/ ſo bald man den Magen
mit Speiſe verſiehet. Und zeiget ſich hier
ein neuer Nutzen der zottigen Haut/ welche
die ſpannadrige von innen verwahret. Denn
ſie hindert/ daß der Magen-Drüſen-Safft
nicht ſo gleich zu den Nerven kommen kan/
wenn der Magen von der Speiſe ausgelee-
ret

ret worden; sondern sich erst etwas häuffig versammlen muß / ehe er die Nerven
angreifft / damit uns nicht / nachdem die
Speise verdauet / gleich wieder hungert und
uns der Hunger mehr zu essen antreibet /
als wir nöthig haben. Es hat dennach
GOTT den Magen so zubereitet / wie es
die Mäßigkeit erfordert / welcher den
Menschen nicht eher reitzet Speise zu sich
zu nehmen / als biß es Zeit ist / noch auch
länger / als biß er gnung hat. Und siehet
man hieraus die Ursache / warum die Thiere sich nicht so mit Speise und Tranck ü-
berladen als die Menschen / indem sie ihrem
natürlichen Triebe folgen / wie man auch
Anfangs bey den Kindern verspüret. Allein
die Menschen machen ihnen durch Gewohnheit und mannigfaltige Zurichtung der
Speisen einen unordentlichen Appetit / der
sie zur Ubermäßigkeit in Essen und Trincken verleitet / daß die Natur nicht mehr
durch ihren guten Winck bey ihnen etwas
ausrichten kan / sondern die Lust / welche
man aus dem Essen und Trincken geneußt
nebst anderen schlimmen Begierden / die
sich unterweisen damit zugleich vergesell-
schafften / die Oberhand behält. Und hier
haben wir eine Probe / wie der Mensch
seine Natur verderbet / welche die Thiere un-
verderbt erhalten. Es sind aber mehrere
Fälle / da dieses geschiehet. Und kan man

(*Physik. III.*) P über-

überhaupt mercken / daß es daher kommet /
warum die unvernünfftigen Thiere unterweilen die Vernunfft besser zu gebrauchen
scheinen als die vernünfftigen Menschen /
wie *Rorarius* in einer besonderen Schrifft
behauptet. Die Thiere handeln ihrer
Natur gemäß nach den Absichten GOttes /
um derer willen er ihnen dieselbe gegeben:
Hingegen die Menschen handeln wieder
ihre Natur ihren Lüsten und Begierden gemäß nach Absichten / die sie ihnen selbsten
dichten.

Warum die wie- derkäu- ende Thiere mehr als einen Magen haben.

§. 95. Es ist eine bekandte Sache / daß
einige von den vierfüßigen Thieren wiederkäuen / das ist / die Speise Anfangs nicht
gnung gekäuet hinunter schlucken / nach einiger Zeit aber sie wieder herauf langen und
erst käuen. Und diese Thiere haben mehr
als einen Magen bekommen. So findet
man in Ochsen / Widdern / Böcken und
dem übrigen Horn-Viehe / ja auch andern
Thieren / die wiederkäuen / ob sie gleich
keine Hörner haben / als in Camelen / vier
Magen / welche *Glissonius* (a) kürtzlich beschrieben; *Peyerus* aber (b) ausführlich zu
unter-

(a) in Tract. de Ventriculo & intestinis
c. 2. §. 9. & seqq. f. 74. & seqq. Bibl. Anat.
Tom. I.

(b) in Merycologia f. Comment. de ru-
minantibus & ruminatione. Vide Bibl. A-
nat. f. 110. & seqq.

untersuchen ihm angelegen seyn lassen. A-
ristoteles (c) hat davor gehalten/ es hätten
diese Thiere deßwegen mehr als einen Magen bekommen / weil sie nur eine Reihe
Zähne haben/ nemlich bloß in dem unteren
Kienbacken/ und daher die Speise nicht
kauen könnten/ und die Ausleger sind ihm
in diesem Stücke/ wie in andern nachge-
folget. *Peyerus* hält diese Meinung für un-
gereimet/ weil ja doch die Thiere die Speise aus dem Magen wieder herauf langen
und dann erst wiederkäuen/ ehe sie zur
Verdauung in den letzten Magen kommet.
Ja er eiffert fast dargegen und giebt es für
eine gottlose Meinung aus / als wenn
GOtt den Mangel der Zähne hätte durch
die Vielheit der Magen ersetzen müssen.
Allein es ist nicht so gefährlich/ als wie es
ihm scheinet/ weil er vielleicht schon mit
einem Vorurtheile wider den *Aristotelem*
eingenommen gewesen/ als wenn er ein
Atheist wäre; noch auch so ungereimet/
als es ihm vorkommet.　Wenigstens kan
man keines aus den angeführten Gründen
ersehen.　Die Speise/ welche aus dem
Magen wieder herauf gelanget wird/ ist
von anderer Beschaffenheit als die Anfangs
aus dem Munde hinunter kommet. Denn
wenn die Speise von den Thieren genom-

P 2　　　　　　　　men

―――――――――――――――――――
(c) de part. animal. lib. 3. c. 14.

men wird/ ist sie harte/ z. E. Graß oder
Heu/ und lässet sich nicht mit einer Reihe
Zähne zerkäuen: Hingegen wenn sie herauf gelanget wird/ so ist sie in dem ersten
Magen erweichet worden/ und kan nun
gar leicht durch einfache Zähne zerkäuet
werden/ welche sie an den harten Gaumen
andrücken/ indem das erweichte mehr zerdruckt wird und davon zerfähret/ als daß
es nöthig hätte zerschnitten und auf andere
Weise getheilet zu werden. Es ist allerdings an dem/ daß ein Thier/ welches
wiederkäuet die Speise nicht käuen kan/
wie sie zur Verdauung im letzten Magen/
der mit dem menschlichen überein kommet/
beschaffen seyn muß/ weil es keine obere
Zähne hat/ und daher erst in dem ersten
Magen erweichen muß/ ehe sie sich von
ihm käuen lässet.   Und solchergestalt ist
klar/ daß die Abwesenheit der Zähne in der
oberen Reihe und die Vielheit der Magen
zwey Dinge sind/ die zusammen gehören/
und gleichwie der Mangel der doppelten
Zähne durch die Vielfältigung des Magens in den wiederkäuenden Thieren ersetzet wird/ also im Gegentheile dem Mangel der Vielheit der Magen durch die Verdoppelung der Zähne abgeholffen wird.
Gleichwie ich sagen kan: Menschen und
Thiere/ die nicht wiederkäuen/ haben nur
einen Magen/ weil sie mit ihren doppelten
Zähnen

Zähnen die Speiſe gleich ſo käuen können/
wie ſie zur Verdauung nöthig iſt; ſo kan
ich auch im Gegentheile ſagen: die Thiere/
welche wiederkäuen/ haben mehr als einen
Magen/ weil ſie mit der einen Reihe Zähne die Speiſe nicht eher käuen können/ wie
ſie zur Verdauung in dem letzten oder rechten Magen nöthig iſt/ biß ſie vorher in andern erweichet worden.　Wenn man ſich
an den Worten ärgert/ der Abgang der
Zähne werde durch die Vervielfältigung
des Magens erſetzet; ſo geſchiehet ſolches
ohne Noth.　Denn wer behauptet deßwe-
gen/ daß GOtt aus einem Unvermögen
dieſen Thieren nicht hätte doppelte Zähne
geben können/ und alſo dieſen Mangel
auf eine andere Weiſe erſetzen müſſen. Es
iſt hier gar nicht die Rede von demjenigen/
was GOtt thun kan/ oder nicht; ſondern
warum die Vielfältigung des Magens mit
dem Mangel der oberen Zähne verknüpfft
iſt.　Und da erkläret freylich eines das an-
dere/ nach der Verknüpffung/ welche ſich
unter den cörperlichen Dingen dem Raume nach befindet (§. 548. Met.)/ da eines
den Grund in ſich enthält/ warum das
andere neben ihm zugleich iſt (§. 546. Met.)/
indem GOTT alles mit Weisheit neben
einander geordnet und in Pflantzen/ Thieren und menſchlichen Leibern zuſammenge-
ſetzet. *Peyerus* meinet/ die wahre Urſache
　　　wäre

wäre diese und viel gründlicher als die an=
dere/ weil GOTT nach seinem blossen
Wohlgefallen einigen Thieren das Ver=
mögen wiederzukäuen geben wollen/ und
ihnen daher von freyen Stücken viel Ma=
gen gegeben/ weil er gefunden/ daß sie ih=
nen nützlich seyn können.   Allein es ist ja
nicht die Frage/ ob GOtt Thiere machen
können/ die eine grosse Aehnlichkeit mit den
Wiederkäuenden im übrigen gehabt/ und
doch nicht hätten wiederkäuen dörffen; son=
dern ob man den Mangel oder (wenn
man sich an diesem Worte ärgern will) den
Abgang der Zähne/ als einen Grund von
der Vielfältigung des Magens anführen
kan.   Und dieses letztere ist/ welches *Ari=*
stoteles behauptet und darinnen man weder
vor sich was ungereimtes oder wiederspre=
chendes/ noch auch der Weisheit GOttes
unanständiges finden kan.   Ich weiß wohl/
Daß *Aristoteles* auch eine Ursache angefüh=
ret/ warum das Horn=Viehe keine obere
Zähne hat / und vermeinet/ daß die Mate=
rie davon in die Hörner gehet/ folgends
den Zähnen entzogen wird.   Und dieses
mag wohl die Ursache seyn/ warum man
seine Meinung als der göttlichen Allmacht
nachtheilig angesehen.   Allein dieses ist ei=
ne besondere Frage/ die man mit der vo=
rigen nicht vermengen muß/ und die mit
ihr auch nichts zu thun hat.   Wenn man
fraget/

fraget/ warum die Thiere/ welche wieder=
käuen/ mehr als einen Magen haben ; so
kan ich allerdinges antworten/ weil sie kei=
ne obere Zähne haben. Denn die Speise
muß erst recht gekäuet werden/ ehe sie in
dem Magen verdauet wird: Wir haben
aber schon gesehen/ daß ohne obere Zähne
nur erweichte Speise gekäuet werden mag.
Fraget man nun ferner/ warum diese Thie=
re nur eine Reihe Zähne haben und ihnen
die oberen fehlen; so mag man darauf ant=
worten/ was man will/ und es hat mit
der vorigen Frage nichts zu thun. Es
mag hier einer eine Ursache anführen/ was
er für eine will/ er mag die wahre treffen/
oder auf eine unrichtige verfallen; so kan
dadurch die Beantwortung der vorigen
Frage weder gerechtfertiget/ noch unrichtig
gemacht werden. Denn daß die Thiere/
welche wiederkäuen/ nur eine Reihe Zähne
haben/ ist aus der Erfahrung klar/ und
wenn man dieses als den Grund von der
Vervielfältigung des Magens anführet/
bekümert man sich nicht/ was es für eine Ur=
sache haben mag. Daß bey einigen Thie=
ren und den Menschen in dem oberen Kien=
backen Zähne wachsen/ muß seine natürli=
che Ursachen haben/ dadurch es verstanden
wird/ warum es geschiehet/ und diese Ur=
sachen müssen sich nicht insgesammt bey
denen/ die wiederkäuen finden/ denn sonst
P 4   würden

würden sie ihnen auch wachsen : gleichwie
im Gegentheile es seine natürliche Ursachen
haben muß/ warum einigen Thieren Hörner wachsen/ und diese Ursachen nicht vorhanden seyn können/ wo keine wachsen.
Ob aber die Hörner die Materie zu den oberen Zähnen entziehen und im Gegentheile
die oberen Zähne die Materie zu Hörnern
wegnehmen/ wie *Aristoteles* davor gehal-
ten/ ist eine andere Frage/ die eine weitere
Untersuchung braucht/ und uns in dem
gegenwärtigen Orte nichts angehet. Wer
der Sache genauer nachdencket/ wird gar
bald sehen/ daß sich *Peyerus* verwirret/
weil er aus der Metaphysick nicht deutlich
erlernet/ was es mit dem Wesen der Dinge eigentlich für eine Beschaffenheit habe.
Und kan man dieses als eine Probe annehe-
men/ daß derjenige/ welcher in der Erkäntniß der Natur überall zurechte kommen
wil/ sich auch um die Metaphysischen Begriffe bekümmern muß. Eben aus dieser
Ursache habe ich mir angelegen seyn lassen
dieselben klar und deutlich zu machen/ damit ich in der Physick desto ungehinderter
fortgehen könnte/ und es gereuet mich auch
nicht/ indem ich den Nutzen davon überflüßig spüre. Es ist ein grosses Versehen
daß man in den Gedancken stehet/ als
wenn ein Naturkündiger sich um die Grund-
Wissenschafft nicht zu bekümmern hätte/

maassen

maaßen man deßwegen vielen Einbildungen
in der Natur Platz vergönnet / weil man
darinnen nicht geübet ist.

§. 96. Der erste Magen ist sehr groß/ Nutzen
weil darinnen die Speise gesammlet wird/ der ver-
welche die wiederkäuenden Thiere auf ein- schiede-
mahl zu sich nehmen: da sie nun sehr ge- nen Ma-
freßig sind / so muß auch das Behältniß gen.
darzu groß seyn. Hierzu kommet / daß
die Speise / welche noch fast gantz rohe und
ungekäuet hinunter geschluckt wird / nicht
so zusammen fället / als die andere / welche
klein und weich gekäuet worden / und daher einen grösseren Raum erfordert. In
ihm wird die Speise eingefeuchtet und in
etwas erweichet / damit sie zum Wiederkäuen geschickt wird: Denn so bald sie in
dem Stande ist / wird sie wieder in das
Maul herauf gebrochen / damit sie das
Thier kleine käuen kan / biß sie zum Verdauen geschickt ist. Wenn man ein Thier
schlachtet / welches wiederkäuet / nicht lange darnach/ da es die Speise zu sich genom-
men/ so wird man das Heu oder Graß/
welches es genossen/ in diesem grossen weiten
Magen finden. Man wird aber auch fin-
den/ das es daselbst angefeuchtet und die
Feuchtigkeit erweichet wird. Der andere
Magen ist gar viel kleiner als der erste/
denn in ihn kommet die wiedergekäuete
Speise/ welche nicht so viel Raum als die

P 5   noch

noch nicht wiedergekäuete erfordert. Man
findet ihn fast niemahls leer/ sondern allzeit etwas von wiedergekäueter Speise darinnen. Was auch im ersten grossen Magen ohne Wiederkäuen erweichet wird/
wird von ihm in den andern Magen ausgeworffen. Daher wenn das Thier anfängt wiederzukäuen; so gehet/ was sich
vorher in dem andern Magen gesammlet
hat in den dritten/ der am kleinesten unter
allen ist/ und die Speise so lange aufhält/
biß das grobe gnung erweichet ist: Weßwegen er aus sehr vielen Blättern innwen-
dig bestehet/ die nichts durchlassen/ als
was flüßig ist. Endlich der vierdte Ma-
gen/ der an den Gedärmen lieget/ und mit
dem Magen der Menschen am meisten ü-
bereinkommet/ bekommet das flüßige von
der Speise/ die in dem dritten und andern
Magen ist erweichet worden und durch die
Bewegung des Magens zerfahren. In
dem vierdten Magen geschiehet endlich die
rechte Verdauung/ daher ändert hier die
Speise ihre Farbe und/ da sie in dem dritten Magen noch grüne war; so trifft man
sie in dem vierdten öffters weiß wie Milch
an/ welches eine Anzeigung ist/ daß sie in
den ersten Magen bloß kleine gemacht/ in
dem vierdten aber erst aufgelöset worden.

Warum die Ma-gen der §. 97. Da die vier Magen nicht einerley Gebrauch haben in den wiederkäuen-
den

den Thieren/ so sind sie auch nicht völlig *wieder-*
auf einerley Art und Weise aus ihren un- *käuenden*
terschiedenen Häuten zusammen gesetzt; *Thiere*
sondern einen jeden befindet man so/ wie *nicht auf*
es dessen Gebrauch erfordert.   Der grosse *Art zu-*
Magen/ der wie ein weiter Sack anzuse- *sammen-*
hen ist/ hat von aussen eine **gemeine Haut** *gesetzt*
(*tunicam membranaceam*), welche zu sei- *sind.*
ner Verwahrung dienet und durch subtile
spannadrige Fäserlein an die andere so feste
angewachsen ist/ daß man sie nicht loß reissen kan/ ohne die folgende/ oder sie selbst
zu verletzen/ woferne man ihn nicht eine
Nacht über in warmem Wasser erweichen
lässet und die Häute mehr mit etwas
stumpffem abdrucket/ als mit der Schärffe
des Anatomir-Messers absondert.   Die
andere Haut ist eine **fleischige** (*tunica*
musculosa), welche zwey Reihen starcke fleischerne Fasern hat und sich daher in zwey
Blätter zerlegen lässet.   Diese Fasern sind
auf eine sehr seltsame Weise an einander
herum gewunden und machen dadurch den
Magen geschickt sich starck zusammen zu-
ziehen und die Speise/ die darinnen gesammlet worden/ durch den Schlund wieder in den Mund zum Wiederkäuen zu
bringen.   Die dritte Haut ist eine **spann-**
adrige (*tunica nervosa*), welche stärcker
ist als die äussere/ indem viele Blut-Gefässe darinnen anzutreffen/ und durch deren

ren Berührung die Nerven-Materie determiniret wird die fleischernen Fasern zur
Bewegung zu bringen/ wie wir es in dem
Magen der Menschen gesehen (§. 94.).
Sie lässet sich in viele Theile zertheilen und
das innere Häutlein hat überaus viel Ner-
ven-Wärtzlein/ wodurch es sehr empfindlich wird (§. 31.) wie eine starcke Bewegung zu verursachen nöthig ist. Die innere oder vierdte Haut ist eine **Schaale**
(*crusta*), welche den Magen von innen
verwahret und insonderheit die Nerven-
Wärtzlein/ welche aus der spannadrigen
Haut in sie gehen/ unverrückt in ihrer Lage erhält. Es ist aber diese Haut sehr
scharf/ damit die rauhe Speise als das
scharffe Graß und Heu keine Empfindung
in der spannadrigen Haut verursachen kan/
wodurch sonst der Magen würde determiniret werden alles gleich wieder auszuwerffen. Diese **schaalige Haut** (*tunica cru-
stosa*) ist beständig naß/ und wird gleich
wieder naß/ wenn man sie gleich mit einem
trockenen Tuche abwischt: woraus erhellet/
daß ihr durch besondere kleine Gefäßlein
wässerige Feuchtigkeit in der Menge zugeführet werden muß/ damit die Speise daselbst erweichet werden mag. Denn das
Geträncke gehet durch den Schlund nicht
alles in den ersten Magen/ sondern auch
in die übrigen/ und insonderheit gleich gerades

rades Weges durch einen besonderen Gang
in den vierdten.   Der andere Magen bestehet aus der **gemeinen Haut** (*tunica
membranacea*), die zur Verwahrung dienet und sich in zwey Häutlein zertheilen
lässet / darzwischen sich unterweilen Fett
setzet / wiewohl gantz was weniges.   Die
andere ist eine **fleischige** (*tunica musculosa*) und dienet zur Bewegung.   Gleichwie
aber hier alle Häute nicht so starck sind wie
im Magen; so sind auch keine so starcke
Fasern in der fleischernen anzutreffen und
gehen dieselben auch nicht so wunderbahr
unter einander als wie in dem ersten grossen
Magen/ weil hier keine so starcke Bewegung von nöthen ist/ wenn die flüßige Speise in die andern Magen weiter fortgebracht
werden soll / als wie erfordert wird die grobe durch den Schlund in den Mund zurücke zu brechen.   Jedoch findet man gegen die Kehle zu einige starcke Fasern/ die
sich wie in dem grossen Magen herum
winden: Woraus man urtheilen kan/
daß auch der andere Magen geschickt ist
bald wieder in den Mund etwas grobes
zurücke zu brechen/ wenn entweder durch
den Schlund/ oder aus dem ersten Magen etwas grobes hinein kommet/ wie
Peyerus gar wohl anmercket.   Die dritte
Haut ist eine **spannadrige** (*tunica nervosa*), wodurch die fleischernen Fasern wegen
der

der sich darinnen ereignenden Empfindung
zur Bewegung determiniret werden/ wie
bey dem vorigen Magen. Es sind zugleich
an dieser Haut viele Blut-Gefässe zu sehen
und/ da sie ziemlich dicke ist/ lässet sich
leicht erachten/ daß man eine **Blut-fäßi-
ge Haut** (*tunicam vasculosam*) mit zu der
spannadrigen rechnet. Diese Haut formiret kleine Behältnisse von dreyeckiger/
fünffeckiger/ siebeneckiger rc. Figur. Endlich folget die **schaalige Haut** (*tunica cru-
stosa*), welche wie vorhin den ersten Magen
von innen verwahret. Wegen der viel-
eckigen Figuren/ welche den andern Magen von innen wie ein Netze bilden/ pflegt
er auch in Lateinischen *reticulus* genannt zu
werden. Daß er aber die Speise so lange
aufhalten muß/ biß sie dünne und flüßig
wird/ lässet sich auch daraus abnehmen/
weil der Ausgang in den dritten Magen
sehr enge ist/ daß nichts grobes wohl durchkommen kan. Der dritte Magen (*Echinus,
omasum*) bestehet aus eben solchen Häuten
wie die übrigen/ nur daß die spannadrige
Haut von innen sich in Blätter zusammen
leget. Da nun die zerfahrene Speise/ die
aus dem andern Magen darein kommet/
sich zwischen die Blätter leget und darinnen
aufgehalten wird; so siehet man/ daß dieser Magen dazu gemacht worden/ daß er
die Speise aufhalten sol/ damit sie nicht so
gleich

gleich) in den vierdten Magen hinunter fallen
kan. Es hat aber auch der dritte Magen
die eine Reihe der fleischernen Fasern viel
stärcker als in dem andern / die sich in grosser
Menge in Schraubenzügen herum winden/
und auch selbst in den Blättern sich zerstreu-
en und einander durchschneiden. Derowegen da er hierdurch zu starcken Bewegungen aufgeleget ist (§. 51.); so begreifft
man gar wohl / daß darinnen aus der
Speise das flüßige ausgepresset wird / welches in den letzten Magen kommen sol; das
übrige aber sich weiter erweichet und durch
das Pressen dünne gemacht wird/ daß es
in den letzten Magen hinunter fliessen kan.
Denn daß in diesem Magen noch keine völlige Verdauung geschiehet / haben wir schon
vorhin gesehen / weil der daselbst ausgepres-
sete Safft aus dem Grase noch grüne aus-
siehet/ welches ein untrügliches Zeichen ist/
daß die Speise noch nicht in ihre Elemente
aufgelöset worden. Weil die Speise hier
lange liegen bleibet/ die noch nicht flüßig
gnung ist/ daß sie zwischen den Blättern
sich heraus pressen liesse; so pfleget auch dieser Magen starck zuriechen/ als wie wo etwas faul wird. Endlich der vierdte Magen ist eigentlich zur Verdauung der Speise / indem wir (§. 96.) gesehen / daß sich darinnen die Farbe derselben ändert und an statt
der grünen eine weisse kommet / wie die
Nah-

Nahrungs-Milch hat: welches zur Gnüge
ausweiset/ daß die Speise nunmehro aufgelöset worden und nicht mehr die Vermischung geblieben/ die vorher war. Derowegen kommet er auch mehr als die übrigen Magen mit dem Magen der Menschen
und anderer Thiere überein/ die nicht
wiederkäuen; sondern die Speise gleich in
den Magen lassen/ wo sie verdauet werden soll. Aus dem/ was bißher gesaget
worden/ siehet man wohl/ daß kein Magen für die lange Weile ist/ sondern ein
jeder das seine zu verrichten hat: allein es
erhellet daraus doch noch nicht/ warum
eben vier Magen erfordert werden. Denn
zum Wiederkäuen ist eine so grosse Anzahl
nicht nöthig: Da könnte man mit zweyen
auskommen/ nemlich mit dem ersten grossen Magen/ der die rohen Speisen em-
pfänget und zum Wiederkäuen erweichet
und von sich bricht/ und dem andern Ma-
gen/ der die wiedergekäueten Speisen ferner verdauet/ gleichwie der Mensch und
die andern Thiere/ welche ihre Speise bald
so viel kauen als gnung ist/ nur einen
Magen haben. Weil demnach gewiß/
daß GOtt und die Natur nichts für die
lange Weile thun ($. 1049. Met.)/ wir
auch so gar vorhin (§. 93.) gesehen haben/ daß
nicht einmahl der Schlund umb das geringste länger gemacht worden/ als es nöthig
ist;

ist; so muß es allerdings noch andere Ursachen haben/ warum die Speise/ nachdem
sie wieder gekäuet worden/ noch erst in
zweyen besonderen Magen zur Verdauung
zubereitet werden muß/ ehe sie zu dem Ende
in den vierdten Magen kommet/ wo die
Verdauung geschiehet. Und dieses ist eine
Sache/ die man noch weiter zu untersuchen
hat. Mann findet auch in der That Thie-
re/ die widerkäuen/ als die Haasen und Ca-
ninichen/ welche nur einen in zwey Kammern abgetheileten Magen haben: wodurch man deutlich gnung siehet/ daß das
Wiederkäuen ohne vier Magen geschehen
kan. Ja wir haben selbst vorhin gefun-
den/ daß zum Wiederkäuen nur der eine
grosse Magen dienet/ die drey andern aber
bloß die wiedergekäuete Speise erhalten/
oder so auch ja etwas von unwiedergekäueter
in den andern Magen kommet/ solches nur
von ohngefehr geschiehet. Man erkennet
demnach vielmehr/ daß der vierdte Magen
keine Speise verdauen kan/ als die vorher
schon gantz klein und flüßig gemacht worden/
und demnach der andere und dritte Magen
verrichten muß/ was der vierdte allein nicht
ausrichten kan. Warum aber der vierdte
Magen nicht so wohl bey den wiederkäuenden Thieren als bey andern solches allein
verrichten kan/ ist eigentlich dasjenige/
was man noch ferner zu untersuchen hat.

(*Physik. III.*) Q Ob

Ob der Magen nicht so viel auf einmahl
verdauen kan/ als die wiederkäuende Thiere auf einmahl fressen/ und daher ihm die
Arbeit durch die Hülffe der übrigen erleichtert worden/ kan ich noch nicht gewis sagen.   Es kan vielleicht mit eine Ursache
seyn/ aber es stehet dahin/ ob es die einig-
ist.   Man muß in der Natur nicht zu geschwinde decidiren/ damit man sich nicht
übereilet/ wo man noch nicht gnung Erfahrung hat.

Warum
vieles
Feder=
Viehe
einen
Kropff
hat und
Nutzen
der Thei-
le in ih-
rem Ma-
gen.

§. 98. Das Federviehe/ welches Körner frisset/ als Hüner Gänse/ Enten/
Tauben ꝛc. haben ausser dem Magen noch
einen Kropff/ den sie voll fressen und daraus
die Körner nach und nach in den Magen
kommen.   Die Körner sind harte/ welche
sie fressen/ und müssen dannenhero erst erweichet werden/ ehe sie zum Verdauen geschickt sind.   Und zu dem Ende werden sie
anfangs in den Kropff hinunter geschluckt/
damit sie darinnen aufquellen und erweichet
werden.   Derowegen findet man auch/
daß der Kropff immer feuchte ist und besondere Feuchtigkeiten darein abgesondert werden.   Man solte vermeinen/ es wäre das
Trincken zum Erweichen gnung/ massen
wir sehen/ daß das Feder=Viehe bey dem
Essen trincket.   Allein da noch eine besondere Feuchtigkeit von dem Kropffe abgesondert wird/ so muß diese zu was mehrerem/
als

als zu blossem erweichen dienen/ nemlich es
muß ein Safft seyn/ der zur Auflösung der
Speise dienlich ist/ gleich wie wir bey den
Menschen finden/ daß der Speichel/ dergleichen die Vögel nicht haben/ zur Verdauung in dem Munde mit der Speise vermischet wird.　Es ist der Magen in dem
Feder-Viehe oder Vögeln/ welche Kröpffe
haben/ sehr klein und kan nicht viel auf einmahl zur Verdauung fassen.　Und daher
ist auch aus dieser Ursache der Kropff nöthig/
daß auf einmahl Vorrath gnung eingesam-
let wird/ den der Magen nach und nach verdauet.　Der Magen hat nicht groß seyn
können/ weil er aus sehr starcken Mäusleinen bestehet/ durch deren Gewalt die im
Kropffe erweichten Körner zerdruckt werden:
denn deswegen müssen dieselben beyderseits
an dem Magen anliegen/ durch den sie zer-
quetzschet werden.　Weil die Körner in dem
Magen müssen zerdruckt werden/ so pflegen
diese Vögel zugleich Sand und kleine Kie-
sel-Steinlein zu fressen/ und ihr Magen
hat inwendig eine sehr harte Haut/ damit
er durch die spitzigen Ecken der harten Stein-
lein nicht verletzet wird.　Daß der Magen
starck drucken muß/ kan man auch aus andern Umständen abnehmen.　Ich habe erst
verwichenen Sommer in dem Magen einer
Henne eine kleine Neh-Nadel und in dem
Magen einer andern zwey Steck-Nadeln

Q 2　　　　　gefun-

gefunden. Die Neh=Nadel steckte in dem
Mäuslein gantz darinnen/ daß die Spitze
von außen etwas hervorragete/ das Oehre
aber von innen nicht im geringsten vor-
gieng. Sie steckte gantz gleich darinnen/
als wenn man sie auf die innere Seite des
Magens perpendicular hinein gesteckt hätte/
und rings herum war eine Röhre von Haut
durch das gantze Mäuslein durchgewachsen.
Man konnte es von innen im Magen erken-
nen/ daß daselbst die Nadel anfangs etwas
schräge war hinein gestochen worden/ folgends sie erst hernach die aus dem Kropffe
in Magen folgende Körner aufgerichtet/
da sie denn durch die Gewalt des Magens
vollends gantz hinein gestossen worden.
Der andere Fall zeiget noch klärer die Gewalt des Magens in den Hühnern. Deñ
die eine Nadel war in einen etwas stumpffen
Winckel zusammen gebogen und mit dem
stumpffen Winckel durch die harte Haut in
das Fleisch hinein gedruckt worden. Die
andere hingegen war in zwey Stücke zer-
brochen und das eine Stücke mit dem Knopf-
fe wie die andere gantze Nadel zusammen gebogen. Unterdessen war weder im ersten
Falle der Stahl von der Neh=Nadel/ noch
im andern das Meßing von den Steck-
Nadeln im geringsten versehret/ da hingegen der Hällische Messer=Schlucker zeiget/
daß das Messer in seinem Magen/ welches

er verschluckt hatte / im Metalle ziemlich
abgefressen war / als es durch den Magen
durchstach und zur Seiten heraus kam.
Woraus man ersiehet / daß in dem Magen
der Hühner kein so starcker Magen = Drü-
sen=Safft wie in dem Magen der Menschen
vorhanden / und bey jenen der Druck des
Magens zu Auflösung der Speise gar vieles
beyträget. Es scheinet auch wohl dieses die
Ursache zu seyn / warum **Pitcarn** / **Brun-**
ner und andere auf die Gedancken gerathen /
als wenn der Magen bloß durch den gewal-
tigen Druck die Speisen auflösete. Bey
einigen Vögeln / als bey den Tauben / hat
der Kropff noch einen andern Nutzen: er
dienet nemlich die jungen zu füttern. Denn
weil es zu beschwerlich fallen würde ein
Körnlein nach dem andern den jungen in
dem Schnabel zu zutragen; so verschlingen
sie etliche Körner auf einmahl und würgen
sie nach einander aus dem Kropffe wieder
herauf / wenn sie dieselben füttern. Der
Kropff lieget aussen und gehet nicht biß in
die innere Höhle des Leibes / damit er Freyheit hat sich auszuweiten / indem er eine
ziemliche Anzahl Körner auf einmahl fassen
kan. Und eben deßwegen bestehet er aus
Häuten / die leicht nachgeben: jedoch ist er
vor sich weit gnung / daß er nicht nöthig
hat ausgedehnet zu werden / wenn die Körner hinein kommen.   Es kommet dieses
Q 3   auch

auch denen Vögeln zu statten/ welche ihre
Jungen aus dem Kropffe füttern und nö=
thig haben die Körner daraus herauf zu
langen.   Denn je näher der Kropff dem
Munde ist/ je leichter lassen sich die Kör=
ner herauf würgen. *Peyerus* hat die Mäus=
lein und übrigen Theile in dem Magen der
Hühner genauer beschrieben und *Blasius* hat
diese Beschreibung seiner Anatomie der
Thiere (a) einverleibet: allein uns ist gnung/
daß wir den vornehmsten Unterscheid von
dem Magen anderer Thiere berühret. Denn
wenn wir allen untersuchen wollten/ wür=
de dieses eine Arbeit seyn/ die für unser
gegenwärtiges Vorhaben zu weitläufftig
fallen würde.   Man sollte in der Historie
von den Thieren auch mit ihre Anatomie
durchgehen; so würde man mit der Zeit
allen Unterscheid in gewisse Classen brin=
gen und die Ursache davon desto leichter fin=
den können.   GOtt hat die Welt gemacht
um daraus sein unsichtbahres Wesen/ in=
sonderheit seine Weißheit/ Macht und
Gütte/ zu erkennen/ und daher wäre es
gut/ wenn man sich in Erkäntnis der Na=
tur hauptsächlich darauf legte/ was zu die=
sem Zwecke dienete.   Damit ich nur das
vornehmste anführe/ was bey dem Magen
einer Henne anzutreffen; so ist zu mercken/
daß

(a) c. 6. p. 153. & seqq.

daß der Magen und der Kropff nicht nahe
an einander liegen/ sondern vielmehr von
neuem ein Stücke Schlund darzwischen ist/
nicht allein zu dem Ende/ damit der Magen nicht zu weit von den Gedärmen zu stehen kommet/ da der Kropff von aussen hat
liegen müssen; sondern auch aus einer noch
wichtigern Absicht/ damit nemlich nicht zu
viel Körner auf einmahl in den Magen
dringen/ sondern einzeln nach und nach/
wie es die Nothdurfft erfordert.   Denn
zu dem Ende ist daselbst wie ein Trichter
zu sehen/ der oben weit ist/ aber einen engen Eingang in den Magen hat/ damit er
aus dem Kropffe viel Körner auf einmahl
fassen kan/ wie man in der Mühle viel
Körner auf einmahl aus dem Sacke in den
Rumpff schüttet/ aber nur eintzeln in den
Magen lasset.   Es ist aber die Eröffnung
mit fleischernen Fasern versehen/ die sich zusammen zu ziehen pflegen und den Mund
verschliessen/ wenn in den Magen weiter
nichts hinein kommen soll. Es nennet auch
diesen Theil von seiner Figur und seinem
Gebrauche *Peyerus* den **Trichter** (*infundi-
bulum*) bey dem *Blasio* (b). Es ist über dieses der Trichter mit sehr vielen kleinen
Drüsen versehen/ die ihre Eröffnung inwendig hinein haben und eine Feuchtigkeit

Q 4   darein

_____

(b) Anat. Animal. c. 16. p. 155.

darein abſondern. Und hat *Peyerus* erinnert/
wenn nur durch jede Eröffnung in einer
Minute ein einiges Tröpfflein abgeſondert
würde; ſo würde man in einer Stunde
wohl einen Löffel voll von dieſem Saffte
bekommen. Weil nun die Körner ſchon
im Kropffe ſind erweichet worden und auf=
gequollen/ daß ſie der Magen zerquetſchen
könnte und durch bloſſes zerquetſchen die=
ſelben bloß zermalmet/ aber nicht aufgelö=
ſet werden/ wie zu der Verdauung nöthig
iſt; ſo läſſet ſich gar bald erachten/ daß
mit dieſem Saffte die Körner deßwegen ſo
häuffig angefeuchtet werden/ indem ſie eben
in den Magen gehen wollen/ damit ſie ſich
darinnen auflöſen laſſen/ wie zur Ver=
dauung nöthig iſt. Und findet man hier=
innen einen Unterſcheid zwiſchen dem Ma=
gen einer Henne und anderer Vögel/ die
Körner freſſen/ und dem Magen des Men=
ſchen und anderer Thiere/ daß dieſe die
Drüſen im Magen/ jene aber auſſerhalb
demſelben haben. Es iſt auch dieſes nicht
ohne Urſache. Der Magen der Vögel/
welche Körner eſſen/ iſt mit einer ſehr har=
ten Haut überzogen/ dadurch ſich der Drü=
ſen=Safft nicht wohl ergieſſen lieſſe. Er
hat die Körner zu zerquetſchen eine ſtarcke
Bewegung nöthig/ wodurch die Drüſen
zu ſehr würden gedruckt/ auch wohl von
den harten Steinleinen/ die ſich zugleich
im

im Magen befinden / gar verletzt wer=
den. Da der Magen nicht viel Körner
auf einmahl faſſen kan; ſo würde es zu lan=
ge wehren / wenn erſt dieſelben im Magen
mit dem auflöſenden Saffte ſollten verſehen
werden. Es iſt bekandt / daß die Perlen
vom ſauren aufgelöſet werden. Da nun
die Hühner Perlen / welche ſie hinunter
geſchluckt / wieder von ſich gegeben / auſſer
daß ſie *Franciſcus Redi* unterweilen ein we=
nig leichter gefunden; ſo ſiehet man zwar
ſo viel daraus / daß der Magen = Drüſen=
Safft der Hühner keine ſonderliche Schärf=
fe hat / jedoch hat man noch nicht gnung=
ſame Gründe / daraus ſich von ſeiner Be=
ſchaffenheit umbſtändlicher urtheilen lieſſe /
ſo wenig als bey dem Magen = Drüſen=
Saffte der übrigen Thiere. Es hat zwar
Peyerus die Mäuslein des Magens / daraus
er beſtehet und dadurch er zu ſeinen Bewe=
gungen aufgeleget iſt / gantz genau beſchrie=
ben / davon ſich von ſeinen Bewegungen
urtheilen läſſet: allein wir wollen uns mit
genauerer Unterſuchung nicht aufhalten.
Uns iſt gnung / daß man gleich aus der
Stärcke der Mäusleinen ſiehet / es ſey der
Magen zu ſehr ſtarcken Bewegungen auf=
geleget / auch die im Magen zermalmete
Körner es ſelbſt zeigen / daß dergleichen
Bewegung würcklich vorgegangen.

Q. 5 §. 99.

Nutzen der Ge-därme.

§. 99. Nachdem die Speise in dem Magen verdauet worden/ kommet sie in die Gedärme und wird daselbst noch wei-ter verdauet (§. 412. Phyſ.)/ die Nahrungs-Milch davon abgesondert (§. 413. Phyſ.) und endlich das unnütze durch sie aus dem Leibe abgeführet. Es haben demnach die Gedärme verschiedenen Gebrauch und sind daher auch nicht alle gantz und gar von einerley Art/ unerachtet sie von dem Ma-gen an biß zu dem Affter in einem fortge-hen. Die nächsten an dem Magen sind **dünne** (*inteſtina tenuia*): die übrigen sind **dicker** (*inteſtina craſſa*). Die ersten dienen zu mehrerer Verdauung der Speise und zur Absonderung des Nahrungs-Safftes davon: die andern hingegen den Unraht abzuführen. In dem ersten ist die verdau-ete Speise flüßig und dünne/ indem sich die Nahrungs-Milch erst davon abson-dert: in den andern hingegen wird das ü-brige dicke und derbe. Derowegen braucht es in dem ersten weniger Gewalt die Spei-se fortzudrucken/daß sie aus einem Darme in den andern fähret/ als in dem dicken den Unrath/ der immer weiter fortgebracht werden sol/ biß er gantz aus dem Leibe ab-geführet wird. Die dünnen Gedärme sind von innen runtzlicht/ damit sich die Speise darinnen desto länger aufhält/ und sich die Nahrungs-Milch in gnungsamer Menge abson-

absondern kan: die dicken hingegen sind
glatter/ weil ohne dem der derbe Unrath
nach abgesonderter Nahrungs = Milch vor
sich leichter zurücke bleibet/ noch auch nöthig ist/ daß er sich lange an einem Orte
verweilet. Denn was im Leibe nichts nutze ist/ wird besser hinaus geworffen. Es
verdirbt ohne dem das überbliebene/ was
weggebracht werden muß/ und wird stinckend: welcher Gestanck besser aus den Gedärmen weggeschafft wird/ als daß er darinnen verbleibet/ zumahl da dadurch Bläh-
hungen entstehen/ indem die dunstige Lufft
durch die Wärme ausgedehnet wird und
die Gedärme aufbläset/ auch uns viele Beschweerlichkeiten verursachet. Der erste
von den dünnen Gedärmen ist der **kleine**
Magen (*intestinum duodenum*), welcher
ohngefehr zwölff querfinger lang ist und
daher auch *duodenum* oder der **Zwölff-**
Finger-Darm genennet wird. Da sich
die Galle und der Gekröse-Drüsen-Safft
darein ergeußt/ wodurch die Speise weiter verdauet (§.411.Phys.) und insonderheit
die Nahrungs = Milch von ihr geschieden
wird (S. 73); so geschiehet hauptsächlich
in diesem Theile die weitere Verdauung.
Und derowegen ergeußt sich auch die Speise
so gleich aus dem Magen durch den Pförtner in den kleinen Magen/ und ist dieser
Darm viel weiter als die übrigen/ damit

er

er alles wohl fassen kan/ was sich aus dem
Magen darein ergeußt. Jedoch weil die
verdauete Speise mehr zusammen fället als
die unverdaute; so hat er auch nicht so
groß seyn dörffen wie der Magen: zu geschweigen daß der kleine Magen auch mehr
erfüllet seyn darf als der grosse/ wo die
übrige Fülle ein Brechen verursachen kan.
Weil die verdaute Speise sich nicht zu
lange in den Gedärmen verweilen muß/
damit sie nicht stinckend wird/ehe die Nahrungs-Milch davon abgesondert wird; so
darf sie sich auch nicht lange in dem kleinen
Magen verweilen/ sondern gehet daraus
bald weiter fort in den **leeren Darm** (*intestinum jejunum*), der viel länger ist als
der kleine Magen/ weil sich darinnen die
Nahrungs-Milch abzusondern anfängt/
indem viele von den Milch-Adern in diesen
Darm gehen. Da die verdaute Speise
am allerdünnesten ist/ wenn sie in den leeren Darm kommet/ indem sich/ wie erst
gemeldet worden/ der Safft daselbst erst
anfängt abzusondern; so gehet sie auch
durch diesen Darm geschwinde durch und
verweilet sich länger in dem **krummen
Darme**/ (*intestino ileo*), welcher auch
deßwegen viel länger ist/damit die verdauete Speise nicht eher heraus kommet/ als
biß sich gnung Nahrungs-Milch davon
abgesondert/ zu welchem Ende auch viele
von

von den Milch=Adern bey diesem Darme
vorhanden.   Der leere Darm hat daher
seinen Nahmen bekommen/ weil man ihn
meistentheils leer findet/ wenn man Men=
schen und Thiere eröffnet.   Die dünnen
Gedärme gehen in krummen Gängen von
dem Magen an biß in die unterste Höhle
des Unter=Leibes gantz herunter und gehen
von dar an wieder in die Höhe/ damit die
verdauete Speise sich lange gnung darin=
nen verweilen kan/ biß gnung Nahrungs=
Milch sich davon abgesondert hat.   Es
ist zwischen dem leeren und krummen Dar=
me kein weiterer Unterscheid als in der
Grösse/ indem man ihn den krummen nen=
net/ wo der Darm anfängt kleiner zu
werden.   Er bekommet im Deutschen den
Nahmen von seiner Lage/ weil er für an=
dern Gedärmen als der längste unter allen
in die Krümme herum gehet/ damit er in
dem untersten Theile des Unter=Leibes un=
ter dem Nabel Raum hat/ zumahl da er
von der lincken Seite den dicken Gedär=
men Platz machen muß.   Da sich zwischen
dem leeren und krummen Darme kein gros=
ser Unterscheid befindet; so lässet sich auch
in ihrem Gebrauche kein sonderlicher bestim=
men/ sondern beyde dienen vielmehr zu ei=
nem Zwecke/ den wir vorhin schon ange=
mercket.   Allein die dünnen und **dicken
Gedärme** (*intestina Crassa*) werden von
der

der Natur selbst unterschieden / indem in
dem Eingange in dieselbe eine besondere
Falle (*Valvula*) vorhanden / damit der
Unflat / welcher einmahl als unnütze ausgeworffen worden / in die dünne Gedärme
nicht wieder zurücke tritt. Die dicken Gedärme sind wieder mehr der Lage und der Grösse
nach / als sonst unterschieden / und haben
auch einerley Gebrauch / nemlich daß sie
abführen / was als unnütze von der Speise
wieder aus dem Leibe sol hinaus geworffen
werden. Der Anfang davon an der lincken
Seite wird der **Blinde Darm** (*intestinum
cæcum*) genannt und hat den **Wurmför-
migen Fortsatz** (*appendicem vermifor-
mem*) an sich hangen / gleich bey dem Anfange / wo die Falle ist. In den Thieren
ist er weiter als in den Menschen / weil die
mehr Unrath abführen als der Mensch / in
dem sie nicht so nahrhaffte Speise geniessen.
Der blinde Darm wird gar bald der
Grimm-Darm (*intestinum colon*), und
steiget bis an die Leber / ziehet sich unter dem
Magen fort und an der rechten Seite herunter / weil sonst kein Raum für ihn übrig ist /
indem das Ingeweide die gantze Höhle des
Unterleibes erfüllet. Jedoch hat er nicht
so viele Krümmen / wie die dünnen Gedärme / insonderheit der Krumme / sondern gehet gantz gerade fort bis gegen das
Ende / weil sich der Unrath nicht nöthig hat
lange

lange darinnen aufzuhalten. Allein es be=
kommet an dem Ende eine Krümme und
steiget wieder ein wenig aufwarts/ damit
der Unflat/ der ausgeworffen werden soll/
nicht zu häufig auf einmahl in den Mast=
darm dringet. Endlich der **Mastdarm**
(*intestinum rectum*) gehet gerade herunter
biß an den Affter und ist gantz kurtz/ da=
mit der Unrath/ der ausgeworffen wird/
desto leichter und geschwinder heraus fäh=
ret. Dieser hat in dem Ausgange verschie=
dene Mäuslein/ welche ihn zu eröffnen und
zu verschliessen dienen/ nachdem es der Ge=
brauch erfordert. Zum verschliessen dienet
das **Schließ=Mäuslein** oder wie es andere
nennen/ das **ringförmige Mäuslein**
(*Spincter*), denn da seine Fasern in der
rundte herum wie ein Ring gehen/ so wird
durch deren Zusammenziehung der Affter ge=
schlossen. Dieses dienet dazu/ daß wir
den Unrath/ der heraus wil/ zurücke hal=
ten können/ damit er nicht zur Unzeit wi=
der unsern Willen heraus fähret. Denn
Mastdarm zu eröffnen dienen die **Er=
höhungs=Mäuslein** (*Elevatores*), wel=
che zu beyden Seiten an dem Mast=Darme
zu sehen sind/ durch deren Verkürtzung die
Eröffnung des Mast=Darmes zugleich et=
was zurücke gezogen werden kan/ damit
der Unrath darüber heraus kommet. Die
Erhöhungs=Mäuslein haben ferner den
Nutzen/

Nutzen/ daß sie den Mast-Darm zurücke
ziehen/ wenn er sich zu weit heraus gedrü-
cket hat/ wie zu geschehen pfleget/ wenn
der Unrath/ den man auswerffen wil/ dicke und derbe oder nicht weich gnung ist/
maassen in diesem Falle durch den starcken
Druck der Mast-Darm weit heraus gehet.

Nutzen
der be-
sondern
Theile/
daraus
die Ge-
därme
bestehen.

§. 100.   Damit nun die Gedärme zu
ihren Verrichtungen geschickt wären/ so
sind sie aus verschiedenen Theilen zusammen gesetzet.   Sie bestehen aus verschiedenen Häuten/ damit sie sich ausdehnen
lassen/ wenn Speise und Geträncke hinein
kommet/ und zwar viel oder wenig/ nach
dem viel oder wenig hinein kommet. Wie
nun aber der Schlund/ Magen und die Gedärme eine einige Röhre ausmachen/ die
von dem Rachen an biß hinten zu dem Affter durch den Hals/ den Ober- und Unter-
Leib in einem fortgehet; so bestehen auch
alle drey aus einerley Häuten.   Die erste
oder äuserste ist eine **gemeine Haut** (*tunica membranosa*), welche die Röhre formiret und die andern Häute überkleidet/
folgends zur Verwahrung der fleischernen
Fasern dienet.   Sie macht/ daß die Gedärme von aussen glatt sind/ und daher
sich nichts anlegen kan/ wie sonst leicht geschehen würde/ wenn die fleischernen Fasern bloß lägen und die äussere Fläche der
Gedärme uneben machten.   Und da die
Gedär-

Gedärme wunderlich um einander gewickelt
sind; so hat es zugleich den Nutzen/ daß
sie sich nicht an einander reiben/ wenn sie
auffschwellen von dem/ was hinein kommet. Die andere Haut ist eine fleischerne (*tunica musculosa*), welche aus einer
doppelten Reihe von fleischernen Fasern bestehet und demnach zur Bewegung dienet
(§. 45.). Die eine Reihe Fasern gehet nach
der Länge der Gedärme in einem fort. Derowegen wenn sie sich zusammen ziehen/ so
wird der Darm etwas kürtzer/ damit er
sich desto mehr erweitern lässet. Und haben sie daher sonderlich einen nicht geringen
Nutzen/ wenn zu viel in die Gedärme hinein kommet. Die andere Reihe gehet in
die Rundte herum und machet die Gedärme enge. Wenn demnach die verdauete
Speise Nahrungs-Milch in sich hat; so
wird sie dadurch ausgepresset/ aber auch
zu gleich weiter fortgestossen. Und deßwegen ist der krumme Darm grösser als
alle übrige zusammen/ weil hauptsächlich
in ihm die Nahrungs-Milch ausgepresset
wird. Könte die Speise so lange an einem
Orte erhalten werden/ biß sich alle Nahrungs-Milch gantz heraus gepresset hätte/
so wäre dergleichen Länge nicht nöthig. Wo
aber nichts mehr herauszupressen ist/ als in
den dicken Gedärmen/ da wird durch diese Pressung der Unrath bloß weiter fortge-

(*Physik. III.*) R bracht.

bracht.　Es geschiehet dieses auf eben die
Weise/ wie wenn man die Speise durch
den Mund hinunter schlucket/ indem die
Gedärme und der Schlund einerley Fasern
haben. Wenn die Gedärme durch Zusam=
menziehung der Längen=Fasern verkürtzt
werden; so werden die Eröffnungen der
Milch=Adern offen erhalten/ damit die
Nahrungs=Milch desto besser darein gepres=
set werden mag.　Die dritte Haut ist eine
spannadrige (*tunica nervosa*) und dienet
daher zur Empfindung (§. 31.)/ damit
durch die Berührung von demjenigen/ was
in den Gedärmen ist/ die Fasern sich zu=
sammen zu ziehen determiniret werden. End=
lich die vierdte Haut ist eine zottige
Schaale (*crusta villosa*), welche von in=
nen die Gedärme überkleidet/ damit sie nicht
gar zu empfindlich sind/ wenn die spann=
adrige Haut unmittelbahr von dem/ was
darinnen ist/ berühret würde.　Einige
wollen sie wie in dem Magen für keine
Haut halten: wir wollen uns aber um den
Nahmen mit niemanden streiten. Gnung
daß dasjenige vorhanden ist/ was man
dadurch andeutet/ und zwar nicht vor die
lange Weile (§.1049.Met.)/ sondern viel=
mehr seinen gewissen Nutzen hat: Es en=
digen sich auch in der spannadrigen Haut
die Blut=Gefässe/ wodurch nicht allein den
Gedärmen ihre Nahrung zugeführet wird
(§. 42.)

(§. 42.)/ sondern auch die Drüsen erhal=
ten/ was sie absondern sollen.

§. 101. Es sind in allen Gedärmen viele Nutzen
Drüsen anzutreffen/ jedoch mit einem gros= der Ge=
sen Unterscheide// maassen sie in den dün= därme=
nen Gedärmen weit häuffiger angetroffen Drüsen.
werden/ als in den dicken. *Verheyen* (a)
erinnert/ er habe sie in dem krummen Dar=
me in der Grösse eines Hierse=Körnleins
und wohl viertzig und mehrere bey einander/
an dem kleinen Magen und leeren Darme
aber noch kleiner und nicht in solcher Men=
ge gefunden: Hingegen in den dicken Ge=
därmen/ wo sie eintzeln zerstreuet sind/ hät=
ten sie wohl die Grösse einer Linse gehabt.
Insonderheit aber sind sie am Ende des
krummen Darmes am häuffigsten anzutref=
fen.　*Johannes Conradus Peyerus* hat die
Drüsen durch den gantzen Zug der Gedär=
me mit Fleiß untersucht/ indem er fand/
daß die berühmtesten Medici, als *Glissonius*
und *Willisius*, die Sache nicht völlig einge=
sehen hatten/ und dieselben in einem be=
sonderen Tractate (b) gantz ausführlich be=
schrieben.　Er hat angemercket/ daß im
Anfange die Drüsen in den dünnen Gedär=

R 2　　　　men

(a) Anat. lib. 1. Tract. 12. c. 11. p. m. 63.
(b) Exercitatio Anatomica Medica de
glandulis intestinorum. Tom. I. Bibl. Anat.
f. 157.

men sehr kleine sind/ im Fortgange immer
grösser werden und endlich am Ende sich
am grösten zeigen: welches mit dem überein kommet/ was wir erst aus dem *Verheyen* angeführet.　In dem krummen
Darme sey ein grosser Strich/darinnen man
sie Trauben=weise beyeinander anträffe/und
insonderheit finde sich dieses überall gegen
das Ende des krummen Darmes. Es wären unterweilen zehen/ öffters zwantzig/
viertzig und mehrere beyeinander/ bisweil-
len so viele/ daß man sie zu zehlen alle Lust
verlöhre.　Sie hiengen an der spannadri-
gen/ unterweilen auch an der fleischernen
Haut/ daß man sie durch die gemeine könte durchschimmern sehen/ ohne einige Absonderung der Häute von einander und giengen mit ihren Spitzen in die zottige Schaa-
le/ von welcher sich hier ein neuer Nutzen
zeiget/ nemlich daß sie die Drüsigen Wärtzlein mit ihren Spitzen unverruckt und unversehret erhält/ dergleichen wir etwas ähn-
liches schon bey der Zunge (§. 87.) gesehen.
Er hat erinnert/ daß in vielen die Spitzen
der Drüsen=Wärtzlein so weich sind/ daß/
wenn man die Gedärme von innen abwi-
schen wil/ man öffters aus Unvorsichtig-
keit dieselben mit wegwischet und keine
Spur von den Drüsen übrig verbleibet.
Die kleinen Blut=Gefäßlein lauffen häuffig in die Drüsen=Häufflein.　In den groben

ben Gedärmen beschreibet *Peyerus* die Drü=
sen wie *Verheyen*.　Er beschreibet ferner
einen vielfältigen Unterscheid dieser Drüsen
bey verschiedenen Thieren: allein weil die=
ses zu unserem gegenwärtigen Vorhaben
nicht dienet/ wollen wir davon nichts ins
besondere anführen.　Da die Gedärme=
Drüsen sich in die Gedärme eröffnen; so
müssen sie auch eine Feuchtigkeit darein ab=
sondern.　Und da GOtt diese Vorsorge
gehabt/ daß diese Drüsen=Wärtzlein mit
ihren Spitzen/ dadurch sie sich in die Ge=
därme eröffnen/ nicht möchten verrückt
werden; so muß dieselbe Feuchtigkeit oder
derselbe Safft in den Gedärmen höchst nö=
thig seyn.　Unterdessen siehet man hier in
einem neuen Exempel/ wie grosse Vorsich=
tigkeit GOtt überall angewandt/ damit/
was von ihm kommet/ alles auf das beste
seyn möchte.　Man darf aber um so viel
weniger zweiffeln/ daß sich die Gedärme=
Drüsen durch ihre spitzigen Wärtzlein in
die Gedärme eröffnen und dadurch eine
Feuchtigkeit absondern/ weil *Peyerus* ver=
sichert/ daß man zwischen den Fingern der=
gleichen herausdrucken kan.　Weil mehre=
re von diesen Drüsen in den dünnen Ge=
därmen als in den dicken anzutreffen sind:
so muß auch die Feuchtigkeit/ welche sie
absondern/ in den dünnen Gedärmen nö=
thiger seyn als in den dicken.　Da nun die

　　　dünnen

dünnen Gedärme einen andern Gebrauch
als die dicken haben/ indem jene die Spei=
se weiter verdauen/ die Nahrungs=Milch
davon absondern und das übrige immer
weiter fortbringen; Diese hingegen bloß
das unnütze abführen (§. 100.): so schei=
net es schweer zu errathen zu seyn/ was
doch wohl eigentlich diese Feuchtigkeit für
Nutzen schaffet.　Wenn die Nahrungs=
Milch/ als der gute und nützliche Safft/
in den dünnen Gedärmer ausgepresset wor=
den/ so ist die übrige Materie derbe und
kleberecht/ und kan nicht leichte fortgebracht
werden.　Man empfindet es zur Gnüge/
wenn man durch Zurückhaltung der na=
türlichen Nothdurfft/ was man auswerf=
fen sol/ erharten lässet.　Da nun die gros=
sen Drüsen in dem Durchgange die ausge=
druckte Materie mit einer zehen Feuchtig=
keit/ die nicht so starck in die Mitten hin=
eindringet/ anfeuchten; so wird dieselbe in
der äussersten Fläche schlüpffrig erhalten/
daß sie leicht fortgleiten kan.　Ja diese
Feuchtigkeit machet auch die zottige Schaa=
le schlüpffrig/ daß der Unrath ohne eine
empfindliche Berührung fortgleiten kan.
Wir brauchen uns ja selbst dergleichen Mit=
tel/ daß wir den Mast=Darm von innen
durch Fett glatt machen/ wenn in Ver=
härtung nicht heraus will/ was heraus
kommen soll.　Und ist nicht wenig daran
　　　　　　　　　　　　　gelegen/

gelegen/ daß die Materie/ welche ausge=
worffen wird/ eine Fläche hat/ die sich an
die Fläche des Darmes wohl schicket/ und
eine an der anderen abgleitet/ damit sie
sich nicht scharf an einander reiben: maaß=
sen die Erfahrung lehret/ daß/ wenn die
Fläche des auszuwerffenden Unraths harte
erhabene Theile hat/ welche über die übri=
gen hin und wieder hervorragen/ durch
das Reiben derselben im ausgedehneten
Darme die Blut=Gefäßlein verletzt werden.
Uber dieses ist bekandt/ daß/ wenn der
Unrath verhärtet und nicht fortgebracht
werden mag/ solches den Todt verursachen
kan. Ich besinne mich eines Exempels
von einem sehr kleinen Hündlein/ das ü=
ber die Maassen lustig und munter war/
nach diesem auf einmahl kranck ward/nichts
mehr essen wollte und endlich von hinten so
schwach ward/ daß es die Hinter=Füsse
nicht mehr regen/ vielweniger darauf ste=
hen konnte. Als ich daher eine Verhär=
tung muthmaassete und ihm Hülffe wieder=
fuhr; so gieng/ indem es verreckte/der har=
te Unflat von ihm. Da es eröffnet ward/
fand man von innen im Magen und in Ge=
därmen/ auch übrigem Ingeweide/ nicht
das geringste/ welches auf einige Art und
Weise wäre versehret gewesen/ sondern es
war alles sehr frisch und das Hündlein selbst
fleischig und fett. Man weiß auch/ was

R 4 bey

bey Menschen die Verhärtung thut / und
wie man es gleich empfindet / daß einem
nicht recht ist / wenn zurücke gehalten wird/
was hinaus wil.   In dem Anfange der
dünnen Gedärme/ da die Speise noch flüßig
ist / hat man dergleichen nicht zu besorgen.
Derowegen muß der Safft / welcher daselbst abgesondert wird / noch einen andern
Nutzen haben.   Weil nun in dem kleinen
Magen oder dem Zwölffinger-Darme die
Galle mit dem Gekröse-Drüsen-Saffte sich
mit der Speise zu mehrerer Verdauung vermischet (§. 99.) / und die Drüsen im Magen einen Safft absondern / der zur Verdauung dienet / so lässet sich nicht wohl anders muthmassen / als daß auch die Drüsen der dünnen Gedärme noch weiter
dergleichen Safft zu mehrerer Beförderung
der Verdauung darreichen.   Es scheinet
zwar / als wenn diesem entgegen stünde /
daß im Fortgange der dünnen Gedärme
die Drüsen immer häuffiger / auch grösser
werden/ und absonderlich an dem Ende des
krummen / wo die ausgedruckte Materie
als ein Unrath in die dicken ausgeworffen
wird/ in der grösten Menge gefunden werden.   Denn so sind sie am häuffigsten/ wo
keine Verdauung mehr stat findet.   Allein
weil eben die Grösse sich mit zugleich ändert;
so gewinnet es das Ansehen / als wenn
durch die grossen Drüsen eine geringere Materie

terie abgesondert würde als durch die kleinen : Welches dadurch weiter befestiget
wird/ daß in den groben Gedärmen/ wo
ausser allem Zweiffel keine weitere Verdauung geschiehet/ die Drüsen am allergrösten
sind. Im Anfange der dünnen Gedärme
ist noch nichts von der verdaueten Speise
abgesondert worden/ und daher ist sie flüs-
sig gnung; hat derowegen nicht nöthig/
daß sie viel angefeuchtet wird. Hingegen
da in dem Durchgange durch die dünnen
Gedärme nach und nach immer mehr und
mehr Nahrungs-Milch abgesondert wird;
so wird sie immer derber und braucht von
neuem angefeuchtet zu werden/ damit nicht
allein/ was von Nahrungs-Milch würcklich vorhanden/ noch von dem Unrathe ab-
gesondert/ sondern auch noch weiter aufgelöset wird/ was von guten Theilichen in
dem übrigen noch vorhanden und zur Auflösung geschickt ist. Denn daß auch das-
jenige/ was als ein Unrath aus dem Leibe
durch den natürlichen Gang hinaus geworffen wird/ noch nahrhaffte Theilichen an sich
hat/ kan man nicht allein daraus abneh-
men/ weil man darinnen noch würcklich
einige Theilichen von der Speise unterscheiden kan/ die man genossen und nicht gantz
verdauet worden; sondern weil auch Thie-
re/ als die Schweine/ noch sich davon ernähren. Je mehr Nahrungs-Milch heraus-

R 5   gepref-

gepresset wird/ je trockener wird die verdauete Speise. Derowegen da mit den
dünnen Gedärmen die Absonderung wo
nicht gantz/ doch grösten Theiles aufhöret;
so muß sie auch im Ausgange aus den dünnen in die dicken Gedärme am trockensten
seyn. Und daher ist es kein Wunder/ daß
gegen das Ende des krummen Darmes die
Drüsen häuffiger als anderswo angetroffen
werden/ damit nicht allein der Uberrest von
der Speise sich bequem in die dicken Därme drucken/ sondern auch noch absondern
lässet/ was von Nahrungs-Milch vorhan-
den/ damit nichts gutes aus dem Leibe mit
hinaus geworffen wird/ was noch darinnen genutzt werden mag. Wir machen es
ja selbst so in der Kunst/ wenn wir einen
Safft auspressen wollen/ daß wir ihn
anfeuchten/ wenn er zu trocken wird und
sich nichts mehr will ausdrucken lassen/ damit das flüßige/ womit man ihn anfeuch-
tet/ den Safft an sich nimmet/ der sonst
hin und wieder würde kleben bleiben und
mit dem Unrathe weggeworffen werden.
Und haben wir demnach hier abermahl eine
Probe/ wie grosse Vorsichtigkeit GOtt
überall in dem menschlichen Leibe gebraucht.
Aber eben da GOtt in der Natur so grosse Vorsorge beweiset/ daß nicht das geringste von der Speise verderben soll/ was
sich im Leibe kan nutzen lassen und darinnen

nen erhalten werden mag; so siehet man
auch hieraus/ was er für ein Wohlgefallen an der Mäßigkeit haben/ und wie hingegen es ihm höchst mißfallen muß/ wenn
die Menschen sich mit Speise und Tranck
mehr überladen/ als der Magen zu verdauen fähig ist/ oder auch sonst Speise
und Tranck verderben lassen. Endlich haben auch die Gedärme selbst nöthig/ daß
sie angefeuchtet werden/ damit die Häute
nicht austrocknen und zusammen schrumpf-
fen. Diejenigen/ welche Thiere haben er-
hungern lassen und sie hernach eröffnet/ haben gefunden/ daß der Magen und die
Gedärme so zusammen gefahren/ daß die
letzteren kaum eine Höhle behalten/ dadurch
man mit einem Feder-Kiele kommen könen.
Wenn ein Mensch oder Thier einige Tage hinter einander gar keine Speise zu sich
nimmet/ so wird auch das Geblüte von
der Feuchtigkeit erschöpfft/ die sich durch
die Darm-Drüsen davon absondert. Derowegen werden die Häute nicht mehr wie
vorhin angefeuchtet und trocknen nach und
nach aus/ zu geschweigen daß auch der innere Safft/ den sie wie das Fleisch haben/
in ihnen eben so wohl als wie in dem Fleische abnimmet. Man siehet demnach/ wie
nöthig es ist/ daß auch der Magen und
die Gedärme immer selbst feuchte erhalten
werden. Jedoch ist nicht zu vermuthen/
daß

daß sich in den Magen und die Gedärme
hinein ergeußt/ was zu ihrer Anfeuchtung
gehöret/ ausser was die zottige Schaale
betrifft; sondern es ist vielmehr glaublich/
daß auch einige Drüsen die Feuchtigkeit innerhalb den Häuten absondern: welches
sich vielleicht bey genauerer Betrachtung der
Gedärme mit Beyziehung der Vergrösserungs-Gläser im Fortgange finden wird.

Wie die
Gedärme
befestigt
sind und
warum.

§. 102. Da die Gedärme eine einige
Röhre sind/ die wunderlich in der Krümme herum gehet/ damit sie in einem kleinen
Raume Platz findet/ dabey aber vielerley
Bewegungen unterworffen ist/ und zwar
bald in diesem/ bald in jenem Theile; so
könte nichts leichter geschehen/ als daß sie
sich unter einander verwickelten und nicht
wieder auseinander wickeln könten. Dieses wäre für Menschen und Thiere sehr gefährlich. Denn es könte auf diese Manier
geschehen/ daß die verdauete Speise/
davon die Nahrungs-Milch abgesondert
werden sol/ oder auch der Unrath/ der aus
dem Leibe hinaus zuschaffen ist/ stecken bliebe und nicht weiter fort könte: wodurch der
Mensch oder das Thier um das Leben kommen müste. Damit dergleichen Zufall nicht
zubesorgen ist/ sondern die Gedärme ihre
Lage/ die ihnen mit grosser Weisheit zugeeignet worden/ unverrückt erhalten und
ein jeder Theil das seine ungehindert verrichten

richten kan; so sind die Gedärme dergestalt
befestiget/ daß keines im geringsten ausweichen / oder sich in ein anders verschlingen
kan.   Und dieses hat dabey auch diesen Nutzen/ daß/ wenn wir einen Schmertz in
den Gedärmen empfinden/ wir gleich aus
der Lage urtheilen könne / in welchem
Darme er eigentlich anzutreffen/ folgends
die Ursache davon desto leichter zu errathen
in dem Stande sind (§. 99.): welches ein
allgemeiner Nutzen davon ist/ daß alle
Theile/ daraus der Leib zusammen gesetzet
ist/ bey der so gar vielfältigen Veränderung/ welche sie durch die Bewegung in
ihren Verrichtungen leiden/ dennoch unverrückt in ihrer Lage erhalten werden/und
woferne ja eines oder das andere seiner Verrichtung halber aus seiner Lage gerückt werden muß/ selbiges doch nach vollbrachter
Verrichtung gleich wieder darein kommet.
Und eben zu dem Ende ist ein jedes Glied
dergestalt befestiget/ daß es durch seine Befestigung an seiner Verrichtung nicht gehindert wird/ sondern dadurch vielmehr
allen nützlichen Vorschub erhält.   Wir
haben dergleichen Probe schon bey der Zunge gehabt/ wo die Befestigung an dem
Zungen-Beine dergestalt eingerichtet/ daß
die Zungen-Bein-Mäuslein zu ihren vielfältigen Bewegungen ihr beförderlich sind
(§. 89.).   Wenn man die Anatomie der

Thiere

Thiere mit mehrerem Fleiſſe treiben und
nicht für eine unnütze Curioſität halten
wird/ was nach GOttes Abſicht dem
Menſchen Anlaß geben ſoll an ſeiner Weis-
heit/ Macht und Gütte ſich zu vergnügen
(§.14.19.231.Phyſ. II.); ſo wird man nicht
allein mehrere dergleichen allgemeine Anmerckungen machen/ ſondern davon noch
zu allgemeineren Anlaß bekommen/ und einen Grund zu der Wiſſenſchafft von der
Vollkommenheit der Thiere/ ja in vielen
Stücken überhaupt von der Vollkommenheit der Natur legen können.   Man darff
auch nicht wehnen/ als wenn dieſes eine
Arbeit ſeyn würde/ die vor gar wenige wäre: Denn unerachtet wenige ſind die Zeit
und Geſchicke haben die Anatomie der Thiere zu verrichten/ den Gebrauch aller Theile zu unterſuchen und die darinnen gegründeten allgemeine Maximen heraus zu ziehen
und ſie in die Forme einer Wiſſenſchafft
zu bringen; ſo kan deſſen ungeachtet die einmahl erfundene und durch richtige Gründe
befeſtigte Wahrheit dergeſtalt vorgetragen
werden/ daß ein jeder Menſch/ er ſey wer
er wolle/ dieſelbe zu ſeiner Erbauung anwenden kan.   Und bey der groſſen Menge
vieler unnützen/ ja ſchädlicher Schrifften/
die heute zu Tage zum Verderben vieler heraus kommen/ wäre es viel dienlicher/ wenn
man darauf bedacht wäre/ wie man die

Erkänt-

Erkåntnis der Wercke der Schöpffung zu
dem Nuhen anwendete/ dazu sie von GOtt
ihrem Urheber verordnet sind. Die Befestigung der Gedårme/ davon wir jehund
reden/ ist auch von der Beschaffenheit/ daß
die Gedårme in ihren Verrichtungen nicht
nur ungehindert verbleiben/ sondern auch
allen dienlichen Vorschub erhalten. Sie
sind nur von der einen Seite an das Gekröse (*Mesenterium*) angewachsen/ damit
sie ihre Freyheit behalten/ ohne einigen
Schmerh an dem Theile/ woran sie befestiget sind/ zu verursachen/ sich so starck aus-
zudehnen/ als es die darinnen enthaltene
Menge der Speise/ oder des abzuführen-
den Unraths erfordert. Ja damit sich/
wenn die Speise/ oder was sonst darinnen
enthalten/ fortgedrückt wird/ die Theile
der Gedårme heben und niederfallen können; so sind sie in der Befestigung an das
Gekröse nicht ausgespannet/ sondern in
der That viel långer als der Zug an demselben. Und weil durch diese Befestigung
allein nicht zu erhalten gewesen/ daß der
Grimm-Darm gnung eingehalten würde;
so hat derselbe noch nach der Långe zwey
starcke Bånder/ wodurch der Darm grosse Fallen bekommet und nur halb so lang
ist/ als er sonst seyn würde. In diesen
Fållen kan sich der Unrath sammlen/ daß
man nicht nöthig hat sich so offte davon
zu

zu entledigen: welches dem Menschen insonderheit sehr beschwerlich und öffters an
andern Verrichtungen hinderlich seyn würde. Man könnte zwar vermeinen/ es hätte ja auch der Grimm-Darm nur so in der
rundte dörffen herum geführet werden wie
der Krum-Darm und also seine rechte Länge behalten: oder wenn es einen Vortheil
schafft/ daß er eingehalten wird/ so hätte
dieses bey dem Krum-Darme gleichfals geschehen sollen/ und hätten so dann die Gedärme nicht soviel Raum einnehmen dörffen. Allein wer bedencket/ daß beyde Gedärme zu gantz unterschiedenem Gebrauche
gewiedmet sind/ der wird finden/ daß weder rathsam könne erachtet werden den
Krum-Darm durch Bänder in Fallen zu
zwingen und dadurch zu verkürtzen/ noch
den Grimm-Darm ohne Bänder zu verlängern und in der Krümme herum zu füh-
ren/ aber wohl ein jedes Kunst-Stücke an
dem gehörigen Orte angebracht worden
sey. In dem Krum-Darme muß sich die
Nahrungs-Milch von dem/ was darinnen
enthalten ist/ absondern (§. 99.). Es
kan aber dieselbe nicht abgesondert werden/
als wenn es gepresset wird/ und indem es
gepresset wird/ gehet es auch weiter fort.
Derowegen ist nicht möglich gewesen/ daß
durch die Weite des Darmes die verdauete Speise lange an einem Orte behalten
würde;

würde; sondern der Darm hat müssen lang
seyn/ woferne sich viel absondern sollte.
Aber eine gantz andere Bewandniß hat es
mit dem Unrathe in dem Grimm-Darme.
Da mag sich derselbe so lange sammlen
und in einem Orte verbleiben/ als Raum
dazu vorhanden.   Denn so bald sich die
Gedärme zusammen ziehen und ihn pressen/
gehet er gleich weiter fort/ biß er gantz hin-
ausfähret/ maassen hier nichts daran ge-
legen/ ob er viele oder wenige Zeit zubrin-
get/ biß er durchpassiret. In dem Krum-
Darme wird die verdauete Speise gepresset/
daß die Nahrungs-Milch heraus gehet/und
demnach muß derselbe enge seyn/ damit
gnung heraus gepresset wird.   Aber in dem
Grimm-Darme/ wo nichts heraus gepresset wird/ ist der weite Raum besser/ als
der enge: Denn so kan sich gnung Unrath
darinnen sammlen/ damit man sich nicht
so offte davon entledigen darf/ wie wir
vorhin gesehen.   Es ist demnach ein jeder Darm so zugerichtet/ wie es nöthig ist.
Derowegen unerachtet der Mast-Darm
zu den dicken Gedärmen gehöret/ und auch
zur Abführung des Unrathes dienet: so
ist er doch durch keine Bänder eingehalten
worden/ sondern gehet in einem gleich fort/
weil sich daselbst der Unrath nicht nöthig
hat aufzuhalten/ sondern gleich hinaus geworffen wird/ so bald er dahin kommet.

(*Physik. III.*)   S   §. 103.

103. Das Gekröse (*Mesenterium*)
dienet demnach zur Befestigung der Gedärme / damit sie sich nicht in einander
verwickeln (§.103.). Allein dieses ist nicht
der Haupt-Nutzen / den es leistet; sondern
es ist noch ein wichtigerer vorhanden. Es
unterstützt zugleich die **Milch-Adern**
(*venas lacteas*) darein die Nahrungs-Milch
von den Gedärmen aus der verdaueten
Speise gepreßt wird. Unterdessen ist es
zu beydem Gebrauche eingerichtet. Wo
die Gedärme dünne sind / da ist auch das
Gekröse dünne und wird dieser Theil (*Me-*
seraeum) das **dünne Gekröse** genannt:
Hingegen wo die Gedärme dicke werden /
da wird auch das Gekröse dicke / und wird
das dicke Gekröse (*Mesocolon*) genannt /
und ist an dem dicken Gekröse hauptsächlich der Grimm-Darm befestiget. Es bestehet aus zwey starcken **gemeinen Häu-**
ten (*Membranis*), die sich ausdehnen lassen / denn so kan es denen Gedärmen nachgeben / wenn sie von dem / was darinnen
enthalten ist / starck aufschwellen. Und
diese sind auch dienlich / daß die Milch-
Adern daran dergestalt befestiget werden /
daß sie sich nicht im geringsten verrücken
können. Es gehen auch die Blut-Gefässe / so wohl die Puls-Adern / als die Blut-
Adern in grosser Menge dadurch / die ihre Aestlein durch die Gedärme zertheilen /

wodurch

wodurch sie ihre Nahrung erhalten und
zugleich den Drüsen zugeführet wird/ was
sie absondern sollen. Und demnach hat das
Gekröse auch den Nutzen/ daß es den Gedärmen ihre Nahrung verschafft.   Weil
die Gedärme an das Gekröse angewachsen
sind; so können sich so wohl die Milch-A-
dern/ als die Blut-Gefäßlein in sehr kleine Aestleinen durch sie zertheilen/ ohne daß
grosse Gefässe durchlauffen dörffen/ und
doch ist nicht die geringste Gefahr/daß in der
vielfältigen Bewegung der Gedärme das
geringste davon verletzet wird. Man trifft
auch im Gekröse sehr viele Drüsen an. Da
nun die Drüsen das Instrument sind/ wodurch die Natur die Absonderung verrichtet (§. 68.)/ so siehet man freylich wohl/
daß auch von ihnen etwas abgesondert werden muß: allein was es eigentlich sey/ ist
zur Zeit noch verschiedenen Meinungen unterworffen.   In den Hunden wird mitten
eine grosse Drüse angetroffen/ welche bey
den Anatomicis *Pancreas Asselli* heisset.
Darein lauffen alle Milch-Adern/ die aus
den Gedärmen entspringen und zertheilen
sich im Ausgange von neuem in viele Aestlein.   Hingegen sind bey ihnen nicht so
viele kleine Drüsen wie bey den Menschen
anzutreffen/ die mitten nicht eine so grosse
haben.   Und demnach lässet sich hieraus
abnehmen/ daß die vielen kleinen Drüsen

S 2   in

in dem Gekröse der Menschen eben dasjenige verrichten/ was die grosse in dem Gekröse der Hunde und anderer Thiere bewerckstelliget.   Weil demnach die Nahrungs-Milch der grossen Drüse in den
Hunden alle zugeführet wird; so gewinnet
es das Ansehen/ als wenn darinnen von
ihr was abgesondert werden sollte/ zumahl
da sie wiederum durch viele Gänge aus-
fleußt.   Wenn wir starck trincken/ so
können wir gar bald wieder das wässerige
davon wegharnen/ daß es nicht glaublich
scheinet/ daß die Absonderung in den Nieren
geschehen/ welche das Geblütte von dem Urine
reinigen (§. 418. Phys.)/ weil es gar zu einen grossen Umweg im Geblütte nehmen
muß/ ehe es biß zu den Nieren kommet.
Und daher scheinet es/ als wenn durch die
Drüsen im Gekröse die übrige Feuchtigkeit von der Nahrungs-Milch abgesondert
würde. Man würde daran nicht zweiffeln/
wenn man die Gefässe zeigen könnte/ welche die abgesonderte Feuchtigkeit abführe-
ten.   Da man aber bißher nicht die geringste Spur davon angetroffen; so kan
man wohl freylich nicht mit Zuversicht sa-
gen/ daß sie würcklich vorhanden. Unterdessen kan man es doch auch nicht leugnen/
so wenig als man vor diesem besondere
Gänge in Zweiffel ziehen dörffen/. welche
das nahrhaffte von der verdaueten Speise

in

in das Geblütte leiten/ ehe man die Milch=
Adern entdecket. Es können diese Gefäß=
lein sehr kleine seyn/ daß man sie so wenig
als die leeren Milch = Adern unterscheiden
kan. Unerachtet aber diese deutlich erschei=
nen/ wenn sie mit der weissen Nahrungs=
Milch erfüllet und davon aufgeschwollen
sind; so ist doch eben nicht nöthig/ daß
die Gefäßlein/ davon die Frage ist/ durch
die wässerige Feuchtigkeit sichtbahr werden.
Man hat Exempel/ daß Leute/ welche
durch einen Zufall den Urin nicht durch
den ordentlichen Weg weglassen können/
ihn aus dem Magen weggebrochen/ worü=
ber Herr Prof. Thümmig in seinen Ver=
suchen eine Betrachtung angestellet. Wen
man dergleichen Gänge einräumet/ so läs=
set sich leicht begreiffen/ wie der Urin aus
der Blase in den Magen treten und wegge=
brochen werden kan. Jedoch weil man so
wenig erwiesen hat/ daß der Urin in die
Blase kommen kan/ ohne daß er vorher in
dem Blute gewesen/ als man die besonde=
ren Gänge gezeiget/ wodurch solches ge=
schiehet; so bleibet es allerdings noch zweif=
felhafft/ ob man den Drüsen diese Ver=
richtung zueignen kan. Weil sie doch aber
gleichwohl nicht für die lange Weile da=
seyn können (§.1049.Met.) und insonderheit
es seine Ursache haben muß/ warum die
Nahrungs = Milch ihnen zugeführet wird;
so vermeinen andere/ es werde durch die

S 3   Drüsen=

Drüsen Fließ-Wasser abgesondert/ wodurch die Nahrungs-Milch dünne gemacht
wird.   Jedoch hat man so wenig erwiesen/
daß sie zu dicke und nicht flüßig gnung ist/
wie sie aus den Gedärmen kommet/ als
man die Gänge gezeiget/ wodurch Urin abgeführet würde. Man gründet sich darauf/
daß keine solche Gänge vorhanden/ weil sie
nur aus Muthmaßung angenommen werden: allein man muthmasset auch nur/
daß die Nahrungs-Milch nöthig hat dünner gemacht zu werden. Und demnach hat
eine Meinung so viel Grund vor sich als
die andere.   Es ist auch nicht unmöglich/
daß beyde wahr seyn können.   Denn da
die Absonderung einer unnützen Feuchtigkeit
bloß in dem Falle geschiehet/ wenn sie in
der Nahrungs-Milch überflüßig ist: so
kan gar wohl möglich seyn/ daß die Drü-
sen/ welche ordentlicher Weise für die Nahrungs-Milch Fließ-Wasser absondern um
sie zu verdünnen/ in demjenigen Falle/ wo
sie mehr als zu dünne ist/ auch den Uberfluß von ihr abführen.   Daß die Nahrungs-Milch die Drüsen durchpaßiret/ ist
ausser allem Zweiffel.   Denn es hat nicht
allein *Wharton* (a) angemercket/ daß die
Milch-Adern würcklich in die Drüsen gehen; sondern *Nuck* (b) hat es auch durch
einen

(a) Adenograph. c. 8. p. 33.
(b) Adenograph. Cur. p. 32.

einen Verſuch erwieſen/ indem er in eine
Milch-Ader Queckſilber gebracht/ welches
biß in die Drüſe gedrungen. *Wharton* hält
davor/ daß die Drüſen von der Nahrungs-
Milch einen nützlichen Safft abſondern die
Spann-Adern zu nähren: allein ich finde
keine Gründe/ damit er dieſes behauptet.
Er berufft ſich bloß auf den *Gliſſonium*,
welcher den Drüſen (c) dergleichen Verrichtung überhaupt zugeeignet: allein *Gliſ-
ſonius* ſelbſt hat dieſe Meinung bald wieder
fahren laſſen (d) und *Cole* hat ſie umſtändlich wiederleget (e). Weil die dünnen Gedärme ſehr lang ſind; ſo iſt das dünne Ge-
Tröſe faltig wie ein Kragen/ dergleichen unſere Vorfahren trugen/ wie man aus den
Bildern ſiehet/ und noch heute zu Tage an
einigen Orten die Prediger zu tragen pflegen. Denn ſo gehet es an/ daß die Gedärme in einen kurtzen Raum zuſammen
gebracht werden. Jedoch da die dünnen
Gedärme bald dreymahl ſo lang ſind/ als
das dünne Gekröſe/ wenn ſeine Falten aus-
gelaſſen werden; ſo ſiehet man zur Gnüge/
daß die Gedärme gar ſehr eingehalten wer-
den/ indem ſie an das dünne Gekröſe befeſtiget werden.

S 4 §. 104.

(c) in Tractatu de hepate Bibl. Anat. Tom.
1. f. 344. & ſeqq.
(d) in Tract. de ventriculo & inteſtinis.
(e) in Tract. de ſecret. animali.

§. 104. Die Milch=Adern sind sehr subtile/ und die Aestlein/ welche sie durch die Gedärme zerstreuen/ noch subtiler/ damit nichts anders als die zarte Nahrungs= Milch von ihnen eingesogen wird/ welche durch die Bewegung der Gedärme aus der verdaueten Speise heraus gedruckt wird; alle grobe Theile aber/ wodurch das Blut würde verunreiniget werden/ zurücke bleiben müssen. Es ist leicht zu erachten/ daß da die Speise nicht völlig verdauet ist (§. 101.)/ in der ausgepreßten Nahrungs=Milch auch gar wohl einige grobe Theile mit vorhanden seyn können. Und gleichwohl ist gar viel daran gelegen/ daß alles grobe aus dem Geblüte wegbleibe. Ich will jetzund bloß eine einige Ursache anführen und bey Seite setzen/ was aus der Verunreinigung des Geblüttes in ihm selbst entstehen könnte. Das Blut muß aus den Puls=Adern in die Blut=Adern durch über die Maassen kleine Röhrlein geleitet werden/ die subtiler als ein Haar sind und daher mit blossen Augen nicht mögen gesehen werden (§. 61.). Giengen nun grobe Theilichen mit der Nahrungs=Milch über in das Geblütte/ so könnte dadurch eine Verstopffung in den kleinen Aederlein erfolgen: wodurch der richtige Umlauff des Geblüttes gehindert würde. Und aus eben dieser Ursache
sind

find die Eröffnungen der Milch-Adern so
klein/ daß viele gar auff die Gedancken ge-
rathen/ als wenn keine vorhanden wären.
Allein man muß nicht gleich in Zweiffel
ziehen/ was man in dem menschlichen Leibe mit blossen Augen/ oder auch durch ein
Vergrösserungs-Glaß nicht gleich sehen
kan. Wir haben schon mehrere Proben
davon gehabt/ daß sich endlich gefunden/
was man zu frühzeitig in Zweiffel gezogen/
und die kleinen Aederlein/dadurch das Blut
aus den Puls-Adern in die Blut-Adern
geleitet wird/ geben hiervon gleichfals ein
Exempel. Ja selbst die Milch-Adern sind
ein solches Exempel/ die man nicht eher
erkandt/ als biß *Caspar Asellus* A. 1622.
dieselbe entdecket und bekandt gemacht.
Weil sie nun aber so gar subtile sind; so
sind auch ihre Aestlein/ welche sie über die
Gedärme austheilen/in einer unaussprech-
lichen Zahl bey einander. Denn da sie
wenig fassen können/ so müssen ihrer desto mehr seyn. Ja eben deßwegen hat der
Krum-Darm/ darinnen hauptsächlich die
Absonderung der Nahrungs-Milch geschiehet (§. 99.)/ länger als alle übrige Gedärme seyn müssen. In den dicken Gedärmen trifft man keine Spur davon an/noch
auch in dem Magen/ woferne man nicht/
wie längst *Drelincurtius* ausgeführet (a),

S 5 entwe-

(a) in Experim. Anat. Canicid. 2. ſ. 9.

entweder Nerven-Fäserlein/ oder auch leere Puls-Aederlein davor ansehen will/ weil
in diesem die Speise noch nicht gnung verdauet ist/ daß sich die Nahrungs-Milch
schon davon absondern liesse (§. 99.); in
jenem hingegen das von der Speise über-
bliebene nicht mehr in dem Stande ist/
daß sich was gutes davon absondern liesse
(§. cit.). Ob in dem kleinen Magen o-
der Zwölff-Finger-Darme einige vorhan-
den/ ist noch ungewiß. *Wharton* will daselbst von keinen wissen (b): allein *Verhey-
en* hat einige zu verschiedenen mahlen bey
Hunden angetroffen (c). Man siehet
leicht/ daß ihrer nicht viele daselbst seyn
können; sonst würden sie sich so häuffig
als wie in den andern dünnen Gedärmen
zeigen. Da erst in dem kleinen Magen
die Verdauung der Speise zu Ende gebracht
wird (§. 99.); so lässet sich freylich daselbst
noch nicht viel Nahrungs-Milch absondern. Und demnach hat es daselbst auch
keine/ wenigsten nicht so viele Milch-Adern
von nöthen als in dem Krum-Darme. Da
die kleinesten Aestlein der Milch-Adern
bloß deßwegen so subtile sind/ damit sich
nicht was untüchtiges mit der Nahrungs-
Milch hineinziehet/ so ist nicht nöthig/ daß
sie

(b) Adenograph. c. 8.
(c) Anat. lib. 1. Tract. 2. c. 13, p. m. 71.

sie durchaus so kleine verbleiben. Und daher sehen wir auch gleich/ daß sie schon in
der äusseren Fläche der Gedärme stärcker
werden und an der Zahl mercklich abneh-
men/ ob sie gleich noch wohl viele tausende
ausmachen. Ja eben deßwegen werden
sie im Gekröse selbst immer noch grösser/
biß sie in die Drüsen lauffen/ und/ wenn
sie aus den Drüsen wieder heraus kom-
men/ noch grösser als bey dem Eingange
in dieselben/ damit die Nahrungs-Milch
desto besser fortgebracht werden mag. Es
sind endlich die Milch-Adern mit vielen
Ventilen oder Fallen versehen/ damit die
Nahrungs-Milch nicht wieder zurücke in
die Gedärme/ noch auch in die Drüsen tretten kan. Man entdeckt diese Fallen auf
eben eine solche Art/ als wie in den Fließ-
Wasser-Gängen(§. 66.). Nemlich wen
man sie bindet/ so schwellen sie auf und bekommet man hin und wieder Knötlein zu
sehen. Und da diese sich nicht so häuffig
als wie in den Fließ-Wasser-Gängen zei-
gen/ wie *Verheyen* (d) anmercket; so siehet man auch/ daß sie von diesen unterschieden sind. Jedoch wenn die Nahrungs-
Milch heraus ist/ fleußt das Fließ-Wasser
durch und spület sie aus/ daß nichts von
der Nahrungs-Milch hangen bleibet. Allein

(d) loc. cit. p. 72.

lein weil sie sich nicht zeigen / als wenn sie
mit Nahrungs-Milche angefüllet sind / indem sie sonst zusammen fallen und nur wie
kleine Fäserlein anzusehen sind / oder sich
auch wohl gar unter dem Fette des Gekrö-
ses verlieren: so muß man dergleichen Versuche anstellen in Thieren / die man wohl
füttert und nach diesem eröffnet / wenn die
Speise verdauet und aus dem Magen / auch
meistens den dünnen Gedärmen heraus ist.

§. 105. Gleichwie nun die kleinen
Milch-Adern (*Venæ lacteæ primi generis*)
die Nahrungs-Milch den Drüsen zuführen
(§.103.); so bringen die grossen (*venæ
lacteæ secundi generis*) dieselbe in den Sammel-Kasten (*Cisternam*) zusammen. Warum dieses geschiehet / fället nicht schweer
zu errathen. In den Sammel-Kasten /
den auch einige das *Pecquetische* Milch-
Behältniß (*Receptaculum chyli Pecque-
tianum*) nennen / weil ihn *Pecquet* zuerst
entdecket / gehen auch viele Fließ-Wasser-
Gänge / welche das Fließ-Wasser darein
ergiessen. Und demnach erhellet hieraus /
daß die Nahrungs-Milch sich darinnen mit
dem Fließ-Wasser vermischet und dünner
gemacht wird. Da nun dieses unstreitig
in dem Sammel-Kasten geschiehet; so siehet man eben nicht / warum auch zu dem
Ende die Nahrungs-Milch in die Drüsen
solte geleitet werden. Und demnach erhält
die

(Marginalie:) Zu was der Sammel-Kasten nutzet.

die Meinung derer hierdurch mehr Wahr-
scheinlichkeit/ welche davor halten/ daß in
den Drüsen von der Nahrungs-Milch etwas abgesondert wird (§. 103.). Weil
nun eben dadurch dieselbe verdicket worden;
so schickt sichs sehr wohl/ daß sie in dem
Sammel-Kasten wieder verdünnet wird/
ehe sie in das Geblütte kommet. Allein es
muß dieser Punct/ wie ich schon oben (§.
cit.) erinnert/ allerdings noch weiter untersucht werden/ ehe man mit einiger Zu-
verläßigkeit decidiren kan. Unterdessen
können wir nicht unterlassen anzumercken/
was zu seiner Wahrscheinlichkeit etwas beyträget; aber nach unserer Gewohnheit an
dem Orte/ wo es hin gehöret/ und es sich
zeiget/ indem wir nicht gewohnet sind alles
an einem Orte zusammen zu bringen/ was
zu einer Sache gehöret; sondern jedes da
anführen/ wo es aus seinem Grunde erkant
und beurtheilet werden mag. Es nehmen
freylich Ubelgesinnte daher Gelegenheit mich
zu verkleinern/ ja gar zu lästern und durch
Verleumdungen ihre Verfolgungen zu be-
scheinigen: allein gleichwie ich das erste
nicht achte/ indem ich durch meine Schrifften bloß den Nutzen derer suche/ die sich
daraus erbauen können; so werden mir
auch meine Feinde nicht mehr schaden kön-
nen/ als GOtt nach seinen heiligen Absichten ihnen verstattet/ und darf dieses keine
Ursach-

Urſache ſeyn/ die mich davon abhält/ daß
ich mir angelegen ſeyn laſſe die Sachen auf
eine ſolche Art und in einer ſolchen Ordnung
vorzutragen/ daß ſie als wahr oder als
wahrſcheinlich/ nachdem nemlich Gründe
darzu vorhanden ſind/ erkandt werden/
und dem überhand nehmenden Scepticiſmo
deſto nachdrücklicher geſteuret werde. Der
Sammel=Kaſten beſtehet aus einer dünnen
Haut/ die ſich ſehr ſtarck ausdehnen läſſet.
Verheyen verſichert (a)/ er habe ihn eines-
mahl in einem Hunde ſo ſtarck aufgeblaſen/
daß er ſo groß wie ein Hüner=Ey worden.
Nemlich die Nahrungs=Milch muß darinnen Raum gnung finden/ wo ſie ſich mit
dem Fließ=Waſſer vermengen ſoll. Und
es iſt glaublich/ daß ſie nicht gleich wieder
heraus gehet; ſondern erſt aus allen Milch=
Adern zuſammen darinnen ſo viel verſam-
let wird/ als Raum hat. Derowegen
findet man auch/ daß er in den Thieren/
welche ſtarck freſſen und verdauen/ gröſſer
iſt als in andern/ die nicht ſo gefräßig ſind.

Verrich-
tung der
Milch-
Bruſt-
Ader.
§. 106. Aus dem Sammel=Kaſten
gehet die **Milch=Bruſt=Ader** (*Ductus*
thoracicus) durch den Ober=Leib von der
lincken Seite biß in die **Schlöſſel=Blut-**
Ader (*Venam ſubclaviam*)/ damit nemlich
die in dem Sammel=Kaſten durch das
Fließ=

_____

(a) loc. cit. p. 73.

Fließ-Waſſer verdünete Nahrungs-Milch
endlich biß in das Geblütte geleitet wird/
als deſſen Abgang es erſetzen muß/ den es
in Ernährung des Leibes gelitten (§. 69.).
Dieſe Ader beſtehet aus eben der Haut/
woraus der Sammel-Kaſten beſtehet/ als
mit dem ſie in einem fortgehet: ſie iſt aber
viel enger als der Sammel-Kaſten/ indem
ſie wegen ihrer Länge ihn gar leicht auslee-
ren kan. Der Sammel-Kaſten iſt am
deutlichſten zu erkennen/ wenn er voll Nahrungs-Milch iſt/ und dann giebt ſich auch
die Milch-Bruſt-Ader ferner gar leicht zu
erkennen/ wenigſtens wenn man aus dem
Samel-Kaſten darein bläſet oder ſie aus-
ſprützet/ als welches das Mittel iſt/ wodurch die Anatomici die Gefäſſe deutlich
machen. Es iſt auch die Milch-Bruſt-
Ader mit Fallen verſehen/ damit die ver-
dünnete Nahrungs-Milch nicht wieder zurücke treten kan/ nachdem ſie einmahl aus
dem Sammel-Kaſten heraus iſt. Sie
leeret ſich nicht in die Puls-Ader/ ſondern
in eine Blut-Ader aus/ weil von dem Blute in den Puls-Adern der Leib genehret
wird/ die Nahrungs-Milch aber noch nicht
in dem Stande iſt/ daß ſie zur Nahrung
angewendet werden mag (§. 420. Phyſ.).
Die Schlüſſel-Blut-Ader ergeußt ſich in
die groſſe Hohl-Ader/ welche in das Hertz
gehet/ und demnach wird die Nahrungs-

Milch

Milch/ wenn sie sich mit dem Blute ver=
mischet/ bald in das Hertze gebracht/ da=
mit sie durch die Lungen und den gantzen
Leib herum getrieben wird. Es ist bey dem
Eingange der Milch=Brust=Ader in die
lincke Schlüssel=Blut=Ader eine Falle/ da=
mit das Blut nicht daraus in die Milch=
Brust=Ader treten kan. Und so bleibet
auch die Nahrungs=Milch im Geblütte/ die
einmahl darein kommen ist.

Was das Netze nutzet. §. 107. Uber den Gedärmen lieget das
Netze (*Omentum, Reticulum, Epiploon*),
welches oben an dem Magen und Miltze/
von innen an dem Grimm=Darme ange=
wachsen ist. Da es die Gedärme bedecket
und sehr fett ist; so hält man davor/ daß
es dieselben warm zu halten verordnet sey.
Es ist bloß oben angewachsen/ damit es
die Gedärme in ihrer Bewegung nicht hin=
dert/ die nur bald in diesem/ bald in je=
nem Theile sich ereignen/ nachdem entwe=
der etwas auszupressen/ oder weiter fort=
zubringen vorhanden. Es gehen sehr vie=
le Blut=Gefässe durch/ daß es gleichsam
wie ein Netze durchwebet ist/ davon es auch
den Nahmen bekommen. Die Menge der
Blut=Gefässe wird erfordert/ daß ihm Fett
gnung zugeführet werden mag/ als welches
das Oelichte ist/ so sich vom Blute abson=
dert. Da das Fett wieder vergehen kan/
wie geschiehet/ wenn man mager wird;
so

so muß es auch wieder zurücke in das Blut
treten können / wenn es ihm gebricht. Und
also düncket mich / man könne ihm auch
den Nutzen zuschreiben / daß es auf einen
Nothfall das ölichte von dem Geblütte ver=
wahren muß / damit es nicht daran ge=
bricht/ wenn sich entweder durch Hunger/ o=
der Kranckheit ein Mangel daran ereignet.
Es scheinet aber wohl freylich / daß bloß
um deßwillen das Netze nicht vorhanden
sey.

§. 108. Wir hab.n schon oben gese= | Was die
hen (§. 61.)/ daß die Puls=Adern das | Blut=
Blut durch den gantzen Leib leiten und ei= | Gefässe
nem jeden / auch dem geringsten Theile zu= | bey der
führen; hingegen die Blut=Adern es wie= | Ernäh=
der zurücke zu dem Hertzen führen. Da | rung nu=
nun der Mensch und Thiere durch Speise | tzen.
und Tranck erhalten werden / davon aber
nichts als die Nahrungs=Milch im Leibe
verbleibet (§.413.Phys.)/ und diese alle in
das Geblütte gehet (§.106.); so müssen
die Puls=Adern allen Theilen des Leibes
ihre Nahrung zuführen / und / damit die=
ses beständig geschehen kan / die Adern das
Blut wieder zu dem Hertzen bringen / da=
mit es von neuem in die Puls=Adern kom=
men kan. Und deßwegen werden wir bald
mit mehrerem sehen / wie sowohl die Puls=
als Blut=Adern dergestalt mit dem Her=
tzen zusammen hangen / daß durch diese

(*Physik. III.*)   T   alles

alles Blut hinein geleitet/ durch jene aber
wieder abgeführet werden kan.   Derowegen haben auch die Blut=Gefässe mit dem
Hertzen ihren Nutzen in Ernährung des
Leibes.   Jedoch da wir im gegenwärtigem Capitel hauptsächlich diejenigen Theile zu betrachten uns vorgenommen haben/
wodurch Speise und Tranck genommen
und die Nahrungs=Milch zubereitet/ auch
in den Leib gebracht wird; so lassen wir
es hier bey demjenigen bewenden/ was in
dieser Absicht beygebracht worden und gehen nun zu denen Theilen/ die zur Erhaltung des Lebens nöthig sind: da sich dann
noch verschiedenes zeigen wird/ was in
dem gegenwärtigen Capitel hätte können
mit beygebracht werden.   Denn weil
unser Leib durch Speise und Tranck erhalten wird/ und das Geblütte in gutem Stande verbleiben muß/ wenn er
davon ernähret werden soll; so sind die
Verrichtungen zur Erhaltung des Lebens
und der Gesundheit mit den Verrichtungen zur Ernährung des Leibes dergestalt mit einander verknüpfft/ daß sich
nicht wohl von einem ohne die übrigen
reden lässet/ so bald die Nahrungs=Milch
in das Geblütte gedrungen und mit ihm
vermischet worden.

Das

Das 4. Capitel.
Von den Theilen / die zur
Erhaltung des Lebens nöthig
sind.

§. 109.

Als Leben des Menschen wird durch den Umlauff des Geblüttes unterhalten (§. 455. Phyſ.). Und dazu dienen das Hertze und die Puls= und Blut=Adern. Daher zeiget die Erfahrung/ daß/ wenn das Hertze durchſtochen/ oder eine von den Puls= und Blut=Adern/ die darein gehen/ zerſchnitten wird/ der Menſch und das Thier in dem Augenblicke ſein Leben endiget. Das Hertze preſſet das Blut in die Puls=Adern (§. 415. Phyſ.) und giebt ihm alſo die erſte Bewegung. Jedoch da ſich die Blut=Gefäſſe in unzehlich viele Aeſtlein zertheilen: ſo würde nicht wohl möglich ſeyn/ daß dadurch das Blut ſeinen gantzen Umlauff verrichten könnte. Derowegen ſind eben die Blut=Gefäſſe ſo zubereitet/ daß ſie ſelbſt das Geblütte fort treiben können/ es mag entweder in den Puls= Adern von dem Hertzen weg/ oder in den Blut=Adern zu ihm getrieben werden (§. 64). Es iſt wohl wahr/ daß das Hertze einem Druckwercke gleichet (§. 416. Phyſ.)/ und man daher vermeinen ſollte/ weil durch

Nutzen des Hertzens mit den Blut= Gefäſſen.

T 2   ein

ein Druckwerck das Waſſer kan geleitet
werden/ wo man es hin haben will/ ohne
daß es in den Röhren einen neuen Druck
erhält/ ſo könnte ſolches auch in dem
menſchlichen Leibe bloß durch den Druck des
Hertzens bewerckſtelliget werden.   Allein
wer beyde Machinen/ das Hertze und das
Druckwerck/ mit ihren zugehörigen Röhren
genauer kennet; der wird gar bald ſehen/
daß ſich in dieſem Stücke nicht von einem
auf das andere ſchlüſſen läſſet. Ein Druckwerck treibet das Waſſer bloß in die Höhe und wenn es durch viele Röhren hin und
wieder geleitet werden ſoll/ wird dieſes durch
den Fall befördert (§. 16. Hydr.).   Allein
das Hertze treibet das Geblütte nicht bloß
durch eine Röhre in die Höhe/ ſondern
zugleich in die Tieffe/ und in beyden Orten muß es ſich in viele Röhren und aus
dieſen wiederum in unzehlich viel kleine
Röhrlein zertheilen.   Uber dieſes wird ja
durch die Druckwercke das Waſſer nicht
wieder durch den von ihnen empfangenen
Druck wieder zu dem Stieffel gebracht:
Wenn aber in Menſchen und Thieren das
Blut bloß durch den Druck des Hertzens
ſollte fortgetrieben werden/ ſo müſte es auch
durch dieſen Druck in den Blut-Adern
wieder zu dem Hertzen getrieben werden.
Unterdeſſen/ da alle Blut-Gefäſſe mit den
Röhren/ die in und aus dem Hertzen ge-
hen/

hen/ communiciren/ oder vielmehr von
ihnen abgelegte Röhren und Röhrlein ſind:
ſo gehet es doch an/ daß der Druck des
Hertzens in Geſchwindigkeit eine Veränderung des Geblüttes in dem gantzen Leibe
verurſachen kan.   Wir ſehen ſolches in
hefftigen Affecten/ z. E. in groſſem Zorne/
da das Geblütte in dem gantzen Leibe anfängt zu wallen und uns warm machet.
Denn wenn der Trieb des Hertzens ſtarck
iſt/ ſo werden auch dadurch zugleich die
Adern zu einem ſtarcken Triebe angeſtren-
get.

§. 110. Eben daraus/ daß wir bey
einer ſtarcken Bewegung des Geblüttes/
welche durch den ſtarcken Trieb des Hertzens erreget wird/ eine gar empfindliche
Vermehrung der Wärme ſpüren/ können
wir abnehmen/ daß die Wärme im Leibe
der Menſchen und der Thiere durch die Bewegung des Geblüttes erreget wird. Und
daher finden wir auch/ daß/ ſo bald dieſelbe
aufhöret/ Menſchen und Thiere gleich er-
kalten/ indem ihnen die Wärme entgehet/
keine aber von neuem erreget wird (§. 76.
Phyſ.). Derowegen da die Bewegung des
Blutes von dem Hertzen kommet (§.109.):
ſo iſt das Hertze dasjenige Werckzeug des
Leibes/ welches die natürliche Wärme in
Menſchen und Thieren unterhält.   Da
die Adern das ihre zur Bewegung des Ge-

Wie das Hertze die Lebens-Wärme unterhält.

T 3   blüttes

blutes gleichfalls beytragen (§. cit); so
unterhalten sie zwar auch die natürliche
Wärme : allein gleichwie die Adern zu ihrer Bewegung durch die Bewegung des
Hertzens determiniret werden/ also richten
sie sich auch in Unterhaltung der Wärme
nach dem Hertzen und können ohne dieses
nichts ausrichten. Daß Puls- und Blut-
Adern zu ihrer Bewegung durch die Bewegung des Hertzens determiniret werden /
lässet sich gar eigentlich aus dem abnehmen/
was wir erst angeführet haben/ nemlich
daß die Bewegung des Geblüttes bald auf-
höret/ wenn der Trieb des Hertzens auf-
höret/ und die Bewegung des Blutes auf
einmahl sich im gantzen Leibe ändert/ so
bald eine merckliche Veränderung in dem
Triebe des Hertzens vorgehet. Die innere Haut in den Adern ist nervicht oder
spannadrig und wird durch den Stoß des
Geblüttes gerühret/ daß die daselbst in Bewegung gebrachte Lebens-Geister in die fleischerne Haut einfliessen und sie zur Bewegung determiniren (§. 64.). Wenn demnach der Druck des Hertzens sich ändert/
sa bekommet das Geblütte einen andern
Trieb und verursacht nach dessen Beschaffenheit eine stärckere/ oder schwächere Em-
pfindung/ folgends wird auch in den Blut-
Gefässen dadurch eine stärckere oder schwächere Bewegung determiniret / wodurch
das

das Blut in ihnen entweder schneller/ oder
langsamer fortgebracht wird. Und also
sind die Blut-Gefässe in ihrer Bewegung
zu solchen Veränderungen aufgeleget/ wie
sich in der Bewegung des Hertzen ereignen.

§. 111. So lange das Blut warm
ist/ bleibet es flüßig: so bald es aber kalt
wird/ gerinnet es. Eine Sache/ die aus
der gemeinen Erfahrung bekandt ist/ erfordert keinen weiteren Beweis. Es ist a-
ber hieraus klar/ daß die Flüßigkeit des
Blutes mit von der Wärme herrühret (§.
55. Phys.). Da nun die Wärme durch
die stete Bewegung des Geblüttes hervorgebracht wird (§. 110.)/ diese Bewegung
aber von dem Hertzen herrühret (109.);
so ist auch das Hertze dasjenige Werckzeug/
wodurch die Flüßigkeit des Geblüttes unterhalten wird. Zwar da die Puls- und
Blut-Adern den Trieb des Blutes/ den
es von dem Hertzen bekommen/ erhalten
(§. 110.); so tragen auch sie zu diesem Zwecke etwas bey. Allein wie sie von dem
Hertzen zu der Bewegung determiniret wer-
den/ wodurch sie den Trieb im Blute erhalten; so bleibet auch dasselbe das Haupt-
Werckzeug in dieser Verrichtung/ als ohne welches keine Flüßigkeit im Geblüte stat
findet. Die Bewegung des Blutes erhält
die Vermischung des Saltz-Wassers und

Wie das Hertze die Flüßig-keit und Ver-mischung im Ge-blütte er-hält.

T 4　　　　der

der übrigen Materie des Blutes / welche
gerinnet / wenn das Blut kalt wird (§. 71.).
Derowegen da das Hertze der Urheber der
Bewegung ist; so unterhält es auch die
Vermischung des Geblüttes / daß sich das
Saltz-Wasser nicht von ihm scheiden kan.
Weil nun aber auch durch diese Vermi-
schung das Geblütte flüßig ist (§. 71.); so
erhellet noch einmahl daraus / wie das
Hertze die Flüßigkeit des Geblüttes er-
hält.

**Warum
das Her-
tze zwey
Kam-
mern
hat.** §. 112. Ehe das Blut / welches
durch die Blut-Adern dem Hertzen zugeführet wird / von ihm in die Puls-Adern
wieder durch den Leib zurücke getrieben
wird / muß es vorher durch die Lungen pas-
siren (§. 415. Phys.). Derowegen wird
das Hertze mitten durch eine Scheide-
wand (*Septum*) in zwey **Kammern** (*Ven-
triculos*) getheilet: davon die zur rechten
Seite das Blut aus dem gantzen Leibe /
die zur lincken aber dasselbe aus den Lungen wieder zurücke erhält. Die rechte
Hertz-Kammer ist weiter als die lincke und
gehet nicht biß an die **Spitze** (*Mucronem,
apicem*) herunter. Die rechte hat auch
nicht eine so starcke **Wand** (*parietem*) als
die lincke. Denn aus der rechten Hertz-
Kammer wird das Blut bloß biß in die
Lungen durch einen kurtzen Weg; hingegen
aus der lincken durch den gantzen Leib getrieben.

trieben. Derowegen iſt in dem anderen
Falle ein ſtärcker Trieb nöthig / als in dem
erſten. Da nun die Faſern / daraus die
Wände beſtehen / das Geblütte fort treiben (§.415. Phyſ.); ſo wird daſſelbe viel
ſtärcker aus der lincken / als aus der rechten Hertz-Kammer getrieben (§.49.). Wiederum aus einem weiten Raume wird das
Blut nicht mit ſo groſſer Geſchwindigkeit
heraus gepreſſet / als aus einem engen /
wenn gleich beydes mit einerley Gewalt
geſchiehet. Da nun hier gar das Hertze
mehr Krafft anwendet das Blut aus der
engen lincken Hertz-Kammer / als aus der
weiten rechten zu treiben; ſo wird es um
ſo vielmehr mit gröſſerer Geſchwindigkeit
aus der lincken / als aus der rechten getrieben. Von der Geſchwindigkeit aber dependiret die Stärcke des Triebes / den das
Blut in den Puls-Adern hat und dadurch
es durch den gantzen Leib fortgebracht wird/
indem ihn die Puls-Adern unterhalten (§.
109.). Man mercket über dieſes noch ferner an / daß der Trieb des Blutes aus der
rechten Hertz-Kammer auch noch ferner
dadurch vermehret wird / weil zugleich die
Scheide-Wand ihre Krafft mit anwendet
das Blut aus der lincken Hertz-Kammer
zu treiben; aber nicht aus der rechten: indem die Scheide-Wand mit der lincken
Wand die lincke Hertz-Kammer machet /

T 5   die

die biß an die Spitze herunter gehet/ die rechte aber gleichsam nur angebauet ist. Und weil von der Stärcke des Triebes die Grösse der Wärme im Geblütte herrühret (§. 110.); so hat auch in dieser Absicht die lincke Hertz-Kammer enger und stärcker seyn müssen.

Warum das Hertze aus lauter Fasern bestehet.

§. 113. Das Hertze ist ein vollkommenes Mäuslein/ wie *Nicolaus Steno* (a) und *Richard Lower* (b) weitläuffig bewiesen/ indem man es vorher nicht erkandte. Da nun die Mäuslein zur Bewegung dienen (§. 45.); so siehet man/ daß auch das Hertze zur Bewegung gemacht worden. Und in der That finden wir auch/ daß es sich beständig beweget/ nemlich jetzund zusammen ziehet und das Blut aus den Kammern heraus sprißet/ jetzt wieder aus einander giebet und von neuem Blut hinein lässet: welche **Zusammenziehung** (*Systole*) und **Nachlassung** oder **Erweiterung** (*Diastole*) beständig abwechseln/ wie in einem Druckwercke wo jetzt das Wasser ausgesprißt/ jetzt wieder neues eingelassen wird (§. 12. Hydraul.). Es bestehet

---

(a) in Tract. de musculis & glandulis p. 2. 22. & seqq. conf. Bibl. Anat. Tom. 2. f. 522.

(b) in Tract. de Corde c. 1. p. 15. & seqq. conf. Bibl. Anat. Tom. 1. f. 887. & seqq.

het aber das Hertze aus starcken fleischernen Fasern/ die auf eine wunderbahre Art
Schrauben-Weise in einander gewickelt/
daß eine Lage die andere schief durchschneidet: Denn wenn sie sich zusammen ziehen/
so werden die Hertz-Kammern enger und
wird das Blut heraus gepresset.   Eben
dadurch haben *Steno* und *Lower* gewiesen/
daß man vor ihnen geirret/ wenn man sich
eingebildet/ das Blut bewege sich durch
seine eigene Krafft und bewege zugleich das
Hertze/ indem im Gegentheile das Hertze
das Blut beweget und dieses durch den im
Hertzen erhaltenen Trieb fortgehet/ indem
er durch die Zusammenziehung der Blut-
Gefässe unterhalten wird/ als welche wie
das Hertze vermöge ihrer Fasern (§. 64.)
mit ihrer **Zusammenziehung** (*Systole*)
und **Erweiterung** (*Diastole*) beständig
abwechseln.   *Lower* hat die fleischernen Fasern genau aus einander gewickelt/ daraus
die Art der Zusammenziehung sich genauer
bestimmen lässet/ wenn man deutlicher begreiffen will/ wie es möglich ist/ daß das
Hertze dem Geblütte einen so starcken Trieb
geben kan/ absonderlich zu der Zeit/ wenn
man im hefftigem Eifer oder in Kranckheiten eine ausserordentliche Bewegung des
Geblüttes verspüret.   Man findet ausser
den starcken fleischernen Fasern auch viele
spannadrige/ die sich durch das gantze Hertze aus-

tze ausbreiten/ damit durch deren Berührung von dem Blute eine Empfindung verursacht und dadurch die Fasern zu ihrer
Zusammenziehung determiniret werden (§.
32.).   Und also ist es wohl wahr/ daß
das Geblütte zur Bewegung des Hertzens
Anlaß giebet: allein es beweget doch nicht
daffelbe.   So wenig als ich sagen kan/ daß
der Schall/ welcher ins Ohre fället und
Bewegung in verschiedenen Gliedern des
Leibes veranlasset/ die Glieder beweget:
so wenig kan man auch sagen / daß das
Blut das Hertze beweget.   Diejenigen/
welche die Sachen nur obenhin anzusehen
gewohnet sind und nicht aus den Begrif-
fen von ihnen urtheilen/ pflegen das Hertze für eine **immerwährende Bewegung**
(*Perpetuum mobile*) auszugeben.   Allein
wer die Structur des Hertzens und seine
Bewegung verstehet und dabey weiß/ daß
eine immerwährende Bewegung die einmahl erregte Bewegung vermöge der Structur der Machine immer fortsetzen muß/
der wird bald sehen/ daß sich dieses bey
dem Hertzen nicht befindet.   Denn unerachtet das Hertze sich beständig beweget/ so
lange der Mensch lebet/ und niemahls ruhet; so setzet es doch die Bewegung nicht
vermöge seiner Structur fort/ die es einmahl angefangen/ sondern eine jede Zusammenziehung ist eine neue Bewegung/
die

die von neuem determiniret und hervorgebracht wird.   Und eben deßwegen / weil
die Lebens = Geister / von denen die Zusammenziehung herkommet (§. 32.) / als eine
auswärtige Ursache der Bewegung / wie
in andern Mäusleinen also in dem Hertzen
anzusehen sind / kan die Bewegung des
Hertzens vielfältig verändert werden / wie
man es in Affecten siehet : da hingegen sonst
es seine Bewegung einmahl wie das andere fortsetzen müste.   So aber ist es wie in
einer Wind=Mühle / die gehet bald schwach /
bald starck / nachdem ein schwacher / oder
ein starcker Wind sie treibet.   Es gehet
demnach nicht an / daß man aus der Structur des Hertzens einen Begriff von der
Structur einer immerwährenden Bewegung oder eines perpetui mobilis erlangen
kan.

§. 114.   Die **Hertz=Ohren** (*Auriculæ* Nutzen
cordis) oder **Vorkammern** halten das Ge- der Hertz-
blütte / welches durch die Blut=Adern zu- Ohren
geführet wird / so lange auf / biß das an- oder
dere / was bereits in die Hertz=Kammern Vorkam-
eingedrungen / von dem Hertzen heraus- mern.
gespritzet worden (§. 415. Phys.).   Es bestehen dieselben / wie das Hertze / aus starcken fleischernen Fasern / die wunderlich in
einander gewickelt sind : woraus man siehet / daß sie eben zu solchen Bewegungen
wie das Hertze aufgeleget sind.   Denn weñ
sie

sie sich zusammen ziehen/ so wird der innere Raum der Vorkammer enger und demnach das darinnen enthaltene Blut in die
Hertz-Kammer gepresset: Wenn sie sich a-
ber erweitern/ so geben sie dem Blute/
welches durch die Adern zugeführet wird/
wieder einen Auffenthalt.   Wenn keine
Vorkammern wären; so könnte das Blut
in den Adern nicht in einem fortfliessen/
weil es eine Weile stille stehen müste/ indem dasjenige/ was in die Kammern ge-
flossen/ heraus getrieben wird.   Und demnach sind sie eigentlich deßwegen vorhanden/
daß das Blut in den Adern ungehindert
in einem fortfliessen kan.   Weil aber bey
Erweiterung und Eröffnung der Kammer
das Blut auch aus der Ader selbst hinein
fleußt; so muß sich das Ohre zusammen
ziehen/ damit es das in ihm gesammlete
Geblütte zugleich mit hinein stößt.   Die
rechte Vorkammer ist viel weiter als die
lincke.   Denn in die rechte wird das Blut
von dem gantzen Leibe zugeführet durch
den weiten Canal der Hohl-Ader: in die
lincke hingegen kommet es nur aus der
Lunge zurücke durch den viel engeren Canal der Lungen-Blut-Ader (§.415. Phyſ.).
Da nun aber alles Blut/ welches die Hohl-
Ader zuführet/ in die Lunge getrieben und
durch die Lungen-Blut-Ader dem Hertzen
wieder zugeführet wird: so muß sich das
Blut

Blut/ wenn es aus der Lunge zurücke
kommet/ geschwinder bewegen / als wenn
es aus dem gantzen Leibe zu dem Hertzen
geleitet wird. Derowegen dringet es geschwinder in die Kammer hinein und darf
sich nicht so lange in der Vorkammer verweilen.

§. 115. Da in die rechte Hertzkammer Nutzen
die grosse Hohl-Ader (*Vena cava*) gehet; der Hohl-
so weiset es der Augenschein/ daß alles Ader.
Blut/ was in die Hohl-Ader kommet/
auch in die rechte Hertz-Kammer nach und
nach eindringet. Nun sind alle übrige
Blut-Adern/ darinnen das Blut sich gegen das Hertze zu beweget (§. 61.)/ blosse
Aeste und Aestlein/ die sich aus dem Stamme dieser Ader durch den gantzen Leib zertheilen. Und demnach fleußt von allen
Theilen des Leibes das Blut in die rechte
Hertz-Kammer. Nemlich in den oberen
Stamm (*truncum superiorem*) gehen die
Schlüsselbein-Blut-Adern (*venæ sub-
claviæ*), die alles Blut aus den Armen/
den Händen/ dem Haupte/ dem Halse/
den Schultern und Brüsten/ mit einem
Worte/ von dem gantzen oberen Theile
des Menschen biß an den Unter-Leib zuführen: in den untern Stamm hingegen
(*truncum inferiorem*) lauffen die Adern/
wodurch aus den Füssen/ Beinen und dem
gantzen Unter-Leibe / mit einem Worte
von

von dem gantzen unteren Theile des Menschen biß an den Anfang des Unter-Leibes
das Blut zurücke gebracht wird. In die
Schlüsselbein-Blut-Adern bringen das
Blut aus dem Gehierne die innere Drof-
sel-Adern (vena jugulares internæ), auf-
sen von dem Haupte die äussere Drossel-
Adern (vena jugulares externæ), aus dem
Nacken die Nacken-Blut-Adern (venæ
vertebrales seu cervicales), aus den obersten Ribben die obersten Ribben-Blut-
Adern (venæ intercostales supremæ), aus
den Brüsten die Brust-Blut-Adern
(venæ mammariæ), aus den Mäuslein des
Halses und der Brust die Mäuslein-
Blut-Adern (venæ musculæ), von den
Schultern die inneren und aufseren
Schulter-Blut-Adern (venæ scapulares
internæ & externæ), aus den Armen und
Händen die Achsel-Blut-Adern (venæ
axillares), die in zweyen Aesten dem inneren (Basilica) und dem äusseren (Cepha-
lica) durch die Armen gehen/ im Gelencke
des Ellbogens aber durch die Mittel- oder
Median-Ader (Medianam) mit einander
vereiniget werden und daraus oben auf
der Hand die Hand-Blut-Ader (Salva-
tella) entspringet. Ausser diesen Adern
führen noch das Geblütte aus dem Ober-
Leibe zwischen den Ribben in die Hohl-A-
der die ungepaarte Adern (azygi), aus
den

den Lungen die **eigene Lungen-Ader**
(*bronchialis*) und aus der Substantz des
Hertzens die **Krantz-Blut-Adern** (*venæ
coronariæ*). In den unteren Stamm der
Hohl-Ader bringen das Blut aus dem
Zwerg-Felle die **Zwergfells-Adern** (*venæ diaphragmaticæ* oder *phrænicæ*), aus der
Leber die **Leber-Blut-Adern** (*venæ hepa-
ticæ*), aus den Nieren die **rechte** und **lincke Nieren-Blut-Ader** (*venæ emulgentes*), aus den Lenden die **Lenden-Blut-
Ader** (*venæ lumbares*), aus den Neben-
Nieren die **Neben-Nieren-Blut-Adern**
(*venæ atrabilariæ & adiposæ*), aus den
Saamen-Gefässen die **Saamen-Blut-
Adern** (*venæ spermaticæ*), aus der Gegend
um das Heilige Bein von dem Rücken die
Heilige Bein-Blut-Ader (*vena sacra*),
aus allen unteren Theilen des Leibes die
rechte und **lincke Krum-Darm-Ader**
(*venæ iliacæ*), und zwar der **innere Ast**
davon von dem unteren Schmeer-Bauche/
den Geburths-Gliedern und dem Affter o-
der Hintern/ der äussere von dem oberen
Schmeer-Bauche und der Scham/und aus
den dicken Beinen und Füssen/wo der Stam
der Krum-Darm-Ader den Nahmen der
Brand-Ader (*vena cruralis*) bekommet;
davon der kleine und **innere Ast** die **Ro-
sen-Ader** oder **Frauen-Ader** (*saphæna*)
heisset/ die grosse und äussere aber aus der

(*Physik. III.*) U **Gicht-**

Gicht-Ader (*vena ischiatica*), der Fleisch-
Ader (*muscula*), der Kniescheib-Ader
(*Poplitea*), und der Waden-Ader (*Surali*)
bestehet. Man siehet ohne mein Erinnern/
daß alle Adern nichts anders als Aeste der
grossen Hohl-Ader sind/ darein sie sich zer-
theilet/ damit von allen Orten des Leibes
das Blut wieder zurücke zu dem Hertzen
geführet werden kan/ und nirgends stehen
bleibe. Derowegen wer bloß um den Gebrauch der Theile im menschlichen Leibe sich
bekümmert/ derselbe hat eben nicht nöthig
alle Aeste mit besonderen Nahmen zu nen-
nen/ welche von einem jeden Theile des
Leibes das Blut zurücke führen. Es ist
zu diesem Zwecke gnung/ daß wir wissen/
die Adern insgesamt/ welche dem Hertzen
aus dem Leibe das Blut zuführen/ seyn
nicht anders als ein einiger Canal/ der sich
in viele Röhren zertheilet/ daß die Haupt-
Röhre von dem Hertzen in den oberen Theil
des Leibes hinauf steiget und durch den
gantzen unteren Leib herunter gehet; daß
sie sich bey den Schultern in zwey Aeste zer-
theilet/ von denen einer durch den rechten
Arm/ der andere durch den lincken gehet/
und unten bey den dicken Beinen abermahls
in zwey Aeste/ von denen einer durch das
lincke/ der andere durch das rechte Bein
gehet/ daß die oberen beyden Aeste kleinere
Aeste in die Höhe auswerffen/ die durch
den

den Hals in das Haupt gehen/ und endlich ein jeder Ast seine Aeste und Aestlein/
auch selbst der grosse Stamm innerhalb
dem Leibe/ weiter auswirfft und dadurch
sich ausbreitet/ damit kein Ort in dem
gantzen Leibe anzutreffen ist/ wo nicht eine
Blut-Ader befindlich wäre/ und in keinem
Orte das geringste Flecklein gezeiget werden mag/ wo nicht einige Aederlein sich
befinden/ welches letztere insonderheit durch
die Observationen des berühmten und um
die Natur-Wissenschafft wohlverdienten
Leeuwenhœks erhellet. Denn daraus erkennet man zur Gnüge/ daß aus allen/
auch den allerkleinesten Theilen des Leibes/
das Blut dem Hertzen zugeführet wird/ und
die Blut-Adern so vertheilet worden/ wie
es ihr Gebrauch erfordert.

§. 116. Das Blut wird aus der rechten Hertz-Kammer durch die **Lungen-**
Puls-Ader (*arteriam pulmonalem*) in die
Lunge getrieben (§.415. Phyſ. I.). Und also bestehet ihr Ambt darinnen/ daß sie das
Blut/ welches von der grossen Hohl-Ader
aus dem gantzen Leibe dem Hertzen zugeführet wird/ in die Lungen leitet. Sie zerstreuet ihre Aeste bloß durch die Lungen:
woraus eben erhellet/ daß sie das Blut
bloß in die Lungen leitet. Nun erhält die
Lunge auch **Puls-Adern** (*arterias bron-*
chiales) aus der grossen Puls-Ader/ wie

Nutzen der Lun-gen-Puls-A-der.

U 2   wir

wir hernach sehen werden. Und da durch
diese ihr ein Theil von dem Geblütte wie
allen übrigen Theilen des Leibes zugeführet
wird; so siehet man eben daraus/ daß nicht
die gemeine Lungen-Puls-Ader/ welche
alles Blut aus dem gantzen Leibe in die
Lungen leitet/ den Lungen Nahrung zufüh-
ret/ sondern solches durch die eigenen Puls-
Adern geschiehet/ die wie alle übrigen aus
der grossen Puls-Ader entspringen. Unterdessen da gleichwohl das Geblütte alles
in den Lungen ist und doch gantz wieder
zurücke durch die gemeine Lungen-Blut-
Ader (§. 117.) zu dem Hertzen geführet
wird/ nach diesem aber erst durch einen besonderen Weg so viel zur Nahrung in die
Lungen abgeleitet wird/ als dazu nöthig
ist; so siehet man daraus augenscheinlich
daß das Blut/ wie es aus der rechten
Hertz-Kammer kommet/ zur Nahrung noch
nicht geschickt ist/ folgends in der Lunge erst
dazu geschickt gemacht wird.   Daß aber
nicht gleich einiges davon wieder zurücke
kehret/ sondern erst noch einmahl das Hertze passiret; kan mehr als eine Ursache haben. Der Druck des Hertzens kan es zur
Ernährung geschickter machen/ indem es
dadurch würcklich eine Veränderung leidet/
welche sich durch die Vermehrung der
Wärme zeiget.   Aber eben dieser Druck
des Hertzens giebt ihm einen neuen Trieb/
daß

daß es sich durch alle subtile Aeſtlein der eigenen Puls-Adern beſſer vertheilen kan.
Die Wärme macht das Geblütte flüßiger
und behält es in der Vermiſchung (§.
111.)/ welches allerdings nöthig iſt/ woferne Nahrung jedem Theile der Lunge zugeführet werden ſol (§. 420. Phyſ.).

§. 117.   In die lincke Hertz-Kammer **Nutzen**
gehet das Ende von dem Stamme der ge- **d e r**
meinen **Lungen-Blut-Ader** (*venæ pulmo-* **Lungen-**
nalis). Da nun durch ſie das Blut/welches **Puls-A-**
aus der rechten Hertz-Kammer in die Lun- **der.**
gen geleitet worden/ zu dem Hertzen wieder zurücke gebracht wird (§. 415. Phyſ.); ſo
zertheilet ſie ihre Aeſte durch die Lungen und
breitet dadurch auch ferner ihre kleine Aeſtlein aus/ damit durch die Haar-Röhrlein
überall das Blut aus den Aeſtleinen der
Puls-Ader in die Aeſtlein der Blut-Ader
kommen kan/ gleichwie ſolches in dem gantzen Leibe an allen Orten geſchiehet (§.
61.).   Ihr Ambt beſtehet demnach da-
rinnen/ daß ſie alles Blut/ welches von
dem Hertzen in die Lungen geführet worden/
aus ihnen wiederum zu dem Hertzen zurücke führet.   Wir haben ſchon vernommen
(§. 115.)/ daß beſondere Blut-Adern ſind/
welche das Geblütte in die groſſe Hohl-Ader
zurücke führen/ das durch die eigene Puls-
Adern den Lungen zur Nahrung hinein geleitet worden.   Fraget man nun/ warum
U 3   dieſes

dieses geschiehet/ und warum nicht vielmehr
die gemeine Puls-Ader alles Blut zusammen aus den Lungen abführet / was darinnen nicht bleiben darf; so lässet sich die
Ursache gar wohl geben. Die eigene Blut-
Adern führen das Blut zurücke / welches
seiner nahrhafften Theile beraubet wor-
den/ und daher erst wieder neue erhalten
muß / ehe es ferner dazu gebraucht werden
mag: Hingegen die gemeine Blut-Ader
führet das nahrhaffte Geblütte dem Hertzen zu/ welches durch den gantzen Leib ihn
zu ernähren vertheilet werden soll.   Also
schickte sichs nicht / daß beydes Geblütte
mit einander vermenget würde/ und deßwegen hat jedes seine besondere Gänge er-
halten/ wodurch es an seinen gehörigen
Ort geleitet wird.

Nutzen
der
grossen
Puls-A-
der.

§. 118.   Aus der lincken Hertz-Kammer entspringet die **grosse Puls-Ader**
(*arteria magna*).   Derowegen da durch die
Puls-Adern das Blut zugeführet wird (§.
61.); so wird das Blut aus dem Hertzen
überall hingeleitet/ wo die grosse Puls-A-
der ihre Aeste hin zertheilet.   **Der auff-**
steigende Stamm (*truncus ascendens*)
führet es in die oberen Theile des Leibes
und in das Hertz selbst/ nemlich durch die
Krantz Adern (*arterias coronarias*) in die
Substantz des Hertzens/ damit es dadurch
genehret werden kan/ durch die **innere**
Schlaff-

Schlaff-Adern (*carotides internas*) in das
Gehierne / durch die äuffere Schlaff-A-
dern (*carotides externas*) zu allen äufferen
Theilen des Hauptes / durch die rechte
und lincke Schlüffelbein-Adern (*arte-
terias subclavias*) vermittelst verschiedener
Aeste in verschiedene Theile / als durch die
Nacken-Puls-Adern (*arterias cervicales*)
in den Nacken / durch die oberen Ribben-
Puls-Adern (*arterias intercostales supe-
riores*) zu den oberen Ribben / durch die
Brust-Puls-Adern (*arterias mamma-
rias*) zu den Brüsten und endlich durch
die Achsel-Puls-Adern (*arterias axillares*) durch die Armen und alle Finger.
Der niedersteigende Stamm hingegen
(*truncus aortæ descendens*) führet das Geblütte allen unteren Theilen des Leibes zu /
als durch die Lungen-Puls-Adern (*arterias bronchiales*) den Lungen / durch die
unteren Ribben-Puls-Adern (*arterias
intercostales inferiores*) den unteren Ribben/
durch die Zwergfell-Puls-Ader (*arteriam
phrænicam, diaphragmaticam*) dem Zwerg-
Felle / durch die Ingeweid-Puls-Ader
(*arteriam cœliacam*) dem meisten Ingeweide / als zur rechten durch die rechte Magen-Puls-Ader (*arteriam gastricam dextram*) dem Magen zur rechten Seite / durch
die rechte Netz-Puls-Ader (*arteriam
epiploicam dextram*) dem rechten Theile des

U 4   Netzes

Netzes/ durch die **Zwölff-Finger-Darm-Puls-Ader** (*arteriam duodenam*) dem kleinen Magen oder Zwölfffinger-Darme/ durch die **Gallen-Puls-Ader** (*arteriam cysticam*) der Gallen-Blase/ durch die **Leber-Pulsader** (*hepaticam*) der Leber; zur lincken aber durch die **lincke Magen-Puls-Ader** (*arteriam gastricam sinistram*) der lincken Seite des Magens/ durch die **lincke Netz-Puls-Ader** (*arteriam epiploicam sinistram*) zu dem lincken Theile des Netzes/ durch die **gemeinschafftliche Puls-Ader** (*arteriam gastro-epiploicam*) zu dem Magen und dem Netze; durch die **Miltz-Ader** (*arteriam splenicam*) zu dem Miltze. Ferner erhalten das Blut von dem niedersteigenden Stamme durch die **grosse und kleine Gekröse-Puls-Ader** (*arteriam mesaraicam superiorem & inferiorem*) das Gekröse/ durch die beyden **Nieren-Puls-Adern** (*arterias emulgentes*) die Nieren/ durch die **Saamen-Puls-Adern** (*arterias spermaticas*) die Saamen-Gefässe/ durch die **Lenden-Puls-Adern** [*arterias lumbares*] die Lenden/ durch die **äussere Krum-Darm-Puls-Ader** [*arteriam iliacam externam*] zu dem Unter-Schmeer-Bauche/ den Geburths-Gliedern und in der Gegend herumliegenden Mäusleinen/ durch die **innere** [*iliacam internam*] dem Ober-Schmeer-Bauche/

Bauche/ der Schaam/ dem Schienbei-
ne/ den Waden und den Füssen/ und
durch die Heiligbein-Puls-Ader denen
um das heilige Bein liegenden Mäusleinen.
Da wir bloß den Gebrauch der Puls-A-
dern untersuchen/ so ist uns gnung/ daß
wir wissen/ daß alle Puls-Adern Aeste
sind/ die von der grossen Puls-Ader ab-
stammen/ und daher das Hertze das Blut
durch den gantzen Leib treiben kan; daß sie
ihren Stamm gleich bey dem Hertzen zertheilet und durch den einen Theil das Blut
den oberen Theilen des Leibes/ durch den
andern aber den unteren zuführet. Daß
sich der obere Stamm bey den Schultern
in zwey Aeste zertheilet/ davon einer in den
rechten/ der andere in den lincken Arm gehet und den Armen/ Händen und Fingern
das Blut bringet; daß zugleich aus dem
oberen Stamme/ wo sich die Aeste zu beyden Seiten abtheilen/ kleine Aeste in den
Nacken/ den Kopff und das Gehierne
ausgeworffen werden/ damit es dem
Haupte an Blute nicht fehlet; daß aus
dem unteren Stamme innerhalb dem Leibe
kleine Aestlein aussprossen/ dadurch das
Ingeweide Blut erhält; daß sich unten
derselbe Stamm in zwey Aeste zertheilet/
davon einer durch das rechte Bein/ der andere durch das lincke gehet/ damit die Theile ausser dem Rumpffe ihnen nöthiges Blut

U 5   über-

überkommen; daß endlich überall die grossen Aeste immer kleinere Aestlein und diese so fort noch kleinere außwerffen / damit nicht der geringste Theil / so klein als er auch immer angenommen werden mag/ in dem Leibe vorhanden/ der nicht Blut zu seiner Nahrung erhielte/ welches Letztere insonderheit durch die Observationen des berühmten *Leeuwenhœks* erhellet.

§. 120. Die **Pfort-Ader** ist eine besondere Ader/ die das Blut aus dem Ingeweide/ welches in dem Unter-Leibe oder dem Schmeer-Bauche lieget/ in die Leber führet. Es erhellet solches aus ihren Wurtzeln und Aesten/ die sie aus dem Stamme über und unter sich vertheilet. Der **rechte Ast** (*ramus dexter*) zertheilet sich durch die rechte Seite des Netzes und des Magens/ ingleichen das Gekröse und daraus ferner durch die Gedärme/ und führet also das Blut von den Gedärmen/ dem Gekröse/ der rechten Seite des Magens und des Netzes ab/ jenes durch die **Ge-kröß-Adern** (*venas mesaraicas*), dieses durch die **rechte Netz-Blut-Ader** [*epiploicam dextram*] und durch die **rechte Magen-und Netz-Ader** [*gastro-epiploicam dextram*]. Der **lincke Ast** [*ramus sinister, splenicus, lienaris*]', zertheilet ihre Aeste durch den Mast-Darm / die lincke Seite des Magens und des Netzes/ die

Gekröse-

Gekröſe-Drüſe und zwiſchen dem Miltze und Magen/ und führet das Blut von dem Maſt-Darm ab/ durch die **innere güldene Ader** [*venam hæmorrhoidalem internam*], von der linckẽ Seite des Magens und des Netzes durch die **lincke Magen-Blut-Ader** [*venam gaſtricam ſiniſtram*] oder die **Krantz-Ader**/ durch die **lincke Netz-Blut-Ader** [*epiploicam ſiniſtram*] und durch die **lincke Magen-** und **Netz-Blut-Ader** [*gaſtro-epiploicam ſiniſtram*], von der Gekröſe-Drüſe durch die **Gekröſe-Drüſe-Ader** [*venam pancreaticam*] und zwiſchen dem Miltze und Magen durch die **kurtze Adern** [*vaſa brevia*]. Alle dieſe Adern bringen das Blut in den **Stamm** [*truncum*], der nicht weiter als von dem Gekröſe biß zu der Leber gehet. Auſſer dieſen aber ergieſſen noch die **Gallen-Blaſe-Adern** [*cyſticæ gemellæ*], die **rechte Magen-Blut-Ader** [*gaſtrica dextra*] und die **Zwölfffinger-Darm-Blut-Ader** [*duodena*] das Blut darein/ welches ſie von der Gallen-Blaſe/ dem Magen und dem kleinen Magen oder Zwölffinger-Darme abführen. Und ſo weit verrichtet die Pfort-Ader das Ambt einer Blut-Ader/ maaſſen auch die angeführten Theile in dem Unter-Leibe des Leibes keine andere Blut-Adern haben als dieſe/ wodurch das Blut abgeführet würde/

de / welches ihnen durch die Puls = Adern
[§. 119.] zugeführet wird. Sie bringet a=
ber dieses Blut insgesammt in die Leber /
nicht bloß daß es daselbst durchpaſſiret und
in die groſſe Hohl = Ader geleitet werden
kan / sondern damit sich daselbst die Galle
absondert. Denn deßwegen gehet der
Stamm durch die Leber nicht in einem fort/
sondern zertheilet sich in Aeste und ferner
immer fort in kleinere Aestlein durch die
gantze Leber / als wie die Puls = Adern /
welche das Blut zuführen. Da nun in der
Leber die Galle abgesondert wird / wie wir
hernach außführlicher zeigen werden; so
erhellet allerdings / daß die Pfort = Ader
das Blut zu keinem andern Ende hinein
führet. Und in soweit vertritt sie die Stel=
le einer Puls=Ader / als welche das Blut
denen Theilen zuführen / theils zu ihrer
Nahrung / theils damit etwas davon ab=
gesondert wird. Da die Leber ihre beson=
dere Puls=Adern hat / wodurch ihr das
Blut aus der groſſen Puls=Ader zugefüh=
ret wird / das sie zu ihrer Nahrung ge=
brauchtl; so erkennet man daraus ei=
gentlich / daß das Blut / welches von den
Adern abgeführet wird / nicht mehr nahr=
hafft ist. Und da dieses Blut / welches
die Pfort = Ader der Leber zuführt / seine
nahrhaffte Theile dem verschiedenen In=
geweide mitgetheilet / davon es abgeleitet
wird;

wird; so erkennet man ferner/ daß die
Galle von dem nahrhafften Blutte der
Puls-Adern sich nicht so leichte muß absondern lassen/ als wie von dem Blute
der Blut-Adern/ welches seiner nahrhafften Theile beraubet worden. Weil das
Blut durch gemeinschafftliche Röhrlein
aus den Puls-Adern in die Blut-Adern
kommet (§. 61.); so müssen die kleinesten
Aestlein der verschiedenen Adern in dem
Ingeweide des Unter-Leibes/ die daselbst
von der Pfort-Ader außgestreuet werden/
mit ihren gleichnahmigen Puls-Adern in
einem fortgehen/ unerachtet man solches
mit blossen Augen nicht sehen kan/ und
hinwiederum müssen die kleinesten Wur-
tzeln/ welche die Pfort-Ader in der Leber
außbreitet/ mit den kleinesten Aestleinen
der Leber-Adern in einem fortgehen/ die
das Blut von der Leber abführen und in
die grosse Hohl-Ader leiten (§. 115.)/ unerachtet auch hier das Gesichte uns verlässet.
Gleichwie nun die Pfort-Ader das Ambt
einer Blut- und Pulß-Ader zugleich verrichtet; so fehlet es ihr auch daran/ wodurch diese beyde Adern von einander unterschieden werden: Denn sie hat keinen
Pulß/ wie die Pulß-Adern/ alß welcher
in den Blut-Adern nicht stat findet/ aber
auch keine Fallen/ wie die Blut-Adern/
alß welche in den Pulß-Adern keinen Platz
haben.

haben. Weil aber doch gleichwohl durch ihre Bewegung das Blut fortgebracht werden muß (§. 64.); so bestehet sie auß eben den Häuten/ worauß die Pulß= und Blut= Adern zusammen gesetzet sind.

Nutzen
der Hertz=
Fallen
und
Hertz=
Furchen.

§. 121. Wenn das Blut auß der rechten Hertz=Kammer heraußgeſprietzet wird/ welches auß der groſſen Hohlader eingelaſſen worden; so muß es in die gemeine Lungen=Pulßader gehen. Damit es nun nicht wieder zurücke in die Hohlader treten kan; so ſind daſelbſt die **dreyſpitzigen Fallen** (*valvulæ tricuſpidales*), welche zwar den Eingang in die rechte Hertz= Kammer eröffnen/ aber den Außgang verſchlieſſen. Und hingegen ſind bey dem Anfange der gemeinen Lungen=Pulßader die **Mondförmige Fallen** (*valvulæ ſemilunares*), welche den Außgang auß der rechten Hertz=Kammer eröffnen/ aber den Eingang verſchlieſſen/ damit das Blut auß der Lungen=Pulßader nicht wieder zu= rücke in das Hertze treten kan. Gleichergeſtalt muß das Blut auß der lincken Hertz= Kammer/ darein es durch die gemeinen Lungen=Blutadern gebracht wird/ in die groſſe Pulßader geſprietzt werden (§. 117.). Damit es nun nicht wieder in die Lungen= Blutader zurücke treten kan/ so liegen bey dem Eingange die **Mitzenförmigen Fallen** (*valvulæ mitrales*), die den Ausgang auß

auß dem Hertzen verschliessen / aber den
Eingang eröffnen.   Und hingegen sind
abermahls bey dem Eingange in die grosse
Pulßader die **Mondförmigen Fallen**
(*valvulæ semilunares*), welche den Außgang auß dem Hertzen eröffnen / aber den
Eingang darein verschliessen / damit das
Blut in die lincke Hertz-Kammer nicht
wieder aus der grossen Puls-Ader zurücke
treten kan.   Wer demnach die Adern und
Puls-Adern / die in beyde Hertz-Kammern
und aus ihnen gehen / betrachtet und dabey
die Beschaffenheit der Fallen überleget / der
wird gar eigentlich die Aehnlichkeit des
Hertzens mit einem Druckwercke / so zwey
Stiffeln hat / erkennen (§. 12. Hydr.) /
woferne er nur das Druckwerck kennet.
Und deßwegen hat man auch längst das
Hertze mit dieser Machine verglichen.   Allein freylich hat dieses Druckwerck der Natur für dem Druckwercke der Kunst einen
grossen Vorzug darinnen / daß es zugleich
selbst die Bewegung verrichtet / welche das
Blut einzulassen und auszulassen erfordert
wird (§. 113.)/ da hingegen ein künstliches
Druckwerck dergleichen nicht verrichten kan.
Die Ursache ist diese / weil die Theile der
natürlichen Machinen wiederum Machinen
sind / dergleichen in der Kunst nicht statt findet. Denn hier sind die Wände der Kamern
eine besonders Machine, die zu solchen Bewe-
gun-

gungen aufgelegt ist/ als wie das Blut
einzulassen und heraus zu drücken erfordert
wird: in dem künstlichen Druckwercke
aber können die Stieffel sich nicht selbst er=
weitern um das Wasser einzulassen und
zusammen ziehen um es wieder heraus zu
pressen/ und hat man demnach wieder ei=
nen Druck-Stempel nöthig/ der heraus
gezogen wird/ wann das Wasser eingelas=
sen werden sol/ hingegen hineingestossen
werden muß/ wenn man es heraus trei=
ben wil. Was wir hier von dem Hertzen
erinnert/ eben dieses treffen wir noch in
anderen Theilen des Menschen eben also
an: wie wir es auch hier bey den Adern
finden/ als welche Röhren sind/ die das
in ihnen enthaltene Blut selbst fort treiben.
Man trifft auch in den Hertz-Kammern/
sonderlich in der Scheidewand viele **Furchen** (*Sulcos*) an/ damit die fleischerne
Fasern/ daraus die Wände bestehen/ sich
stärcker zusammen ziehen/ folgends das
Blut mit desto grösserer Gewalt austrei=
ben können. Daher finden wir/ daß die
Furchen in der lincken Hertz-Kammer tie=
fer sind/ als in der rechten/ weil das Blut
aus der lincken mit grösserer Gewalt ge=
trieben werden muß/ als aus der rechten.

Warum
das Her-
tze mitten
§. 122. Da alles seinen zureichenden
Grund hat/ warum es vielmehr ist als
nicht ist (§. 30. Met.); so hat man auch
längst

längst erkandt/ daß es seinen zureichenden
Grund haben müsse / warum das Hertze
vielmehr mitten im Ober-Leibe/ als in einem andern Orte lieget.   Diejenigen/
welche nicht gnung erwogen/ daß alle cörperliche Dinge dem Raume nach mit einander verknüpfft sind ($.548. Met.)/ sind
auf Gründe gefallen/ die nichts heissen.
z. E. Man hat gesagt/ das Hertze sey der
vornehmste Theil des Leibes/ als von welchem unser Leben dependiret (§. 109.)/ und
also gebühre ihm auch die vornehmste Stelle.   Man hat hier keinen Begriff von dem
vornehmsten Theile und der vornehmsten
Stelle/ daraus man urtheilet; sondern
man urtheilet nach dem/ was man unter
Menschen siehet/ da man den vornehmsten in der Mitte gehen und sitzen lässet.
Wer aber verstehet/ worinnen die Ver-
knüssung dem Raume nach bestehet/ der
weiß sich besser zurechte zu finden.   Denn
da dasjenige dem Raume nach mit einander verknüpfft ist/ davon das eine den
Grund in sich enthält/ warum das andere neben ihm ist (§.546. Met.); so siehet
man leicht/ daß der Grund davon/ warum das Hertze in der Mitten des Leibes
ist/ in denen übrigen Theilen zusuchen sey/
die neben ihm zugleich sind.   Das Hertze muß alles Blut/ was ihm von allen
Theilen des Leibes zugeführet wird/ aus

im Ober-
Leibe ist.

der lincken Hertz-Kammer in die Lungen
treiben und darauß muß es wieder zurücke
in die rechte Hertz-Kammer geleitet werden (§. 415. Phyſ.). Derowegen müſſen
Hertze und Lungen einander ſo nahe ſeyn/
als nur immer möglich iſt: denn da GOtt
und die Natur nichts umſonſt thun (§.
1049. Met.)/ ſo kan auch das Blut nicht ohne Noth durch einen weiten Weg herum-
geführet werden/ ehe es aus dem Hertzen
in die Lunge und aus der Lunge in das
Hertze kommet/ da es unterweges nichts
zu verrichten hat. Das Blut wird den
Theilen des Leibes durch die Puls-Adern
der Nahrung halber zugeführet/ oder weil
etwas davon abgeſondert werden ſoll (§.
61. 68.). Das Blut aber in den Adern iſt
dasjenige/ welches vermöge des Abganges
der nahrhafften Theile wieder zurücke geführet wird. Ehe dieſes die Lungen und
die lincke Hertz-Kammer paſſiret/ iſt es zur
Nahrung ungeſchickt/ wie es ſelbſt die
Lungen außweiſen/ und die meiſten Abſon-
derungen biß auf die Galle (§. 120.) geſchehen von dem Blute der Puls-Adern.
Und alſo würde allerdings ſowohl das
Blut/ welches in die Lungen gehen ſoll/
als dasjenige/ ſo aus ihnen wieder zurücke
kehret/ für die lange Weile herum gefüh-
ret/ wenn das Hertze von den Lungen zu
weit abläge. Uber dieſes wird das Blut
von

von allen Theilen des Leibes zu dem Hertzen und wiederum von ihm zu allen Theilen des Hertzens geführet/ und muß demnach ein Theil davon in die Höhe/ ein
Theil aber hernieder getrieben werden/
wenn es aus dem Hertzen kommet/ hingegen muß ein Theil niedersteigen und das
andere in die Höhe/ wenn es zu dem Hertzen zurücke gehet. Beydes gehet am bequemsten an/ wenn das Hertze in der Mitten lieget: Denn so kan es so geschwinde
zu den unteren Theilen des Leibes alß zu
den oberen kommen/ auch so geschwinde
von den unteren als den oberen wieder zurücke kehren.

§. 123. Das Hertze ist in den Hertz-
Beutel (*pericardium*) eingewickelt/ welcher aus einem starcken Häutlein bestehet.
Da sich darinnen eine besondere Feuchtigkeit (*liquor pericardii*) befindet; so siehet
man gleich/ daß er diese Feuchtigkeit sam-
let und verwahret. Da sie nun aber nirgends hinab geführet wird; so kan man
nicht anders ermessen/ alß daß diese Feuchtigkeit das Hertze anfeuchten muß/ damit
es zu seiner steten Bewegung geschickt ver-
bleibe.

Nutzen des Hertz-Beutels.

§. 124. Wir haben gesehen/ daß ei-
ne wichtige Ursache mit ist/ warum das
Hertze in dem Ober-Leibe lieget/ weil die
Lungen daselbst vorhanden. Die Lungen

Warum die Lungen gleich in dem Ober-

X 2   dienen

Leibe lie-
gen. dienen zum Athem hohlen (§. 437. Phyſ.).
Derowegen da die Lufft durch den Mund
und die Naſen-Löcher in die Lungen hinein
dringet und wieder aus ihnen herauß getrieben wird (§. cit.); ſo müſſen die Lungen
nicht gar zu tief in dem Leibe liegen/ nicht
allein damit die Lufft nicht einen unnöthi-
gen Umweg nehmen darf/ ſondern daß es
auch nicht zu beſchwerlich wird den Athem
an ſich zu ziehen und wieder von ſich zu laſſen.   Wenn die Lufft von auſſen in die
Lungen hinein dringen ſoll/ muß der O-
ber-Leib erweitert werden/ damit ſich die
Lungen ausbreiten können und nicht allein
die Lufft aus der Lufft-Röhre und dem
Munde/ ſondern auch andere von auſſen
hinein dringen kan (§. cit.).   Je mehr nun
Lufft in der Lufft-Röhre iſt/ je eine gröſſere Erweiterung der Lunge wird erfordert/
wenn noch Lufft von auſſen hinein dringen
ſoll.   Eine gröſſere Ausbreitung der Lunge geſchiehet durch die gröſſere Erweiterung
des Ober-Leibes: Dieſe aber erfordert eine gröſſere Krafft als eine kleinere Erweiterung deſſelben/ maaſſen überhaupt eine
gröſſere Würckung von einer gröſſeren
Krafft herrühret.   Es muß aber trockene Lufft von auſſen in die Lungen hinein
dringen/ damit ſie darinnen die Feuchtigkeit von dem Blute annehmen und mit
heraus führen kan/ wovon bald mit mehrerem

rerem geredet werden soll. Soll nun aber
die Feuchtigkeit von dem Blute aus den
Lungen abgeführet werden; so muß sie auch
so starck heraußgetrieben werden / damit
ein guter Theil / nemlich so viel als von
auſſen hinein gedrungen (ſ. cit.) / wieder
heraußgehet. Und dieses erfordert abermahls eine gröſſere Erweiterung des Ober-
Leibes / weil die Lufft heraußgehet / indem
die Krafft / welche ihn erweitert / nachläſ-
ſet: Welches sich alles in dem folgenden
klärer zeigen wird. Man kan es auch auf
solche Weise begreiffen. Wenn die Lufft-
Röhre sehr lang ist / so wird mehr Krafft
erfordert die Lufft aus ihr herauß zu treiben / als wenn sie kürtzer ist. Nun müste
sie länger seyn / wenn die Lunge nicht gleich
im Ober-Leibe läge. Und also geschiehet
die Außstoſſung der Lufft leichter / da sie
in dem Ober-Leibe ihren Platz findet. Es
kan auch das Athem hohlen geschwinder
geschehen / wenn die Lufft-Röhre kurtz / als
wenn sie gar zu lang ist. Und dieses kommet uns im Reden zu statten / wo das lang-
same Athem hohlen unterweilen Hinderniß
geben würde. Hierzu kommet / daß Lungen und Hertze bey einander bleiben müssen
(§. 122.) / gleichwie der Magen und die
Gedärme sich am besten zusammen schicken.
Die Gedärme aber liegen am besten gantz
unten / weil daselbst der Unrath zu seinem

Außgange

Außgange den bequemſten Ort findet. Wer
alle innere Theile im Ober-und Unter-Leibe
nach ihren Verrichtungen überleget/ der
wird finden/ daß ein jedes unter ihnen diejenige Stelle erhalten/ welche für daſſelbe
am bequemſten iſt.

Nutzen der Lungen und warum man Athem hohlet. §. 125. Die Lungen ſind Menſchen
und Thieren gegeben/ damit ſie Athem
hohlen können (§.437. Phyſ.). Dieſe Verrichtung iſt ſo bekandt/ daß auch gemeine
Leute den Gebrauch der Lungen wiſſen. Allein ſie haben auch insgemein einen Irr-
thum darbey/ als wenn es ſchlechter Dinges unmöglich wäre/ daß Menſchen und
Thiere ohne Athem zu hohlen leben könnten: in welchem Irrthume auch einige von
den Naturkündigern beſtärcket werden/weñ
ſie ſehen/ daß die Thiere in einem Lufft-
leerem Raume/ wo ſie nicht Athem hohlen
können/ ſterben (§.103. Tom. III. Exper.).
Allein da die Thiere und Menſchen in Mutterleibe leben/ ehe ſie Athem hohlen (§.453.
Phyſ.); ſo erkennet man zur Gnüge/ daß
dieſes zu dem Leben nicht ſchlechter Dinges
nöthig iſt. So lange die Frucht in Mutterleibe lieget/ gehet das Blut nicht in die
Lunge/ ſondern gleich aus dem Hertzen in
die groſſe Pulß-Ader/ wenn es durch die
Hohl-Ader hinein gebracht worden/ und
das Thier ſo wohl als der Menſch weiß
noch von keinem Gebrauch der Stimme
(§. cit.)

(§. cit.). Derowegen da beydes sich so
gleich einstellet / als die Frucht das Tage-
licht erblicket; so siehet man auch / daß das
Athem hohlen dem Geblüte zu gefallen geschiehet / welches die Lungen passiret / und
um der Stimme und Sprache willen un-
entberlich ist. Die Lufft kommet aus den
Lungen feuchte zurücke / wie man im Winter erfähret / wenn der Hauch wie ein
Dampff aus dem Munde gehet / und sich
an der kalten Glaß-Scheibe des Fensters
anleget / wenn man ihn daran fahren lässet: und das Blut wird darinnen mit Lufft
vermischet (§. 417. Phyl.) / wie sich wenigsten gantz wahrscheinlich muthmassen lässet.
Derowegen dienen sonder Zweiffel die Lungen dazu / daß das Blut von der unnützen
Feuchtigkeit befreyet und hingegen mit Lufft
vermischet wird.

§. 126. Damit nun die Lunge zu diesen Verrichtungen geschickt wäre / so bestehet sie aus lauter kleinen Bläselein / die
sich von der Lufft aufblasen lassen / wenn
sie hinein fähret / aber wiederum zusammen fallen / wenn sie wieder heraus gehet.
In die Lunge gehet die Lufft-Röhre (arteria aspera), welche sich darinnen in
verschiedene Aeste (bronchia) zertheilet / die
sich ferner in lauter kleine Aestlein ausbreiten / damit die Lufft / welche durch sie in
die Lunge hinein dringet / zu einem jeden

Wie die Lunge zu ihren Verrich-tungen geschickt ist.

X 4   kleinen

kleinen Bläßlein gebracht werden mag.
Die Lunge ist in zwey Lappen (*Lobos*) zer-
theilet/ damit sie sich desto besser ausbreiten kan/ wenn sie von der Lufft aufgeblasen wird/ die man im Athem hohlen hinein-
ziehet. Die Aestlein der Lufft-Röhre sind
mit vielen Drüsen versehen/ wie *Verheyen*
(a) anmercket/ wodurch die fette Feuchtigkeit abgesondert wird / welche die Häute/
daraus sie bestehen/ gezüge erhalten/ damit sie von der Lufft nicht ausgetrocknet
und harte werden. Die Lufft-Röhre bestehet aus verschiedenen Circul-rundten
Knorpeln/ welche an einer Haut befestiget
sind/ damit sie eine Röhre ausmachen/
die sich etwas verkürtzen lässet/ wenn sie
herauf gestossen wird/ und hingegen etwas
verlängert/ wenn sie hinunter gezogen wird/
damit sie den Lungen/ die sich bald aufblasen und mehr Raum einnehmen/ als vor-
hin/ bald aber wiederum zusammen fallen/
nachgeben können. Das Hauptwerck an
der Lufft-Röhre ist der **Kopff** (*Larynx*):
Allein weil derselbe zu der Stimme/ nicht
zum blossen Athem hohlen gehöret: so wird
nach diesem an seinem Orte von seinem
Gebrauche und dem Nutzen seiner Ttheile
geredet werden.

§. 127.

(a) Anat. lib. 1. Tract. 3. c. 13. p. 197.
& seqq.

§. 127. Das **Zwerg-Fell** (*diaphrag-*
ma) sondert den Ober-und Unter-Leib von
einander/ und macht demnach daß der O-
ber-Leib (*thorax*) verschlossen ist: welches zum Athem hohlen erfordert wird.
Denn wenn die Lufft von aussen durch die
Lufft-Röhre in die Lunge hinein dringen
soll; so muß in der Erweiterung des O-
ber-Leibes keine Lufft in dessen Höhle dringen können (§. 102. T. III. Exper. & §. 437.
Phys.). Aber auch zur Erweiterung des
Ober-Leibes dienet das Zwerg-Fell/ und
befördert dadurch das Athem hohlen. Deñ
wenn wir die Lufft an uns ziehen wollen:
so gehet das Zwerg-Fell nieder und druckt
den Magen und die Gedärme in dem
Schmeer-Bauche weiter hinunter/ der/
weil er weich ist/ nachgeben kan und sich
mehr außspannen lässet/ und so wird die
Höhle des Ober-Leibes grösser. Hingegen
wenn wir den Athem wieder wollen fahren
lassen; so giebt sich das Zwerg-Fell in die
Höhe und wird dadurch die Höhle des O-
ber-Leibes kleiner. Man kan dieses gar
eigentlich wahrnehmen/ wenn man starck
und langsam Athem hohlet. Denn indem
man die Lufft an sich ziehet/ verspüret man/
daß die Gedärme in dem Schmeer-Bauche nieder gehen: indem man aber dieselbe
wieder fahren lässet/ nimmet man wahr/
daß sie sich wieder zurücke begeben. Nun

X 5 ist

ist nicht anders möglich/ daß die Gedärme dem/ was im Ober=Leibe vorgehet/ zu gefallen weichen können/ als wenn sie durch das Zwerg=Fell nieder gedruckt werden. Bliebe dieses in seiner Stelle/ so wäre nichts vorhanden/ was Magen und Gedärme im Unter=Leibe niederdruckte. Da sie aber wieder zurücke fallen/ wenn der Athem ausgeblasen wird; so muß das Zwerg=Fell wieder in die Höhe gehen. Die Fasern aber des Schmeer=Bauches sind wie alle übrigen gespannet und werden noch mehr gespannet/ wenn Magen und Gedärme gedruckt werden/ daß er sich erweitern muß. Derowegen wenn der Magen und die Gedärme durch ihre eigene Last zurücke fallen; so ziehen sich die Fasern des Schmeer= Bauches wieder zusammen und kommet also alles in vorigen Stand. Wenn man einem Hunde den Ober=Leib eröffnet/ indem er noch lebet; kan man die Bewegung des Zwerg=Felles mit Augen sehen (§. 435. Phyſ.). Daher bestehet es auch aus starcken fleischernen Fasern/ damit es zu dergleichen Bewegungen aufgeleget ist.

Nutzen der Rib= ben und ihrer Mäus= lein. §. 129. Es kommet aber die Erweiterung des Ober=Leibes nicht bloß von der Bewegung des Zwerg=Felles her/ sondern auch von den Ribben und denen darzwischen liegenden Mäuslein. Denn indem sich die Mäuslein/ welche zwischen den

Ribben

Ribben liegen/ zusammen ziehen/ werden dieselben etwas krum gebogen : wodurch die Weite im Ober-Leibe etwas zunimmet. So bald sie aber nachlassen / erhalten die Ribben ihre vorige Figur/ und der Ober-Leib seine Weite. Man kan die Verrich-tung dieser Mäuslein fühlen/ wenn man den Athem starck an sich ziehet. Und eben die Mühe/ welche man anwendet die Rib-ben zu beugen und dadurch den Ober-Leib zu erweitern/ ist diejenige Krafft/ wodurch man die Lufft an sich zu ziehen vermeinet. Man eignet aber insgemein diese Verrich-tung bloß den äusseren Ribben Mäus-leinen (*musculis intercostalibus externis*) zu/ wie aus den gelehrten Tractaten zu ersehen/ die *Willis* (a) und *Suammerdam* (b) von dem Athem hohlen heraus gegeben. Da ausser den äusseren Ribben-Mäusleinen auch noch innere (*intercostales interni*) vorhanden; so eignet man ihnen zu/ daß sie die Höhle des Ober-Leibes enger ma-chen/ damit die Lufft mit desto grösserer Gewalt aus den Lungen heraus gepreßt wird. Allein Johann Mayow (c) be-
hauptet/

(a) in Differtat. de Respirationis organis & usu f. 978. Tom. 1. Bibl. Anat.

(b) in Tractatu de Respiratiooe & usu pulmonum f. 986. 987. Tom. 1. Bibl. Anat.

(c) in Tractatu de Respiratione fol. 1059. Tom. 1. Bibl. Anat.

hauptet / daß auch die inneren zur Erweiterung dienen / indem ihre Lage zeiget / daß durch ihre Verkürtzung keine andere Veränderung der Figur erfolget / als durch die äusseren geschiehet. Es braucht die Sache noch eine weitere Untersuchung / ehe man sie mit Gewißheit entscheiden kan. Unterdessen ist gewiß / daß auch das Schlüsselbein-Mäuslein (*musculus subclavius*) zur Erhöhung der Brust und Erweiterung der Höhle in dem Ober-Leibe dienet. Das Heilige-Lenden-Mäuslein (*musculum sacrolumbarem*) und das Brust-Bein-Mäuslein (*musculum sterni*) rechnet man zu denen / welche die Brust zusammen ziehen. Mit den Verrichtungen der Mäusleinen hat es überhaupt noch nicht in allem seine Richtigkeit: daher man auch bey der Academie der Wissenschafften darauf bedacht ist / wie man ihre Lage und die Lage der Fasern / daraus man von der Bewegung / die sie verrichten / urtheilen muß / genauer bestimmet. *Winslow*, der sich die Anatomie zu untersuchen sehr angelegen seyn lässet / hat hiervon A. 1720. einen Anfang gemacht (a) , indem sich der Nutzen davon in der Chirurgie zeiget. Weil die Höhle des Ober-Leibes ein verschlossener Raum

_____

(a) Memoires de l' Acad. Roy des Scienc. p. 85. edit. Par.

Raum seyn muß/ darinnen sich die Lungen ausbreiten können; so hat er nicht weich wie der Unter-Leib seyn dörffen/ indem er sonst zusammen fiele und nicht möglich wäre Athem zu hohlen/ weil es nicht angienge/ daß er sich erweiterte. Denn wenn was weiches sich erweitern soll/ so muß es von demjenigen/ was darinnen ist/ aus einander getrieben und ausgedehnet werden/ wie wir es auch bey dem Schmeer-Bauche finden. Wäre nun der Ober-Leib wie er weich/ so müsten die Lungen/ wenn sie aus einander getrieben werden/ ihn auftreiben. Allein wer verstehet/ wie wir Athem hohlen/ der begreifft (§.437.Phyſ.)/ daß dieses nicht angehet. Wenn es wahr wäre/ daß die Lunge durch ihre anziehende Krafft die Lufft an sich zöge/ wie man vor diesem sich eingebildet und der gemeine Mann noch thut/ so gienge es wohl an/ daß auch der Ober-Leib weich wäre. Allein da sich der Ober-Leib erweitern muß/ ehe die Lufft von aussen in die Lungen hinein dringen kan/ und was noch mehr ist/ weil in der Erweiterung die Lufft in der inneren Höhle dünner wird/ folgends der Ober-Leib dem Druck der äusseren wiederstehen muß (ſ.108.T.I.Exper.); so muß der Ober-Leib harte seyn. Jedoch kan er nicht aus unbeweglichen Knochen gewölbet seyn/ denn sonst liesse er sich nicht erweitern

tern / als durch das Niedersteigen des
Zwerg-Felles / welches doch allein nicht
gnung ist: sondern damit dieses geschehen
kan / hat er müssen auß Ribben gewölbet
werden/ die sich von den Mäusleinen biegen lassen/ damit durch die Veränderung
ihrer Figur die innere Höhle sich erweitern
und enger machen lässet.   Es dienet aber
auch der harte Ober-Leib für das Hertze /
welches in der Höhle desselben frey hangen
muß/ damit es weder irgends anstösset/
noch von aussen gedruckt werden mag.
Denn da an der Bewegung des Hertzens
viel gelegen/ indem das Leben des Menschen darauf beruhet (§.109.); so muß es
auch so verwahret seyn/ damit es von aussen keinen Anstoß leiden kan.

Nutzen
des Rü-
cken-
Häut-
leins.

§. 130.   Indem die Lungen sich ausbreiten / wenn der Ober-Leib erweitert
wird / so stossen sie überall an: Denn sie
hangen in zwey Lappen (*Lobos*) zertheilet /
davon der eine zur rechten Seite/ der andere zur lincken lieget.   Nun sind nicht allein die Ribben harte Knochen/ sondern die
Mäuslein machen auch den Ober-Leib von
innen ungleich.   Derowegen damit die
Lungen in der beständigen Bewegung /
wodurch sie sich Wechselsweise ausbreiten
und zusammen ziehen/ nicht Schaden nehmen können; so ist der gantze Ober-Leib
von innnen mit dem Rücken-Häutlein
                                        (*Pleura*)

(*Pleura*) überkleidet / wodurch er glatt und
eben wird / daß die Lungen / sie mögen sich
so starck ausbreiten / als sie immermehr
wollen / daran nicht den allergeringsten Anstoß leiden. Und da die Mäuslein an diese Haut oder sie vielmehr an sie / wie an
die Knochen des Rücke-Grades und die
Ribben / angewachsen ist; so erhält sie zugleich dieselben in ihrer unverrückten Ordnung und verwahret sie wieder Zufälle.

§. 131. Aus dem Rücken-Häutlein
entspringet das **Mittel-Fell** (*Mediasti-*
num), welches den Ober-Leib in zwey gleiche Theile theilet. Da nun der eine Lappen der Lunge in dem einen / der andere a-
ber in dem anderen Theile vorhanden; so
siehet man gar leicht / daß das Mittel-Fell
dazu dienet / damit das Athem hohlen nicht
völlig gehindert wird / wenn sich von der
einen Seite ein Hinderniß ereignet / als
wenn der Mensch oder das Thier auf einer
Seite starck verwundet / oder auch sonst
der eine Lappen der Lunge schadhafft wird.
Und dienet demnach das Mittel-Fell auch
dazu / daß / wann ein Geschwüre in die
Lunge kommet / der eine Theil nicht so
leicht den andern anstecken kan. Damit
dieses ausser allem Zweiffel gesetzt würde /
so hat *Verheyen* (a) solches durch in Hunden

Nutzen des Mittel-Felles.

(a) Anat. Tract. 3. c. 5. p. 159.

den angestellte Versuche ausgemacht. Er
hat einem Hunde einen grossen Theil des
Ober=Leibes weggenommen/ jedoch daß
das Mittel=Fell unverletzt geblieben; so ist
er viele Stunden lebend geblieben und hat
noch ungehindert Athem hohlen können.
Hingegen ist ein anderer Hund von einer
kleinen Wunde bald geblieben/ als das
Mittel=Fell zugleich durchstochen ward.
Das Hertze muß schwebend hangen/ da=
mit es sich ungehindert zusammen ziehen
und wieder auseinander geben kan. Da=
mit es nun dieser Bewegungen ungeach=
tet nicht wancken kan/ so wird es von dem
Mittel=Felle mitten zwischen den Lungen
unverrückt erhalten.

**Was die
Brust=
Drüse
nutzet.** §. 132. Ausser dem Hertzen und den
Lungen lieget noch die Brust=Drüse (*Thy=
mus*), welche nach der Länge der grossen
Puls=Ader und der grossen Hohl=Ader her=
unter gehet. Da die Drüsen diejenigen
Instrumente sind/ wodurch die Absonde=
rung von dem Geblüte geschiehet (§. 68.);
so ist kein Zweiffel/ daß nicht auch die
Brust=Drüse diesen Nutzen haben sollte.
Allein was sie eigentlich absondert und zu
was Ende die Absonderung daselbst geschie=
het/ lässet sich zur Zeit noch nicht bestim=
men/ maassen man noch nicht den Gang
gefunden/ wodurch dasjenige/ was abge=
sondert wird/ abgeführet wird/ daß man
sehen

sehen könnte/ wozu es die Natur anwendet. *Verheyen* (b) hält davor/ es werde
darinnen das Hertz-Wasser (*liquor pericardii*) abgesondert/ weil man ohne dem
sonst nichts findet/ worinnen sich diese
Feuchtigkeit absondern solte: allein da man
noch keine Gänge zeigen kan/ wodurch das
Hertz-Wasser aus der Brust-Drüse in den
Hertz-Beutel könnte gebracht werden; so
muß er selbst gestehen/ daß man dieses
noch nicht mit Gewißheit sagen kan. Und
dieses ist die Ursache/ warum man insgemein den Nutzen der Brust-Drüse noch
zur Zeit für unbekant ausgiebt. Es ist
diese Drüse in den Kindern grösser als in
erwachsenen/ und also ausser allem Zweif-
fel/ daß sie die Absonderung/ welche darinnen geschiehet/ nöthiger haben als die
erwachsenen: welches man gleichwohl von
dem Hertz-Wasser nicht sagen kan/ das
vielmehr in den Erwachsenen/ wo alles fester und trockner wird/ als in Kindern/
wo alles weich und vor sich feuchte ist/ nöthig erachtet werden muß. Man siehet
demnach/ daß/ unerachtet man schon so
lange Zeit mit unermüdetem Fleisse den
menschlichen Leib untersucht/ man dennoch
in ihm Theile antrifft/ von denen man
nicht sagen kan/ warum sie da sind. Un-

(*Physik. III.*) Y terdes-

(b) loc. cit. c. 6. p. 161.

terdeſſen da nicht der geringſte Theil für
die lange Weile vorhanden (*v*.1049.Mct):
ſo bleibt es gewiß / daß auch dieſe Drüſe
ihren Nutzen inſonderheit in Kindern
haben muß / ob wir ihn gleich nicht beſtimmen können.   Man trifft wohl auſſer *Ver-*
heyens Muthmaſſung auch noch andere an:
allein ſie haben ſo ſchlechte Gründe vor ſich/
daß man ihnen wenig Beyfall geben kan.

Nutzen
der Leber.

§. 133. Dieſes iſt gewiſſer und längſt
erkandt worden/ daß die **Leber** (*hepar*) die
Galle abſondert.   Wir haben ſchon (§.
120.) geſehen / daß ihr durch die Pfort-A-
der das Blut aus dem Ingeweide im Unter-Leibe zugeführet wird / damit ſich etwas davon abſondern ſoll.   Und die **Gal-**
len-Blaſe (*veſicula fellis* , *cyſtis fellea*)/
welche an der Leber angewachſen / zeiget
zur Gnüge / daß es die Galle iſt/ welche
daſelbſt abgeſondert wird.   Ja es iſt ſelbſt
der **Gallen-Blaſe-Gang** (*ductus hepa-*
tico-cyſticus) gar eigentlich zu ſehen/ wodurch die Galle aus der Leber in die Blaſe
kommet/ als welche ſich durch dieſen Gang
aufblaſen läſſet/ wenn man den Gang ver-
bindet/ wodurch die Galle aus der Blaſe
abgeführet wird.   Es iſt derſelbe Gang
nicht einfach/ ſondern vielfach.   *Verheyen*
(a) hat in der Anatomie einer Ochſen-Le-
ber

(a) Anat. lib. 1. Tract. 2. c. 17. p. m. 96.

ber vier gefunden / dadurch sich die Gallen-
Blase aufblasen lassen. Die Eröffnung /
dadurch die Galle in die Blase hinein gehet / ist so klein / daß man sie nicht sehen
kan / als wenn man durchbläset. Und
deßwegen ist mehr als ein Gang nöthig /
damit die Galle / welche aus der grossen
Leber auf einmahl zufleußt / sich in die Blase ergiessen kan. Damit nun die Leber die
Absonderung verrichten kan / so bestehet
sie aus lauter kleinen Drüsen / welche
Trauben-weise insonderheit an den Aestleinen der Pfort-Ader anliegen / weil die
Drüsen das Instrument sind / wodurch
die Absonderung geschiehet (§. 68.) / die
Pfort-Ader aber das Blut zuführet / wovon die Galle abgesondert werden soll (§.
120.). Die Gallen-Blasen-Gänge leiten
die Galle aus dem **Leber-Gange** (*duct-*
hepatico) ab / durch welchen sie biß zu
dem Zwölffinger-Darme geführet wird
(§. 99.). Dieser Gang zertheilet seine Aeste durch die gantze Leber / welche überall
neben den Aesten der Pfort-Ader weglauffen / damit sie die Galle / so überall abgesondert wird / in den Gallen-Gang bringen. Weil nicht alle Galle in die Gallen-
Blase geführet wird / sondern die meiste
gleich zu dem Zwölffinger-Darme gehet;
so lässet sich gar wohl begreiffen / daß die
Blase bloß die überflüßige in Vorrath

Y 2

samm-

sammlet/ damit es niemahls in dem kleinen Magen an Galle gebricht/ wenn sie
nöthig ist.   Aber eben deßwegen sind die
Eröffnungen der Gallen-Blasen-Gänge in
die Galle so kleine/ damit keine Galle in
die Blase gehet/ als wenn ein Uberfluß
vorhanden/ indem sie sonst durch den Leber-Gang gleich fort zu dem Darme geführet wird/ wo sie nöthig ist.   Da nun aber
die Galle in der Blase bloß zum Vorrathe gesammlet wird; so ergeußt sie sich auch
durch einen weiten Gang aus der Blase in
den Leber-Gang/ nemlich durch den Gallen-Gang (*ductum cysticum*).   Man hat
dem Leber-Gange von dem Orte an/ wo
die Galle aus der Blase hinein kommet/
einen besonderen Nahmen gegeben und ihn
den gemeinschafftlichen Gang (*ductum
communem* oder *cholidochum*) genant.

Nutzen
der Häut-
lein in
der Gal-
len-Bla-
se.   §. 134.   Damit die Galle aus der Blase heraus getrieben werden kan/ so ist sie
auf eine besondere Art zubereitet/ nemlich
wie die Blut-Gefässe/ aus verschiedenen
Häuten.   Die äusserste Haut ist die gemeine Haut (*tunica communis*), welche
die Leber überkleidet und die Blase formi-
ret/ die wie andere Häute sich ausdehnen
lässet/ damit sich die Blase erweitert/ weñ
viel Galle hinein kommet.   Die andere
Haut ist das Ader-Häutlein (*tunica vasculosa*), welche der Gallen-Blase durch die
Puls-

Puls-Aederlein Blut zuführet/ damit sie
ernähret werden kan (§. 61.) und durch die
Blut-Aederlein das überflüßige wieder abführet (s. cit.). Die dritte Haut ist das
fleischige Häutlein (*tunica musculosa*),
durch deren Bewegung die Galle durch den
Gallen-Gang in den Leber-Gang aus der
Blase gedruckt wird/ indem durch die Zusammenziehung der fleischernen Fasern die
Blase enger wird (§. 51.). Und endlich
die innere ist das spannadrige Häutlein
(*tunica nervosa*), welches zur Empfindung
dienet/ damit dadurch die Bewegung des
fleischigen Häutleins zu rechter Zeit determiniret werden mag (§. 33.). Weil nun
die Galle sich nicht alle gleich in den Zwölff-
finger-Darm ergeußt/ sondern zum Theil
in der Blase auf eine Zeit verwahret wird;
so lässet sich auch daraus abnehmen/ daß
die Galle kein unnützer Safft ist/ der als
eine Unreinigkeit abgeführet wird/ sondern
bey der Verdauung der Speise/ wie schon
aus andern Gründen behauptet worden (§.
74. Phys.) nöthig ist.

§. 135. *Franciscus Glissonius*, der mit
grossem Fleisse/ besonderer Geschicklichkeit
und durchdringendem Verstande die Beschaffenheit der Leber zu untersuchen ihm
hat angelegen seyn lassen/ hat auch weitläufftig untersucht/ warum sie diese und
keine andere Figur bekommen/ und verschiedene

Marginal note: Ursache von der Figur der Leber und ihrer Lage.

Y 3

schiedene allgemeine Regeln gegeben/ die
in Beurtheilung aller anderen Theile ihren
Nutzen haben können (a). Da uns Weit=
läufftigkeiten nicht vergönnet find; so wol=
len wir die Figur der Leber nach unserer
Art in eine kurtze Betrachtung ziehen. Die
Leber ist oben und von vornen erhaben/ da=
mit sie an den Theilen genau anlieget/ da=
ran sie stösset/ und aus eben dieser Ursache
hat sie von innen eine hohle Figur bekom=
men. Sie lieget oben im Unter=Leibe gleich
unter dem Zwerg=Felle zur rechten Seite
neben dem Magen. Da nun der Unter=
Leib von aussen erhaben ist/ folgends von
innen hohl; so muß die Leber von vornen
erhaben seyn/ damit sie anschliessen kan und
kein leerer Raum übrig bleibet. Und da
der Bauch nicht allein von dem/ was in
dem Magen und den Gedärmen enthalten
ist/ sondern auch/ indem das Zwerg=Fell
im Athem hohlen niedergehet ($\mathcal{S}$. 127.)/
mehr ausgedehnet wird als er vorher war
und ist/ wenn der Magen und die Gedärme
wieder leer werden/ oder auch das Zwerg=
Fell sich wieder in die Höhe giebet; so wird
die Leber/ welche an den Bauch von innen
anschleußt/ bald an ihn gedruckt/ indem
die weichen Häute ausgespannet werden/
bald

_____

(a) in Anatomia hepatis fol. 267. & seqq.
Tom. 1. Bibl. Anat.

bald von ihm zurücke gedruckt / indem sich
diese zusammen ziehen. Damit nun dadurch / daß die Leber und der Bauch von
innen sich an einander reiben / keine Beschwerlichkeit entstehet; so ist sie von vornen auch gantz glatt. Und eben diese Bewandniß hat es oben/wo sie an das Zwerg-
Fell anstösset. Von innen / wo sie den
Magen und die Gedärme berühret / ist sie
hohl / weil dasjenige/ worauf sie lieget / erhaben ist. Jedoch ist sie ebenfalls glatt/ damit nicht durch das Reiben an dem Magen
und den Gedärmen einige Beschwerlichkeit
entstehen kan. Ja eben deßwegen ist die
Leber nicht steif / sondern lässet sich ohne
einige Mühe gantz willig beugen und legen/
damit sie sich so wohl an dem vollen Magen
und die vollen Gedärme als an dieses leere
Ingeweide schicket: Wie dann auch aus
eben dieser Ursache in einigen Thieren die
Leber in Lappen eingetheilet ist/ welches a-
ber bey dem Menschen nicht von nöthen
gewesen. Ja wo die Leber dem Magen
und den Gedärmen nachgeben muß / wird
sie auch deßwegen dünner / hingegen wo sie
an dem Rücken anlieget / hat sie mehrere
Stärcke. Sie hat auch von der hohlen
Seite einige Ungleichheiten / weil sie solchergestalt besser nachgeben und wieder zusammen fallen kan / als wenn alles wie von
der erhabenen Seite in einem fortgienge.

Y 4 Die

Die Leber muß mit dem Magen das Gegen-
Gewichte halten/ indem der Mensch gerade und aufgerichtet stehen muß.   Derowegen lieget sie grösten Theils in der rechten Seite.   Jedoch da der Magen bald
voll/ bald leer ist; so ist er auch bald schwee-
rer/ bald leichter/ da hingegen die Leber
unverändert bleibet. Und deßwegen gehet
ein Theil der Leber unter dem **Schwerd-**
förmigem Knorpel (*cartilagine ensifor-*
mi) in der **Hertz-Grube** (*Scrobiculo cordis*)
biß auf den Magen herüber und der Ma-
gen selbst ist da nicht so starck wie von der
andern Seite/ wo der Grund lieget/ damit er sich von dem vollen Magen in die
Mitten des Leibes stossen lässet/ auf dem
leeren aber weiter herüber gegen die lincke
Seite fället. Damit aber die Leber nicht
weiter herüber fallen kan/ als sich gebüh-
ret/ und die Gedärme in einen unrechten
Ort gerathen; so ist sie durch viele Bänder an dem Zwerg-Felle befestiget/ aufdaß
sie seiner Bewegung folget/ indem es bald
in die Höhe steiget/ bald sich wieder nieder giebet.

§. 136. Die **Geckröß-Drüse** (*Pan-*
creas), welche auch das **Röcklein** genennet wird/ bestehet aus lauter kleinen Drü-
sen/ die sich ohne Verletzung absondern
lassen.   Und demnach ist klar/ daß ihre
Verrichtung in Absonderung einer Feuchtigkeit

Nutzen
der Ge-
kröse-
Drüse.

tigkeit oder eines Safftes von dem Blute
bestehet (§. 68.). Es zeiget sich auch der
Gekröse-Drüsen-Gang (*ductus pancre-*
aticus), welcher abführet/ was in dieser
zusammengesetzten Drüse abgesondert wird/
nemlich den so genannten **Gekröse-Drü-**
sen-Safft (*succum pancreaticum*), dessen
Nutzen wir schon gesehen (§. 74.). Deßwegen gehet er durch die gantze Drüse durch/
als wie der Stiel durch das Blat/ und
zertheilet seine Aeste und Aestlein zu beyden
Seiten durch die Drüse/ damit er alles
zusammen abführen kan/ was von diesem
Safft abgesondert wird. Seine Eröffnung
gehet in den kleinen Magen/ oder den
Zwölffinger-Darm/ weil sich daselbst der
Gekröse-Drüsen-Safft in gedachten Darm
ergeußt/ um mit der im Magen aufgelö-
seten Speise zu vermischen (§. cit.). Diese Eröffnung ist bey Menschen und vielen
Thieren einerley mit der Eröffnung des
gemeinen Ganges/ dadurch sich die Galle
in diesen Darm ergeußt/ weil es sonder
Zweiffel nöthig ist/ daß die Galle und der
Gekröse-Drüsen-Safft sich mit einander
vermischet. Denn unerachtet *Regnerus de*
Graaf (a), welcher die Gekröse-Drüse mit
ihrem Saffte mit besonderem Fleisse unter-

Y 5 sucht/

(a) in Tract. de Succi pancreatici natura
& usu f. 212. T. 1. Bibl. Anat.

sucht/ gefunden hat/ daß sich in einigen
Thieren/ als in Säuen/ Caninichen/
Haasen rc. die Galle und der Gekröse-Drüsen-Safft durch besondere Eröffnungen
in den Zwölffinger-Darm ergiessen; so
folget doch daraus weiter nichts als daß
es in diesen Thieren zur Verdauung der
Speise vorträglicher ist/ wenn der eine
Safft eher/ als der andere mit ihr gemi-
schet wird.   Es findet sich bey verschiedenen Thieren ein Unterscheid in verschiedenen
Dingen/ denn es ist eben nicht jedem nö-
thig/ oder auch vorträglich/ was bey dem
andern nöthig oder nützlich erfunden wird.
z. E. die Tauben haben keine Gallen-Blase;
sondern die Galle/welche in der Leber abgesondert wird/ wird gleich durch die Gallen-
Gänge insgesammt in den Zwölffinger-
Darm geleitet.   Unterdessen fället dadurch
der Nutzen von der Gallen-Blase in andern
Thieren nicht weg.   Da man Thiere fin-
det/ als Barben/ Karpffen rc. bey denen
der Gekröse-Drüsen-Safft sich in den Magen ergeußt; so hat man um so viel weniger Ursache zu zweiffeln/ daß es ein nützlicher Safft sey/ der zur Verdauung der
Speise erfordert wird. Weil nun der Gekröse-Drüsen-Gang allen Safft/der in der
Drüse abgesondert wird/ in den kleinen/
oder in einigen Thieren in den grossen Magen leiten muß; so ist er auch daselbst am
stärcke-

stärckesten und nimmet gegen den Miltz zu
immer ab. Denn je weiter ich von dem
Miltze gegen den kleinen Magen herunter
komme/ je mehr hat sich Safft aus allen
Aesten und Aestleinen gesammlet. Es lie=
get aber die Gekröse=Drüse eben deßwegen
gleich unter dem Magen / damit sie den
Safft nicht vergeblich weit herum führen
darf. Es erzehlet *Regnerus de Graaf* (b)*,
daß er mit dem berühmten Medico zu Pa=
ris *Bourdelot* A. 1667. einem Hunde die
Gekröse = Drüse ausgeschnitten und den
Hund wohl verbunden/ welcher aber in
kurtzem gestorben. Unerachtet er nun da=
raus schleußt/ daß Menschen und Thiere
ohne die Gekröse = Drüse nicht leben kön=
nen; so hat doch **Johann Conrad Brun=
ner** (c) A. 1673. in einem Hunde das Ge=
gentheil befunden/ welchen er drey Mo=
nathe munter und gesund erhalten und
endlich verlohren: Er hat nach diesem es
noch in einem andern versucht und ihn ei=
nen Monath erhalten/ ehe er ihm entlauf=
fen. Weil nun aber gewiß ist/ daß die
Gekröse=Drüse nicht für die lange Weile
gemacht worden ; so kan man auch aus
dergleichen Versuchen nicht schliessen/ daß
Menschen und Thiere dieser Drüse ent=
behren

(b) loc. cit. f. 226.
(c) in Experimentis novis circa pancreas.

behren könnten. Man siehet nur/ daß sie
nicht so nothwendig ist/ daß die Menschen
und Thiere ohne sie gleich den Geist aufgeben
müssen. Unterdessen kan man nicht zweif-
feln/ daß sich mit der Zeit Zufälle entspin-
nen würden/ die das Leben beschwerlich
machen und endlich verkürtzen würden.
Und hieraus siehet man die Vorsicht/ welche GOtt erwiesen/ daß er in Zubereitung
des Leibes der Menschen und der Thiere
auch darauf gesehen/ was auf viele Zeit
hinaus Nutzen bringet und solchen Schaden verhütet/ der sich erst mit der Zeit zeiget. Es erhellet aber ferner hieraus auf
eine besondere Weise seine Intention, daß
Menschen und Thiere ihr Leben so lange
erhalten sollen/ als es ihnen vermöge ihres Wesens und Natur möglich ist/ folgends derselben zuwieder sey/ wenn Leben
und Gesundheit auf einige Art und Weise
verletzt wird. Und können diejenigen/ welche die Pflichten gegen sich selbst und gegen andere aus der Erhaltung ihrer Natur
herleiten/ in der Beschaffenheit des Leibes
gnungsamen Grund finden/ wenn sie diese Pflichten nicht weiter abzuhandeln geson-
nen sind/ als in soweit sie den Leib ange-
hen.

Was der
Miltz
nutzet.

§. 137. Der Miltz (*Lien* , *Splen*),
welcher neben der Gekröse-Drüse an der
lincken Seite lieget/ ist unterweilen mit
der

der Gekröse-Drüse zugleich/ unterweilen
aber allein heraus geschnitten worden/ohne
daß man eine sonderliche Veränderung in
dem Thiere spüren können. *Regnerus de
Graaf*, auf dessen Versuche wir uns erst
(§. 136.) beruffen/ hat beydes zugleich ge=
than: Hingegen *Verheyen* (a) hat es mit
dem Miltze allein versucht. Man hat al=
so auf diese Weise die eigentliche Verrich=
tung des Miltzes nicht finden können.
Man trifft auch bey dem Miltze keinen be=
sonderen Gang an/ wodurch etwas abge=
führet würde/ wie wir bey der Leber (§.
133.) und bey der Gekröse-Drüse gefunden
(§. 136.). Und daher bleibet ungewiß/
ob er wie die Leber und Gekröse-Drüse
mit unter die Drüsen gehöre. Es ist wohl
wahr/ daß darinnen sehr viele Fließ-Was=
ser-Gänge angetroffen werden/ die das
Fließ-Wasser abführen: allein da dieses
auch in der Leber geschiehet/ welche dessen
ungeachtet doch einen besonderen Gebrauch
hat/ nemlich die Galle abzusondern (§.
133.)/ so lässet sich nicht wohl einräumen/
daß der Miltz welcher doch gantz anders
als alle übrige Theile des Leibes beschaffen
ist/ bloß eine Verrichtung mit vielen an=
dern Theilen des Leibes gemein haben sollte.
Und

(a) Anat. lib. 1. Tract. 2. c. 16. p. m.
88.

Und unerachtet *Malpighius* (b) in dem
Miltze viele kleine Drüsen will entdeckt ha-
ben/ die Trauben-weise bey einander sind;
so wird ihm doch von dem berühmten
Ruysch und andern hierinnen wiederspro-
chen. Es ist gewiß/ daß er gantz eine besondere Structur von der Leber hat/ indem er sich wie die Lungen aufblasen lässet.
Man hat demnach noch keinen Weg ge-
funden/ dadurch man den Gebrauch dieses Eingeweides/ oder seine Haupt-Verrichtung entdecken können. Was man
davon beybringet/ sind Muthmassungen/
die sich ein jeder macht/ nachdem er auf
dieses oder etwas anderes siehet/ so bey
dem Miltze angetroffen wird. Weil dem
Miltze das Geblüte in so grosser Menge
zugeführet wird; so kan es nicht ohne sonderbahre Ursache geschehen. Allein da
man nichts gewisses sagen kan/ warum
es geschiehet; so wollen wir uns auch mit
ungewissen Meinungen nicht aufhalten/
sondern erkennen vielmehr/ daß in dem
Leibe des Menschen noch vieles sey/ welches für uns verborgen ist/ und folgends
uns GOTT viel gutes erzeiget/ das wir
nicht einmahl erkennen können: welches
ein Beweiß der göttlichen Gütte ist und
uns

(b) in Exercir. de liene f. 376. T. 1. Bibl.
Anat.

uns überführet/ daß GOttes Güte un-
intereſſiret iſt. Denn unerachtet er die
Welt zu dem Ende gemacht/ daß daraus
ſeine Vollkommenheit möchte erkandt werden (§. 1044. Met.): ſo hat er doch vieles/
wodurch uns gutes geſchiehet/ ſo verſteckt/
daß wir es mit vieler Mühe nicht entdecken
können. Wir ſehen wohl/ daß uns gutes geſchiehet; begreiffen aber nicht/ was
es eigentlich ſey/ und worinnen es beſtehet.
Da ich den Gebrauch der Theile in Men-
ſchen/ Thieren und Pflantzen und GOttes
Abſichten dabey hauptſächlich zu dem Ende
unterſuche/ damit man GOttes Weißheit/
Macht und Güte erkenne; ſo wird es niemand verargen können/ daß ich unterweilen hierzu dienliche Anmerckungen mache/
nachdem ſich Gelegenheit dazu ereignet/ und
durch dergleichen Exempel zeige/ wie der
Menſch von allem Anlaß nehmen ſoll/ was
er in der Natur erkennet/ als auf einer
Leiter hinauff zu GOtt zu ſteigen.

§. 138. Die Verrichtung der Nieren **Verrich-**
iſt gewiſſer. Denn man ſiehet gar eigent- **tung der**
lich die Harn-Gänge (*ureteres*), wodurch **Nieren.**
der Urin oder Harn in die Harn-Blaſe
(*veſicam urinariam*) geleitet wird/ ja das
Becken (*pelvim*) in einem jeden Nieren/
darinnen ſich der Urin ſammlet/ welcher
durch die Harn-Gänge der Blaſe zugeführet wird. Weil der Urin in groſſer Menge

ge abgesondert wird; so sind auch die Nieren dem niedersteigenden Stamme der grossen Puls-Ader und der Hohl-Ader sehr
nahe/ damit es geschwinde in die Nieren
kommen und bald wieder zurücke kommen
kan. Es zertheilen sich auch die Nieren-
Puls-Adern noch von aussen in viele Ae-
ste/ damit das Blut an vielen Orten zugleich in die Nieren kommet/ und nicht nöthig hat sich lange darinnen herum zu bewegen. Und die Nieren-Blut-Adern zertheilen sich gleichfalls in verschiedene Aeste
von aussen/ damit jedes Blut an seinem
Orte gleich wieder abgeführet werden mag
und solchergestalt nicht ohne Noth lange
in den Nieren bleiben darff. Innerhalb
den Nieren werden die Aestlein der Adern
gar sehr vervielfältiget/ damit das Blut
den kleinen Drüsen zugeführet wird/ welche den Urin absondern. Aus den Drüsen entspringen überall sehr kleine Gänge/
welche den Urin in das Becken bringen/ damit er auf einmahl in die Harn-Gänge
fliessen kan. Es wollen zwar einige von
den Neuern keine Drüsen in den Nieren
zugeben/ sondern behaupten/ daß die Nieren bloß aus kleinen in einander gewickelten
Adern bestünden: allein dieses ist daher
kommen/ weil die Drüsen über die maa-
sen klein seyn und meistens oben herum an
den Nieren liegen. Zudem kommet/ daß
die

die Drüſelein wohl in der That nichts an=
ders ſind / als zuſammen gewickelte kleine
Gefäßlein (ſ. 68.) und dannenhero man
nichts als kleine Gefäßlein zu finden ver=
meinet / wo die Drüſelein allzu klein ſind.
Da wir alles antreffen / was die Abſonde=
rung des Urins beſchleunigen kan / ſo darf
uns nicht befremden / daß die kleinen Nie=
ren ſo eine groſſe Menge abſondern können.
Jedoch kommet noch eine andere Urſache
dazu. Der Urin iſt das überflüßige Saltz=
Waſſer im Geblüte / welches einige ande=
re Unreinigkeiten angenommen / die im
Blute nichts nutzen. Da nun nicht allein
das Saltz=Waſſer in dem Blute in groſſer
Menge angetroffen wird und über dieſes
von der übrigen Materie des Geblütes/ ſon=
derlich in den ſubtilen Gefäßlein (wie es die
Vergröſſerungs=Gläſſer zeigen/ wenn man
die Bewegung des Blutes dadurch obſer=
viret) in der That geſchieden iſt; ſo kan
es auch viel leichter in groſſer Menge ab=
geſondert werden/ als eine andere Materie/
die nicht ſo häuffig im Geblüte anzutreffen
und mit andern mehr vermenget iſt. Und
demnach ſiehet man die Urſache / warum
die Nieren ſo kleine ſind/ unerachtet ſo viel
durch ſie abgeſondert wird/ da hingegen die
Leber ſo groß iſt/ welche die Galle abſondert.
Und demnach hat man hier eine Probe/
daß / wo die Abſonderung ſchweer iſt/
groſſe Inſtrumente dazu verordnet ſind.

(Phyſik. III.)　　Z　　§. 139.

§. 139. Der Nutzen der Harn-Bla-
se *(vesicæ urinariæ)* fället gleich vor sich in
die Augen. Denn da der Urin eine Feuchtigkeit ist/ die als etwas unnützes aus dem
Leibe abgeführet wird; so darf er keine weitere Veränderung leiden. Und daher wird
er in der Blase bloß zu dem Ende gesam-
let/ damit man nicht so offte das Wasser
lassen darff: welches sehr beschweerlich seyn
würde. Sie bestehet demnach aus drey
Häuten/ damit sie nicht allein geschickt ist
das Wasser zu halten/ sondern auch zu
rechter Zeit auszutreiben. Uberhaupt bestehet sie aus Häuten/ damit sie sich aus-
weiten lässet und desto mehr Urin fassen
kan/ indem es unterweilen nöthig ist ihn
zurücke zu halten/ wenn man nicht leicht
Gelegenheit findet/ ihn wegzulassen. Daß
sich die Blase sehr ausdehnen lässet/ siehet
man nicht allein/ wenn man sie aufbläset/
oder mit der Lufft-Pumpe die Lufft hinein
presset; sondern man kan es auch mit meinem anatomischen Heber erfahren (§. 69.
T. III. Exper.). Ja mit der Lufft-Pumpe
kan man zeigen/ wie gar schweer die Blase biß soweit auszudehnen ist/ daß sie zer-
springet. Und dieses kommet uns zu stat-
ten/ wenn wir den Urin in der Menge eine Zeit lang zurücke halten müssen. Die
erste Haut ist eine **gemeine Haut** *(tunica
communis)*, welche die Blase formiret und
verwah-

verwahret. Die andere ist ein fleischige Haut (*tunica musculosa,* und dienet demnach zur Bewegung (§. 51.). Wenn die fleischernen Fasern sich verkürtzen/ so wird die innere Höhle kleiner und der darinnen enthaltene Urin heraus gepresset. Es sind aber zwey Reihen Fasern/ damit sie den Harn mit desto grösserer Stärcke heraustreiben kan/ wenn auch gleich nicht viel darinnen ist/ weil es nicht nutzet/ daß er lange darinnen bleibet/ wenn er zu scharff ist. Denn die Blase treibet nicht allein den Urin heraus/ wenn er in grosser Menge vorhanden und sie dadurch zu sehr ausgedehnet wird; sondern auch wenn er zu scharf ist. Daß das erstere unterweilen geschiehet/ kan man sehen/ wenn man starck getruncken hat: indem man zu der Zeit eine grosse Menge auf einmahl wegläsßet/ der Urin aber/ der weggelassen wird/ gantz wässerig ist: Das andere nimmet man am besten in denen Fällen wahr/ wenn einem das Wasserlassen sehr nahe ist und man doch nur gantz was weniges lassen kan. Endlich die dritte Haut ist eine spannadrige (*tunica nervosa*) und dienet demnach zur Empfindung/ damit die Bewegung der fleischigen dadurch determiniret wird (§. 58.). Da wir nun den Urin weglassen/ so wohl wenn er in allzugrosser Menge in der Blase ist und sie zuviel

Z 2   ausge-

ausgespannet wird/ als auch wenn er zu
scharf ist und die Blase angreifft; so siehet
man daraus/ daß die spannadrige Haut
so wohl von der übermäßigen Spannung/
als der saltzigen Schärffe im Urin empfindlich gemacht wird um die Blase anzustren-
gen den Urin herauszutreiben. Jedoch damit weder die grosse Schärffe die Blase
verletzen/ noch auch eine zu geringe Quantität des Urines zu harnen veranlassen kan;
so ist die innere Haut wie im Magen und
in Gedärmen mit einer zottigen Schaale
(*crusta villosa*) überzogen. In den Menschen stehet der Grund der Blase (*fundus*)
in die Höhe und der Hals (*collum*) der enger ist/ nieder/ daß demnach der Urin
gleich in den Hals fället: wie dann auch
der Harn-Gänge ihre Eröffnungen (*ori-
ficia*) unweit des Halses in der Blase an-
zutreffen/ damit das Wasser desto geschwinder in den Hals kommen und ihn
biß zu den Harn-Gängen erfüllen kan.
Denn wenn der Harn biß über diese Eröffnungen gehet/ so findet er in den Harn-
Gängen mehr Wiederstand/ wenn er hinein will/ und kan dadurch zum Harnen
Anlaß gegeben werden/ weil eine ungewöhnliche Empfindung entstehet. Und demnach
dienet der gröste Theil des Grundes bloß
dazu/ wenn sich viel Wasser sammlen muß/
weil es entweder gar zu geschwinde in grosser

ser Menge zufleußt / wie wenn man starck
trincket / oder man es wieder den Winck
der Natur zurücke zu' halten genöthiget
wird. Allein auf solche Weise würde der
Harn unaufhörlich aus der Blase träuf-
feln. Derowegen damit er darinnen verbleibet / so wird der **Mund der Blase**
(*orificium veſicæ*) durch das **Schließ-**
Mäuelein (*musculum ſpincterem*) zugehalten / welches wie ein Ring herum gehet /
und nicht eher nachgiebet / als biß der U-
rin gegen den Mund starck gepreſſet wird.
Wenn die Fasern dieses Mäusleins noch
mehr verkürtzet werden / als sie ordentlicher Weise verkürtzt sind / indem sie den
Blasen-Mund schlieſſen; so wiederstehet
man dem Preſſen der Blase und geschiehet
dieses / wenn man sich mit Willen anstren-
get das Waſſer zu halten.

§. 140. Damit nun aber der Urin / Gebrauch
wenn er entweder in der Blase zuviel / oder der
auch zu scharf wird / weggelaſſen werden Harn-
kan; so ist an dem Munde der Blase die Röhre.
Harn-Röhre (*urethra*), die sich bey
Manns-Persohnen durch die gantze männliche Ruthe biß an die Eröffnung der Eichel erstrecket / in Weibes-Personen aber
biß an die Eröffnung an dem Anfange der
Scheide gehet / wo beyderseits das Waſ-
ser heraus gehet / wenn man es wegläſſet.
Die Länge der Harn-Röhre richtet sich

Z 3 dem-

demnach nach der Länge der Ruthe und der Scheide / weil der Urin an dem Ende oder Anfange der Ruthe und Scheide am bequemsten seinen Ausgang findet. Denn die Blase lieget gantz unten im Unter-Leibe bey den Männern über dem Mast-Darme/ bey den Weibern über der Mutter / welche zwischen der Blase und dem Mast-Darme lieget / und also müste die Harn-Röhre entweder hinten im Affter ihren Ausgang gehabt haben / oder er muß von vornen seyn. Das erstere will sich nicht schicken / weil sich beyde Unreinigkeiten verschiedener Ursache halber nicht wohl durch eine Eröfnung ausführen lassen / und also muß der Urin von vornen seinen Ausgang finden / wo kein bequemerer Ort sich zeiget als in den Eröffnungen der Geburths-Glieder / damit die Eröffnungen im Leibe nicht ohne Noth vermehret werden.

Verrichtung der Mäuslein des Unter-Leibes in Abführung der Unreinigkeiten. §. 141. Daß die Mäuslein des Unter-Leibes in Verrichtung sind / wenn man starck drucken muß um die Unreinigkeit aus dem Leibe abzuführen/ kan man gantz eigentlich mercken. Nun geschiehet alle Bewegung und alles Drucken im Leibe durch Verkürtzung der fleischernen Fasern (§. 51.). Derowegen müssen auch hier dieselben verkürtzt werden / indem die Mäuslein des Unter-Leibes bey dem starcken drucken in Abführung der Unreinigkeiten beschäffti-

schäfftiget sind. Will man nun dieses
deutlich erkennen / so muß man auf die
Lage der Mäuslein und insonderheit ihrer
Fasern acht geben. Es liegen die Mäuslein von einer Seite / wie von der andern.
Wenn man sie demnach von der einen be-
siehet / so verstehet man zugleich / wie es
von der andern Seite beschaffen ist. Wir
treffen demnach erstlich die **schrägen
Mäuslein** an und zwar das **niedersteig-
gende** (*oblique descendentem*) und das
aufsteigende (*oblique ascendentem*). Das
schräge niedersteigende Mäuslein bedeckt
von jeder Seite die Helffte des gantzen Un-
ter=Leibes und nimmet seinen Anfang von
einigen Ribben an dem **Säge= Mäuslein** (*musculo serrato*) und gehet biß an den
weissen Strich (*lineam albam*) / wodurch
der Unter=Leib in zwey gleiche und ähnliche Theile getheilet wird / und unten an
das **Darm=Bein** (*os ileon*). Die Fasern
gehen von den Seiten schräge gegen den
weissen Strich herunter. Wenn sie verkürtzet werden / so werden die Gedärme gegen den Rücken zurücke und die unteren
etwas niederwarts gedruckt. In soweit
die unteren Gedärme mit niederwärts und
gegen den Rücken zugedruckt werden / lässet
sich gar wohl begreiffen / daß der Unrath
in dem Mast=Darme mit gedruckt wird /
wie absonderlich nöthig ist / wenn man ver-
härtet/

Z 4

härtet ist/ und die Krafft des Mast-Darmes
allein ihn nicht heraus pressen kan.   Es
kan aber auch durch diese Pressung der Un-
flath aus dem Grimm-Darme in den Mast-
Darm gebracht werden.   Wenn man
starck drucket/ so hält man den Athem
starck an sich und werden also durch das
Zwerg-Fell die Gedärme niedergepresset.
Damit nun der Leib nicht zu sehr ausgespannet wird/ sondern der Druck vielmehr
auf die unteren Gedärme gehet/ wo der
Unrath heraus soll/ der nicht weichen will/
so hält das schräge niedersteigende Mäuslein die Gedärme zurücke/ ja treibet auch
die oberen etwas aufwarts.   Das schräge
auffsteigende Mäuslein entspringet von dem
Rande des Darm-Beines und endiget sich
in dem weissen Striche und unter den Ribben. Seine Fasern lauffen von der Seite gegen den weissen Strich schräge zu aufwarts.
Es hält eben wie der andere die Gedärme
zurücke/ daß sie nicht zu weit vorfallen/
wenn das Zwerg-Fell allzustarck niedergedruckt wird.   Es ziehet aber auch zugleich
die Ribben/ daran es sich endiget/ nieder und
hilfft dadurch die Höhle des Ober-Leibes
enger machen/ welches im Athem hohlen
seinen Nutzen hat (§.129.)/ wie man es
auch im Unter-Leibe gar eigentlich fühlet/
wenn man den Athem starck von sich bläset.
Das dritte ist das **gerade Mäuslein**

(muscu-

(*musculus rectus*) , welches von dem
Schaam-Beine (*osse pubis*) biß an den
Schwerdt-förmigen Knorpel gerade herauf
gehet. Wenn die Fasern / die vornen
nach der Länge am Unter-Leibe herauf gehen/
sich verkürtzen; so werden die Gedärme gegen
den Rücken zu gedruckt / und solchergestalt
weichen sie nach den beyden Seiten / wo
sie die schrägen Mäuslein niederwarts drucken. Das vierdte ist das **zugespitzte**
Mäuslein (*musculus pyramidalis*), welches von dem Schaam-Beine entspringet
und in dem weissen Striche noch weit unter dem Nabel sich endiget. Wenn seine
Fasern verkürtzt werden / so wird die Blase und der Mast-Darm zugleich gedruckt /
und daher kommet es / daß man zugleich
das Wasser lassen muß / wenn man starck
druckt den Mast-Darm zu leeren. Endlich
das fünffte ist das **Zwerg-Mäuslein**
(*musculus transversus*), welches an den
Lenden-Würbeln entspringet und an dem
weissen Striche sich endiget. Seine Fasern gehen Horizontal um den Bauch herum und durchschneiden also die Fasern der
geraden Mäusleinen rechtwinckligt. Derowegen wenn sie sich verkürtzen / drucken
sie die Gedärme zurücke / daß sie nicht gar
zu sehr nach der Seite weichen / damit im
starcken drucken der Druck gegen die
Blase und den Mast-Darm desto kräffti-

ger

ger gehet.   Wenn man auf die Ver=
kürtzung aller dieser Mäuslein zugleich)
hat; so wird man finden/ wiewohl dadurch
versehen ist / daß im starcken drucken die
Gedärme weder vor sich/ noch nach der
Seite zuviel ausweichen und also der
Druck desto kräfftiger niederwarts gehet.

Wozu die Ne=ben-Nie=ren die=nen.   §. 141.   Zwischen einem jeden Nieren
und dem Stamme der grossen Puls=Ader
und Hohl=Ader lieget ein Neben Nieren
(*capsula atrabilaria* oder *ren succenturia-*
tus).   Es wird ihnen das Blut entweder
unmittelbahr aus dem Stamme der gros=
sen Puls=Ader oder aus den Nieren=Puls=
Adern zugeführet und entweder in den
Stamm der Hohl=Ader oder in die Nie=
ren=Blut=Ader wieder zurücke gebracht.
Denn man findet es nicht beständig auf ei=
nerley Weise.   Da es Drüsen sind; so ist
ausser allem Zweiffel / daß daselbst eine Ab=
sonderung geschiehet.   Und in der That
findet man auch darinnen einen braunen
dicken Safft/ der von dem Blute abge=
sondert und die schwartze Galle (*atra*
bilis) genannt wird.   Da man keine Gän=
ge finden kan/ welche diesen Safft abfüh=
ren/ so weiß man auch nicht zu bestimmen/
was er eigentlich für einen Nutzen hat.
Und also haben wir abermahl ein Exempel
von natürlichen Geheimnissen in unserem
Leibe/ die schweer zu entdecken sind und
                                                        nach

nach) denen man bißher vergeblich geforschet.
Unterdeſſen da man findet/ daß die Neben-
Nieren in den Kindern nach Proportion
gröſſer ſind als in Erwachſenen/ maaſſen
ſie in jenen faſt den Nieren gleichen; ſo
ſiehet man wie bey der Bruſt-Drüſe / daß
die Kinder die Abſonderung/ ſo darinnen
geſchiehet/ nöthiger haben müſſen als die
Erwachſenen.

§. 142. Der gantze Leib wird von der Nutzen
Haut (*cute*) überkleidet / damit alle Thei- der
le / die darunter liegen wohl verwahret Haut.
werden und weder von der Lufft / noch
durch andere Zufälle Schaden nehmen können. Deßwegen iſt ſie auch ſtarck und feſte / daß ſie nicht leicht verſehret werden
kan. Sie beſtehet aus flechſernen und
ſpannadrigen Faſern / die alle geſpannet
ſind und ſich noch weiter ausſpannen laſſen / damit ſie zuſammen kriechen/ wenn
man magerer wird/aber ſich auch weiter ausdehnen laſſen / wenn man fetter wird/ und
ſolchergeſtalt die Haut beſtändig genau an-
ſchleußt. Sie iſt mit vielen **Drüſen** (*glandulis ſubcutaneis* verſehen / damit die übrige Feuchtigkeit abgeſondert wird / die entweder wie ein unvermerckter Dampff/ oder
wie Schweiß durch die Schweißlöcher gehet. Damit nun denen Drüſen Blut
gnung zugeführet wird / ſo gehen ſehr häuf-
fige Blut-Gefäſſe in die Haut/ weßwegen
man

man auch starck blutet/ wenn man sich in
die Haut schneidet/ weil überall einige
Blut=Gefäßlein zerschnitten werden. Es
muß aber auch nicht eine geringe Anzahl
darunter seyn/ die das Blut wieder zurucke führen. Weil es nun zur Erhaltung der
Gesundheit gar ein grosses beyträget/ daß
der Leib die Feuchtigkeiten ausdämpfft/ damit sie nicht zu lange darinnen verbleiben/
indem ihr Abgang durch neuen Genuß der
Speise frische verschafft (§. 423. Phys.); so
zeiget sich auch die Nothwendigkeit der
Haut zum Leben des Menschen in einem
weit höheren Grade als man Anfangs vermeinen sollte. Und darf man sich nicht
wundern/ warum ich der Haut unter den
Theilen des Leibes einen Platz vergönnet/
die zur Erhaltung des Lebens nöthig sind.
Das Leben laufft in Kranckheiten Gefahr.
Die Gesundheit aber/ wie *Sanctorius* an-
gemercket/ leidet so gleich Anstoß/ wenn
die *Transpiration* oder unvermerckte Ausdämpffung nicht von statten gehet/ wie sichs
gehöret.

Was die
Schweiß
löcher
sind.
§. 143. Die Schweißlöcher (*pori*)
sind die Eröffnungen in der Haut/ wodurch
die Feuchtigkeit/ welche *transpiriret*/ oder
der Schweiß heraus dampfft. Es hat
schon *Steno* (a) angemercket/ daß die
Schweiß-

(a) vid. Bartholinus Cent. 3. epist. 65. p.
420.

Schweißlöcher nichts anders sind als die subtilen Eröffnungen der **Schweißgänge** (*ductuum glandularum subcutanearum*), wodurch dasjenige abgeführet wird/ was die **Haut-Drüselein** (*glandulæ subcutaneæ*) absondern. *Nehemias Grew* (b) hat angemerckt/ daß man von der inneren Seite der Finger/ insonderheit auf den Kuppen/ dieselbe durch ein gutes Vergrösserungs-Glaß wie Quellen erblicket/ die gantz ordentlich neben einander herum liegen in den Strichen/ die man mit blossen Augen erblicket. Allein da *Leeuwenhœk*, welcher die Kleinigkeiten in der Natur deutlicher als andere eingesehen/ in einem kleinen Raume/ der kaum mit einem Sand-Körnlein bedeckt werden mag/ den Schweiß mehr als aus 50. Oertern hervor dringen gesehen (c); so können die *Grewischen* Quellen nicht eintzele Schweißlöcher gewesen seyn/ sondern vielmehr hat *Grew* bloß Tropffen gesehen/ die durch Vereinigung dessen entstanden/ was aus gar vielen Schweißlöchern auf einmahl heraus gedrungen. Denn da die subtilen *Leeuwenhœkischen* **Schweiß-Gänge** so nahe an einander

---

(b) in Transact. Angl. Num. 159. p. 566. conf. Lowthorp in Epit. Vol. 3. c. 1. num. 6. p. 9.

(c) in Epist. part. 2. p. 101.

einander liegen/ so müssen die heraus-
bringende Tröpfflein einander berühren/
da ohne dem bekandt ist/ daß Tröpfflein/
die aus Haar-Röhrlein dringen/ viel grösser sind als der Diameter der Eröffnung
des Röhrleins.   Nun ist aber bekandt
gnung/ daß kleine Tröpfflein/ die einander berühren/ in grössere zusammen fliessen.   Wir dörffen uns aber gar nicht befremden lassen/ daß nach *Leeuwenhœks* Angeben die Schweißlöcher gar zu subtile
heraus kommen: denn wir wissen ja/ wie
die Natur auch im Leibe der Menschen und
Thiere alles sehr subtile theilet und nicht
allein aus über die maassen subtilen Fäserlein alle feste Theile webet (§. 48.)/ sondern auch selbst das Geblüte durch die subtilesten Röhrlein durchführet/ die sich noch
nicht mit einem Faden im Gewebe einer
Spinnen vergleichen lassen (§. 61.). Und
diese Subtilität der Schweißlöcher ist
auch ihrem Zwecke gemäß/ indem dadurch
eine grosse Menge Feuchtigkeit aus dem
Leibe abgeführet werden soll/ ohne daß man
im geringsten etwas davon mercket (§. 422.
Phys.).

Was das Häutlein nutzet. §. 144. Die Haut ist mit einem subtilen Häutlein (*cuticula*) überzogen/ wel-
ches sich loß giebet/ wenn die Haut mit
heissem Wasser/ oder auch mit sonst etwas
heissem verbrandt wird. Denn es entstehet so
bald

bald eine grosse Blase/ welche durch das
Häutlein/ das sich loß giebet/ formiret
wird. Dieses Häutlein hat keine Empfin-
dung/ wie man es findet/ wenn sich daf-
selbe loß gegeben hat. Hingegen die untere Haut ist über die maassen empfindlich/
wie man es findet/ wenn das Häutlein
durch verbrennen oder einen andern Zufall
abgehet: denn man kan alsdenn weder
Lufft/ noch Feuer daran vertragen. Und
demnach verwahret das Häutlein die Haut/
damit es Lufft/ Feuer/ Wärme/ Wasser
2c. vertragen kan. Man findet auch/ daß/
wenn sich das Häutlein loß ziehet und eine Blase formiret/ die Blase voll Wasser
laufft. Und demnach erkennet man/ daß
das Häutlein die Schweiß-Gänge zuhält/
damit nicht zuviel Feuchtigkeit auf einmahl
durchgehen kan. Das Häutlein macht
die Haut glatt/ damit sie nicht allein weiß
und niedlich aussiehet/ sondern auch von
Unreinigkeit leichter gesaubert werden kan.
Weil die Eröffnungen der Schweis-Gän-
ge über alle maassen subtil sind ($. 143.);
so können sie auch das Häutlein nicht mercklich durchlöchern. Und deßwegen ist kein
Wunder/ wenn das Wasser nicht in groben Tropffen durchgehen kan/ welches sich
in der Blase versammlet/ die von dem
Häutlein entstanden. Unterdessen findet
man doch/ daß es nach und nach ausdün-
stet

stet/ folgends solche Eröffnungen vorhanden seyn müssen/ darein sich Dünste ziehen und durchgehen können/ die wegen ihrer Subtilität nicht zu spüren sind. *Leeuwenhœk* hat (a) gefunden/ daß das Häutlein aus lauter Schuppen bestehet/ die in drey Reihen über einander liegen und darzwischen die subtilen Schweiß=Gänge hervor gehen. Diese Structur des Häutleins ist sehr bequem: dann so lässet es sich im Gebrauch der Theile des Leibes hin und wieder abreiben/ ohne daß dadurch eine Versehrung entstehet. Und was sich abgerieben hat/ wird bald wieder ersetzet: maassen bekandt/ wie geschwinde das Häutlein wieder wächset/ wo es loß gegangen. Und dieses kommet uns nicht allein in Verwundungen/ sondern auch in solchen Zufällen/ da die Haut außfähret und sich scheelet/ wenn sie heil wird/ zu statten.

Wie die Haut mit dem Häutlein die Einheit des Leibes machet.

§. 145. Der Leib des Menschen und der Thiere bestehet aus überaus viel Theilen und ihr Gebrauch erfordert es/ daß ein jeder Theil von dem andern in so weit abgesondert ist/ daß er seine ordenliche Figur behält und diejenigen Veränderungen in der Figur und Lage erleiden kan/ die zu seiner Verrichtung von nöthen sind/ unerachtet sie auch so weit an einander befestiget

(a) Philos. Transact. num. 159. p. 572.

get seyn/ als dazu nöthig/ damit sich keines aus seiner Stelle verrücken kan. Damit nun alle diese Theile mit einander verbunden werden und zusammen einen Leib
ausmachen; so ist derselbe mit der Haut
und dem Häutlein überkleidet/ die über
den gantzen Leib und alle desselben Glieder
in einem fortgehet/ ausser wo von innen
heraus Eröffnungen sind/ und sie demnach
hat müssen getheilet werden. Aber eben
dadurch erhält der Leib eine gute Gestalt
und ein gutes Ansehen/ als wie ein Uhr-
werck von seinem Gehäusse/ welches auch
zu seiner Verwahrung dienet als wie die
Haut zur Verwahrung des Leibes (*§.*
144.)

§. 146. Unter der Haut lieget bey dem Nutzen
Menschen und einigen Thieren/ als den des Fe-
Schweinen/ das **Fett** mit seinem **Häut-** tes.
lein (*Pinguedo*), womit er als mit einem
neuen Uberzuge überkleidet wird. *Mal-*
pighius (a) hat angemercket/ daß das Häutlein in lauter kleine Behältnisse abgetheilet
ist/ wie in einem Bienen-Stocke/ die wie
kleine Säcklein anzusehen sind. Das Fett
nun ist nichts anders als ein Oele/ welches in diesen Säcklein verwahret wird.
Es sind auch an dem Häutlein viele Drü-
selein/ wodurch diese Oelichte Materie ab-

(*Physik. III.*) A a geson-

(a) de Omenti pinguedine fol. 109.

gesondert wird. Wenn das Fett zunim=
met/ so werden diese Säcklein mehr aus=
gedehnet und wird dieser Uberzug des Lei=
bes stärcker. Woferne ein fetter Mensch
oder auch ein fettes Thier einige Tage hun=
gert; so verlieret sich das Fett/ nicht al=
lein in dem äusseren Uberzuge/ wo derglei=
chen vorhanden/ sondern auch innerhalb
dem Fleische und an den inneren Theilen
des Leibes. Da nun gar nicht wahrschein=
lich ist/ daß das Fett in so kurtzer Zeit al=
les transpiriret; so ist vielmehr glaublich/
daß es wieder zurücke ins Geblüte gehet
und es in Mangel der Nahrung nahrhaft
macht. Dieses wird noch mehr dadurch
bestetiget/ daß wir Thiere finden/ die sich
gegen den Winter fett fressen und den Win=
ter über von ihrem Fette zehren/ derglei=
chen man von dem Dachse erzehlet. Von
den Schwalben ist bekandt/ daß sie sich ge=
gen den Winter in den morastigen Grund
der Teiche legen um daselbst vor der Kälte
sicher zu seyn und in einem fort schlaffen
biß es wieder warm wird. Denn da sie
sich von dem Ungezieffer in der Lufft ernäh=
ren/ dergleichen in ihr im Winter nicht
anzutreffen; so würden sie aus Mangel
der Speise erhungern/ wenn sie nicht in
diesen tieffen Schlaff geriethen. Da sie
nun aber nicht todt sind/ wie einige davor
halten/ maassen wenn sie in hartem Win=

ter

ter erfrieren und also sterben/ im Frühlin-
ge/ wann es warm wird/ nicht wieder
aufleben/ sondern verwesen; so ist glaub-
lich/ daß auch diese Vögel sich fett fressen/
ehe sie aus der Lufft Abschied nehmen und
des Winters von ihrem Fette zehren. Weil
sie aber in dem Moraste/ darinnen sie lie-
gen/ nicht viel transpiriren; so brauchen
sie auch den Winter über nicht viel Nahrung und kan das wenige Fett hinlänglich
seyn. Jedoch brauchen diese Muthmassungen noch weitere Untersuchung/ indem
man aus der Erfahrung ausmachen muß/
ob die Schwalben/ wenn sie wegziehen/
fett sind/ und ob sie im Moraste/ darinnen
sie liegen/ noch eine Bewegung des Blutes und flüßiges Blut haben: oder ob das
Blut entweder flüßiger ist als anderer Thiere und im kalten nicht leicht gerinnet/ oder
doch von einer gelinden Wärme/ wenn
es geronnen/ wieder flüßig werden kan.
Weil doch die Bewegung des Geblütes
ordentlicher Weise das Mittel ist/ wodurch
das Leben erhalten und der Leib wieder die
Verwesung verwahret wird; so scheinet
wohl freylich am wahrscheinlichsten/ daß
die Schwalben in dem Moraste/ darinnen
sie den Winter über liegen/ auch noch innere Bewegung des Geblütes haben. Jedoch da die Natur bey der Gleichförmig-
keit auch den Unterscheid liebet/ damit die

Man-

Mannigfaltigkeit der Dinge desto grösser
wird; so kan man auch das Letztere nicht
für unmöglich ansehen.   Die Erfahrung
aber muß uns in solchen Fällen entscheiden/
wo etwas auf vielerley Art seyn kan/ indem es von äusseren Ursachen herkommet/
daß von vielem/ was seyn kan / dieses
vielmehr würcklich wird/ als etwas anders.   Ausser diesem Nutzen aber/ der
hauptsächlich auf die Erhaltung des Lebens
gehet/ und hier für andern hat müssen angeführet werden / wo wir dasjenige ab-
handeln/ was zu diesem Zwecke dienet/ findet sich noch verschiedener anderer Nutzen.
Die Mäuslein/ daraus unser Leib beste-
het/ sind sehr ungleich und lassen viele
Höhlen.   Wäre nun die Haut unmittelbahr an ihnen feste; so müste sie sich nach
ihrer Figur schicken und würden wir auch
von aussen überall Vertieffungen zu sehen
haben: welches den Leib ungestalt machte/
indem es nicht lässet/ als wenn jedes Theil
recht gantz wäre und in einem fortgienge.
Allein da das Fett auch hin und wieder die
Vertiefungen ausfüllet; so bekommet alles von aussen eine bessere Gleichheit und
Rundung/ damit es aussiehet/ als wenn
es aus einer steten Materie bestünde.   Zudem wird auch durch das Fett die Haut
mehr ausgespannet: nun ist aber bekandt/
daß die ausgespannte Haut weisser und
glätter

glätter ausſiehet/ als wenn ſie gar zu willig anlieget/ ſich auch reinlicher als in dem
letzteren Falle halten läſſet.   Endlich da
das Fett viel Wärme braucht/ damit es
flüßig verbleibet und nicht gar zu ſtehende
wird; ſo hält es auch die innere Wärme
im Leibe auf/ damit ſie nicht ſo leichte weggehen kan.   Und ſolchergeſtalt beſchützt es
uns wieder die Kälte.

§. 147.   Unter dem Fette oder bey de- **Nutzen**
nen Thieren/ die keine Uberkleidung von **des**
Fleiſch-
Fette haben/ unter der Haut folget das **Fleiſch-**
Felles.
Fleiſch-Fell (*Panniculus carnoſus*), welches den gantzen Leib überkleidet.   Die Urſache haben wir ſchon vorhin geſehen/ warum eine Uberkleidung nöthig iſt.   Nemlich da überall ſo viele Mäuslein ſind/ die
wegen ihres Gebrauches ihre beſondere Figur und Lage haben müſſen; ſo werden
die Glieder und Theile des Leibes von auſſen gantz ungleich: das Fleiſch-Fell aber/
welches den Leib überkleidet/ machet ihn
gleich und indem es in einem fortgehet/ zu
einem gantzen/ wie wir es ſchon bey der
Haut geſehen (§.145): Denn in dieſem
Stücke hat die Haut mit dem Fleiſch-Felle
einerley Nutzen/ indem beyde Uberkleidungen des Leibes ſind. Weil aber das Fleiſch-
Fell aus fleiſchernen Faſern beſtehet/ welches die Inſtrumente der Bewegung ſind
(§.51.); ſo muß auch dieſes ſeine Bewe-

Aa 3   gungen

gungen haben.   Und wir finden es auch
so bey den Thieren/ maaſſen ſie dadurch
das Fell bewegen/ welches daran befeſtiget.
Denn daß die Thiere ihr Fell öffters be=
wegen/ ſiehet man augenſcheinlich / z. E.
wenn ſie Fliegen und Mücken wegtreiben
wollen/ die ſie beunruhigen.   Das Fell
vor ſich hat keine fleiſcherne Faſern/ und
kan ſich dannenhero nicht bewegen.   De=
rowegen muß die Bewegung durch das
Fleiſch=Fell geſchehen/ wo wir Bewegungs=
Faſern antreffen und daran das Fell der
Thiere befeſtiget/ die keine Uberkleidung
von Fette haben. Bey uns lieget die Haut
auf dem Fette und kan daher von dem
Fleiſch=Felle nicht beweget werden.   De=
rowegen iſt es auch nicht ſo ſtarck/ wie bey
den Thieren/ die keine Uberkleidung von
Fette haben/ und hat an vielen Orten faſt
gar keine fleiſcherne Faſern / auſſer in den
Theilen/ wo die Uberkleidung von Fette
nicht vorhanden/ als auf der Stirne und
am Halſe.

Nutzen
des
Darm=
Felles.

§. 148.   Daß aber die Natur durch
eine Uberkleidung Theile/ die von einander
unterſchieden ſind/ zuſammen hält/ damit
ſie in ihrer ordentlichen Lage verbleiben/ und
der gantze Raum/ darinnen ſie enthalten
ſind/ zu einem gantzen gemacht wird; ſehen
wir auch an dem **Darm=Felle** (peritonæo),
welches auf die Mäuslein des Unter=Leibes
folget

folget und die gantze Höhle überkleidet.
Denn es werden nicht allein dadurch die
Gedärme in ihrer Ordnung und Lage er=
halten/ ohnerachtet der vielfältigen Bewe=
gung/ die so wohl von ihnen selbst (§.
100.)/als von den Mäusleinen des Unter=
Leibes herrühret (§.141.); sondern auch
selbst die Mäuslein in dem Unter=Leibe ver=
bleiben dadurch in ihrer unverrückten Lage.
Von den Scheiden/ die daraus entsprin=
gen/ wird sichs an seinem Orte weiter re=
den lassen.

Das 5. Capitel.

Von den Theilen/ die zur
Empfindung und den Verrichtun=
gen der Seele dienen.

§. 149.

WIr finden gewisse Theile in unse=
rem Leibe/ die uns zur Empfin=
dung gegeben sind/ als die Au=
gen/ Ohren/ Nase/ Zunge/ und die
Haut über den gantzen Leib: Welches je=
derman aus seiner eigenen beständigen Er=
fahrung bekandt ist. Welche sich aber ge=
nauer um den Zustand des Leibes beküm=
mern/ die wissen daß auch der Leib in den
Verrichtungen der Seele nicht feyret/ und
insonderheit das Gehierne und die Nerven

*Gegen=
wärtiges
Vorha=
ben.*

Aa 4 hierbey

hierbey beschäfftiget sind. Nun ist uns
hier nichts daran gelegen / ob entweder der
Leib auf eine natürliche Art in die Seele
würcket und Gedancken in ihr determiniret / und hinwiederum die Seele gewisse
Bewegungen durch ihre Krafft auf eine
natürliche Weise determiniret / oder nicht //
wie man vor diesem in der Aristotelischen
Philosophie behauptet / wenn man die Lehre von der Seele abgehandelt; sondern wir
bekümmern uns hier bloß um die Veränderungen / wozu die hierzu dienende Theile
im Leibe des Menschen und der Thiere aufgelegt sind und warum sie auf diese und
nicht eine andere Weise beschaffen.

Wozu das Auge dienet und was seine Theile nutzen. §. 151. Es weiß ein jeder / auch von
den gemeinen Leuten / daß uns das Auge
zum Sehen gegeben ist. Denn so bald
wir die Augen zuschliessen / sehen wir nichts
mehr: so bald wir sie aber eröffnen / können wir wieder sehen. Allein es ist nicht
so bekandt / was eigentlich in dem Auge
vorgehet / indem man siehet. Denn denen / welche sich um die Erkäntniß der Natur auf eine geziemende Weise bemühen /
ist nur bekandt / daß sich alle Sachen /
davon das Licht in die Augen fället und die
wir sehen / hinten im Auge verkehret abbilden / zwar über die Maassen klein / indem
kein grosser Raum dazu vorhanden; jedoch
sehr klar und deutlich / mit allen ihren
Farben

Farben und Bewegungen (§. 32. Optic.):
welches letztere kein Mahler nachmachen
kan/ indem es der Kunst schlechter Din=
ges unmöglich fället ein Bild in Bewegung
zu mahlen/ maassen die Bewegung keine
Sache ist/ die sich mahlen lässet. Wenn
man aber fraget/ warum ein Mahler nicht
im kleinen alles so deutlich abbilden kan/
wie es im Auge geschiehet/ indem alles/
was wir in einer Sache deutlich unter=
scheiden/ wenn wir sie sehen/ auch im Au=
ge deutlich abgebildet wird; so ist nicht al=
lein die Ursache diese/ daß die Strahlen des
Lichtes/ wodurch das Bild im Auge ab=
gemahlet wird/ viel subtiler sind als die
Pinsel der Mahler/ sondern auch daß sie
das Bildlein viel heller machen/ als die
Farben des Mahlers seyn können. Denn
wo man etwas deutlich sehen soll/ muß
nicht allein die Sache ihre Theile deutlich
unterschieden haben/ sondern auch helle
gnung erleuchtet seyn. Den **Aug=Apffel**
(*Bulbum oculi*) formiren das **harte Häut=
lein** (*tunica sclerotica*) und das **Horn=
Häutlein** (*tunica cornea*). Das Horn=
Häutlein ist durchsichtig wie ein Horn/
damit das Licht dadurch ins Auge fallen
kan/ als ohne welches wir nichts sehen kön=
nen. Und eben deßwegen formiret es den
förderen Theil von dem Aug=Apffel/ weil
das Licht von fornen hinein fallen muß/

maassen

maaſſen wir die Sache am deutlichſten ſe-
hen/ wenn ſie gerade vor dem Auge ſtehen/
indem ſich in dieſem Falle das Bildlein davon im Auge am vollkommeſten formiret.
Hingegen der gantze übrige Theil des Aug-
Apffels beſtehet durch die undurchſichtige
harte Haut/ damit auf den Ort des Au-
ges/ wo die Sache/ welche wir ſehen/ abgebildet wird/ kein fremdes Licht fallen
kan/ als welches verurſachen würde/ daß
wir ſie entweder gar nicht/ oder doch nicht
ſo deutlich ſehen würden (§.150.T.II.Exper.).
Damit das Auge ſich nicht reibet/ wenn
man es gegen die Sache wendet/ welche
man ſehen will/ ſo iſt die harte Haut mit
dem weiſſen Häutlein (*adnata*) überzogen/
welche den Aug-Apffel glatt machet. Es
iſt dieſes Häutlein uberaus weiß/ damit
das Auge wohl ausſiehet.   Unterdeſſen
weil es ſehr glatt iſt/ kan es doch nicht
leicht verunreiniget werden/ wie ſonſt weiſ-
ſe Sachen ſich leicht beſchmutzen laſſen. Unter dem Horn-Häutlein lieget das farbige
Häutlein (*tunica uvea*), welches hindert/
daß nicht durch das gantze Horn-Häutlein
Licht ins Auge fallen kan.   Denn in dieſem
Häutlein iſt der Stern (*Pupilla*), der ſich
wie ein ſchwartzer Circul præſentiret und
eigentlich ein rundtes Loch iſt / wodurch
das Licht in das innere Auge hinein fället.
Wir finden/ daß allzuſtarckes Licht blen-
det/

det / damit man nicht sehen kan / und hingegen in schwachem Lichte siehet alles dunckel aus / daß man es nicht eigentlich erkennen kan. Damit nun nicht zu viel Licht
in das Auge fället / wenn wir etwas helles
sehen / noch zu wenig / wenn dasjenige / was
wir sehen / mit schwachem Lichte erleuchtet
ist; so wird der Stern in starckem Lichte
enge / im schwachen hingegen weit. Und
demnach hat unter der Horn-Haut noch
eine Bedeckung seyn müssen / wie man bey
den Objectiv-Gläsern der Fern-Gläser zu
gebrauchen pfleget (§.81. Dioptic.) / damit
kein weiterer Raum das Licht einzulassen
offen bliebe / als dazu nöthig ist / daß wir
die Sache / so uns vorkommet / deutlich
sehen. Um den Stern herum gehet der
Regenbogen (*iris*), ein farbiger Circul /
der durch die Horn-Haut durchscheinet.
Dieser ziehet sich zusamen / wenn der Stern
groß werden soll / und dehnet sich hingegen
aus / wenn er klein werden soll. Er schwimmet in der **wässerigen Feuchtigkeit** (*hu-
more aqueo*) / welche den förderen Theil
des Auges erfüllet / und sowohl das farbige Häutlein / als auch das Horn-Häutlein
feuchte erhält / damit dieses durchsichtig /
jenes beweglich verbleibet / indem das Horn-
Häutlein seine Durchsichtigkeit / das farbige seine Beweglichkeit verlieret / wenn sie
trocken werden. Es erhält aber auch die
wässeri-

wässerige Feuchtigkeit sowohl das Horn=
Häutlein / als das farbige in ihrer Lage /
damit jenes erhaben stehet / wie das Glaß
zur Verdeckung auf einer Sack=Uhr; die=
ses hingegen frey erhalten wird / damit es
sich schnelle zusammen ziehen und ausbrei=
ten kan. Denn wenn das Auge am Ende
der Horn=Haut ein wenig geritzet wird /
daß die wässerige Feuchtigkeit herauß fleußt;
so fället nicht allein sie nieder / sondern es
klebt auch das farbige Häutlein an die übri=
gen Theile des Auges an und der Stern
kan nicht seine Rundung behalten. Das
farbige Häutlein ist dünne und weich / nicht
aber im geringsten steiff / und kan vor sich
nicht frey stehen: In der wässerigen Feuch=
tigkeit aber bleibet es ausgespannet und der
Stern erhält seine rundte Figur. Die
harte Haut wird von innen von dem
schwartzen Häutlein oder dem **Ader=
Häutlein** (*tunica choroidea*) bedeckt / da=
mit das Auge von innen verfinstert wird /
und zu dem Ende ist es in den Menschen
schwartz / in Thieren aber hat es von der
inneren Seite wohl eine dunckele / als eine
blaue / Farbe. Denn was schwartz ist / re=
flectiret kein Licht / und das dunckele Far=
be hat / gantz weniges / und so bleibet es
im Auge dunckel / wenn gleich in Erweite=
rung des Sternes / oder auch sonst von der
Seite fremdes Licht in die Augen fället.

Im

Im dunckelen aber mahlet sich das Bild
im Auge klärer und deutlicher ab/ wie wir
es auch in einem verfinsterten Gemache
(*camera obscura*) finden (§. 150. T. II. Exper.). Es sind in dem schwartzen Häutlein
viele Blut-Gefäßlein/ welche das Blut zu-
und abführen/ und hat es auch diesen Nutzen/
daß es dem Auge seine Nahrung zuführet.
Es theilet sich / ob wohl etwas schweer/
in zwey Blätter/ wie der berühmte Anatomicus *Ruysch* zuerst wahrgenommen/ der
deßwegen das innere Blätlein *tunicam*
Ruyschianam genennet.   Allein es gebühret sich nicht eher einem Häutlein einen besonderen Nahmen zu geben/ biß man erwiesen hat / daß es einen besonderen Nutzen
im Leibe hat: Denn sonst müste man / wie
schon *Verheyen* angemercket/ noch mehreren Blättern (*lamellis*) von andern Häuten gleichfalls besondere Nahmen geben.
Unterdessen halte ich vor billig/ daß man
auch durch die Benennung der Theile im
Leibe das Andencken derer erhält/ die sich
um die Wissenschafft verdient gemacht/
welches geschiehet/ wenn sie einen besonderen Gebrauch von etwas entdeckt/ so man
ehedessen nicht vor etwas besonderes angesehen.   Die schwartze Haut ist mit dem
Netz-förmigen Häutlein (*tunica retina*
seu amphiblestroide) bedeckt / welches aus
Nerven-Fäserlein gewebet ist/ die aus dem

Seh-

Sehnungs = Nerven (*nervo optico*) ent=
springen / und folgends zur Empfindung
dienet / die das Licht erreget / wodurch das
Bildlein der Sache die man siehet / darauf
abgemahlet wird.   Der wichtigste Theil
im Auge ist die **cryſtalline Feuchtigkeit**
(*humor cryſtallinus*), als in welchem das
Licht so gebrochen wird / daß die Sachen
dadurch hinten auf dem Netz = förmigen
Häutlein abgemahlet werden (§.24. Optic.).
Es iſt dieselbe wie ein erhabenes Glaß / weil
es von der Figur herkommet / daß die
Strahlen so gebrochen werden (C.37. Op=
tic.) / und zwar von der einen Seite mehr
erhaben als von der andern / damit das
Bild in einer geringeren Weite / doch aber
deutlich abgemahlet werden mag.   Sie iſt
durchſichtig / damit das Licht durchfället.
Und damit ſie ihre Durchſichtigkeit erhält /
wird ſie von dem wäſſerigen feuchte erhal=
ten: Denn so bald ſie trocknet / nimmet
die Durchſichtigkeit ab und kan das Licht
nicht mehr ungehindert durchfallen. Weil
die Weite und Deutlichkeit des Bildleins
ſich nach der Figur der cryſtallinen Feuch=
tigkeit richtet; ſo iſt gar viel daran gelegen /
daß dieſe unverändert bleibet.   Zu dem
Ende lieget ſie nicht allein mit der einen
Seite gantz feſte in der gläſernen Feuchtig=
keit; ſondern wird auch mit einem gantz
ſubtilen Häutlein oder dem **Spinnen=Ge=
webe**

webe (*aranea* oder *tunica arachnoidea*) ü=
berkleidet. Den hinteren und gröſten Theil
des Auges erfüllet die **gläſernr Feuchtig=
keit** (*humor vitreus*), welche verſchiedenen
Nutzen hat. Wenn das Bildlein hinten
auf dem Netz=förmigen Häutlein klar und
deutlich abgemahlet werden ſoll/ ſo muß
die cryſtalline Feuchtigkeit eine gantz genaue
abgemeſſene Weite von ihm haben und
auch gerade ſtehen bleiben / nicht aber ſchief
gegen daſſelbe ſtehen (§.24. Optic.). Und
deßwegen unterſtützt ihn die gläſerne Feuch=
tigkeit/ daß er ſich in ſeiner Lage nicht
verrücken kan/ und füllet den Raum zwi=
ſchen ihm und dem Ende des Auges aus/
damit er die rechte Weite hat. Denn ob
gleich die gläſerne Feuchtigkeit den gröſten
Theil des Auges erfüllet; ſo nimmet er
doch nicht mehr/ auch nicht weniger Raum
ein/ als dazu nöthig iſt/ daß die cryſtalline
ihre rechte Weite erhält. Damit aber
auch die gläſerne ſich nicht ſelbſt verrücken
kan/ ſo iſt ſie in das **gläſerne Häutlein**
(*tunicam vitream*) eingeſchloſſen/ welches
ſo ſubtile wie das Spinngewebe iſt/ und
daher von einigen auch dieſen Nahmen er=
hält. Es iſt dieſelbe etwas dicke/ wie eine
Stercke/ damit die cryſtalline Feuchtigkeit
darauf unverrückt liegen kan. Sie bleibet
durchgehends gleich dicke/ damit nicht die
Strahlen/ ſo in der cryſtallinen Feuchtigkeit
gebro=

gebrochen werden/ darinnen durch fernere
Brechung aus ihrer Ordnung gebracht
werden: Welches der Deutlichkeit des Bildleins schaden würde. Wie weit aber sonst
die gläserne Feuchtigkeit die Deutlichkeit des
Bildleins befördert/ ist eine Sache/ die
noch umbständlicher untersucht werden müste. Da nun die gläserne Feuchtigkeit die
Strahlen weiter nicht mercklich ändert/ so
ist darinnen ein grosses Kunst-Stücke verbor-
gen/ darauf man acht zu geben Ursache hat/
wo man sich an den Spuren der Erkäntnis
und Weißheit GOttes vergnügen will/
welches wir uns hauptsächlich in der gantzen gegenwärtigen Handlung vorgenommen haben/ nemlich daß weder zuviel noch
zu wenig von der gläsernen Feuchtigkeit
vorhanden/ als zu der abgemessenen Weite der crystallinen Feuchtigkeit von dem
Grunde des Auges erfordert wird. Es
muß aber die crystalline Feuchtigkeit
entweder ihre Figur/ oder ihre Weite von dem Netz-förmigen Häutlein
ändern können/ damit wir sowohl das
Nahe/ als das Weite deutlich sehen. Den
wenn das Bildlein von einer Sache auf
dem Netz-förmigen Häutlein erscheinen soll
und die cryställine behält einerley Figur/ so
muß sie von jenem weiter entfernet seyn/
als es die nahen Sachen erfordern (§.
26. Optic.). Weil nun aber eine erhabener

nere Figur die Strahlen mehr bricht/ daß
sich das Bildlein in einer geringeren Weite abmahlet (§. 37. Optic.); so gehet es
auch an/ daß die crystalline Feuchtigkeit
auf einer Stelle verbleibet und ihre Figur
nur ein wenig erhabener wird/ wenn wir
was nahes sehen. Die Veränderung der
Figur scheinet unwahrscheinlicher als die
Veränderung der Weite/ indem man es
für leichter hält/ daß das letzte geschiehet/
als daß sich das erste ereignet/ und demnach setzet man insgemein/ daß sich die
Weite zwischen der crystallinen Feuchtigkeit und dem Netz-förmigen Häutlein än-
dert/ nachdem wir entweder in die Nähe
oder in die Ferne sehen. Es ist demnach
die Frage/ welchem Theile im Auge diese
Verrichtung aufgetragen ist/ daß es unterweilen die crystalline Feuchtigkeit von
dem Netz-förmigem Häutlein aus seiner
ordentlichen Lage wegbringen muß. Das
schwartze Häutlein/ wo es an dem Ende
des Horn-Häutleins mit der harten Haut
seinen Anfang nimmet/ ist mit der harten
Haut durch ein besonderes Band (liga-
mentum ciliare) feste verbunden/ damit das
farbige Häutlein in seinen Bewegungen
dasselbe nicht verrücken kan. Aus diesem
Bande gehen rings herum als aus einem
Circul lauter kleine schwartze Fäserlein biß
an die crystalline Feuchtigkeit / welche da-

(Physik. III.) Bb durch

durch an der gläsernen befestiget wird / und
nennet man sie *Proceſſus ciliares*.   Ihnen
nun schreibet man insgemein die Verrichtung zu / daß sie entweder die cryſtalline
Feuchtigkeit ein wenig hervorziehen / wenn
wir etwas nahes sehen / oder das Spin-
nen-Gewebe ziehen und dadurch die Figur
der cryſtallinen Feuchtigkeit etwas nieder-
gedruckter machen / wenn wir in die Ferne
sehen.   Es könte auch seyn / daß durch die
Mäuslein / welche das Auge bewegen / wie
wir nach diesem vernehmen werden / seine
Figur etwas geändert würde und dadurch
zugleich eine Aenderung in der Weite zwischen der cryſtallinen Feuchtigkeit und dem
Netz-förmigem Häutlein entstünde.   Ob
nur eine von diesen Ursachen allein stat findet / oder vielmehr einige zusammen die
Veränderung verursachen / scheinet etwas
schweer zu seyn zu entscheiden.   Allein weil
man das Auge verderben kan / wenn man
gar zu viel in die Nähe siehet / daß man
nach diesem nicht mehr sowohl / wie vorhin / in die Weite sehen kan / wie es die
Erfahrung lehret; so kan die Veränderung
der Weite zwischen dem Netz-förmigen
Häutlein und der cryſtallinen Feuchtigkeit
nicht wohl von den Mäusleinen herkom-
men / die das Auge bewegen / maaſſen man
in der Bewegung des Auges keine Schwierigkeit findet / wenn man es gleich verdorben.

ben. Derowegen kommet es wohl meistens auf die innere Ursachen an/ und bleibet nur übrig zu entscheiden/ ob die Figur
der crystallinen Feuchtigkeit/ oder ihre Lage
verändert wird/ nachdem die Beschaffen-
hait des Sehens eine andere Weite von
dem Netz-förmigen Häutlein erfordert.
Da die crystalline Feuchtigkeit an der gläsernen feste anlieget/ ja an sie angewachsen
ist/ und die Helffte davon von Natur hin-
eingedruckt; so solte es das Ansehen gewin-
nen/ als wenn die Weite zwischen ihr
und dem Netz-förmigen Häutlein sich nicht
wohl ändern liesse/ und dannenhero durch
die processus ciliares vielmehr die Figur der
crystallinen Feuchtigkeit etwas nieder gedruckt würde/ wenn wir in die Nähe sehen. Allein ich halte es für glaublicher/
daß die Weite/ und nicht die Figur geändert wird/ und zwar wenn wir in die
Ferne sehen. Wir sehen ordentlicher Weise in die Nähe und daher muß auch das Auge auf diesen Zustand ordentlicher Weise
eingerichtet seyn. Wenn wir nun in die
Ferne sehen/ da sich ohne dem/ weil das
Ferne dunckel aussiehet/ der Stern erweitern muß; so kan durch die processus ciliares in etwas auch zugleich die Weite der
crystallinen Feuchtigkeit von dem Netz-förmigem Häutlein geändert werden. Jedoch
braucht dieses noch eine weitere Untersu-
Bb 2 chung

chung / damit es in alle Deutlichkeit gesetzt wird.

Wie das Auge beweget wird. §. 152. Man kan nichts weiter sehen/ als wovon das Licht in die Augen fallen kan / oder was mit dem Auge in einer geraden Linie lieget. Und wenn man etwas recht sehen will / so muß es gerade vor dem Auge/ nicht aber gar zusehr nach der Seite liegen. Zu dem Ende ist nicht allein das Haupt beweglich/ daß man es ziemlich weit gegen eine jede Achsel herum bringen kan / durch Hülffe der Mäusleinen/ die es bewegen; sondern jedes Auge hat auch seine besondere Mäuslein/ vier **gerade** (*rectos*) und zwey **krumme** (*obliquos*), dadurch es gegen die Sache gerichtet wird/ die wir sehen. Die 4. geraden Mäuslein sind das **hoffärtige** (*attollens, superbus*), das **demüthige** (*deprimens, humilis*), das **zornige** (*abducens, indignabundus*), und das **versoffene** (*adducens, bibitorius*). Durch diese Mäuslein wird das Auge aufwarts und niederwarts / und nach beyden Seiten beweget. Wenn die Fasern des Hoffärtigen verkürtzet werden / so wird der Auge-Apffel etwas in die Höhe gezogen/ daß von Sachen/ die in der Höhe über dem Auge liegen/ Licht in das Auge fallen kan. Und also hat dieses Mäuslein seine Verrichtung/ wenn wir in die Höhe sehen wollen/ es mag solches mit verrücktem Kopffe/ oder mit unverrücktem geschehen. Den wir sehen

hen Anfangs mit unverrücktem Kopffe in
die Höhe/ wenn die Sache nicht unserer
Scheitel zu nahe lieget/ nach diesem beugen wir auch den Kopff etwas zurücke und
ziehen doch auch den Aug-Apffel von oben
herüber/ damit wir desto weiter in die Höhe über uns hinaus sehen könn..n. Wenn
die Jasern des Demühtigen/ das von unten dem Hoffärtigen entgegen stehet/ verkürtzet werden ; so wird das Auge nieder
gezogen/ damit von Sachen/ die unten
liegen/ Licht in die Augen fallen kan. Und
also hat dieses Mäuslein seine Verrichtung/
wenn wir nieder sehen oder die Augen nieder schlagen/ es mag solches mit niederge-
beugtem Gesichte/ oder mit aufgerichtetem
geschehen. Denn wir sehen mit aufgerichtetem Gesichte nieder/ wenn die Sache
nicht gar zu nahe an uns lieget; beugen
wir das Gesichte dabey/ so können wir desto
näher an uns/ ja auch wohl gar weiter
durch uns hinaus sehen.   Wenn die Jasern des Zornigen verkürtzt werden / das
gegen den Schlaff zu lieget; so wird das
Auge herüber nach der Seite von der Nase weg gezogen/ damit das Licht von der
Seite in die Augen fallen kan. Und also
hat das zornige Mäuslein seine Verrich-
tung/ wenn wir nach der Seite sehen/ es
mag solches mit gewandtem Gesichte/ oder
mit ungewandtem geschehen. Wir sehen

Bb 3   mit

mit ungewandtem Gesichte nach der Seite /
wenn die Sache nicht gar zu weit nach der
Seite lieget: wenn man aber das Gesich=
te noch darzu wendet / so kan man desto
weiter nach der Seite herum sehen. Endlich
weñ die Fasern des versoffenen Mäusleins /
welches von der Seite der Nase dem zor=
nigen entgegen stehet / verkürtzt werden; so
wird das Auge gegen die Nase herüber ge=
wandt. Und demnach hat dieses Mäus=
lein seine Verrichtung / sowohl wenn et=
was uns gerade vor der Nase lieget / als
auch wenn wir nach der Seite sehen. Deñ
wenn das zornige Mäuslein das eine Au=
ge nach der Seite herüber ziehet / so wird
das andere Auge von dem versoffenen ge=
gen die Nase herüber gezogen. Die zwey
krummen Mäuslein sind die **verliebten**
(*amatorii*), das **obere** (*superior , trochlea-
ris*) und das **untere** (*inferior, minor*).
Wenn die Fasern des unteren verliebten
Mäusleins verkürtzt werden / so wird des
Auges oberer Theil gegen den äusseren
und der untere gegen den inneren Winckel
gezogen: Hingegen wenn die Fasern des
oberen verkürtzt werden / so wird der obere
Theil des Auges gegen den inneren Win=
ckel und der untere gegen den äusseren Win=
ckel beweget. Beyde demnach bewegen
das Auge etwas in die Rundte herum. Und
hierdurch wird nun durch die gütige Vor=
sorge

forge GOttes erhalten / daß das Auge in
einem jeden Falle / so viel nur immer möglich ist / gerade gegen die Sache kan gerichtet werden / die wir sehen wollen. Ja
die vielen Wendungen des Auges dienen
auch die Affecten und inneren Begierden
des Menschen zu entdecken. Daher längst
zum Sprüchworte worden: Man kan es
einem an den Augen ansehen / was er im
Schilde führet. Die Wendung des Auges / welche man öffters brauchet / wird
endlich zur Gewohnheit / absonderlich wenn
man darauf nicht acht hat / daß man durch
entgegen gesetzte Ubungen derselben zuvor
kommet / und daher ist die Wendung die
ordentliche / an die wir gewohnet sind.
Daß man bißher nicht so viel von dem inneren Zustande des Gemüthes den Leuten
aus den Augen lesen kan / kommet bloß
daher / weil wir nicht gewohnet sind darauf acht zu haben / wie die Wendungen
des Auges mit den Begierden der Seele
und dem inneren Zustande des Gemüthes
zusammen stimmen. Und dieses ist ein
Theil / der mit zur Physiognomie gehöret /
die man heute zu Tage mit den Wahrsa-
ger-Künsten gantz weggeworffen / da sie
doch in der Natur gegründet ist / und dannenhero nur in besseren Stand gebracht
werden sollte / als von den Alten geschehen.

Bb 4 §. 153.

Warum das Auge rundt ist.

§. 153. Weil nun aber das Auge so vielerley Wendungen von nöthen hat/ weñ es in jedem Falle zum sehen aufgelegt seyn soll (§. 152.); so erkennet man nun auch ferner hieraus die Ursache/ warum das Auge rundt ist/ neinlich weil es sich auf diese Weise am bequemsten wenden lässet/ indem es nirgends anstösset. Und zwar hat es eben deßwegen Kugel=rundt seyn müssen/ damit es in seinem Behältnisse in einer jeden Wendung Raum hätte/ ohne daß deßwegen dasselbe weiter seyn darf als erfordert wird. Der weyland berühmte Professor zu Altdorff Sturm/ der sich um die Mathematick und Physick sehr verdient gemacht in unserem Vaterlande/ hat angemercket/ daß auf einer hohlen Fläche das Bildlein viel deutlicher wird als auf einer ebenen: wovon die Ursache diese seyn müste/ daß nicht alle Strahlen/ die von verschiedenen Puncten einer Sache herkommen/ gantz genau in einer solchen Weite mit einander vereiniget werden/ wie heraus kommet für einen jeden unter ihnen/ wenn die Fläche eben ist/ darauf sich das Bildlein præsentiret. Und es ist glaublich/ daß dieses seinen Grund hat. Denn da GOtt in dem Auge nicht aus Nothwendigkeit die hohle Fläche der ebenen vorgezogen/ darauf sich das Bildlein præsentiret/ indem das Auge wohl von aussen hätte rundt bleiben

können

koͤnnen und deſſen ungeachtet von innen
das Netz-foͤrmige Haͤutlein uͤber eine ebene
Flaͤche ausgeſpannet werden; ſo muß ein
zureichender Grund vorhanden ſeyn/ daß
ſolches geſchehen. Und da es die Vollkommenheit des Auges erfordert/ daß alles ſo
eingerichtet wird/ wie es die Deutlichkeit
des Bildleins erfordert (§. 710. Met.); ſo
hat die Flaͤche/ darauf es abgemahlet wird/
eine ſolche Figur haben muͤſſen/ daß alle
Puncte darinnen anzutreffen waͤren/ worinnen ſich die Strahlen/ welche von einem Puncte der Sache/ die wir ſehen/
ins Auge fallen/ mit einander vereinigen.
Und demnach koͤnnen wir aus dieſen Gruͤn-
den ſchlieſſen/ daß ſolches auf einer hohlen
Flaͤche geſchehen muß und nicht auf einer
ebenen. Allein weil dieſe Puncte ihre determinirte Weiten hinter der cryſtallinen
Feuchtigkeit haben; ſo wird dadurch die
Hoͤhle des Auges und folgends die gantze
Groͤſſe determiniret: woraus nun noch
begreifflich wird/ daß das Auge mit groſſer Erkaͤntniß und Weißheit gemacht worden. Ja da durch die cryſtalline Feuchtigkeit die innere Hoͤhle und gantze Groͤſſe
des Auges/ wie nicht weniger (§. 152.)
die Menge der glaͤſernen Feuchtigkeit determiniret wird; ſo erkennet man hieraus
auch in dem Auge die Verknuͤpffung aller
unterſchiedenen Theile dem Raume nach

Bb 5   mit

mit einander (§. 546. Met.). Unerachtet aber
in denen Dingen/ wo es auf die Gröſſe
ankommet/ eines durch das andere determiniret wird; ſo ſiehet man doch hier in
einem Exempel/ daß deßwegen keine unvermeidliche Nothwendigkeit eingeführet
wird/ indem doch dieſe nothwendige de-
terminationes aus einer Abſicht erwehlet
werden/ nemlich damit das Bildlein ſo
klar und deutlich in dem Auge abgemahlet
wird/ als nur immermehr möglich iſt.
Wenn wir die natürlichen Dinge gnung
erkennen lerneten und es inſonderheit biß
dahin brächten/ daß wir ihre Vollkommenheit deutlich begrieffen: ſo würden wir
mehrere Proben davon ſehen/ was ich von
der Verknüpffung der Dinge in der Welt
überhaupt behauptet (§. 548. Met.).

Was zur
Verwah-
rung des
Auges
dienet. §. 154. Damit das Auge/ daran uns
gar viel gelegen iſt/ nicht verletzet werden
mag/ ſo iſt es wieder allerhand Gefahr
ſehr ſorgfältig verwahret worden. Es lieget gröſten Theils in einem beinernen Be-
hältniſſe/ damit ihm nicht leicht was bey-
kommen kan/ was es verletzen mag. Die
äuſſere Haut/ welche den Aug-Apffel for-
miret/ iſt ſelbſt ſo harte und zehe/ daß ſie
ſich nicht leicht durchſtechen läſſet/ damit
das Auge nicht verletzt wird/ wo es von
vornen frey lieget. Die Stierne gehet
deßwegen auch weit herüber und die Augen
liegen

liegen tieffer darinnen/ damit ſie nicht gar
zu frey und zu weit heraus liegen.   Ja
es ſind an dem Ende der Stierne über den
Augen die Augebramen (*supercilia*),
damit der Schweiß auffgehalten wird/
welcher von der Stierne herunter rinnet/
wenn wir ſtarck ſchwitzen/ und nicht in die
Augen laufft.   Uber dieſes hat jedes Auge
zwey Augenlieder (*Palpebras*), das obere und das untere/ damit man es geſchwinde zumachen kan/ wenn etwas ſchäd-
liches ſich dem Auge nähert..   Die Augenlieder ſchlieſſen wir zu/ wenn wir ſchlaf-
fen/ damit uns weder das Licht in die Augen fallen und im Schlaffe ſtöhren kan/
wenn wir bey Tage oder bey Lichte ſchlaf-
fen/ noch auch Ungezieffer hinein kreucht.
Und deßwegen ſind die Augenwimpern
(*Cilia*), damit ſie ſchlieſſen/ wenn wir die
Augen zu thun/ und nichts in das Auge
hinein laſſen.   Es bedecken auch die Augenlieder ordentlicher Weiſe einen Theil von
dem Aug-Apffel/ damit er nicht zu frey
heraus lieget und das Geſichte verſtellet.
An dem Rande iſt ein Bogen-förmiger
Knorpel (*tarſus*), damit er ausgeſpannt
verbleibet und nicht zuſammen fället/ auch
über die Augen etwas abſtehet/ wenn ſie
geſchloſſen werden.   Da nun die Augenlieder ſich bald auf/ bald zu thun müſſen/
ja auch bald ſich zuſammen ziehen/ bald
                                           weiter

weiter aus einander geben; so bestehen sie
selbst aus einer gantz dünnen und weichen
Haut / die sich leicht falten lässet.   Und
damit diese Bewegungen geschehen können/
so sind für das obere Augenlied zwey Mäuslein verordnet.   Das hebende Mäuslein (*musculus attollens*) ziehet das Augenlied in die Höhe / wenn wir das Auge
aufthun wollen/ und zwar viel oder wenig/
nachdem wir es viel oder wenig aufthun.
Das niederdrückende Mäuslein (*musculus deprimens*) ziehet das obere Augenlied
nieder / wenn wir es zumachen wollen.
Hingegen unten wird durch das Mäuslein
das Augenlied in die Höhe gezogen/ wenn
man das Auge zuthut/ und weil dasselbe
mit dem niederdrückenden Mäuslein einen
Ring machet/ und beyde zugleich in Verrichtung sind; so pfleget man auch insgemein beyde zusammen mit einem Nahmen
das Ring-Mäuslein (*musculum orbicu-
larem*) zu nennen.   Wenn die Fasern dieses Mäusleins nicht mehr verkürtzt sind /
sondern wieder nachlassen; so fällt das untere Augenlied vor sich selbst nieder/ so weit
als es nöthig ist.   Deßwegen wenn man
die Augen weit aufthun will / so bleibt das
untere Augenlied unbeweglich/ und wird nur
das obere in die Höhe gezogen. Die beyden
Augenlieder formiren die Augen-Winckel (*canthos*), den inneren an der Nase
und

und den äusseren gegen den Schlaff. Der
äussere ist sehr scharff/ damit nicht etwas
von aussen in die Höhle kommen kan/ da=
rinnen das Auge lieget: Wie denn dazu
auch das Knorpel an den Augenliedern
dienlich ist/ weil durch dessen Hülffe die
Augenlieder an den Aug=Apffel wohl an=
schliessen. Weil es doch aber nicht gantz
zu verhüten ist/ daß nicht unterweilen ei=
nige Unreinigkeit oder auch kleines Unge=
zieffer in der Lufft in die Augen=Höhle kom=
men sollte; so ist der innere Augen=Win=
ckel grösser/ damit die Unreinigkeit oder
was sonst ins Auge kommen ist/ durch die
Bewegung des Auges darein gebracht wird/
und solchergestalt wieder heraus gewischet
werden mag: Wie dann bekandt ist/ daß/
wenn etwas ins Auge kommen ist/ man
eine kleine Perle hinein steckt/ die um den
Aug=Apffel herum laufft und das Unreine
mit sich in den ihieren Augen=Winckel brin=
get.

§. 155. Damit Menschen und Thie= Warum
re gerade stehen können/ so muß sich ihr wir zwey
Leib in zwey gleiche Theile zertheilen lassen Augen
(§. 55. Mech.). Und da die Schönheit haben.
es erfordert/ daß diese beyden Theile ein=
ander ähnlich sind (§. 15.); so müssen die
Theile von den Seiten von einerley Art
seyn. Weil demnach das Auge zur Sei=
te stehet; so haben derselben zwey seyn müs=

sen.   Allein es ist nun eben die Frage /
warum das Auge zur Seite und nicht in
der Mitten stehet.   Man kan die Ursache
davon bald finden.   Wenn wir uns nach
der Seite umsehen / z. E. nach der rechten /
und machen das rechte Auge zu; so können
wir nicht so weit sehen / als wenn wir es
offen haben.   Daraus erhellet / daß / je weiter das Auge von dem Schlaffe wegste-
het / je weniger wir uns nach der Seite
umsehen können.   Wäre demnach das Auge in der Mitten / wie es seyn müste / wenn
wir nur eines hätten (§. 15.) / so wäre es
nicht möglich / daß wir so weit nach der
Seite sehen könnten als wie jetzund.   Derowegen ist es besser / daß es auf der Seite stehet.   Wenn man auch gerade vor
sich weg siehet / so ist klar / daß zwey Augen einen grösseren Raum auf einmahl fassen können als nur eines.   Denn man stelle sich frey / wo man einen gewissen Raum
übersehen kan und nichts im Wege stehet /
daß wir nicht weiter sehen könnten / wenn
es angienge.   Man mache das rechte Auge
zu / so wird man nicht mehr so weit nach
der rechten Seite herüber sehen.   Man
mache das rechte wieder auf und das lincke zu; so wird man nicht mehr so weit
nach der lincken Seite herüber sehen.   Wäre nun das Auge in der Mitten / so würde man vermöge dessen / was wir schon
vorhin

vorhin gesehen/ und eben vermöge deſſen/
was ich erſt jetzt geſaget/ weder ſo weit
nach der rechten/ als jetzt mit dem rechten
Auge/ noch ſo weit gegen die lincke/ als
jetzt mit dem lincken Auge ſehen.   Und
alſo iſt es beſſer/ daß wir zwey Augen ha-
ben/ die nach den Seiten des Leibes zu
von einander abſtehen/ als daß wir nur
eines in der Mitten haben.   Es kommet
über dieſes noch der Vortheil darzu/ daß/
wenn der Menſch ein Auge durch einen
wiedrigen Zufall verlieret/ er nicht ſo gleich
ſeines Geſichtes auf einmahl gantz und gar
beraubet wird.   Und dieſes iſt nicht von
geringem Nutzen/ wenn wir bedencken/ wie
viel uns an dem Geſichte gelegen ſey/ und
wie übel es um den Menſchen ſtehet/ wenn
er blind iſt.   Ich habe nicht nöthig den
Nutzen des Geſichtes und die Beſchweerlichkeiten der Blindheit auszuführen: man
bedencke nur bey einer jeden Verrichtung/
wo wir das Auge nöthig haben/ wie es
um uns ſtehen würde/ wenn wir den Gebrauch deſſelben verlieren ſollten; ſo wird
man bald inne werden/ wie viel uns daran
gelegen ſey.   Es iſt aber nöthig/ daß wir
daran gedencken/ damit wir die Güte Gottes erkennen/ die er uns nicht allein darinnen erwieſen/ daß er uns die Augen ge-
geben/ ſondern auch noch täglich erweiſet/
daß er uns dieſelbe erhält und für allen Zufällen

fällen bewahret/ da wir daran Schaden nehmen könnten. Denn diese Betrachtungen werden uns ferner antreiben/ daß wir unser Auge GOtt zu Ehren brauchen (§.658.Mor.)/ keinesweges aber zur Eitelkeit und unserem eigenen Verderben mißbrauchen. Alle unsere Erkäntniß gehet doch endlich da hinaus/ daß dadurch unser Wille zum Guten gelencket wird/ und wir unser Vergnügen finden/ das sich in kein Mißvergnügen verkehren kan.

Nutzen der Ohren und ihrer äusseren Theile. §. 156. Jedermann weiß/ daß uns die Ohren zum hören gegeben sind. Wir hören aber den Schall/ welcher durch eine Bewegung der Lufft fortgebracht wird (§.6.T.III.Exper.)/und demnach muß der Schall in das Ohre fallen/ oder/ wenn wir deutlicher reden sollen/ die Bewegung/ welche von aussen in der Lufft ist/ muß auch durch die Lufft im Ohre fortgebracht werden/ wenn wir hören sollen. Es muß dannenhero das Ohre auf eine solche Weise zubereitet seyn/ daß endlich alles auf diesem Grunde beruhet. Der äussere Theil des Ohres (*auricula*) muß den Schall in der Menge auffangen/ damit er starck gnung in das Ohre fället. Denn wenn man nicht wohl höret/ wird das Gehöre durch die Kunst vermehret/ indem man von einem harten Metalle einen Zusatz zu dem äusseren Theile des Ohres macht und

es

es dadurch gleichsam erweitert. Es iſt
eine bekandte Sache / daß der Schall in
weichen Cörpern ſich verlieret / von harten
aber reflectiret wird und ſich dadurch vermehret / ſo daß ich nicht nöthig erachte beſondere Fälle hiervon anzuführen. Derowegen beſtehet das äuſſere Ohre aus einem
Knorpel / welches harte iſt / damit es den
Schall reflectiren kan. Es hat aber auch
eine rundte Figur und zwar von der Seite / wo es den Schall auffängt / eine Hohle / damit er ſich in das innere Ohre hinein
reflectiren läſſet. Man ſollte vermeinen/
es wäre auf ſolche Weiſe ja gar beſſer geweſen / wenn das Ohre aus einem ſtarcken
Knochen / und nicht bloß aus einem Knorpel / gemacht worden wäre. Allein dieſes
hätte andere Beſchweerlichkeiten gehabt/
um derer Willen es nicht hat ſeyn können.
Wir liegen unterweilen auf dem Ohre und
wird alsdenn das äuſſere Ohre an die Hirn-
Schedel angedruckt. Nun muß die Hirn-
Schedel harte ſeyn/ wie ſichs hernach zeigen wird / und gleichwohl eben wie das
äuſſere Ohre mit Haut überkleidet. Derowegen da ſich das weiche zwiſchen dem
harten drucket: ſo würden wir auch hier
dergleichen Beſchweerlichkeiten empfunden
haben. Das äuſſere Ohre beſtehet aus
verſchiedenen Theilen / die auch alle ihre beſondere Nahmen haben/ und es iſt gewiß/

(Phyſik. III.)   C c   daß

daß ein jedes davon auch seinen besonderen
Nutzen haben muß/ indem GOtt in der
Natur nichts für die lange Weile macht:
allein da wir in der Erkäntniß der Natur
noch nicht so weit kommen sind/ daß wir
von allem Unterscheide den Grund anzuzeigen wüsten; so mag ich mich auch mit Er-
zehlung der besonderen Theile nicht aufhal-
ten/ indem mein Vorhaben nicht ist die
Anatomie zu lehren/ sondern bloß die Absichten zu erklären/ welche GOtt bey dem
menschlichen Leibe und den Leibern der
Thiere gehabt/ um dadurch der Haupt-
Absicht/ die er bey der Schöpffung gehabt
(§.1044. Met.)/ ein Gnüger zu thun/ nemlich durch vielfältige Proben sich desto mehr
zu versichern/ daß ihm alle diejenige Vollkommenheiten zu kommen/ die ihm in der
Schrifft beygeleget werden/ und wir in
der Metaphysick von ihm erwiesen. Der
Mensch kan seine Ohren nicht bewegen/
und daher finden wir auch gar schlechte
Spuren von Mäusleinen/ dergestalt/ daß
Galenus mit Recht dasjenige/ was man davor ausgiebet/nicht hat davor erkennen wollen. Allein eine andere Beschaffenheit hat es
mit den Thieren/ welche ihre Ohren sin-
cken lassen/ wenn sie nichts zu hören haben; hingegen spitzen und in die Höhe he-
ben/ wenn was zu hören ist: wiewohl sich
auch bey diesen ein gar grosser Unterscheid
befin-

befindet / der sich noch zur Zeit unter keine
allgemeine Classen bringen lasset/weil sich die
Liebhaber der natürlichen Wissenschafften
bißher wenig oder gar nichts darum bemühet. Wenn man die Geschichte der Thiere mit mehrerer Sorgfalt untersuchen wird/
als bißher geschehen/ und insonderheit die
Anatomie dergestalt treiben/ daß man
auch dabey auf die Ursache von dem geringsten Unterscheide/ der sich in diesem und
jenem Theile befindet/ acht hat; so wird
sich auch dieser und anderer Unterscheid der
Thiere in allgemeine Classen vertheilen lassen.

§. 157. In dem inneren Ohre treffen wir gar besondere Theile an/ die alle
darauf abzielen/ daß der Schall starck
gnung hinten in das Ohre kommet/ wo
die Nerven gerühret werden und die Empfindung geschiehet. Die Lufft ist nicht so
subtile wie die Materie des Lichtes und
wird der Schall in ihr bey weitem nicht so
geschwinde beweget als das Licht/ folgends
hat er auch nicht eine so grosse Krafft.
Derowegen ist bey dem Gehöre viel nöthiger als bey dem Gesichte/ daß davor ge-
sorget wird/ wie der Schall starck gnung
biß in die innerste Höhle des Ohres kommet. Und wir finden auch/ daß es geschehen. Wir treffen demnach gleich Anfangs
den **Gehör-Gang** (*meatum auditorium*)

Nutzen der inne-ren Thei-le des Ohres.

Cc 2 an/

an / welcher Schlangen-weise herum gehet
und im Anfange knorpelicht / im Fortgange gar beinern ist / damit der Schall durch
die Reflexion wie in einem Sprach-Rohre
(§. 21. T. III. Exper.) oder einem Post-und
Wald-Horne verstärcket wird.   Es hat
aber auch die Krümme des Ganges noch
ferner den Nutzen / daß man nicht so leicht
zu dem Trummel-Felle kommen und es
verletzen kan / als wodurch man das Gehöre verlieret.   Zu Ende des Gehör-Ganges
folget die **Trummel** (*Tympanum*), welche
das Werckzeug ist / wodurch die Bewegung der Lufft / darinnen der Schall bestehet / aus der äusseren in die innere gebracht
wird.   Es ist dieser Theil des Ohres wie
eine Trummel beschaffen und verrichtet
auch das seine auf Art einer Trummel. Es
liegt an dem Gehör-Gange gleich eine andere weite Höhle / die etwas länglicht und
gleichsam in den **steinigen Knochen** (*os
petrosum*) eingehauen ist. In dieser **Trummel-Höhle** (*cavitate tympani*, *concha in-
terna*) oder dem inneren **Gehör-Gange**
(*meatu auditorio interno*) ist die Lufft verschlossen / welcher die Bewegung mitgetheilet wird / dergleichen der von aussen in
den äusseren Gehör-Gang gebrachte und
darinnen verstärckte Schall hat.   Es ist
diese Trummel-Höhle in einem recht harten Knochen / weil das harte den Schall
                                                    erhält

erhält und vermehret/da ihn hingegen das
weiche schwächet. Weil wir aber auch
leise hören sollen; so muß nichts vergessen
werden/was zur Verstärckung und Erhaltung des Schalles nöthig ist. Uber diese
Höhle ist am Ende des äusseren Gehör-
Ganges ein dünnes Häutlein ausgespan-
net/ welches man das Trummel-Fell
(*membranam tympani*) nennet. Und dieses bringet die Bewegung des Schalles in
den inneren Gehör-Gang oder die Trummel-Höhle. Wenn der Schall von aussen
an das Trummel-Fell anstösset/ so wird
es gespannet/ daß es von innen eine erhabene Seite bekommet/ und dadurch die
Lufft in der Trummel-Höhle zusammen-
gedruckt. Das gespannete Häutlein giebt
sich wieder zurücke/ aber etwas weiter/ als
es ordentlich lieget/ damit es von aussen
etwas erhaben wird/ viel oder wenig/
nachdem es vorher in die Trummel-Höhle
hinein gedruckt worden. Und also giebt
sich die Lufft vermöge ihrer ausdehnenden
Krafft wieder von einander und breitet sich
durch einen etwas grösseren Raum aus/
nachdem sich das Trummel-Fell viel oder
wenig hervor gegeben (*§.122.* T. I. *Exper.*).
Und auf solche Weise werden die inneren
Lufft-Stäublein durch die äusseren in Bewegung gebracht. Nun ist bekandt/daß/
wenn ein gespannetes Fell gerühret wird/

Cc 3   daffelbe

daſſelbe eine zeitlang ſich hin und wieder be-
weget/ ehe die Bewegung gantz aufhöret.
Daher iſt wohl kein Zweiffel/ daß nicht
auch das Trummel-Fell dergleichen Bewegung haben ſollte/ wenn es durch den
in dem Gehör-Gange verſtärckten Schall
beweget wird.   Trummeln und Paucken
zeigen es/ daß ein verſchiedener Schall erreget wird/ nachdem das Fell darüber auf
verſchiedene Art gerühret wird/ und deßwegen darf es uns nicht befremden/ daß
auch durch Hülffe des Trummel-Felles der
Unterſcheid der Bewegung in der äuſſeren
Lufft in die innere gebracht werden mag.
Freylich iſt es etwas erſtaunendes/ daß
das Häutlein ſo gar verſchiedene Arten des
Schalles in Deutlichkeit fortbringen kan:
allein wenn wir die Sache recht erwegen/
ſo iſt dieſes nichts wunderbahreres/ als daß
durch die Bewegung in der Lufft ſo vieler
Unterſcheid fortgebracht werden mag/ als
wir bey dem Schalle antreffen.   Wie die
äuſſere Lufft das Trummel-Fell beweget/
ſo wird auch dadurch die innere Lufft beweget.   Die innere Lufft liegt von innen
an dem Trummel-Felle an/ als wie es die
äuſſere von auſſen berühret.   Wo dieſe
von auſſen anſtöſſet/ da wird auch die von
innen geſtoſſen.   Wie ſie von auſſen an-
ſtöſſet/ ſo wird auch ebenfalß die von innen geſtoſſen.   Unterdeſſen iſt es allerdings
ein

ein groſſes Kunſt-Stücke der Natur/ daraus man den Werckmeiſter derſelben er-
kennet/ daß die Lufft-Cörperlein durch die
Bewegung allen Unterſcheid darſtellen kön-
nen/ der ſich in dem Schalle befindet/ und
daß ein bloſſes ausgeſpanntes Häutlein
allen dieſen Unterſcheid ohne einige Veränderung auch in ſeine Bewegung übernehmen und fortbringen kan. Wir finden
es bey den Trummeln und Paucken/ daß/
wenn das Fell ſtarck geſpannet iſt/ es nicht
ſo ſtarck gerühret werden darf/ wenn es
ſtarck klingen ſoll/ als wenn es nachgelaſ-
ſen wird. Derowegen wenn man ſo wohl
leiſe als ſtarck hören ſoll; ſo muß das
Trummel-Fell einmahl ſtärcker geſpannet
werden als das andere. Und dieſes iſt
auch von GOtt ſo verſehen/ daß es ohne
unſer Wiſſen und Willen geſchiehet/ wie
es die Nothdurfft erfordert. Denn damit es ſtarck angezogen wird/ wenn ein
ſchwacher Schall daran kommet/ und hingegen nachläſſet/ wenn ein ſtarcker daran
ſtöſſet; ſo ſind dazu die **Gehör-Knochen**
(*oſſicula*) mit ihren Mäusleinen vorhanden/
dadurch ſie beweget werden. Es ſind dieſer kleinen Knöchlein vier/ der **Hammer**
(*malleolus*), der **Amboß** (*incus*), der
Steigbiegel (*ſtapes*) und das **rundte**
Beinlein (*oſſiculum orbiculare*). Es ſind
in der Trummel-Höhle zwey Mäuslein/

Cc 4   dadurch

dadurch der Hammer beweget wird. Der
Grieff von dem Hammer lieget feste an dem
Trummel-Felle/ und das **äuſſere Ham-**
mer-Mäuslein (*muſculus mallei exter-*
nus) gehet in den äuſſeren Fortſatz deſſel-
ben/ der gegen das Trummel-Fell zu lieget.
Durch dieſes Mäuslein wird der Hammer
auswarts gezogen und folgends das Trummel-Fell nachgelaſſen/ wenn entweder ein
ſtarcker Schall daran kommet/ oder es einem Leiſen zu gefallen ſehr ſtarck geſpannet
worden. Das **innere Hammer-Mäus-**
lein hingegen (*muſculus mallei interior*) iſt
an dem inneren Fortſatze des Hammers
und unten an deſſen Kopffe feſte. Durch
dieſes wird der Hammer einwarts gezogen
und folgends das Trummel-Fell geſpan-
net/ wenn ein leiſer oder ſchwacher Schall
daran kommet. Der Kopff des Hammers
iſt mit einer **Wechſels-weiſen Einlen-**
ckung (*per ginglymum*) mit dem Amboſe
verknüpfft/ und der Amboß hinwiederum
durch den längeren Fortſatz mit dem Steigebiegel. Die Wechſels-weiſe Einlenckung
hat den Nutzen/ daß der Hammer nicht zu
ſtarck gezogen werden kan/ weder einwarts/
noch auswarts/ damit das Trummel-Fell
weder zu ſtarck angehalten/ noch auch zu
viel nachgeläſſen wird/ als welches beydes
dem Gehöre ſchädlich wäre. Und ſolchergeſtalt haben wir hier eine Probe/ wie
GOtt

GOtt für die Erhaltung durch die weiſe
Einrichtung der Machine geſorget/ daß er
nicht nöthig hat in beſonderen Fällen durch
ſeine auſſerordentliche Macht der Natur
zum Behuff Beytrag zu thun. Wer
wollte zweiffeln/ daß er dieſe Maxime nicht
auch in der groſſen Welt in acht genommen/
die wir ſo wunderbahr in der kleinen angebracht finden? Wer den Leib des Menſchen und der Thiere mit gebührender Aufmerckſamkeit betrachtet und das allgemeine
in dem beſonderen zu erblicken geſchickt iſt/
der wird noch mehrere Spuren davon finden. Es zeiget ſich aber hier eine beſondere Arbeit/ die nicht ohne Nutzen vorzu-
nehmen wäre/ nemlich daß man unterſuch-
te/ was für allgemeine Maximen in der
Structur des Leibes der Menſchen und der
Thiere verborgen ſind: und es iſt kein
Zweiffel/ daß dieſelben auch in der groſſen
Welt ſtat finden/ wie ſichs aus dem Begriffe von der Weisheit GOttes gar wohl
erweiſen läſſet. Der Amboß hat keine beſondere Mäuslein/ dadurch er beweget
würde/ ſondern es beweget ſich vielmehr
an ihm der Hammer. Allein der Steigebiegel hat ſein beſonderes Mäuslein/ welches ihn oben ergreifft/ wo er an dem
Amboſſe befeſtiget. Indem das **Steige-**
biegel-Mäuslein (*muſculus ſtapedis*) den
Steigebiegel einwarts ziehet/ ſo wird da-

durch

durch zugleich der Amboß gezogen / dem
der Hammer eingelencket ist/ daß solchergestalt dieses Mäuslein auch in etwas das
Trummel-Fell anziehen kan. Das rundte Beinlein/ welches unter allen das kleineste ist/ lieget zwischen dem Ambosse und
dem Steigebiegel und ist von der Seite
hohl/ wo der Steigebiegel darein gelencket wird/ damit er sich daran hin und
wieder bewegen kan; von der andern aber
erhaben/ damit es sich an dem Fortsatze
des Ambosses hin und wieder bewegen lässet. Daß nun diese Gehör-Knochen/ die
sich hin und wieder an einander bewegen
lassen/ nicht verrücket werden und doch an
einander beweglich verbleiben; so sind sie
nicht allein mit häutigen Bändern untereinander selbst verbunden/ sondern auch
an den anliegenden Theilen befestiget. Und
machen sie solchergestalt ein einiges Instrument aus / wodurch das Trummel-Fell
gespannet und nachgelassen wird. Dieses
Instrument aber hat so viel verschiedene
Gelencke/ damit es auf die bequemste Weise geschehen kan. Und lieget noch mehrere
Erkäntniß und Weißheit darinnen verborgen als zur Zeit bekandt ist. Inwendig
gehet über das Trummel-Fell ein kleiner
Nerven quer herüber / wie die Saite an
dem Boden einer Trummel/ den man auch
deßwegen die **Trummel-Saite** (*chordam
tympa-*

tympani) nennet. Da er zur Empfindung
dienet (§. 33.) und gerühret wird/ wenn
der Schall an das Trummel-Fell anstösset;
so wird auch in ihm eine Empfindung er-
reget/ wodurch die Mäuslein determiniret werden die Gehör-Knochen zu bewegen
und zwar eine solche Bewegung hervor zu
bringen/ dadurch entweder das Trummel-
Fell angezogen oder nachgelassen wird/
nachdem es der Unterscheid des Schalles
erfordert. Denn zum Gehöre dienet dieser Nerven nicht / als der keine Gemeinschafft mit dem Gehör-Nerven/ aber wohl
mit den Hammer-Mäusleinen hat. Auf
die Trummel-Höhle folget der **Irrgang**
(*labyrinthus*). Darinnen finden sich nebst
dem **Eingange** (*vestibulo*) die **drey hal-**
be Circul-rundte Gänge (*canales semi-*
circulares). Der Eingang wird von dem
Grunde des Steigebiegels (*basi spape-*
dis) feste verschlossen/ unerachtet daselbst
das **länglich-rundte Fenster** (*fenestra*
ovalis) hinein gehet. Da von dem **Ge-**
hör-Nerven (*nervo acustico, auditorio*)
zwey Aeste in den Eingang gehen und daselbst die innere Höhle nebst allen dreyen
Circul-rundten Gängen überkleiden; so siehet man gar wohl/ daß diese Theile des
Irrganges zum Gehöre dienen und deßwegen enge sind/ damit der Schall desto
mehr überall anschlagen und die Empfindung

dung ſtärcker machen kan. Unterdeſſen iſt
doch gewiß/ daß der Schall aus der Trum=
mel=Hohle durch das verſchloſſene länglich=
te Fenſter nicht kommen kan. Hingegen
durch das **rundte Fenſter** (*feneſtram ro-
tundam*), welches frey lieget und nur mit
einer Haut überzogen iſt/ welche dem
Trummel=Felle gleichet/ wodurch demnach
der Schall weiter gebracht werden kan/
dringet derſelbe in die **Schnecken=
förmige Wendung** (*cochleam*), welche
mit den Fäſerlein des Gehör=Nervens von
innen überall überkleidet iſt/ und demnach
zum Gehöre dienet/ ſowohl als die andern
Höhlen des Irrgartens. Da nun **Schelhammer** (a) gewieſen/ daß gleich im Ein=
gange der Schnecken eine Eröffnung in den
Eingang des Irrgartens ſich findet; ſo iſt
um ſo viel weniger zu zweiffeln/ daß der
Irrgarten und die Schnecke einerley Nu=
tzen haben/ nemlich daß darinnen der Schall
die Fäſerlein des Gehör=Nervens gnung=
ſam rühret. Es iſt wohl wahr/ daß ei=
nige vermeinen/ als wenn auch der Schall
durch das länglicht=rundte Fenſter in den
Irrgang könnte gebracht werden: allein
es hat **Schelhammer** angemercket/ daß
ſonderlich in Vögeln das Oval=Fenſter ſo
ſeſte

(a) in Tract. de Auditu c. 4. §. 5, f. 208.
T. 2. Bibl. Anat.

feste verschlossen ist/ daß man es nicht anders als mit Gewalt eröffnen kan.   Unterdessen hat *Josephus du Verney* (b) behaup-
tet/ daß der Schall auch durch das ver-
schlossene Oval-Fenster in den Eingang
des Irrgartens und von dar ferner in die
halbe Circul-rundten Gänge gebracht werde.   Denn es ist bekandt/ daß der Schall
auch durch harte Cörper fortgebracht wird.
Z. E. wenn zwey Lauten neben einander
auf einem Tische liegen und man rühret
auf der einen eine Saite/ so wird zugleich
die Saite auf der anderen beweget/ die
gleich gespannet ist: welches aber nicht an-
gehet/ wenn nicht beyde Lauten auf der
Taffel aufliegen.   Er vermeinet demnach/
daß die Bewegung/ welche von dem Schalle in dem Trummel-Felle erreget wird/ auch
zugleich den Gehör-Knochen/ folgends auch
dem unteren Grunde des Steigebiegels mitgetheilet werde/ wodurch das Oval-Fenster verwahret wird.   Da das Oval-Fenster nicht vor die langeweile vorhanden ist
(§.1049.Met.); so erhält dadurch diese Meinung nicht wenig Wahrscheinlichkeit.   Jedoch das andere ist gewiß/ daß der Schall
durch das rundte Fenster in die innere Höhlen hinein dringet: was aber die andere
Muth-

(b) in Tract. de Auditus organo part. 2.
§. 256. T. 2. Bibl. Anat.

Muthmaſſung betrifft/ ſo verdienet ſie
noch mehr unterſucht zu werden. Man
hat ſich zur Zeit um das Hören noch nicht
ſo ſehr/ wie um das Sehen bekümmert.
Was iſt es demnach Wunder/ daß man
auch den Gebrauch der Theile des Ohres
noch nicht in allem ſo heraus gebracht hat/
wie wir es bey dem Auge finden. Endlich gehet aus der Trummel-Höhle der
Waſſer-Gang (*Aquæductus*) in den
Mund/ wodurch friſche Lufft in die Trummel-Höhle kommen kan. Ob man aber
dadurch auch hören kan/ wie einige vor-
geben/ iſt noch zweiffelhafft. Denn unerachtet unterweilen einige das Maul auf-
ſperren/ wenn ſie recht einnehmen wollen/
was man ſaget/ ſo läſſet ſich doch daher
kein Beweiß nehmen/ daß ſie auch durch
den Mund hören/ ſo wenig als man ſagen kan/ daß diejenigen durch das Maul
ſehen/ welche Maul und Naſe auffſperren/
wenn ſie etwas mit Verwunderung an-
ſchauen.

Warum
wir zwey
Ohren
haben.

§. 158. Weil das Ohre zur Seite
lieget/ ſo müſſen derſelben zwey ſeyn/ nemlich von jeder Seite eines/ wie wir es von
den Augen gezeiget haben. Das Ohre
aber lieget nach der Seite/ damit man ſo
wohl vor/ als hinter ſich hören kan. Und
eben deßwegen lieget es mitten zur Seiten/
damit der Schall/ der von vornen kom-
met/

met/ eben so leicht hinein fallen kan/ als
der von hinten herkommet.   Menschen
und Thiere aber hab n nöthig zu hören/
sowohl wenn der Schall von hinten her
kommet/ als wenn er von vornen erreget
wird.   Weil das Ohre/ welches höret/
nicht mit derjenigen Sache/ wodurch der
Schall erreget wird/ in einer geraden Linie liegen darf/ als wie das Auge mit der
Sache/ die man siehet; so hat es auch
nicht vornen im Gesichte seyn dörffen. Es
kommet uns aber auch dieses zu statten/ daß
wir zwey Ohren haben/ wenn das eine Ohre
durch einen Zufall verletzt wird/ damit wir
nicht gleich gar um das Gehöre kommen/
weil uns an dem Ohre fast eben so viel als
an dem Auge gelegen ist.   Denn unerachtet zu unserer Sicherheit das Ohre in dem
Kopffe gar sehr vergraben lieget/ daß nicht
leicht von aussen etwas dazu kommen kan/
welches es versehret; so sind doch noch gar
viele Zufälle/ wodurch man um das Gehöre kommen kan.   Von dem Nutzen des
Gehöres mag ich nicht viel Worte machen:
es ist eine Sache/ die einem jeden vor sich
aus seiner eigenen Erfahrung bekandt ist.
Man mache es/ wie ich es vorhin bey dem
Auge recommendiret habe/ und gebe acht
auf alle Fälle/ wo uns das Hören zu statten kommet/ bedencke aber dabey zugleich/
wie es alsdenn um uns stehen würde/ wenn
wir

wir des Gehöres beraubet wären. Der
Mensch hat von dem Gehöre noch weit
grösseren Nutzen als die Thiere/ weil er
reden und durch die Sprache dem andern
seine Gedancken eröffnen/ auch von dem
andern seine vernehmen kan. Und also ist
das Ohre so zu reden der Eingang/ den
des andern seine Seele in unsere Seele fin=
det. Es ist wohl wahr/ daß die Schrifft
in diesem Stücke die Stelle der Sprache/
und demnach das Auge die Stelle des Oh=
res vertreten kan: allein dieses hebet nicht
auf/ was von dem Ohre gesaget worden/
sondern es zeiget nur so viel/ daß das Oh=
re nicht allein der Seele des andern einen
Eingang in meine vergönnet/ sondern daß
auch in diesem Stücke das Auge die Stel=
le des Ohres vertreten kan. Unterdessen
bleibt es etwas sonderbahres/ daß durch
die Sinnen ein Weg gefunden worden/
wodurch eine Seele mit der andern communiciren kan. Wir reden hier bloß von
dem/ was geschiehet/ und bekümmern uns
nicht/ wie es zugehet. Man mag die Art
und Weise/ wie es geschiehet/ erklären
wie man will; so wird dadurch dasjenige
nicht umgestoffen/ was die Erfahrung be=
stetiget/ daß es geschiehet. Es ist gewiß/
daß der andere durch seine Worte seine
Gedancken anzeigen kan/ und es ist nicht
weniger gewiß / daß meine Seele auf die
Gedan=

Gedancken des andern nicht kommen wür-
de/ wenn sie nicht seine Worte hörete. Und
also kan des andern Seele mit meiner
communiciren vermittelst der Sprache und
des Gehiernes. Die Sprache macht es von
seiner Seite/ das Gehöre von meiner möglich.   Wer dem andern seine Gedancken
eröffnen will/ derselbe muß reden: wer sie
erkennen will/ der muß hören/ was der
andere redet. Es mag nun zugehen/ wie
es will/ daß jener reden kan/ was er will/
und dieser höret/ was der andere redet;
so bleibet deßwegen doch einmahl wie das
andere wahr/ daß jener reden kan/ was
er will/ und dieser hören muß/ was der
andere redet/ wenn er erkennen soll/ was
er gedencket.

§. 159. Die Nase ist eigentlich das Nutzen
Werckzeug des Geruches (§. 431. Phys.), der Na-
und dienet demnach die Sachen zu unter- se.
scheiden/ auch wenn wir sie nicht sehen
und wenn sie von uns weit weg sind/ weil
sich der Geruch weit ausbreitet und von einem Orte in den andern beweget. Und so
wenig als uns am Geruche gelegen zu seyn
scheinet/ so dienet er uns doch in gewissen
Fällen gar viel (§. 503. Mor.), als wenn wir
in Ohnmachten fallen/ werden wir öffters
durch den Geruch eines starcken Spiritus o-
der flüchtigen Oeles/ oder einer anderen
Sache zurechte gebracht.   Und bey den
  (Physik. III.)   Dd   Thie-

Thieren treffen wir noch mehreren Nutzen des Geruches an/ wenn wir uns um ihre Geschichte bekümmern. Wie die Hunde vermöge des Geruches alles ausspüren/ ist eine männiglich bekandte Sache. Und von den Bienen habe ich anderswo ein merckwürdiges Exempel gegeben (§.134.Phyſ.II.). Und demnach ist die Nase Menschen und Thieren ein nützlicheres Instrument als wir vermeinen solten. Es hat aber über dieses die Nase noch einen besonderen Nutzen/ daran uns noch mehr als an dem Geruche gelegen ist. Nemlich sie dienet uns zum Athem hohlen/ wie jedermann bekandt ist/ daß wir sowohl die Lufft durch die Nase an uns ziehen/ als auch den Athem wieder durch sie heraus lassen. Nun ist es wohl wahr/ daß wir auch durch den Mund Athem hohlen können/ wie wir es in vielen Fällen würcklich thun/ und insonderheit thun müssen/ wenn wir von recht starckem Schnupffen in der Nase gantz verstopfft sind. Allein das Athem hohlen durch den Mund führet viele Beschweerlichkeiten mit sich. Wenn man durch den Mund Athem hohlet/ so muß man ihn beständig offen haben/ und kommet daher nicht allein der Staub aus der Lufft in den Mund/ sondern es kan wohl gar Ungezieffer hinein fliegen/ oder auch wenn man mit offenem Munde schläfft/ hinein krie-

chen

chen / wovon man hin und wieder Exempel antrifft.   Und dieses könnte Thieren
noch viel eher als Menschen wiederfahren /
welche in solchen Orten liegen / wo es an
allerhand kriechendem Ungezieffer nicht fehlet.   Wenn man durch den Mund Athem
hohlet / so gehet der Staub mit biß an die
Lufft-Röhre / kan auch wohl gar mit hinein
in die Lunge fahren.   Allein in der Nase
wird die Lufft von dem Staube gereiniget
und mit dem Rotze ausgeschnaubet.   Man
kan solches gar eigentlich inne werden /
wenn man in der Lufft gehet oder in einem
Gemache sitzet / wo viel Staub ist.   Denn
wenn man die Nase ausschnaubet / wird
man finden / wie sich der Staub darein
gelegt hat.   Wenn wir durch den Mund
Athem hohlen / wird der Gaumen und der
Rachen gantz trocken: welches sonderlich
sehr beschweerlich fallen würde / wenn uns
der Mund von der Hitze zugleich trocken
ist.   Endlich wenn wir durch den Mund
Athem hohlen / wird uns der innere Mund
kalt: welches insonderheit sehr unbequem
seyn und Zufälle nach sich ziehen würde / die
dem Leibe gar nicht zuträglich wären / wenn
die Lufft sehr kalt ist.   Damit nun allen
diesen Beschweerlichkeiten abgeholffen würde / so ist der Lufft der ordentliche Ein-
und Ausgang im Athem hohlen durch die
Nase angewiesen worden.   Weil nun

Dd 2   gleich-

gleichwohl aber die Nase das eigentliche
Werckzeug des Geruches ist; so fragen
wir nicht unbillig / warum wir dadurch
Athem hohlen sollen/ wo der Geruch seinen Sitz hat. Die Ursache ist nicht schweer
zu errathen. Der Geruch wird durch die
Lufft ausgebreitet und kommet mit ihr zugleich in die Nase. Es kan aber auch der
Geruch die Nase nicht empfindlich rühren/
als wenn wir im Athem hohlen die Lufft
durch die Nase an uns ziehen (§. 431.
Phys.). Und demnach hat sich beydes wohl
zusammen geschickt/ und wäre kein bequemerer Ort für den Ein- und Ausgang der
Lufft gefunden worden/ als die Nase ist.
Zu dem wird auch dadurch verhüttet/ daß
nicht ohne Noth Eröffnungen in den Leib
haben dörffen gemacht werden. Denn da
es sich nicht hat schicken wollen/ daß wir
mit offenem Munde Athem holen; so müste dazu eine besondere Eröffnung/ ja gar
ein besonderes Werckzeug/ gemacht worden seyn/ wenn wir nicht zugleich durch
die Nase Athem hohleten. Und dabey
würde es sehr schlecht um das Riechen be-
stellet seyn/ oder es müste abermahl durch
besondere Mittel erst zuwege gebracht worden seyn/ daß der Geruch starck gnung in
die Nase hinein führe. Man hat über
dieses auch angemercket (a)/ daß die kalte
Lufft

***

(a) Verheyen Anat. lib. 1. Tract. 4. c. 15.
p. m. 255.

Lufft den Zähnen schadet/ und daher auch
aus dieser Ursache es nicht rathsam gewe-
sen/ daß man durch den Mund ordentlicher Weise Athem hohlete.

§. 160. Der Rücken der Nase (*Dor-* Nutzen
sum) bestehet aus ein paar kurtzen Beinen/ der Thei-
nemlich den Nase-Beinen/ damit da- le der
durch ein offener Gang formiret wird/ wo Nase.
die Lufft und der Geruch durchkommen
kan. Wäre sie gantz weich/ so fiele sie
zusammen und könnte nicht gerade stehen
bleiben. Unterdessen ist die Nasen-Kuppe (*orbiculus*) mit den Flügeln an der
Seite (*pinnis* , *alis*) weich/ damit man
die Nasenlöcher zuhalten kan/ wenn ein
wiedriger Geruch kommet. Es sind doch
aber zugleich verschiedene Knorpel vorhan-
den/ damit die Nasen-Kuppe hervorstehet
und die Flügel erhaben erhalten werden.
Hingegen sind auch Mäuslein vorhanden/
damit sie zu verschiedenen Bewegungen
aufgelegt ist (§. 45.)/ davon wir bald ins
besondere reden wollen. Die innere Höhle der Nase wird durch die Scheidewand (*Septum*) in zwey Theile getheilet
und ist wie die übrige Nase unten knorp-
licht / oben aber beinern. Dadurch wird
die Nase ordentlich erhöhet erhalten/ daß
sie von einer Seite aussiehet/ wie von der
andern/ welches um der Schönheit willen
nöthig war (§. 15.). Sie unterstützt zu-

gleich die Drüſen/ von deren Gebrauch wir
hernach hören werden / und wird zu dem
Ende mit dem **Rotz**-Häutlein (*tunica*
muſoſa) überzogen / darinnen viele Blut-
Gefäſſe vorhanden / welche den Drüſen
das Blut zuführen und das überflüßige
wieder zurücke führen : Denn von dem/
was zur Nahrung angewandt wird / finde
ich nicht nöthig überall zu reden / weil dieſes etwas allgemeines iſt / indem ein jeder
Theil des Leibes / er mag Nahmen haben
wie er will / ſeine Puls-Adern nöthig hat /
die ihm das Blut zur Nahrung zuführen /
und ſeine Blut-Adern / die es wiederum
abführen (§. 61.). Die hohlen Gänge in
der Naſe haben ihre Eröffnungen an dem
Gaumen / wodurch die Lufft in den Mund
zu der Lufft-Röhre gelanget und von der
Lufft-Röhre aus den Lungen wieder in die
Naſe kommet. Es fället auch dadurch
der Schleim in den Mund / daß man ihn
auswerffen kan / und läſſet ſich der Rotz
in den Mund ziehen um ihn auszuwerffen.
Der Haupt-Theil in der Naſe / darauf
wir hier zu ſehen haben / iſt das Sieb-
Bein (*os cribroſum*), welches wie ein Sieb
durchlöchert iſt und durch deſſen ſubtile Löcher die Nerven-Fäſerlein gezogen ſind /
die ſich in dem Häutlein verlieren / damit
die inneren Höhlen der Naſe überkleidet ſind.
Denn da die Nerven Menſchen und Thieren

ren zur Empfindung gegeben sind (§. 33.);
so ist wohl ausser allem Zweiffel/ daß nicht
daßelbe hauptsächlich um des Riechens
willen vorhanden seyn. Und solchergestalt
dienet das Sieb-Bein darzu/ daß die Nerven-Fäserlein sich durch die Nerven-Häutlein in dem oberen Theile der Nase geschickt
zertheilen/ und die Bewegung/ welche
durch den Geruch verursachet wird/ mit
Unterscheide fortbringen können.   Denn
unerachtet man vor diesem davor gehalten/
daß das Vermögen zu riechen in der gantzen Haut seinen Sitz hätte/ die von innen
die Nase überkleidet; so hat man doch ge-
funden/ daß die Nerven so weit nicht gehen.   Und hat schon *Vieussens* (b) gar wohl
erinnert/ daß man deßwegen nicht riechen
kan/ wenn man nicht die Lufft im Athem
hohlen hinein ziehet/ damit an die inneren
Nerven-Häutlein die Geruch-Stäublein
mit einiger Krafft gestossen werden (§. 431.
Phyf.).   Ja man siehet auch/ warum man
im starcken Schnupffen nicht riechen kan/
unerachtet der untere Theil der Nase frey
ist/ daß die Geruch-Stäublein ungehindert
dazu kommen können.   Es ist bekandt/
daß die Alten davor gehalten/ es würde
durch die Löcher des Sieb-Beines der

Rotz

(b) Neurograph. Universal. c. 2. f. 631.
T. 2. Bibl. Anat.

Rotz als eine Unreinigkeit von dem Gehierne abgeführet und hingegen die Lufft zur
Erzeugung der Lebens-Geister und die Geruch-Stäublein des Riechens halber in das
Gehierne gebracht. Allein diese Meinung
des *Galeni* hat bald alle Wahrscheinlichkeit verlohren / da man nicht allein die
Drüsen als das Absonderungs-Werckzeug
in der Nase gefunden / sondern auch gesehen / daß die Löchlein in dem Sieb-Beine durch die Nerven-Fäserlein dergestalt
eingenommen sind / daß nichts dadurch
aus dem Gehierne herunter / noch von auf-
sen in das Gehierne kommen kan. Und
hat insonderheit **Conrad Victor Schnei-
der** schon längst die Unmöglichkeit des Ge-
brauchs ausgeführet (c)/ den *Galenus* dem
Sieb-Beine zugeeignet.

Verrich-
tung der
Mäus-
lein der
Nase.
§. 161. Das **zugespitzte Mäuslein**
(*musculus pyramidalis*) gehet von oben an
dem Rücken der Nase biß in den Flügel
herunter und nimmet von oben herunter in
der Breite immer zu : das **gekrümmte**
aber (*myrtiformis*) gehet von der Augen-
Höhle herunter und endiget sich zum Theil
an der oberen Lippe. Wenn nun die Fasern dieser beyden Paar Mäuslein verkürtzt
werden;

(c) in libro de osse cribriformi & sensu
ac organo odoratus f. 176. & seqq. T. 2.
Bibl. Anat.

werden; so werden die Nasen-Löcher erweitert/ die Flügel in die Höhe gezogen und die Nase wird breiter/ inwendig weiter und kürtzer. Diese Bewegung brauchen wir/ wenn wir den Geruch starck gnung in die Nase bekommen wollen/ der an sich schwach ist/ oder auch einen Gestanck mit Gewalt von der Nase wegjagen: denn wenn der Geruch an sich starck ist und wir wollen ihn recht empfinden/ so hohlen wir nur starck/ aber gantz langsam Athem/ und wenn wir einen Geruch/ den wir nicht leiden können/ nur schlecht weg von der Nase abhalten wollen/ stossen wir den Athem mit einer Gewalt durch die Nase ohne ihre und insonderheit ihrer Löcher Veränderung. Um die Nasenlöcher gehet das **rundte Mäuslein** (*constrictor*), wodurch dieselben gekrümmet werden. Ausser dem äusseren Paare trifft man zu eben diesem Gebrauche auch noch ein inneres Paar an (d)/ welches von einigen mit Stillschweigen übergangen wird. Es finden sich auch unterweilen wenigere Mäuslein; unterweilen wohl auch mehrere/ aber nicht so offte/ nach dem Unterscheide der Nasen. Daher man findet/ daß zuweilen einige die Nase anders ziehen können als andere.

Dd 5 §. 162.

(d) Verheyen loc. cit. p. 256.

Nutzen
des Ro-
tzes/ des
Ohren-
schmal-
tzes und
der
Thrä-
nen.

§. 162. Vor diesem glaubte man/ der Rotz wäre eine Unreinigkeit/ davon das Gehierne gereiniget würde/ als man sich noch einbildete/ er käme durch die Löcher des Sieb-Beines von dem Gehierne herab geflossen. Allein nachdem man weiß/ daß besondere Drüsen in der Haut/ welche die Nase überkleidet/ gefunden werden/ dadurch er abgesondert wird (§. 160.); so hat man leicht gesehen/ daß er nicht bloß als eine Unreinigkeit anzusehen ist/ die durch die Nase soll ausgeworffen werden. Denn wenn dieses wäre/ so dörfften die Drüsen nicht durch die gantze Nase gesäet seyn. Da die Lufft sehr austrocknet/ welche wir durch die Nase beständig an uns ziehen; so erkennet man vielmehr/ daß die Nase dadurch muß feuchte erhalten werden. Und deßwegen ist er etwas zehe/ damit er nicht so leicht austrocknen kan. Wiewohl man nicht Ursache zu zweiffeln hat/ daß er auch durch die Lufft zeher gemacht wird/ indem er sich unvermerckt nach und nach sammlet/ maassen wir sehen/ daß/ wenn er im Schnupffen starck heraus fleußt/ er fließig gnung ist. Es reiniget aber derselbe zugleich/ wie ich schon vorhin erinnert habe/ die Lufft von dem Staube/ indem sie durch die Nase durchfähret/ und trocknet endlich gar aus/ wenn er sich mit wenigem sammlet/ wie man findet/ wenn man die Nase reiniget.

reiniget. In dem Gehör-Gange sind
gleichfalls kleine gelbe Drüsen anzutreffen/
welche das **Ohren-Schmaltz** (*cerumen*)
absondern/ damit die Lufft ihn nicht zu
sehr austrocknen kan. Und ist das Ohren-
schmaltz wie ein fett/ welches die Haut
nicht naß macht/ damit sie nicht die Reflexion des Schalles hindert (§. 8. T. III.
Exper.). Es ist aber auch dabey bitter/
damit kein Ungezieffer in die Ohren hinein
kreucht/ insonderheit wenn wir schlaffen/
weil wir doch die Ohren offen behalten
müssen. Ja dieses Ohrenschmaltz hält
gleichfals den Staub auf/ der sonst in die
Ohren kommen würde/ damit man ihn
mit heraus wischen kan/ wenn man die
Ohren säubert. In den Augen-Winckeln
liegen die Drüsen/ welche das Auge an-
feuchten/ damit es sich desto leichter bewe-
get/ auch durch seine Bewegung sich an
der inneren Höhle und den Augenbramen
nicht zu sehr reibet. Denn es ist bekandt/
daß nasse und feuchte Sachen sich nicht an
einander so abreiben/ als wie trockene.
Nemlich in dem grossen Augen-Winckel
lieget die **Thränen-Drüse** (*glandula la-
chrymalis*) und in dem kleinen die **unge-
nannte** (*glandula innominata*). Im Menschen ist die erste sehr kleine/ aber die andere hingegen ist groß und sondert mehr
von der Feuchtigkeit ab/ die wir Thränen
nennen/

nennen / wenn sie zu den Augen häuffig
heraus fleußt / als die erste. Daher sie so
wohl als die andere den Nahmen der
Thränen-Drüse verdienete. Sie hat viele Gänge/ die sich durch die innere Fläche
des oberen Augenliedes ausbreiten / damit
die Thränen-Feuchtigkeit das Auge überall anfeuchtet. Denn da der Aug-Apffel
rundt ist/ so fleußt sie von beyden Seiten
an ihm herunter und wird durch die Bewegung des Auges über und über vertheilet. Die grosse Thränen-Drüse oder (wie
man sie insgemein nennet) die ungenand-
te hat ihre Gänge in die Nase / dadurch
die überflüßige Feuchtigkeit abgeführet wird/
die zur Benetzung des Auges nicht kan angewandt werden.

Wie die § 163. Da die Zunge in Geniessung
Zunge der Speise vielfältig gebraucht wird / so
zum Ge-
schmacke habe ich schon oben (§. 86.) von allen ihren
dienet / Theilen geredet und den Nutzen davon an-
und was gezeiget. Und haben wir daselbst auch ge-
der Ge-
ruch nu- sehen/ daß der Geschmack eigentlich in den
tzet. Nerven-Wärtzlein seinen Sitz hat / die
sich zeigen/ so bald die dicke Haut abgesondert wird. Und demnach ist nicht nöthig / daß wir es hier noch einmahl wiederhohlen. Wir mercken nur noch an/
was wir vor Nutzen von dem Geschmacke
haben. Durch den Geschmack unterscheiden wir Speise und Tranck / auch wenn
das

das Auge und der Geruch nicht zureichen.
Es kan ein Fleisch/ was stinckend ist/ niedlich anzusehen seyn/ man kan durch allerhand Mittel den übelen Geruch vertreiben/
daß man ihn nicht mehr wahrnimmet/ wenigstens nicht allzu wiedrig empfindet: Allein der Geschmack entdecket endlich/ was
daran ist/ und lässet sich nicht wie die beyden vorigen Sinnen äffen.   Ein Wein
kan eine gute Farbe haben und dem Auge
lieblich anzusehen seyn: der Geruch kan
wenigsten nichts wiedriges entdecken. Aber
der Geschmack macht es aus/ was daran
ist. Eben so kan ein Bier wohl aussehen und
gleichwohl entweder sauer oder noch unge-
johren seyn/ welches der Geschmack entdecken muß.   Dem Geruche darff man auch
nicht allzeit trauen.   Es kan öffters etwas
wiedrig riechen und deßwegen doch wohl
schmecken/ auch der Gesundheit nicht zu
wieder seyn.   Also urtheilen wir hauptsächlich aus dem Geschmacke/ ob uns eine
Speise angenehm/ oder wiedrig sey/ und
hingegen unterscheiden wir auch die Art
derselben und in der Art den Grad ihrer
Güte durch den Geschmack/ ob es wohl
freylich einer in diesem Stücke weiter bringet als der andere/ nachdem er sich mehr
im Schmecken geübet als ein anderer. Es
macht der Geschmack/ daß wir mit Appetit essen/ und nicht ehr aufhören/ als biß
wir

wir satt sind. Wir sehen auch an Thieren und Kindern/ die noch nicht durch schlimme Gewohnheiten sich verderbet haben/ daß es ihnen nicht mehr schmeckt/ wenn sie gnung haben oder nicht hungern/ sie mögen sonst die Speise so gerne essen als sie wollen. Aber freylich pflegen wir den Geschmack gar sehr durch wiedrigen Gebrauch zu verderben/ daß wir ihn nicht mehr so viel nutzen können/ als sonst angienge. Ich will endlich nicht davon reden/ daß uns der Geschmack zu einem unschuldigen Vergnügen dienen kan/ weil ich solches schon an einem andern Orte ausgeführet (§. 393. Polit.)/sowohl als von den übrigen Sinnen (§. 390. & seqq. Polit.).

Was für ein Werckzeug zum fühlen dienet/ und Nutzen des Gefühls. §. 164. Das Gefühle erstreckt sich durch die gantze Haut/ wie wir dann finden/ daß sie über die maassen empfindlich ist/ wenn das Häutlein davon loß gegangen (§. 144.). Man hat aber längst angemercket/ daß/ unerachtet die Nerven zur Empfindung dienen/ sie doch nicht eher dieses Ambt verrichten können/ als biß sie sich in eine Haut ausbreiten. Und in der That haben wir es so befunden auch bey dem Auge und dem Ohre/ wo sich der Sehe-Nerven und der Gehör-Nerven in Häute ausbreitet/ die in der inneren Höhle das Auge und Ohre überkleiden/ wo das Licht

Licht und der Schall hinkommet/ nachdem er durch die Theile des Werckzeuges
in den Stand gesetzet worden einen starcken
und deutlichen Eindruck zu machen (§. 151.
157.). Bey dem Auge haben wir längst
erkandt/ daß durch dessen Structur ein
deutlicher Eindruck erhalten wird : daß
man es aber noch nicht bey dem Ohre so
begreifflich zeigen kan/ kommet daher/ weil
wir die Ursachen von der Deutlichkeit eines
Schalles und dessen Eindruckes in das
Ohre noch nicht untersucht. Allein da wir
in der Schnecken-förmigen Wendung gar
viel besonderes antreffen/ davon sich noch
nicht zeigen lässet/ warum es eben auf diese Art und nicht anders gemacht ist; so ist
wohl kein Zweiffel/ daß dieses dazu die-
net/ wozu die crystalline Feuchtigkeit im
Auge/ nemlich daß dadurch ein deutlicher
Eindruck von dem Schalle zuwege gebracht
wird. Denn daß dergleichen geschiehet/
nehmen wir daraus ab/ weil wir den
Schall durch das Gehöre deutlich unterscheiden. Derowegen muß freylich in dem
Ohre was zugegen seyn/ welches den Eindruck deutlich machet. Es hat aber *Malpighius* (a) durch Vergrösserungs-Glässer
auch in der Haut Nerven-Wärtzlein
(papillæ

(a) in Exercitat. epist. de Tactus organo
fol. 27. T. 2. Bibl. Anat.

(*papillas nerveas*) in grosser Menge als wie
in der Zunge gefunden und also dargethan/
daß auch das Fühlen hauptsächlich durch
ihre Vermittelung geschehe.   Es ist be-
kandt/ daß sich im Fühlen gar viel Unterscheid zeiget.   Aber eben damit dieses geschehen kan/dienen die ordentlich neben einander gesetzten Nerven-Wärtzlein.   Allein
da wir weder den Unterscheid des Fühlens/
noch auch die Ordnung der Nerven-
Wärtzlein deutlich einsehen; so lässet sichs
auch nicht erklären/ wie der Unterscheid im
Fühlen durch die Nerven-Wärtzlein vorgestellet werden mag.   Es ist viel in dem
menschlichen Leibe/ welches wir zur Zeit
noch nicht ergründen können und vielleicht
niemahls ergründen werden.

Wie viel an dem Gehirne gelegen. §. 165. Die Veränderung/ welche
in den Augen/ Ohren/ der Nase/ der
Zunge und der Haut sich ereignet/ ist dazu nicht gnung/ daß wir sehen/ hören/
riechen/ schmecken und fühlen.   Denn
z. E. wenn der Mensch und ein Thier todt
ist/ so mahlen sich die Sachen/ davon
das Licht in die Augen fället/ noch eben
so ab/ als wie es in lebendigen Augen geschiehet.   Unterdessen siehet doch ein tod-
ter Mensch und ein todtes Viehe nicht
mehr.   Derowegen wird was mehreres
dazu erfordert/ nemlich es muß die Be-
wegung/ welche in den Gliedmassen der
Sinnen

Sinnen erreget wird / biß zu dem Gehier=
ne fortgebracht werden (*§.* 40.). Und
also ist das Gehierne eigentlich die Werck=
stat / darinnen die Veränderungen sich er=
eignen / mit denen die Empfindungen und
andere Verrichtungen der Seelen verge=
sellschafftet sind.   Derowegen haben wir
um so viel mehrere Sorgfalt zu tragen /
daß wir den wahren Gebrauch des Gehier=
nes erkennen lernen / da ihm so wichtige
Verrichtungen obliegen.   Jedoch ist nicht
zu leugnen / daß man zwar den Gebrauch
des Gehiernes klar gnung überhaupt be=
stimmen kan ; aber nicht wohl den Ge=
brauch eines jeden Theiles / den man da=
rinnen unterscheidet / mit Gewisheit zu be=
stimmen weiß.   Und ist das Gehierne in=
sonderheit ein rechter Abgrund der Erkänt=
nis / ob man gleich in ihm nicht gar zu
viel Unterscheid zu bemercken scheinet.   Da
es aber hier auf Kleinigkeiten ankommet /
die sich in der weichen Substantz des Ge=
hiernes nicht wohl heraus suchen lassen ; so
ist kein Wunder / wenn man seine Verrich=
tungen nicht auf eine begreiffliche Weise
vortragen kan.   Und man möchte damit
gerne zufrieden seyn / wenn man nur den
Gebrauch aller groben Theile anzuzeigen
wüste / welche von den Anatomicis mit be=
sondern Nahmen beleget werden.   Wir
müssen uns begnügen mit dem / was an=

gehet/ und das übrige GOtt und der Zeit
befehlen.   Unterdessen siehet man/ wie viel
an dem Gehierne gelegen ist/ weil haupt=
sächlich vermittelst desselben die Gemein=
schafft zwischen Leib und Seele erhalten
wird. Wenn wir dessen verborgene Stru=
ctur völlig einsehen könnten ; so würden
wir auch vollständig begreiffen/ wie weit
der Leib bey den Verrichtungen der Seele
interessiret ist/ und ob es nöthig sey/ daß
einige Bewegung von ihr unmittelbahr/
durch ihre eigene Krafft/ determiniret wer=
den müssen/ damit ihr Verlangen in al=
lem erfüllet wird.   Und denn würden die
Streitigkeiten bey Verständigen völlig ge=
hoben seyn/ die man jederzeit wegen der
Gemeinschafft zwischen Leib und Seele ge=
habt/ und die in unseren Tagen auf das
höchste getrieben worden/ nemlich biß auf
den Punct der Verfolgung und zwar sol=
cher ungewöhnlichen Verfolgung/ derer
sich vor diesem die Heydnischen Pfaffen ge=
schämet/ wenn sie die Wahrheit verfolget.
Ich sage aber mit Fleiß: bey Verständi=
gen.   Denn diejenigen/ welche Wahrhei=
ten für sich zu begreiffen nicht fähig sind/
werden nicht eher gewonnen/ als biß gleich=
mäßige Ursachen vorhanden sind/ wodurch
ihre vorgefaßte Meinungen ihnen zu einem
Evangelio worden sind. Leute überführen/
denen es an Verstande und gutem Willen
fehlet/

fehlet/ ist keine Sache/ die auf deutlicher
Ausführung der Wahrheit beruhet.

§. 166. Der berühmte Medicus in
Engelland *Willis* hat in neueren Zeiten das
Gehierne mit mehrerem Fleisse und Geschicklichkeit zu zerlegen angefangen/ als
vor ihm geschehen war/ und den Gebrauch
der besondern Theile genauer zu bestimmen
ihm angelegen seyn lassen (a). Jedoch ist
nicht zu prætendiren/ daß in dem allergrösten Kunst-Stücke der Natur einer auf
einmahl in allem zur Richtigkeit kommet/
zumahl da es hier auf Kleinigkeiten ankom-
met/ die sich wegen der Weiche des Gehiernes nicht wohl entdecken lassen: wie es
insonderheit *Leeuwenhœk* erfahren/ der
doch für andern in Untersuchung der Kleinigkeiten der Natur gantz sonderbahre Geschicklichkeit besessen. Es ist demnach kein
Wunder/ daß/ als *Marcellus Malpighius,*
der grosse Geschicklichkeit im Anatomiren
besessen und sehr viele herrliche Proben davon abgeleget/ sich über eben diese Arbeit
gemacht/ er verschiedenes anders gefunden
und über vielem zweiffelhafft worden (b):

ja

Was man biß-her von der Be-schaffen-heit des Gehier-nes ent-decket.

Ee 2

(a) in Anatome cerebri f. 3. & seqq.
T. 2. Bibl. Anat.

(b) in Exercit. epist. de cerebro f. 56. T.
2. Bibl. Anat. & in Dissertat. de Cortice cerebri f. 82. T. 2. Bibl. Anat.

ja *Nicolaus Steno*, der sich nicht weniger
um die Anatomie verdient gemacht / das
meiste / was von dem Gebrauche der besonderen Theile beygebracht worden / noch
zweiffelhafft gefunden (c). Das Gehierne
ist in zwey Häutlein eingewickelt. Die erste
ist die obere **feste Haut** (*dura mater* s.
meninx), welche das gantze Gehierne umkleidet und von dem kleinen Gehiernlein
absondert. Es lässet sich/ wie *Vieussens*
(d) anmercket / in zwey Blättlein zerlegen/
durch welche auf eine verschiedene Art die
Nerven-Fäserlein häuffig durchlauffen/wie-
wohl sie *Vieussens* und *Ridley* nicht auf einerley Art angeben. Und es stehet auch
dahin/ ob sie in einem jeden Gehierne auf
einerley Art gefunden worden. Es ist vielmehr glaublich/ daß dergleichen Sachen
in einem Gehierne nicht völlig beschaffen
sind als wie in einem andern. Denn wir
treffen in den Verrichtungen / die wir dem
Gehierne zueignen müssen / gar einen grossen Unterscheid unter den Menschen/ und
noch mehr unter den Thieren an. Da
nun dieser Unterscheid seinen Grund in der
Stru-

(c) in Dissertat. de Cerebri Anatome f.
87. T. 2. Bibl. Anat.

(d) Neurogr. lib. 1. c. 2. f. 116. T. 2. Bibl.
Anat. conf. *Ridley* in Tract. Anglico de cerebro c. 1. p. 3.

Structur des Gehiernes haben muß (§.
614. Met.); so muß sich freylich auch hierinnen einiger Unterscheid zeigen. Es ist wohl
wahr/ daß die Verrichtungen des Gehiernes gar viel von den Umständen dependi-
ren/ in welche ein Mensch kommet: Denn
wir sehen ja aus der täglichen Erfahrung
was die Anführung/ Unterweisung und
Ubung bey den Verrichtungen der Seele
thut/ die sich im Leibe durch die Beschaffenheit des Gehiernes äussern: allein hierauf ist nur zu sehen/wenn von der Würcklichkeit die Rede ist/ als welche in allen zufälligen Dingen/ dergleichen auch das Gehierne ist/ durch äusserliche Ursachen determiniret werden muß/ weil sie von innen
dazu nicht determiniret/ sondern vielmehr
ihrem Wesen nach zu vielem aufgeleget
sind. Allein eben deßwegen/ weil in keinem
Dinge etwas würcklich werden kan/ als
wozu es seinem Wesen nach aufgeleget ist/
muß sich doch auch dieser wegen in dem
Wesen/ folgends in der Art der Zusammensetzung der cörperlichen Dinge (§.
614. Met.) ein Unterscheid finden. Und
eben dieses ist die Ursache/ daß durch einerley äusserliche Ursachen nicht einerley in
Dingen von einer Art determiniret wird.
Es haben zwey einerley Auferziehung/ einerley Anführung/ einerley Unterweisung/
einerley Ubung/ und deßwegen geräthet

doch

doch einer nicht wie der andere.   In der
oberen festen Haut unterscheidet man verschiedene Ader - Höhlen (*Sinus*), nemlich
die erweiterte **Sichel - Ader** (*sinum sagit-
talem, falciformem*), die beyden **Ader-
Höhlen** zu den Seiten (*sinus laterales*)
und die **Ader** (*sinus quartus*), die nach der
Zirbel - Drüse gehet.   Die andere Haut /
welche gleich unter der ersten lieget / ist das
dünne Häutlein (*pia mater, tenuis meninx*), welche nicht bloß das Gehierne / wie
die obere feste / einwickelt / sondern überall feste anlieget uñ sich nach allen Vertieffungen schicket.   In diesem Häutlein sind sehr
viele Blut-Gefäßlein / die ihre Aestlein ü-
berall vertheilen. *Willisius* (e) wil viele kleine Drüßlein darinnen angetroffen haben /
dergleichen aber *Vieussens* (f) selbst durch das
Vergrösserungs - Glaß vergebens gesucht
hat.   Die obere feste Haut lieget nicht wie
das dünne Häutlein an dem Gehierne feste
an / sondern vielmehr an dem Hirn-Schedel.   Die Sichel-förmige Ader - Höhle in
der oberen festen Haut theilet das Gehierne
in zwey gleiche Theile (*hemisphæria*) / deren
jeder verschiedene Wendungen hat / die sich
besser zeigen als beschreiben lassen / inson-
der-

(e) in Cerebri Anatome c. 7. f. 21. T. 2.
Bibl. Anat.
(f) Neurogr. lib. 1. c. 5. f. 132. T. 2. Bibl. Anat.

derheit wenn man keine Figur mit bey der
Hand hat / auf die sich die Worte beziehen/
damit durch das Bild erseßt wird / was
den Worten an Deutlichkeit abgehet. Das
Wesen des Gehiernes theilet sich in drey=
erley Theile durch den Unterscheid der Far=
ben / die es zeiget. Der äussere Theil ist
das ascherfarbige Wesen (*substantia
corticalis*), welches eben die wunderbahren
Wendungen macht / die man unter der fe=
sten Haut zu sehen bekommet / und nach
denen sich das dünne Häutlein in allem rich=
tet. *Malpighius* hat durch Vergrösse=
rungs=Gläser zu erst entdecket / daß das
gantze ascherfarbige Wesen voll kleiner
Drüselein ist / die Traubenweise an den
Blutgefäßlein anliegen. Der andre Theil
ist das marckige Wesen (*substantia me-
dullaris*), welches innerhalb dem aschenfar=
bigen lieget/ viel weißer als das aschenfar=
bige. Und hat *Malpighius* gefunden / daß
es aus lauter kleinen Röhrlein bestehe/ die
im Fortgange in Gebündlein gefasset wer=
den und die Nerven abgeben/ wo sie mit
Häuten überkleidet werden. Endlich das
marckige Wesen endiget sich von innen in der
Hirn=Schwiele (*corpore calloso*) als dem
dritten Theile/ der viel weißer und härter
ist als das marckige Wesen/ wiewohl er
von einigen mit dazu gerechnet wird. *Vi-*

cuſſens (g) hat angemercket / daß man die
Drüſelein im aſchenfarbigen / und die Röhrlein im marckigen Weſen wohl zu ſehen bekommet / wenn man das Gehierne eine
Weile bey einem gelinden Feuer in Oele kochet. In der Hiern-Schwiele zeigen ſich
die Gehiern-Kammern (*ventriculi cerebri*), deren viere gezehlet werden. In den
beyden förderſten Kammern oder den
Seiten-Kammern (*ventriculis anteriori-
bus, lateralibus*) zeigen ſich das Ader-Gewebe (*plexus choroideus*), die ſtreiffigen
Cörper / (*corpora ſtriata*) und die Füſſe
des langen Marckes (*crura medulla ob-
longata, thalami nervorum opticorum*). Es
werden aber dieſe beyden Kammern durch
das Gewölbe (*fornicem*) mit der hellen
Scheidewand (*ſepto lucido*) unterſchieden. Das Ader-Gewebe beſtehet aus ü-
beraus ſubtilen Blut-Gefäßlein / und vielen kleinen Drüſelein / die überall dazwi-
ſchen liegen. Es breitet ſich durch beyde
förderſten Kammern aus und hat demnach
zwey Flügel (*alas*), deren einer in die rechte /
der andere in die lincke Seiten-Kammer gehet. *Ruyſch* (h) ziehet die Drüſelein in
Zweiffel / und verſtattet nichts weiter als
ſubtile Blut-Gefäßlein / die ſich in dem
ſubti-

(g) Nevrogr. lib. 1. c. 10. f. 141. T. 2. Bibl. Anat·
(h) Reſponſ. probl. 12. p. 22.

subtilen Häutlein Schlangenweise herum
ziehen / und in den Wendungen wie Drüselein aussehen / wenn man sie nicht recht
betrachtet / oder auch das Gehierne nicht
von einem gesunden Menschen oder Thiere
ist. Die streiffigen Cörper haben einerley
Farbe mit dem aschenfarbigen Wesen /
nemlich wie Asche / und bestehen eben wie
dieses aus vielen kleinen Drüselein und
Blut-Gefäßlein in der oberen Rinde / inwendig aber sind viele weiße marckige
Streiffen / die nicht anders als wie das
marckige Wesen aussehen. Die Füsse des
langen Marckes / welche daselbst ihren Anfang nehmen / wo die streiffigen Cörper
aufhören / gleichen dem marckigen Wesen/
und nehmen daraus die Sehe-Nerven ihren Ursprung. In der **dritten Kammer**
(*ventriculo tertio*) befindet sich die **Zirbel-
Drüse** (*glandula pinealis*), welche aschen-
farbig ist und aus einer sehr weichen und
schwammigen Materie bestehet / daher sie
in der freyen Lufft fast gantz vertröcknet.
Sie wird von dem dünnen Häutlein überkleidet / welches sie zusammen hält. Man
triefft in diesem Häutlein sehr viele Blut-
Gefäßlein an. *Muraltus* (i) erzehlet / es
habe *Artheraut* ein Chirurgus und Anatomicus zu Lausanne öffters gezeiget / daß/ wenn

E e 5 man

(i) in Miso. Nat. Cur. Dec. 2. A. 2. p. 57.

man etwas spitziges einem Hunde in das
Gehierne schlägt und dadurch die Zirbel-
Drüse verletzet/ er im Augenblicke todt hin-
falle. Hingegen hat schon **Schwenter** (k)
erinnert/ daß man einem Huhne mitten
durch das Gehierne einen spitzigen Nagel/
ohne daß es davon stirbet/ schlagen könne/
und der berühmte Medicus in Halle Herr
Hoffmann hat vor vielen Jahren dergleichen auch in einem Hunde erfahren/ unerachtet er den Nagel so starck durch den Kopff
geschlagen/ daß der Hund an dem Tische
hangen geblieben. Es lieget aber die Zirbel-Drüse in dem Winckel/ den die **Hin-
terbacken** (*Nates*) mit einander machen/
und gleich hinter und an ihnen die **Hoden**
(*testes*). Diese vier erhabene Cörper/ die
hinten bey dem kleinen Gehiernlein anzutref-
fen/ sind oben an einander gewachsen;
hingegen nicht gleichfals unten an das verlängerte Marck. Derowegen entstehet
unter ihnen die **vierte Kammer** (*quartus
ventriculus*), die man von ihrer Figur die
Schreibe-Feder (*calamum scriptorium*)
nennet. Diese Kammer hat eine rundte
Eröffnung in die dritte Kammer/ nahe
an der Zirbel-Drüse/ welche man das
Hinterloch (*Anum*) nennet. Von der
andern Seite aber gehet dieses Loch zu dem
Ritze

(k) in Mathematischen Erquickstunden.

Ritze (*Vulva*), dadurch man in den Triechter kommet/ wovon ich bald ein mehreres
erinnern wil.   An dem groſſen Gehierne
hinten gegen den Nacken zu lieget das **Kleine Gehiernlein** (*cerebellum*), welches
mit dem groſſen einerley Weſens iſt und ſo
wohl wie jenes aus einem aſchenbarbigen
und marckigem Weſen beſtehet/ deren jenes drüßig/ dieſes röhrig iſt.   Wenn es
mitten durchſchnitten wird/ ſo zeiget ſich
das marckige Weſen wie ein Baum mit
Aeſten darinnen.   Es hat auch von auſſen
wie das Gehierne viele Wendungen/ die
doch aber viel ordentlicher anzuſehen ſind
als in jenem/ und das dünne Häutlein ü-
berkleidet ſie alle wie in jenem.   Es iſt durch
zwey **Wurtzeln** (*pedunculos*) in das **verlängerte Marck** eingewurtzelt und bey
der vierten Kammer noch durch andere/
welche *Varolius* die **Brücke** (*pontem*) nennet.   Endlich entſtehet aus dem marckigen
Weſen des Gehiernes und des Gehiernleins
das **verlängerte Marck** (*medulla oblon-
gata*), welches durch das rundte Loch in dem
Hinter-Haupte aus dem Kopffe heraus in
die Höhle des Rücke-Grades gehet/ und
daſelbſt das **Rücken-Marck** (*medulla ſpi-
nalis*) genannt wird.   Nemlich von dem
Gehierne ſtammet es durch die Füſſe/ von
dem Gehiernlein durch die Wurtzeln ab.
Von dieſem Marcke ſtammen alle Nerven
her/

her/ und entspringen die meisten daraus
schon im Kopffe/ einige aber erst in dem
Rücken-Grade. In dem Kopffe kommen
aus dem verlängerten Marcke zehn Paar
Nerven/ darunter sonderlich diejenigen an-
zutreffen/ welche in die Gliedmassen der
Sinnen gehen und zur Empfindung dienen. Das erste Paar nennet man *olfactorium*,
die Geruchs-Nerven/ weil sie zum Geruche dienen und gegen die Nase zu gehen;
das andere *opticum*, die Sehe-Nerven/
weil sie in den Aug-Apffel gehen und zum
Sehen dienen; das dritte *oculorum moto-
rium*, die Augen-beweger/ weil sie in
die Häutlein und Mäuslein des Auges
lauffen und die Bewegungen daselbst verursachen; das vierdte Paar *patheticum*,
weil es in das hoffärtige Mäuslein des
Auges laufft; das fünffte *divisum*, die
abgetheileten/ welches in den Mund
und Leib laufft/ und sich mit dem folgenden Paare vereiniget und den *Nervum in-
tercostalem* ausmacht; das sechste *oculos
cingens*, weil es zu den Augen und den be-
nachbahrten Theilen gehet; das fünffte und
sechste zusammen *gustatorium*, weil daher
ansehnliche Aeste in den Förder-Theil der
Zunge vertheilet werden/ das siebende *acu-
sticum*, die Gehör-Nerven/ weil es in
die Ohren laufft und zum Gehöre dienet;
das achte *vagum*, weil es sich hin und wieder

der in den Ober und Unter-Leib vertheilet;
das neundte *linguale*, die **Zungen-Ner-
ven**/ weil es in die Zunge gehet und zu
ihren vielfältigen Bewegungen dienet; endlich das zehende *innominatum*, die **unge-
nannten**/ die in den Hals gehen.   Alle
übrige Nerven kommen aus dem Rücken-
Marcke und entspringen an verschiedenen
Orten nach deſſen Länge herunter/ nemlich
acht Paar im Halſe/ zwölff Paar im Rü-
cken/ fünff Paar in den Lenden und endlich fünff Paar durch das heilige Bein.
Und demnach iſt klar/ daß alle Nerven
entweder ſelbſt in das Gehierne und Gehiernlein lauffen/ oder doch wenigſtens
vermittelſt des Rücken-Marckes darein
lauffen.   Und da ſie aus dem Marcke des
Gehiernes entspringen/ welches ein röhriges Weſen iſt; ſo iſt auch kein Zweiffel/
daß ſie auch ein röhriges Weſen ſeyn. Und
demnach hat man um ſo viel weniger Urſache die Obſervation des berühmten *Leen-
wenhæks* in dieſem Stücke in Zweiffel zu
ziehen.   Es iſt zwar von den *Anatomicis*
längſt angemercket worden/ von welchem
Paare der Nerven jeder Theil im Menſchlichen Leibe ſeine Nerven erhält; allein es
wäre nicht allein zu weitläuffig/ ſondern
auch überflüßig ſolches hier anzuführen/
weil wir noch nicht in dem Stande ſind ü-
berall den richtigen Grund anzuzeigen/
warum

warum es vielmehr von diesen / als einem
andern Paare seine Nerven erhält. Denn
daß alles seinen zureichenden Grund haben
müsse / wo nur das geringste von zufälligen
Dingen zu determiniren ist / warum es vielmehr auf diese als eine andere Art determiniret worden / ist nicht allein aus dem allgemeinen Satze des zureichenden Grundes
(§. 30. Met.) und der daher geleiteten Verknüpffung aller Dinge dem Raume und der
Zeit nach (§. 548. Met.) / durch würckende
Ursachen und Absichten (§. 176. Annot. Met.)
klar; sondern es erfordert es auch die Weisheit Gottes (§. 1048. Met.) / und haben
wir bereits davon Proben gnung in dem
menschlichen Leibe und den Thieren gesehen /
daß wir nicht Ursache haben zu zweiffeln /
daß überall dergleichen Grund vorhanden /
auch wo wir ihn noch nicht anzeigen können.
Wer sich deßwegen fürchtet / daß eine unvermeidliche Nothwendigkeit in die Structur unseres Leibes kommet / wenn alles
durch gewisse Absichten darinnen determiniret worden / der zeiget gar deutlich / daß
er nicht verstehet / was zufällig und nothwendig ist. Wo eine Sache nothwendig
so seyn muß und nicht anders seyn kan / da
darf man nicht fragen / warum es so ist /
und da ist kein Grund vorhanden / warum
es vielmehr so als anders ist. Allein wo
etwas auf vielerley Art seyn kan / und doch
nicht

nicht ohngefehr so und nicht anders seyn; da
muß man einen Grund anzeigen können/
warum es viel mehr so und nicht anders ist/
un dieserGrund beziehet sich endlich allzeit in
der Natur auf Gottes Erkäntnis/ Weisheit und Güte/ auch die übrigen Eigenschaff-
ten/ wie ich es zur Gnüge erwiesen/ aber
nicht gnung widerhohlen kan/ damit die
Lästerer doch endlich einmahl anfangen sich
zuschämen/ woferne sie nicht durch neue
Proben an Tag legen wollen/ daß ihnen
bisher mit Recht von ihren Gegnern beyge-
messen worden/ sie hätten längst alle
Scham verlohren. Unerachtet wir nun
aber noch nicht bey den Gehierne und denen
taraus entspringendem Rücken-Marcke
und Nerven von allem den Grund anzuzeigen wissen/ warum es viel mehr so als
anders ist/ und vielmehr das Gehierne mit
dem Rücken-Marcke und Nerven als einen Abgrund der Erkäntnis und Weisheit
Gottes an zusehen haben/ wenn wir die
Verrichtungen der Seele bedencken/ bey
denen es interessiret ist; so wollen wir doch
thun/ so viel als uns erlaubet/ und nach
dem Grunde von einem und dem andern
fragen.

§. 167. Wir finden/ daß alle Nerven Warum
entweder unmittelbahr aus dem Gehierne alle Ner-
entspringen/ oder vermittelst des Rü- ven aus
cken-Marckes aus ihm hergeleitet werden dem Ge-
(§. 166.). hierne

herstam-
men/ uñ
wie sie
daraus
kommen.
(§. 166.). Denn daß auch diese durch das
Rücken-Marck bis in das Gehirne ihre Fäserlein fortführen/ ist wohl kein Zweiffel/
und wird demjenigen um so viel weniger bedencklich fallen/ der bey den Pflantzen wahrgenommen hat/ wie es die Natur macht/
wenn sie Aestlein von einem Stamme ab-
leitet/ wie wir unten an seinem Orte deutlicher sehen werden. Nemlich da Nerven
und das Rücken-Marck aus dem marckigen
Wesen des Gehirnes ihren Ursprung neh-
men/ dieses aber aus lauter subtilen Röhrlein oder Fäserlein bestehet; so kommet ein
Nerven aus dem Gehirne/ wenn sich einige Fäserlein zusammen davon ablencken und
mit einer Haut überkleidet werden. Auf
gleiche Art kommet das Rücken-Marck aus
dem Gehirne und aus ihm kommen ferner
auf eben diese Art die Nerven. Ja es ist
dieses auch der Weg/ wie von den Stämmen der Nerven kleinere Aestlein abgeleitet
und durch den gantzen Leib zerstreuet werden. Und demnach ist gewiß/ daß alle
Nerven in dem Gehirne mit einander Communication haben. Es wird hierdurch
möglich/ und siehet man/ wie es möglich
ist/ daß die Empfindungen bis in das Gehirne fortgebracht und aus dem Gehirne
dadurch die Bewegung im Leibe determiniret wird (§. 33. 40). Und daher dörffen
wir nicht zweiffeln/ daß deswegen alle Ner-

ven

ven aus dem Gehierne kommen/ damit
durch die Empfindungen sich Bewegungen im Leibe determiniren laſſen. Denn
auf ſolche Weiſe hat ein jedes von den Gliedmaaſſen der Sinnen Communication mit
allen Theilen des Leibes/ wo nur durch
dasjenige/ was einen Eindruck in unſere
Sinnen macht/ eine Bewegung determiniret werden ſol. Es iſt wohl wahr/ daß
es das Anſehen hat/ als wenn dieſe Communication auch ohne das Gehierne zu erhalten ſtünde/ indem nur aus den Nerven
in den Gliedmaaſſen der Sinnen Aeſte dörf-
ten abgeleitet werden in die Mäuslein/ wo
Bewegungen durch die Empfindung zu determiniren ſind. Allein es findet dieſes Anſehen bloß bey weniger Uberlegung ſtat:
wer der Sache recht nachdencket/ wird bald
inne werden/ warum die Gemeinſchafft
der Nerven vermittelſt des Gehiernes erhalten werden muß. Wenn wir beden-
cken/ daß die Aeſte der Nerven von einem
Stamme abgeleitet werden/ indem ein
Antheil derſelben weggenommen und mit
einer Haut überkleidet wird; ſo werden
wir gar leicht erachten/ daß die Nerven in
den Gliedmaaſſen der Sinnen/ als der Sehe-Nerven und der Gehör-Nerven/ über
die Maaſſen dicke ſeyn müſten/ wie das
Rücken-Marck/ wenn davon zu allen
Mäusleinen Nerven abgeleitet werden ſoll-

ten/ die durch den Eindruck in das Gliedmaaß der Sinnen zu Bewegungen determiniret werden können. Ja es würden
auch die Nerven ohne Noth seyn vervielfäl-
tiget worden/ weil aus den Nerven eines
jeden Gliedmaaßens der Sinnen in einerley Mäuslein Aeste hätten müssen abgetheilet werden. Allein wenn die Nerven
in den Gliedmaaßen der Sinnen vermittelst des Gehiernes mit denen communiciren/
welche zur Bewegung der Mäusleinen dienen; so kan durch einerley Nerven in den
Mäusleinen die Gemeinschafft zwischen ihnen und allen Gliedmaaßen der Sinnen unterhalten werden. Einerley Eindruck in
die Gliedmaaßen der Sinnen bringet nicht
immer einerley Bewegung in den Mäusleinen zuwege. Denn wenn wir einerley
Sache sehen oder auch einerley Schall hö-
ren/ oder sonst etwas einmahl wie das andere empfinden; so folget nicht immer einerley Bewegung in den Gliedern unseres
Leibes. Und dannenhero erhellet auch hier-
aus/ daß die Bewegung nicht allein durch
die gegenwärtige Empfindung/ oder durch
sie nicht unmittelbahr determiniret wird.
Nemlich wenn wir der Sache genauer
nachdencken/ was denn eigentlich weiter dazu kommen muß (ich rede von solchen Fällen/
da gewis ist/ daß entweder ohne/ oder
auch wider den Willen der Seele nach vor-
herge•

her gegangener Empfindung eine Bewegung erfolget); so finden wir/ daß der ver-
gangene Zuſtand zugleich mit in die Bewegung einen Einfluß hat. Es muß durch
die gegenwärtige Empfindung noch eine
Bewegung erreget werden/ dergleichen vor
dieſem durch einen anderen Eindruck in die
Sinnen erreget worden/ ehe die Bewegung in den Gliedern erfolget. Und in dieſem Falle iſt nöthig/ daß die Nerven in den
Gliedmaaſſen der Sinnen vermittelſt des
Gehiernes mit den Nerven in den Mäusleinen communiciren. Ja wir finden/ daß
unterweilen eine Bewegung in den Gliedern
des Leibes nicht durch eine Empfindung/
ſondern durch viele zuſammen/ die ſich in
verſchiedenen Sinnen ereignen/ determiniret wird. Da nun vermittelſt des Gehiernes alle Empfindungs-Nerven mit einem jeden Bewegungs-Nerven communiciren können; ſo kan auch auf ſolche Weiſe
in dieſem Falle die Bewegung in den Gliedern auf die leichteſte Manier ohne viele Um-
wege determiniret werden. Und demnach ſehen wir auch gnungſamen Grund/
warum die Empfindungs-Nerven mit den
Bewegungs-Nerven vielmehr vermittelſt
des Gehiernes/ als unmittelbahr communiciren. Wer aber dieſes bedencket/ der
findet/ daß der Leib auf eine ſolche Weiſe
zugerichtet iſt/ wie erfordert wird/ damit

Ff 2　　　　　　zwi-

zwischen ihm und der Seele eine Harmonie
erhalten werden kan (§.778. Met.). Und
deswegen habe ich auch behauptet/ die vor=
her bestimmte Harmonie sey den Begriffen/
die wir von der Seele und dem Leibe haben/
gemäß (§.765.Met. & §.277.Annot.Met.).
Die unüberwindliche Schwierigkeiten in
diesem Stücke zu finden vermeinen/ wie
ohne eine unvermeidliche Nothwendigkeit
aus dem Eindruck in die Sinnen bey einem
gantz andere/ als bey dem andern und selbst
bey einem zu verschiedenen Zeiten gantz ver=
schiedene Bewegungen erfolgen können/
welche den freyen Rathschlüssen der Seele
gemäß sind/ haben die Beschaffenheit un=
seres Leibes nicht gnung eingesehen/ sonst
würden sie hierzu keine Wunder nöthig er=
achten. Unterdessen erhellet hieraus frey=
lich noch nichts weiter als eine grosse Wahr=
scheinlichkeit/ daß es möglich sey/ daß auch
die Bewegungen/ welche die Seele durch
ihren freyen Willen determiniret/ durch
dieses Kunst=Stücke bewerckstelliget wer=
den. Und der Cartesianer ihre Meinung/
daß die Thiere bloß auf eine mechanische Art
ihre Bewegungen hervor bringen/ muß aus
diesen Gründen erkläret werden. Wir se=
hen demnach/ daß die Ursache/ warum die
Empfindungs = Nerven mit den Bewe=
gungs=Nerven vermittelst des Gehiernes
communiciren keine andere als diese ist/
damit

damit die Gemeinschafft zwischen Leib und
Seele unterhalten werden kan / es mag solches geschehen / auf was für Art und Weise es auch immermehr wil. Und eben dieses macht / daß ich muthmaasse / es communiciren auch einige Nerven unmittelbahr
mit einander / ohne daß der Eindruck von
den äusserlichen Dingen erst biß ins Gehierne fortgebracht darf werden / wenn die Bewegung determiniret werden sol. Nemlich dieses findet meines Erachtens in denen
Fällen stat / wo wir von dem Eindrucke der
äusserlichen Dinge nichts empfinden / das
ist / uns der Sache nicht bewust sind / die
ihn machet / und durch ihn beständig einerley Bewegung determiniret wird. Dieser
Fall aber ist nichts rares in dem Leibe der
Menschen und der Thiere. Wir haben
Exempel im Auge / in den Ohren / im Magen und Gedärmen / im Hertzen und in A-
dern / u. s. w. In den Augen wird die
Bewegung im Regen-Bogen und der crystallinen Feuchtigkeit durch das Licht determiniret (§. 151.) / im Ohre die Spannung
des Trummel-Felles durch den Schall (§.
157.) / im Magen und in Gedärmen ihre
Bewegung durch die Berührung von der
Speise (§. 94. 100.) / im Hertzen und in
Adern aber durch die Berührung von dem
Blute (§. 113. 64.). Hier erfolget allzeit
einerley Bewegung durch einerley Berüh-

Ff 3

rung

rung und wir sind uns weder der Bewegung / noch der Berührung bewust. Es
hat auch die Seele bey der Bewegung nichts
zu thun. Sie geschiehet wie ohne ihr Wissen / also auch ohne ihren Willen / ja gar
wider ihren Willen. Denn wenn ein starckes Licht an das Auge kommet / so ziehet sich
der Regenbogen zusammen und vermindert
den Stern / wenn wir es auch gleich nicht
haben wollen. Und eben so verhält es sich
in denen übrigen Fällen. Die Seele kan
dem Hertzen nicht befehlen / daß es nach ihrem Gefallen das Blut starck oder langsam
forttreibet. Derowegen weil hier diejenigen Gründe wegfallen / warum die Empfindungs-Nerven mit den Bewegungs-
Nerven im Gehierne communiciren sollten:
so fället auch diese Communication selbst als
eine ungegründete Sache hinweg / und
müssen demnach die Nerven gleich unmittelbahr mit einander selbst communiciren.
Ja man kan es auch gar wohl daraus abnehmen / daß in den angeführten Fällen keine Bewegung / die durch den Eindruck der
äusserlich berührenden Dinge verursachet
wird / biß in das Gehierne kommet / weil
wir uns derer Dinge / welche den Eindruck
verursachen / nicht bewust sind: da wir hingegen die Sachen / welche uns berühren /
fühlen / wenn der Eindruck biß in das Gehierne kommet und darinnen eine cörperliche

Vor-

Vorstellung von denen berührenden Dingen geschiehet. Es ist aber Gottes Weißheit und Güte daraus zu ersehen/ daß er in diesen Fällen/ wo durch einerley Eindruck von auſſen beſtändig einerley Bewegung determiniret werden ſol/ die Bewegung von der Seele independent gemacht und ihrem Befehle nicht unterworffen. Denn da es hier unnöthig iſt/ daß ſich die Seele darein menget; ſo wäre es der Weisheit Gottes zuwieder/ wenn er etwas für die lange Weile thun ſollte (§. 1049. Met.). Hingegen da der Menſch durch Mißbrauch Schaden thun könte/ indem er durch ſtarckes Licht das Auge verletzte/ durch einen ſtarcken Schall das Ohre ertäubete und ſo weiter; ſo wäre es der Güte Gottes zuwieder/ wenn er dergleichen Bewegungen ohne Noth der Seele hätte unterwerffen wollen/ dabey ſie nicht weiter intereſſiret wäre/ als daß ſie durch Misbrauch Schaden anrichten könte (§. 1069. Met.). Da nun GOtt ſo viel als an ihm iſt den Misbrauch der Bewegungen in dem Leibe des Menſchen und der Thiere zu verhindern ſucht; ſo ſiehet man augenſcheinlich/daß er keinen Gefallen daran hat/ wenn der Menſch ſich durch Misbrauch ſelbſt verderbet/ und es dannenhero ſein Wille iſt/ daß wir die Bewegungen/ welche unſerem freyen Willen unterworffen ſind/ dergeſtalt determiniren/ wie es die

Erhal-

Erhaltung und Verbesserung unseres Leibes
erfordert. Und auf solche Weise kan man
finden / daß unser Leib voll göttlicher Vernunfft / Weißheit und Güte ist / die Gott
in seiner Structur überall bewiesen.

Ob im Gehierne Lebens-Geister erzeuget werden. §. 168. Es ist gewiß / daß in der Empfindung eine subtile Materie sich aus den
Nerven in das Gehierne und in denen daraus erfolgenden Bewegungen aus dem Gehierne in die Nerven und durch sie ferner in
die Mäuslein bewege (§. 33. 40.). Diese
haben die Alten die **Lebens-Geister** (*spiritus animales*) genannt und behauptet /
daß sie im Gehierne erzeuget würden. Man
kan nicht zweiffeln / daß vermittelst dieser
Lebens-Geister / so bald man zugleich den
Ursprung der Nerven aus dem Gehierne
und dem Rücken-Marcke und des Rücken-
Marckes aus dem Gehierne einsiehet (§.
167.) / man nicht allein die *Cartesianische*
Meinung erklären kan / wie die Thiere
durch den blossen Eindruck in die Gliedmaassen der Sinnen und der Berührung
der inneren Theile im Leibe / von dem / was
darinnen enthalten ist / ihre Bewegung determiniret wird; sondern auch zugleich die Lebens-Bewegungen in dem menschlichen Leibe
dabey die Seele nicht interessiret ist / als auch
die freywilligen Bewegungen / die von der
Seele dependiren uñ was sonst zu Erhaltung
der Gemeinschafft zwischen Leib und Seele
den

den Verrichtungen der Seele zugefallen
in dem Leibe vorgehen muß/ auf eine verständliche Art zu erklären vermögend ist (§.
34.). Denn was bisher von den Alten und
Neuen in diesem Stücke verständliches
vorgebracht worden/ ist durch die Lebens-
Geister erkläret worden/ oder wenigstens
durch einen Nerven-Safft (*succum ner-*
vosum), das ist/ eine subtile flüßige Mate-
rie/ die sich in den Nerven befindet. Und
weiter verstehen auch wir hier nichts durch
die **Lebens - Geister** und brauchen wir
die Wörter **Lebens-Geister/ Nerven-**
Safft/ flüßige Materie in Nerven
als gleich gültige Redens-Arten für diejenige subtile flüßige Materie/ die sich in den
Nerven-Fäserlein beweget und zur Empfindung und Bewegung dienet. Der Be-
weis/ den man zu führen pfleget/ daß dergleichen Materie in den Nerven vorhanden seyn müsse/ ist ohne Tadel/ weil nemlich so wohl Empfindung/ als Bewegung
eines Gliedes aufhöret/ wenn die dazu dienende Nerven entweder gebunden/ oder
zerschnitten werden. Es hat insonderheit
bey der Bewegung schon *Verheyen* (a) an-
gemercket/ daß man damit nicht auskommen kan/ wenn man bloß den Nerven-Fäserlein eine Bewegung zuschreiben wil/

Ff 5   maaſ-

(a) Anat. lib. 2. Tract. 1. c. 33.

maaſſen man mehr als zuviel ermeſſen kan/
daß die Nerven-Fäſerlein nicht in dem
Stande ſind die Mäuslein ſo ſtarck zuſammen zu ziehen als in ihrer Verrichtung erfordert wird / auch die Structur der Mäuslein nicht ſo beſchaffen iſt / daß ſie ſich von
denen Nerven durch bloßes Ziehen verkürtzen laſſen. Ja ich habe auch noch anderswo (§. 435. Phyſ.) einen andern gar merck-
würdigen Umſtand angeführet / den ich hier
nicht wiederhohlen mag. Ich weiß wohl/
daß einige Neuere Medici die Lebens-Geiſter
verworffen: allein mir iſt daran nichts gelegen / ob eine Meinung / welche die Alten
gehabt / von einigen in Zweiffel gezogen
wird / oder nicht. Ich gehe niemahls darauf / ob etwas alt / oder neue iſt / und ſu-
che darinnen keinen Ruhm / daß ich neue
Meinungen heege. Bey mir gilt / was
Grund vor ſich hat / es mag nach dieſem
alt / oder neue ſeyn: es mögen diejenigen/
welche der Kützel bloß nach neuem ſticht / es
lächerlich halten / oder nicht. Ich verthei-
dige keine Meinung um mich dadurch andern gefällig zu machen und aus andern in-
tereſſirten Abſichten. Derowegen werde ich
auch darüber mit niemanden einen Streit
anfangen / wenn er in meiner Philoſophie
als einen Fehler angiebt / daß ich noch in
den Nerven und dem Gehierne eine ſubtile
Materie annähme / dadurch die Empfin-
dun-

dungen und Bewegungen bewerckstelliget
würden / da doch die Neueren Medici dergleichen nicht zugeben. Wen ihre Gründe überzeugen / der mag ihnen beypflichten.
Mich überführen die andern / wodurch man
die Würcklichkeit derselben Materie erwei-
set. Ich muß mich aber wie im Geschmacke nach mir und nicht nach andern richten /
wenn ich meine Meinung ausführe / nicht
aber anderer ihre Meinung beschreibe.

§. 169. Da ich nun vor gewis halte daß Lebens-Geister im Gehierne und in
Nerven vorhanden sind; so enstehet nun
die Frage / wo diese flüßige Materie herkommet. Da alles in dem menschlichen
Leibe und den Leibern der Thiere von dem
Blute herkommet (§. 69.) / so muß
auch diese Materie aus dem Geblüte hergeleitet werden. Und weil die Absonderungs-Instrumente die Drüsen sind (§.
68.); so ist kein Zweiffel / daß nicht
auch sie von den Drüsen abgesondert werden sollte. Derowegen da das aschenfarbige Wesen voller Drüsen ist und daher
auch von einigen das **Drüsenhaffte We-**
sen genennt wird; so ist wohl gewis gnung/
daß darinnen die Lebens-Geister von dem
Blute abgesondert werden / welches die
Puls-Adern zu führen / deren Aestlein in
grosser Menge angetroffen werden. Weil
das Drüsenhaffte Wesen in grosser Menge

in

Nutzen des drü-senhaff-ten We-sens.

in dem Gehirne anzutreffen ist; so müssen auch die Lebens-Geister in grosser Menge abgesondert werden. Und freylich sind sie in grosser Menge nöthig/ weil die Nerven durch den gantzen Leib theils zur Empfindung/ theils zur Bewegung zertheilet werden/ und daher ein grosser Vorrath davon von nöthen ist. In den Drüsen des drüsenhafften Wesens wird von dem Geblüte was abgesondert (§. 68.): die Lebens-Geister müssen wo abgesondert werden und können nirgends in die Nerven als aus dem Gehirne und etwan dem Rücken-Marcke kommen. Derowegen haben wir eine Materie/ für die wir ein Absonderungs-Instrument verlangen/ und Absonderungs-Instrumente/ dazu wir die Materie suchen/ welche abgesondert wird. Beyde sind in einem Orte bey einander. Die Drüselein/ welche zur Absonderung dienen/ sind so klein/ daß man sie nur durch das Vergrösserungs-Glaß finden kan. Die abgesonderte Materie ist so subtile/ daß wir sie gar nicht können zu Gesichte bekommen. Die Absonderungs-Instrumente sind in grosser Menge vorhanden/ wie einen grossen Vorrath zu verschaffen erfordert wird. Die Materie/ dazu wir die Instrumente zur Absonderung suchen/ ist in grossem Vorrathe vorhanden. Also stimmet von beyden Seiten alles auf das Beste mit einander überein/

und

und findet man kein Bedencken / warum
man nicht annehmen wollte / daß das drüsige Wesen des Gehiernes die Werckstat
ist / wo die Lebens-Geister von dem subtilesten Blute der Puls-Adern abgesondert
werden. Und demnach zeiget sich hier noch
eine neue Ursache / warum alle Nerven aus
dem Gehierne entspringen / nemlich daß sie
daher die Lebens-Geister erhalten / wodurch
der Leib belebt oder gleichsam beseelet wird.
Denn ohne die Lebens-Geister kan keine
Empfindung und keine Bewegung geschehen. Derowegen wenn man setzen wolte /
daß sie aus dem Leibe verrauchten und keine
von neuem erzeuget würden; so würde die
Empfindung und Bewegung aufhören und
das Leben auf einmahl verschwinden / wie
wenn man ein Licht ausbläset (§.455. Phys.).
Und demnach hat man diese Materie nicht
ohne Grund im deutschen die **Lebens-Gei-**
ster genant / weil von ihnen das Leben dependiret. Der Mangel der Lebens-Geister
muß im Empfinden und der Bewegung den
Leib matt und schwach machen / weil zu ungehinderter Verrichtung eine gehörige Menge derselben erfordert wird. Weil aber die
Lebens-Geister bloß von dem Blute abgesondert werden durch die Drüselein des drüsenhafften Wesens; so müssen sie im Blute
schon würcklich enthalten seyn und werden
demnach im Gehierne nicht erzeuget / oder
aus

aus einer Materie erst formiret/ wie sich die
Alten eingebildet haben/ welche weder den
Gebrauch der Drüsen überhaupt verstanden/
noch auch gewust/ daß das aschenfarbige
Wesen des Gehirnes ein drüsenhafftes
Wesen ist. Sie müssen demnach innerhalb dem Geblüte gleich wie andere Mate-
rien/die sich in andern Orten des Leibes ab-
sondern/ erzeuget werden. So wenig a-
ber man die eigentliche Art und Weise/ wie
solches geschiehet/ von den andern Materi-
en zur Zeit sagen kan; so wenig lässet sich
dieselbe auch für die Lebens-Geister bestimmen. Wenn man erst den eigentlichen Unterscheid der Nahrungs-Milch von dem
Blute und aller flüßige Materien/ die hin
und wieder davon abgesondert werden/ von
eben demselben werden bestimmet haben; so
wird sichs in diesem Stücke weiter geben.
Was Jacob Keil von der anziehenden
Krafft der Materie beygebracht/ dadurch
Materie von einerley Art in dem Geblüte
einander anziehet/ machet die Sache noch
nicht aus: denn zu geschweigen/ daß diese
anziehende Krafft noch gar wohl muß verstanden werden/ ehe man ihr einen Platz in
Erklärung natürlicher Begebenheiten/ einräumen kan; so muß auch die Materie schon
würcklich vorhanden seyn/ ehe sie einander
anziehen kan. Und demnach wird sie eigentlich zu reden durch das Anziehen nicht erzeuget:

jeuget; sondern nur von anderer Materie/
damit sie vermenget ist/ abgesondert und in
grösserer Menge zusammen gebracht.

§. 170. Das marckige Wesen ist ein
röhriges Wesen (§. 166.) und demnach ge-
schickt/ daß sich die Lebens-Geister darinnen bewegen. *Leeuwenhœk*, der lange Zeit
sich vergebens bemühet die Beschaffenheit
des Gehiernes durch seine Vergrösserungs-
Gläser zu entdecken/ hat doch endlich es
gleichfals nicht anders gefunden (a)/ als daß
das marckige Wesen hohle Röhrlein seyn.
Die Nerven entspringen aus dem marckigen
Wesen (§. 167.) und *Leeuwenhœk* hat gefunden (b)/ daß das marckige Wesen im
Gehierne und die Nerven auf einerley Art
zubereitet sind: welches auch zur Gnüge daraus abzunehmen/ wie die Nerven aus dem
Gehierne entspringen. Derowegen werden
die Lebens-Geister aus dem marckigen Wesen in die Nerven geleitet. Weil nun in
der Empfindung die Bewegung aus den
Nerven in das Gehierne in die Mäuslein
gebracht wird (§. 33.); so sehen wir/ daß
der Eindruck/ welcher von den empfind-
lichen Dingen in die Gliedmaassen der Sinnen geschiehet/ biß in das marckige Wesen
dringet/ wenn wir empfinden; hingegen die
Bewe-

*Nutzen
des mar-
ckigen
Wesens
im Ge-
hierne.*

(a) in Epist. Physiol. Epist. 34. p. 341. & seqq.
(b) loc. cit. Epist. 36. p. 354:

Bewegung der Lebens-Geister/welche in dem
marckigen Wesen des Gehiernes anzutreffen ist/ biß in die Mäuslein durch die Nerven fortgebracht wird/ wenn entweder aus
der Empfindung eine Bewegung im Leibe
entstehet/ oder durch den Willen der Seele
determiniret wird. Was nun aber veränderliches in beyden Fällen vorkommet/ lässet sich unmöglich bestimmen/ so lange wir
nicht eigentliche Wendungen und Gänge in
den Röhrleinen des marckigen Wesens wissen. Es hat *Verheyen* (c) angemercket/
daß das marckige Wesen des Gehiernes viel
grösser ist/ als dazu erfordert wird/ daß
alle Nerven daraus hergeleitet werden/ die
daraus entspringen. Und wir erkennen
auch/ daß solches nöthig ist/ wenn wir auf
den Gebrauch acht haben. Denn da in
den Gängen des marckigen Wesens sich die
Lebens-Geister bewegen/ wodurch die cörperliche Vorstellung dessen im Gehierne ge-
schiehet/ was einen Eindruck in die Sinnen
machet; hingegen aber dadurch auch andere
Vorstellungen erreget werden von Dingen/
die wir zu anderer Zeit empfunden (§. 812.
Met.); so sind allerdinges mehrere Wendungen und Gänge in demselben nöthig, als
zu Ableitung der Nerven Röhrlein erfordert
werden. Wenn aber *Verheyen* davor hält/
daß

<hr />

(c) Anat. lib. 1, Tract. 4. c. 7. p. m. 230.

daß darunter einige Röhrlein vorhanden
wären/ die keinen Ausgang in die Nerven
haben/ und darinnen den cörperlichen Vorstellungen derer Dinge/ die nicht zugegen
sind und die Sinnen nicht rühren/ einen
Platz einräumet; so finden wir dieses nicht
gegründet. Denn da die Erfahrung lehret/
daßaus diesen Vorstellungen Bewegungen
in den Gliedern des Leibes erfolgen/ folgends dadurch Lebens-Geister in die Nerven zufliessen determiniret werden/ die in
diejenigen Mäuslein gehen/ wodurch die
Bewegung im Leibe bewerckstelliget wird;
so müssen diese Röhrlein einen Ausgang in
die Bewegungs-Nerven haben/ entweder
unmittelbahr aus dem Gehirne/ oder vermittelst des Rücken-Marckes. Ja weil
die cörperliche Vorstellungen der abwesen-
den Dinge durch diejenigen erreget werden/
die aus den Empfindungs-Nerven in das
Gehirne gebracht worden (§. 812. Met.); so
müssen eben diese Röhrlein auch eine Communication mit den Empfindungs-Nerven
haben. Denn lieber! wie wäre es sonst
möglich daß die Vorstellungen der ab-
wesenden Dinge aus den Vorstellungen
der gegenwärtigen kommen könten und hingegen aus den Vorstellungen der abwesen-
den Dinge Bewegungen entstünden. Man
hat bisher nicht gnung erwogen/ was für
Regeln in den Verrichtungen der Seele

(*Physik. III.*)   G g   vor-

vorkommen/ ohne. welche man auch nicht
recht einsehen kan/ wie weit der Leib bey den
Verrichtungen der Seele interessiret ist.
Ich habe in meiner Metaphysick einen An=
fang gemacht die Verrichtungen der Seele
auf eine verständliche Art zu erklären/ nach
den Regeln/ die dem Verstande und Wil=
len vorgeschrieben sind/ gleich wie man die
Verrichtungen der Cörper nach den Regeln
der Bewegung zu erklären angefangen.
Wenn man darinnen weiter fortgehen wird=
so wird sichs auch mit den Verrichtungen
des Gehiernes weiter geben. Ich rede die=
ses nicht in Absicht auf die vorher bestimmte
Harmonie: denn die Verrichtungen des
Gehiernes bleiben einmahl wie das andere/
man mag die Gemeinschafft zwischen Leib
und Seele entweder mit dem *Aristotele*, o=
der dem *Cartesio*, oder dem Herrn von
Leibnitz erklären (§. 287. Annot. Met.)

§. 171. Weil die Nerven/ welche
Lebens=Geister durch den gantzen Leib aus
dem Gehierne leiten und ihn dadurch beseelen
(§. 169.)/ in grosser Menge abgesondert
werden müssen; so hat auch das aschenfar=
bige oder drüsenhaffte Wesen/ darinnen
die Absonderung geschiehet (§. cit.)/ in
grosser Menge vorhanden seyn müssen.
Und weil das marckige Wesen die Lebens=
Geister/ die von dem drüsenhafften abge=
sondert werden/ empffängt und in die Ner=
ven

Warum
das a=
schen=
farbige
Wesen
viele
Wen=
dungen
hat.

ven vertheilet; so hat es auch diesem überall
anliegen müssen. Hierzu war nun nichts bes-
sers als daß das drüsenhaffte Wesen viele
Wendungen hätte und ein Theil des röhri-
gen oder marckigen darein gienge. Denn
wenn es ohne Wendungen in einem nach
der Figur der inneren Höhle des Hirn-
Schedels umb das marckige Wesen wie eine
Schaale gegangen wäre / so würde es nicht
dicker haben seyn können als es in den Wendungen gefunden wird / wo es das hinein-
lauffende marckige Wesen umgiebet / weil
sonst die von den Drüsen des aschenfarbigen
abgesonderte Lebens-Geister nicht wohl in
die Röhrlein des marckigen Wesens könten
geleitet werden / maassen wir erst gesehen / daß
es aus dieser Ursache in die Wendungen des
aschenfarbigen hinein dringet. Dann aber
würde die einige Schaale nicht gnung gewesen seyn so viele Lebens-Geister abzusondern /
als den gantzen Leib zu beseelen erfordert
wird. Und haben wir um so viel weniger
daran zu zweiffeln / daß dieses eine Absicht
GOttes bey den Wendungen des Gehiernes sey / weil wir eben finden / daß das marckige Wesen mitten in die Wendungen des
aschenfarbigen hinein dringet / da es in der
Mitten von ihm frey lieget. Unterdessen
da die Lebens-Geister nicht allein in die Nerven dringen um sich in ihren Aesten und
Aestleinen durch den gantzen Leib zu verthei-

len;

len; sondern auch im Gehirne zu Vorstellungen abwesender Dinge und zu determi-
nirung der Bewegungen in denen Mäusleinen gebraucht werden (§. 170.); so haben
auch ausser denen Röhrleinen/ welche die
Lebens-Geister von dem drüsenhafften Wesen empfangen und daraus sie gleich in die
Nerven könten vertheilet werden/ noch andere seyn müssen/ die zu den Verrichtungen
der Seele im Gehirne angewandt würden.
Und deswegen hat nicht alles marckige Wesen innerhalb das aschenfarbige kommen
dörffen; sondern ausser dem noch ein Theil
desselben übrig bleiben müssen/ darinnen
sich die Lebens-Geister bewegeten/ wie es die
Verrichtungen der Seele erforderten. Man
kan leicht erachten/ daß/ da diese Verrichtungen gar mancherley und vielfältig sind/
auch die Röhrlein des marckigen Wesens
ihre besondere Wendungen haben müssen
und auf besondere Art durch einander lauffen und mit einander communiciren: allein
dieses ist eben die verborgene Structur/ die
wir wissen solten/ wenn wir alles in Deut-
lichkeiten erklären solten/ wie das Gehirne
bey den Verrichtungen der Seele interessiret. Jedoch hat man sich auch nicht all-
zuvielen Unterscheid hier einzubilden/ nicht
allein weil wir in genauer Untersuchung der
Natur überall finden/ daß eine grosse Mannigfaltigkeit durch wenigen Unterscheid vermittelst

mittelst der Versetzung und verschiedenen
Vereinigung hervor gebracht wird / als
wie in einem Orgel-Wercke durch wenige
Pfeiffen sich allerhand Thone formiren /
und durch ihre Vereinigung mit einander
und veränderte Abwechselung derselben un-
zehliche Melodien spielen lassen; sondern
auch weil die Verrichtungen der Seele sich
nach allgemeinen Regeln richten / gleich wie
die Bewegung nach allgemeinen Regeln geschiehet / unerachtet beyde wegen des Unterscheides der Natur des Leibes und der Seele
und ihres Wesens von einander gantz unterschieden sind / und alle Vorstellungen
sich in allgemeine Gründe auflösen lassen:
welches alles in seiner Deutlichkeit hier aus
der Metaphysick zu erweisen viel zu weitläufftig fallen würde. Ich führe es nur zu
dem Ende an / daß ich denen / die an ihrer
eigenen Erkäntnis Vergnügen finden und
GOtt mit Verstande dancken wollen / daß
sie wunderbahrlich gemacht sind / den Weg
zeige / wie sie weiter kommen können. Jemehr man die Erkäntnis unserer Seele aus
einander wickeln wird / jemehr wird man
auch den Gebrauch des Gehiernes einsehen
lernen und zu Observationen und Versuchen Anlaß bekommen.

§. 172. GOtt und die Natur thun Wozu
nichts vergebens (§.1049. Met.). Derowe= das Gegen kan es auch nicht ohne Ursachen gesche= hiern-
               Gg 3   hen lein und

Das Ge-
hierne
eigent-
lich) die-
nen.

hen seyn / daß das Gehierne von dem Gehiernlein nicht allein bey Menschen / sondern auch bey den Thieren unterschieden ist.
Und muß das Gehiernlein einen besonderen
Gebrauch haben / der sich nicht zugleich durch
das grosse Gehierne erhalten liesse. Und
dannenhero ist die Meinung derer unge-
gründet / welche davor halten / das Gehierne und Gehiernlein hätten einerley Verrichtung. Das verlängerte Marck / welches in dem Rückengrade den Nahmen des
Rücken-Marckes annimmet / zertheilet sich
aus seinen Wurtzeln durch das aschenfarbige Wesen des Gehiernleins (§. 166.) / dergestalt daß gantz eigentlich zu sehen / wie das
marckige Wesen im Gehiernlein alles zusammen sich mit seinen Fäserlein in das Rücken-Marck ziehet. Und daher ist gewis /
daß die Lebens-Geister / welche in dem Gehiernlein abgesondert werden / in das Rücken-Marck geleitet werden. Weil auch
das marckige Wesen / welches die Lebens-
Geister empfängt / nicht anders sich durch
das aschenfarbige vertheilet / als wie die
Aestlein / welche aus dem Stiele / der mitten durch das Blut läufft / sich durch das
Blat zertheilen um den in den Blättern zu-
bereiteten Safft durch den Stiel in dem
Baum zu führen / wie ich unten an seinem
Orte ausführlicher zeigen werde; so können
auch gar bequem alle im Gehiernlein abge-
                                    sonder-

sonderte Lebens = Geister in das Rücken-
Marck geleitet werden.   Da nun über dieses aus dergleichen Vertheilung des marckigen Wesens durch das aschenfarbige desGe-
hiernleins nicht zu ersehen / wo die Lebens-
Geister / die darinnen verbleiben solten/
ihre besondere Arten der Bewegung haben
könten / dadurch sie nicht in das Rücken-
Marck gebracht würden; so siehet man auch
nicht / aus was für einem Grunde man in
demGehiernlein besondere Bewegungen der
Lebens = Geister suchen solte / die darinnen
zu gewissen Absichten verursachet würden.
Bey so bewandten Sachen können wir
wohl nicht anders setzen / als daß das Gehiernlein die Werckstat sey / worinnen insonderheit die Lebens = Geister abgesondert
werden / welche das Rücken-Marck durch
die aus ihm entspringende Nerven durch den
Leib vertheilet.   Nun dienen diese Nerven
zu denen Bewegungen / damit die Seele
nichts zu thun hat / und die nicht aus den
Empfindungen kommen / da die Seele sich
der Sache bewust ist / welche den Eindruck
in das Gliedmaaß der Sinnen verursachet.
Und demnach sehen wir / daß das Gehiernlein mit den Verrichtungen der Seele eigentlich gar nicht zu thun hat / sondern hauptsächlich zu den Lebens-Bewegungen dienet.
Es bleibet solcher gestalt das grosse Gehierne zu den Verrichtungen der Seele übrig.

rig. Und ist dieses wohl die Ursache/ warum in den Menschen das Gehierne zu dem Gehiernlein eine weit gröffere Verhältnis hat als in den Thieren/ weil die Menschen weitläufftigere Verrichtungen in ihrer Seele haben/ als die Thiere. Denn wie weit kommen die Menschen mit ihrer Erkäntnis und wie viele unterschiedene Begriffe müssen sie dazu haben/ die doch alle im Leibe auf eine cörperliche Weise vorgestellet/ oder durch Bewegungen der Lebens-Geister im Gehierne begleitet werden/ da hingegen die Thiere gar wenigere Erkäntnis erreichen und nicht viele Begriffe bekommen. Es wäre nicht undienlich/ wenn man in der Historie der Thiere auch die Proportion des Gehiernes zu dem Gehiernlein untersuchte/ damit man desto mehr erkennen möchte/ ob bey wenigen Verrichtungen der Seele das Haupt-Gehierne in Proportion des Gehiernleins abnimmet. Unterdessen dienet hierzu die besondere Anmerckung/ welche *Willis* (a)/ der zu erst diesen Gebrauch des Gehiernleins behauptet/ anführet. Er hat nemlich gefunden/ daß/ unerachtet im Gehierne nicht allein zwischen Menschen und vierfüßigen Thieren/ sondern auch unter ihnen/ den Vögeln und Fischen gar ein merck-

---

(a) in Anatome cerebri c. 15. f. 40. T. 2. Bibl. Anat.

mercklicher Unterscheid zu verspüren/ dessen
ungeachtet das Gehiernlein in allen insge-
samt ziemliche Aehnlichkeit behält. Denn
hieraus lässet sich allerdings abnehmen/ daß
diejenigen Verrichtungen/ wozu das Gehiernlein dienet/ bey Menschen und vierfüs-
sigen Thieren/ ja bey diesen und den Vögeln und Fischen nicht mercklich unterschieden
seyn müssen: da hingegen die anderen/ wozu das Gehierne dienet/ bey Menschen und
vierfüßigen Thieren/ ja bey diesen und den
Vögeln und Fischen nicht mercklich unterschieden seyn müssen. Nun ist bekandt/
daß die Empfindungen und die daher entste-
hende Bewegungen gewisser Glieder des Lei-
bes/ welche bey den Menschen dem Willen
der Seele unterworffen sind/ ingleichen die
von den gegenwärtigen Empfindungen erregete Einbildungen und was vermöge dessen/
was wir von den Verrichtungen der Seele
in der Metaphysick aus geführet/ weiter daher seinen Ursprung nimmet/ bey Menschen und Thieren/ ja bey den verschiedenen Arten der Thiere gar sehr unterschieden
seyn: hingegen die Lebens-Bewegungen/
welche dem Willen der Seele nicht unterworffen sind/ noch von äusserlichen Empfindungen herstammen/ ordentlicher Weise
auf einerley Art sich bey Menschen und
Thieren verhalten. Derowegen da alles
seinen Grund in der Structur der verschie-

denen

denen Theile des Gehiernes haben muß (§.
614. Met.) / so findet man gnungsamen
Grund die Empfindung und was daher rüh-
ret/ nebst den freywilligen Bewegungen/ dem
Gehierne ; hingegen diejenigen Bewe-
gungen/ dabey die Seele nicht interessiret
ist / dem Gehiernlein zu zuschreiben. Man
kan aber über dieses/ was gesaget worden/
den unterschiedenen Gebrauch des Gehiernleins und des Gehiernes aus metaphysischen
und anatomischen Gründen auf folgende
Art erweisen. Daß Gehiernlein und Gehierne sind nicht auf einerley Art zu bereitet/
wie wir bereits vernommen : derowegen
müssen sie verschiedenen Gebrauch haben (§.
cit. Met.). Zwischen dem Gehierne und
dem Gehiernlein ist keine unmittelbahre
Verknüpffung / daß also dieses mit jenem
keine Communication hat: beyde sind von
einander gantz abgesondert. Derowegen
muß der Gebrauch des Gehiernes mit dem
Gebrauche des Gehiernleins keines weges
verknüpfft seyn/ dergestalt daß Verrichtungen des Gehiernleins durch Verrichtungen
im Gehierne determiniret würden. Und
solchergestalt können wir dem Gehiernlein
keine andere Verrichtungen zu schreiben als
diejenigen/ von denen wir versichert sind/
daß sie von Verrichtungen/ die im Gehierne geschehen/ auf keine Art und Weise dependiren. Nun ist ferner bekandt / daß die
                                    Empfin-

Empfindungs = Nerven / welche zu den
Gliedmaaßen der Sinnen gehen / nicht aus
dem Gehiernlein / sondern dem Gehierne
entspringen. Derowegen kan das Ge=
hiernlein / vermögen dessen / was erwiesen
worden / wie nicht zu den Empfindungen /
also auch nicht zu den Einbildungen und Be=
wegungen / die daher rühren / dienen.
Und solchergestalt bleiben für dasselbe die
Bewegungen übrig / dabey die Seele nicht
interessiret ist / welche wir ihm vorhin zuge=
eignet. Und deswegen ist kein Wunder /
daß Hähne und Hunde nicht gestorben /
wenn man ihnen einen Nagel mitten durch
das Gehierne geschlagen (§. 166.) / da hin=
gegen *Vieußens* (b) erfahren / daß die Hun=
de bald gestorben / wenn er nach geschehener
Eröffnung des Hiern = Schedels das Ge=
hiernlein stückweise heraus gelanget / un=
erachtet das Gehierne und das verlängerte
Marck nicht im geringsten verletzet worden /
und daß Hunde noch sechs Stunden gelebet /
und ordentlich Athem gehohlet / nachdem
er ihnen das verlängerte Marck ohne
Verletzung des Gehiernleins heraus genom=
men / unerachtet dabey eine grosse Blutver=
giessung erfolget / ja wenn er das Gehierne
biß auf das Gehiernlein gantz heraus genom=
men. Menschen und Thiere sterben / wenn
die Bewegung des Blutes und das Athem
hohlen (§. 456. Phys.) / folgends die Bewe=
gung

gung des Hertzens/ der Adern und anderer
Theile aufhören/ dazu die Seele durch ihren
Willen nichts beyträget. Derowegen da
diese Bewegungen auf einmahl aufhören/
wenn das Gehiernlein heraus genommen
wird/ noch aber richtig von statten gehen/
wenn gleich kein Gehierne mehr vorhanden;
so muß das Gehiernlein/ nicht aber das
Gehierne etwas dazu beytragen. Und dem=
nach eignet man dem Gehierne mit Recht
die Empfindungen zu nebst allem/ was
daraus entspringet/ und hingegen dem Ge=
hiernlein die Bewegungen/ welche der See=
le nicht unterworffen sind.

§. 173. *Vieußens*, welcher den Ur=
sprung der Nerven genau zu bestimmen
sich für andern hat angelegen seyn lassen/
hat gefunden/ daß die Nerven/ welche in
die Gliedmaassen der Sinnen lauffen/ biß
auf das fünffte Paar/ unmittelbahr aus
den weißen marckigen Streiffen der streiffi=
gen Cörper ihren Ursprung nehmen und die
von dem fünfften Paare/ welche ansehnliche
Aeste in den Förder=Theil der Zunge zustreu=
en (§. 166.)/ doch mittelbahr mit ihnen ver=
knüpfft sind (a). Da nun solcher gestalt der
Eindruck in die Gliedmaassen der Sinnen
biß zu den weißen Streiffen der streiffigen
Cörper

Seitentext: Was die streiffigen Cör-
per nu-
tzen.

(a) lib. de cerebro c. 21. f. 167. T. 2. Bibl.
Anat.

Cörper fortgebracht wird; so sind dieselben
wohl eigentlich umb der Empfindungen willen gemacht. Und meinet dannenhero *Vieussens*, man könne sie das gemeine Werckzeug der Empfindung (*sensorium com-
mune*) nennen. Unterdessen da gleichwohl
(b) dieselben Nerven auch noch anderweit
her einige Fäserlein erhalten; so kan man
daraus erachten / daß die Empfindungen in
den streiffigen Cörpern nicht einig und allein
ihren Sitz haben. Z. E. in den Hinterba-
cken trifft man einige sehr subtile marckige
Streiffen an / die in den Hinter-Theil der
Füsse des langen Marckes gehen und durch
das Vergrösserungs-Glaß zu erkennen sind.
Da nun die Empfindungs-Nerven aus dem
verlängerten Marcke kommen und insonderheit von den Füssen die Sehe-Nerven; so
erkennet man daraus / daß auch die Hinter-
backen bey dem Empfinden und insonderheit
dem Sehen was nützen müssen.

§. 174. *Cartesius* hat behauptet / daß
die Zirbel-Drüse der Sitz der Seele sey /
der derjenige Theil des Leibes / mit dem sie
eigentlich vereiniget. Nemlich wenn man
nach dem Sitze der Seele im Leibe fraget /
so verlanget man zu wissen / welches eigentlich derjenige Theil im Leibe ist / darinnen
die

*Was die
o-Zirbel-
Drüse
nützet.*

(b) Vieussens Neurolog. lib. 3. c. 2. & 3.
f. 63●. & seqq.

die Veränderungen geschehen / mit denen
die Verrichtungen der Seele zusammen
stimmen / als z. E. wo die cörperlichen Vorstellungen geschehen / wenn wir empfinden.
Cartesius nun hat behauptet / daß solches die
Zirbel-Drüse sey: denn nach ihm bewegen
sich die Lebens-Geister durch die Zirbel-
Drüse und machen darauf durch ihre Bewegung ein Bild / welches der Sache ähnlich
ist / indem wir etwas sehen. Er bildet sich
nemlich ein / daß die Nerven-Fäserlein in
den beyden Sehe-Nerven eine ordentliche
Lage gegen die Zirbel-Drüse haben / dergestalt daß diejenigen / die in beyden Nerven
inigleicher Ordnung neben einander folgen/
gleichen Puncten auf der Fläche der Zirbel-
Drüse entgegen stehen. Wenn nun durch
das Licht ein Bild von der Sache / die wir
sehen / im Auge abgemahlet wird ($. 151.)/
so werden die Nerven-Fäserlein seiner Meinung nach zugleich gezogen / und dadurch die
Fallen am Ende im Gehirne / die er ihnen
zueignet / eröffnet. Auf solche Weise bewegen sich die Lebens-Geister aus der Zirbel-
Drüse gegen die in beyden Nerven eröffnete Fäserlein und / da aus einem jeden Puncte der Zirbel-Drüse ein Strom heraus gehet / dem ein eröffnetes Fäserlein in den
Sehe-Nerven entgegen lieget; so formiren
diese Ströme durch ihre Quellen / woraus
sie entspringen / ein Bild auf der Zirbel-

Drüse/

Drüse / welches eine Aehnlichkeit hat mit
demjenigen / das im Auge abgemahlet wor=
den / folgends mit der Sache / die wir se=
hen.   Und hierinnen bestehet *Cartesii* Mei=
nung nach die cörperliche Vorstellung dessen/
was wir sehen / im Gehierne.   Weil nun
dieses die letzte Veränderung ist / welche
durch den Eindruck in das Auge verursachet
wird / indem wir sehen; so stimmet damit
die Vorstellung in der Seele überein / da=
durch wir uns der Sache als ausser uns be=
wust sind / indem wir sehen.   Und demnach
ist die Zirbel=Drüse seiner Meinung nach
der Sitz der Seele.   Dieser Einfall hat vie=
len um so viel wahrscheinlicher geschienen/
weil dadurch erhellet / warum wir mit zwey
Augen eine Sache nur einmahl sehen und
warum wir sie aufgerichtet sehen/ da sie
doch im Auge verkehrt abgemahlet wird:
denn beyde Bilder werden auf der Zirbel=
Drüse mit einander vereiniget und aufge=
richtet.   Mit andern Sinnen hat es eine
gleiche Bewandnis / welches wir aber nicht
deutlicher ausführen wollen.   Wenn alles/
was *Cartesius* annimmet / mit der Anato=
mie übereinstimmete; so würde ich kein Be=
dencken tragen seiner Meinung bey zupflich=
ten: allein so nimmet er vieles an / welches
nicht allein ungewis ist / sondern der Ana=
tomie auch gar entgegen stehet.   Ich wil
nur eines und das andere davon anführen.

Carte=

Cartesius nimmet an/ als wenn alle Empfindungs=und Bewegungs=Nerven gegen die Zirbel=Drüse gerichtet wären/ wenigstens diejenigen von der letzteren Art/ die zu den freywilligen Bewegungen dienen/ indem die Seele die Lebens=Geister aus der Zirbel=Drüse commandiret in diese oder andere Nerven=Fäserlein zu marchiren umb die Bewegung in diesem oder anderen Mäusleinen hervor zubringen/ damit eine ihrem Rathschluße gemässe Bewegung im Leibe erfolge. Dieses aber nimmet er nicht allein bloß seiner Meinung zu gefallen/ sondern auch wieder die Anatomie an. Denn die Geruchs=Nerven/ welche die Nase von dem ersten Paare erhält/ stammen gantz deutlich von den weißen marckigen Streiffen der steiffigen Cörper ab/ daß auch *Verheyen,* welcher den eigentlichen Sitz der Empfindungen in den besonderen Theilen des Gehiernes sich nicht zu bestimmen getrauet/ doch nicht darwieder ist/ wenn man den Sitz des Geschmackes in den streiffigen Cörpern suchet (a). Und wir haben erst vorhin gesehen (§. 173.)/ daß *Vieussens* die Communication aller Empfindungs=Nerven mit den streiffigen Cörpern entdecket. Ja da so verschiedene Arten der Sinnen sind/ die alle ihre besondere Nerven haben/ und das mar-

---

(a) Anat. lib. 1. Tract. 4 c. 8. p. m. 233.

marckige Wesen des Gehiernes nicht allein
in grosser Menge angetroffen wird/ sondern auch in vielerley Corper vertheilet ist
(§. 166.); so ist gar nicht wahrscheinlich/
daß alle Empfindungen in einem Orte des
Gehiernes vollbracht und die vielfältigen
daher rührende Bewegungen dadurch determiniret werden. Man schräncket die
Werckzeuge in dem Leibe mehr ein als nöthig
und rathsam ist/ weil man nach diesem vieles zugeben muß/ was keinen Grund hat/
warum es geschiehet. Uber dieses nimmet
Cartesius an als wenn die Nerven-Fäserlein
sich in der Gegend um die Zirbel-Drüse alle
endigten und also ein jedes von ihnen einen
besonderen Anfang hätte/ gleich als wenn
sie daselbst gleich abgeschnitten wären.
Dieses ist abermahls der Anatomie zuwie-
der/ als welche uns klärlich zeiget/ daß die
Nerven-Fäserlein mit dem marckigen Wesen des Gehiernes in einem fortgehen und
auf eine noch unbegreiffliche Weise unter
einander lauffen. Und dieses ist auch dem
Verfahren der Natur gemässer als was
Cartesius annimmet. Denn ob gleich der
gantze Leib nicht anders als ein Gewebe von
kleinen Röhrleinen ist/ die von den grossen
wie die kleinen Fäserlein in den Wurtzeln
von ihren grösseren Theilen abstammen; so
finden wir doch nirgends/ daß die Theile in
ihrem Anfange von andern abgesondert dar-

(Physik. III.)   H h   liegen;

liegen; vielmehr ist alles bis auf das kleineste
mit einander verbunden. Endlich hat *Car-*
tesius nicht erwiesen / daß die Lebens-Geister sich beständig durch die Zirbel-Drüse bewegen und umb sie herum circuliren. Vielmehr haben wir oben (§. 170.) gesehen / daß
das marckige Wesen des Gehiernes die Lebens-Geister von dem aschenfarbigem Wesen erhält und sie aus jenem gleich durch
die Nerven / welche aus ihm herstammen/
vertheilet werden / und zwar nicht an einem / sondern an allen Orten des Gehiernes. Und demnach ist es kein Wunder / daß man öffters die Zirbel-Drüse in
Stein verwandelt gefunden / unerachtet
man bey den Menschen in ihrem Leben keinen Abgang in den Verrichtungen der Seele gespüret / die sich doch gleich zeigen/
wenn die Verrichtungen im Gehierne / die
damit übereinstimmen / nicht mehr in rich-
tiger Ordnung vor sich gehen. Der Lau-
sannische Versuch/ da die Hunde gleich gestorben / wenn was spitziges durch die Zirbel-Drüse geschlagen worden (§. 166.)/
scheinet die Nothwendigkeit derselben zu
dem Leben des Menschen und der Thiere
zu behaupten/ ob es zwar nicht dazu angeführet werden mag/ daß die Seele damit vereiniget. Denn dieses rührete aus
einer falschen Meinung her / als wenn das
Leben in der Vereinigung des Leibes mit

der

der Seele und der Tod in der Trennung
des Leibes von der Seele bestünden. Wir
haben vielmehr das Gegentheil aus *Viens-
sens* Versuchen gesehen/ daß das Gehirne
biß auf das Gehirnlein heraus genommen
worden/ ohne daß dadurch das Thier von
seinem Leben kommen (§. 172.). Unterdessen da aus seinen Versuchen zugleich erhel-
let/ daß das Gehirnlein zu dem Leben eines Thieres schlechterdinges nöthig ist;
hingegen es gar schwer fallen sollte ohne
Verletzung des Gehirnleins so gleich eben
die Zwirbel-Drüse durch zu schlagen: so ist
vielmehr zu vermuthen/ daß in dem Lau-
sannischen Versuche nicht so wohl aus Verletzung der Zirbel-Drüse/ als aus andern
Ursachen der Tod erfolget. Wenn die
Zirbel-Drüse eine würckliche Drüse ist/
woran doch noch einige zweiffeln/ unter
denen sich selbst *Verheyen* (a) befindet; so
muß sie freylich auch etwas von dem Blute absondern/ welches ihr durch die Puls-
Adern zugeführet wird (§. 68.). Und da
der Triechter ihr nahe liegt; so muß die
Feuchtigkeit/ welche von ihr abgesondert
wird/ dadurch abgeführet werden. Allein
da noch nicht völlig gewis ist/ ob daselbst
eine Absonderung geschiehet; so wollen wir
auch nicht fragen/ wo die abgesonderte

Hh 2   Feuchtig-

(a) Anat. lib. 1. Tract. 4. c. 7. p. 234.

Feuchtigkeit endlich hinkommet und zu was
Ende sie abgesondert wird. Es ist uns
gnung/ daß wir wissen/ es habe diese Drüse keine so wichtige Verrichtung als ihr
Cartesius zugeeignet hat.

Nußen
der Ge-
hiern-
Kaмern
und des
Trich-
ters.

§. 175. Die Gehiern-Kammern gehen mit dem Trichter in einem fort/ der
zur **Schleim-Drüse** (*glandula pituitaria*)
führet. Da nun die Drüsen zur Absonderung gegeben sind (§. 68.); so muß auch
etwas durch den Trichter zu dem Ende ihr
zugeführet werden. Derowegen da die
Höhlen in der Hiern-Schwiele sind/ und
in den fördersten das Ader-Gewebe angetroffen wird (§. 166.); so ist die Meinung
derer nicht ohne Grund/ welche davor hal-
ten/ es werde in der Hiern-Schwiele und
den Drüsen des Ader-Gewebes von dem
Blute viele Feuchtigkeit abgesondert und
falle in die Gehiern-Kammern/ daraus es
durch den Trichter biß zu der Schleim-
Drüse fleußt. Es ist wohl wahr/ daß
auch Puls-und Blut-Adern in die Schleim-
Drüse gehen (a): allein daraus folget noch
nicht/ daß ihr durch die Puls-Adern und
nicht durch den Trichter zugeführet wird/
was sie absondern sol/ maaßen die Puls-
Adern einem jeden Theile des Leibes/ er
mag so geringe seyn als er immermehr wil/
auch

(a) Vieuſſens de cerebro c. 9. f. 141.

auch die Nahrung zuführen. Und am
meisten scheinen die Puls-Adern hier keinen
weiteren Nutzen als diesen zu haben/ weil
sie so sparsam hinein gehen/ daß man sie
kaum zu sehen bekommen kan/ und daher
einige gar daran gezweiffelt/ ob sie vor-
handen/ ja auch *Vieussens* sie bloß dadurch
entdecket/ indem er in die Schlaff-A-
dern *(carotides)* dinte eingesprützet/ als
wovon die Schleim-Drüse von innen und
von aussen schwartz worden. Es muthmasset demnach *Verheyen* (b) nicht ohne
Grund/ daß die Schleim-Drüse von der
Feuchtigkeit/ die durch den Trichter zufleußt/
einen Schleim absondere/ der durch den
Mund oder die Nase abgeführet wird/ ehe
das übrige in die innere Drossel-Ader
dringet.

§. 176. Da das meiste/ was man von
dem Nutzen der besonderen Theile des Gehiernes beybringet/ noch gar sehr der Un-
gewisheit unterworffen/ auch keine Sache
ist/ die sich durch blosses Nachsinnen erreichen lässet/ woferne man nicht süsse Träu-
me für Warheit verkauffen wil/ die da zu
nöthigen Erfahrungen und Versuche aber
nicht so gleich in eines jeden Gewalt stehen; so wollen wir das Gehierne fahren
lassen/ und nur nach den Nutzen seiner

Was die
dünne
Haut nu-
tzet.

Hh 3 Uber-

(b) *Anat.* lib. 1. Tract. 4. c. 7. p. 232.

Uberkleidungen untersuchen. Die dünne
Haut liegt sehr feste an dem Gehierne an/
daß man sie nicht wohl davon ohne Verletzung desselben absondern kan. Und auf
solche Weise hält sie das Gehierne zusam-
men/ das sonst vor sich weich ist und leicht
wancken könnte. Ja da sie alle Theile
und alle Wendungen überkleidet; so macht
sie auch und erhält den Unterscheid der Theile. Durch die Blut-Gefässe/ die durch
diese Haut zerstreuet sind/ führet sie dem
Gehierne das Blut zu und auch wiederum
von ihm zurücke/ und sind die Blut-Gefässe darinnen sehr verwahret/ daß sie unverrückt und unversehret in allen Wendun-
gen/ die sie annehmen/ liegen bleiben. Und
durch dieses Mittel lässet sich das Blut
überall hauffig und doch in subtilen Gefäßlein hinleiten/ wie absonderlich nöthig ist/
weil in dem aschenfarbigen Wesen die Lebens-Geister in der Menge abgesondert
werden müssen ($. 169.). Es überkleidet
endlich alle Nerven/ die aus dem Gehierne
entspringen und macht/ daß sie von ihm
abstammen können/ indem die Fäserlein
des marckigen Wesens/ daraus sie beste-
hen/ einer Uberkleidung nöthig haben/ die
sie mit dem Gehierne vereinigen (§.167.).
Und umb dieser Vereinigung willen bleiben
auch die Nerven unverrückt an ihrem Orte liegen und werden dadurch in ihrer Ordnung

nung und richtigen Lage erhalten. Ja
da in einigen Nerven auch so gleich im Anfange die Fasern von einander unterschieden seyn müssen; so giebet sie auch diesen
ihre Uberkleidung und unterscheidet sie von
einander. Auf gleiche Weise überkleidet
sie das Rücken=Marck und macht/ daß
es von dem Gehierne abstammen kan.
Denn es ist hier eben so wie bey den Ner-
ven/ als von denen das Rücken=Marck
bloß der Dicke nach unterschieden. Ja sie
überkleidet auch die Nerven/ welche aus
dem Rücken=Marcke entspringen/ und
macht solchergestalt daß sie von ihm/ wie
die übrigen von dem Gehierne abstammen
können. Da nun die dünne Gehiern=
Haut nicht allein alle Theile des Gehiernes und alle seine und des Gehiernleins
Wendungen/ sondern auch alle Nerven/
sie mögen entweder aus dem Gehierne/ o-
der aus dem Rücken=Marcke abstammen/
ja alle besondere Fasern der Nerven über=
kleidet; so vereiniget sie alle Nerven durch
den gantzen Leib mit dem Rücken=Marcke
und dem Gehierne und das Rücken=Marck
selbst mit diesem/ und machen demnach alle Nerven durch den gantzen Leib mit dem
Gehierne und dem Rücken=Marcke ein gantzes aus.

§. 177. Die harte Haut/ welche in Was die
einem umb das Gehierne herum gehet und harte
Haut
sich nutzet.

Hh 4

sich nach der Höhle der Hirn-Schedel schicket (§. 166.)/ hält das gantze Gehierne zusammen. Und damit zugleich das Rücken-
Marck und die groben Nerven desto besser
verwahret sind; so überkleidet es zugleich
dieselben.   Auf solche Weise gehöret es
auch mit zu dem Gehierne und ist nicht
bloß für einen Theil anzusehen/ der mit
ihm eigentlich nicht zu thun hat.   Und
haben wir hier abermahl eine Probe/ daß
in dem Leibe nirgends Stückweise etwas
angeflicket ist/ sondern alles in einem fortgehet und sich an den Enden in anderen
Theilen verlieret/ was nicht nothwendig
von den anderen Theilen hat abgesetzt seyn
müssen/ als wie die Knochen/ deren einer
sich an dem andern bewegen muß/ ingleichen die besonderen Werckzeuge/ die
ihrer Bewegungen halber von andern frey
seyn müssen.   Unterdessen sind doch auch
alle diese Theile in soweit mit einander ver-
knüpfft/ als es ihr Gebrauch leidet/ und
dazu gnung ist/ daß sie ein gantzes ausmachen.   Die feste Haut lieget nicht wie
die dünne an dem Gehierne feste an (§.
166.)/ damit das Gehierne/ nicht an den
harten Hirn-Schedel anstossen und da-
durch/ weil es weich ist/ leicht Schaden
nehmen kan.   Und auf solche Weise dienet sie auch zur Sicherheit des Gehiernes:
welches auch zugleich daraus erhellet/ weil
auf

auf diese Weise das Gehirne nicht mit
erschüttert wird / wenn der Hirn-Schedel
einen Schlag bekommet / wie sonst geschehen
würde / woferne das Gehirne daran harte
anläge. Da viele und grosse Blut-Gefässe
in der festen Haut anzutreffen sind; so dienet sie auch zu ihrer Befestigung und führet dadurch dem Hiern-Schedel Nahrung
zu durch die Gefäßlein / die daher abgeleitet werden: wie nicht weniger dem dünnen
Häutlein und Gehirne. Sie ist hin und
wieder so wohl an der Hiern-Schaalen /
als an der dünnen Haut des Gehiernes
starck befestiget / damit sie nirgend ausweī-
chet und dem Gehierne nachgiebet / wodurch dieses desto ordentlicher und ohne allen Anstoß in seiner Lage erhalten wird.
Vieussens (a) hält davor / daß sie auch das
Gehirne wieder die Kälte verwahret und
die Ausdämpffung der Lebens-Geister verhindert: worzu insonderheit dienlich ist /
daß sie nicht völlig überall anlieget / maassen die Lufft / die darzwischen liegt / von
Ausdämpffungen nur einen gewissen
Theil annimmet und sie nicht so leicht
durch die starcke Haut fahren lässet /
als wenn sie gleich durch sie Anfangs
durchgiengen. Endlich überkleidet sie auch
Hh 5   die

(a) de Crebro c. 3. f. 119. T. 2. Bibl.
Anat.

die Nerven und das Rücken-Marck umb mehrerer Festigkeit willen.

Nutzen
der
Hiern-
Schaale
und ihre
Bede-
ckungen.

§. 178. Da nun an dem Gehierne so viel gelegen ist/ daß weder die Lebens-Bewegungen im Leibe ohne das Gehiernlein (§. 172.)/ noch die Empfindungen und was von den Verrichtungen der Seele dependiret ohne das Gehierne erfolgen können (ſ. cit.); so hat es auch sehr wohl müssen verwahret werden/ damit es nicht leicht Schaden nehmen könte/ zumahl da es sehr weich ist und vor sich am allerwenigsten im gantzen Leibe einiger Gewalt widerstehen kan. Derowegen lieget es in der **Hirn-Schaale** (Cranio), die aus harten Knochen bestehet und einer ziemlichen Gewalt widerstehen kan/ in welcher Absicht sie auch eine erhabene Figur hat/ als die einer weit grösseren Gewalt zu wiederstehen vermag als eine jede andere (ſ. 108. T. I. Exper.). Damit man sich auch für allem/ was das Haupt verletzen kan/ desto mehr in acht nimmet; so ist die Hiern-Schaale mit einem festen Häutlein überzogen/ welches sehr empfindlich ist. Denn da Menschen und Thiere durch natürlichen Trieb den Schmertz fliehen; so dienet es zur Warnung/ wenn in dem **Hirnschedel-Häutlein** (Pericranio) einmahl durch einen Zufall ein Schmertz erreget worden. Unerachtet aber dieses Häutlein so wenig vertragen

tragen kan; so schadet ihm doch nicht so
leicht der Schweiß/wie der Hiern-Schaale und verwahret demnach dieselbe davor.
Ja da es durch die Näthe der Hiern-
Schaale (*Suturas*) mit der festen Haut innerhalb der Hiern-Schaale durch besondere Fasern oder gleichsam durch Faden verknüpfft ist/ diese aber das Gehierne in seiner Lage erhält (§. 177.); so hilfft es auch
mit das Gehierne in seiner Lage unverrückt erhalten. Endlich ist auch zu mehrerer Verwahrung der gantze Hiern-
Schedel mit einer dicken Haut gleichsam
als mit einer Schwarte überzogen: wiewohl da dieses eine allgemeine Bedeckung
ist/ so hat sie hier eben den Nutzen/ den
sie in den übrigen Theilen des gantzen Leibes hat (§. 142.)/ welches hier nicht wie-
derholen wil. Es ist aber auf dem Haupte die Haut mit Haaren bewachsen/ damit dasselbe warm gehalten wird / nicht
allein weil darinnen so ein edeler Theil/
das Gehierne/ vergraben lieget; sondern
auch weil die Erkältung des Hauptes vielerley beschwerliche Zufälle verursachet/
wovon die Erfahrung zur Gnüge zeuget.
Uber dieses halten sie auch den Schweiß
auf/ wenn man sich starck erhitzet/ oder
einem sonst warm ist. Und endlich sind sie
zugleich dem Menschen eine Zierde.

§. 179.

§. 179. Das **Rücken-Marck** (*medulla spinalis*) gehet in einem mit dem verlängerten Marcke fort und stammet von dem marckigen Wesen des Gehiernes und Gehiernleins her/ und aus ihm entspringen nach der gantze Länge des Rücke-Grades herunter Nerven (§. 166.). Derowegen fället sein Nutzen gleich in die Augen/ nemlich daß die Nerven desto bequemer durch den gantzen Leib können vertheilet werden/ da sie sich nicht wohl alle aus dem Gehierne gleich durch die Hiern-Schaale haben leiten lassen. Es gehet innerhalb dem knochigen Rücken-Grade herunter/ damit es desto sicherer wäre und nicht leicht verletzt werden könte. Und ist dieses umb so viel mehr nöthiger gewesen/ weil es viel weicher ist als das Gehierne/ wie dann *Vieussens* (a) gefunden/ daß/ wenn er das Rücken-Marck mit dem Gehierne die Nacht über in die freye Lufft geleget/ das Rücken-Marck viel weicher als das Gehierne worden/ dergestalt/ daß es fast wie ein dünner Brey zerfliessen wollen und deswegen auch nicht wie das Gehierne sich in Fasern zerziehen lässet/ wenn es in Oele gekocht worden/ sondern alsdenn in einen Staub verfället/ wenn man es mit den Fingern

---

(a) libr. de medulla spirali c. 3. f. 626.

T. 2. Bibl. Anat.

Fingern anrühret. Im Rücken-Marcke
lieget das marckige Wesen von auſſen/
das drüſenhaffte oder aſchenfarbige aber
in der Mitten/ und alſo annders als im
Gehierne/ wo das aſchenfarbige auſſen/
das marckige von innen lieget/ auſſer in
einigen wenigen Orten/ wo auch jenes in der
Mitten mit gefunden wird. Die Urſache
dieſes Unterſcheides iſt nicht ſchwer zuerra-
then. Das Rücken-Marck dienet hauptſächlich zur Vertheilung der Nerven durch
den gantzen Leib. Die Nerven aber entſpringen aus dem marckigen Wesen (§.
167.) unddemnach lieget dieſes am bequemſten oben. Da das drüſenhaffte Wesen
die Lebens-Geiſter oder den Nerven-Safft
abſondert (§. 169.); ſo hat man nicht Urſache zu zweiffeln/ daß nicht auch dadurch
im Rücken-Marcke Lebens-Geiſter ſolten
abgeſondert werden/ denn vor die lange
Weile iſt es nicht da und daher aus eben
der Urſache/ warumb es im Gehierne zugegen iſt/ indem einerley Arten der Theile
zu einerley Gebrauche gewidmet ſind/ ſie
mögen in einem Orte des Leibes angetroffen werden/ wo ſie wollen. Hierdurch a-
ber werden nicht allein die Nerven mit mehreren Lebens-Geiſtern verſehen/ als ſie von
dem Gehierne haben können; ſondern es hat
auch noch in anderen Fällen ſeinen Nutzen/
daß nemlich den Nerven nicht gleich gar
alle

alle ihnen nöthige flüßige Materie gebricht /
wenn gleich keine aus dem Gehierne herunter kommen kan / sondern solches durch einen ausserordentlichen Zufall gehindert
wird. Vielleicht werden einige vermeinen /
wenn auch im Rücken-Marcke sowohl als
im Gehierne Lebens-Geister vom Geblüte
sich absondern lassen; so wäre ja gar nicht
nöthig gewesen / daß das Rücken-Marck
aus dem Gehierne abstammete. Allein zu-
geschweigen / daß dasselbe viel dicker hätte
seyn müssen / wenn es vor sich allein die Nerven / die daraus entspringen / mit Lebens-
Geistern hätte versehen sollen / wodurch
nicht allein der Rücke-Grad / sondern auch
die Ribben und folgends gar viel andere
Theile / ja fast der gantze Leib hätte grösser werden müssen / wegen der beständigen
Verknüpffung aller Theile und ihres Gebrauches mit einander: so haben auch die
Nerven / welche aus dem Rücken-Marcke
entspringen / mit dem Gehierne Communication haben müssen. Denn es kommen
ja aus dem Rücken-Marcke die meisten Bewegungs-Nerven / auch selbst derjenigen
Theile / derer Bewegung dem Willen der
Seele unterworffen ist. Diese Bewegungen
rühren von der Empfindungen her / auch
wenn sich die Seele mit darein menget (J.
778.Met.). Derowegen da die Bewegungs-
Nerven / die aus dem Rücken-Marcke
aus-

auslauffen/ mit den Empfindungs-Ner-
ven/ z. E. den Sehe-und Gehör-Nerven/
nirgends als im Gehierne Communication
haben können (§. 167.); so muß auch das
Rücken-Marck mit ihm in einem fortgehen.
Ja da alle Nerven und das Gehierne nebst
dem Rücken-Marcke in einem fortgehen
und zusammen ein gantzes ausmachen/ wie
etwan die Puls-Adern und die Blut-Adern;
so scheinet es auch nicht unglaublich zu seyn/
daß die in den Nerven befindliche flüßige
Materie sich beständig fort beweget und
solcher Gestalt die Lebens-Geister nirgends
stille stehen/ sondern überall in beständiger
Bewegung sind. Und es kan auch ja nicht
wohl anders seyn. Denn die Empfindungen
und andere Verrichtungen der Seele gehen beständig fort und also dauren auch
in einem die Bewegungen der Lebens-
Geister im Gehierne/ die mit ihnen übereinstimmen. Und im Leibe ist ja auch alles überall in beständiger Bewegung/ welches ohne Zufluß der Lebens-Geister nicht
geschehen kan (§. 33.).

§. 180. Unter die Bewegungen im *Was für*
Leibe/ welche dem Willen der Seele un- *Theile*
terworffen sind/ und die mit ihren Ver- *zur*
richtungen übereinstimmen/ gehöret auch *Stimme*
insonderheit die Formirung der Stimme *und*
und der Sprache: wozu verschiedene Thei- *Sprache*
le des Leibes dienen. Die Materie der *dienen.*

Stimme

Stimme und der Sprache ist die Lufft /
welche aus der Lungen herausgestossen
wird (§.430. Phyſ.) / und also dienen dar=
zu die Lungen und die Lufft=Röhre. In=
ſonderheit aber iſt der Kopff (*larynx*) haupt=
ſächlich umb der Stimme willen vorhanden.
Von den bey den Gißkannen *†*demütigen
Knorpeln (*cartilaginibus arytænoidibus,*
guttalibus) wird der Ritz (*glottis, rima*)
formiret / damit durch den engen Ausgang
die Lufft geschwinde herausfähret / weil
ſonſt keine Stimme und Sprache ſtatt fin=
den könte. Und weil ſich die Stimme än=
dert / nachdem der Ritz weit / oder enge iſt
ſo ſind auch beſondere Mäuslein vorhan=
den / welche ihn weiter und enger machen /
nachdem es die Nothdurfft erfordert. Zur
Eröffnung dienen die **Ringſchildförmi=**
gen (*cricothyroidei*) / **die Ringgißkann=**
förmigen (*cricoarytænoides*) und die **Seiten**
Ring=Gißkannförmigen (*cricoarytænoi-*
des laterales). Nemlich auſſer den beyden
Ring=Gißkannförmigen Knorpeln befindet
ſich noch der **Ringförmige** (*cricoides, an-*
nularis) der um den Kopff herum gehet und
daran die Gißkannförmigen liegen / und
der **Schildförmige** oder der **Adams=**
Apffel (*thyroides, ſcutiformis, pomum A-*
dami), den man bey Manns=Perſonen
durch die Haut oben am Halſe gar wohl
ſehen und fühlen kan. Die Seiten Ring=
Gißkann=

Gißkannförmigen Mäuslein sind an der
Seite des Ringförmigen Knorpels und an
den Gißkannförmigen feste und ziehen diese
zu beyden Seiten nach der Seite herüber/
wenn der Ritz erweitert werden sol. Die
Ring-Schildförmigen sind an dem Ringförmigen Knorpel und dem Gißkannför-
migem feste und ziehen die beyden Giß-
Kannförmigen Knorpel nach der Seite her-
über/ wenn der Ritz weiter werden sol.
Endlich die Ring-Gißkannförmigen sind
von hinten an dem Ringförmigen Knorpel
feste und endigen sich an dem Gißkannför-
migen/ und demnach ziehen sie diesen hinten
vor/ wenn sich der Ritz erweitern sol.
Hingegen wird der Ritz durch die **Gißkan-
nen-Mäuslein** (*arytænoideos*) enger ge-
macht/ welche von der Seite des Ringförmigen Knorpels schief herüber zu dem Gißkannförmigen gehen/ daß demnach der zur
rechten herüber gegen die lincke und der zur
lincken herüber gegen die rechte gezogen wird/
wenn der Ritz enger werden sol. So vielerley Werckzeug hat GOtt dem Kopffe der
Lufft-Röhre gegeben/ damit der Ritz so
wohl weiter/ als enger gemacht werden kan/
als er ordentlicher Weise bey dem Athem
hohlen offen stehet/ nachdem die Stimme
hoch oder niedrig/ fein oder grob werden
sol. Allein auffer diesen Mäuslein finden
sich noch andere zu anderem Gebrauche an

(*Physik. III.*)   J i   dem

dem Kopffe der Lufft-Röhre. Von dem
Brust-Beine gehen herauf an den Schildförmigen Knorpel die **Brust-Beinschild-
förmigen Mäuslein** (*sternothyroidei*):
wenn diese verkürtzet werden/ so werden die
schildförmigen Knorpel nieder gezogen.
Hingegen von dem Zungen-Beine gehen in
den schildförmigen Knorpel die **Zungen-
Beinschildförmigen Mäuslein** (*hyo-
thyroidei*): wenn diese verkürtzt werden/
so werden die schildförmigen Knorpel in die
Höhe gezogen. Indem nun der schildförmige Knorpel nach einander in die Höhe gehoben und wieder herunter gezogen wird;
so wird der Lufft/ welche durch die Lufft-
Röhre aus den Lungen heraus fähret/ eine
solche Bewegung mitgetheilet/ als zu Er-
regung eines Schalles von nöthen ist (*§.*
428. Phys.) und solcher gestalt lautbahr gemacht. Und in der That können wir auch
diese Bewegung/ wenn wir reden oder
schreyen/ mit dem Finger fühlen/ wenn
wir ihn an den Adams-Apffel legen. Und
demnach sind auch besondere Werckzeuge
vorhanden/ wodurch der Athem lautbahr
und zu einer Stimme gemacht wird. Der
Ritz in dem Kopffe der Lufft-Röhre muß
wegen des Athem hohlens/ so in einem fort-
gehet/ offen seyn. Gleichwohl ist Gefahr/
wenn wir etwas hinunter schlucken/ daß etwas davon in die Lufft-Röhre kommet:
wel-

welches viele Beschweerlichkeit macht / wie
wir es erfahren / wenn wir sagen / es sey in
die unrechte Kehle kommen / massen die unrechte Kehle nichts anders als die Lufft-Röhre ist. Zu dem Ende ist das **Kehl-Deck-**
lein (*Epiglottis*) vorhanden / welches der
oberste Knorpel ist / so den Ritz in der Lufft-
Röhre bedeckt / wenn wir etwas hinunter
schlucken. Daher kommet es / daß etwas
von Speise und Tranck in die Lufft-Röhre
kommet / wenn wir reden oder schreyen wollen / indem wir im hinunterschlucken be-
griffen sind. Denn wenn wir etwas sicher
hinunter schlucken sollen / muß das Kehl-
Decklein nieder gedruckt liegen / damit der
Ritz in dem Kopffe der Lufft-Röhre bedeckt
ist: wenn wir aber reden oder schreyen /
oder auch lachen / mit einem Worte / eine
Stimme von uns geben wollen / so muß
das Kehl-Decklein erhaben seyn / damit der
Ritz frey wird. Sonst dienen zur Ver-
schliessung des Kopffes von der Lufft-Röhre
auch die **Schild - Gißkannförmigen**
Mäuslein (*thyroarytænoidei*), als welche
von dem schildförmigem Knorpel herauf gehen und sich in den Gißkannförmigen enden.

§. 181. Der Kopff der Lufft-Röhre mit Werck-
seinem vielfältigen Werckzeuge ist eigentlich zeuge
umb der Stimme willen gemacht. Damit der
nun aber ferner eine Sprache daraus wird / Spra-
so muß die Stimme auf verschiedene Art che.

Ji 2 ver-

verändert werden / damit die Buchstaben
heraus kommen / daraus die Sylben und die
Wörter bestehen (§. 430. Phyf.) / welches
insonderheit **Amman** (a) umbständlich
ausgeführet. Zu den lautbahren Buchstaben brauchen wir den Mund / als durch
dessen verschiedene Eröffnungen die Stimme zu lautbahren Buchstaben wird. Es
findet sich aber ein Unterscheid so wohl
in der Weite als in der Figur der Eröffnung / und ist daher kein Wunder / daß
man einem an dem Munde es ansehen kan /
was er für einen lautbahren Buchstaben
ausspricht / wenn man sich darinnen geübet. Jedoch ist nicht zu leugnen / daß auch
die Zunge dabey gebraucht wird: denn
wenn man die Zunge bey der Spitze hält /
indem man die lautbahren Buchstaben ausspricht / wird man finden / daß man eine
Bewegung in der Zunge verspüret. Ja
wenn man die Zunge gewöhnlicher Weise
mit der Spitze unten an den Zähnen liegen
lässet / indem man die lautbahren Buchstaben hinter einander ausspricht; so wird
man eine Veränderung in der Figur der
Zunge nach dem Unterscheide der Buchstaben verspüren / wenn man eigentlich darauf
acht hat. Unterdessen wird insgemein bloß
auf die Aenderung des Mundes gesehen /
weil

(a) in Differtatione de loquela.

weil die Zunge in ihrer Lage stille verbleibet/
indem der Buchstabe ausgesprochen wird/
und daher die Veränderung in ihrer Figur
und Lage gleichsam vorher geschiehet/ ehe
wir den Buchstaben aussprechen. Und dieses ist die Ursache/ warum man insgemein
den Unterscheid der lautbahren Buchstaben
bloß von der Eröffnung des Mundes her-
hohlet (§. 430. Phys.). Die stummen Buchstaben kommen von Veränderung der
Stimme durch die Lippen/ die Zähne/ die
Zunge und den Gaumen her/ wovon ich
schon an einem andern Orte (§. 430. Phys.)
Exempel gegeben habe und **Amman** für alle
Buchstaben ins besondere ausgeführet.

Das 6. Capitel.
Von den Geburths-
Gliedern.

§. 182.

EIne von den wunderbahresten Ver- **Warum**
richtungen der Menschen und der **Mann**
Thiere in der Natur ist/ daß sie na- **und**
türlicher Weise ihres gleichen zeugen und ihr **Weib**
Geschlecht erhalten können. Und ist dem- **verschie-**
nach ein besonderes Merckmahl der weisen **dene Ge-**
Vorsorge Gottes/ daß so viel Männlein **burths-**
und Weiblein unter einander gebohren wer- **Glieder**
den als zu Erhaltung des Geschlechtes in **haben.**

gehöri-

gehöriger Anzahl nöthig ist. Gleichwie
nun aber zweyerley Arten der Menschen und
Thiere von nöthen sind/ wenn sie ihr Geschlechte fortpflantzen sollen/und eine jede ihre
besondere Verrichtung bey diesem Wercke
von nöthen hat; so sind auch einem jeden
besondere Geburths=Glieder gegeben wor-
den/ damit es dasjenige zu diesem grossen
Wercke beytragen kan/ was von Seiten
seiner dazu erfordert wird.

Nöthige
Erinne-
rung.
§. 183. Da wir nun den Gebrauch
der Geburths=Glieder erklären und den
wahren Grund von ihrer Beschaffenheit
untersuchen sollen; so gehet es nicht anders
an als daß wir ein jedes mit seinem Nahmen
nennen/ den ihm die Anatomici beylegen/
und seine Beschaffenheit beschreiben/ wie
sie von ihnen durch fleißige Untersuchung gefunden worden. Ich weiß wohl/ daß Leute in unseren Zeiten/ die das Christen-
thum in Heucheley verkehren und durch äusserlichen Schein aus der Frömmigkeit ein
Gepränge machen/ nach ihrer Art bey de-
nen/ die nicht von ihrem Orden sind/ alles
zum ärgsten kehren/ auch daher mich zu
lästern Gelegenheit genommen/ daß ich in
der Physick (§. 439. & seqq.)/ wo ich von
Erzeugung der Menschen und der Thiere
gehandelt / Zucht und Ehrbarkeit liebende
Gemüther geärgert hätte. Ich weiß auch/
wie sie sich bey öffentlichen Anatomien gegen

Pro-

Profeſſores aufgeführet / die ſie verrich=
tet. Allein es braucht nicht vielen Be=
weis / daß die Erkäntnis der Geburths=
Glieder nach ihrer eigentlichen Beſchaffen=
heit und warum ſie ſo / und nicht anders be=
ſchaffen ſind / damit das wichtige Werck
der Erzeugung des Menſchen natürlicher
Weiſe vollbracht werden kan / keineswe=
ges die Urſache von Hurerey und anderen
fleiſchlichen Lüſten iſt: die Erfahrung lehret
es zur Gnüge / daß dieſe Laſter unter Leuten
im Schwange gehen / welche die Geburths=
Glieder nur obenhin von auſſen kennen /
und die ſich wenig darum bekümmern / wie
alles dasjenige / was bey Erzeugung des
Menſchen zugehet / geſchehen kan. Man
wird wohl nirgends finden / daß jemahls
jemand daher einen Bewegungs=Grund zu
Hurerey und andern damit verwandten
fleiſchlichen Lüſten genommen / weil er aus der
Anatomie und Phyſick gelernet / wie die
Geburths=Glieder von innen beſchaffen ſind
und wie GOtt durch dieſe Werckzeuge das
groſſe und Erſtaunens würdige Werck der
Erzeugung des Menſchen vollführet. Ich
wollte wohl aber im Gegentheile behaupten /
daß wenn man das Werck der Erzeugung
des Menſchen und der Thiere eingeſehen /
Gottes Weisheit und Vorſorge für die
Erhaltung der Geſchlechter von beyden er=
kaͤnt und den Gebrauch eines jeden dazu von

GOtt

Gott verordneten Gliedes nach seiner Intention und Willen erkennen lernen / man
vielmehr Bewegungs-Gründe wieder Hurerey und Unzucht daraus nehmen kan.
Und in der That habe ich den gemeinen Satz/
daß der Ehestand zu seinem Zwecke auch die
Tilgung der Geilheit durch den Beyschlaff
habe / in diesem Stücke bey ledigen Personen gar anstößig gefunden : weswegen ich
ihn auch in meiner Politick nicht behauptet.
Die Erzeugung des Menschen und der
Thiere ist nichts ärgerliches und die ihre
Lust auf unzuläßliche Art büssen wollen /
haben darauf ihren Sinn nicht gerichtet.
Gleichwie nun andere sich an dergleichen
Urtheil nicht gekehret / welche nach Erfordern ihres Vorhabens von der Erzeugung
der Menschen und Thiere gehandelt ; so
werde ich auch mich solche ungegründete Urtheile nicht abschrecken lassen und hoffe vielmehr / es werden sich diejenigen daraus erbauen / welche GOtt auch aus diesem wichtigen Wercke zu erkennen sich vergnügen.

Nutzen der Ho-den. §. 184. Von Seiten des Mannes ist
der männliche Saame zu Erzeugung einer
Frucht natürlicher Weise unumgänglich
von nöthen / (§. 440. Phyf.). Und zu dem
Ende sind bey Menschen und Thieren dem
Männlein die Hoden (*testiculi*) gegeben /
damit der Saame darinnen zubereitet wird.

Derowegen pfleget man den Thieren die
Hoden

Hoden auszuschneiden (welches man *castri-*
ren oder **verschneiden** nennet)/ wenn sie
keinen Saamen mehr erzeugen sollen/ und
die Castrirten oder Verschnittenen verlieren
weiter nichts als das Vermögen ihres gleichen zu erzeugen: woraus eben erhellet/
daß die Hoden keinen weiteren Nutzen in
dem Leibe haben/ als daß darinnen der
Saame erzeuget wird. Sie sondern den
Saamen von dem Geblütte ab/ das ihnen
durch die Saamen-Puls-Adern zugeführet
(§. 118.) und durch die Saamen-Blut-
Adern wiederum von ihnen abgeführet wird
(§. 115.) Da die Thiere zunehmen und sehr
fett werden/ wenn man sie verschnitten; so
siehet man daß zu dem Saamen der nahr-
haffteste Theil von dem Blute angewandt
wird. Und ist daher kein Wunder/ daß
diejenigen ihren Leib schwächen und entkräff-
ten/ welche die Liebes-Wercke zu fleißig
treiben. Ich entsinne mich selber Exempel
von Hunden/ die durch übermäßige Geilheit sich so entkräfftet/ daß sie kaum mehr
auf den Füssen stehen können. Es ist wohl
wahr/ daß verschnittene Thiere nicht mehr
so munter und lustig verbleiben/ als sie vorher waren: Allein dieses kommet davon
her/ daß sie nach diesem gar zu sehr zuneh-
men/ weil das Geblütte gar zu nahrhafft
ist. Und dieses ist die Ursache/ warum die
mäßigen Liebes-Wercke der Gesundheit

I i 5 vor-

vorträglich erachtet werden/ wenn der Leib
gantz ausgewachsen und in allem seine Kräff=
te völlig erreichet hat/ aus welcher Ursache
man bey einigen Völckern nicht zu zeitig den
Manns=Personen zuheyrathen erlaubet hat/
wiewohl bey dergleichen Anstalten auch sonst
zu verhütten/ daß nicht junge Leute ausser
dem Ehestande durch Geilheit sich verderben
nnd ihre Natur schwächen. *Regnerus de
Graaf,* welcher die Geburths=Glieder des
männlichen und weiblichen Geschlechtes
mit grosser Sorgfalt untersuchet/ hat ge=
funden (a)/ daß die Hoden nichts landers
sind als über die maasse subtile Röhrlein/
die in einem fortgehen/ aber wunderbahr
in einander gewickelt sind/ damit sie nicht
viel Raum einnehmen. Weil nun die
Drüsen auch keine andere als eine solche
Structur haben (§. 68.); so kan man jede
Hode als eine grosse Drüse ansehen. Un=
erachtet nun diejenigen geirret/ welche die
Hoden für Cörper gehalten/ die aus einem
drüsenhafften Wesen bestünden/ indem
nicht kleine Drüselein an denen in einander
gewickelten Gefäßlein anzutreffen/ noch ihr
gantzes Wesen ein Hauffen kleiner Drüse=
lein sind; so kan man doch ihnen keine ande=
re

(a) de utriusque sexus organis generationi
inservientibus. Tract. 1. f. 563. Tom. 1. Bibl.
Anat.

re Verrichtung als den Drüsen zuschreiben/
nemlich daß sie den Saamen von dem Blu-
te/ das ihnen zugeführet wird/ absondern.
Und demnach, wird der Saame eigentlich
zureden nicht erst in den Hoden erzeuget/
das ist/ aus einer andern Materie zu bereitet; sondern dieses muß schon innerhalb
dem Blute geschehen. Die Hoden sondern
nur ab/ und bringen zusammen/ was unter andern Theilen des Blutes zerstreuet
und mit ihnen untermenget ist. *Regnerus
de Graaf.* hat erinnert/ daß man die wahre
Structur der Hoden am besten bey den
Ratten sehen könne/ wenn man die Häu-
te/ darein sie eingewickelt/mit Fleiß abson-
dert/ und das Wesen der Hoden in klarem
Wasser hin und wieder beweget. Denn
die Häutlein der Gefäßlein sind sehr durchsichtig und der darinnen enthaltene Saame
überaus weiß und klar/ daß er durchleuch-
tet. In Schafen sind die Gefäßlein ziemlich groß nach ihrer Art und mit Saamen
angefüllet/ daß man sie gar wohl erkennen
kan. *Graaf* hat es auch in Hunden versucht die Hoden-Gefäßlein sichtbahr zu machen. Er hat das eine zuführende Gefäße
starck gebunden/ ehe er den Hund sein
Werck verrichten lassen; so sind sie von
Saamen so erfüllet worden/ daß sie nach
verrichteter Sache gantz eigentlich zusehen
gewesen. Und es haben andere mit gutem

Fort-

Fortgange diesen Versuch wieder hohlet.
Man darf sich aber nicht befremden lassen/
daß man die Hoden-Gefäßlein nicht zu sehen bekommet/ wenn sie nicht mit Saamen
starck angefüllet seyn/ maassen sie so subtile
sind/ daß *Bellinus* (b) angemercket/ sie
würden in einem einigen Hoden biß 300.
Florentinische Ellen ausmachen/ wenn
man sie gantz aus einander wickeln sollte.
In den Hoden ist der Saame noch wässerig
und siehet daher nicht so weiß aus/ wie in
den Oberhoden und den Saamen-Bläßlein. Da man nun in den Hoden gar häuffig Fließwasser-Gänge antrifft/ die aus ihnen Fließwasser ableiten; so ist kein Zweifel mehr übrig/ daß der Saame daselst von
der wässerigen Feuchtigkeit befreyet und solcher gestalt vollkommener wird. Man erkennet aber daher/ daß die wässerige Feuchtigkeit sich aus den Hoden heraus beweget/
weil sie sehr aufschwellen/ wenn man sie
eine quer Hand breit über den Hoden zugleich mit den Blut-Adern bindet. Weil
nun der Saame in den Hoden von seiner
wässerigen Feuchtigkeit befreyet wird/ die
Fließwasser-Gänge aber Wasser daraus
ableiten; so darf man nicht zweiffeln/ daß
das wässerige des Saamens aus den Ho-
den-Gefäßleinen in die Fließwasser-Gänge
kom-

(b) in Opusc. Anat. p. 6.

kommet/ es mag nun zugehen/ wie es wil.
Es gehen in die Hoden auch viel Nerven/
die ihre Aestlein so zertheilen/ daß sie sich
wegen Kleinigkeit endlich verlieren wie die
subtilen Aestlein der Puls=Adern/ und
man nicht sehen kan/ wo sie hinkommen.
Derowegen vermuthet man nicht ohne
Grund/ daß die Nerven auch viel von ihrer
flüßigen Materie dem Saamen zu führen
und ihn durch die Lebens=Geister beseelen.
Und spüret man daher einen Mangel der
Lebens=Geister im Gehierne und einen Ab=
gang des Gedächtnüsses und anderer davon
dependirender Verrichtungen der Seele/
wenn der Saame/ sonderlich in jungen
Jahren/ zu sehr verschwendet wird. Und
dieses ist eine Ursache gewesen/ warum vie=
le von den alten Weltweisen nicht heyrathen
wollen umb die Kräffte des Gehiernes nicht
zu schwächen. Jedoch lässet sich dieses alles
noch nicht in solcher Deutlichkeit erweisen/
wie man versichert ist/ daß das Beste von
dem Blute in den Hoden für den Saamen
abgesondert wird.

§. 185. Man findet ordentlicher Wei= Warum
se/ daß die Menschen und Thiere zwey Ho= Men=
den haben: allein dieses ist nicht schlechter schen
Dinges nothwendig. Denn man trifft und
selbst viele Exempel unter den Menschen an/ Thiere
die nur eine Hode gehabt und gleichwohl Kin= zwey
der gezeuget. *Graaf* führet dergleichen Exem= haben.
pel

pel aus eigener Erfahrung an / da einer mit
einer einigen Hode vier Kinder gezeuget (a).
Wolte man einen Verdacht auf die Weibs-
Person werffen; so findet man auch Exempel unter den Thieren / daß sie dennoch ungehindert ihres gleichen zeugen können /
ungeachtet ihnen einer von den Hoden ausgeschnitten worden.　　Dergleichen Versuch
hat *Verheyen* mit einem Pferde angestellet
(b). Und von den Hottentotten ist bekandt/
daß sie allen ihren Junggesellen eine Hode
ausschneiden und dessen ungeachtet Kinder
von beydem Geschlechte zeugen.　　Und daraus erhellet / daß die Meinung des *Hipo-
pocratis* und anderer unrichtig ist / welche
vorgeben / aus der rechten Hoden würden
die Knäblein / aus der lincken die Mägdlein
erzeuget / weil sie vermercket / daß im Beyschlaffe eine Hode sich mehr in die Höhe gezogen als die andere.　　Und daher ist auch
die darauf gegründete Regel falsch / daß
man die lincken Hode im Beyschlaffe binden
müsse / wenn man ein Knäblein haben wil;
hingegen die rechte / wenn man ein Mägdlein verlanget.　　Dergleichen ungegründe-
tes Wesen schreibet man noch immer hin
und wieder in die Bücher / und derowegen

　　(a) de utriusque ſexus organis f. ƒƒ6. T. 1.
Bibl. Anat.

　　(b) Anat. lib. 1. Tract. 2. c. 21. p. m. 112.

gen muß man dem Irthume aus seinen
wahren Gründen zu steuren suchen. Da
aber der Saame ohne Unterscheid aus der
lincken und aus der rechten Hode kommen
darf/ es mag die Frucht/ welche erzeuget
wird/ männliches oder weibliches Ge=
schlechtes seyn; so stehet es nicht in unserer
Gewalt eine Frucht von dem Geschlechte
zu erzeugen/ was wir vor eine wollen/ oder
auch dieses bey den Thieren zu bewerckstel=
ligen. Und in der That hat es seine Ursa=
chen/ warum Gott dieses nicht der Gewalt
des Menschen unterworffen. Denn es
ist ein grosses Werck der Vorsorge Got=
tes/ daß nicht von einem Geschlechte zu
viele/ und hingegen von dem andern zu we=
nige gebohren werden/ damit nicht nur
das Geschlechte der Menschen und aller le=
bendigen Creaturen auf dem Erdboden er=
halten wird/ und keines davon untergehen
kan; sondern daß auch unter den Menschen
der Ehestand am Vernünfftigsten eingerich=
tet werden mag.

§. 186. Eine jede von den Hoden wird
in drey Häutlein eingewickelt. Die In=
nerste ist das **weiße Häutlein** (*tunica al-
buginea*), welches harte und dicke ist/ da=
mit die Hoden dadurch ihre Figur erhalten.
Denn ihr Wesen ist weich und liesse sich
leicht verrücken/ wenn es nicht auf eine sol=
che Art eingeschlossen wäre. Derowegen

Nutzen
der
Häut=
lein um
die Ho=
den.

ob

ob sie gleich von auffen gantz glatt ist/ so ist
es doch von innen rauhe / damit es sich
überall an das Wesen der Hoden / oder dieses vielmehr sich an ihm befestigen lässet.
Jedoch ist das Wesen der Hoden gantz willig an diesem Häutlein befestiget./ damit
ihm keine Gewalt geschiehet / wenn die
Hoden-Gefäßlein von dem vielen Saamen
aufschwellen.   Es sind oben daran die
Puls-Adern/Blut-Adern und Fließwasser-
gänge nebst den Nerven befestiget / welche
dadurch ihre Aestlein durch das innere
Wesen der Hoden vertheilen / und also unterstützt es auch die Gefässe / damit gantz
subtile Aestlein ohne Gefahr sich gleich davon ableiten lassen.   Das andere Häutlein
ist das **Scheide-Häutlein** (*tunica vagi-
nalis*) , welches gleichsam die Scheide/
oder das Behältnis ausmachet / darinnen
die Hoden stecken.   Die Hoden liegen willig darinnen/ damit eine Feuchtigkeit darzwischen Raum hat / welche das innere
Häutlein feuchte erhält. Von auffen ist
endlich drittens das **Fleischiche Häutlein**
(*musculus cremaster*) , wenn dessen fleischerne Fasern verkürtzt werden; so werden die
Hoden gehoben / oder in die Höhe gezogen/
damit sie im Beyschlaffe nicht zu weit hinunter hengen. Die fleischerne Fasern machen
die Scheide dicke/ damit die Hoden für
Kälte und schädliche Anfälle destomehr ver-
wah-

wahret ſind. Es hat aber eine jede von den
Hoden ihre beſondere Scheide / damit ſie
nicht von der andern dependiret / ſondern
ihre Verrichtung vor ſich allein hat. Denn
es ſind verſchiedene Zufälle / da eine von den
Hoden kan verunglückt werden / und als=
denn bleibet die andere in ihrem Stande
und der Mann behält ſeine Mannheit (§.
184.). Unerachtet nun aber eine jede von
den Hoden ihre beſondere Uberkleidung hat:
ſo ſind ſie doch noch über dieſes in einen ge=
meinen **Beutel** (*ſcrotum*) aufgehangen /
der durch eine Scheidewand (*ſeptum*) in
zwey Höhlen abgetheilet iſt. Hierinnen
ſind die Hoden beſſer verwahret und kön=
nen nicht ſo leicht gedruckt werden noch
anſtoſſen / indem der Beutel viel weiter iſt
als für ſie nöthig / und ſie ſich darinnen
willig hin und wieder drucken laſſen. Die
Scheidewand hindert / daß eine Hode nicht
an die andere ſtoſſen kan und eine von der
andern nicht Schaden nimmet. Denn da
auf dieſem kleinen Theile ſo was wichtiges
beruhet / nemlich das Vermögen ſeines
gleichen zu zeugen; ſo iſt umb ſo viel mehr
deſſen Sicherheit auf alle mögliche Art und
Weiſe zu bedencken geweſen. Es beſtehet
der Beutel aus zwey Häuten. Die äuſ=
ſere iſt eine gemeine Haut / die den gantzen
Leib überkleidet / nur daß ſie hier etwas
dünner iſt als an dem übrigen Leibe. Und

dieſe machet den Beutel und hat im übri=
gen den Nutzen/ den ſie an dem übrigen
Leibe hat (§.142.). Die innere iſt eine flei=
ſcherne Haut und einerley mit der Schei=
dewand/ damit durch Verkürtzung der
fleiſchernen Faſern der Beutel ſich zuſam=
men ziehen und krauſe werden kan. Und
dienet hierzu demnach auch mit die Schei=
dewand/ als welche ſich zugleich mit zu=
ſammen ziehet und die Hoden höher brin=
get/ als wie ſie im Gegentheile dieſelbe
zurücke hält/ daß ſie nicht zu weit herun=
ter fallen können/ wenn ſonderlich von
groſſer Wärme der Beutel auseinander
getrieben wird und lang herunter hänget.
Damit ſich der Beutel deſto ſtärcker zu=
ſammen ziehen kan; ſo iſt kein Fett unter
der Haut vorhanden/ unerachtet es ſonſt
die Hoden zu erwärmen dienlich wäre.

§. 186. Oben auf den Hoden liegen

Was die
Ober=
Hoden
nutzen.
die **Oberhoden** (*paraſtatæ*, *epididymi-*
des). Sie ſind eines Weſens mit den Ho=
den und beſtehen aus Hoden=Gefäßlein/
die wunderbahr in einander gewickelt und
in eine Haut eingewickelt ſind/ welche ſie
wie in den Hoden zuſammen hält. Da
der Saamen nicht anders als durch ſie aus
den Hoden in die männliche Ruthe kom=
men kan; ſo ſiehet man leicht/ daß ſie zur
Verwahrung des Saamens dienen/ da=
mit er ſich daſelbſt eine Weile aufhält/

ehe

ehe er in die Saamen-Bläßlein dringet.
Es wird aber der Saame/ der aus den
Hoden kommet/ nicht für die lange Wei=
le eine Zeit lang hier aufgehalten. Denn
da sehr viele Fließwasser-Gänge in den O=
ber-Hoden anzutreffen sind; so wird in ih=
nen der in den Hoden abgesonderte Saa=
me/ indem er die krummen Gänge durch=
paßiren muß/ von der flüßigen Feuchtig=
keit immer je mehr und mehr gereiniget
und dicker und zeher.

§. 187. Aus den Oberhoden gehen
die zuführende Gefäße (vasa deferentia)
in die Saamen-Bläßlein (vesiculas se-
minales) und demnach wird durch sie der
Saame darein gebracht. Die Saamen=
Bläßlein liegen unten an der Blase/ da=
mit der Saame desto bequemer sich in die
Harn-Röhre ergiessen kan. Und also die=
nen sie zur Verwahrung des Saamens
bis zu dem nächsten Beyschlaffe. Man
siehet es bey den Hunden/ die keine Saa=
men-Bläßlein haben/wie lange es währet/
ehe sie fertig sind/ weil der Saame aus
den Hoden herauf gelangt werden muß.
Es pflegt ihnen aber auch deßwegen die
Ruthe aufzuschwellen/ daß sie sie nicht
gleich wieder zurücke ziehen können/ damit
sie nicht unverrichteter Sache von einander
gehen. Und also ist in der Natur alles
weislich zusammen geordnet/ was zu ein=

*Wie der
Saame
in die
Saamen
Bläßlein
gebracht
wird und
zu was
Ende.*

Kk 2   ander

ander gehöret. Und wir würden dergleichen Proben noch weit mehrere antreffen/ wenn wir den Unterscheid der verschiedenen Theile nach dem Unterscheide der Arten der Thiere miteinander genauer zu untersuchen uns angelegen seyn liessen/ und insonderheit auf die Verknüpffung mit Fleiß acht hätten/ wie eines immer um des andern Willen ist. Daß in den Saamen-Bläßlein würcklich Saamen enthalten sey/ findet man nicht allein/ wenn man sie drucket/ indem sie von der Ruthe noch nicht abgesondert wird/ indem sogleich der Saame durch die Harn-Röhre heraus gehet; sondern man kan es auch mit Augen sehen/ wenn man sie aufschneidet/ und daraus mehr Saamen bekommen/ als man nöthig hat/ wenn man die Saamen-Thierlein durch das Vergrösserungs-Glaß observiren will. Man darff aber nicht vorgeben/ als wenn der Saame in den Saamen-Bläßlein erzeuget würde/ der darinnen zu finden ist: Denn man trifft keine Drüsen in ihrem Häutlein an/ dadurch etwas sich absondern liesse. Daß der in ihnen enthaltene Saame in die Harn-Röhre kommen könne/ ist nicht allein aus demjenigen klar/ was erst angeführet worden; sondern es zeiget es auch der Augenschein/ indem darzu ein besonderer Ausgang in die Harn-Röhre vorhanden/ den man den

Hahn-

Hahn-Kopff (*caput galli gallinacei*) zu nennen pfleget. Es hat jedes Saamen-Bläßlein
seinen besonderen Gang und seine besondere Eröffnung in die Harn-Röhre/ damit
eines das andere in seiner Verrichtung nicht
hindert/ wie denn auch durch den Hahn-
Kopff gehindert wird/ daß der Saame/
welcher zu der einen Eröffnung heraus-
sprietzt/ nicht an die andere Eröffnung
stossen kan. Eine jede Eröffnung hat eine Falle von einem stücklein Fleische/ welches sie verschleußt/ daß der Saame nicht
zur Unzeit heraus fleußt; hingegen sich in
die Höhe giebet/ wenn der Saame heraus
spritzen sol. Da der Saame sich durch
die gantze Harn-Röhre hindurch beweget/
ehe er oben durch die Eröffnung der Eichel
heraus sprietzt; so muß er mit ziemlicher
Gewalt heraus getrieben werden. Durch
die Harn-Röhre gehet er bloß durch und
erhält darinnen nicht erst seine Bewegung:
Derowegen da aus den Saamen-Bläßlein biß an das Ende der Harn-Röhre gar
ein kurtzer Gang ist/ wo man nichts fin-
det/ was den Saamen treiben könnte; so
muß er gleich aus dem Saamen-Bläßlein
starck heraus gedruckt werden. Und demnach muß solches durch die fleischernen Fasern geschehen/ die darinnen anzutreffen
sind. Es ist deßwegen der Gang aus ihnen in die Harn-Röhre auch kurtz und die

Eröff-

Eröffnungen darein sind sehr enge / damit der Saame mit desto mehrerer Geschwindigkeit durch die Harn-Röhre fähret.

Was die Vorsteher nutzen. §. 188. Ausser den bißher erzehlten Saamen-Gefässen / den Hoden / Oberhoden und Saamen-Bläßleinen trifft man noch unter dem Halse der Blase zwey besondere Cörper an / die eine etwas länglichte Figur haben und die **Vorsteher** (*Prostata*) genannt werden / und bey geilen Personen grösser zu seyn pflegen als bey anderen / die aus den Liebes-Wercken nicht so viel machen. Sie haben sehr viel kleine Eröffnungen in die Harn-Röhre durch besondere Gänge / die hinein gehen / und demnach ist gewiß / daß sie etwas in diese Röhre hinein leiten. Wenn man die Gänge druckt / siehet man auch / daß eine weisse Materie / die einige Aehnlichkeit mit dem Saamen hat / heraus kommet. Sie selbst enthalten viele Drüsen in sich : woraus man zur Gnüge siehet / daß diese flüßige Materie darinnen abgesondert wird. Und es lehret es auch die Erfahrung / daß diese Materie sich zugleich mit dem Saamen durch die Röhre ergeußt. Man trifft darinnen starcke fleischerne Fasern an / damit durch deren Zusammenziehung die flüßige Materie heraus gepreßt werden mag. Und zwar sind die subtilen Gänge in die Harn-Röhre mit fleischernen Fallen versehen / damit

damit sich nichts zur Unzeit hinein ergeußt.
Es dringt die in ihnen abgesonderte Ma-
terie/ indem der Saame durchgehet/ nur
nach und nach hin und wieder heraus/ damit dadurch der Saame in seiner Bewegung nicht gehindert wird und sie gleichwohl mit ihm zugleich durchfähret. *Regne-*
rius de Graaf (a) hat angemercket/ daß unerachtet er der Eröffnungen in die Harn-
Röhre niemahls weniger als 10 in Menschen und unterweilen in Hunden wohl 90
gefunden/ doch keiner von diesen kleinen
Gängen mit dem andern unmittelbahr
communiciret hat. Denn auf solche Weise
kan in kurtzer Zeit eine desto grössere Menge von dieser Materie aus den verschiedenen Theilen der Vorsteher auf einmahl in
die Harn-Röhre gebracht werden: welches
allerdings nöthig ist/ weil der Saame
schnelle durchfähret und gleichwohl der
Vorsteher-Safft mit ihm zugleich heraus-
fahren sol/ damit er desto bequemer durch
die Röhre passiret/ weil er vor sich etwas
dicklicht ist.

§. 189. Der Saame muß sich in die
Mutter ergiessen/ wenn der Beyschlaff
fruchtbahr seyn soll (§.440. Phys.). Und
demnach hat das Mäuslein eine lange Ruthe nöthig gehabt/ die in die Mutter-
Scheide

Was die männliche Ruthe bey dem Beyschlaffe nutzet.

Kk 4

(a) loc. cit. f. 571.

Scheide etwas hinein gehet/ wie bey den
weiblichen Geburths-Gliedern nach diesem
weiter erhellen wird.   Und deßwegen ist sie
so zubereitet/ daß sie zu gehöriger Zeit sich
verlängern und steiff werden kan / da sie
ordentlicher Weise zusammen fället und
lieget/ damit man im gehen und sonst davon nicht incommodiret wird. Umb dieser
gantz wunderbahren Veränderung willen/
welche sich mit der männlichen Ruthe er-
eignet/ ist sie auch auf eine gantz sonderbahre Art zubereitet.   Es bestehet dieselbe
aus zwey **schwammigen Theilen** (*corpo-
ribus nervosis*), welche dazu dienen/ daß
sie groß und steiff werden kan. *Regnerus
de Graaf* (a) hat angewiesen/ wie man solches in Erfahrung bringen/ auch die innere Beschaffenheit der männlichen Ruthe
mit Augen sehen kan/ die vorhanden/
wenn sie steiff ist. Man nimmet die Ruthe / nachdem sie auff gehörige Weise von
einem todten Cörper abgelöset worden/und
drücket das Blut aus den schwammigen
Theilen heraus/ dergleichen sich allzeit darinnen befindet.   Hierauf sprietzt man
Wasser hinein und druckt die Ruthe gelinde hin und wieder/ damit sich das Blut
auswäschet/ und druckt dann das blutige
                                          Wasser

(a) de Virorum organis f. 576. T. 1.
Bibl. Anat.

Waſſer gantz heraus. Dieſes wiederhoh=
let man etliche mahl/ biß das Waſſer nicht
mehr garſtig iſt. Damit es gantz heraus
gehet / ſo leget man die Ruthe in ein
leinen Tuch und druckt es darzwiſchen ge=
linde heraus. Wenn man nun durch eine
Röhre nur von der einen Seite in den ei=
nen ſchwammigen Theil hinein bläſet; ſo
wird die Ruthe ſo groß und ſteiff als ſie
im Beyſchlaffe zu ſeyn pfleget: ja ſie läſſet
ſich auch noch weiter aufblaſen/ wenn man
Luſt darzu hat. Wenn ſie durch aufbla=
ſen ihre ordentliche Gröſſe erreichet; läſſet
man ſie austrocknen / und dann kan man
die innere Beſchaffenheit der ſchwammigen
Theile ſehen/ wie ſie in dem Stande iſt/
da die Ruthe ſtehet und ſteiff iſt. Man
ſiehet hieraus / daß die Ruthe von einer
flüßigen Materie ſteif und groß wird. Da
wir nun in den ſchwammigen Theilen be=
ſtändig Blut finden und auch ſonſt nirgends
her in dem natürlichen Stande eine ande=
re flüßige Materie hinein kommen kan/
wovon ſie aufſchwellen könnte ; ſo ſiehet
man gar eigentlich/ daß die ſchwammigen
Theile mit Blut erfüllet werden / wenn
die Ruthe ſteiff wird. Je mehr nun Blut
hinein kommet / je mehr ſchwellet ſie auf
und je gröſſer und härter wird ſie. Und
zu dem Ende gehen die Puls=Adern nach
der Länge der ſchwammigen Cörper durch

Kk 5   die

die Ruthe/ damit sie Blut zuführen können.
Daß aber weiter nichts als das Blut die
schwammigen Theile auftreibet/ hat *Graaf*
(b) erfahren/ indem er die steife Ruthe ei=
nem Hunde wehrender Verrichtung starck
gebunden und abgeschnitten/ da nichts als
klares Blut heraus geflossen/ und/ so bald
dieses heraus gelauffen/ dieselbe gleich welck
worden. Ja er hat auch gefunden/ daß
sich durch die Puls=Adern so viel Wasser
hinein spritzen lassen/ daß die Ruthe. so
groß worden als sie sich im Leben kaum
auszudehnen pfleget. Aus dem/ was vor=
hin von dem Aufblasen der schwammigen
Theile angeführet worden/ erhellet/ daß
sie *Communication* mit einander haben:
und dieses bringet den Vortheil/ daß die
gantze Ruthe von einer Seite so starck wird
wie von der andern. Weil die Grösse der
Ruthe von der Menge des Blutes herrüh=
ret/ das in den schwammigen Theilen sich
befindet; so ist kein Wunder/ daß sie so
wohl/ wenn sie stehet/ als wenn sie lie=
get/ in ihrer Grösse gar sehr veränderlich
ist/ und kan bey verschiedenen Manns=
Personen im stehen gar ein grosser Unter=
scheid seyn/ wo man im liegen keinen fin=
det. Es erzehlet *de Graaf* eine merckwür=
dige Historie von einem Bauren/ der durch
einen

(b) loc. cit. f. 578.

kinen Fall die schwammigen Cörper im
männlichen Gliede starck gedruckt/ und
nach einigen Tagen in solcher Menge Blut
von sich gelassen/ daß das Bette und was
sonst umb ihn war davon so verunreiniget
worden/ als wenn man einen Ochsen geschlachtet hätte: woraus man siehet/ daß
in das männliche Glied ein starcker Zufluß
von Blute ist. Sachen/ die starck aufgeblasen werden/ werden um so viel härter/
je stärcker sie aufgeblasen werden/ wie wir
es selbst bey dem Blasen sehen. Derowegen wird auch das männliche Glied davon
harte/ wenn es von dem Blute aufgeblasen wird/ und starret umb so viel mehr/ je
mehr Blut in die schwammigen Cörper
kommet. Jedoch da das Blut es nicht so
harte machen kan/ wie die Lufft/ welche
wegen ihrer ausdehnenden Krafft starck
drucket/ was ihrer Ausbreitung wiederstehet (§. 88. T. 1. Exper.) und gleichwohl das
männliche Glied in der Brunst sehr steiff
und harte wird; so scheinet noch wohl was
mehreres darzu nöthig zu seyn/ wenn es
recht steif und harte werden soll/ als daß
das Blut in den schwammigen Cörpern
stehen bleibet. Nun ist bekandt/ daß das
Blut selbst viel Lufft in sich hat und die
Lufft sich durch die Wärme schon ausbreitet (§. 150. T. I. Exper.). Derowegen da in
starcker Brunst das Geblütte erhitzet wird/
daß

daß die Adern davon aufschwellen; so ist
wohl kein Zweiffel/ daß die Hitze auch die
Lufft des in den schwammigen Cörpern
stehenden Blutes aus einander treibet und
dadurch das Blut dieselben mehr aufbläset.
Und daher siehet man schon/ warum die
Steiffe der männlichen Ruthe sich nach der
Hitze oder dem Grade der Brunst richtet.
Wir finden auch daß etwas härter wird/
je mehr es der flüßigen Materie wiederste-
het/ die es aufblasen sol. Und dieses ist
die Ursache/ warum eine Blase immer
härter wird/ je stärcker man sie aufbläset.
Derowegen kan es auch wohl seyn/ daß
die Fäserlein in den Häuten und andere
Fasern im männlichen Gliede sich starck
zusammen ziehen und dadurch der Ausspannung von dem aufschwellenden Blutte wiederstehen. Das Blut/ welches durch die
Puls-Adern zufleußt/ wird durch die Blut-
Adern wieder zurücke geführet (§. 61.):
da es nun in den schwammigen Cörpern
stehen bleibet; so muß es währender Zeit/
da die Ruthe steif bleibet/ durch die Adern
nicht ablauffen können/ und demnach muß
ihm der Eingang in die Adern verwehret
seyn. Da sich nun nichts findet/ dem
man dieses zuschreiben könnte/ als den
Mäusleinen/ die durch die männliche Ruthe gehen; so hat schon *de Graaf* (a) davor
gehal-

(a) loc. cit. f. 579.

gehalten/ daß/ indem dieselben verkürtzt
werden/ die Adern dadurch in ihrem Eingange starck gedruckt werden/ daß das
Blut nicht so geschwinde zurücke lauffen
kan/ als es zufleußt. Allein es stünde
noch zu überlegen/ ob nicht bloß dadurch
das Blut sich in den schwammigen Theilen vermehret und erhält/ weil es durch
die Puls-Adern stärcker zufleußt/ als es
durch die Adern abfliessen kan. Und gewis scheinet dieses noch wahrscheinlicher/
als was *de Graaf* vorgiebet. Denn wie
die Mäuslein in der Ruthe dadurch/ daß
ihre Fasern sich verkürtzen/ die Blut-Adern
in ihrem Eingange zusammen drucken sol-
len/ daß kein Blut aus den Puls-Adern
durchkommen kan/ lässet sich aus dem/
was wir von der Structur der Mäusleinen und ihrer Verrichtungen wissen/ noch
nicht begreiffen/ und daß es würcklich ge-
schiehet/ hat *de Graaf* auch nicht erwiesen.
Allein daß nicht durch die Blut-Adern so
viel Blut gleich abfliessen kan/ als durch
die Puls-Adern zugeführet wird/ ist eine
gar begreifliche Sache. Denn das Blut
wird durch grosse Canäle zugeführet und
findet durch die subtilesten Haar-Röhrlein
seinen Abfluß (§. 61.). Und in der Brunst
schlägt das Hertze geschwinder und treibet
das Blut schneller. Wo aber die Brunst
nicht groß ist/ da wird auch die Ruthe nicht

auf

auf einmahl/ sondern nach und nach steif/
indem sich das Blut nicht mit solcher Geschwindigkeit beweget/ und daher der Unterscheid zwischen dem Zu- und Ab-flusse ge-
ringer ist.   Derowegen siehet man auch
wie die Brunst nicht allein die schwammigen Theile stärcker auseinander treibet/
sondern auch steif erhält.   Denn wenn diese weg ist/ so verschießt das Blut gar
bald und die Ruthe leget sich wieder. Freylich brauchte es nicht allein in diesem Stücke/
sondern auch bey dem Gebrauche aller übrigen Theile/ wo etwas mehr als auf einerley Art möglich erfunden wird/ wenn man
noch nicht alle besondere Gründe einsiehet/
wodurch die Sache determiniret wird/ daß
man durch taugliche Versuche ausmachte/
welches davon stat findete: allein es ist uns
jetzt nicht erlaubet alles so genau zu untersu-
chen/ sondern wir müssen es bis zu einer
anderen Gelegenheit verspaaren.   Es sind
übrigens die schwammigen Theile in eine
harte Haut eingewickelt/ damit sie eine starcke Ausspannung vertragen könen. Es lauffen auch starcke Nerven durch die Ruthe
und zertheilen ihre Aestlein durch die schwammigen Theile / damit ihre Aufschwellung
nicht ohne Empfindung geschiehet und dadurch der Appetit zum Beyschlaffe erreget
wird. Die schwammigen Theile theilet eine
Scheidewand *(septum)*, damit sie desto
fester

feſter in der Ruthe mit einander vereiniget
werden / da ſie im Anfange an dem
Scham-Beine *(oſſe pubis)*, wo ſie entſpringen / von einander abgeſondert ſind.

§. 190.   Wenn gleich die männliche
Ruthe lang/ ſteif und dicke wird/ ſo wird
ſie dadurch doch noch nicht in die Höhe gerichtet und ausgeſtreckt; ſondern ſie könte
deſſen ungeachtet noch herunter hangen/
gleichwie ſie ſich auch würcklich in dem
Stande niederdrucken und in die Höhe andrücken läſſet.   Derowegen ſind noch beſondere Werckzeuge nöthig geweſen/ wodurch ſie in die Höhe gerichtet und gerade
ausgeſtreckt erhalten würde.   Und dazu
dienen die **aufrichtende Mäuslein** *(ere-*
ctores), welche von dem **Hüfft-Beine**
(Oſſe coxendicis) heraufgehen und ſich in der
äuſſeren Haut der ſchwammigen Theile verlieren.   Denn wenn ihre Faſern verkürtzet
werden/ ſo wird die ſteiffe Ruthe in die
Höhe gehoben.   Auſſer dieſen Mäusleinen gehen noch ein paar andere von dem
Hintern herauf neben der Seiten der Harn-
Röhre/ welche/ wie man aus der Lage ihrer Faſern urtheilet/ die Harn-Röhre
erweitern damit der Saame ungehindert
durchgehen kan/ und daher die **erweitern-**
de *(dilatatores)* genennet werden.   Es
ſcheinet auch/ als wenn ſie unten die Harn-
Röhre zuſammen ziehen und den Saamen/
der hinein tritt/ heraus ſpritzen müſſen/ indem

(Randnotiz:) Nutzen der Mäus-lein in der männ-lichen Ruthe.

dem nicht wahrscheinlich / daß die Saamen-Bläßlein allein ihn so starck forttrei-
ben können / daß er nicht allein die Fallen
aufstoßen / sondern auch noch zu der Harn-
Röhre heraus sprißen kan.   Es geschehe a-
ber von beyden / welches wil; so ist doch
dieses gewis / daß sie den Ausgang des
Saamens aus der Harn-Röhre befördern
und ihre Verrichtung dazu dienet / daß er
schnelle heraus scheußt.

Wozu   §. 191.   Der äusserste Theil der Röh-
die Ei- re oder die Eichel ist wegen der Nerven-
chel die-
net.   Wärßlein sehr empfindlich und dienet daher die Brunst im Beyschlaffe zu unterhalten / biß sich der Saame ergeußt / damit die Ruthe steif und harte verbleibet (§.
189.) / ohne welches der Saame nicht
schnelle gnung heraus schiessen kan.   Sie
ist mit der Vorhaut bedeckt / die grösten
theils darüber gehet / wenn die Ruthe lieget / damit die Eichel nicht unmittelbahr
berühret werden kan / weil sie sehr empfindlich ist: hingegen ziehet sie sich aus eben der
Ursache im Beyschlaffe zurücke / damit die
Eichel frey ist. *Veslingius* (a) erzehlet /
daß bey den Egyptiern und Arabern den
Knäbleinen die Vorhaut öffters so groß
wächst / daß sie ihnen einen Theil davon
aus Noth abschneiden müssen / wenn es
                                    gleich
_____
(a) in Syntagm. Anat. c. 5. §. 192.

gleich nicht die Gesetze ihrer Religion erforderten.

§. 192. Die männliche Ruthe ist gleich
allen übrigen Theilen des Leibes mit der
Haut und dem Häutlein / auch dem
Fleisch-Zelle überkleidet / welche Uberkleidung demnach eben den Nutzen hat / der
ihr an den übrigen Orten des Leibes (§.142.
& seqq.) zukommet. Da die Grösse der Ruthe gar sehr veränderlich ist; so hat sie müssen so eingerichtet werden / daß sie in ihrer
Auffrichtung überall glatt anlieget / wovon
ein jeder die Ursache leicht vor sich sehen
kan. Und deswegen ist sie viel zu groß /
wenn die Ruthe lieget: wiewohl / daß sie
auch nicht gar zu überflüßig ist / sie gar
mercklich einkreucht / wenn die Ruthe welck
wird. Und deswegen ist sie so wohl als
die Haut über dem Beutel von der Beschaffenheit / daß sie sehr einkriechen kan und sich
viel ausdehnen lässet. Ja eben zu dem Ende ist die Ruthe nicht wie der übrige Leib
mit Fette überkleidet / weil sich dieses nicht
ausdehnen lässet / auch nicht zusammen fallen kan. Und demnach ist es nicht bloß
der Empfindlichkeit halber weg / maassen
dieselbe zu Unterhaltung der Brunst in der
Eichel ihren Sitz hat (§.191.): die aber
durch den Saamen erreget wird / von innen entstehet.

Wie es mit der Uberklei-dung der Ruthe beschaf-fen.

Ll §. 193.

§. 193. Wenn wir nun alles zusammen nehmen/ was von den männlichen Geburths-Gliedern beygebracht worden; so
finden wir/ daß dem männlichen Geschlechte zu Fortpflantzung seines Geschlechtes
dreyerley Werckzeuge gegeben sind. Nemlich das eine dienet zur Zubereitung des
Saamens; das andere zur Verwahrung
des Saamens; das dritte den Saamen
an seinen gehörigen Ort zu bringen. Zur
Zubereitung des Saamens dienen die Hoden (§.183.) und Oberhoden (§.186.) nebst
den Saamen-Gefässen/ als den Saamen-
Puls-Adern und Saamen-Blut-Adern:
zur Verwahrung desselben die zuführende
Gefässe und die Saamen-Bläßlein (§.
187.)/ endlich den Saamen an gehörigen
Ort zu bringen die männliche Ruthe nebst
den Vorstehern (188.189.). Alles Werckzeug ist so zubereitet/ wie es der Gebrauch
desselben erfordert. Und es ist kein Zweif-
fel/ daß wir dieses noch mehr also befinden
würden / wenn wir die Erzeugung der
Menschen und Thiere und die Beschaffenheit des dazu verliehenen Werckzeuges mehr
einsehen lerneten. Es braucht aber auch
das männliche Geschlechte zu diesem wichtigen Wercke nicht mehr als diesen dreyfa-
chen Werckzeug. Denn von Seiten seiner wird weiter nichts erfordert/ als daß
er den Saamen bey dem Weiblein an gehörigen

(Marginalie:) Wie vie-
lerley
Werck-
zeuge dem
Männ-
lein zur
Erzeu-
gung sei-
nes glei-
chen ge-
geben
sind.

hörigen Ort bringet (§.440.Phyſ.) und demnach hat er ein geſchicktes Werckzeug dazu haben müſſen/ vermittelſt deſſen ſolches auf eine bequeme Art geſchehen kan. Er hat aber auch dazu Saamen in Bereitſchafft nöthig und folgends ein bequemes Behältnis dazu und geſchickten Werckzeug ihn von dem Geblütte abzuſondern und zuzubereiten. Und demnach hat GOtt in dieſem Stücke alles gemacht/ wie es nur mag nöthig erachtet werden/ wenn man das gantze Werck genau überleget.

§. 194. Die **Mutter** oder **Gebähr-Mutter** (*uterus*) iſt der Theil/ darinnen die Frucht empfangen/ gebildet und zur Geburt zeitig wird. Die Sache iſt aus der Erfahrung klar und braucht keinen weiteren Beweis. Derowegen iſt ſie ſo zubereitet/ daß ſie ſich gar gewaltig ausdehnen läſſet/ indem die Frucht nach und nach immer zunimmet/ auch das Waſſer darinnen ſie ſchwimmet/ ſich vermehret. Denn da die Höhle ſo klein iſt/ daß kaum eine groſſe Bohne darinnen Raum hat; ſo wird ſie zuletzt ſo groß/ daß nicht allein das Kind darinnen Platz hat ſich zu bewegen/ in der Gröſſe wie es auf die Welt kommet; ſondern auch noch innerhalb den Häuten/ welche die Frucht umſchlieſſen/ die gantze Menge Waſſer ſtat findet/ welches kurtz vor der Geburt zu ſpringen pfleget.

Nutzen der Gebähr-Mutter und Grund von ihrer Beſchaffenheit.

get. Und deswegen lieget die Mutter in
dem Unterleibe / weil dieser weich ist und
sich starck ausdehnen lässet. Es ist aber
ein grosser Unterscheid unter der Ausdehnung des Bauches und der Ausdehnung
der Mutter. Denn die Häute/ daraus der
Bauch bestehet / werden dünner / indem
sie ausgedehnet werden; die Mutter hingegen bleibet dicke und wird nur schwammi-
ger. Da die Häute ausgedehnet werden
und die Substantz der Mutter gleichwohl
dicker wird; so muß sich eine Materie hin
und wieder in die Zwischen = Räumlein setzen / die sie aus einander treibet. Weil
sie nun nirgends anders her als von dem
Blute kommen kan / welches durch die
Puls-Adern zugeführet wird (§. 59.); so
ist kein Wunder / daß ordentlicher Weise
die Weiber nicht mehr ihre Zeit haben/ so
bald sie schwanger werden. Denn das ü-
berflüßige Geblütte / welches sonst durch
die monatliche Reinigung weggehet/ wird
nun zur Vergrösserung der Gebähr=Mut-
ter angewandt / ob gleich die Frucht in den
ersten Monathen/ da sie überaus kleine ist/
nicht viel Nahrung brauchet. Nach der
Geburt gehet eine Zeitlang unreines Blut
von der Kindbetterin und innerhalb 16.
Tagen auf das längsamste ist die Mutter
wieder so eingekrochen / daß sie ihre ge-
wöhnliche Grösse hat. Da nun einerley
Dicke

Dicke verbleibet/ ja nach einigen die Dicke
gar abnimmet/ unerachtet sie so ungemein
eingekreucht/ wie auch nur aus dem Un=
terscheide der Höhle wehrender Schwan=
gerschafft und ausser derselben abzunehmen;
folgends die Materie/ welche ihn innerhalb
neun Monathen nach und nach vergrössert/
in so weniger Zeit wieder weggehen muß:
so lässet sich gar leicht erachten/ daß das
unreine Geblütte/ welches nach der Geburt
weggehet/ eben diejenige Materie sey/ wel=
che die Mutter vergrössert. Und daher ist
es kein Wunder/ daß die Gebähr=Mutter
in den letzten Monathen gantz roth wird
und schwammicht ist/ wenn man sie zer=
schneidet. Denn da die Mutter schon er=
kaltet/ wenn man den todten Cörper ei=
nes schwangeren Weibes eröffnet; so ist
das Geblütte geronnen/ und macht dem=
nach die Mutter roth und schwammig/ in
so weit es in sehr kleinen Röhrleinen anzu=
treffen/ wovon die durchschnittene Mutter
gantz löcherig aussiehet. Die Mutter be=
stehet deßwegen aus einem häutigen Wesen/
damit sie sich erweiten lasset und wieder
einkriechen kan. Sie wird von der inne=
ren Bürde erweitert: Denn indem diese
wächst und zunimmet/ so spannet sie auch
die Mutter aus. Wenn aber die Bürde
wieder hinweg ist; so ziehen sich die Häu=
te wieder zusammen und wird dadurch zu=

Ll 3   gleich)

gleich das in der Substantz der Mutter
wehrender Schwangerschafft gesammlete
Blut heraus gepreßt.   Denn alle Häute
und Fasern im Leibe sind von der Beschaffenheit / daß sie sich ausdehnen lassen / wenn
eine Ursache dazu vorhanden; hingegen einkriechen / wenn sie gehoben wird.   Es bestehet aber die Gebähr-Mutter aus drey
Häuten / die sich / wie an übrigen Orten
des Leibes / in verschiedene Blätter zerlegen
lassen: Darauf wir in gegenwärtigem Orte nicht zu sehen haben. Die äussere Haut
ist eine gemeine Haut (*tunica communis*),
welche von dem Darm-Felle entspringet
und die Gebähr-Mutter / wie jenes die
gantze innere Höhle des Unterleibes überkleidet : wodurch demnach die Gebähr-
Mutter mit dem übrigen Leibe vereiniget /
auch an dem Mastdarm und die Blase /
darzwischen sie lieget / angewachsen ist.
Diese Haut ist dicke und starck / damit sie
sich viel ausdehnen lässet. Und sie wird /
wie andere Häute / wenn sie starck ausgedehnet wird / dünne und durchsichtig : daher auch das rothe in einem schwangeren
Leibe durchschimmert / da er ausser der
Schwangerschafft weißlichter aussiehet.
Die andere Haut ist eine **fleischichte**
Haut (*tunica musculosa*), und macht die
eigentliche Substantz der Gebähr-Mutter
aus. Sie ist sehr dicke / weil sie sich muß
erweiten

erweiten und verstärcken lassen/ und hat
starcke fleischerne Fasern/ damit sie sich
wieder zusammen ziehen kan. Die Fasern
liegen sehr nahe bey einander/ wenn eine
Weibs-Person nicht schwanger ist/ und
wird davon die Mutter bey ihnen harte:
in den schwangern aber liegen sie weiter
von einander und werden känntlicher.
Woraus zu ersehen/ daß nicht allein die
Haut/ daran sie befestiget/ sich starck ausdehnen lässet; sondern daß auch die Fasern
wehrender Schwangerschafft mit Blut erfüllet werden und dadurch die Substantz
der Gebähr-Mutter vergrössern. Und
demnach ist die Vergrösserung der Substantz der Gebähr-Mutter hauptsächlich
diesen Fasern zuzuschreiben/ welches in der
That kleine Gefäßlein sind/ die durch das
häufig zugebrachte Geblütte aufschwellen.
Es wird demnach dadurch noch mehr be-
stetiget/ daß/ das nach der Geburt flies-
sende Blut nichts anders als diejenige
Materie ist/ wodurch die Substantz der
Gebähr-Mutter war vergrössert worden.
Endlich die innere Haut ist eine spannadrige Haut (*tunica nervosa*) und dienet
demnach zur Empfindung. Sie ist dün-
ner/ weil sie nicht so viel ausstehen darff
wie die äussere/ indem sie ausgedehnet wird/
als die an der mittleren anlieget und angewachsen ist. Wenn die Frucht im Leibe

Ll 4   lebet/

lebet/ so fängt sie sich an zu bewegen/ und
sind die Bewegungen öffters ziemlich starck.
Damit nun die starck ausgedehneten Häute nicht können durchstossen werden/ wenn
die Frucht an einem Ort auswarts stösset;
so war eben höchst nöthig/ daß die fleischige Haut/ als die eigentliche Substantz
der Gebähr-Mutter vergrössert und weich
würde.   Und da weiche Córper die Bewegung schwächen; so hat die Vergrösserung der Mutter auch den Nutzen/ daß
die Mutter den Stoß der Frucht an ihrem
ausgespanneten Leibe nicht so starck empfindet / wie sonst geschehen würde.   Der
Hals (*collum*), welcher weniger Weite
hat als der Grund (*fundus*), lässet sich
nicht so wie dieser ausdehnen/ damit nicht
allein die Theile/ daran er lieget/ nicht
starck gezogen werden/ wenn die Bürde
zunimmet; sondern auch das Kind oder
die Frucht desto ordentlicher zur Geburt
eintreten kan und werden dadurch solim-
me und schweere Geburthen verhüttet Der
Mutter-Mund (*os uteri*) ist zwar eine
sehr kleine Eröffnung/ so daß man in Jung-
fern/ wenn sie nicht ihre Zeit haben/ kaum
mit einem Griffel durchkommen kan: dessen ungeachtet kan er sich/ wenn das Kind
durchbrechen will/ so sehr erweien/ daß
dasselbe durchfahren kan. Damit nun aber
die Mutter/ wenn sie durch die darinnen
enthal-

enthaltene Bürde sehr schweer wird/ und
insonderheit auch die Frucht sich in den letzten Monathen starck beweget/ unverrückt
in ihrer Lage verbleiben kan; so ist sie zu
dem Ende mit den Mutter-Bändern
(*ligamentis uteri*) versehen. Es sind nemlich von jeder Seite zwey und also insgesammt viere. Die breiten Mutter-
Bänder (*ligamenta lata*) entspringen aus
dem Darm-Felle und sind nicht allein an
der Mutter/ sondern auch an der Mutter-
Scheide befestiget/ daß demnach dadurch
die Gebähr-Mutter erhalten wird/ damit
sie sich nicht herunter sencket und ein Drucken an der Scheide verursachet. Die
rundten Bänder (*ligamenta rotunda*)
sind oben bey den Mutter-Trompeten und
halten die Mutter von beyden Seiten
gleichfalls gedehnet/ daß sie sich nicht mehr
auf die eine Seite/ als auf die andere geben kan. Da sie aber auch an dem Darm-
Felle feste sind; so müssen auch sie zugleich
die Mutter erhalten/ daß sie sich nicht zu
tieff sencken kan.

§. 195. Die Frucht wird aus einem Nutzen
Eyerlein erzeuget/ welches aus dem Eyer-der Eyer-
Stocke durch die Mutter-Trompete in die Stocke
Mutter gebracht wird/ indem sie schwan-und
ger wird (*§. 443. Phys.*). Da nun dieses Trompe-
durch gnungsame Erfahrungen bestärcket ten.
ist/ daß man daran zu zweiffeln keine Ur-

Ll 5 sache

sache hat/ woferne man nicht aus einer
eitlen Neugierde was besonders behaupten
will; so ist auch der Gebrauch dieser Theilen klar und auffer allen Zweiffel gesetzt.
Die Eyerstöcke *(ovaria, testes muliebres)*
verwahren demnach und ernehren die Eyer-
lein/ darinnen die Frucht empfangen wird.
Und deswegen wird ein Weiblein unfrucht-
bahr/ daß es nicht mehr gebähren kan/
wenn man es castriret/ oder ihm die Eyer-
Stöcke ausschneidet: Denn es mercket
Verheyen (a) an/ daß wenn Säue castriret
werden/ die schon geworffen/ bloß die
Eyer-Stöcke ausgeschnitten werden/ unerachtet in jungen die Mutter zugleich mit
heraus genommen wird. Da nun aber
unmöglich das Eyerlein aus dem Eyer-
Stocke anders in die Mutter gebracht werden mag/ als durch die Mutter-Trompete; so dienet die **Mutter-Trompete** *(tuba
Fallopiana)* unstreitig dazu/ daß das fruchtbahr gemachte Eyerlein dadurch in die
Mutter kommen kan: Wie dann auch
schon *Regnerus de Graaf* Eyerlein würcklich
darinnen angetroffen/ wenn er Caninichen
den dritten Tag hernach eröffnet/ da sie
mit dem Männlein zusammen gewesen.
Und deswegen bestehen sie aus Häuten/
die sich ausdehnen lassen/ damit der Durchgang

(a) lib. 2. Tract. 5. c, 3. p. 316.

gang für das Eyerlein weit gnung wird.
Wie sehr sie sich ausdehnen lassen/ bezeu=
gen die Exempel derjenigen Weibs = Per=
sonen/ bey denen die Eyerlein in den Mut=
ter = Trompeten stecken geblieben und die
Frucht darinnen gebildet worden/ daß sie
schon über einen Zoll lang gewesen: Der=
gleichen Exempel schon *de Graaf* (b) aus
den *Riolano* (c) anführet. Jedoch da der=
gleichen Zufälle überaus grossen Schmer=
tzen verursachet/ daß die Mütter endlich
davon ihren Geist haben aufgeben müssen:
so siehet man daraus/ daß die Mutter=
Trompeten einer gar zu grossen Ausdeh=
nung gewaltig wiederstehen: Woraus
man ferner abnehmen kan/ daß sie bald
wieder zusammen fallen und die Haut ein=
kreucht/ wenn dasjenige weg ist/ wodurch
sie ausgedehnet werden. Dieses aber hat
seinen Nutzen/ daß das Eyerlein in der
Mutter= Trompete fortrücken kan/ ohne
daß eine besondere Krafft dazu erfordert
wird/ die es fortstösset/ nemlich bloß da=
durch daß das Eyerlein zunimmet und die
Trompete hinter ihm zusammen fället/ in=
dem sie mehr ausgedehnet wird / wo es
lieget. Die Mutter= Trompeten haben
an

(b) de organis mulierum f. 621. Tom. I.
Bibl. Anat.

(c) Anthropogr. lib. 2. c. 35.

an dem Ende viele faltige Blätter (*fim-brias*), damit sie sich an die Eyer-Stöcke anlegen und verhindern können/ daß nicht das Eyerlein in die Höhle des Unterleibes herab fället und die Frucht ausserhalb der Gebähr-Mutter erzeuget wird/ wie sich unterweilen zufälliger Weise zugetragen.

Nutzen der Scheide.

§. 196.   Das Weiblein kan nicht empfangen/ ohne daß der männliche Saame in die Gebähr-Mutter kommet (§. 440. Phyf.).   Ja *Ruyfch* hat gar ein Exempel von einer Weibes-Person/die im Beyschlaffe erstochen worden/darinnen er den dicken Saamen selbst in der Mutter-Trompete gefunden.   Es ist wohl wahr/ daß die Eröffnung der Gebähr-Mutter in ihrem ordentlichen Zustande sehr klein ist/ und die Höhle selbst nicht viel fassen kan: allein daraus erhellet doch noch keine Unmöglichkeit/ daß nicht der Saame hinein kommen könnte.   Die Eröffnung in der männlichen Ruthe/ wo er heraus kommet / ist auch nicht groß/ und die Gebähr-Mutter kan ja in dem Beyschlaffe ihren Mund etwas weiter aufthun/ als er sonst offen stehet. Ist aber Saame in der Gebähr-Mutter/ so kan ihn dieselbe selbst/ indem sie sich nach vollendetem Beyschlaffe etwas zusammen ziehet/ biß in die Trompeten hineindrucken.   Die innere Haut ist eine spannadrige (§.144.). Derowegen wenn sie von dem

dem Saamen/ der hinein dringet/ berühret wird/ kan die Gebähr-Mutter dadurch
sich etwas zusammen zu ziehen determiniret
werden/ damit der Saame biß in die
Trompeten gedruckt wird/ weil er sonst
nirgends hin weichen kan/ massen nicht zu
zweiffeln/ daß der Mund sich zuschleußt
und nichts wieder heraus lässet. Und in
der That kan es nicht anders in demjenigen
Exempel zugegangen seyn/ was *Ruysch* an-
fuhret. Es ist zwar nichts gemeiner/ als
daß man in dergleichen Fällen antwortet/
dieses sey etwas ausserordentliches gewesen:
allein es ist nicht gnung/ daß man es sa-
get/ man muß es auch beweisen. Die
Gebähr-Mutter ist von keiner ausserordentlichen Beschaffenheit gewesen/ denn
Ruysch und die er zu Zeugen mitgenommen/
haben nichts gefunden/ was anders als
bey andern Weibern gewesen wäre. Was
sollten aber sonst vor Ursachen seyn/ daß
der Mutter-Mund sich hier auf ungewöhnliche Weise aufgethan und die Mutter auf
eine gantz ungewöhnliche Weise sich sollte
zusammen gezogen haben/ nachdem er sich
wieder eröffnet. Vielmehr haben wir Ur-
sache/ diese Veränderungen in dem Mut-
ter-Munde und der Mutter für gewöhnlich
zu halten/ weil viele Proben vorhanden/
daß gleich nach verrichtetem Beyschlaffe
der Saame in der Mutter gefunden worden.

den.   Wenn er aber einmahl in der Mut=
ter ist/ so kan er auch gar leicht in die
Mutter=Trompeten kommen/ wie ich schon
gezeiget.   Daß man öffters keinen Saa=
men nach verrichtetem Beyschlaffe in der
Mutter gefunden/ wenn man Thiere er=
öffnet/ kan zweyerley Ursachen haben. Ein=
mahl ist auch bey den Thieren nicht eben ein
jeder Beyschlaff fruchtbar/ und kommet
dannenhero nicht allemahl der Saame in
die Mutter/ folgends auch nicht in ihre
Trompeten.   Darnach ist bekandt/ daß
der Saame von einer solchen milden Wär=
me/ wie in der Mutter und allen inneren
Theilen des Leibes ist/ nicht allein dünne
und flüßig/ sondern gar in einen Hauch
verwandelt wird. Dannenhero auch *Leeuwenhœk* durch das Vergrösserungs=Glaß
die Saamen=Thierlein häuffig in der Mut=
ter hin und wieder kriechen gesehen/ uner=
achtet er nichts von dem Saamen mit
blossen Augen wahrgenommen.   Damit
nun der männliche Saame in die Gebähr=
Mutter kommen kan; so muß die Eichel
der Ruthe dem Mutter=Munde nahe
gnung kommen.   Und daher ist die Schei=
de so zubereitet/ daß sie dieselbe wohl fas=
sen kan.   Der Mutter=Mund ist auch wie
ein Schleyen=Maul/ damit er den Saa=
men besser annehmen kan.   In Jung=
frauen/ die noch keinen Mann erkandt/
ist

ist die Eröffnung der Scheide viel enger
als die Scheide/ daß die Ruthe nicht wohl/
öffters gar nicht hinein kommen kan; jedoch wird sie nach und nach unvermerckt
weiter/ damit sie eben geschickt ist die Ruthe einzulaffen und desto genauer anschleußt:
Wie sie denn auch nach verrichteter Sache
wieder etwas enger wird/ wenn die Liebes-
Wercke nicht zu fleißig getrieben werden.
Damit nun aber die Frucht/ wenn sie zur
Welt kommen sol/ durch den engen Mut-
ter-Mund/die Scheide und ihre Eröffnung
durchkommen kan; so läffet sich zur Zeit
der Geburt durch starckes Drucken alles
gar sehr erweiten. Und zu dem Ende ist die
Scheide von innen runtzlich/damit sie sich desto bequemer erweiten läffet/ ohne daß durch
die gewaltige Ausspannung dieselbe zerriffen
wird. Es haben aber auch diese Runtzeln
noch ihren Nutzen im Beyschlaffe/ wie
überall von den Anatomicis angemercket
wird (a): nemlich sie dienen darzu/ daß sie
in der männlichen Ruthe eine Empfindlichkeit wehrender ihrer Bewegung in der
Scheide verurfachen/ damit sie so steif erhalten wird als dazu nöthig ist/ daß der
Saame schnelle heraus scheußt. Denn
weil die Eröffnung des Mutter-Mundes
geringe

(a) Vid. Verheyen lib. 1, Tract. 2. c. 28.
p. m. 133.

geringe iſt; ſo muß dieſes geſchehen / woferne ein Theil davon in die Mutter kommen ſol. Und hat man hier abermahl eine Probe / daß einerley im menſchlichen
Leibe zu verſchiedenen Abſichten gerichtet
iſt / welche bey unterſchiedenen Gelegenheiten erreichet werden. Und eben deswegen
ſind die Runtzeln mehr von unten / als von
oben anzutreffen / wie es die Empfindlichkeit der männlichen Ruthe erfordert. Hingegen findet ſich auch an der Mutter-Scheide ein Mäuslein / wodurch ihre Eröffnung
wieder in die Enge zuſammen gezogen werden kan / wenn ſie allzuſehr erweitert worden / ingleichen daß nach verrichteter Sache / wenn die Scheide zu weit offen bliebe/
nicht die kalte Lufft hinein dringen kan/
als wodurch nicht allein der Saame verdirbet / ſondern auch den inneren Theilen
leicht Schaden beygefüget werden mag.
Und eben daraus ſiehet man / warum der
Mutter-Mund nicht gar zu weit hervor-
gehet/ und gantz am Ende der Scheide lieget / die ſechs biß acht/ ja neun Quer-
Finger lang iſt / nach welcher Länge auch
die männliche Ruthe von Seiten des Mannes eingerichtet / damit ſie weit gnung
hinein gehet. Endlich damit nicht durch
die Bewegung der Ruthe der Scheide einiger Schade beygefüget werden mag; ſo
iſt die gantze Scheide überall mit vielen
Löchlein

Löchlein verſehen/ daraus ſich im Beyſchlaſ-
ſe und bey anderen Gelegenheiten/ die *Re-
g*nerus *de Graaf* (b) umſtändlicher anfüh-
ret/ eine dem Saamen des Mannes ähnliche Materie ergeußt/ um die Scheide
reichlich anzufeuchten. Und kommet demnach dieſe Feuchtigkeit mit derjenigen über-
ein/ welche bey den Männern aus den
Vorſtehern gehet/ indem ſich der Saame
in die Ruthe ergeußt. Weil aber auch
bey geilen Gedancken und Bewegungen
dieſe Materie ſo ſtarck kommet/ daß ſie
aus der Scheide heraus fleußt; ſo hat man
vor dieſem ſich eingebildet/ als wenn ſie
der weibliche Saame wäre und/ da man
ferner behauptet/ daß er ſich mit dem mä-
lichen vermiſchen müſſe/ wenn eine Frucht
erzeuget werden ſoll/ davor gehalten/ daß
alsdenn erſt der Beyſchlaff fruchtbahr ſey
und das Weib empfängt/ wenn der Saame bey beyden zugleich kommet: wodurch
man den Grund angezeigt zu haben ver-
meinet/ warum nicht ein jeder Beyſchlaff
fruchtbahr iſt. Allein da aus dem vorher-
gehenden erhellet/ daß die Weiber zur
Empfängnis gantz was anders beytragen
müſſen als dieſe Feuchtigkeit/ nemlich ein
Eyerlein aus einem von ihren Eyer-Stö-

(*Phyſik. III.*)   M m   cken

(b) de organis mulierum T. 1, Bibl. A-
nat. f. 597.

cken (§.195.); so siehet man leicht den Ungrund der alten Meinung/ und wäre nun
einmahl Zeit/ daß man auch in den Deutschen Büchern/ die von hieher gehörigen
Materien heraus kommen/ die alten Meinungen einmahl fahren liesse/ als die zu
weiter nichts dienen als daß sie unterweilen durch verursachte Vorurtheile Nach-
theil erwecken können.   Sonst fället die
Mutter-Scheide in ihrem ordentlichen Zustande wie ein leerer Darm zusammen und
wird erst von der männlichen Ruthe/ oder
auch dem Kinde/ was durchgehet/ ausgedehnet: welches wiederum mit Vorsatze
so geschiehet/ damit sich die Scheide nach
der Ruthe schicket und diese hinein passet/
auch der Durchgang für das Kind bequem
wird.   Es ist nicht zu leugnen/ daß bey
Weibes-Personen/ die das Liebes-Werck
zu viel treiben/ die Runtzeln fast gar vergehen und die Scheide gantz glatt wird: allein dieses geschiehet durch Mißbrauch und
zeiget eben/ daß derselbe der Natur zuwieder ist.

§. 197. Ausser denen innerlichen Ge-
burths-Gliedern/ darauf das meiste an-
kommet/ wie wir gesehen/ indem dadurch
die Frucht empfangen/ ernähret und zur
Reiffe/ auch endlich zu seiner Zeit zur Welt
gebracht wird (§.194. & seqq.), sind auch
noch die äusserlichen übrig/ die weniger

Was die Theile der weibli-chen Schaam zu sagen haben.

zu se-

zu sagen haben und mit dem Nahmen der
weiblichen Schaam (*pudendi s. partium
obscœnarum*) beleget werden.　In dieser
weiblichen Scham fället gleich für andern
Theilen in die Augen der lange **Schlitz**
(*vulva, cunnus*), der von dem **Scham-
Beine** (*osse pubis*) an biß bey nahe an den
Hintern (*anum*) gehet.　Er ist mehr als
zweymahl so groß als die Eröffnung der
Scheide/ nicht so wohl/ damit die männliche Ruthe desto bequemer ihren Eingang
findet und die äusserlichen Theile davon
nicht gespannet werden; als daß in der
Geburt der Ausgang für die Frucht weit
gnung wird/ indem bekandt/ daß die äusseren Theile des Leibes sich nicht so weit
aus einander dehnen lassen als die inneren/
ja wenn sie starck gedehnet werden/ nach
diesem sich nicht wieder gnung zusammen
ziehen: wie denn auch hier aus dieser
letzteren Ursache zu geschehen pfleget/ daß
der Schlitz so wohl durch öffters wiederhohleten Beyschlaff/ als insonderheit durch
vielfältige Geburt vergrössert wird.　Warum es von der Geburt geschehen muß/ ist
leicht zu begreiffen.　Denn da die Frucht
unmöglich durchgehen kan/ wenn nicht die
Theile/ wo sie durchgehet/ auf eine ge-
waltsame Weise ausgedehnet werden. So
haben wir eine gnungsame Ursache von der
Vergrösserung.　Unerachtet　aber　der

Mm 2　　　　　Schlitz

Schlitz weiter ist als er für die männliche
Ruthe seyn dörffte und daher ihr zu gefallen gar nicht nöthig hat ausgedehnet zu
werden; so ist doch der Eingang in die
Scheide unten und werden daselbst die
Leffzen hinunter gezogen. Die Leffzen
(*labia vulvæ*) formiren eigentlich den
Schlitz und sind von keinem weiteren Gebrauche. Unten gegen den Hintern zu
sind sie fest zusammen gebunden/ welches
man auch das **Band der Leffzen** (*fræ-
num muliebre*) zu nennen pfleget. Denn
in der Geburt/ wenn die Frucht durchge-
het/ hat die Scham daselbst am meisten
auszustehen/ indem sie daselbst gegen den
Hintern zu starck gedruckt wird: wovon
auch in Weibern/ die öffters Kinder ge-
habt/ das Band sehr nachlässet/ da es in
Jungfrauen sehr starck gespannet ist. Und
kan man um so viel mehr erachten/ daß die
Geburt durch übermäßiges Drucken es
gantz schlaf machen muß/ weil dergleichen
auch schon durch den Beyschlaff von der
männlichen Ruthe geschiehet. Weil nichts
daran gelegen ist/ ob die Leffzen wohl zusammen schliessen/ oder nach geschehener
Erweiterung mehr von einander stehen; so
sind auch keine Mäuslein vorhanden/ die
sie zusammen ziehen. Ja überhaupt sind
bey ihnen keine Mäuslein/ die sie be-
wegen/ weil sie keiner Bewegung nöthig
haben:

haben: Denn sie werden von dem von einander gebracht/ was durchpaßiren sol und fallen vor sich selbst wieder zusammen. An einigen Thieren/ als an den Pferden/ siehet man/ daß sie die Leffzen der Schaam bewegen können: welches bey ihnen seine besondere Ursachen haben muß.   So bald man die Leffzen von einander thut/ zeiget sich von oben die **Ruthe** (*clitoris*), welche einige Aehnlichkeit mit der männlichen Ruthe hat/ indem sie aus eben dergleichen Theilen wie diese bestehet/ nur daß die Eichel oben nicht durchbohret ist/ indem kein Canal wie in der männlichen durchgehet. Unterweilen ist sie so groß/ daß man Weibs-Personen deswegen für Zwitter hält. Ja *Regnerus de Graaf* (a) führet ein Exempel aus seiner eigenen Erfahrung an/ da man wegen der Gröffe dieser Ruthe ein Mägdlein für ein Knäblein angesehen/ da es zur Welt kommen/ und es mit einem Manns-Nahmen getaufft/ ja man auch nicht eher hinter den Betrug kommen/ als biß das Kind nach dem Tode seciret worden. Die Eichel ist über die maassen empfindlich/ wenn sie berühret wird/ und weil die Ruthe aus schwammigen Cörpern/ wie die männliche bestehet; so kan auch die weib-

M m 3   liche

(a) de mulierum organis T. 1. Bibl. A-
nat. f. 588.

liche nach Art der männlichen steif werden
(§. 189.): wodurch die Eichel noch empfindlicher wird. Und führet *de Graaf* Exempel von Weibs-Personen an / die eine Ruthe von ausserordentlicher Grösse gehabt /
und durch die Berührung von den Klei-
dern auf eine unerträgliche Weise zum
Beyschlaffe gereizet worden. Derowegen
da die Berührung von der Eichel der weiblichen Ruthe dem weiblichen Geschlechte eine über die maassen empfindliche Lust verursachet und sie in der Brunst steif wird;
so erkennet man daraus / daß dieses Glied
die Lust zum Beyschlaffe zu erwecken gegeben sey. Es liesse sich dieses mit noch mehreren Gründen erweisen / wenn wir nicht
Bedencken trügen dieselben anzuführen /
unerachtet andere würcklich mehrere angeführet. Das Weib hat in der Geburt
viel auszustehen / wodurch ihr die Lust zum
Beyschlaffe ziemlicher maassen versalzen
wird. Derowegen war ein besonderes
Mittel nöthig / dadurch sie erreget und unterhalten würde / indem an der Erhaltung
des Geschlechtes viel gelegen. Weil aber
die weibliche Ruthe im Beyschlaffe hinderlich fallen würde / indem sie dem Manne
im Wege wäre; so liegt der gröste Theil
davon innerhalb dem fetten Fleische verborgen / indem zu ihrer Absicht gnung ist /
daß der obere empfindliche Theil hervor-
 raget.

raget. Endlich die Flügel oder Nymphen
(*nympha, alæ, caruncula cuticulares*),
welche von den beyden Seiten der weiblichen Eichel biß mitten an die Eröffnung
der Scheide herunter gehen / und durch
öffters wiederhohleten Beyschlaff / oder
vielfältige Berührung vergrössert werden /
dienen dem Manne die Lust im Beyschlaffe zu vermehren / maassen sie sich aufblasen
und an die männliche Ruthe anlegen. Die
Runtzeln der Scheide / wodurch eben dergleichen erhalten wird / nehmen durch öffters wiederhohleten Beyschlaff ab und verlieren sich durch vielfältige Geburt endlich
gar: Da nun im Gegentheile die Nymphen davon zunehmen; so wird von der
andern Seite ersetzet / was auf der einen
verlohren gehet.   Es ist aber auch schon
längst angemercket worden / daß die
Nymphen nicht allein das ihre im eheli-
chen Wercke verrichten; sondern auch ihre
Dienste thun / wenn der Urin gelassen wird /
damit er seine Richtung auswarts bekommet und nicht nach der Seite sich ausbreitet / und an unrechte Oerter fleußt.

§. 198. Nun solten wir noch fragen /
was das Jungfrauen=Häutlein nutzet: allein es ist noch eine grosse Frage / ob dergleichen Häutlein würcklich vorhanden sey /
oder nicht.   *Verheyen* (a) erzehlet / daß er

*Was
von dem
Jung-
frauen-
Häutlein
zuhalten.*

Mm 4   eine

(a) lib. 1. Tract. 2, c. 32. p. m. 142.

eine Jungfrau von 25. Jahren seciret und
an der Eröffnung der Scheide würcklich
ein Häutlein gefunden / welches an der
Scheide rings herum angewachsen gewesen
und den grösten Theil der Eröffnung verschlossen. Es ist ihm vorkommen / wie
auch leicht zu vermuthen / daß es von der
inneren Haut der Scheide abstammete.
Und in diesem Falle war das **Jungfrauen-**
Häutlein (hymen) entstanden / weil sich
die innere Haut der Scheide in Vergrösserung der Runtzeln hervor gegeben. Weil
demnach dasselbe bloß in der Art der Ver-
engerung der Eröffnung oder des Eingan-
ges in die Scheide bestehet; so lässet sich
leicht begreiffen / daß es in allen nicht eben
von einerley Beschaffenheit ist: Denn in
einigen kan sich die Haut weniger hervor
geben als in andern / so daß es keinem
Häutlein ähnlichet / noch die Eröffnung
verschleußt. Ja eben wenn das Jung-
frauen=Häutlein bloß entstehet / indem
sich die Haut der Scheide durch die Vergrösserung der Runtzeln hervor giebet / so
gehet es nicht an / daß in Kindern dasselbe
vorhanden und ist vielmehr bey mannbah-
ren Jungfrauen / die sich in allem züchtig
und keusch verhalten / als bey andern zu
suchen. Weil aber die Enge des Eingan-
ges in die Scheide die Ursache ist / warum
der erste Beyschlaff / absonderlich wenn die
männ=

männliche Ruthe dicke ist und der Mann
zu begierig / nicht ohne Blut-Vergießen
abgehet; so kan man auch sagen / daß das
Blut aus Verletzung des Jungfrauen-
Häutleins herkommet. Daß aber der Eingang sich nach und nach erweitert / wenn
der Mann seine Hitze mäßigen kan / bekräfftiget ein sonderbahres Exempel in der
Historie der Königlichen Academie der
Wissenschafften zu Paris / da eine Manns-
Person bey seiner Frauen fast zehen gan-
tzer Jahr vergebliche Mühe angewandt
und dadurch wieder Vermuthen der Eingang von erwünschter Weite worden / ohne daß er nöthig gehabt einige Gewalt zu-
gebrauchen. Was ich von der Art und
Weise / wie ein Jungfrauen-Häutlein entstehen kan / beygebracht / kommet mit demjenigen überein / was von dem Eingange
in die Mutter *Regnerus de Graaf* observiret
(b). In Kindern / die erst gebohren worden / hat er das Löchlein so klein gefunden/
daß kaum eine kleine Erbeis durchgehen
können. In einem Mägdlein von 6. Jahren hat er es mehr erweitert gefunden und
mitten in dem Eingange in die Scheide
rings herum Runtzeln von Haut angetroffen. Als er in das Loch eine Scheere ge-

Mm 5 steckt

(b) de Mulierum organis f. 591. T. 1.
Bibl. Anat.

steckt und den sirderen Theil der Scheide
aufgeschnitten / hat er gefunden / daß das
Loch daher entstanden / weil die Haut /
welche die Scheide von innen überkleidet /
im Anfange dicker ist und sich runtzelt / da
die Scheide selbst viel weiter ist.   Als er
den Eingang in die Scheide ein anderes
mahl bey einem jungen Mägdlein genauer
betrachtete und den Prof. Schacht zum
Zeugen mit dazu nahm; fand er um die
Eröffnung der Scheide rings herum Runtzeln von Haut / die sich so ausbreiteten /
daß ein rundter Circul von Haut dadurch
entstund / den die männliche Ruthe hätte
zerreissen müssen / wenn sie hätte durchkommen sollen.   Es ist nicht zu leugnen /
daß einige ausser diesen Runtzeln von Haut/
wodurch der Eingang in die Scheide enge
gemacht wird / noch ein anders Jungfrauen-Häutlein angeben: allein woferne sie
ja dergleichen gefunden/ und nicht bloß aus
einiger Unachtsamkeit die in Runtzeln aus-
gebreitete Haut davor gehalten; so kan es
doch nichts gewöhnliches gewesen seyn / indem ja insonderheit de Graaf, der es in so
vielen mit aller gehörigen Sorgfalt gesucht/
nicht gefunden / unerachtet mehr als zu gewiß gewesen / daß dasselbe noch nicht hat
können zerstöhret worden seyn.

Wie vie-   §. 199.   Wenn wir nun alles zusam-
lerley   men nehmen / was von den weiblichen Ge-
Werck-   burths-

burths-Gliedern beygebracht worden; so finden wir / daß denen Weibern zu Fortpflantzung des menschlichen Geschlechtes viererley Arten der Werckzeuge gegeben sind. Nemlich die eine Art dienet zu Erweckung der Lust zum Beyschlaffe / die andere zu Verrichtung des Beyschlaffes / die dritte zur Empfängniß / die vierdte zur Ernährung und Bildung der Frucht biß zu ihrer Geburt. Zur Erweckung der Lust zum Beyschlaffe dienen die weibliche Ruthe / die Nymphen und die Runtzeln in der Scheide (§.198.196.); zu bequemer Verrichtung des Beyschlaffes die Scheide (§. 196.); zur Empfängnis der Mutter-Mund / die Mutter-Trompeten und die Eyer-Stöcke (§.194.195.) und endlich zur Bildung und Ernährung der Frucht biß zur Geburt die Mutter (§.194.). Alles Werckzeug ist so zubereitet / wie es der Gebrauch desselben erfordert. Und es ist kein Zweiffel / daß wir dieses noch mehr also befinden würden / wenn wir die Erzeugung der Menschen und Thiere und die Beschaffenheit des dazu verliehenen Werckzeuges mehr einsehen lerneten. Es braucht aber auch das weibliche Geschlechte zu diesem wichtigen Wercke nicht mehr als diesen vierfachen Werckzeug. Denn wenn sie empfangen soll / muß sich der Saame des Mannes in die Mutter ergiessen und wenigstens

zeuge dem Weiblein zur Erzeugung ihres gleichen gegeben sind.

nigstens ein Saamen-Thierlein durch die
Mutter-Trompete nebst einem subtilen
Hauche von dem Saamen zu einem Eyerlein gebracht werden/ damit es fruchtbar
und vergrössert wird/ sich loßreisset und
aus dem Eyer-Stocke in die Mutter kommet (§. 440. & seqq. Phys.). Und demnach ist ein Werckzeug nöthig/ daß sich der
Saame an gehörigen Ort ergiessen kan/
und der Mutter-Mund muß so beschaffen
seyn/ daß er ihn wohl aufnehmen und ein-
saugen kan. Es ist auch ein Werckzeug
nöthig/ wodurch das nöthige von dem
Saamen zu dem Eyer-Stocke und das
fruchtbahr gemachte Eyerlein in die Mutter gebracht werden kan. Ja endlich ist
auch ein Werckzeug nöthig gewesen/ wodurch die Frucht zu ihrer Bildung und ihrem Wachsthum Nahrung erhielte/ biß
sie zur Geburt geschickt wäre/ und wodurch die Lust zum Beyschlaffe erwecket
und unterhalten würde. Und demnach hat
GOtt in diesem Stücke alles gemacht/
wie es nur mag nöthig erachtet werden/
wenn man das gantze Werck genau überleget. Denn damit die Frucht in Mutter-
Leibe von der Mutter Blut zu seiner Nahrung erhalten kan; so muß dieselbe durch
den **Mutter-Kuchen** (*placentam uteri-
nam*) an die Gebähr-Mutter anwachsen
und der Mutter-Kuchen muß zugleich mit
der

der Mutter wachsen/ damit daraus durch
die Nabel-Schnure Blut gnung zu der
Frucht im Eyerlein gebracht werden mag.
Es scheinet zwar bey den Thieren/ die nur
Eyer legen und ihre Jungen nicht lebendig
zur Welt bringen/einiger Unterscheid zu seyn:
Allein bey dem Unterscheide ist doch auch eine
grosse Aehnlichkeit/wie sich vielleicht an einem
andern Orte wird besser ausführen lassen.

§. 200. Die Mutter dienet auch zur
monatlichen Reinigung der Weiber/ indem
durch sie das Blut abgeführet wird / welches in dem Leibe überflüßig ist. Denn
weil die Weiber/ wenn sie schwanger ge-
hen/ vieles Blut brauchen die Frucht in
der Mutter zu ernähren; so wird auch in
ihnen mehr Blut erzeuget/ als sie vor sich
brauchen / so bald sie mannbahr werden.
Unterdessen da sie nicht immer schwanger
sind und gleichwohl das übermäßige Blut
im Leibe nichts nutze ist / indem es viele
Kranckheiten verursachen würde/ wie man
siehet/ daß aus der Verstopffung der Zeit
erfolget; so hat zu Zeiten das überflüßige
Geblutte müssen abgeführet werden. Derowegen weil dasselbe seinen Weg zur Mutter hat/ wo man es braucht/ wenn ein
Weib schwanger ist; so findet es auch daselbst seinen Ausgang. Und da nicht alles Blut/ wenn die Frucht klein ist/ bey
ihr gleich angewandt werden mag; so wird

Wie die Mutter zur weiblichen Reinigung dienet.

es

es zugleich zur Vergrösserung der Gebähr-
Mutter gebraucht (§. 194.). Man kan
zwar nicht in Abrede seyn/ daß viele davor
halten/ als wenn das Blut zur Zeit der
monatlichen Reinigung nicht aus der Mutter; sondern vielmehr nur aus der Scheide käme: Allein *Littre*, welcher dieses mit
möglichem Fleisse untersucht/ hat es allerdings gefunden/ daß es nicht bloß aus der
Scheide/ sondern aus der Mutter selbst
kommet (a). Denn wenn er in Weibs-
Personen/ welche gestorben/ indem sie ihre Zeit gehabt/ die Gebähr-Mutter eröff-
net/ so hat er sie nicht allein dicker als
sonst gefunden/ sondern die Blut-Gefässe
sind auch sehr voll gewesen/ dergestalt daß
aus einigen das Blut in die innere Höhle
der Mutter hinein geronnen. Uberdieses
ist Gebähr-Mutter über und über mit kleinen Löchleinen gleichsam übersäet gewesen/
daraus Blut geflossen/ so bald man die
Mutter gedrückt hat. Wenn Weiber ge-
storben/ indem sie schwanger gewesen/ hat
man diese kleine Löchlein mit blossen Augen
kaum sehen können/ und wenn man die
Gebähr-Mutter von aussen gedruckt/ so ist
nicht mehr Blut/ sondern eine weisse Feuchtigkeit wie Milch heraus kommen. Weibs-
Perso-

(a) Histoire de l' Acad. Roy des Scienc.
A. 1722. p. 15. edit. Parif.

Perſonen/ die weder die Zeit gehabt/ noch
ſchwanger geweſen/ wenn ſie geſtorben/
haben keines von beyden gehabt.   Die
Löchlein ſind faſt gar nicht zu ſehen gewe=
ſen und/ wenn man die Mutter gedruckt/
iſt nur gantz wenig helles Waſſer heraus=
gefloſſen.   Unerachtet nun meines Erach=
tens hieraus gewiß gnung iſt/ daß die mo=
natliche Reinigung aus der Mutter kom=
met; ſo gehet es doch um ſo viel eher an/
daß/ wo nicht beſtändig/ doch unterwei=
len das Blut zugleich aus der Scheide her=
vor quillet/ ie mehr Exempel vorhanden/
daß auſſerordentlicher Weiſe die monatli=
che Reinigung ſo gar in ſolchen Gliedern
oder Theilen des Leibes geſchehen/ wo man
dergleichen nicht vermuthen ſolte.   Und es
ſcheinet wohl am glaublichſten zu ſeyn/
daß/ wenn wehrender Schwangerſchafft
Weiber noch ihre Zeit haben/ dieſelbe
nicht aus der Mutter/ ſondern bloß aus
der Scheide kommet/ weil bekandt/ daß
die Mutter wehrender Schwangerſchafft
ordentlicher Weiſe verſchloſſen iſt.   Je=
doch wie ſie ſich unterweilen im Beyſchlaffe
eröffnet/ daß dadurch eine ſuperfœtation
oder böſe Frucht kommet; ſo könnte es auch
wohl ſeyn/ daß ſie ſich der monatlichen
Reinigung zu gefallen öffnete : Welches
aber um deswillen nicht ſo leicht zu vermu=
then/ weil ſie gar zu lange müſte offen ſte=
hen.

hen. Weil nun der Mutter = Mund weh=
render Zeit offen stehet; so pflegen auch die
Weibs = Personen bald darauf/ wenn sie
erst vorbey ist/ leichter zu empfangen/ als
zu einer andern.

Das 7. Capitel.
Von den Theilen/ die zur Bewegung dienen.

§. 201.

Gegen=
wärtiges
Vorha=
ben.

Je Leiber der Menschen und Thiere
sind auch so zubereitet/ daß sie zur
Bewegung und zu Veränderung
der Stellungen aufgeleget sind (§. 2.) und
dieses ist zu ihrer Erhaltung nöthig (§.10.).
Wir müssen demnach noch untersuchen/
was der Leib vor Theile hat/ die hierzu die=
nen/ damit wir erkennnen/ zu was für
Bewegungen und Posituren er aufgeleget
ist und was dabey für Vortheil Menschen
und Thiere haben. Es ist nicht zu leug=
nen/ daß/ wenn wir diese Bewegungen
und Stellungen genauer einsehen wollen/
solches ohne die Mathematick nicht gesche=
hen mag/ wie es das gelehrte Werck aus=
weiset/ welches der berühmte Mathematicus und Medicus, *Johannes Alphonsus Borellus*, von der Bewegung der Thiere ge=
schrieben: allein wir wollen jetzt mehr da=
rauf

auf gehen / daß wir zeigen / zu was für Bewegungen und Stellungen die Thiere aufgelegt sind / was sie dazu für Theile im Leibe
erhalten / und was sie davon für Nutzen
haben / als daß wir umständlich und in
Deutlichkeit ausführen / wie es möglich ist/
daß sie sich auf solche Art bewegen und solche Stellungen annehmen können.   Wir
sind vergnügt / wenn wir das letztere nur
in so weit einsehen / als es aus Betrachtung
der Theile ohne Hülffe der Mathematick
geschehen kan / maassen wir die mathematische Erkäntnis in unseren deutschen
Schrifften gantz bey Seite gesetzet.

§. 202.   Die Füsse sind Menschen und
Thieren gegeben / daß sie feste stehen und
sich von einer Stelle in die andere bewegen
können.   Ein Mensch hat zwey Füsse / damit er desto gewisser stehen kan: denn auf
einem Fusse stehet man nicht gewis.   Der
Grund darvon ist zwar in der Statick zu suchen (§. 51. Mech.): allein man kan es
doch auch ohne dieselbe ziemlich begreiflich
machen.   Wenn wir nur auf einem Fusse
stehen; so ruhet die gantze Last des Leibes
auf einem Fusse und wir sind einem Cörper
zu vergleichen/der nicht einen breiteren Fuß
als unsere Fuß-Sole hat.   Hingegen wenn
wir auf zwey Füssen stehen; so ruhet nicht
allein die Last des Cörpers auf zwey Füssen /
sondern wir sind wie ein Cörper anzusehen/

Nutzen der Füsse.

der auf einem Fuſſe ruhet/ welcher ſo groß
iſt wie der gantze Raum von beyden Fuß-
Solen und zwiſchen den Füſſen/ welcher
letztere/ ſonderlich wenn die Füſſe weit von
einander ſtehen/ noch gröſſer iſt als der er-
ſtere. Nun weiß ein jeder aus der täglichen
Erfahrung/ wenn er auch gleich nicht den
Grund davon aus der Statick einſiehet/
daß der Cörper gewiſſer ſtehet/ der einen
breiten Fuß hat/ als der einen kleinen hat/
als wie z. E. eine Kanne gewiſſer ſtehet als
ein Becher. Derowegen iſt auch gar leicht
begreiflich/ daß man auf zwey Füſſen viel
gewiſſer ſtehen kan als auf einem. Es
ſind aber die Füſſe beweglich/ dergeſtalt
daß wir ſie nicht allein weit von einander
bringen/ ſondern auch vor- und hinterwarts ſetzen können/ damit wir den gewiſſen Stand nach Erfordern der Umſtände
einrichten können/ nachdem wir entweder
vorwarts/ oder hinterwarts/ oder nach
der Seite gewis ſtehen ſollen. Und es iſt
merckwürdig/ daß wir uns darnach achten/
ob wir gleich nicht acht darauf haben/ ja
auch ſelbſt es nicht verſtehen. Denn wenn
man einen rückwarts werffen wil/ ziehet
man den einen Fuß gleich zurücke/ damit
man hinterwarts feſte ſtehet. Wir haben
aber auch zwey Füſſe nöthig/ damit wir
gehen können. Denn indem wir fort gehen/
muß der Leib jederzeit auf einem Fuſſe ruhen/

indem

indem wir den andern frey durch die Lufft
durch bewegen.   Hätten wir nur einen Fuß;
so müsten wir fort hüpffen: denn wenn wir
aus einem Orte in den andern fort wollten/
müste der Leib gantz in der Lufft schweben/
indem er vor sich fortgerücket würde/ und
nach diesem durch seine Last wieder nieder gelassen werden/ daß er auf dem Fuße ruhete.
Dieses wäre eine höchst beschweerliche und
gefährliche Art fort zukommen/ wenn auch
alles auf das beste eingerichtet würde:
welches ich jetzt eben nicht auszuführen ge-
sonnen bin.   Es hat aber auch der Mensch
nicht mehr als zwey Füsse von nöthen ge-
habt/ weil er aufgerichtet gehen und stehen
sol: da hingegen die Thiere/ welche nicht
aufgerichtet gehen und doch eine grosse Last
des Leibes haben/ auch zu lang sind/ als
daß ihr Leib auf zwey Füssen gewis stehen
und im Gehen gar auf einem ruhen könte.
Das Geflügel/ welches nur zwey Füsse hat/
hat einen kurtzen Leib/ wenn es auch gleich
groß ist/ als ein Strauß/ Storch und
Schwan/ und hingegen sehr breite Füsse/
damit es im Gehen die Last des Leibes erhalten kan.   Es findet sich aber bey diesen ein
grosser Unterscheid in Füssen/ nachdem sie
es nöthig haben.   Z. E. die Vögel/ welche auf den Bäumen sitzen und schlaffen/
müssen sich anhalten können/ damit sie gewis sitzen.   Derowegen sind ihre Füsse ge-

thei-

theilet in Krallen/ die sie nicht allein
ausbreiten/ sondern auch krümmen und sich
damit anhalten können. Da die Thiere
keine Hände/ wie die Menschen haben/
damit sie das Nöthige verrichten können;
so müssen sie auch die Füsse zu ihren Verrichtungen brauchen. Z. E. ein Huhn brauchet seine Füsse zum Scharren/ eine Ente
ihre zum Schwimmen/ ein Bär seine
Tatzen sich damit zu wehren und so weiter
fort. Derowegen sind auch ihre Füsse dergestalt zugerichtet/ daß sie zu diesen Verrichtungen aufgeleget sind. Ja sie haben
zugleich selbst einen Trieb sie so zu bewegen/
wie es die Verrichtungen erfordern/ dazu
sie aufgeleget sind/ ohne daß sie es von andern lernen. Wenn ein junges Hühnlein/
so bald es herauskreucht und unter der Henne nur trocken worden ist/ von ihr weggenommen wird; so scharret es schon mit den
Füssen in dem Hiersen/ den man ihm vor-
wirfft/ ehe es von der Glucke gesehen/ daß
sie bey dem Essen scharret. Gleichergestalt
wenn Enten von einer Henne ausgebrüttet
worden und kaum ausgekrochen/ lauffen
sie ins Wasser und schwimmen darinnen/
ohne daß sie es von einer alten Ente gesehen.
Und wir dörffen uns darüber um so viel weniger wundern/ je mehr wir auch selbst bey
uns dergleichen Bewegungen antreffen/
die nach den Regeln der Mechanick und

Sta-

Statick geschehen / ohne daß wir daran dencken und sie verstehen / ja auch selbst nicht
einmahl wissen / daß sie geschehen / unerachtet sie von der Art derer sind / welche dem
freyen Willen der Seele unterworffen seyn
und von ihr so und nicht anders würden bewerckstelliget werden / wenn wir mit der
allervernünfftigsten Uberlegung dieselbe be-
schliessen sollten. Ich habe kurtz vorher ein
Exempel von dem gewissen Stande gegeben /
da wir die Füsse setzen / wie es dazu nöthig
ist / ohne daß wir daran gedencken / oder
auch selbst wissen / nachdem es geschehen /
wie wir es gemacht haben. Dergleichen
Exempel verdienen Uberlegung für diejenigen / welche weiter nachzudencken geschickt
sind / und man lernet daraus / daß Menschen und Thiere weißlich handeln / das ist /
wie es ihrer Absicht / die sie haben oder haben sollten / gemäß ist / auch wenn sie es nicht
verstehen. Dadurch aber werden wir weiter geführet / nemlich zu GOtt / dem Urheber aller Dinge / durch dessen Weisheit alles
eingerichtet ist (§. 1041. Met.). Und demnach handeln Menschen und Thiere in diesem Falle nach der göttlichen Weisheit
und Vernunfft / dadurch sie zu solchen Bewegungen geschickt gemacht worden und
eine Krafft dieselbe zu gehöriger Zeit zu
vollbringen erhalten haben. Und daher ist
es kein Wunder / daß / wenn die Thiere

bey

bey der göttlichen Weisheit und Vernunfft
verbleiben/ die Menschen aber nach ihrer
eigenen verfahren/ es das Ansehen ge=
winnet/ als wenn die Thiere die Vernunft
besser zu gebrauchen wüsten als die Men=
schen.

Warum
der
Mensch
auffge=
richtet
gehet
und ste=
het.

§. 203. Der Mensch hat nur zwey
Füsse von nöthen/ weil er auffgerichtet ste=
het und gehet (§. 201.): allein es ist nun
weiter die Frage/ warum er aufgerichtet
gehen und stehen muß. Insgemein ant=
wortet man mit dem *Ovidio*, es sey deswe=
gen geschehen/ damit er den Himmel an=
sehen könne; wobey sich ein jeder nach die=
sem weiter erbauliche Gedancken machet/
nachdem es ihm seine Andacht giebt. Ob
wir nun gleich niemanden in seinen guten
Gedancken zu stöhren verlangen/ sie mö=
gen aus einer Quelle herfliessen/ aus wel=
cher sie wollen; so können wir doch des=
wegen nicht Irrthümern beypflichten/ da
wir die Sachen aus ihren Gründen zu er=
klären uns vorgenommen. Es ist nicht an
dem/ daß wenn man den Himmel anschau=
en sol/ man aufgerichtet gehen müsse: es
kan auch noch auf andere Art geschehen/
nemlich wenn nur der Hals mit dem Kopf=
fe in die Höhe stehet. Und wir haben ein
Exempel an dem Kameele/ welches seinen
Kopff erhabener träget als der Mensch/
und auch nach dem Himmel sich freyer als
er

er umſehen kan: Wer wollte aber ſagen/
das Kameel habe deswegen für andern
Thieren ſeinen Kopff erhaben/ damit es
ſich nach dem Himmel umſehen ſolle. Es
kan demnach dieſes nicht die wahre Abſicht
ſeyn/ warum GOtt den Menſchen ſo ge=
macht/ daß er aufgerichtet gehen und ſte=
hen ſol. Wir finden ſie aber ohne einige
Mühe/ wenn wir nur acht haben/ was
wir davon vor Vortheil ziehen/ den hin=
gegen die Thiere entbehren müſſen/ weil ſie
auf vier Füſſen gehen. Die Erfahrung
bekräfftiget täglich/ daß wir mit unſern
Händen gar vielfältiges täglich verrichten/
und dabey wir entweder gehen/ oder ſte=
hen/ oder aufgerichtet ſitzen müſſen/ und
ich werde bald hiervon umſtändlicher reden.
Die Thiere/ welche keine Hände haben/
ſind auch zu ſolchen Verrichtungen nicht
aufgeleget und haben keinen Kopff dazu.
Derowegen iſt ihnen auch nicht nöthig/
daß ſie aufgerichtet gehen und ſtehen. Hin=
gegen der Menſch muß aufgerichtet gehen/
ſtehen und ſitzen können/ damit er alles das=
jenige verrichten mag/ was nicht anders
als in dieſer Stellung des Leibes durch ſei=
ne Hände verrichtet werden mag. Und
ſo haben wir eine wichtige Urſache/ wa=
rum wir einen Leib haben/ der aufgerichtet
iſt/ da nemlich der Rücken=Grad ordentli=
cher Weiſe auf die Horizontal=Fläche per=

pendicu=

pendicular fället/ gleichwie er im Gegentheile bey den Thieren damit parallel lieget. Wir haben schon oben bey anderen
Gelegenheiten mehr als einmahl gefunden/
daß bey einem Gliede des Leibes verschiedene Absichten seyn können. Z. E. die
Zunge dienet zum Genuß der Speise und
des Tranckes; aber dessen ungeachtet dienet sie zugleich zum Reden. Derowegen
gehet es auch wohl an/ daß nächst der angeführten Ursache noch eine andere seyn
kan/ warum wir aufgerichtet gehen und
stehen. Wenn wir demnach ferner nach-
dencken/ was wir für Vortheil davon haben; so ist nicht zu leugnen/ daß wir uns
freyer umsehen können/ als wenn wir wie
die unvernünfftigen Thiere auf vier Füssen
gehen solten. Weil nun ein jeder Gebrauch/
der gut ist und uns in einen vollkommene-
ren Stand setzet/ unter die Absichten ge-
höret/ die GOtt von Ewigkeit bey unserem Leibe gehabt (§. 1029. Met.); so müssen
wir auch dieses darunter rechnen/ daß wir
uns frey umsehen sollen. Und in so weit
ist etwas wahres in der Meinung des Poe-
tens/ weil unter das freye Umsehen auch
das Anschauen des Himmels mit gehöret.
Sich frey umsehen können erstrecket sich
weiter/ als nach dem Himmel sehen/ und
finden sich bey dem Menschen mehrere Ge-
legenheiten/ da er von dem freyen Umsehen
auf

auf der Erde und in der Lufft Vortheil
ziehet / als daß er sich nach den Sternen
und der Sonne am Himmel umsiehet. A=
ber auch die Thiere / welche den Kopff auf
einem langen Halse tragen und sich frey um=
sehen können / haben gleichfals diese Be=
schaffenheit ihres Leibes erhalten / damit sie
sich frey umsehen können / unerachtet sie sich
aus andern Ursachen frey umsehen müssen
als der Mensch. Und demnach stehet uns
das Exempel der Thiere keines weges wie
dem Poeten entgegen: Denn wir finden
nicht allein bey den Menschen etwas meh=
reres als bey den Thieren / sondern auch
darinnen / wo die nächste Absicht bey Men=
schen und einigen Thieren überein kommet/
dennoch in der ferneren Absicht einen gar
grossen Unterscheid / wie es der Unterscheid
zwischen vernünfftigen und unvernünfftigen
Thieren erfordert.

§. 204. Da die Füsse zum gehen und
stehen Menschen und Thieren gegeben sind
(§.202.); so finden wir sie auch in allem so
eingerichtet / wie es diese Absicht erfordert.
Wir wollen zu erst die Füsse der Menschen
vornehmen und sie ein wenig in unsere Be=
trachtung ziehen. Die Füsse von den Schen=
ckeln biß an die Ferse haben eine ziemliche
Länge / und sind oben an dem Kopffe des
Schenckel=Beines beweglich / damit man
den ausgestreckten Fuß bewegen kan. Und

*Beson=
dere Be=
schaffen=
heit der
Füsse.*

Nn 5 dieses

dieſes dienet zum gehen. Denn weil der
gantze Fuß ſich ſteif und ausgeſtreckt bewegen läſſet/ ſo kan man den einen weiter
von dem andern fortſetzen/ indem die Laſt
des Leibes auf dem einen ruhet. Da nun
der Fuß lang iſt/ ſo kan man ihn weit
fortbrigen/ ohne daß die Schenckel oben
an der Scham gar zu weit von einander
kommen dörffen: welches ſonſt nöthig wä-
re/ wenn wir kurtze Füſſe oder Beine hätten und doch groſſe oder weite Schritte
thun wollten; aber dabey auch ſehr gefähr-
lich/ indem wir uns leicht was zerſprengen
könten und einen Bruch bekommen/ wenn
wir im Ausgleiten fielen. Ich nenne hier
mit den Anatomicis den Fuß den gantzen
Theil des Leibes oben von der Scham an
biß unten zu Ende des gantzen Leibes/ welchen man insgemein mit keinem allgemeinen Nahmen nennet/ unterweilen aber
wohl das Bein zu nennen pfleget: wiewohl
wir nach der gewöhnlichen Mund-Art den
Theil von der Scham bis an die Kniee das
dicke Bein; den von dem Kniee biß an
die Ferſe ſchlechter Dinges das Bein und
endlich das unterſte den Fuß nennen. Damit die Füſſe ſteif ſind und die Laſt des Leibes darauf gewis ſtehen kan/ ohne daß ſie
ſich biegen; ſo gehen ſtarcke Knochen durch/
als durch die Schenckel (*femora*), das
Schenckel-Bein (*os femoris*), durch das
Bein

Bein das Schienbein (*tibia*), durch
den Fuß gar viele Beine/ die wir nicht
alle ins besondere erzehlen wollen.　Es gehet aber der Knochen durch das dicke Bein
mit dem Schien-Beine nicht in einem
Stücke fort/ sondern in dem Kniee ist ein
Gelencke/ daß man das Schienbein so weit
zurücke beugen kan/ daß es mit dem Schenckel-Beine einen rechten/ ja gar einen spitzigen Winckel macht/ gleichwie sich auch
die Schenckel-Beine an dem Leibe gleicher
Gestalt lencken laßen.　Hierdurch sind wir
zum sitzen aufgelegt: denn wenn wir sitzen/
und zwar aufgerichtet/ so machen sowohl
die dicken Beine mit den Beinen/ als der
Leib mit den dicken Beinen einen rechten
Winckel: sitzen wir aber gebückt/ so macht
der Leib mit den Schenckeln einen spitzigen
Winckel und zwar viel/ oder wenig/ nachdem wir uns starck/ oder nur ein wenig
bücken: endlich wenn wir sitzen und die
Füße zurücke ziehen/ so machen die Beine
mit den Schenckeln/ oder die Schienbeine
mit den Schenckel-Beinen einen spitzigen
Winckel.　Wir sind auch hierdurch geschickt bequem aufzustehen.　Denn wenn
wir sitzen/ ruhet die gantze Last des Leibes
auf dem Stuhle/ darauf wir sitzen: Hingegen wenn wir stehen/ muß die Last des
Leibes auf den Fuß-Solen ruhen.　Nun
sind/ wenn wir sitzen/ der Leib und die
Schien-

Schienbeine um die gantze Länge der Schenckel von einander entfernet.   Derowegen
wenn wir auffstehen wollen/ muß der Leib
so weit herüber gebracht werden/ daß seine Länge bald in die Fuß-Solen fället/
worauf er ruhen muß/ so bald wir stehen.
Wäre mir erlaubet mathematische Beweise zu führen/ so könte ich solches aus den
Gründen der Statick mit Hülffe der Geometrie begreiflicher machen/ aber nur für
diejenigen/ welche die Mathematick verste-
hen/ so viel hierzu nöthig.   Wir rücken
demnach/ indem wir auffstehen wollen/ mit
den Schenckeln von dem Stuhle ab und
ziehen die Füsse gegen den Stuhl zurücke/
daß die Länge des Leibes wenigstens in die
Fersen fället.   Denn wenn der Leib aufgerichtet wird/ daß er mit den Füssen in eine Linie kommet; so lieget die Last gleich
auf den Füssen und ruhet der gantze Leib
auf den Fuß-Solen/ daß er kein Gewichte hinter sich behält/ wodurch er zurücke
fallen kan/ gleichwie zu geschehen pfleget/
wenn wir den Leib aufrichten wollen/ ohne
daß wir die Schenckel von dem Stuhle
weggebracht oder vorgeschoben und die
Füsse zurücke gezogen.   Endlich haben wir
auch im Gehen Vortheil davon.   Denn
indem wir gehen/ so wird der Fuß/ den
wir fortsetzen/ allzeit an dem Kniee etwas
gebogen/ damit die Fuß-Sole auf die
.Hori-

Horizontal-Fläche perpendicular nieder
tritt. Und dieses ist absonderlich von nö-
then/ wenn wir steigen/ wie wir denn
auch in diesem Falle den Fuß an dem Knie
mehr zu beugen pflegen/ indem wir den
Fuß höher setzen/ als wenn wir auf einer
ebenen Fläche gehen. Im Gegentheile wen
wir niedersteigen/ so wird der hintere Fuß
an dem Knie gebogen und zwar viel/ oder
wenig/ nachdem die Fläche viel oder wenig
erhaben ist. Und daher kommet es/ daß/
wenn die Fläche/ darauf wir herunter stei-
gen/ sehr jähe ist/ und der hintere Fuß an
dem Knie zu starck gebogen wird/ der Leib
nicht gnung darauf ruhen kan und daher
schon anfängt zu fallen/ ehe der fördere
auftritt/ folgends wir genöthiget werden
wider unseren Willen zu lauffen/ woferne
wir nicht fallen wollen. Weil wir im Gehen auf einem Fusse stehen müssen und die
gantze Last des Leibes auf ihm ruhet/ indem
wir fortschreiten; so hat die Fuß-Sole
breit seyn müssen: welches bey den Thieren
nicht nöthig ist/ die vier Füsse haben/ aber
doch bey den Zweyfüßigen gleichfals ein-
trifft. Da wir vor uns weggehen und
uns von vornen bücken/ wenn wir etwas
aufheben wollen; so stehen die Füsse auch
vorwarts/ damit es schweerer wird uns
vorwarts/ als rückwarts nieder zu werffen/
indem wenige Fälle sind/ da wir uber

Rücken

Rücken fallen können/ als da Gefahr ist
von vornen zu fallen. Es lässet sich dieses
aus den Gründen der Statick auf das al-
lerdeutlichste zeigen/ und daraus noch ferner erweisen/ daß der Leib viel gewisser ste-
het/ und wir viel sicherer fortgehen kön-
nen/ wenn die Füsse vorwarts sind/ als
wenn sie zu den Seiten angesetzt wären.
Wer der Statick unerfahren ist/ kan es
auch nur daher abnehmen. Wir wissen/
daß dasjenige gewisser stehet/ was auf einem breiten Fusse aufstehet/ als was nur
einen kleinen Grund hat/ darauf es ruhet.
Nun ist unstreitig/ daß/ wenn die Füsse vorwarts stehen/ wir einen viel grössern Raum
auf dem Erdboden einnehmen/ darauf wir
ruhen/ als wenn sie nach der Seite heraus
giengen. Und demnach dienet uns das erstere dazu/ daß wir gewisser stehen. Wen̄
wir bey den Thieren den Unterscheid der
Füsse untersuchen wollten/ so würden wir
noch viele Proben der göttlichen Weisheit
und Gütte finden/ daraus wir zu rühmen
Ursache hätten/ daß GOtt alles auf das
beste gemacht. Allein wir können uns in
diese Weitläufftigkeiten nicht einlassen/ da
uns ohne dem die Materie unter den Händen gewachsen und das Werck weitläuff-
tiger worden/ als wir anfangs Vorhabens waren.

§. 205.

§. 205 Damit nun aber unsere Füsse zu allen Bewegungen aufgeleget wären/ so sind sie mit gar vielen Mäusleinen verse= hen/ deren Verrichtungen von den Anato= micis aus ihrer Verknüpffung mit den Beinen/ die sie bewegen/ und der Lage der Fasern determiniret worden. Es finden sich an jedem Schenckelbeine das Lenden= Mäuslein (*Psoas*) und Darmbein= Mäuslein (*iliacus*) das Schenckelbein zu beugen oder vorwarts zu ziehen: die drey Bällen=Mäuslein (*glutæus major, me= dius, minor*) dasselbe zu strecken oder rück= warts zu ziehen: das viereckichte (*qua= dratus*) und das dreyfache (*trigemini*) um dasselbe auswarts zu ziehen; das drey= köpffige (*triceps*) um dasselbe einwarts oder ein Schenckelbein zu dem andern zu ziehen und die beyden Verstopffer (*obtu= rator internus & externus*) um es zu dre= hen. Da nun alle Bewegungen der Schen= ckel und alle Lagen/ die sie nöthig haben/ dadurch können bewerckstelliget werden/ so haben auch die Schenckelbeine so viele Mäuslein erhalten/ als ihnen nöthig wa= ren: Denn in allen Bewegungen wird das Schenckelbein entweder vorwarts oder rückwars gezogen/ oder eines wird ein= warts gegen das andere gezogen/ oder es wird nach der Seite auswarts oder ein= warts herum beweget und alle Verände=
rungen

rungē in der Lage der Schenckel-Beine müssen durch diese Bewegungen geschehen. Es ist wohl freylich wahr / daß unterweilen zwey Bewegungen zugleich geschehen: allein alsdann sind auch die dazu gehörigen Mäuslein zugleich in Verrichtung. An den Schienbeinen werden angetroffen das zweyköpffige Mäuslein (*musculus biceps*), das halbhäutige (*semimembranosus*), das halbsehnadrige (*seminervosus*) und das geschlancke (*gracilis*), welche das Schienbein beugen oder hinterwarts zurücke ziehen / damit es mit dem Schenckel-Beine einen Winckel macht; das starcke Mäuslein (*musculus rectus*), das Schenckel-Mäuslein (*cruralis*) und die beyden ungeheuren (*vastus internus & externus*), durch deren Hülffe das Schienbein ausgestreckt oder vorwarts beweget wird; das Schneider-Mäuslein (*musculus sartorius*), welches das Schienbein gegen den andern herüber nach der Seite beuget oder einwarts ziehet / und endlich das bandförmige (*musculus membranosus*) und das Kniescheiben-Mäuslein (*poplitæus*), welche das Schienbein von dem andern weg nach der Seite beugen oder es auswarts ziehet. Da nun alle Bewegungen des Schienbeines und alle Lagen / die es nöthig hat / dadurch sich bewerckstelligen lassen / so haben auch die

Schien-

Schienbeine so viel Mäuslein erhalten als
ihnen nöthig waren. Denn in allen Bewegungen wird das Schienbein entweder
gebogen/ oder ausgestreckt/ oder einwarts
oder auswerts gezogen und alle Veränderungen in der Lage des Schienbeines müssen durch diese Bewegung erhalten werden.
An dem Fusse (wie man das Wort in ge-
meinem und engerem Verstande nimmet)
sind zugegen das vördere Schienbein-
Mäuslein (*tibiæus anticus*) und das vördere Stieffel-Mäuslein (*peronæus anticus*), welche den Fuß vorwerts bewegen
oder beugen; die beyden Waden-Mäus-
lein (*suralis internus & externus*, oder
gastrocnemii), von denen der erstere auch
solæus, der andere *gemellus* genannt wird)/
um den Fuß zu strecken/ oder rückwerts
zu bewegen; das Fußsohlen-Mäuslein
(*musculus plantaris*) um den Fuß hohl zu
machen/ und endlich das hintere Schien-
bein-Mäuslein (*tibiæus posticus*) und
das hintere Stieffel-Mäuslein (*peronæus posticus*) um den Fuß ein- und auswarts zu bewegen. Da nun alle Bewegungen des Fusses und alle Lagen/ die sie
nöthig haben/ sich dadurch bewerckstelligen
lassen/ so haben auch die Füsse so viele
Mäuslein bekommen/ als ihnen nöthig
sind. Denn sie werden entweder gebogen/
oder ausgestreckt/ oder aus- und einwerts

(*Physik. III.*)   Oo   bewe-

beweget/ und durch diese Arten der Be=
wegung werden sie in alle Lagen gebracht/
die sie annehmen können. Endlich da auch
die Zehen beweglich sind/ so haben sie gleich=
fals ihre Mäuslein erhalten/ dadurch sie
ihre Bewegungen vollbringen können. Es
befinden sich demnach an jedem Fusse das
tiefe (*perforans*, *flexor magnus*) und das
erhabene Mäuslein (*perforatus*, *flexor
minor*) um die vier kleinen Zehen zu beu=
gen/ denn die grosse Zehe hat dazu ihr ei=
gen Mäuslein/ welches aber keinen beson=
deren Nahmen erhalten; die vier **würmi=
gen Mäuslein** (*musculi lumbricales*),
welche an dem ersten Gliede die vier klei=
nen Zehen beugen/ gleichwie das tiefe an
dem dritten und das erhabene an dem an=
dern; das **lange und kurtze ausdehnen=
de Mäuslein** (*flexor longus & brevis*),
davon das erstere alle vier kleine Zehen in
allen vier Gliedern zugleich/ das andere
aber eben dieselben hauptsächlich in dem
mittleren Gliede dehnet/ denn die grosse
Zehe hat abermahls ihr besonderes Mäus=
lein dazu erhalten/ welches keinen beson=
deren Nahmen bekommen und durch be=
sondere Flechsen oder Sehnen jedem Glie=
de angeheftet ist; die **äusseren und in=
neren Zwischen=Knochen=Mäuslein**
(*interossei interni & externi*), wodurch die
Zehen nach der Seite von und gegen ein=
ander

ander beweget werden/ und endlich das
wegziehende Mäuslein so wohl der
grossen Zehe (*abductor pollicis*, *thenar*),
als der **kleinen** (*abductor minimi digiti*),
wodurch die grosse und kleine Zehe von den
übrigen nach der Seite weg beweget wird.
Man siehet hier/ wie vorhin/ daß die Ze=
hen gleichfals so viele Mäuslein erhalten/
als ihnen zu allen Bewegungen/ die sie von
nöthen haben/ dienlich sind.

§. 206. Es wäre von dieser Materie Warum
noch gar vieles zu sagen/ wenn wir alles dieses
nach der uns sonst gewöhnlichen Art zur nicht
völligen Deutlichkeit bringen wollten. Deñ weiter
wenn wir begreiffen wollten/ daß die Mäus= führet
lein/ welche wir angeführet/ würcklich die= wird.
se Bewegungen verrichteten/ die wir ih=
nen zugeeignet; so müsten wir solches aus
ihrer Befestigung an den Knochen und der
Lage der fleischernen Fasern zeigen. Es ist
gewis/ daß die Mäuslein die Theile be=
wegen/ daran sie befestiget sind/ indem
sich die fleischernen Fasern verkürtzen (§.
51.) und das Mäuslein/ welches einen
Theil des Leibes beweget/ entspringet aus
einem andern anliegenden/ der in der Ver=
richtung unbeweglich verbleibet/ und ist
zugleich mit dem Schwantze an den Kno=
chen befestiget/ den es beweget. Wenn
man demnach auf die Lage des gantzen
Mäusleins und seine Befestigung an den

Knochen

Knochen acht hat; so kan man daraus er-
kennen/ welchen Theil er beweget. Wenn
man auf die Lage der fleischernen Fasern sie-
het/ so lässet sich begreiffen/ nach welcher
Gegend durch ihre Verkürtzung der Theil
beweget wird und also die Art der Bewegung determiniren. Aus der Art der Bewegung ersiehet man die Art der Lage/ darein sich das Glied bringen lässet. Aus
diesen allgemeinen Gründen lässet sich in
einem jeden besonderen Falle begreiflich
machen/ was für ein Glied ein jedes Mäuslein beweget/ was für eine Art der Bewegung es hervor bringet und in was für
eine Lage es durch diese Bewegung gebracht
wird. Man siehet nun leicht/ daß/ wenn
ich dieses von einem jeden Mäuslein ins
besondere ausführen sollte/ die Arbeit ziemlich weitläufftig fallen würde. Ich lasse
mich demnach begnügen/ daß ich gewiesen/
wie man vor sich selbst finden kan/ was
ich der Kürtze halber weglassen muß. In
den Anatomischen Schrifften findet man
die Lage der Mäuslein und ihre Befestigung
an den Knochen/ auch die Lage ihrer fleischernen Fasern beschrieben/ und/ wer
sichs selber in Anatomien zeigen lässet/
wird von der Richtigkeit versichert. Derowegen darf man nur dazu die allgemeinen Gründe anwenden/ so wird man den
völligen Beweis haben/ dadurch man in
alles

aller Deutlichkeit die Verrichtungen der
Mäuslein einsiehet/ die man ihnen zueignet. Und in der That ist auch dieses der
Weg/ wodurch man die Verrichtungen
der Mäuslein heraus gebracht/ und den
ich oben gegangen bin/ wo ich dieselben
umständlicher ausgeführet. Z. E. bey den
Füssen hat die Erfahrung gewiesen/ zu
wie vielerley Bewegungen sie aufgeleget sind.
Derowegen da man gewust/ daß die Mäuslein die Bewegungen bewerckstelligen; so
hat man in der Anatomie nachgesehen/ welche durch ihre Lage und Befestigung an
den Knochen und durch die Lage ihrer Fasern geschickt sind diese oder jene Bewegung
hervor zu bringen. Wir finden zwar/ daß
Winslow (a) vorgiebet/ als wenn die Anatomici bisher die Verrichtungen der Mäuslein nicht richtig gnung determiniret hätten: allein bey denen Verbesserungen/ die
er vornimmet/ gehet er auch auf keinem
andern Wege/ als den wir erst angewiesen. Und demnach können wir es hierbey
bewenden lassen. Es ist aber auch noch
ein anderer Punct in dieser Materie übrig/
der sich noch weiter ausführen liesse. Nemlich da GOtt kein Vermögen dem Menschen für die lange Weile gegeben (§. 1049.

Oo 3   Met.)

(a) Memoires de l' Acad. Roy des Scienc.
A. 1720. p. 85. & seqq. edit. Par.

Met.); so muß auch jederzeit ein Grund
vorhanden seyn/ warum er dem Leibe ein
Vermögen ertheilet sich auf diese und eine
andere Art zu bewegen.   Und demnach
sollte man nicht allein diesen Grund unter=
suchen/ sondern auch ferner zeigen/ wie er
mit den allgemeinen Absichten/ die GOtt
bey dem Menschen gehabt/ zusammen
stimmet.   Allein dieses gehöret in die Wis=
senschafft von der Vollkommenheit der
Dinge (§.708.Met.), davon wir vielleicht
zu anderer Zeit Proben geben werden.

Nutzen des Rü=cke=Gra=des.

§. 207.   Damit der Ober=und Unter=
Leib nebst dem Kopffe aufgerichtet stehen
kan/ wir mögen stehen/ oder gehen/ oder
aufgerichtet sitzen; so gehet von dem Kopf=
fe an biß durch den gantzen Rumpff der
Rück=Grad/ jedoch damit man den Leib
auch wenden und nach erfordern beugen
kan; so bestehet der Rücke=Gradt aus Ge=
lencken oder Wüerbel Beinen (*vertebris*).
Wir wenden unterweilen den Hals um
nach der Seite zu sehen/ indem der übrige
Leib unverrückt stehen bleibet: und in die=
sem Falle kommen uns die **Würbel=Bei=
ne am Halse** (*vertebra colli*) zu statten/
deren man sieben zu zehlen pfleget. Unter=
weilen beugen wir den Hals vorwarts um
nieder zu sehen/ unterweilen hinterwarts
um in die Höhe zu sehen: und in beyden
Fällen kommen uns abermahl die Würbel=
Beine

Beine am Halſe zu ſtatten. Alsdenn aber
fället es auch bequem / daß lieber viele und
kleine / als wenige und groſſe Würbel
ſind / abſonderlich wenn wir den Hals zugleich beugen und wenden / als wenn wir
nach der Seite niederwarts / oder nach der
Seite in die Höhe ſehen. Gleichergeſtalt
wenden wir unterweilen den Leib nach der
Seite / indem die Füſſe gerade und unverrückt ſtehen bleiben und in dieſem Falle
kommen uns die **Würbel-Beine am
Rücken** (*vertebra dorſi*) und die **Würbel-
Beine an den Lenden** (*vertebra lum-
borum*) zu ſtatten. Ingleichen beugen wir
uns unterweilen vorwarts; unterweilen
auch über den Rücken : und in beyden
Fällen haben wir gleichfals von beyden
Würbel-Beinen Vortheil ; ingleichen
kommet uns ihre Menge zu ſtatten / maaſſen am Rücken zwölffe / an den Lenden
fünffe gezehlet werden. Eben deswegen
ſind die oberen Würbel-Beine kleiner als
die unteren / abſonderlich ſind die am Halſe die allerkleineſten : Hingegen ſind die
unterſten an den Lenden nicht ſo feſte an einander und laſſen ſich leichter als die andern
bewegen / damit wir uns deſto mehr beugen können / indem wir in gar vielen Fällen den Leib an den Lenden mehr beugen
müſſen als an dem Rücken / es mag ſolches entweder vorwarts / oder über den

Rücken

Rücken geschehen. Und wir sehen an den
Seil-Täntzern und anderen/ die sich in
ungewöhnlichen Wendungen des Leibes
üben/ daß wir vermittelst der Würbel-
Beine uns stärcker zu beugen geschickt sind/
als insgemein zu geschehen pfleget/ wo keine Ubung dazu kommet. Da der Ober-
Leib eine Höhle haben muß/ die nicht wie
im Unter-Leibe zusammen fället/ wenn
nichts von innen vorhanden/ was ihn auf-
treibet (§.129.); so dienet der Rück-Grad
auch dazu/ daß zu dieser Absicht die Ribben daran können befestiget werden. Und
demnach sind am Rücken so viel Würbel-
Beine/ als wir Ribben auf einer Seite
haben/ nemlich zwölffe. Weil das Rücken-Marck durchgehen muß/ damit die
Nerven daraus durch den Leib sich bequemer vertheilen lassen (§.179.): so sind die
Würbel-Beine insgesammt inwendig hohl.
Und dadurch hat der Rück-Gradt noch
ein anderes Ambt erhalten/ daß er nemlich das Rücken-Marck/ daran so viel
gelegen ist/ weil ohne die daher geleitete
Nerven keine Bewegung in dem Leibe stat
findet (§. 31.)/ verwahret/ damit es keinen Schaden nehmen kan: Denn sonst
wäre gnung gewesen/ wenn es inwendig
innerhalb dem Leibe bloß an dem Rücken-
Grade herunter gienge. Unterdessen daß
das Rücken-Marck in der Bewegung des
Rücke-

Rücke-Grades nicht Schaden nehmen kan/
sondern von dieser Bewegung nichts empfindet; so sind die Würbel-Beine nicht
allein eingelenckt sowohl von innen durch
eine seichte Einlenckung/ als auch von aussen durch eine wechselsweise Einlenckung;
sondern sind auch von innen durch Hülffe
eines Knorpels verwachsen/ damit man
sich nicht zu starck beugen kan/ weil man
mehrere Gelegenheit hat sich vorwarts/ als
überrücks zu beugen/ und ist sowohl von
innen ein dickes und starckes/ von aussen
aber ein häutiges Band/ damit wir uns
stärcker vorwarts/ als überrücks beugen
können. Endlich sind die Würbel-Beine
mit Fortsätzen (*processibus*) versehen/ damit die Mäuslein vermittelst ihrer Flechsen
daran können befestiget werden/ die zur
Bewegung der anliegenden Theile dienen.
Es liesse sich hier noch verschiedenes in weitere Betrachtung ziehen/ wenn wir alles
Haarklein zu untersuchē Vorhabens wären.
Und insonderheit wäre auch mit darauf zu
sehen/ wie bey denen verschiedenen Absich-
ten/ die GOtt bey dem Rück-Grade ge-
habt/ alles so eingerichtet worden/ daß
keine der andern entgegen oder hinderlich
ist: Wovon schon in etwas eine Probe
darinnen gegeben worden/ daß die Beu-
gung dem Rücken-Marcke nicht nachtheilig ist.

§. 208.

Gebrauch der Hände und Armen. §. 208. Die Hände und Armen dienen uns zu gar vielfältigen Verrichtungen/ welche aus der Erfahrung zur Gnüge erkandt werden/ aber wegen ihrer Menge sich mit wenigen Worten nicht erzehlen lassen. Alle diese Verrichtungen geschehen vermittelst der Bewegungen/ die durch Hände und Armen können bewerckstelliget werden/ und der Mensch kan durch diese Bewegungen so vielerley verrichten/ weil er mit einer vernünfftigen Seele begabet ist. Eben deswegen hat er Hände bekommen/ damit er dasjenige damit verrichten könnte/ was zur Nothdurfft/ Bequemlichkeit und Vergnügung des menschlichen Lebens gehöret/ da hingegen die Thiere keine haben/ weil sie ohne Hände verrichten können/ was sie zu Erhaltung ihres Lebens und ihres Geschlechtes zu verrichten nöthig haben. Uns ist gnung/ wenn wir untersuchen/ was für Bewegungen der Armen und Hände möglich sind/ und wie sich dieselben bewerckstelligen lassen. Der Arm lässet sich ausstrecken und dadurch sind wir geschickt in die Weite zulangen/ ohne daß der Leib von seiner Stelle kommen darf/ sondern unverrückt da verbleibet/ wo er ist: welches in gar vielen Fällen sich ereignet/ da wir weit zu langen von nöthen haben/ ohne daß wir wegen einiger im Wege stehender Sachen/ oder auch wegen der Lage des

des Cörpers / die wir entweder nicht ändern dörffen / oder der Bequemlichkeit halber nicht zu ändern verlangen / den Leib
näher hin zubewegen.   Wir können den
Arm gerade in die Höhe mit dem Rück-
Grade parallel erhöhen / daß die Hand
weit über den Kopff hervor langet / und
diese Bewegung brauchen wir / wenn wir
nach etwas in der Höhe langen müssen.
Es lässet sich aber auch der Arm ausgestreckt nieder legen / daß er gleichfals mit
dem Rück-Grade parallel ist und die Hände niederwarts gegen die Jüsse gehen : welche Bewegung uns zu statten kommet /
wenn wir niederwarts langen sollen.   Da
wir nun den Arm sowohl in die Höhe / als
in die Tieffe so weit bringen können / biß
er mit dem Rück-Grade parallel wird /
wenn wir entweder aufgerichtet stehen / oder
sitzen / oder ausgestreckt liegen; so lässet
er sich in einem halben Circul bewegen und
kan darinnen in einen jeden Grad gebracht
werden / daß er seitwarts in der Höhe und
in der Tieffe nach etwas langen kan. Man
kan aber auch den Arm gegen den Rücken
zu um und gegen die Brust herum bewegen. Und diese Bewegung kommet uns
zu statten / wenn wir entweder nach der
lincken / oder nach der rechten Seite etwas
zu langen haben.   Es ist aber der Arm
getheilet und hat demnach zwey Theile / darinnen

rinnen in dem oberen das **Achsel-Bein**
(*os humeri*) und am unteren der **Ellbogen**
(*ulna, cubitus*) mit der **Ellbogen-Röh-**
re (*radio*), als welche beyde Beine neben
einander liegen und zusammen ein einiges
Glied ausmachen/ damit wir nicht allein
den Arm in die Weite/ sondern auch in die
Nähe ausstrecken können/ maassen uns
dieses zu statten kommet/ wenn wir mit
der Hand weit zu langen nicht von nöthen
haben.   Wir können aber den vörderen
Theil des Armes eben so wie den gantzen
Arm bewegen/ das der obere oder hintere
Theil unbeweglich liegen bleibet/ nemlich
in die Höhe/ herunter in die Tieffe und zu
beyden Seiten.   Ja auch die Hand lässet
sich ohne beyde Theile des Armes gerade
ausstrecken/ und niederwarts/ aufwarts
und nach beyden Seiten bewegen/ welches
uns in unseren Verrichtungen bald hier/
bald da zu statten kommet.   Die Finger
haben gleichfals eine dreyfache Bewegung / denn man kan sie ausstrecken/
man kan sie gegen die flache Hand nieder beugen/ man kan sie nach beyden
Seiten bewegen.   Sie haben über dieses Gelencke/ damit sie sich nach der Krümme beugen lassen und man sie an die **mittle-**
re Hand (*metacarpum*) andrücken kan/
wodurch wir geschickt sind zuzugreiffen/ etwas in die Hände zu fassen und feste zu
halten.

halten. Alle diese Bewegungen sind aus
der Erfahrung klar/ indem ein jeder/ der
gesunde Gliedmassen hat/ gleich dieselben
bewerckstelligen kan/ wenn er es verlanget.
Und wer die Verrichtungen der Menschen/
welche sie mit den Händen und durch Hülffe der Armen verrichten/ deutlich erklären
wil/ der muß zeigen/ welche von diesen
Bewegungen stat finden und wie sie mit
einander abgewechselt werden. Alles/ was
wir mit den Händen verrichten/ kan nicht
anders als durch Bewegung der Hände/
Finger und Armen und vermittelst unver-
rückter/ oder unterweilen veränderter Lage
der besonderen Theile des Armes und der
besonderen Glieder der Finger geschehen.
Derowegen muß aller Unterscheid der Verrichtungen hierinnen gesucht werden. Es
ist wahr/ daß wir nicht in allen Verrichtungen biß dahin kommen dörffen/ indem
wir es hier wie in andern Fallen machen
müssen/ da die Begriffe zergliedert werden
($. 18. c. 1. Log.): Denn aus einfacheren
Verrichtungen entstehen endlich zusammen-
gesetzte/ aber indem man diese in die ein-
facheren auflöset/ so muß man doch zuletzt
in die Bewegungen der Hände/ Finger
und Armen verfallen. Es ist aber diese Zergliederung der Begriffe nicht ohne Nutzen:
denn auf solche Weise lässet sich eine Verrichtung mit blossen Worten einem anderen

ren beybringen und für die späten Nachkommen auf das vollständigste beschreiben.
Es würden über dieses hierdurch die Wör-
ter/ wodurch die Verrichtungen der Menschen angedeutet werden/ in ihre gebüh-
rende Schrancken eingeschlossen/ daß durch
keine Unbeständigkeit im Reden einige Irrung entstehen könnte.

§. 209. Damit nun alle diese Bewegungen des Achsel-Beines/ des Ellbogens/
der Hand und der Finger sich bewerckstelligen liessen/ so hat jeder Theil seine besondere Mäuslein erhalten. Denn besondere
Mäuslein hat zu seiner Bewegung das
Achsel-Bein/ besondere haben die Ellbogen/
besondere die Hand/ besondere die Finger/
weil öffters einer von diesen Theilen ohne
den andern/ öffters auch einer anders als
der andere beweget wird/ wenn sie gleich
mit einander zugleich beweget werden.
Nemlich die Bewegung des gantzen Armes
geschiehet vermittelst des Achsel-Beines.
An diesem Achsel-Beine sind befestiget das
dreyeckichte Mäuslein (*Deltoides*), das
Raben-Mäuslein (*Coracoideus*), das
Mäuslein über der Gräte (*Supraspi-*
natus) um den Arm in die Höhe zu heben; das **eingesenckte** (*subscapularis*),
das **breite am Rücken** (*antiscalptor*),
das **grosse rundte** (*rotundus major*) um
den Arm nieder zu ziehen ; das **kleine**
rundte

*Was für
Mäus-
lein zur
Bewe-
gung der
Armen/
Hände
und Fin-
ger dem
Menschē
gegeben
sind.*

rundte (*rotundus minor*) und das **unter
der Gräte** (*infraspinatus*) um den Arm
zurücke zu ziehen/ und endlich das **Bruſt-
Mäuslein**(*pectoralis*)um den Arm nach der
Bruſt zu herüber zu ziehen. Es hat demnach
der Arm ſo viele Mäuslein zu ſeiner Bewegung erhalten/ als Arten der Bewegungen
ihm nöthig ſind (§. 208.). Gleichergeſtalt
hat der Ellbogen an ihm befeſtiget das
zweyköpffige Mäuslein (*muſculum bi-
cipitem*) und das **innere Armen-Mäuslein** (*brachiæum internum*) um ihn zu beugen; das **äuſſere Armen-Mäuslein**
(*brachiæum externum*), und die beiden
Streck-Mäuslein/ das **lange** und das
kurtze (*extenſorem cubiti longum & brevem*) um den Ellnbogen oder den unteren
Theil des Armes auszuſtrecken; die **einwarts drehende Mäuslein** (*pronatorem*),
das rundte (*rotundum*) und das **viereckichte** (*quadratum*) um ihn einwarts zu
drehen und (*ſupinatores*) die **auswarts
drehende Mäuslein**/ nemlich das **lange**
(*longum*) und das **kurtze** (*brevem*) um ihn
auswarts zu drehen/ und zwar ſind dieſe
drehende Mäuslein an einem beſonderen
Beine/der Ellnbogen-Röhre oder Spindel/
befeſtiget/ damit ſich der untere Theil des
Armes deſto ſtärcker drehen läſſet/ weil
man ihn nöthig hat ſtärcker aus- und einwarts zu drehen als den oberen Theil des
Armes.

Armes. Damit man die Hand hohl machen
kan/ welches man braucht/ wenn man etwas darein fassen wil/ so ist dazu das flache Hand-Mäuslein (*musculus palma-*
ris) gegeben worden. Hingegen dienen
das innere Ellnbogen-Mäuslein (*cubi-*
taus internus) und das innere Spindel-
Mäuslein (*radiaus internus*) die Hand
zu beugen; das äussere Ellnbogen-
Mäuslein (*cubitaus externus*) und das
äussere Spindel-Mäuslein um die
Hand auszustrecken. Und demnach finden wir abermahls auch für die Hand so
viele Mäuslein/ als sie zu ihren Bewegungen von nöthen hat (§. 208.). Die
Finger sind nicht allein gantz/ sondern
auch in ihren besonderen Gelencken beweglich. Und demnach ist ein grosser Vorrath von Mäusleinen/ der ihnen zu Diensten stehet. Der Daumen (*Pollex*) hat
seine besondere zwey Mäuslein/ die ihn
beugen und ausstrecken/ und noch zwey
andere/ die ihn zu den andern Fingern
herüber ziehen und von ihnen weg auf die
Seite herüber bewegen. Es beuget ihn/
daß das obere Glied hernieder beweget
wird/ das Beuge-Mäuslein (*Flexor*
pollicis) und hingegen strecket ihn aus/ daß
eben dieses obere Glied mit dem unteren
eine gerade Linie macht/ das Streck-
Mäuslein (*extensor pollicis*). Hingegen
die

die drey Ziehe-Mäuslein (*Thenar*, *Hypothenar*, *Antithenar*) verrichten die übrigen Bewegungen und zwar die ersten beyde ziehen den Daumen an die übrigen Finger an/ das dritte aber ziehet ihn von den übrigen Fingern nach der Seite herüber. Damit die übrigen vier Finger sich beugen lassen/ so hat ein jeder von ihnen an dem ersten Gliede ein Wurm-förmiges Mäuslein (*musculum lumbricalem*), an dem andern Gliede wird in jedem Finger durch eine besondere Flechse das erhabene Mäuslein (*musculus sublimis*, *perforatus*) und auf gleiche Weise an dem dritten Gliede das tieffe Mäuslein (*musculus profundus*, *perforans*) befestiget. Damit eben dieselbe sich ausstrecken lassen/ so zertheilet sich die Flechse des grossen Streck-Mäusleins (*extensoris magni*) in vier Theile/ deren ein jeder an dem andern und dem obersten Gliede des Fingers befestiget. Damit man sie zusammen ziehen und feste an einander drucken kan; so sind sie mit den Zwischen-Knochen-Mäusleinen und zwar den inneren (*interosseis internis*) versehen: Damit man sie aber auch von einander bringen und die Hand ausbreiten kan/ so leisten dazu ihre Dienste die äusseren Zwischen-Knochen-Mäuslein (*interossei externi*). Nemlich durch die inneren werden sie gegen den

(Physik. III.)   Pp   Dau-

Daumen zu/ durch die äusseren von dem Daumen weg beweget. Endlich der Zeige=Finger (*index*) hat noch sein besonderes Mäuslein/ dadurch es ausgestrecket wird/ nemlich den Zeiger (*Indicatorem*), damit wir diesen Finger zum zeigen brauchen können. Und dieses ist die Ursache/ warum er sich allein starck ausstrecken lässet/ indem die übrigen alle niedergebogen sind: welches mit den andern nicht so wohl angehet. Ingleichen hat noch der **Ohr=Finger** oder der kleine Finger (*digitus auricularis*) sein besonderes Mäuslein erhalten/ damit wir ihn gleichfals ausstrecken können/ indem die übrigen liegen/ jedoch nicht so gerade wie den Zeige=Finger: welches auch nicht nöthig ist/ indem wir diesen Finger allein ausstrecken/ wenn wir das Ohre ausräumen wollen/ oder auch sonst mit einem Finger allein wohin zu fahren nöthig haben. Und in solchen Fällen lässet sich dieser Finger am bequemsten brauchen/ weil er der äusserste an der Hand ist und desto freyer von den übrigen Fingern sich abziehen lässet. Wenn wir alle die bisher erzehlten Verrichtungen der Mäusleinen ausführlich erweisen und begreiflich machen sollten; so würde dieses abermahls sehr weitläufftig fallen. Man kan sich aber mit der allgemeinen Anleitung zu dergleichen Beweisen vergnügen (§.206.)

und

und/ wenn man Luſt hat/ mit Hülffe der
anatomiſchen Schrifften/ oder vermittelſt
eigener Einſicht in die Anatomie/ die beſonderen Beweiſe daraus ſelbſt ziehen. Ich
erinnere auch hier einmahl fur allemahl/
daß diejenigen/ welchen es zu nichts die-
net/ daß ſie die Mäusleinen in dem menſchlichen Leibe mit beſonderen Nahmen nennen können/ gar nicht nöthig haben darauf acht zu geben. Es iſt ihnen gnung/
wenn ſie mercken z. E. daß GOtt dem Zei-
ge-Finger ſein beſonderes Mäuslein zuge-
ſellet/ damit wir ihn ausſtrecken können/
indem die übrigen alle liegen und niedergebogen ſind/ ohne einige Beſchweerde davon zu ſpüren/ und ſolchergeſtalt in dem
Stande ſind von fernen etwas dem andern zu zeigen/ wenn ſich dazu Gelegenheit
ereignet. Denn da wir hier weiter nichts
als GOttes Weisheit/ Macht und Gütte
nebſt ſeiner groſſen Erkäntnis aus unſerem
Leibe erkennen wollen (als welches meine
Abſicht bey gegenwärtigem Wercke iſt);
ſo kan uns der Nahme dazu nichts nutzen.
Vielmehr haben wir Nutzen davon/ wenn
wir uns angewöhnen bey allen vorkommenden Fällen/ wo wir bald dieſe/ bald
andere Bewegungen unſerer Glieder ge-
brauchen/ darauf acht zu haben/ wie es
uns zu ſtatten kommet/ daß wir dergleichen Bewegungen bewerckſtelligen können/

und

und wie wir im Gegentheile schlimm da=
ran seyn würden/ wenn sie zu bewerckstel=
ligen es uns unmöglich wäre. Denn hier=
durch lernen wir die Gütte GOttes schme=
cken und wird uns dieselbe desto mehr ein=
gepräget. Unterdessen habe ich es doch
auch nicht für rathsam gehalten die Nah=
men gantz weg zu lassen/ weil auch einige
dieses Buch lesen möchten/ denen es an=
genehm und nützlich ist die Nahmen zu wis=
sen.

Was die Linien in der Hand nutzen. §. 210. Wir treffen allerhand Linien
in den Händen an und unerachtet sich hier=
innen ein vielfältiger Unterscheid befindet/
so sind doch bey allen einerley Arten der Li=
nien und der Unterscheid ist nicht grösser als
er sich in einerley Art Theilen bey verschie=
denen Personen befindet. Es ist wahr/
daß da GOtt in der Natur nichts vergeb=
lich machet (§. 1049. Met.), auch diese Li=
nien zu einer gewissen Absicht dem Men=
schen müssen gegeben seyn: allein daraus
lässet sich doch noch nicht dieselbe determi=
niren. Die Erfahrung zeiget/ daß wir
sie nöthig haben/ wenn wir die Hände zu=
drücken/ oder auch damit etwas fassen und
feste halten wollen. Und dieses ist ein Nu=
tzen/ der mit dem Gebrauche der Hände ü=
berein kommet. Derowegen da wir wis=
sen/ daß GOtt die besonderen Absichten
mit den allgemeinen zusammen stimmet
(§. 1034.

(§. 1034. Met.); so dörffen wir auch nicht
daran zweiffeln / ob wir die eigentliche Absicht der Linien in den Händen erreichet haben / der zu Gefallen GOtt uns dieselben
gegeben. Ehe man diesen Nutzen der Linien in der Hand erkandt / ist man zu der
Zeit / da die Wahrsager-Künste im Gange
waren / auf die Gedancken gerathen / als
wenn durch die Linien der Menschen Glück
und Unglück nebst den dahin gehörigen
Zufällen des menschlichen Lebens angedeutet würden / und dieses hat zu einer
besonderen Kunst aus der Hand zu wahr-
sagen Anlaß gegeben / welche man die Chiromantie genennet / und aus Verwandschafft mit der Astrologie gar mit zu den
mathematischen Wissenschafften gerechnet/
dergestalt daß auch noch der ältere Sturm
in seiner Mathesi compendiaria oder seinen
Tabulis über die Mathesin sie mit angehan-
gen hat / unerachtet er die Thorheit derselben erkandt und sie mit der kurtzweiligen
Person verglichen / die sich in der Nach-
Comœdie mit præsentiret. Man kan für
diese Kunst keinen andern Grund als die
Erfahrung anführen / und sie kan auch keinen andern Ursprung gehabt haben / als
daß / nachdem man einmahl die Bedeutung
feste gestellet / oder insgemein angenommen / es müsten die Linien in der Hand die
Zufälle des menschlichen Lebens und das

davon

davon herrührende Glück und Unglück be-
deuten/ man auf die Erfahrung acht ge-
geben/ was die Menschen für Unterscheid
in diesen Linien gehabt/ welchen entweder
diese/ oder andere Zufälle begegnet/ und
dasjenige/ was in vielen Fällen überein-
getroffen/ zur Regel gemacht. Gleichwie
es aber in dergleichen Fällen zu geschehen
pfleget/ daß/ wenn man einmahl eine Regel gemacht/ man bloß diejenigen Exempel mercket/ die damit eintreffen/ die andern aber / welche entgegen sind/ überge-
het; so hat man es auch mit der Chiromantie gemacht. Allein zu geschweigen/
daß man sich mehr mit der Erfahrung rüh-
met/ als daß man sie behauptete (§. 2. c. 5.
Log.); so finde ich doch alles nicht anders
beschaffen/ als daß es sich durch eine zufällige Ubereinstimmung mit den Linien in
der Hand erklären lässet. Und mir fället
hiervon ein sonderbahres Exempel bey/
welches ich in einem Frantzösischen Tractate gelesen/ der unter dem Titul Le tom-
beau de l'Astrologie judiciaire oder Grab der
Wahrsager-Kunst aus dem Gestirne heraus kommen. Man hat denjenigen/ der
ihn verfertiget/ weil man algebraische Rechnungen bey ihm gesehen/ mit Macht für
einen Wahrsager halten wollen. Und als
ihn einmahl einer in der Gesellschafft nicht
wollte ruhen lassen/ bis er ihm aus der

Hand

Hand gewahrsaget hätte; so sahe er ihm
endlich aus Verdruß zum Schein in die
Hand/ ob er gleich von der Chiromantie
nichts verstund/ und sagte/ was ihm am
ersten einfiel/ er sollte sich vor der Treppe
in acht nehmen. Dieser Mensch ward da=
rüber gantz bestürtzt und brach endlich in
diese Worte heraus: Er habe es seinem
Wirthe so offte gesagt/ er sollte die eine
Stuffe/ die so wackelte/ feste machen lassen
und verlangte auch nicht eher wieder dar=
auf hinauf zu steigen/ biß sie gemacht war.
Hier traff die Wahrsagerey vortrefflich ein/
und wird wohl niemand sagen können/
daß es anders als zufälliger Weise gesche=
hen sey. Und gleichwohl pfleget man die
Exempel von dieser Art für die allerwich=
tigsten zu halten.

§. 211. Damit wir den Kopff und den *Nutzen*
gantzen Leib bewegen und nach Erforderung *der*
der Umstände wenden können/ so hat auch *Mäus=*
der Kopff/ der Hals und der Rücken so *lein an*
viele Mäuslein erhalten/ als zu Bewerck= *Haupte/*
stellung der nöthigen Wendungen und Be= *Halse*
wegungen erfordert wird. Man findet *und Rü=*
acht paar Mäuslein/ welche der Kopff zu *cken.*
seinen eigenen Bewegungen ohne den Hals
erhalten. Der Kopff wird durch die bey=
den **Räu=Mäuslein** (*mastoideos*) und die
beyden **inneren Mäuslein** (*rectos inter=*
nos) vorwerts; hingegen durch die Miltz=

förmi

förmigen (*splenios*), die verworrenen
(*complexos*) und die grossen und kleinen
geraden (*rectos majores & minores*) zurück-
cke und endlich durch die obere und unteren Seiten-Mäuslein (*obliquos minores & majores*) etwas schräge gezogen.
Wenn verschiedene von ihnen zugleich in
Verrichtung sind/ so wird der Kopff nach
der Seite und in die Rundte herum bewe-
get/ welches wir nöthig haben/ wenn wir
uns umsehen wollen.   Damit wir den
Hals beugen können/ so haben wir das
lange Hals-Mäuslein (*musculum longum*) und das **ungleichseitige** (*scalenum*)
bekommen: Damit wir ihn aber auch aufrichten und zurücke ziehen können/ so sind
uns darinnen das **Uberzwerg-Mäuslein**
(*musculus transversalis*) und die **beyden
grätigen** (*spinati*) behülflich,   Unterdessen
nachdem diese Mäuslein entweder zugleich/
oder in einem nach einander in Verrichtungen sind/ so wird der Hals mit dem
Kopffe (als ohne welchen er niemahls beweget werden kan) bald auf diese/ bald auf
eine andere Art beweget.   Die Schultern
haben gleichfals gar viele Mäuslein erhal-
ten/ damit sie sich nach Erforderung der
Umstände bald etwas in die Höhe/ bald
nach einer von beyden Seiten ziehen/ bald
auch hinunter drucken lassen. Dem **gedul-
tigen Mäuslein** (*musculo patientiæ*) eignet
man

man die Erhöhung des Schulter=Blattes
zu. Das kleine Säge=Mäuslein (*serratus anticus minor*) ziehet das Schulter=
Blat vorwarts; Die Mönchs=Kappe
(*cucullaris, trapezius*) ziehet es zurücke,
unterweilen auch ein Theil davon schief
herunter, ein anderer aber schief hinauf;
das Rauten=förmige (*rhomboides*) ziehet
es gleichfals zurucke. Endlich das grosse
Säge=Mäuslein (*serratus anticus major*)
sol es gerade herunter ziehen, wie *Verhey-
en* (a) behauptet. Ich weiß wohl, daß
Winslow (b) viel gegen den Gebrauch dieser Mäuslein zu erinnern hat: allein wir
können die Sache nicht entscheiden, weil
wir jetzt nicht die Gelegenheit haben die Beschaffenheit dieser Mäuslein zu untersuchen.
Es hat endlich auch der Rücken seine
Mäuslein zu seiner Bewegung erhalten.
Denn damit er sich hinterwerts beugen
kan, so haben wir dazu drey Mäuslein
erhalten, das längste (*longissimum dorsi*),
das Heiligebein=Mäuslein (*sacrum*)
und das halbstachelichte (*semispinatum*):
damit wir ihn aber auch krümmen könnten, indem wir uns vorwarts und zwar
niederwarts beugen, so muß uns das
viereckichte (*quadratus*) dazu seine Dien-

Pp 5 ste

(a) Anat. lib. 1. Tract. 6. c. 2. p. m. 339.
(b) loc. cit. ad §. 206.

ſte leiſten. Der Beweis hiervon láſſet
ſich auf eben dieſe Weiſe führen/ wie ich
ſchon vorhin (§. 206.) angewieſen. Es
kan aber durch dieſe Bewegungen der Leib
in alle Lagen gebracht werden/ die wir zu
unſeren Verrichtungen nöthig haben/welches ein jeder bey ſich ereignender Gelegenheit wahrnehmen kan/ wenn er ſich darauf
acht zu haben gewöhnet.

Nutzen
der Flügel und
des
Schwantzes.

§. 212. Die Vögel und einiges Ungezieſer fliegen/ und haben dazu die **Flügel** (*alas*) bekommen/ dergleichen die
Menſchen und übrigen Thiere nicht haben.
Das Fliegen iſt dieſen Thieren nöthig/
damit ſie geſchwinde aus einem Orte in
den andern kommen können/ um nicht allein ihre Nahrung und eine ſichere Ruheſtáte zu ſuchen/ ſondern auch den Nachſtellungen von Menſchen und andern Thieren zu entgehen. Wenn ein Vogel auf
der Erde iſt und wil fliegen; ſo muß er
für allen Dingen den Leib in die Höhe heben/ daß er in der Lufft ſchwebet. So
bald er in der Lufft iſt/ muß der Leib darinnen erhalten und zugleich fortbeweget
werden. Wenn der Vogel fleugt/ ſo
ſtreckt er den Hals vor ſich und die Füſſe
hinter ſich. Die Flügel breitet er von beyden Seiten aus/ daß ſie die Länge des Leibes rechtwincklicht durchſchneiden. Er
beweget die Flügel auf und nieder/ welches

ches man am besten bey den Störchen sehen kan/ die grosse Flügel haben und wegen ihres schweeren Leibes etwas langsam
fliegen.   Durch diese Bewegung der Flügel kan dem Ansehen nach der Leib nicht
gerade vor sich fort gebracht werden/ sondern wird nur erhalten/ daß er durch seine
Schweere nicht herunter fället. Und demnach
hat man sich allerhand Gedancken gemacht/
wie es zugehet/ daß der Leib gerade vor
sich fort beweget wird.   Allein *Borellus* (a)
hat aus den Gründen der Statick erwie-
sen/ wie es angehet/ daß durch dergleichen Bewegung der Leib zugleich vor sich
fort beweget werden mag: welches sich a-
ber an diesem Orte nicht erklären lässet.
Weil nun aber hierzu eine sehr starcke Bewegung der Flügel erfordert wird; so sind
auch in den Vögeln die **Brust-Mäus-**
lein sehr starck/ als sie in andern Thieren
nicht angetroffen werden.   Auch findet
man daß die Vögel/ welche hoch und viel
fliegen müssen/ zur Erleichterung des Flie-
gens viel längere Flügel in Proportion ihres Leibes als die übrigen erhalten.   Es
haben aber auch die Vögel bey dem Fliegen den Schwantz nöthig/ wenn sie höher/
oder niedriger fliegen wollen : Welches
aber-

_____

(a) de motu animalium part. 1. prop.
195. 196. f. 974. 195. T. 2. Bibl. Anat.

abermahl *Borellus* (b) aus Statischen
Grunden erwiesen. Und deswegen geschiehet es/ daß/ wenn ein Vogel in die Höhe fliegen wil/ er den Schwantz nieder-
sencket ; hingegen wenn er nieder fliegen
wil/ ihn in die Höhe hebet. Hingegen
wenn sie sich nach der Seite bewegen/ so
behalten sie den Schwantz ausgestreckt/
und ist daraus klar/ daß ihnen der
Schwantz zu dieser Bewegung nicht im
geringsten behülflich ist. Der Mensch hat
das Fliegen nicht nöthig/ indem er gnung
auf andere Art und Weise aus einem Orte in den andern kommen kan. Zum
Fliegen gehören nicht allein Flügel / sondern auch eine gar starcke Bewegung der
Flügel: zu welchem Ende nicht allein die
Vögel/ wie wir gesehen/ gar starcke Brust-
Mäuslein/ sondern auch in allem nach
Proportion ihrer Grösse einen viel leichteren Leib haben als andere Thiere. Derowegen wenn wir Menschen fliegen sollten/
so ist es nicht gnung/ daß wir durch die
Kunst an unseren Armen Flügel besesti-
gen / sondern man müste uns auch eine
grössere Krafft geben als wir von Natur
in den Armen haben und unseren schweeren Leib erleichtern. Und dieses ist die Ursache / warum es bisher denjenigen nicht
gelun-

(c) loc. cit. prop. 198. f. 975.

gelungen / welche durch die Kunſt fliegen
wollen. Diejenigen / welche in der Lufft
ſchiffen wollen / haben zwar durch von Lufft
ausgeleerete Kugeln den Leib erleichtern
wollen / daß er dadurch in der Lufft wieder
den natürlichen Druck ſeiner Schweere
ſchweben könnte: allein man kan gar leicht
begreiffen / daß dieſe Anſchläge vergeblich
ſind. Wenn eine hohle Kugel von Metall
im Waſſer ſchwimmen ſol; ſo muß wenigſten ſo viel Waſſer hinein gehen / als
das Metall wieget / z. E. 100. Pfund /
wenn ſie 100. Pfund wieget (§. 2. T. 1.
Exper.). Derowegen wenn ein Menſch
nur 100. Pfund wiegte (welches gleichwohl
gantz eine geringe Schweere für einen Menſchen iſt); ſo müſte er eine hohle Kugel von
Metalle anhängen / darein über 100. Pfund
Lufft noch ſo viel gienge / als das Metall
zu der Kugel wieget. Ein Cubic-Schuhe
Lufft wieget kaum 2½ Loth und noch darzu von der unteren / darinnen wir leben
(§. 86. T. 1. Exper.). Und daraus läſſet
ſich ermeſſen / wie ungeheuer die Kugel
ſeyn müſte / welche ſo eine groſſe Laſt von
Lufft faſſen ſollte. Ich übergehe mit Still-
ſchweigen / daß das Metall ſich nicht ſo
dünne arbeiten läſſet / als dazu erfordert
wird / daß eine Kugel nur vor ſich in der
Lufft ſchweben könnte / weil es ohne ma-
thematiſche Rechnungen nicht begreiflich gemacht werden mag. §. 213.

Nutzen
des
Schwan-
tzes in
den Fi-
schen/
und der
Blase.

§. 213.　Weil die Fiſche im Waſſer leben und darinnen ihre Nahrung finden/ ja in der Lufft gar nicht dauren können/ ſondern bald abſtehen; ſo müſſen ſie ſchwimmen/ das iſt/ innerhalb dem Waſſer ſich hin und wieder ungehindert bewegen können.　Damit es keine beſondere Krafft erforderte ſie im Waſſer zu erhalten; ſo haben ſie faſt einerley Schweere mit dem Waſſer/ und werden demnach durch die Krafft des Waſſers an dem Orte erhalten/ wo ſie ſind (§. Hydroſt.).　Und zu dem Ende haben ſie eine Blaſe voll Lufft im Leibe/ wodurch ſie leicht gemacht werden/ weil die Lufft 800. mahl leichter iſt als das Waſſer (§. 86. 200. T. 1. Exper.).　Und dieſes Kunſt-Stücke der Natur ahmen diejenigen nach/ welche durch angehängte Blaſen ihren Leib zum ſchwimmen leichte machen.　Und daher kommet es/ daß Auſtern und Muſcheln/ welche keine Blaſe haben/ auf dem Grunde der See bleiben und ſich nicht im Waſſer/ wie die Fiſche welche mit Blaſen verſehen/ heben können. Damit ſich aber der Fiſch leichter und ſchweerer machen kan; ſo kan er vermittelſt der Mäuslein im Unterleibe/ wo die Blaſe lieget/ dieſelbe zuſammen drucken/ oder auch durch Erweiterung des Unterleibes dieſelbe ſich weiter ausdehnen laſſen/ indem nicht allein bekandt/ daß ſich die

Lufft

Lufft gar sehr zusammen drucken lässet (§.
122. T. 1. Exper.) und durch einen weit
grösseren Raum willig ausbreitet (§. 80.
T. 1. Exper.); sondern auch die Fisch=Bla=
se von der Beschaffenheit ist/ daß sie sich
leicht ausdehnen lässet und/ wenn keine
Gewalt dazu vorhanden/ wieder einkreucht.
Uber dieses können die Fische auch die ü=
berflüßige Lufft durch den Mund aus der
Blase heraus stossen und neue an sich zie=
hen/ daher man sie auch unterweilen nach
Lufft schnappen siehet. Der Schwantz
gleicht einem Steuer=Ruder an dem Hin=
ter=Theile des Schiffes/ dadurch sich nicht
allein ein Schiff lencken/ sondern auch oh=
ne Seiten=Ruder fortbringen lässet. Und
deswegen siehet man/ daß die Fische den
Schwantz nach der Seite hin und wieder
bewegen/ wenn sie schwimmen/ und zwar
sehr geschwinde/ wenn sie schnelle fortge=
hen. Hingegen wenn sie stille stehen und
mit dem Kopffe oben an dem Wasser nach
dem Brodte schnappen/ das man ihnen
hinein wirfft/ denselben ausgestreckt hal=
ten. Die Floß=Federn hingegen dienen
den Fisch nur gerade zu erhalten/ daß er
nicht nach der Seite umfället/ tragen aber
vor sich zum schwimmen nichts bey: *Bo=*
rellus hat bereits darzu nöthige Versuche
angestellet (a). Er hat Fischen die Floß=
Federn

(a) loc. cit. prop. 212. 213. f. 982. 983.
Bibl. Anat. Tom. 2.

Federn glatt abgeschnitten und sie wieder
in den Teich gesetzet.   Dessen ungeachtet
sind sie sehr geschwinde geschwommen/und
haben sich in die Höhe/ in die Tieffe und
nach der Seite ungehindert beweget: wie
es auch der Augenschein giebet/ daß die
Floß-Federn zur Seite an dem Fische glat
anliegen/ wenn er schwimmet.   Wenn
er ihnen die doppelten vörderen Floß-Federn abgeschnitten; so haben sie wie ein
truncfener Mensch/ der auf den Füssen
nicht recht stehen kan/ hin und wieder ge-
taumelt und nicht aufgerichtet können stehen bleiben.   Es hat aber ein Fisch gar
eine grosse Stärcke nöthig so wohl den
Schwantz als die Floß-Federn zu bewegen
und diese letzteren steif zu halten/ welches
man selbst fühlen kan/wenn man einen mun-
teren Fisch aus dem Wasser bringet und in
die Hände nimmet. Und man siehet auch/
wie starck die Fische schlagen/ wenn sie an
der Angel. oder mit dem Haame aus dem
Wasser in die Lufft gezogen werden/ wo
ihnen nicht so viel Wiederstand wie
im Wasser geschiehet.

Ende des ersten Theils.

Der

Der andere Theil.

Von dem Gebrauche der Theile in den Pflantzen.

Das 1. Capitel.
Von GOttes Absichten bey den Pflantzen.

§. 214.

WIr nehmen das Wort **pflantze** (*planta*) in Erklärung der Natur in einem weitläufftigen Verstande für alles/ was aus der Erde wächset/ es mögen Bäume/ Sträuche/ Kräuter oder andere Erde-Gewächse seyn (§. 384. Phys.). Und demnach wollen wir die verschiedene Theile untersuchen/ daraus alles bestehet/ was aus der Erde wächset/ und dabey nachforschen/ was ein jeder von diesen Theilen nutzet. Gleichwie wir aber in Untersuchung des Gebrauches der Theile bey Menschen und Thieren grösten Theils bey demjenigen geblieben/ was allgemein ist/

Vorhaben.

(Physik.III.)　　　Q q　　　　und

und uns um den Unterſcheid / der bey verſchiedenen Arten der Thiere vorkommet /
wenig bekümmert; ſo werden wir auch hier
meiſtentheils bey dem verbleiben / was allgemein iſt / und nicht weiter als auf allgemeine Unterſcheide unter den Geſchlech-
tern der Pflantzen ſehen.

**Die
Pflantzen
ſollen ei-
ne Zeit
lang fort
wachſen.**

§. 215. Alles / was aus der Erde
wächſet / kommet klein aus dem Saamen
hervor / oder auch aus den Wurtzeln / die
in dieſem Stücke die Stelle des Saamens
vertreten. Es wächſet nach und nach gröſſer bis zu einer gewiſſen Zeit und wird
durch Nahrung in ſeinem Wachsthume
erhalten (§. 92. & ſeqq. Phyſ.). Die Pflantzen ſind ſo zubereitet / daß ſie Nahrung
zu ſich nehmen (§. 397. 398. Phyſ.) / dieſelbe verdauen (§. 399. Phyſ.) und dadurch
in ihrem Wachsthume können erhalten
werden (§. 400. & ſeqq. Phyſ.). Da nun
ihr Weſen in der Art und Weiſe ihrer Zu-
ſammenſetzung aus den verſchiedenen Theilen beſtehet (§. 611. Met.) / dieſes aber das
Mittel iſt / wodurch GOtt ſeine Abſicht
erreichet / die er bey natürlichen Dingen
hat (§. 1032. Met.); ſo kan man es auch
nicht anders als eine Abſicht anſehen / die
er bey der Structur der Pflantzen gehabt/
daß ſie biß zu einer beſtimmeten Zeit fort-
wachſen und ſich durch Nahrung in ihrem
Wachsthume erhalten ſollen.

§. 216.

§. 216. Die Pflantzen bleiben an dem Orte ſtehen/ wo ſie aus der Erde wach=ſen und haben keine Krafft ſich ſelbſt von der Stelle zu bewegen. Jedoch ſind ſie aus beweglichen Theilen zuſammen geſetzet/ daß ſie der Wind hin und wieder treiben kan. Dieſes iſt abermahl vermöge ihrer Structur möglich und demnach läſſet ſich. wie vorhin erweiſen/ GOtt habe bey den Pflantzen dieſe Abſicht gehabt/ daß ſie auf einer Stelle zu verbleiben/ jedoch nicht un= beweglich zu ſtehen aufgelegt ſeyn ſollen.

Pflantzen ſollen auf einer Stelle/ jedoch nicht un= beweg= lichſte= ben.

§. 217. Endlich finden wir/ daß die Pflantzen entweder durch den Saamen/ oder durch die Wurtzel/ oder auch wohl durch andere Theile ſich fortpflantzen und ihr Geſchlechte erhalten. Da ſie nun hier= zu aufgelegt ſind (§.406. &.ſeqq. Phyſ.); ſo läſſet ſich abermahl wie vorhin (§.215.) er= weiſen/ GOtt habe dieſe Abſicht gehabt/ daß die Pflantzen ihres gleichen zeugen/ folgends da ſie zu beſtimmter Zeit verge= hen/ auf eine ſolche Weiſe ihr Geſchlechte ſo lange erhalten ſollen/ als die Erde in dem gegenwärtigen Zuſtande verharret.

Pflantzen ſollen ihr Ge= ſchlecht erhalten.

§. 218. Die Pflantzen müſſen an ei= nem Orte ſtehen bleiben/ wenn ſie fort= wachſen ſollen/ indem ihr Wachsthum gleich aufhöret/ ſo bald ſie aus der Erde geriſſen und nicht wieder eingeſetzet werden. Sie müſſen eine Zeit lang fortwachſen/

GOttes Haupt= Abſicht bey den Pflan= tzen.

Qq 2   damit

damit sie Saamen bringen und der Saame
reif werden kan/ folgends daß sie ihr Geschlechte auf dem Erdboden erhalten. Da
nun die Haupt=Absicht diejenige ist/ die
den Grund der übrigen in sich enthält/ das
ist/ daraus man verstehet/ warum die
übrigen stat finden (§. 6.); so können wir
wohl die Haupt=Absicht/ welche GOtt
bey der Zusammensetzung der Pflantzen
aus ihren verschiedenen Theilen gehabt/
darinnen suchen/ daß sie ihr Geschlechte/
so lange die Erde dauret/ erhalten sollen.

Erinne-
rung.
§. 219. Ich rede hier bloß von der
Haupt=Absicht/ die GOtt für die Pflantzen bey ihrer Structur/ nicht aber bey den
Pflantzen für andere Dinge hat.   Denn
von den Absichten/ die GOTT bey den
Pflantzen für andere Dinge hat/ ist bereits
an einem anderen Orte gehandelt worden
(§. 299. Phyf. II.) und die allgemeine Absicht bey allen Creaturen/ nemlich die Of-
fenbahrung der Herrlichkeit GOttes/ ist
nicht allein anderswo (§.1045.Met.) durch
einen allgemeinen Beweis ausgemacht/
sondern auch die Art und Weise/ wie sie
in der Welt erreichet wird/ ins besondere
umständlich bestätiget worden (§. 8. & seqq.
Phyf. II.). Man kan dieses zwar ohne mein
Erinnern sehen: allein ich muß auch öffters
erinnern/ was für diejenigen/ die Wahrheit
in Aufrichtigkeit lieben/ zu erinnern überflüßig ist/ weil weltkündig/ daß übelge-
sinnte

sinne vorhanden / die sich befleissen mir
alle Worte zu verkehren / damit sie zu lästern Ursache gewinnen.

Das 2. Capitel.

Von den verschiedenen Arten der Theile / daraus die Pflantzen in ihren Theilen zusammen ge= setzt sind.

§. 220.

DA die Pflantzen zu verschiedenen **Warum** Absichten gemacht sind (§. 215. & **verschie=** seqq.); so hat sie auch aus gantz **dene Ar-** verschiedenen Theilen / und seine Theile **ten der** haben abermahls aus gantz verschiedenen **Theile** Arten derselben müssen zusammen gesetzet **sind.** werden.   Weil nun in den Theilen der Pflantzen verschiedene Absichten zugleich er- reichet werden / wie sichs hernach an seinem Orte mit mehrerem zeigen wird; so müs- sen wir für allen Dingen die verschiedene Arten der kleineren Theile untersuchen / da- raus dieselben zusammen gesetzet sind / da- mit wir hernach gleich urtheilen können / zu was ein jedes von ihnen durch die Art der Zusammensetzung aufgeleget ist. Dar- nach wollen wir die grossen Theile vorneh- men und ein jedes ins besondere seinem Gebrauche und Nutzen nach erwegen.

Qq 3   §. 221.

**Wie vie-
lerley
Arten
derselben
sind.**

§. 221. Wenn man die Pflantzen zergliedert / so trifft man zweyerley Arten der
Theile an / wie bey den Thieren und Menschen (§. 18.) / nemlich feste und flüßige.
Denn daß die flüßigen gleichfals zu dem
Cörper als ein Theil müssen gerechnet werden; kan man wie oben (§. cit.) von den
flüßigen Theilen in dem menschlichen Leibe
und in den Thieren erweisen. Was mit
dem andern den Cörper ausmacht und ohne das er nicht bestehen kan / muß allerdings als ein Theil zu ihm gerechnet werden (§. 24. Met.). Nun kan niemand leugnen / daß der Safft in einer Pflantze mit
zu dem Cörper derselben gehöret und sie
ohne ihn nicht bestehen mag: Denn wenn
er der Pflantze entgehet / so wird sie welck /
kan nicht weiter fortwachsen / verlieret ihre Farbe und verdorret. Und derowegen
müssen wir ihn auch mit zu den Pflantzen
als einen Theil rechnen. Es ist wohl wahr /
daß der Safft nicht beständig einerley verbleibet / sondern von dem flüßigen gar vieles unvermerckt ausdunstet und von neuem
ersetzet wird / (§. 394. Phys.): allein so wenig als es nöthig ist / daß der Leib der
Menschen und der Thiere immer aus einerley Materie bestehet (§. 25. Phys.); so
wenig darf auch der Safft der Pflantzen
aus einerley Materie bestehen. Wegen
der Transpiration sind die Pflantzen beständiger

diger Veränderung in Ansehung ihrer Materie unterworffen. Eine verraucht / und andere kommt wieder in ihre Stelle.

§. 222. In allen Theilen der Pflanßen treffen wir **Fasern** (*fibras*) an / die wie ein Faden nach der Länge in einem fortgehen. Und findet man / daß die grossen Fasern / welche in die Augen fallen / wiederum aus viel kleineren zusammen gesetzet werden / die in der That so subtile sind / daß man sie mit blossen Augen nicht unterscheiden kan / unerachtet diese zarte **Fäserlein** (*fibrillæ*) durch das Vergrösserungs-Glaß sich wie ein rundter Drath zeigen (§. 96. T. III. Exper,). Ihr Nußen bestehet darinnen / daß sich daraus Theile zusammen setzen lassen / die in einem fortgehen / so weit als es nöthig ist / und daß sich kleinere Theile von den grösseren ableiten lassen / die mit ihnen in einem fortgehen. Wir finden von beydem ein offenbahres Exempel in den Blättern. Denn daß der Stiel durch das gantze Blat nach der Länge in einem fortgehet / kommet von den Fasern her / daß er aber innerhalb dem Blate sich nach der Seite in Aeste zertheilet / die nach der Breite des Blates in einem fortgehen / und selbst nach und nach immer zärter wird / kommet gleichfals von den Fasern her. Und werden wir dieses deutlicher einsehen / so bald ich die Blätter

Nußen der Fasern und ihre Beschaffenheit.

Qq 4

ter in genauere Betrachtung ziehen werde.
Die Fasern werden mit der Zeit immer zäher und endlich gantz harte. Das kan man
deutlich an dem Holtze sehen / welches
fester und härter ist / wenn es alt wird /
als wenn es noch gantz jung ist: daher
auch das alte wegen seiner Härte in der
Arbeit leicht ausspringet / sonderlich im
Drechseln und in Bildhauer-Arbeit / wo
man nicht nach der Länge der Fasern in einem fort arbeiten kan. Wiewohl man
hier auf den Unterscheid des Holtzes mit
acht zu haben hat. Man findet aber auch /
daß die Bäume / welche sehr hartes und
festes Holtz haben / alt werden / als wie
die Eichen.

Unter-
scheid der
Fasern.
§. 223. Diejenigen / welche die Anatomie der Pflantzen untersucht / als *Mal-*
pighius, Grew und *Leeuwenhœk* / theilen
die Fasern in **Safft-Röhren** (*fistulas*
succiferas) und in **Lufft-Röhren** (*tra-*
cheas). Und nachdem man die Bewegung
des Nahrung-Safftes in den Pflantzen erkandt (§. 401. Phyf.); hat man nothwendig zweyerley Arten der Safft-Röhren annehmen müssen / einige dadurch den verschiedenen Theilen der Pflantzen als wie in
Thieren und dem menschlichen Leibe durch
die Puls-Adern (§. 61.) die Nahrung zugeführet / und hinwiederum andere / dadurch das überflüßige / als wie das überflüßige

flüßige Blut / durch die Blut = Adern (§.
cit.)/ wieder zurücke geführet wird. Daß
Safft in den Pflantzen vorhanden/ ist ausser allem Zweiffel. Es trocknen dieselben
nicht allein aus und werden dürre / wenn
man sie abschneidet und in die Lufft/ oder
das warme hänget; sondern werden auch
gar viel leichter / daß man von der Menge des Safftes / der ausgetrocknet / dadurch zur Gnüge überführet wird. Selbst
das Holtz / welches erst gefället worden/
ist davon feuchte / ja naß / und will nicht
recht brennen / wenn es auch gleich im
Winter gefället worden / da die Bäume
am wenigsten Safft haben. Wenn man
einige Pflantzen im Stengel / oder der
Wurtzel / oder auch wohl ihre Blätter
durchschneidet/ so dringet der Safft heraus.
Und am allerdeutlichsten ist es zu sehen /
wenn der Safft eine von dem Wasser unterschiedene Farbe hat / als wie in der
Sallat und der Wolffs = Milch / wo er
wie eine weisse Milch aussiehet / ingleichen
den Haber=Wurtzeln / wo er eben eine solche Farbe hat. Man siehet es im Frühlinge an dem Weinstocke / wenn man ihn
beschneidet / da der Safft häuffig heraus
träuffelt / wie das Blut heraus fleußt /
wenn man an dem Leibe eines Thieres ein
Glied abschneidet. Ingleichen wird es
dadurch bekräfftiget / daß man den Bäu-

Qq 5   men

men im Frühlinge den Safft abziehen kan/
indem man ihnen gleichsam zur Ader lässet/
wovon insonderheit der Bircken-Safft
bekandt ist/ der sich in grosser Menge im
Frühlinge sammlen lässet.   Wir finden
von dem Aderlassen der Bäume viele Versuche in den Transactionibus Anglicanis,
welche *Lowthorp* (a) zusammen getragen/
und ist unter andern merckwürdig/ daß
man von einer Bircke mehr Safft ziehen
kan/ als sie mit Wurtzeln/ Holtz/ Rinde
und Aesten zusammen wieget/ wie *Ratray*
ein Schottländer angemercket.   Es wird
in diesen Versuchen ein Loch durch die Rinde in den Baum gebohret und ein gläser-
nes Röhrlein/ oder auch ein Röhrlein von
einer Tabacks-Pfeiffe hinein gesteckt. Daß
auch Lufft in dem Holtze und den Pflantzen
in grosser Menge vorhanden/ ist nicht weniger aus der mit der Lufft-Pumpe ange-
stellten Versuchen klar.   Allein es ist die
Frage/ ob besondere Röhrlein vorhanden/
darinnen der Safft aus der Wurtzel durch
den Stamm biß in die Aeste der Bäume
und an den äussersten Giepffel hinauf/
und von dar wieder biß in die Wurtzel

(a) The philosophical Transactions and
Collections to the end of the year 1700.
abrigg'd Vol. 2. c. 5. Num. 60. p. 673. &
seqq.

ͤtel niederſteiget/ oder ob ſich vielleicht der
Safft nur durch die leeren Zwiſchen-
Räumlein in die Subſtantz der Pflantzen
hinein ziehet/ als wie das Waſſer in einen
Schwamm/ oder in ein Stücke Zucker:
ingleichen ob beſondere Röhren vorhan-
den/ darinnen ſich die Lufft beweget/ als
wie wir in den Lungen der Thiere antref-
fen/ oder ob die Lufft auch nur in den
Zwiſchen-Räumlein anzutreffen. Da nun
nicht alle in dieſem Stücke mit einander
einig ſind/ indem man in den Pflantzen
keine ſo groſſe Gefäſſe wie bey den Thieren und im Leibe des Menſchen antrifft;
ſo müſſen wir dieſe Fragen etwas genauer
erwegen.

§. 224. Die Fäſerlein/ daraus die
Faſern beſtehen/ ſind über die maaſſen
ſubtil/ ſo daß *Leeuwenhœk* (a) in einem
kleinen Stücklein von eichenem Holtze/ das
nicht gröſſer als $\frac{1}{90}$ von einem Quadrat-
Zolle war/ 20000. kleine Gefäßlein rech-
net/dadurch der Safft hinauf ſteiget. Ich
habe von der Kleinigkeit dieſer Fäſerlein
auch aus eigener Erfahrung gehandelt (§.
96. T.III.Exper.) und kan nicht in Abrede
ſeyn/ daß ſich gar wenig deutliches in dieſem Stücke zeiget. Und iſt dannenhero
denen nicht zu verdencken/ welche ein Bedencken

*Ob A-
dern o-
der
Safft-
Röhren
in den
Pflan-
tzen vor-
handen.*

(a) in Anatomiâ p. 14.

dencken haben aus dem/ was sie nicht recht
sehen und unterscheiden können/ etwas gewisses zu machen. Man wird noch ferner
irre/ wenn man eine Aehnlichkeit zwischen
den Thieren und Pflantzen suchet. Die
Thiere haben auch Fasern/ daraus ihr
Fleisch bestehet (§. 47.)/ und die grossen
Fasern sind ein Bündlein aus kleineren
zusammen gesetzet (§.48.). Und demnach
kommet das holtzige Wesen in den Pflan-
tzen/ welches aus Fasern bestehet/ mit dem
Fleische der Thiere hauptsächlich überein.
Die fleischerne Fasern aber sind nicht die
Gefässe/ wodurch das Blut zur Nahrung
zugeführet und das überflüßige wieder zurücke geführet wird; sondern darzu dienen
die Puls = und Blut=Adern/ die ein gantz
besonderes Wesen ausmachen und aus besonderen Stämmen ihre Aeste und Aestlein
durch den Leib vertheilen (§. 61. 115. 118.).
Derowegen hat man die Safft=Röhren
um so viel mehr in Zweiffel gezogen/ wenn
man sie als ein besonderes Wesen von den
hölzernen Fasern angesehen/ wodurch der
Nahrungs = Safft denen Theilen zugeführ-
ret und das überflüßige wieder zurücke geleitet würde. Damit wir nun diese Frage/
ob Safft=Röhren in den Pflantzen sind/
gründlich entscheiden; so müssen wir mer-
cken/ daß sie einen doppelten Verstand haben kan/ nemlich 1. ob besondere Gefässe
in

in den Pflantzen vorhanden / dadurch der
Safft beweget und den übrigen Theilen
zur Nahrung zugeführet wird / als wie wir
in dem menschlichen Leibe und in Thieren
die Adern antreffen; 2. ob in den Pflantzen
alle Fäserlein Safft-Röhren sind / die als
Gefäßlein anzusehen / dadurch der Safft
zur Nahrung auffsteiget.   Insgemein unterscheidet man nicht diese beyde Fragen von
einander und daher wird man verwirreter
gemacht / wenn man wegen der Safft-
Röhren etwas gewisses setzen sol / indem
man bald einige Gründe findet / welche
vor sie sind / bald andere / die ihnen entgegen zu seyn scheinen.   Wenn man demnach
fraget / ob besondere Gefässe vorhanden /
die man mit den Adern und Puls-Adern
vergleichen könnte in einem etwas genaue-
rem Verstande / wodurch den übrigen Fasern und andern Theilen / wie sie Nahmen
haben mögen / Nahrung zugeführet wird;
so wil es schweer fallen hierinnen was gewisses zu setzen / weil uns so gar die Vergrösserungs-Gläser verlassen / die uns
zwischen den Fasern keine von ihnen unterschiedene Gefässe zeigen.   Die Blut-Gefässe geben sich bey Menschen und Thieren
unter anderem auch dadurch zu erkennen /
daß das Blut heraus fleußt / wo sie durchschnitten werden.   Und wir finden wenigstens bey einigen Pflantzen eben dergleichen.

Denn

Denn wenn man zum Exempel Sallat/
Haber-Wurtzeln/ Wolffs-Milch durch-
schneidet/ oder nur ein Stücke von dem
Stengel oder der Wurtzel abbricht/ oder
auch ein Blat davon loß reisset/ so dringet die Milch gleich häuffig heraus und/
wenn man gnau acht giebet/ nicht überall/
wo Fasern sind/ sondern nur hin und wie-
der/ unerachtet die kleinen Tröpfflein bald
zusammen fliessen und den gantzen Durchschnitt bedecken/ oder den gantzen Ort/ wo
es abgerissen worden. Ein gleiches findet
man in dem Schell-Kraute/ welches einen
röthlichten Safft hat. Und unerachtet die
Kürbisse nur einen wässerigen Safft haben/
der an Farbe von dem Wasser nicht unterschieden; so kan man doch bey dieser
Pflantze am allerdeutlichsten sehen/ daß besondere Gefässe vorhanden/ wodurch der
Safft durch die Pflantze verleitet wird.
Denn wenn man den Stengel oder auch
den starcken Stiel/ daran die Frucht hän-
get/ quer durchschneidet/ so siehet man nur
hin und wieder gantz eigentlich den Safft
hervor dringen. Was man in einigen
Pflantzen findet/ ist vermuthlich auch in
den übrigen anzutreffen/ unerachtet es sich
in einer jeden nicht so deutlich zeigen als in
der andern/ weil sie subtiler sind und von
der Grösse der Fäserlein nicht mercklich unterschieden. In den angeführten Exempeln
haben

haben wir besondere Ursachen/ warum die
Safft-Röhren/ welche den Blut-Gefässen
gleichen/ grösser sind als in andern. Den
Sallat/ Haber-Wurtzeln/ Wolffs-Milch
und Schell-Kraut hat einen klebrigen
Safft/ der zugleich dicklicht ist/ folgends
durch gar zu subtile Röhrlein nicht so leicht
fortgebracht werden kan. Die Kürbisse
sind ein Gewächse/ das viele Nahrung
brauchet/ und ist daher auch bequemer/
wenn ihnen Safft durch weitere Röhren
zugeführet werden mag. Und in diesem
Verstande hat der berühmte Englische Medicus **Lister** (b) Adern oder Safft-Röhren behauptet/ da hingegen *Plinius* alle
Fasern überhaupt Adern (*venas*) nennet.
Er führet andere Exempel von Kräutern
an/ die für diejenigen dienen/ welche
in der Kräuter-Kunst erfahren sind.
Ich bin bey solchen geblieben/ die wir in
den Küchen-Gärten antreffen/ weil sie ge-
meiner und bekandter sind/ damit ein jeder aus eigener Erfahrung davon überzeuget werden kan (*§. 2. c. 5. Log.*). Unter
den Exempeln/ die **Lister** anführet/ kan
man eines zu meinen mit rechnen/ und es
in dieser Materie für andern recommendi-
ren. Es ist die Klette/ welche im Monath Junio sonderlich zu diesem Zwecke dienlich gefunden wird: Wenn man sie quer
durch-

(b) in Transact. Angl. Num. 79. p. 3052.

durchschneidet/ so dringt ein milchiger
Safft hin und wieder in der Rinde und
umb das Marck herum heraus. Und dieses zeiget gantz klärlich/ daß der Safft/
wodurch die Pflantze ernähret wird/ nicht
allein in besonderen Gefässen sich beweget/
sondern auch von demjenigen unterschieden
ist/ der die übrigen Fasern und das schwam-
mige oder bläsige Wesen der Pflantze erfüllet. Dieses wird noch weiter durch folgenden Versuch bestetiget/ den **Lister** mit
gutem Fortgange angestellet (c). Wenn
man eine von den Pflantzen/ die einen
milchigen Safft haben/ der sich deutlich
zu erkennen giebet/ mit der Wurtzel heraus reisset und bey feuchtem Wetter welck
werden lässet; so bleiben doch die Adern
unversehret und geben ihren milchigen Safft
wie vorhin/ wenn man sie quer durchschneidet. Denn hieraus erhellet zur Gnü-
ge/ daß der Safft/ welcher milchig ist/
von dem übrigen unterschieden seyn muß
welcher leicht unvermerckt ausdunstet/
daß die Pflantze welck wird/ maassen
er sonst ja eben so leicht wie der andern ausdunsten würde. Und hier findet sich eine schöne Aehnlichkeit zwischen
den Pflantzen und Thieren. Denn auch
in den Thieren ist das Blut unterschieden
von

(c) loc. cit. Num. 90. p. 5132.

von dem Saffte/ der in den Fasern ist/
und der Feuchtigkeit/ die sich sonst überall
in den Theilen des Leibes befindet/ und hat
seine eigene Gefässe/ dadurch es hin und
wieder durch den gantzen Leib geleitet wird.
Wil man nun alle Fasern Safft-Röhren
nennen/ so müste man diejenigen/ wovon
wir jetzt geredet haben/ mit **Litzern** der
Pflantzen **Adern** nennen/ und insonderheit
Puls-Adern/ weil sie denjenigen Safft
zuführen/ davon die Pflantze ihre Nahrung
hat/ weil doch/ da sich der Safft auch
von oben herunter beweget/ wiederum einige Gefässe vorhanden seyn müssen/ welche den übrigen wieder zurücke führen/ davon die nahrhafften Theile abgesondert
worden. Es wäre freylich nicht undien-
lich/ wenn man dieses noch weiter unter-
suchte/ und durch mehrere Proben bestetigte: denn wir dörffen nicht zweiffeln/ daß
sich noch mehrere Gründe finden würden/
woferne wir noch alles mit mehrerer Sorgfalt untersuchten. Es braucht nichts mehreren Nahrungs-Safft als der Saame.
Und wir finden z. E. in dem Sallat/ daß
der milchige Safft häuffig in den Saamen steiget: denn wenn man ein einiges
Knöpfflein mit Saamen abbricht/ so dringt
aus dem subtilen Stengel/ darauf es ste-
het/ der milchige Safft häuffig heraus/
daß einem die Finger davon klebrig werden.

(Physik. III.) Rr Weñ

Wenn man eine Gurcke von dem Stengel
abbricht / so blutet sie starck und unerachtet der Safft / welcher mit dem Blute in
den Thieren überein kommet / wie Wasser
aussiehet / so ist er doch nicht wässerig und
beflecket die weisse Leinwand / daß man die
Flecke mit waschen nicht heraus bringet /
sondern sie vielmehr durch Seiffe und Lau-
ge erst recht sichtbahr werden.   Es hat
Herr Thümmig (d) davor gehalten / daß
die Röhren / welche den nahrhafften Safft
zuführen die Fasern an dem Marcke und
der Rinde wären / hingegen die andern /
welche ich zurücke führen / in der mitten
angetroffen würden.   Denn wenn man
vom Stiele eines Blates ein Scheiblein
quer durch abschneidet / so zeigen sich durch
gute Vergrösserungs-Gläser drey Reihen
der Fasern.   Die ersten um das Marck herum sehen grünlicht aus / die an der Rinde gleichfals / die mittleren aber fallen ins
weisse und haben keine Spur von der grünen Farbe bey sich.   Daß diese Fasern unterschieden seyn müssen / zeiget der Augenschein / indem der Unterscheid der Farbe
seine Ursachen haben muß.   Nun kommet
er von der Farbe des Safftes her / der in
den Röhrleinen oder kleinen Gefässen ist /
und

(d) in Experimento singulari de arbori-
bus ex folio educatis c. 2. ſ. 25. p. 22.

und demnach muß ein Unterscheid in dem
Saffte seyn / der die Fäserlein nahe bey
dem Marcke und der Rinde / und demjenigen / der die in der Mitten erfüllet. Der
grünlichte Safft ist sonder Zweiffel der
nahrhaffte / nicht allein weil alles / was im
jungen Wachsthume ist / diese Farbe hat /
sondern auch weil zu der Zeit / da im Frühlinge der Nahrungs-Safft häuffig zwischen
der Rinde und dem Holtze hinauf steiget /
die Rinde gräulicht aussiehet / ja selbst das
Fleisch in dem Saamen grüne wird / wenn
der Nahrungs-Safft in ihm für das junge Pfläntzlein zubereitet wird: Hingegen
der an der Farbe dem Wasser näher kommet / ist derjenige / der die meisten nahrhafften Theile abgeleget.   Und demnach
kommet des Herrn **Thümmigs** observation damit überein / daß die Puls-Adern /
wodurch der Nahrungs-Safft allen Theilen der Pflantze zugeführet wird / an dem
Marcke und an der Rinde zu finden seyn /
wie wir vorhin ausgeführet: nur erhellet
daraus nicht deutlich / daß die Safft-Röhren besondere Gefässe sind / die sich unter
diesen Fasern befinden / keinesweges aber
die Fasern alle zusammen genommen. Wen̄
nun die Safft-Röhren / welche die Nahrung zuführen / von den Fasern / darunter
sie sich befinden / unterschieden sind; so kan
man leicht erachten / daß auch diejenigen /

R r 2   welche

welche das überflüßige zurücke leiten/ besondere Gefäßlein seyn müssen/ die bloß
unter den Fasern anzutreffen/ die sich in der
Mitten zwischen denen an der Rinde und
an dem Marcke befinden.   Denn warum
sollten mehrere Gefäßlein seyn/die den Safft
zurücke führen/ als die ihn zuführen/ da
weniger zurücke gebracht wird/ als zugeführet wird? Ich rede hier bloß von einem
so grossen Unterscheide als entstehen würde/
wenn die mittleren Fasern insgesammt Gefässe seyn sollten/ welche das wässerige von
dem Nahrungs = Saffte zurücke führeten/
da unter denen zu beyden Seiten an dem
Marcke und der Rinde nur einige vorhan-
den/die ihn zuführen. Denn sonst könnte es
wohl einige Ursachen haben/ warum einige Gefäßlein zur Abführung des wässerigen von dem Saffte mehr wären als de-
rer/ die ihn zuführen/ gleichwie wir fin-
den/ daß in unserem Leibe die Adern/ welche das Blut zurücke führen/ weiter sind
als die Puls = Adern.   Unterdessen siehet
man/ wie mühsam es ist in den Pflantzen
zur Gewisheit zu kommen/ wenn wir die
Theile nur wollen kennen lernen/ daraus
sie bestehen.   Derowegen unerachtet bisher grosse und ansehnliche Wercke von der
Anatomie der Pflantzen vorhanden/ auch
eines und das andere von anderen noch
weiter hinzu gesetzt worden; so kan man
doch

doch nicht sagen/ daß man bisher so weit
darinnen kommen sey wie in der Anatomie
des menschlichen Leibes/ dergestalt daß man
einen recht sicheren Grund hätte/ darauf
man in der Physick die Erklärung dessen/
was wir bey den Pflantzen wahrnehmen/
mit Zuversicht bauen könnten. Und demnach müssen wir uns dieses antreiben las-
sen/ durch Observationen und Experimen-
te bey aller Gelegenheit noch weiter zu un-
tersuchen/ ob alles sich angebrachter Maassen verhält/ oder ob vielleicht eines und
das andere noch anders sey. Uns ist zu gegenwärtigem Vorhaben gnung/ daß wir
erkennen/ es sind Mittel und Wege in
den Pflantzen vorhanden/ wodurch der
Nahrungs-Safft zubereitet und durch die
Pflantze vertheilet werden mag/ und daß
dieses letztere durch Gefässe geschiehet/ die
sich in der Pflantze unter ihren Fasern mit
befinden. Denn auch hieraus erkennen
wir schon zur Gnüge/ daß GOTT die
Pflantzen mit solcher Weisheit zubereitet/
daß sie sich zu ernähren und zu wachsen vermöge ihrer Structur geschickt sind. Sind
gleich diese Wege schweer zu finden und
diese Mittel schweer zu ergründen/ so hindert uns dieses an unserem gegenwärtigen
Vorhaben nicht (§. 214.)/ denn wir erkennen eben dadurch/ daß GOttes Werck
selbst in der Natur der Vernunfft des

Men-

Menschen zu ergründen schweer / ja öffters
wohl gar unmöglich fället.

Nutzen der Fasern/ die keine Adern sind.

§. 225. Weil demnach nicht alle Fasern
Gefäßlein sind / die dazu dienen / daß durch
sie der Safft durch die Pflantzen geleitet
und zur Nahrung zugeführet / oder auch
der überflüßige wieder zurücke geführet wird
(§. 223.); so müssen sie einen andern Nutzen haben / weil doch nichts in der Natur
für die lange Weile da ist (§. 1049. Met.).
Man siehet aber leicht / warum sie da sind.
Sie machen die Pflantze steif/ daß sie aufgerichtet stehen und ihre Aeste und Blätter
ausgestrecket und ausgebreitet verbleiben
können. Und demnach vertreten sie die
Stelle der Knochen/ welchen bey den Menschen und Thieren dieses Ambt aufgetragen
(§. 20.). Es schadet aber nichts/daß auch
ihnen von dem Nahrungs-Saffte zugeführet wird/ der sich in ihnen nach der Länge
fort beweget: Denn wir haben dieses ja
auch bey den Knochen so und nicht anders
gefunden (§. 24.). Und in der That kommen die höltzerne Fasern auch in ihrem
Wachsthume mit dem Knochen überein.
Denn sie sind anfangs weich/ nach diesem
werden sie zehe und lassen sich leichte beu-
gen/ mit dem Alter der Pflantze werden
sie immer härter und zuletzt so hart/ daß
sie brechen. Wer weiß aber nicht/ daß
die Knochen einer zarten Frucht in Mutter-

Leibe

Leibe gleichfals anfänglich weich sind/ nach
diesem zehe und nach und nach mit den
Jahren immer härter werden/ im hohen
Alter aber so harte/ daß sie leicht zerbrechen.
Mir fället von der Gebrechlichkeit der Knochen ein Exempel bey/ da vor wenigen
Jahren ein altes Weib/ die bey nahe hundert Jahr alt war/ sich im Hospital er-
hänget hatte und zur Anatomie genommen
ward. Unerachtet sie in ihrem Leibe noch
überall gantz gesund und frisch war; so
waren doch durch das Werffen auf die
Schleiffe/ darauf sie herbey gebracht ward/
die Ribben zersprungen/ ohne daß man
von aussen im Leibe das geringste Merckmahl davon verspürete: welches eben eine
Anzeige war/ daß ihr nicht im Leben die
Ribben waren gebrochen worden/ indem
man sonst den harten Schlag oder Stoß
auch an dem Leibe hätte wahrnehmen müssen. So lange die Theile der Pflantze
jung sind/ so sind die Fasern zehe/ daß
sie sich leichte beugen lassen/ damit sie beweglich sind (§.216.) und nachgeben/ weñ
etwas an sie stösset/ folgends nicht so leicht
gebrochen werden. Es dienet demnach dieses zur Sicherheit der Pflantze wieder auswärtige Gewalt/ die ihr zustossen kan.
Es ist wohl wahr/ daß das holtzige Wesen
seiner Structur nach mehr Aehnlichkeit mit
den Mäusleinen/ als den Knochen zu ha-

R r 4 ben

ben scheinet: allein da die Mäuslein das
Werckzeug der Bewegung sind (§. 45.)/
die Pflantzen aber sich nicht selbst bewegen
können/ als die dergleichen Bewegung
nicht von nöthen haben (§. 216.); so brauchen sie auch nichts/ was die Stelle der
Mäuslein vertritt. Wolte man aber darinnen eine Aehnlichkeit mit den Mäusleinen
suchen/ in so weit die Theile der Pflantzen beweglich sind/ weil ihre Fasern zähe sind
und sich beugen lassen/ auch wieder zurücke
springen/ wenn sie von der äusseren Gewalt befreyet werden; so bin ich leicht damit zu frieden und daher nicht entgegen/
wenn man behauptet/ daß die höltzernen
Fasern die Stelle der Mäuslein und Knochen zugleich vertreten. Man siehet aus
dem/ was von den Fasern beygebracht wor-
den/ warum sie aus vielen kleinen Fäserlein
zusammen gesetzet sind/ nemlich daß sie sich
desto leichter beugen lassen und wieder zurücke springen können/ dessen ungeachtet aber
doch Stärcke gnung haben die Pflantze
aufgerichtet und ihre Theile zur Seite ausgestreckt zuerhalten/ auch nicht leicht sich
zerbrechen lassen. Ich verlange dieses nicht
deutlicher zu erklären/ wie dieses von der
Zusammenfügung der grossen Fasern aus
kleinern kommet/ weil man es vor sich sehen
kan/ wenn man bedencken wil/ was dazu
erfordert wird/ daß etwas sich leichte beugen lässet/ und doch dabey starck ist.

§. 226.

§. 226.   Daß viele Räumlein so wohl zwischen den Fasern / als an andern Arten der Pflantzen anzutreffen / die mit Lufft erfüllet seyn / ist ausser allem Zweiffel (§. 161. 165. 166. T. l. & §. 94. T. III. Exper.). Allein es ist nun die Frage / ob besondere Röhrlein sind / die nach der Länge der Fasern in einem fortgehen und keinen Safft / sondern Lufft führen : denn diese pfleget man eigentlich Lufft-Röhren zu nennen.   Dergleichen Lufft-Röhren (*tracheas*) giebt *Malpighius* an (a) und beschreibet sie gantz eigentlich an verschiedenen Orten : dessen ungeachtet werden sie von vielen in Zweiffel gezogen / welche sie durch ihre Vergrösserungs-Gläser nicht haben finden können / oder überhaupt den Vergrösserungs-Gläsern nicht trauen wollen und nicht mehr zugeben / als was sie mit blossen Augen sehen.   Wenn man von einem Wein-Stocke ein Scheiblein queer durch abschneidet und es unter das schlechteste Vergrösserungs-Glaß leget / so kan man rings herum in dem holtzigen Wesen gantz deutlich rundte Löcher sehen/ die ordentlich herum gesetzt sind.   Ja wenn man sie durch ein Vergrösserungs-Glaß betrachtet / was viel vergrössert / so bekommen sie eine ansehnliche Weite und man kan

Ob Lufft-Röhren in Pflantzen vorhanden.

R r 5   in

(a) in Idea Anat. Plant. f. 3. 5. edit. Lond. A. 1675.

in sie hinein sehen und findet/ daß sie von
innen wie eine Röhre eine rundte und gleiche
Fläche haben. Nun mag man dieses
Scheiblein abschneiden wo man wil/ man
mag auch zwey hinter einander so nahe abschneiden als man wil; so zeigen sich dieselben einmahl wie das andere. Und demnach
ist klar/ daß diese Höhlen/ nach der gantzen
Länge des Holtzes in einem fortgehen und
folgends auch ihre innere rundte und gleiche
Fläche. Dieses aber zeiget zur Gnüge/
daß es besondere Röhren sind. Weil man
in ihnen nichts siehet; so erkennet man vor
sich/ daß Lufft darinnen sey. Und demnach
haben wir Röhren/ die nach der Länge der
Fasern zwischen ihnen durch das holtzige
Wesen herunter gehen und mit Lufft erfüllet sind/ das ist/ solche Lufft-Röhren/ wie
man verlanget. Diese Lufft-Röhren sind
in dem Wein-Stocke von solcher Grösse/
daß man sie auch mit blossen Augen wahrnehmen kan/ wenn man scharf siehet.
Und weil sie wohl zu finden sind/ so kan man
auch ein Stücklein Holtz durch eine Lufft-
Röhre nach der Länge durch schneiden und
sie durch ein mäßiges Vergrösserungs-Glaß
von innen gantz genau betrachten. Ehe ich
Malpighium und *Grewium* gelesen hatte und
mich von den Lufft-Röhren gerne sebst in-
formiren wollte/ kam ich zu grossem Glück
gleich über den Wein-Stock/ weil ich ihn
eben

eben bey der Hand hatte/ indem er aus
dem Garten in meine Studier-Stuben hinein gewachsen war. Und also konte es
nicht anders geschehen/ als daß ich für die
Lufft-Röhren sehr eingenommen ward/
weil mir schon dazumahl zur Gnüge bekandt
war/ daß die Natur die Aehnlichkeit liebet
und den Unterscheid der Arten der Dinge
nicht so wohl durch verschiedene Arten der
Theile/ als den Unterscheid/ den diese Arten leiden/ hervor bringet/ wovon insonderheit die verschiedene Arten der Thiere und
selbst der menschliche Leib ein überflüßiges
Zeugnis ablegen/ wenn so wohl jene unter
einander selbst/ als auch mit diesem verglichen werden. *Malpighius* (b) recommendiret unter den Bäumen die Reiser von Ca-
stanien-Bäumen/ da er in dem ein/ zwey
und dreyjährigem Holtze und zwar in jedem
Jahre die Lufft-Röhren gantz deutlich zeiget.
Nun kan ich nicht in Abrede seyn/ daß ich
in Reisern von andern Bäumen/ als
von Kirsch-Pflaum-Abricosen-Biernen-
Aepffel- und Pfersich-Bäumen solche
Lufft-Röhren/ wie sich im Wein-Stocke
zeigen und *Malpighius* im Castanien-Holtze
gefunden/ durch das Vergrösserungs-Glaß
vergebens gesucht habe: allein ich habe es
gemacht/ wie man in Untersuchung der
Natur

(b) in Anat. Plant. f. 18. & seqq.

Natur zu thun pfleget / daß man vermöge
der Aehnlichkeit / wodurch die Arten und Ge-
schlechter der Dinge entstehen (§.181.Met.) /
eben der gleichen Art, Theile bey einer andern Art der Pflantzen vermuthet / die man
bey einer antrifft / welches man das *argu-*
mentum ab analogia nennet und ich noch
immer in solchen Fällen sehr sicher gefunden /
wo sich nach diesem die völlige Gewißheit
gezeiget. Derowegen habe ich nicht gleich
in Zweiffel gezogen / ob Lufft-Röhren vorhanden sind / wo uns auch das Vergrösserungs-Glaß dieselben nicht gleich deutlich
zeiget; sondern vielmehr vermuthet / daß
sie so kleine sind / daß man sie nicht eigentlich erkennen kan / zumahl da ich von
der Subtilität der Natur in Formirung
der Theile zur Gnüge überzeuget bin. Unterdessen habe ich doch mir angelegen seyn
lassen nach zuforschen / ob nicht noch ein
anderer Weg vorhanden sey / dadurch die
subtilen Lufft-Röhren zu finden wären /
die man auch durch das Vergrösserungs-
Glaß vergebens suchet. Ich habe nemlich Wasser durch Hülffe der Lufft-Pumpe
von der Lufft gereiniget (§. 148. T. I. Exper.) / damit die daraus auffsteigende Lufft
nicht Irrung geben möchte. In dieses Wasser habe ich ein Stücklein von einem Reise
eines Baumes dergestalt gestellet / daß nur
der unterste Durchschnitt darinnen frey ge-
stan-

standen. Als ich die Lufft wegpumpete/
daß sie unter dem Recipienten verdünnet
ward (§. 80. T. I. Exper.); so kam hin und
wieder aus dem im Wasser stehenden
Durchschnitte die Lufft in unveränderten
kleinen Strömen heraus/ nicht anders als
wie zu geschehen pfleget/ wenn man gläserne Röhren ins Wasser stellet/ oder eine
gläserne Kugel mit einer Röhre. Wenn
ich auch gleich das Stücklein Holtz weiter
hinein stieß/ so sahe man doch bloß unten
heraus die Lufft in beständigen Strömlein
heraus gehen/ keines weges aber zur Sei-
te/wo nur eintzele Bläselein heraus kamen
und sich anhängten. Eben diesen Versuch
hat Herꝛ Prof. **Thümming** bey seiner Anatomie der Blätter gebraucht und es in den
Stielen derselben eben also befunden.
Hieraus nun erhellet/ daß nach der Länge
der Fasern besondere Röhrlein mit Lufft
vorhanden seyn müssen/ die nach und nach
heraus fähret/ wenn die äussere verdünnet
wird / maassen man ein Reiserlein durchschneiden mag/ wo man wil/ so zeiget sichs
einmahl wie das andere. Wollte man sa-
gen/ es wäre nur die Lufft/ die hin und wieder in den Zwischen-Räumlein der Fasern
sich aufhielte; so könte dieses einige Wahrscheinlichkeit haben/ wenn man nicht in einigen Bäumen die Lufft-Röhren gantz eigentlich erkennen könte/ wie wir vorhin gesehen.

sehen. Darnach ist gewis / daß zwischen
den Fasern / wo die Lufft nicht heraus ströh-
met / gleichfals Zwischen-Räumlein vorhanden seyn. Derowegen muß doch an
den andern / wo sich die Lufft-Ströhme
zeigen/noch was besonderes vorhanden seyn.
Und weil man aus den so genanten *poris* oder
Zwischen-Räumleinē keineLufft hervor dringen siehet; so muß man vielmehr hieraus
schliessen / daß dieselben nicht in einem fort-
gehen/ sondern hin und wieder unterbrochen
sind / folgends daß ihnen die Lufft durch die
Lufft-Röhre zu und abgeführet werden kan.
Und mich dünckt / es lässet sich dieses durch
den Versuch bekräfftigen / den ich mit den
Abricosen-Kernen angestellet (§. 166. T. I.
Exper.). Denn unerachtet aus der Schaale
auch nur hin und wieder Lufft kam/ so
drung doch das Wasser dergestalt hinein/
daß man sie von innen in der Mitten über
und über naß sahe / dergestalt daß auch die
Zwischen-Räumlein erfüllet waren / wo
man keinen Ausgang der Lufft für sie in der
äusseren Schaale gefunden hatte. Unerachtet aber sich so viel Wasser hinein gezogen
hatte / daß es in der inneren Schaale aus-
geflossen war/ als ich den Kern eröffnete;
so war doch dasselbe nicht überall zur Seite
in die Zwischen-Räumlein der Schaale gedrungen. Man kan diesen Weg gebrauchen die Sache noch weiter zu untersuchen/
damit

damit man zu mehrerer Gewißheit gelanget.
Ich habe mir schon vor einigen Jahren bequeme Instrumente verfertigen lassen / um
vermittelst der Lufft-Pumpe die Pflantzen
mit Queckſilber aus zuſpritzen / weil ich davor halte / daß es hauptſächlich die Lufft-
Röhren ſind / wo das Queckſilber hinein
dringet / wenigſtens daß es durch die Lufft-
Röhren ſeinen Eingang findet : allein da bey
mir eine Arbeit auf die andere warten muß
ſo habe ich auch dieſe Verſuche aufſchie-
ben müſſen / und die bekandte Verfolgungen haben es gehindert / daß ich ſie auch nicht
habe anſtellen können / da ſie mir nöthig
geweſen wären.

§. 227. In den Pflantzen befindet ſich
auch ein Bläſiges-Weſen (*utriculi*) /
welches in der Menge in der Rinde und im
Marcke angetroffen wird und beyde Theile
ſchwammicht macht. Man darf jetzt gegen den Frühling nur das Häutlein von der
Rinde eines jungen Reißleins abſcheelen /
ſo fället es ſchöne grüne in die Augen und die
Vergröſſerungs - Gläſer zeigen / daß es
nichts anders als ein Hauffen kleiner Bläßlein iſt. Wir treffen ſonſt nichts als Faſern und dieſe durch alle Theile der Pflantzen vertheilete Bläßlein an / wenn wir alles durchſuchen / was ſich in ihnen unterſcheiden läſſet. Nun muß in den Pflantzen etwas vorhanden ſeyn / darinnen der

Nutzen des Bläſigen Weſens.

Nah-

Nahrungs-Safft zu bereitet wird. Denn
da alle Pflantzen einerley Nahrung aus der
Erde ziehen (§. 392. Phyſ.); ſo iſt doch der
in ihnen befindliche Safft gar ſehr unterſchieden. Derowegen muß die Nahrung/
welche die Pflantze zu ſich genommen / in ihr
verändert werden. In den Faſern kan dieſe
Veränderung nicht vorgehen/denn dieſe ſind
ſubtile Röhrlein / darinnen ſich bloß ein
Safft befindet / der ſich von dem Nahrungs-Saffte abgeſondert (§. 225.) / als
wie in unſerem Leibe und in den Leibern der
Thiere in den Fäſerleinen / daraus die Faſern der Mäuslein beſtehen / ein Safft anzutreffen iſt / der von dem Blute abgeſondert wird. Es bleibet demnach nichts ü-
brig/ wo die Zubereitung des Nahrungs-
Safftes geſchehen könte / als in den Bläßleinen / daraus das bläſige Weſen beſtehet.
Und ſolcher geſtalt kommen dieſelbe mit dem
Magen in unſerem Leibe und in den Thieren überein und vertreten bey den Pflantzen
deſſen Stelle. Und eben deswegen zeigen
ſich die Adern der Pflantzen bloß an der
Rinde und an dem Marcke (§. 224.) / weil
ſie daſelbſt aus den Bläßleinen den zuberei-
teten Nahrungs-Safft erhalten / und nach
dieſem ihn weiter durch die Pflantze vertheilen können. Es hat auch ſchon *Malpig-*
hius, der die Anatomie der Pflantzen zu
erſt unterſucht / den Bläßleinen dieſe Ver-
rich-

richtung zu geeignet (a) und ich finde / daß
er auch schon die Adern angemercket / darinnen in jeder Pflantze ein besonderer Safft
geleitet wird / und unter den Bäumen sich
auf die Maulbeer-Bäume beruffen / als
welche gleichfals / wie bekandt / einen milchigen Safft haben (b).   Und es hat auch
nicht wohl geschehen können / daß bey so
gar sorgfältiger Untersuchung der inneren
Structur der Pflantzen / die er angestellet /
ihm dasjenige hätte sollen verborgen bleiben /
das gleich in die Augen fället.   Unterdessen
ist nicht zu leugnen / daß es das Ansehen
hat / als wenn dieser Safft in den Adern
nicht so wohl der Nahrungs-Safft
wäre / davon alle Theile in ihrem Wachsthume erhalten werden / sondern ein besonderer Safft / indem er ihn mit dem Hartze
zu vergleichen scheinet / das in den Tannen
gleichfals seine besondere Gefässe hat / darinnen es geleitet wird (c)

§. 228. Endlich finden wir noch **Häute** oder Was die
Häutlein (*cuticulas*) in den Pflantzen / da- Häute
mit nicht allein alle Theile von aussen / son- nutzen.
dern auch verschiedene von innen überkleidet
werden. Das Häutlein / damit die Theile von
aussen überkleidet werden / fället einem jeden
in die Augen und giebet sich in einigen Fällen

(*Physik. III.*)   S f   gantz

(a) in Idea Anat. Plant. f. 14.
(b) ibid. f. 12.
(c) ibid. f. 13.

gantz deutlich zu erkennen. Im Frühlinge/ wenn der Safft in die Bäume tritt/ lässet es sich von der Rinde der jungen Reiser gar leicht absondern und in Blättern der Bäume wird es öffters von Ungeziffer oder Kranckheiten abgesondert. Pflantzen/ die einen hohlen Stengel haben/ sind in der inneren Höhle mit einem Häutlein überkleidet/ und es lässet sich in vielen Fällen ohne Mühe abscheelen. Wir werden auch unten bey genauer Betrachtung des Saamens Häutlein und Häute antreffen. Von den Wurtzeln lässet sich das Häutlein auch leichte abscheelen/ wenn sie sonderlich mit siedendem Wasser verbrühet werden. Von innen sind die Bündlein der kleinen Fäserlein mit einem Häutlein überkleidet und wir werden noch mehreren Gebrauch im folgenden antreffen. Das Häutlein und die Haut/ welche die gantze Pflantzen und auch gewisse Theile von ihnen gantz überkleidet/ macht aus ihnen ein gantzes/ indem sie alles/ was dadurch umkleidet wird/ mit einander verbindet. Sie verwahret auch die Pflantze für allerhand Zufällen/ als daß der Staub sich nicht anhängen kan/ der darauf fället/ indem sie von aussen durch das Häutlein glatt werden; daß die Sonne die Pflantzen nicht so starck austrocknen kan/ weil die Haut und das Häutlein nicht die Feuchtigkeit so frey durch lässet:

set; daß das Ungezieffer die Bläßlein / darinnen die Nahrung für die Pflantzen ist / nicht
ausfressen kan / wie man es unterweilen in
den Bättern findet / wo das Häutlein erst
loß ist.   Und bey Betrachtung der besonderen Theile wird sich noch ein mehreres
zeigen.

Das 3. Capitel.
Von der Wurtzel der
Pflantzen.

§. 229.

Aus den bisher beschriebenen Theilen werden die eigentlichen Theile / daraus die Pflantzen bestehen /
verschiedentlich zusammen gesetzet.   Es bestehet aber eine Pflantze aus der Wurtzel /
aus dem Stengel oder Stamme / aus den
Aesten / den Blättern / den Blüthen oder
Blumen und dem Saamen / wiewohl einige von diesen Theilen nicht beständig vorhanden sind : denn Bäume und Sträuche
haben grösten Theils des Winters keine
Blätter (denn wir nehmen jetzund das
Wort **Blat** in einem weitläufftigen Verstande / daß wir auch Tangeln mit darunter
begreiffen / welche die Tannen / Fichten /
Tachsbäume 2c. haben) und die Blüthen
mit dem Saamen sind nur zu gewisser Zeit
bey den Pflantzen anzutreffen.   Wir wollen
demnach untersuchen /   was Wurtzeln /

Theile der Pflan-tzen / dar-aus sie bestehen.

Sf 2   Sten

Stengel und Stämme / Aeste / Blätter/
Blüthen und der Saame für Nutzen haben / und wie sie vermittelst ihrer besonderen
Theile / daraus sie bestehen/ dazu aufgeleget
sind.

Wurtzel
führet
den
Pflan-
tzen die
Nah-
rung zu.

§. 230. Die Wurtzel ist der unterste
Theil der Pflantze / welcher unter der Erde
fort wachset / gleichwie die übrige Pflantze
über der Erde. Daß sie der Pflantze die
Nahrung zuführet / ist eine Sache / daran niemand zweiffelt. Denn man siehet
aus der beständigen Erfahrung / daß nur
die Erde darf befeuchtet werden / wenn die
Pflantze oder der Baum / der in einem Gefässe stehet / fort wachsen sol / aus der Erde
aber kan in die Pflantze nicht anders das
Wasser aufsteigen / als durch die Wurtzel. So muß auch die Erde gedünget und
fruchtbahr gemacht werden / wenn etwas
darinnen gut wachsen und fortkommen sol.
Und was das Wasser davon in der Erde
annimmet / kan durch keinen andern Weg/
als durch die Wurtzel in die Pflantze kommen. Derowegen kommet auch eine
Pflantze im Versetzen nicht fort / wenn die
Wurtzel zu welck worden ist. Eine Pflantze / die versetzt wird / kommet nicht eher
fort und bekleibet / als biß die Wurtzel von
neuem eingewurtzelt und in dem Stande ist
Nahrung aus der Erde anzunehmen. Und
wenn man Reiser von Bäumen oder
Sträu-

Sträuchen verleget/ so bekleiben sie nicht
eher/ als biß sie Wurtzeln geschlagen. Dieses alles zeiget zur Gnüge/ daß aus der Erde keine Nahrung in die Pflantze kommen
kan als durch die Wurtzel/ und demnach
die Wurtzel ihr zu dem Ende gegeben ist/
damit sie sich aus der Erde nähren kan. Es
kan zwar einem ein Zweiffel entstehen/ als
wenn auch ohne die Wurtzeln eine Pflantze
Nahrung zu sich nehmen und ihren Wachsthum fort setzen könte. Denn es ist jederman bekandt/ daß/ wenn ein Reiß von
einem Baume oder Strauche/ oder auch
eine Blume und Pflantze abgeschnitten und
ins Wasser gesetzt wird/ sie darinnen fort
wächset/ wie dann die Blumen auf solche
Weise aufblühen/ die man abbricht/ ehe
sie recht aufgeblühet. Ja wenn man einen
jungen Baum abhauet und ins Wasser
setzt/ so bleibet er frisch und verwelcket nicht
so gleich/ und im Winter schläget er wohl
gar in der Stube aus. Und demnach scheinet es nicht eben nothwendig zu seyn/ daß
die Pflantze eine Wurtzel hat/ wenn sie
Nahrung zu sich nehmen sol. Nun kan
man freylich nicht in Abrede seyn/ daß das
Wasser durch den Stengel hinauf steigen
und sich durch die Blätter zertheilen kan/
auch wenn keine Wurtzel vorhanden/ und
solcher gestalt die Pflantze eine Weile fort
wächset/ ohne daß die Wurtzel dabey nö-

thig

thig ist: allein es bleibet die Nothwendigkeit der Wurtzel dessen ungeachtet in ihrem
Werthe. Denn wenn die Pflantze in der
Erde stehet / so ist die Feuchtigkeit / davon
sie ihre Nahrung hat / nicht in solcher Menge bey einander anzutreffen / als wie im Gefässe / daß man voll Wasser gegossen. Die
Erde ist wie ein Schwamm und in ihren
kleinen Höhlen / die sich mit blossen Augen
nicht unterscheiden lassen / liegen die subtilesten Tröpflein Wasser / so lange sie feuchte verbleibet. Und demnach kan die Feuchtigkeit nicht so häuffig in den Stengel oder
den Stamm dringen und durch ihn zu den
übrigen Theilen fortgeleitet werden/ als wie
wen er im Wasser stehet. Die Nahrung muß
in den subtilesten Tröpffleinen angenomen
und zusammen gesammlet werden. Derowegen gebricht ihr auch die Nahrung/
wenn es ihr an der Wurtzel fehlet / und
ihre Wurtzel zertheilet sich in die Breite/
damit sie überall etwas annehmen und
Nahrung gnung zusammen bringen kan.
Es ist noch ein Fall / da etwas wächst/
ohne daß ihm durch die Wurtzeln Nahrung zugeführet wird. Die gemeine Zwiebeln wachsen starck aus / wenn sie nur im
Feuchten liegen oder hängen / ja nur in einem Orte seyn / wo sie nicht austrocknen
können. Hingegen wenn man sie in die
Erde setzet / treiben sie zugleich Wurtzeln /
indem sie auswachsen. Man findet solches
auch

auch bey andern Zwiebeln/ als von Tuli-
panen/ Narciſſen/ Hyacinthen/ u. ſ. w.
ja die weiſſen Kraut-Häupter wachſen ohne
Wurtzeln aus/ wenn ſie in einem feuchten
Keller liegen. Man erblicket hier gar bald
die Urſache/ wenn man genau darauf acht
hat. Der Safft/ der in den Blättern des
Krautes oder auch in den Zwiebeln iſt/ tritt
aus ihnen heraus und dringet in den Sten-
gel/ oder in Zwiebeln in das Pfläntzlein/
und erhält daher dasjenige/ was heraus
wächſet/ ſeine Nahrung. Derowegen gehet auch die Zwiebel aus und die Kraut-
Blätter werden welck und dünne/ daß ſie
in ihrem ſafftloſen Zuſtande kaum was mehreres als die Häutlein übrig behalten/ die
ſie von beyden Seiten überkleiden/ nebſt
den wenigen Faſern/ die ſich durch ſie vertheilen. Und hieraus ſiehet man/ daß der
Safft aus den Blättern in die Pflantze zurücke treten kan und darinnen hauptſächlich
um der Blüthe und des Saamens Willen
zubereitet wird. Es darf uns aber dieſes
um ſo viel weniger wundern/ weil wir bald
deutlich erkennen werden/ daß die Blätter
in dem Kraute und die Subſtantz der Zwiebeln die Stelle der Wurtzeln vertreten.
Daß aber die Zwiebeln in der Erde auch
Wurtzeln ſchlagen/ wenn ſie auswachſen/
geſchiehet deswegen/ weil der in ihnen ſich
befindliche Safft nicht zureichet der Pflantze

Sſ 4 Nah-

Nahrung gnung für die Blume und den
Saamen bis zu seiner Reiffe zu geben/ und
über dieses auch unten in der Erde neue
Zwiebeln erzeuget werden müssen/ dazu
gleichfals Nahrung von nöthen ist.

Die
Wur-
tzeln be-
festigen
die
Pflantze
in der
Erde,

§. 231. Die Pflantzen müssen feste in
der Erde stehen (§. 216.) und dazu dienen
ihnen die Wurtzeln.   Es haben also die
Wurtzeln auch diesen anderen Nutzen/ daß
dadurch die Pflantzen innerhalb der Erde
befestiget werden. Und man findet dahero/
daß sich eine Pflantze gar schweer ausreis-
sen lässet/ die tief und insonderheit die breit
eingewurtzelt ist. Unerachtet aber die eintzelen kleinen Würtzlein leicht abreissen/
wenn man sie starck ziehet; so geschiehet solches doch nicht/ wenn viele zugleich gezogen werden/ wie ordentlicher Weise geschie-
het/ wenn die Pflantze bey dem Stengel
ergriffen und gezogen wird/ indem nicht
allein die Krafft sich nach der Anzahl der
kleinen Würtzlein zertheilet/ sondern auch
die meisten/ als die nach der Seite liegen/
da man die Pflantze gerade in die Höhe
ziehet/ sehr schräge gezogen werden/ in
welchem Falle die Krafft weniger vermag/
als wenn man gerade ziehet. Derowegen
siehet man/ daß/ wenn die Wurtzel bis
auf ein oder ein paar kleine Würtzlein loß
ist/ dieselben viel leichter abreissen: ich sage mit Fleiß nur leichter/ und nicht leich-
te/

te / weil auch die zärtesten Würtzelein eine ziemliche Festigkeit haben / daß sie sich
nicht leicht zerreissen lassen / wenn sie nicht
noch gar zu jung sind.

§. 232. Damit nun die Pflantzen durch
die Wurtzeln Nahrung gnung erhalten
und feste gnung in der Erde stehen / so lauffen entweder dieselben in der Erde weit aus
und breiten sich in einen weiten Umfang
aus / oder es wird die Menge der kleinen
Würtzelein um so viel grösser / wovon wir
ein Exempel an der Sonnen-Blume haben / die viel Nahrung braucht und wegen
der Schweere der Blume feste stehen muß.
Und dieses ist auch die Ursache / warum die
Wurtzel unter der Erde fort wächset / gleichwie die Pflantze über der Erde grösser wächset. Denn je grösser die Pflantze wird /
je mehr braucht sie Nahrung. Da ihr
nun die Nahrung durch die Wurtzel zugeführet wird / die in den subtilesten Tröpffleinen in der Erde zerstreuet anzutreffen (§.
230.); so muß auch die Wurtzel sich an
mehrere Oerter zertheilen. Je grösser die
Pflantze wird / je mehr braucht sie auch
Befestigung in der Erden. Derowegen da
sie durch die Wurtzeln befestiget wird / in
so weit die vielen kleinen Würtzelein der
äusseren Gewalt mehr wiederstehen (§.
231.); so muß auch die Wurtzel sich entweder in die Weite mehr ausbreiten / oder

Warum
die Wur-
tzeln mit
der
Pflantze
wachsen.

S s 5 es

es muß sich die Anzahl der kleinen Wür=
tzelein in einem Klumpen beyeinander ver=
mehren.   Wenn demnach eine Pflantze viel
wurtzelt/ so stehet sie nicht allein feste/ son=
dern kan auch desto mehr Nahrung genies=
sen und kommet also in ihrem Wachsthu=
me desto besser fort.   Es liesse sich hier vie=
les von dem Unterscheide der Wurtzeln an=
führen/ wenn wir auf besondere Exempel
gehen wollten.   Allein wir sind zufrieden/
daß wir die allgemeinen Gründe angezei=
get/ daraus sich in diesem Stücke die Be=
schaffenheit der verschiedenen Wurtzeln er=
klären lässet.

Wur=
tzeln ver=
fertigen
Nah=
rungs=
Safft.

§. 233.   Es nehmen aber die Wurtzeln
nicht bloß Nahrung aus der Erde an sich
und führen sie dem Stamme oder Stengel
und den übrigen Theilen der Pflantze zu;
sondern sie bereiten auch selbst den Nah=
rungs=Safft/ ob gleich nicht allein. Jun=
ge Pflantzen/ die keine Nahrung mehr
aus dem Saamen haben können/ haben
noch nichts als die Wurtzel/ daraus sie
ihren Nahrungs=Safft erhalten könnten.
Und Pflantzen/ die keinen Stengel eher
bekommen/ als bis sie in Saamen schos=
sen/ können nirgend anders her als aus
der Wurtzel versorget werden.   Denn ob
man gleich vermeinen sollte/ als wenn die
Blätter/ welche den Thau auffangen/ de=
nenjenigen/ die nach ihnen ferner heraus=
wachs=

wachsen/ Nahrungs=Safft zubereiten köñ=
ten; so findet man doch/ daß solches den
ferneren Wachsthum nicht hindert/ wenn
man die Blätter abbricht und nur der
mittlere Sproß verschonet bleibet. Ja
das Kraut/ welches sich in Häupter schlies=
set/ und selbst der Sallat/ der in Stau=
den und Häupter wächset/ zeiget/ daß die
Blätter dazu wenig beytragen: indem sie
von innen starck fortwachsen/ unerachtet
der Thau nur ein paar Blätter von oben
befeuchten kan. Und wir finden ja auch
die Bläßleinen/ wodurch der Nahrungs=
Safft zubereitet wird (§. 236.)/ häuffig in
der Wurtzel/ wie wir bald mit mehre=
rem hören werden. Hierzu kommet noch
dieses/ daß im Frühlinge hauptsächlich der
Nahrungs=Safft zwischen der Rinde der
Bäume häuffig durch den Stamm hinauf
steiget/ welcher nirgend anders her als
aus der Wurtzel kommet: denn der Safft/
welcher zwischen der Rinde hinauf steiget/
ist nicht blosses Wasser/ sondern schon ein
zubereiteter Nahrungs=Safft/ wie wir
dann sehen/ daß/ wenn die Rinde verletzt
wird und der Safft heraus fliesset/ er An=
fangs kleberich ist/ nach diesem harte wie
ein Gummi wird/ auch schon in einem je=
den Baume seinen besonderen Geschmack
hat. Wir erfahren auch täglich/ daß/
wenn ein Baum gefället wird/ bloß die
Wur=

Wurtzel unter der Erde bleibet / welche al=
so keine Nahrung anders woher haben kan/
als die in ihr zubereitet wird / sie dennoch
fortwächset und gar von neuem junge Rei=
ser treibet. Zu geschweigen / daß nicht al=
lein in vielen Gewächsen die Wurtzel stär=
cker wächset / als die Pflantze über der Er=
de; sondern auch die Pflantzen / welche un=
ter der Erde fort lauffen / zu ihrem grossen
Wachsthume / den sie unter der Erde ha=
ben und folgends auch zu den neuen Pflan=
tzen / die aus diesen auslauffenden Wur=
tzeln hervor kommen / keinen anderen Nah=
rungs = Safft erhalten können / als der in
den Wurtzeln zubereitet wird. Und in der
That sind auch die Wurtzeln darzu sehr
bequem / massen es unter der Erde wärmer
bleibet / als in der freyen Lufft / wo die
Abwechslungen der Wärme und der Käl=
te grösser und schneller sind / und doch da=
bey nicht so starck ausdunstet / als wie über
der Erde. Beydes aber ist darzu vorträg=
lich / wenn die angenommene Nahrung ei=
ne Verwandelung leiden sol / damit sie zu
einem dienlichen Saffte wird / davon die
Pflantze in ihrem Wachsthume erhalten
werden kan. Jedoch wie die Natur in
allen Dingen den Unterscheid liebet / so fin=
det sich auch in diesem Stücke bey den ver=
schiedenen Arten der Pflantzen gar vielerley
Unterscheid / der erst ins besondere zu un=
tersu=

tersuchen ist/ ehe man ihn in allgemeine
Regeln fassen kan.

§. 234. Es ist noch ein anderer Nu-
tzen der Wurtzeln/der nicht so gleich in die Augen fället/ und auch nicht gantz allgemein ist.
Sie verwahren nemlich die Nahrung für die
Blüthe und den Saamen. Dieser Nutzen
zeiget sich gantz deutlich in den Gewächsen/die
eine starcke Wurtzel haben/ als wie unter de-
nen/die man in der Küche brauchet/die Peter-
silie/ Rüben/ Möhren/ Pastinack/ Sellerie
und dergleichen sind. Denn so bald aus diesen starcken Wurtzeln der Stengel heraus-
schiesset und das Gewächse in Saamen gehen wil/ so nimmet der Safft/ der sie ge-
schmackhafft macht/ ab/ sie kriechen nach
und nach ein/ und werden zuletzt gantz hol-
tzig/ wenn der Saame bald zu seiner Reiffe
kommet. Und dieses kommet denen Gewächsen zu statten/die erst den andern Sommer in
Saamen gehen und zwar gleich im Frühlinge
schossen müssen/ damit der Saame zu seiner
Reiffe kommen kan/ aber kein Kraut über der
Erde haben/darinnen die dazu nöthige Nahrung aufhalteben werden könte: denn in dem
braunen und weissen Kohle/ da die für den
Saamen nöthige Nahrung entweder in
dem starcken und marckigen Stengel/
oder in den safftreichen Blättern und marckigen Strüncken auf behalten wird/ trifft
man gantz geringe Wurtzeln an. Dieses
hat bey der Beschaffenheit der Pflantzen gar

viel

Wurtzeln verwahren den Nahrungs-Safft für den Saamen.

viel zu sagen / wenn man sie verständlich erklären / das ist / von allem / was dabey vorkommet / richtigen Grund anzeigen sol.
Und es darf uns dieses keines weges befremden.   In den Pflantzen gehet ja alles
endlich dahinaus / daß sie ihr Geschlechte /
so lange die Erde dauret / erhalten sollen
(§. 218:). Und demnach ist es der Weisheit
Gottes gemäß (§.1036.Met.) / daß endlich
auf die Erzeugung des Saamens / als das
Mittel / wodurch die Pflantzen ihr Geschlechte fortbringen / alles hinaus laufft.

Aenlich-
keit zwi-
schen den
Wurtzeln
und den
Aesten
des Bau-
mes.
§. 235.   Daß der Safft so wohl in den
Wurtzeln als in den Aesten der Bäume zubereitet werden kan / damit er eine geschick-
te Nahrung für die Pflantze wird / darf uns
um so viel weniger befremden / da zwischen
der Wurtzel und dem oberen Theile des
Baumes / der aus Aesten bestehet / eine
so grosse Aenlichkeit ist / daß die Aeste zu
Wurtzeln und die Wurtzeln hinwiederum
zu Aesten werden / wenn man jene unter
die Erde / und diese in die freye Lufft bringet.   Denn daß sich die Bäume verkehrt
versetzen lassen / dergestalt daß aus den Aesten die Wurtzeln und aus den Wurtzeln
die Aeste gemacht werden / hat *Leeuwen-*
hœk (a) durch untrügliche Versuche bestätiget /

(a) in Arcanis Naturæ detectis p. 143. &
seqq. edit. Lugd. A. 1722.

get / nachdem er von *Constantino Hugenio*
vernommen hatte / daß der Churfürst von
Brandenburg viele auf diese Art versetzte
Bäume in seinen Ländern habe.　Er hat
nemlich A. 1686. von einem Gärtner / der
sich hauptsächlich auf Pflantzung der Bäume geleget hatte / zwey junge Linden ge-
kaufft / die fünff Jahr alt waren und sie
im Monath April mit der Wurtzel dergestalt in die Erde setzen lassen / daß zugleich
der Stamm gebogen ward und die Aeste
unter die Erde gebracht worden / jedoch
ihre Spitzen davon aus der Erde hervor-
giengen und gerade in die Höhe stunden.
Im ersten Jahre wuchsen diese Reiser / die
von den Aesten hervorrageten / gar wenig
und als er den einen Ast im Anfange des
Frühlings des folgenden Jahres ein wenig
aufgrub / fand er / daß er starck gewurtzelt
war.　Derowegen grub er die Wurtzel
aus und richtete den einen Baum auf / daß
die Wurtzel in die Höhe stund und die
Aeste des Baumes vorstellete.　Die Aeste
ließ er unbeweglich liegen / nur daß er vollends unter die Erde brachte / was davon
noch über ihr war.　Hingegen beschnitt er
die Wurtzeln und sauberte sie von den kleinen Würtzlein / die ausgelauffen waren.
Kaum stund der Baum 14. Tage also aufgerichtet / da hin und wieder Knoßpen hervor brachen / nicht so wohl an den Aesten

der

der Wurtzel/ sondern vielmehr aus dem
dicken Theile/ wo die Aeste heraus giengen. Es schlugen auch die jungen Wurtzeln gar häuffig aus/ die er abgeschnitten
hatte. Und als er genau acht gab/ wo die
dicke Wurtzel eigentlich ausschlug/ so ge-
schahe es an denjenigen Orten/ wo unter
der Erde wären Wurtzeln getrieben wor-
den/ wenn die Wurtzel nicht wäre in die
freye Lufft kommen. Als er dieses sahe/
richtete er auch den andern Baum wie den
vorigen auf/ und beyde wuchsen glücklich
fort/denn zu Anfange des Junii waren in dem
ersten Baume schon Reisser von acht Zollen
lang gewachsen und beyde Bäume so reichlich ausgeschlagen/ daß man über hundert
Stellen an einem Baume zehlen konnte/
wo die Wurtzel ausgeschlagen war. Und
dieser Versuch kommet mit meinem über-
ein/ den ich angestellet/ ehe mir *Leeuwen-*
hœks Werck in die Hände kam/ und ich
etwas von der verkehrten Versetzung der
Bäume wuste/ und den man leichter als
jenen nachmachen kan. Ich nahm nemlich um den Satz zu behaupten/ daß in
der Lufft ausschläget und ein Reiß mit
Blättern bringet/ was unter der Erde
Wurtzel schläget/ folgends die Aehnlichkeit zwischen dem oberen und unteren Theile des Baumes feste zu stellen/ ein Stücklein von der Wurtzel eines Rosen-Stockes
und

und ſetzte es halb in die Erde / halb aber
ließ ich es über der Erde / da denn der Theil
über der Erde Aeſte / der unter der Erde
aber Wurtzeln trieb / wie ich es vermuthet
und vermöge meiner Theorie angegeben hat=
te. Und wir haben auch längſt beydes
in der gemeinen Erfahrung / da wir es
nicht bewundern. Denn wir ſtecken ja
Reiſer von Roßmarinen in die Erde / und
ſie ſchlagen Wurtzeln / wo in der Lufft kei=
ne würden heraus kommen ſeyn. Der=
gleichen nehmen wir auch öffters mit
Reiſern von ausländiſchen Bäumen und
von Weiden vor. Und die Wurtzeln der
Bäume ſchlagen ja aus / nicht allein wenn
der Stamm abgehauen / ſondern auch
wenn der Baum noch über der Erde in ſei=
nem Wachsthume iſt. Es bekräfftiget
aber dieſe Gleichgültigkeit der Wurtzeln und
Aeſte eines Baumes die Aehnlichkeit in der
Structur und führen wir ſie zu dem En=
de eben an / damit wir erkennen / die Thei=
le der Wurtzeln / daraus ſie zuſammen=
geſetzet ſind / haben eben den Nutzen / den
die Theile von dieſer Art in den übrigen
Theilen der Pflantzen haben.

§. 235. Die Wurtzel beſtehet aus drey Theile
Haupt=Theilen / der Rinde / dem holtzi= der Wur=
gen Weſen und dem Marcke / und hie= tzel.
rinnen kommet ſie mit dem Stamme und
den Aeſten überein / als welche gleichfals

(Phyſik. III.) Tt aus

aus diesen drey Theilen zusammen gesetzet
sind. Und eben wegen der völlig ähnlichen
Structur gehet es an/ daß die Wurtzel
und der obere Theil des Baumes/ der aus
den Aesten bestehet/ miteinander ihre Verrichtungen verwechseln können ($\mathcal{I}$. 234.).
Es vermehret sich auch die Wurtzel und
wächset in Dicke auf eben die Art und
Weise wie der obere Theil des Baumes
über der Erde. Denn gleichwie der Stam
und die Aeste dicker werden/ daß sich alle
Jahre eine Reihe Fasern an der Rinde
rings herum ansetzet und die Rinde erweitert wird/ damit sie das dickere Holtz
nun fassen kan: eben so wächset in der dicken Wurtzel und ihren Aesten alle Jahre
eine neue Reihe Fasern zwischen der Rinde und dem Holtze rings herum um das
alte Holtz und die Rinde wird erweitert/
damit sie gleichfals das dickere Holtz von
der Wurtzel fassen kan. Derowegen stehet auch der Wachsthum in die Dicke nicht
im Wege / daß nicht Wurtzel und Aeste
ihre Stelle miteinander verwechseln könnten. Die Aeste vermehren sich/ indem alle
Jahre neue Augen ausschlagen und neue
Reiser treiben/ die sich/ wie erst gesaget
worden/ alle Jahre in die Dicke verstärcken. In den Wurtzeln treiben gleichfals
die Aeste an den Orten/ wo über der Erde Knospen heraus brechen würden/ junge
Wur-

Wurtzeln/ die im erſten Jahre in die Länge wachſen/ in folgenden aber auf die vorhin beſchriebene Weiſe immer dicker werden. Und demnach ſtehet auch die Vermehrung der Wurtzeln und Aeſte nicht im Wege/ warum nicht eines die Stelle des andern vertreten könnte. Wenn man die Gleichheit der Structur/ des Wachsthums in die Dicke/ Länge und Breite erweget; ſo kommet einem die verkehrte Verſetzung der Bäume und anderes/ was in der Garten = Kunſt auf eben dem Grunde beruhet/ nicht mehr bedencklich vor.

§. 236. Die Rinde iſt der äuſſerſte Theil/ welcher die übrigen gantz umgiebet. Da nun die Feuchtigkeit der Erde in die Wurtzel kommet; ſo muß die Rinde ſo zubereitet ſeyn/ daß ſie die Feuchtigkeit reichlich an ſich ziehen kan. Und in der That iſt ſie auch ſehr ſchwammicht/ maaſſen ſie ſo ſtarck einkreucht / wenn man ſie in der Sonne trocknet. Sie wird ſchwammicht von den vielen Bläßleinen/ daraus ſie beſtehet/ und eben deswegen iſt das bläſige Weſen ſo häuffig in der Rinde/ damit es einen groſſen Theil der Nahrung zu ſich nehmen kan/ wie wir daher auch ſehen/ daß der ſtarcke Stengel des Kürbis gröſten Theils daraus beſtehet / weil dieſes Gewächſe ſehr viele Nahrung brauchet. Und in dieſer Abſicht lieget daſſelbe gleich unter

Nutzen der Rinde.

Tt 2　　　der

der Haut/ damit die Feuchtigkeit bald da=
rein komen kan: sie muß aber darein gleich
zuerst gebracht werden/ weil sie darinnen
in einen nützlichen Nahrungs = Safft ver=
wandelt wird (§. 227.). Von innen kom=
men erst in der Rinde die Fasern/ welche
nichts anders als Bündlein von kleineren
sind/ als durch welche der Safft aus den
untersten Theilen der Wurtzel durch die
grosse in den Stamm oder Stengel ge=
bracht wird (§. 224.). Und eben deswegen
liegen diese Fasern von innen an der Rin=
de/ weil sie den verdaueten Safft aus dem
bläsigen Wesen erhalten um ihn weiter
fortzubringen. *Malpighius* (a) hat schon
angemercket/ daß auch Lufft = Röhren in
der Wurtzel vorhanden/ die sich absonder=
lich in der einjährigen Wurtzel von einem
Maulbeer=Baume gar deutlich zeigen/eben
sowohl als die Safft=Röhren/ die den mil=
chigen Safft führen. Weil die Lufft=
Röhren den Fortgang des Safftes in den
Safft=Röhren befördern (§. 400. Phys.);
so ist kein Wunder/ daß sie auch in der
Rinde anzutreffen sind. Und weil der
Maulbeer = Baum einen dicken und klebri=
gen Safft hat/ der mit grösserer Gewalt
fortgebracht werden muß; so sind auch die
Lufft=Röhren grösser als in anderen Bäu=
men/

(a) in Anat. plant. part. 2. f. 69.

men/ weil mehrere Lufft in den Veränderungen/ die sie leidet/ auch stärcker als wenigere die Safft-Röhren drucken kan. Unterdessen stünde auch noch zu untersuchen/ was *Malpighius* muthmasset (b), ob nicht die Lufft-Röhren der Wurtzel auch dazu dienen/ daß sie Lufft in das innere Wesen der Pflantze hinein führen/ wiewohl er keinen andern Grund darzu hat/ als weil er sie in den Wurtzeln häuffiger/ als in dem Stamme und den Aesten gefunden zu haben vermeinet. Die Haut/ welche die Wurtzel/ wie alle übrigen Theile der Pflantze überkleidet/ hat nicht allein den Nutzen/ den sie in den übrigen Theilen hat (§. 228.); sondern macht auch/ daß nicht zu viel Feuchtigkeit auf einmahl aus der Erde in die Wurtzeln dringet. Denn zwischen der bläsigen Materie sind überall viele Räumlein/ die bloß mit Lufft erfüllet sind/ und würde die Feuchtigkeit aus der Erde sich da hinein ziehen/ wenn keine Haut darüber wäre. Hingegen die Haut hat nur hin und wieder Eröffnungen/ da Lufft und Wasser einander ausweichen können/ folgends kan die Feuchtigkeit nur hin und wieder hinein dringen. Man kan den Unterscheid mit Augen sehen/ wenn man ein Stücklein Wurtzel mit seiner Haut und

Tt 3 ein

(b) part. I. f. 13.

ein anderes ohne die Haut unter das Waſ=
ſer bringet und acht giebet/ wo die Bläß=
lein von der heraussteigenden Lufft ſich zei=
gen. Noch deutlicher aber fallet der Un=
terſcheid in die Augen/ wenn man es nach
meiner Manier unterſucht und die Stück=
lein Wurtzel in von Lufft gereinigtem Waſ=
ſer unter den Recipienten der Lufft=
Pumpe bringet und den Stempel bey
verſchloſſenem Hahne heraus windet/ damit
ſie unter dem Recipienten auf einmahl ver=
dünnet wird (§. 226.).

Nutzen
des hol=
tzigen
Weſens
in der
Wurtzel.

§. 237. Das holtzige Weſen in der
Wurtzel beſtehet gleichfals aus Faſern und
aus Bläßleinen/ aber mit dem Unterſchei=
de/ daß/ gleichwie in der Rinde die Bläß=
lein häuffiger angetroffen werden als die
Faſern/ in dem holtzigen Weſen hingegen
die Faſern in groſſerer Menge anzutreffen
ſind als die Bläßlein. Ich rede jetzt von
dem/ was am gewöhnlichſten iſt/ und wie
man es inſonderheit bey den vollkommen=
ſten Pflantzen/ den Bäumen/ antrifft/ als
wie ich bey dem Leibe der Menſchen und
der Thiere mich hauptſächlich an den
menſchlichen Leib als den vollkommenſten
unter allen gehalten. Weil aber zwiſchen
dem holtzigen Weſen der Wurtzel und eben
demſelbe in dem Stamme und den Aeſten
kein Unterſcheid iſt; ſo habe ich auch nicht
nöthig hier bey der Wurtzel viel ins beſon=
dere

dere zu erinnern. Daß die Fasern insgesammt Röhren sind/ oder vielmehr Bündlein aus vielen Röhren zusammen in ein
gemeines Häutlein gewickelt / habe ich
eben dieser Tage auf eine besondere Weise wahrgenommen. Ich habe den Winter über die Pflantze von Kürbissen an dem
Geländer stehen lassen/ wo sie im Sommer daran hinauf gelauffen war und sich
umgewickelt hatte. Durch die Verände-
rungen/ welche sie im Winter erlitten/
war die Feuchtigkeit alle ausgefroren und
ausgetrocknet/ daß das bläsige Wesen gantz
verwüstet war/ hingegen die Fasern wie
Holtz unversehret darlagen. Als ich eine
von den grossen Fasern loß rieß und sie
mitten durchbrach; so konte man mit blossen Augen sehen/ daß viele kleine Röhrlein
in einer Faser bey einander waren. Als
ich sie unter das Vergrösserungs-Glaß
brachte/ und den Ort/ wo sie abgebrochen
war/ genau betrachtete/ waren die Löcher
der Röhren von gar verschiedener Grösse
gar deutlich zu sehen/ ja man sahe auch in
die Höhle gantz eigentlich hinein/ als wie
wenn man von oben in eine Röhre siehet.
In einer dicken Faser zehlete ich bis 24.
Röhren/ davon wenige von einer Grösse
waren. Jedoch waren nicht über drey bis
viere/ die in Ansehung der übrigen allzu-
weit waren/ und davon ein Paar zur Sei-

ten

ten/ und eine in der Mitten stund. Ver=
muthlich sind die weiten Lufft=Röhren/ die
übrigen aber Safft=Röhren gewesen: wel=
ches man doch aber in frischen Gewächsen
noch weiter zu untersuchen Ursache hat/ ehe
man etwas gewisses setzet/ weil die Stru=
ctur dieser Pflantze vor andern Gewächsen
viel besonderes hat. Es war auch ein klei=
nes Bündlein von Fäserleinen mit einge=
schlossen/ daß an Grösse den kleineren Röh=
ren beykam/ aber wohl 6. und mehrere
Röhrlein in sich fassete. In einer klei=
nen Faser konnte man sechs/ bis sieben Röh=
ren unterscheiden. Wenn man die Faser
nach der Länge betrachtete und zwar der=
gestalt ansahe/ daß man zugleich auf die
Eröffnungen mit sehen konnte; so zeigete
sichs gantz augenscheinlich/ daß die Röhre
nach der Länge fort gieng/ indem die Faser
so viel erhabene Theile an der äusseren
Fläche zeigete als Eröffnungen von dersel=
ben Seite zu sehen waren. Die Haut/
welche die Faser überkleidete/ war gleich=
fals gantz eigentlich zu erkennen und ließ
sich auch mit dem Nagel absondern. Man
konnte gar wohl wahrnehmen/ wie feste
sie mit dem bläsigen Wesen zusammen
hieng und die Röhrleine zugleich mit ihnen
verband. Zu gutem Glück traf ich auch
noch etwas von den Stengeln der Gurcken
an/ die auf der Erde im Garten waren
liegen

liegen geblieben und bis hieher den gelin=
den Winter ertragen hatten: als ich nun
Fasern heraus nahm und betrachtete/ fand
ich sie unter dem Vergrösserungs=Glase
von gleicher Beschaffenheit/ nur daß we=
nigere Röhrlein in einer bey einander wa=
ren.   Weil die Kürbisse ein Gewächse sind/
das sehr viele Nahrung braucht; so ist
kein Wunder/ daß die Röhren grösser sind
als in andern und sich daher deutlicher als
in andern zeigen.   Es ist demnach um so
viel weniger daran zu zweiffeln/ daß nicht
die Fasern Bündlein aus kleinen an ein=
ander liegenden Röhrlein seyn sollten/ da=
rinnen sich ein Safft beweget.

§. 238.   Das Marck/ welches den in= **Nutzen**
nersten Theil ausmacht/ ist ein bläsiges **des**
Wesen und dienet demnach zur Verdau= **Mar-**
ung des Safftes (§. 227.).   Derowegen **ckes.**
findet man auch/ daß die Adern/ welche
den besten Safft führen/ sowohl an dem
Marcke/ als an der Rinde/ wo gleichfals
viele bläsige Materie vorhanden (§. 236.)/
anzutreffen sind (§. 224.).   Weil wir her=
nach sehen werden/ daß die Augen in den
Bäumen aus dem Marcke kommen/ und
hingegen unter der Erde Wurtzeln wachsen/
wo eben die Wurtzel in der Lufft aus=
schlägt/ gleichwie im Gegentheile unter der
Erde Wurtzeln wachsen/ wo der Baum
in der Lufft ausschlägt (§. 235,); so halte

Tt 5   ich

ich auch davor/ daß das Marck die Augen
für die jungen Würtzlein giebet/ die zur
Seite auslauffen/ es mögen nun dieselben
in das Marck hinein kommen/ wo sie wollen. Und daher kommet es/ daß/ wenn
man von jungen Wurtzeln die Rinde ab-
scheelet/ man hin und wieder kleine Hüblein an dem Holtze erblicket (§.388.Phyſ.)/
weil daselbst die Augen für die Wurtzeln
durchbrechen wollen. Es scheinet zwar
dasjenige/ was *Malpighius* (a) von dem
Wachsthume der Wurtzeln erinnert demjenigen entgegen zu seyn/ was ich von dem
Gebrauche des Marckes anführe: allein
wenn man es in reiffere Erwegung ziehet/
so stimmet es gar wohl damit überein.

**Wie die
Wur-
tzeln
wachsen.**
§. 239. Ich wil demnach zu förderst
erklären/ wie ich mir den Wachsthum der
Wurtzel nach meinen Gründen vorstelle.
Gleichwie kein Zweig aus einem Aste wachsen kan ohne ein Auge; also mag auch keine Wurtzel von neuem aus ihrem Aste zur
Seite ausgetrieben werden/ ohne ein Au-
ge/ massen ich im folgenden behaupten wer-
de/ daß in einem jeden Auge Wurtzel und
Zweig bey einander sind/ davon jene unter der Erde/ dieser hingegen über der Erde ihren Wachsthum erhält. Gleichwie
nun ferner über der Erde aus dem Auge
nichts

(a) Anat. plant. part. 2. f. 70.

nichts weiter heraus wáchſet als der einige
Reiß/ der im kleinen darinnen wúrcklich
vorhanden iſt: alſo wáchſet auch unter der
Erde aus dem Auge kein gróſſerer Theil
von der Wurtzel/ als wúrcklich darinnen
im kleinen anzutreffen ſind. Die Urſache
iſt dieſe/ weil aus einem unfórmlichen
Saffte nichts fórmliches/ was nicht allein
eine áuſſere Figur/ ſondern auch eine innere Structur hat/ hervor gebracht werden
mag: vielmehr durch den Nahrungs-Safft
das kleine bloß aus einander getrieben
wird/ was in allem ſchon vorhanden iſt/
wie es auch der Wachsthum eines Auges
zeiget/ wenn es ausſchláget und zu treiben
beginnet. Nun findet ſichs an dem Hol-
tze/ welches die Knoſpen treibet/ daß ſie
aus dem Marcke des Holtzes heraus kommen und in Wurtzeln gleichfals/ daß das
Holtz kleine Húblein bekommet/ wo die
jungen Wurtzeln durchbrechen wollen.
Derowegen múſſen in dem Marcke die Augen vorhanden ſeyn/ daraus ſo wohl die
Zweige úber der Erden/ als die Wurtzeln
unter der Erde wachſen. Die Augen in
dem Marcke fangen an zuzunehmen und
ziehen einen Uberfluß des Safftes dahin in
die Bláßlein/ wo ſie durchbrechen wollen.
Da nun die Bláßlein des Marckes daſelbſt
von dem zuflieſſenden Saffte aufſchwellen/
ſo werden die hóltzernen Faſern gedruckt/ daß
ſie

sie sich in einen Bogen erhöhen und des=
wegen siehet man die Hüblein an der Wur=
tzel/ wo der Durchbruch geschehen sol.
Werden nun die Fasern gar zu sehr ge=
spannet/ so bersten sie wenigstens von ein=
ander/ daß das Aeuglein mit der bläsigen
Materie des Marckes durchkommen kan.
Und auf gleiche Weise bricht es endlich
durch die Rinde und kommet heraus. In=
dem es aber durch die Rinde bricht und die
ihm wiederstehende Fasern zerreisset/ so nim=
met es die Ende von den ausgespanneten
Fasern zugleich mit sich fort/ die in ihm
verwachsen und ihm aus dem Stengel o=
der Aste/ wo es heraus bricht/ Nahrung
zuführen.   Ich habe verwichenen Som=
mer allerhand Kräuter/ die in Stengel
geschossen und zwischen den Blättern und
dem Stengel Zweiglein getrieben/ nach
der Länge durchschnitten und in der That
gefunden/ daß nicht allein das Marck aus
diesen Zweigleinen mit dem Marcke des
Stengels in einem fortgienge; sondern
auch Fasern daran anzutreffen waren/
deren eine nach der Länge des Stengels
gegen die Wurtzel herunter/ die andere a=
ber gegen den Giepffel hinauf gieng. Sol=
chergestalt achte ich die Art und Weise/
wie die Wurtzel fortwächset und sich aus=
breitet/ so wohl der Erfahrung/ als der
Vernunfft und der Structur der Pflan=
tzen

tzen gemäß/ welche ich angegeben. Wir
wollen nun aber sehen/ ob dasjenige da=
bey bestehen kan / was *Malpighius* ange=
mercket. Er führet (a) folgenden Versuch
an / den er mit einem dreyjährigen Aste von
einer Weide angestellet. Er hat ihn in ei=
ne Grube versetzet und gerade aufgerichtet/
wie man einen Baum zu versetzen pfleget.
Die Grube hat er mit Wasser erfüllet und
befunden/ daß die Wurtzeln nicht in dem
Theile/ der in der Erde stund/ sondern
vielmehr an dem Orte/ wo er die Fläche
des Wassers berührete / hervor gedrungen.
Da er diesen Versuch mehr als einmahl
wiederhohlet/ so hat er doch unterweilen
gesehen/ daß auch in dem Theile/ der in
der Erde stund/ Wurtzeln hervor kom=
men: gemeiniglich aber haben sich daselbst
keine spüren lassen. Ehe die Wurtzeln zum
Vorscheine kommen/ war an der äussersten
Rinde an den Orten/ wo sie durchbrechen
wollten eine Geschwulst zu sehen und end=
lich berstete die Rinde/ nachdem das Häut=
lein und die darunter liegende Bläßlein
waren erweichet worden. Der Safft/ der
hervor drang/ machte wie ein Geschwüre/
das von den Seiten mit der Rinde bede=
cket ward. Endlich drungen dadurch die
Wurtzeln hervor. Als er die Weide un=
ten/

(a) Anat. plant. part. 2. f. 70.

ten/ wo die Wurtzeln hervor kamen/ nach
der Länge durchschnitt/ so konnte er sehen/
wie sie mit dem inneren Holtze zusammen hiengen. Er fand demnach/ daß daselbst Fasern waren gekrümmet worden/
welche nahe an der Rinde waren/ und mit
den drey jungen Wurtzeln/ die an einem
Orte mit einander heraus schossen und von
einem Theile der geborstenen Rinde umgeben worden/ heraus giengen. Die höltzernen Fasern/ die nach der Länge des
Holtzes fortgiengen/ waren daselbst auch
etwas gebogen und das darauf folgende
bläsige Wesen war aufgeschwollen/ wovon
eben die daran liegende höltzerne Fasern
gegen die Rinde waren herüber gedrückt
worden/ wo die Wurtzeln heraus brachen.
Die jungen Wurtzeln hatten in der Mitten ihr Marck/ wie man es in Weiden
antrifft. Hier scheinet zu erhellen/ daß
die Wurtzeln nicht aus Augen kommen/
die aus dem Marcke ihren Ursprung nehmen: ja es ist auch nicht einmahl aus *Malpighii* Beschreibung klar/ ob das Marck
gar dazu etwas beygetragen/ daß Wurtzeln gewachsen/ indem er nicht eigentlich
gedencket/ ob das bläsige Wesen/ davon
er gedencket/ das Marck gewesen sey oder
nicht. Ja da das Holtz schon drey Jahr
alt gewesen/ so wird auch das Marck schon
ziemlich holtzig gewesen seyn und aus der
Figur

Figur/ da er die Sache vorgezeichnet/ wie
sie gewesen/ muß man vielmehr abnehmen/
daß es von dem bläsigen Wesen zu verste=
hen sey/ welches zwischen dem ersten und
andern Jahre angetroffen ward. Er hat
auch über dieses (b) Exempel von dem
Wachsthume der Wurtzeln in Pflantzen
angeführet/ darinnen das Marck nicht weit
hinunter gehet. Was die letzten Exempel
betrifft/ so liesse sich gar leicht begreiffen/
daß die Augen für die jungen Wurtzeln
aus dem Marcke kämen: indem die Wur=
tzeln in ihnen nicht groß sind und das Marck
oben desto reicher anzutreffen. Allein da
das Marck mit dem bläsigen Wesen einer=
ley ist; so kan die Natur durch dieses ver=
richten/ was sie durch das Marck verrich=
tet/ und ist eben nicht nöthig/ daß das
bläsige Wesen erst zusammen in ein Marck
gebracht wird. Und daher siehet man auch
schon/ daß die Wurtzelung des dreyjähri=
gen Astes von der Weide gleichfals keine
Schwierigkeit macht. Diese ist ein Exem=
pel/ da Wurtzeln ausserordentlicher Wei=
se hervorgebracht werden/ als wie es aus=
serordentlicher Weise geschiehet/ daß die
Wurtzeln zu den Aesten der Bäume wer=
den (§. 235.). Ich rede von dem/ was
ordentlicher Weise geschiehet/ und zwar
in

(b) in loc. cit. f. 71. 72.

in solchen Bäumen und Pflantzen/ wo
das Marck ordentlicher Weise anzutreffen
ist. Und demnach muß man diejenigen
Pflantzen dazu nehmen/ die sich darzu schicken. Gleichwie ich aber selbst gewiesen/
daß es nicht schlechter Dinges nothwendig
sey/ daß sie aus dem Marcke kommen; so
ist kein Wunder/ daß GOtt die Sache
nicht allein in ausserordentlichen Fällen/
sondern auch in verschiedenen Arten der
Pflantzen auf andere Weise bewerckstelliget/
indem wir es auch in anderen Fällen so fin-
den/ daß er bey der Aehnlichkeit vielfältigen Unterscheid urterhält/ um den Reichthum seiner Erkäntnis und Weisheit desto
deutlicher zu zeigen/als welches seiner Haupt-
Absicht bey der Natur gemäß ist (§. 8.
Phyſ. II.). Es hat aber von dem/was ordentlicher Weise geschiehet/ auch *Malpighius* (c) Exempel angemercket/ und gehöret insonderheit hieher/ was er von dem
Wein-Stocke anführet/ der unter die
Erde versencket wird/ damit er Wurtzeln
schlagen kan. Denn hier hat auch er wahr-
genommen/ daß die Wurtzeln an dem Kno-
ten/ wo das Auge ist/ ausschlagen und das
Auge hingegen/ welches in der Lufft ausgeschlagen wäre/ verdorben: dergleichen man
in andern Reisern/ die versencket werden/
ebenfals wahrnimmet. **Das**

(c) loc. cit. f. 85.

Das 4. Capitel.
Von dem Stengel und
Stamme.

§. 240.

Die Pflantzen/ welche keinen Stengel haben/ schiessen in die Höhe
und bekommen einen Stengel/
wenn sie in Saamen gehen/ und nennet man
dieses mit einem besonderen Nahmen schos-
sen/ wenn die Pflantze einen Stengel treibet
und in Saamen gehen wil. Einige Pflantzen treiben gleich ihren Stengel und wachsen in einem fort. Der Stengel trägt die
Blätter/ deren Nutzen und Gebrauch sich
nach diesem zeigen wird. Und dieses ist
demnach der erste Nutzen oder Gebrauch/
den wir ihm zueignen können. Wenn die
Pflantze in Saamen gehet/ so treibet der
Stengel Zweige/ wo die Blätter stehen/
und diese blühen so wohl und bringen
Saamen als die Aeste/ die zu oberste aus
dem Giepffel der Pflantze wachsen. Und
demnach zeiget sich hierinnen der andere
Nutzen/ den der Stengel hat/ daß er die
Zweige träget/ welche die Blüthen und den
Saamen bringen. So finden wir auch/
daß bey einigen Pflantzen die Blätter alle
sich bloß an der Erde ausbreiten und der
Stengel mit der Blume ohne einige Blät-
ter in

Nutzen des Stengels und des Stam-mes der Bäume.

ter in die Höhe gehet / weil zur Seiten aus
dem Stengel keine Zweige mit Blüthen getrieben werden / wo nur der Saame darf
getragen werden / der oben auf dem Stengel wächset.   Und hier zeiget sich ein neuer
Nutzen des Stengels / daß er nemlich die
Blume und den Saamen erhöhet / damit
er von der Lufft besser kan ausgetrocknet
werden / wenn er reiffen wil / ja auch besser transpiriren / so lange er im Wachsthume ist (§. 394. Phyf.).   Endlich weil in
die Blüthe und den Saamen die Nahrung
nicht anders als durch den Stengel kommen kan: so hat derselbe auch noch diesen
Nutzen / daß er der Blüthe und dem Saamen die Nahrung und insonderheit den für
die Blüthe und den Saamen nöthigen Safft
zuführet theils aus den Blättern / wie bey
dem weissen Kohle / theils aus der Wurtzel / wie bey Möhren / Rüben / Rettichen /
theils aus dem Marcke des Stengels / wie
bey dem braunen Kohle.   Ich rede hier
von dem Saffte / der um des Saamens
willen in der Pflantzen zubereitet und wohl
biß auf das folgende Jahr in ihr verwahret wird.   Denn sonst ist an sich überhaupt
klar / daß allen Theilen der Pflantzen aus
den Wurtzeln durch den Stengel Safft
zugeführet wird / die daran stehen.   Wir
finden auch / daß der Stengel starck ist /
nachdem er viel oder wenig zu tragen hat.

Und

Und deswegen wird er in den Bäumen zu einem Stamme/ welcher alle Jahr dicker wird/ weil die Aeste/ die er zu tragen hat/ vermehret werden/ ingleichen der Baum mehrere Früchte zu tragen bekommet/ wenn der Aeste mehr werden. Allein es muß auch noch deswegen der Stamm in den Bäumen stärcker werden/ wenn sich die Aeste an ihm vermehren/ damit mehr Safft zugeführet werden kan/ wenn der Wachsthum vermehret wird. Denn wenn viele Aeste werden/ so werden nicht allein mehrere Blätter als sonst ernähret/ es kommen mehrere Blüthen/ es wachsen mehr Früchte/ wenn es nicht durch einen Zufall gehindert wird/ und alle Aeste müssen auch in die Dicke wachsen und der Jahrwachs wird mit dem Alter in einem jeden Aste und Zweige alle Jahr stärcker/ massen der Baum in die Dicke wächset/ indem sich eine neue Reihe Fasern rings herum anlegen (§.402. Phyſ.). Diese Fasern müssen häuffiger seyn/ wenn sie einen grossen Umfang nehmen sollen in einem alten Aste/ als nur einen gantz kleinen in einem jungen.

§. 241. Die Rinde ist in dem Stamme der Bäume und an dem Stengel der Pflantzen von eben der Art/ wie in der Wurtzel. Unter der Haut lieget das bläsige Wesen/ welches auch hier den grösten

Nutzen der Rinde überhaupt und daß sie die Nahrung zuführet.

Uu 2 Theil

Theil der Rinde ausmacht.   Derowegen
wenn man jetzt im Frühjahre die junge
Rinde abscheelet und sie in die Sonne le-
get/ so kreucht auch sie starck ein und wird
viel leichter.   Von innen zu kommen die
hölgernen Fasern.   Eben so und nicht anders haben wir die Rinde an der Wurtzel
gefunden (s. 235.). Und dannenhero ist es
kein Wunder/ daß die Aeste/ welche einerley Rinde mit dem Stamme haben/
nur daß die an dem Stamme wegen des
Alters stärcker ist/ zu Wurtzeln/ gleichwie
die Wurtzeln zu Aesten werden können (s.
235.).   Derowegen hat die Rinde an dem
Baume wohl eben den Nutzen/ den sie an
der Wurtzel hat/ und von den Bäumen
lässet sich auf den Stengel der übrigen
Pflantzen schliessen/ in soweit sie mit jenen
eine Aehnlichkeit haben.   Denn bey ihnen
kommet viel veränderliches vor/ welches
zugleich den Nutzen von einerley Theilen in
etwas ändert.   Bey den Bäumen findet
sich demnach/ daß die Rinde das Aufsteigen des Safftes befördert/ davon die Aeste wachsen und zu rechter Zeit ihre Früchte bringen.   Und ist es die Rinde haupt-
sächlich/ in welcher der Safft im Frühjahre häuffig hinauf steiget/ ja dadurch das
gantze Jahr den Aesten und daran hangen-
den Früchten die Nahrung zugeführet wird.
Wir sehen es an den Weiden/ welche
noch

noch immer oben an dem Stamme ausschlagen und starcke Aeste treiben/ unerachtet sie gantz ausgefaulet sind und wenig
oder gar kein Holtz an der Rinde mehr haben. Man darf aber nicht meinen/ als
wenn dieses bey ihnen was besonderes wäre: denn unerachtet Exempel von andern/
sonderlich von fruchtbahren Bäumen rare
sind/ so wird doch dann und wann eins
angetroffen. Und wenn man Lust hätte
die Sache zu untersuchen; so könnte man
selbst dergleichen Versuche anstellen/ daß
man die Bäume mitten spaltete/ und den
grösten Theil des Höltzes heraus nehme biß
etwan auf das letzte Jahr an die Rinde/
oder auch nur dieses halb stehen liesse. Alsdann würde man noch Gelegenheit haben
vieles anzumercken/ was sich bey solchen
Exempeln/ welche die Natur zeiget/ nicht
anmercken lässet. Ich habe die letzten beyden Jahre/ da ich in Halle gewesen bin/
einen Nuß-Baum gesehen/ der mitten
gantz durchgefaulet war/ daß nur zu beyden Seiten die Rinde in die Höhe stund/
welche die Aeste/ so daran saßen/ nicht
tragen konnten/ und dannenhero so wohl
die Stücke von dem Stamme gestützt wa-
ren/ damit sie gerade stehen blieben/ als
auch die Aeste noch besonders befestiget werden musten/ damit sie nicht abbrachen/
insonderheit wenn der Wind gieng und sie

Uu 3 starck

ſtarck hin und wieder bewegete. Deſſen
ungeachtet wuchſen die Aeſte ſo ſchöne und
hatten geſundes friſches Holtz / trugen auch
ordentlich ihre Früchte / denen in keinem
Stücke etwas abgieng / nicht anders als
wenn der gantze Stamm ohne Fehler wäre. Es wuchſen zugleich zwiſchen der Rinde wieder neues Holtz / wie ſich ordentlicher Weiſe ein neuer Jahrwachs anſe-
tzet / und in ein paar Jahren wurden die
beyden Stücke von dem Stamme wieder
ſo ſtarck / daß ſie nicht mehr von der Laſt
der Aeſte gebogen worden und nun wieder
frey ohne Stütze ſtehen konnten. Hier iſt
Sonnen=klar / daß der Baum keine Nahrung aus der Wurtzel erhalten können als
durch die Rinde und auf das höchſte durch
das gantz wenige junge Holtz ſo noch an
der Rinde geſeſſen. Man giebet insgemein an / daß / wenn die Rinde von den
Bäumen abgeſcheelet wird / dieſelben ſterben: ich weiß aber auch / daß einige das
Gegentheil behaupten wollen. Ich habe
an Pflaum = Bäumen mitten im Sommer
einen Ring von der Rinde junger Aeſte
abgeſcheelet / um zu ſehen / ob nicht dieſelbe
oben erſterben würden / weil ihnen keine
Nahrung mehr aus der Wurtzel zuge-
bracht werden könnte. Und der Ausgang
hat beſtätiget / was ich vermuthete. Die
Blätter verlohren nach und nach ihre grüne
Farbe /

Farbe / biß sie gar gelbe worden / und end=
lich verdorreten sie zugleich mit dem gantzen
Zweige / der über dem abgescheeleten Rin=
ge war. Ich zweiffele nicht / daß / wenn
man es im Frühlinge versuchte / der Zweig
nicht einmahl ausschlagen würde / wo man
einen Ring von der Rinde abgescheelet. Ich
finde / daß auch *Malpighius* (a) dieses ver=
suchet; aber die Zweige und Aeste nicht all=
zeit verdorret / und daß am meisten die
jungen Reiser verdorben / die nicht mehr
als ein Jahr Holtz gehabt. Es wäre dem=
nach nicht undienlich / daß man dieses noch
weiter versuchte und mehrere Umstände bey
den Versuchen anmerckte / damit man sä=
he / woher es eigentlich kommet / daß Aeste
auch noch weiter fortwachsen / ob ihnen
gleich durch die Rinde keine Nahrung kan
zugeführet werden. Es ist wohl leicht zu
erachten / daß ihnen die Nahrung durch
die Fasern des Holtzes muß zugeführet wer=
den / indem kein ander Weg aus der Wur=
tzel in die Aeste vorhanden ist: allein es
muß doch noch Ursachen haben / warum
unterweilen / und nicht allzeit / durch die
Fasern des Holtzes gnung Nahrung mag
zugeführet werden. Unterdessen wenn
gleich unterweilen auch die Fasern des Hol=
tzes allein Nahrung gnung zuführen kön=
Uu 4 nen;

(a) Anat. plant. part. 2. f. 88. & seqq.

nen; so folget deswegen doch nicht/ daß
die Rinde nicht ordentlicher Weise den
meisten uberbrachte. Und es stehet noch
gar dahin/ ob es lange Bestand haben
wurde/ wenn der Baum so fort wachsen
sollte: wie ich denn auch finde/ daß *Malpighius* schon angemercket/ es wären die
meisten Zweige und Stämme im Frühlinge verdorret/ denen er einen Ring von
Rinde im Sommer oder Herbste abgescheelet. Weil nun der Safft hauptsächlich durch die Rinde und denen an der Rinde liegenden hölzernen Fasern in die Höhe
steiget; so verstehet man auch jetzt/ was
es für eine Beschaffenheit mit dem Oculiren und Pfropffen hat/ damit das Auge
und das Reiß von dem Stamme Nahrung
erhalt und fortkommet. Wenn man oculiret/ so wird die Rinde an dem jungen
Stämmlein/ oder dem Zweiglein/ wo das
Auge hinkommen sol/ loß gemacht/ und
die Rinde an dem Auge hinein gesteckt/
daß das Auge an dem Holtze anlieget/ auch
mit Baste verbunden/ damit nicht allein
das Auge an dem Holtze/ sondern auch die
Rinde des Baumes an der Rinde/ die
noch an dem Auge ist/ harte anlieget.
Denn weil der Safft zwischen der Rinde
und dem Holtze herauf steiget/ so dringet
er auch in das Auge und in die Rinde/
daran das Auge sitzet/ und wird nicht allein

frisch

frisch erhalten / sondern wächset auch an
und fähret in seinem eigenen Wachsthume
fort.   Gleichergestalt / wenn man ein
Pfropff-Reiß auf den Stamm oder Ast
setzet / davon man das obere oder fördere
Theil abgesäget; so wird in den am Holtze bis durch die Rinde gemachten Spalt
das Pfropff-Reiß dergestalt eingesetzet /
daß die äussere Rinde desselben auf die
Rinde des Baumes passet / darauf man
propffet.   Denn so stehet das Reiß abermahl auf dem Orte / wo der Safft am
häuffigsten in die Höhe steiget und wird
nicht allein durch den aufsteigenden Safft
frisch erhalten / sondern wächset zugleich an
den Baum an und schläget aus.   Man
siehet demnach / daß diejenigen / welche das
Oculiren und Pfropffen erdacht / gar wohl
gewust haben / daß der Safft hauptsächlich
durch die Rinde und an ihr in die Höhe
steiget / und sich darnach gerichtet.   Und
daher kommet es auch / daß den Bäumen
hauptsächlich die Nahrung durch die Wurtzeln zugeführet wird / welche unten rings
herum an dem Stamme sind und in die
Rinde des Stammes gehen: welches man
daher erweisen kan / weil sich starcke Bäume in kleine Gefässe nach Proportion ihrer
Grösse versetzen lassen / wenn man ihnen
gleich die vielen Wurtzeln benimmet / damit sie darinnen Raum haben / woferne

man

man nur diejenigen verschonet / welche den Safft besagter massen in die Rinde bringen. Man könnte in diesem Stücke viele Versuche mit Versetzung solcher Bäume anstellen / daran uns nichts gelegen ist / ob sie fortkommen oder nicht / wenn man alles zu völliger Gewisheit bringen wollte. Und es ist kein Zweiffel / daß die Gärtner-Kunst hieraus gleichfals viel Vortheil ziehen würde / als in der man noch vieles dem Glücke überlassen müssen / ob es gut fortkommen wird / oder nicht / weil man noch nicht von allem / was man vornimmet / die rechten Gründe verstehet / ja wohl gar mit Vorurtheilen eingenommen ist / die auf den unrechten Weg führen.

§. 242. Die Rinde ist voll von der bläsigen Materie / wie ein jeder mit Augen sehen kan. Die bläsige Materie dienet zur Verdauung des Safftes (§. 227.) / und demnach wird der Safft auch in der Rinde verdauet. Man möchte zwar vermeinen / es sey solches nicht nöthig / indem die Wurtzeln / welche die Nahrung aus der Erde an sich ziehen / dieselbe auch verdauen und zu einem bequemen Saffte zubereiten / wie die Pflantze zu ihrer Nahrung braucht (§. 253.). Allein es ist bekandt / daß die Erde nicht allzeit gleichen Vorrath hat. Denn wenn es starck geregnet / so hat sie überflüßige Feuchtigkeit

Die Rinde verdauet und verwahret den Safft.

in

in ſich und bringet daher der Safft häuffiger in die Wurtzeln/ daß ſie alle angenommene Nahrung nicht gnung verdauen
können. Und demnach ſteiget auch der
Safft in den Stamm und Stengel/ wenn
er noch nicht gnung verdauet worden/ folgends iſt nöthig/ daß er in der Rinde
weiter verdauet wird. Uber dieſes wird
auch von dem auffſteigenden Saffte abgelei-
tet/ was zur Nahrung und dem Wachsthume der unteren Theile gehöret. Damit
er nun wieder nahrhaffte Theile bekommet/
ſo muß er unter Weges noch weiter verdauet werden. Wil man aus der Erfahrung gewis ſeyn/ daß auch der Safft in
der Rinde des Stammes und der Aeſte
verdauet wird; ſo kan man es daraus ab-
nehmen/ wenn man Zweiglein von allerhand Bäumen und andern Gewächſen im
Frühjahre ins Waſſer ſtellet/ maſſen ſie
ausſchlagen und wachſen/ unerachtet ihnen keine Nahrung von der Wurtzel zugeführet wird. Das unveränderte Waſſer kan keine Pflantze nähren/ ſondern die
welcken nur erfriſchen. Derowegen muß
das Waſſer im Stengel/ dadurch es hin-
auffſteiget/ und alſo auch in der Rinde/
die am meiſten von dem auffſteigenden
Waſſer annimmet/ und wo das meiſte
bläſige Weſen vorhanden/ darinnen die
Verdauung geſchiehet/ verdauet und zu einem

nem Nahrungs-Saffte zubereitet werden.
Man siehet aber daraus zugleich / daß /
wenn die Pflantzen hungerig sind / und unten reichlich Nahrung vorhanden / dieselbe
schnelle durch die gantze Pflantze und alle
ihre Theile hinauf steiget. Denn wenn
die Pflantze oder ein Zweig welck ist und
man setzet nur den untersten Theil des
Stengels ins Wasser; so wird sie in kurtzem gantz erfrischet. Es muß demnach
das Wasser in alle Blätter und durch den
gantzen Stengel und alle Aestlein dringen.
In so kurtzer Zeit aber ist nicht möglich /
daß der Safft verdauet wird in den ersten
Bläßleinen / die er antrieft. Vielmehr
verdauen die Bläßlein an jedem Orte ihre
Nahrung / die sie entweder gantz unver-
dauet oder nicht gnung verdauet erhalten.
Denn sonst wären sie auch überflüßig / da
doch bekandt / daß in der Natur nichts ü-
berflüßiges anzutreffen ist (§. 1049. Met.).
Wir finden es aber auch so in der Natur.
Wenn eine Pflantze gantz welck ist und
wird nur die Erde befeuchtet / daß die
Wurtzel dadurch Feuchtigkeit erhält / so
steiget das Wasser in kurtzem durch die
gantze Pflantze und sie erhohlet sich gleich
wieder. Aber in der Geschwindigkeit kan
das Wasser unmöglich in der Wurtzel verdauet werden / ob wohl nicht geleugnet
werden kan / daß auch einige nahrhaffte
Theile

Theile im Durchgange mitgenommen werden.   Wenn man eigentlicher erkennen
wollte / was die Rinde bey dem aufsteigenden Saffte zu sagen hat; so dörffte
man nur Zweiglein ins Wasser stellen/
wo unten die Rinde abgescheelet ist.   Den
es würde sich solchergestalt zeigen/ ob ohne die Rinde durch die blossen Fasern des
Holtzes Nahrung gnung hinauf steige und
ob der Safft/ welcher durch diesen Weg
hinauf steiget / auch in die Rinde dringete/
in die sonst kein Wasser kommen kan.   Es
könnte hierbey ein Zweiffel entstehen von
den Blumen/ die im Wasser aufblühen/
weil die Erfahrung lehret/ daß sie weder
die rechte Farbe/ noch den rechten Geruch/
noch auch die rechte Grösse erhalten/ indem sie bald zu kleine bleiben/ bald sich gar
überwachsen.   Allein Anfangs ist zu mer-
cken/ daß der Stengel solcher Blumen keine Rinde hat/ sondern den Safft aus der
Wurtzel bekommet und zwar meistentheils
aus der Zwiebel/ als wie Hyacinthen/ Nar-
cissen/ Tulipanen.   Und demnach schicken
sich diese Blumen gar nicht hieher.   Darnach ist auch bekandt/ daß in solchen Ge-
wächsen/ wenn sie auch gleich einen Stengel mit einer Rinde haben/ die Nahrung
für die Blüthe und den Saamen in der
Wurtzel zubereitet und bis zu der Zeit/
da die Pflantze schosset/ darinnen verwahret

ret worden (§. 234.). Und demnach kan
man auch diese Exempel nicht hieher ziehen.
Endlich muß man noch überhaupt mercken/
daß die Nahrung der Pflantzen nicht blosses Wasser ist/ sondern auch andere saltzige und oelichte Theile zugleich mit ihm
aus der Erde in die Pflantze gebracht werden (§.395.Phyf.)/ welche demnach derselben abgehen/ wenn sie in blossem Wasser
stehet. Daß nun ferner die Rinde den
Nahrungs-Safft für die Pflantze auch
verwahret/ kan man daraus ermessen/weil
sie zu Ende des Winters und im Anfange
des Frühlinges/ wenn es aufthauet und
bey Tage die Sonne warm scheinet/ die
Rinde so voll Safft wird/ daß sie nicht
allen fassen kan/ sondern ein Theil zwischen
ihr und dem Holtze rinnet. Daher es auch
kommet/ daß man zu dieser Jahres-Zeit
die Rinde leicht abscheelen kan. Hingegen
wenn der Baum ausschläget/ daß Blüthen und Blätter wachsen; so verlieret sich
auch nach und nach der überflüßige Safft
in der Rinde. Und also ist meines Erachtens klar/ daß die Rinde von dem Nahrungs-Saffte einen Vorrath sammlet und
ihn für den Wachsthum der Blüthen/
Blätter und jungen Zweiglein vorbehält.

Nutzen
des Hol-
tzes im
Stamme

§. 243. Die höltzernen Jasern im Stamme führen gleichfals Nahrungs-Safft aus
der Wurtzel in die Aeste. Dieses meine
ich

ich ſey nicht allein daher klar/ weil man und
auch Adern an dem Marcke findet/ der= Stengel,
gleichen an der Rinde ſich zeigen (§.224.);
ſondern auch weil einige Bäume noch fort=
wachſen/ wenn man gleich einen rundten
Ring von der Rinde abſcheelet/ daß zwi=
ſchen ihr und in ihr kein Safft hinauf ſtei=
gen kan. Zu dem kommet/ daß/ wenn
ein alter Stamm durch die Rinde aus=
ſchläget/ die Augen aus dem alten Holtze
hervor kommen/ und darein gewurtzelt ſind/
folgends ihre Nahrung/ wenigſtens im An=
fange/ von den Faſern im Holtze haben
müſſen. Daß aber die Augen nicht bloß
aus der Rinde kommen/ kan man gar ei=
gentlich ſehen/ weil ſich an dem jungen
Reiſe die Rinde des Baumes abſcheelen
läſſet und er deſſen ungeachtet daran feſte
ſtehet und in ihn eingewurtzelt iſt. Ja eben
die Faſern der Kürbiſſe und Gurcken/ von
denen ich oben geredet (§.237.)/ kommen
mit den Faſern des Holtzes in den Bäu=
men überein. Unterdeſſen weil gleichwohl
Bäume ohne Anſtoß fortwachſen/ deren
inwendiges gantz verfaulet und nichts mehr
vorhanden iſt (§.241.); ſo ſiehet man aller=
dings/ daß hauptſächlich nur in dem jun=
gen Holtze die Nahrung für dasjenige/ was
oben wachſen ſol/ zugeführet wird. Und
iſt dieſes mit eine Urſache/ warum alle
Jahre friſche Faſern wachſen/ weil durch
die

die alten nicht mehr der Safft häuffig hinauf steigen kan. Daß aber auch durch
alles Holtz/ so lange es gesund ist und Leben hat/ sich der Safft beweget/ kan man
meines Erachtens daher ermessen/ weil sonst
das Holtz entweder verdorren/ oder ver-
faulen würde/ wie man auch würcklich
wahrnimmet/ wenn durch einen Zufall
verhindert wird/ daß entweder kein Safft
in das Holtz kommen kan/ oder auch der-
jenige/ der darinnen vorhanden/ nicht
ordentlicher Weise sich bewegen kan. Von
dem ersten geben ein Exempel die Aeste/
welche verdorret/ wenn man rings herum
etwas Rinde abgescheelet (§.241.): Von
dem andern hingegen die Weiden und der
Nußbaum die gantz ausgefaulet sind und
dennoch Aeste treiben/ als wenn der Stam
gantz wäre. Denn der Nuß-Baum/ den
ich angeführet (§. 141.)/ war deswegen
verfaulet/ weil der Wind den Giepffel abgebrochen hatte und nach diesem vom Regen und Schnee Wasser in das Holtz gedrungen war/ welches in den Fasern stehen
blieben. Uber dieses befestigen die hältzer-
nen Fasern auch den Stengel/ weil er um
so viel stärcker wird und um so viel weniger
sich beugen lässet/ je mehrere derselben werden. Ob es nun aber gleich das Ansehen
hat/ auch nicht in Zweiffel gezogen werden
mag/ daß alle Jahre eine neue Reihe

Fasern

Fasern wachset um den Stamm zu ver-
stärcken/ damit er desto besser die sich jährlich vermehrende Last ertragen mag (§.
240.); so ist doch auch nicht zu leugnen/
daß die neuen Fasern zugleich wegen der
Zuführung des Safftes jährlich wachsen/
indem wir gesehen/ daß der Baum stehen
und seine Last ertragen kan/ wenn gleich
ein grosser Theil von dem Holtze verfaulet.
Uber dieses muß auch der Baum jährlich
stärcker werden/ damit sich die Rinde mehr
ausbreiten kan um dem Baume Nahrung
gnung zu verschaffen (§.241.).

§. 244 Das holtzige Wesen bestehet
nicht allein aus Fasern/ die nach der Länge
des Stammes/ Astes oder Zweigleins fortgehen; sondern hat auch Fasern/ die nach
der Breite von dem Marcke an biß an die
Rinde wie die Linien aus dem Mittel-
Puncte des Circuls gegen seinen Umfang
fortlauffen/ dergestalt daß sie an dem Marcke näher bey einander sind und bis an den
äusersten Umfang des Holtzes sich immer
weiter von einander geben. Unter den höltzernen Fasern sind zugleich viele Lufft-Röhren vorhanden/ davon sich die grösten mitten unter ihnen rings herum zeigen/ wo
sie auch am häuffigsten anzutreffen. *Malpighius* hat hierzu für allen andern Bäumen den Maulbeer-Baum erwehlet um die
Structur des Stammes/ der Aeste und

Wie das holtzige Wesen beschaffen.

(*Physik. III.*) X x der

der Zweigleinen zu zeigen/ weil sich in diesem Holtze alles viel deutlicher zeiget als in
andern.   Jedoch weil einige in Zweiffel
ziehen/ was diese sorgfältige Erforscher der
Natur entdecket/ so habe es für nöthig erachtet alles selbst mit eigenen Augen zu sehen um von der Sache auch aus meinem
eigenen zu reden und einen Zeugen der
Wahrheit abzugeben.   Ich habe zu dem
Ende selbst einen Zweig von einem Maulbeer-Baume abgeschnitten/ und so wohl
von dem drey-und zwey-als einjährigen
Holtze dünne Scheiblein abgeschnitten um
sie durch das Vergrösserungs-Glaß auf
das genaueste zu betrachten.   Als ich hierzu ein Vergrösserungs-Glaß brauchte/ das
viel vergrösserte/ so zeigeten sich zwar unter allen andern im holtzigen Wesen die
Horizontal-Fasern/ die nach der Breite
des Holtzes durchlauffen/ am deutlichsten:
allein die Lufft-Röhren konnte ich nicht erkennen.   Unterdessen weil *Malpighius* dieselben so deutlich als die Horizontal-Fasern
in seinen Figuren abgebildet hat/ (a) und
ich mich erinnerte/ daß in grosser Vergrösserung öffters undeutlich wird/ was sich
in geringerer unterscheiden lässet (§. 93.
T. III. Exper.); so ließ ich nicht gleich nach/
sondern legte eben dieses Scheiblein unter
ein

(a) Tab. VIII. Anat. plant. part. 1.

ein Vergrösserungs-Glaß / welches gantz
wenig vergrössert. Und hier erblickte ich
gleich die Lufft-Röhren / welche sich zwischen zwey Reihen der höltzernen Fasern zeigeten und in dem Circul herum giengen/
jedoch nicht ordentlich neben einander stunden. Ich führe alles umständlich zu dem
Ende an / weil man bey demjenigen / was
durch die Vergrösserungs-Gläser entdecket
wird / sich öffters zu übereilen pfleget und
gleich in Zweiffel ziehet / was man nicht
dadurch bey dem ersten Anblicke gleich
selbst siehet. Weil sie sich durch das Vergrösserungs-Glaß / darunter ich sie zuerst
legte / nicht viel grösser zeigeten als sie im
Weinstocke mit blossen Augen gesehen werden; so ist kein Wunder / daß man mit
blossen Augen nichts davon sehen kan. Allein es war gleichwohl bedencklich / warum
man sie nicht durch ein Vergrösserungs-
Glaß sehen sollte / welches sie mehr vergrössert und also ihre Höhlen wie grössere
Löcher vorstellet / weil nichts vorhanden
war / welches sie durch seine Vergrösserung
in die Undeutlichkeit bringen könnte; sondern vielmehr schon in der ersten Vergrösserung / wenn man den Durchschnitt einer
einigen Lufft-Röhre allein betrachtete/ gantz
eigentlich zu sehen war / daß sie einen besonderen Umfang wie ein Circul hatten/
der an Dicke/ Farbe und Dichtigkeit mit

X x 2 den

den Horizontal=Fasern überein kam/ und
daraus gantz eigentlich erhellet/ daß die
Lufft=Röhren in der That besondere Röh=
ren sind. Man konnte dieses am besten
erkennen/ wo eine Lufft=Röhre an der aus=
seren Reihe der holtzigen Fasern zwischen
ein paar Horizontal = Röhren anstund und
für andern groß anzusehen war. Es lieget
aber gar viel daran/ daß man das Ver=
grösserungs = Glaß nebst der darunter lie=
genden Sache recht gegen das Auge und
das Licht hält/ wann man etwas recht
deutlich sehen wil/ wie deren nicht unbe=
kandt seyn kan/ welche mit Vergrösserungs=
Gläsern zu thun gehabt. Als ich nun durch
andere Vergrösserungs=Gläser/ die immer
mehr und mehr vermehreten/ eben dieses
Scheiblein von einem Maulbeer = Baume
betrachtete/ so habe ich alles noch beständ=
dig so und nicht anders gefunden; aber fer=
ner noch dieses wahr genommen/ daß/
wenn man das Scheiblein etwas schief ge=
gen den Horizont hielt/ man in die Lufft=
Röhren recht eigentlich hinein sehen konnte.
Das Zweiglein war voller Safft/ daß er
auch hin und wieder starck hervor drang
und ich es erst mit einem Schnupff=Tuche
zwischen zwey Finger gelinde abtrocknete/
dessen ungeachtet aber war in diesen weiten
Röhren kein Safft zu verspüren/ und
demnach klar/ daß bloß Lufft darinnen
sey.

sey. Als ich ein Vergrösserungs-Glaß
nahm/ das viel vergrösserte und dadurch
man nur gantz weniges auf einmahl sehen
konnte / so waren zwar die Höhlen der
Röhren gar wohl zu sehen / aber es verlohr
sich die Deutlichkeit ihres Umfanges so
wohl als der Horizontal-Fasern: woraus
man nicht allein siehet / daß *Malpighius*
eben nicht Vergrösserungs-Gläser gebraucht / die allzusehr vergrössern / und
man nicht eben allzeit mit den Vergrösserungs-Gläsern mehr ausrichten kan / die
mehr als andere vergrössern. Ich erinnere noch dieses / daß / als ich das Holtz einige Tage hatte liegen lassen / daß es in
etwas ausgetrocknet war / die Lufft-Röhren sich noch deutlicher als zu erst zeigeten.
Ich nahm nach diesem ein Scheiblein von
einem Zweiglein eines Kirschbaumes: allein unter dem Vergrösserungs-Glase / so
nur gantz wenig vergrössert / war keine
Spur von einer Lufft-Röhre anzutreffen.
In mehrerer Vergrösserung zeigete sich etwas davon / so aber noch nicht eigentlich
zu erkennen war / auch nicht für eine Lufft-
Röhre würde angesehen / ja nicht einmahl
wahrgenommen werden / woferne nicht einem das zugleich im Sinne läge / was
man von dem Maulbeer-Holtze observiret.
Allein unter dem Vergrösserungs-Glase /
welches viel vergrösserte und dadurch das

Xr 3 Maul-

Maulbeer=Holtz in die Undeutlichkeit ge=
bracht ward/ waren sie sehr angenehm in
allem so zu sehen/ wie ich sie in dem Maul=
beer=Holtze bey der ersten Vergrösserung
beschrieben/ nur daß sie nicht völlig in ei=
ner solchen Ordnung wie bey dem Maul=
beer=Holtze stunden. Und hieraus war
klar/ daß die Lufft=Röhren nichts erdich=
tetes seyn/ und man nicht ohne Grund be=
hauptet/ daß sie in allem Holtze angetrof=
fen werden. Ingleichen war nun gewis/
daß die Lufft=Röhren in einem Holtze bes=
ser zu sehen sind als in dem andern/ weil sie
in einem grösser sind als in dem andern.
Endlich findet man auch von dem bläsigen
Wesen hin und wieder in dem Durch=
schnitte des Holtzes/ und ist merckwürdig/
daß es an einigen Orten aus dem Marcke
bis an die Rinde in einem fortgehet/ wie
schon *Malpighius* (a) angemercket. *Leeu=*
wenhœk (b) erinnert/ daß die Safft=Röh=
ren/ welche der Länge nach in die Höhe
gehen/ von gar mercklich unterschiedener
Grösse sind/ wie ich es schon oben (S.
237.) von den Fasern in dem Stengel der
Kürbisse angemercket/ wo der Unterscheid
selbst mit blossen Augen sich zeiget. Von
den Horizontal=Fasern führet er an/ daß
sie

(a) Anat. part. 1. f. 19.
(b) in Anat. p. 14.

sie nicht alle aus dem Marcke entspringen/
sondern ein grosser Theil derselben bloß aus
den Fasern/ die nach der Länge in einem
fortgehen.   Da ich schon überhaupt den
Nutzen der Fasern gezeiget (§. 222. & seqq.);
so lässet sich auch daraus der Nutzen von
den Theilen des Stengels begreiffen. *Leeuwenhœk* nimmet an/ daß der Safft in den
Vertical=Fasern/ die nach der Länge des
Stammes fortgehen/ in die Höhe steiget
und durch die Horizontal=Fasern in die
Rinde gebracht wird. Allein da der Safft
hauptsächlich durch die Rinde in die Höhe
steiget (§. 241.); so scheinet es glaublicher/
daß er aus der Rinde durch die Horizon-
tal=Fasern in das Marck und durch die
übrigen in das bläsige Wesen zwischen den
Fasern gebracht wird: denn es stehet dahin/
ob *Leeuwenhœk* eigentlich observiret/ daß
ein Theil der Horizontal=Fasern aus den
Röhren/ die in die Höhe steigen/ entspringen.   Ja wenn auch gleich dieses geschie-
het/ so kan es doch noch zweyerley Ursachen haben/ warum die Horizontal=Fasern
aus den Vertical=Fasern bis in die Rinde
gehen: nemlich sie können nicht allein guten Nahrungs=Safft aus der Rinde darein leiten/ sondern auch von dem über-
flüßigen wässerigem/ der von dem andern
abgeführet werden muß (§. 224.). Dieses
alles brauchet demnach noch eine weitere

Xr 4   Unter-

Untersuchung/ ehe sich alles völlig begreiffen lässet. Die Subtilität/ wodurch die Natur ihre Würckungen vor uns verstecket/ machet die Sache zwar schweer; aber deswegen nicht ohnmöglich. Derowegen wenn man es mit Ernst angreiffet und im Suchen nicht nachlässet/ so finden sich öffters unvermerckt Mittel und Wege/ daran man vorher nicht mehr gedacht hätte. Darnach muß man wohl mercken/ daß man zu einer Zeit öffters durch eben den Weg findet/ was man dadurch zu einer andern Zeit vergebens gesucht/ wie es mir mit den Lufft-Röhren im ·Holtze von Kirschbäumen ergangen (§. 226.). Es ist aber merckwürdig/ daß die Lufft-Röhren sich hauptsächlich an dem bläsigen Wesen zeigen. Denn weil der Safft darinnen verdauet (§. 227.)/ durch die Lufft-Röhren aber ausgedruckt wird (§. 226.); so siehet man daraus/ wie der verdauete Safft in die anderen Röhren gebracht und zur Nahrung der Pflantze weiter fortgeleitet wird.

Nutzen des Marckes.

§. 245. Der innerste Theil in dem Stengel und in den Reisern ist das Marck: welches durch das Vergrösserungs-Glaß wie ein Hauffen kleiner Bläßlein aus siehet. Mann kan in dem Marcke der Bäume eben keinen sonderlichen Safft verspüren. Denn ob ich gleich jetzt

im

im Frühejahre/ da die Bäume voller
Safft sind/ daselbe mit Fleiß betrachtet/
und einige Bläslein durchschnitten gefunden; so habe ich doch keinen Safft darinnen
ins besondere unterscheiden können. Allein da die Bläßlein sehr klein sind und daher das darinnen enthaltene sehr wenig seyn
kan; so ist es eben kein Wunder/ wenn man
den Safft darinnen nicht antrifft/ der
vielleicht auch nicht beständig in Menge
darinnen anzutreffen ist. Ich habe schon
längst behauptet/ daß die Augen aus dem
Marcke hervor kämen/ und finde auch noch
keine Ursachen davon abzuweichen. Man
findet in allen Pflantzen/ daß/ wenn bey
dem Blate ein Auge durchbricht und ein
Seiten-Zweig hervor wächset/ daselbst aus
dem Marcke ein Durchbruch geschiehet und
daselbe selbst mit in den Zweig dringet/
dergestalt daß das Marck in dem Zweiglein
mit dem Marcke in dem Stengel in einem
fort gehet. Ja so gar der Stengel im Ge-
treyde/ der hohl ist/ hat nur Marck/ wo
ein Blat stehet/ und daselbst kan auch eine
Wurtzel getrieben werden und eine Aehre
wie aus dem Saamen - Körnlein hervor
wachsen (a). Nun ist wohl wahr/ daß ein
alter Stamm von einem Baume ausschlä-

X x 5   get/

(a) Vid. die Entdeckung der wahren Ursache von der Vermehrung des Getreydes.

get / wo kein Marck mehr anzutreffen ist /
indem daffelbe mit der Zeit zu einem harten
Holtze wird / welches man den **Kern des
Holtzes** zu nennen pfleget: allein wir finden doch / daß es aus dem festen Holtze
durchbricht und nicht bloß aus der Rinde.
Und wenn man die Structur des Holtzes
genauer betrachtet / so findet mau zwischen
den Safft = Röhren zweyer Jahre viele
von der bläsigen Materie / dergleichen das
Marck ist / beyeinander / daß demnach dieses die Stelle des Marckes vertreten kan /
wie ich auch schon bey den Wurtzeln angemercket (f. 238.). Uber dieses hat schon
Malpighius erinnert / daß das Marck an
einigen Orten durchbricht biß an die Rinde
(b) und wäre demnach genauer zu untersuchen / ob nicht dadurch beständig in dem
Stamme des Baumes junges Marck in
dem jungen Holtze erhalten wird / wodurch
Augen erzeuget werden / die durchbrechen
und ausschlagen / wenn sie Safft gnung er/
halten. Man siehet / daß es noch nicht
Zeit ist die Anatomie der Pflantzen liegen zu
lassen / als wenn nichts mehr darinnen zu
thun wäre. Denn unerachtet *Malpighius*
und *Grew* viel gutes darinnen entdecket /
auch *Leeuwenhœk* verschiedenes hinzu gesetzet; unerachtet man auch bey genauer Un-
ter=

(b) Anat. plant. part. 1. f. 2.

fuchung findet / daß sie nichts erdichtetes
angegeben : so haben sie doch noch nicht alles zu Ende gebracht und den Gebrauch der
Theile in völlige Gewisheit gesetzet ; sondern den Nachkommen noch vieles zu untersuchen hinterlassen.   Es wäre demnach
keine vergebliche Arbeit / wenn man dasjenige / was diese um die Wissenschafft
wohl verdiente Männer / welche hierinnen
das Eis gebrochen / durch neue Untersuchungen bestetigte / durch tüchtige Versuche bewehrete und zu ungezweiffelter Gewisheit brächte und mit neuen Zusätzen ver-
mehrte.

§. 246.   Es findet sich bey den Stengeln der Pflantzen ein gar vielfältiger Unterscheid.   Nicht alle haben einerley Figur.
In einigen Pflantzen ist er rundt / in andern
eckicht.   Die rundten Stengel sind entweder in der Dicke durchaus nicht mercklich
unterschieden / oder sie nehmen in der Dicke nach und nach gar mercklich ab / wie wir
an den gemeinen Zwiebeln sehen.   Die
eckichten Stengel haben drey / vier / fünff
und mehrere Ecken.   Uber dieses sind einige Stengel hohl / andere hingegen voll.
Die hohlen sind entweder gantz leer / oder
haben Marck.   Und die leeren sind entweder durchgehends leer / oder haben an dem
Orte / wo die Blätter stehen / einen Knoten / der voll Marck ist.   Ich übergehe den
auffe-

Warum der Unterscheid der Stengel nicht ausgeführet wird.

äusseren Unterscheid / der von demjenigen
genommen wird / was an und auf dem
Stengel wächset. Nun ist wohl wahr /
daß dieses alles seinen Nutzen haben muß:
allein dieses ist eine Arbeit/die mit derjenigen
überein käme / da man von allem Unterscheide in den Theilen der Thiere den Grund
anzeigen wollte / damit wir vor diesesmahl
nicht zuthun haben (§. 80.)/ wo wir uns
mit dem allgemeinen grösten Theils begnügen.

Das 5. Capitel.
Von den Blättern.
§. 247.

Nutzen
der
Blätter.

D Ie Blätter sind eine Zierrath der
Bäume und der Gewächse. Es
bekräfftiget dieses der Unterscheid
des Anblickes der Bäume im Sommer und
Winter / welcher viel angenehmer ist / wenn
sie mit Blättern stolzieren / als wenn sie
dieser Zierrath beraubet sind und wie dürre
darstehen. Und von den übrigen Gewächsen zeiget sich auf eine gleiche Weise / wenn
man den Stengel gantz abstreifft / daß er
bloß da stehet. Und dieses unschuldige
Vergnügen kan auch niemand tadeln. Ja
wir pflegen es auch zur Veränderung des
Gemüthes ohne Tadel zu gebrauchen und
suchen mit Recht der Natur durch die
Kunst in diesem Stücke zu helffen. Die
Blät-

Blätter / wenigſten von vielen Kräutern und Gewächſen / dienen zur Nahrung der Thiere und der Pflantzen: viele haben auch eine heilſame Krafft in der Artzney und dienen Menſchen und Thieren die Geſundheit zu erhalten und wieder zu bringen. Dieſes alles iſt aus täglicher Erfahrung bekandter / als daß man es hier weiter auszuführen nöthig hätte. Allein allen dieſen Nutzen / und der ſich noch ſonſt in der Kunſt und im menſchlichen Leben zeigen kan / erreichen die Blätter auſſer der Pflantze und gehöret derſelbe nicht eigentlich an dieſen Ort / wo wir fragen / was die Blätter den Pflantzen ſelber nützen.

§. 248. Die Haupt-Verrichtung der Blätter habe ich ſchon an einem andern Orte (a) gezeiget / nemlich ſie bringen das Auge zur Vollkommenheit / welches daſelbſt ausſchläget / wo ſie ſtehen. Die Blätter ſind ein beſonderer Theil der Bäume und der Pflantzen / welche von allen übrigen nicht allein ihrer äuſſeren Geſtalt / ſondern auch der inneren Structur nach unterſchieden ſind. Sie haben über dieſes ihren beſonderen Ort an den Bäumen und übrigen Pflantzen / wo ſie ſtehen. Da nun in der Natur

Haupt-Verrichtung der Blätter.

(a) Entdeckung der wahren Urſache von der Vermehrung des Getreydes c. 6. §. 29. p. 62.

Natur nichts vor die lange Weile geschiehet (§.1049.Met.); so müssen auch die Blätter um einer besonderen Absicht willen vorhanden seyn/ die zwar durch sie/ keinesweges aber durch etwas anders erreichet
werden mag. Nun finden wir bey den
Bäumen überall ein Auge/ wo ein Blatt
stehet/ und in andern Gewächsen treibet der
Stengel gleichfals keinen Zweig zur Seite
heraus/ als wo ein Blatt ist/ ja ich habe
schon zu anderer Zeit gezeiget (b)/ daß ü-
berall ein Auge von einer ähnlichen Pflantze/
wie die grosse ist/ sich daselbst im Stengel
befindet/ wo ein Blat stehet/ ob es gleich
nicht von der Natur heraus getrieben wird.
Denn nicht alles was möglich ist/ gelanget
in der Natur zur Würcklichkeit. Es fehlet öffters an den Ursachen/ dadurch die
Würcklichkeit determiniret wird/ und öffters widerspricht eines dem andern/ daß sie
entweder nicht zugleich neben einander/ o-
der auch bald auf einander würcklich werden
können. Und ist eben dieses in der Natur
nicht gnung/ wenn man ihre Würckungen
erklären wil/ daß man bloß zeigen kan/
es sey auf solche Weise möglich; sondern
man muß noch ferner erweisen/ daß auch
die jenigen Ursachen vorhanden sind/ welche die Würcklichkeit des möglichen deter-
mini-

(b) loc. cit. c. 6. §. 1. & seqq.

miniren. Weil man insgemein hierauff
nicht acht giebet / so pfleget es zu geschehen/
daß man bloſſe Meinungen in Erklärung
der Natur für gewiſſe Wahrheit hält / die
eine Uberzeugung mit ſich führet. Da nun
die Augen bloß heraus brechen / wo ein
Blat ſtehet / und daſelbſt verborgen liegen/
auch wenn ſie nicht zum Vorſcheine kommen / wo ein Blat an dem Stengel ſtehet;
ſo muß man bey genauer Uberlegung gleich
auf die Gedancken fallen / daß das Blat
um des Auges willen iſt. Und hierauf führet uns die Verknüpffung der Dinge dem
Raume nach (§. 546. Met,)/ als vermöge
welcher nicht allein etwas um des andern
Willen iſt / ſondern auch eines den Grund
in ſich enthält / warum das andere eben neben ihm an dieſem Orte und nicht an einem
andern ſtehet. Das Oculiren zeiget / daß
die Augen nicht eher fortkommen / als biß
ſie ihre Reiffe erreichet : denn wenn man vor
der Zeit oculiret / ſo verdorret das Auge/
und deswegen hat dieſe Garten-Arbeit ihre
beſtimmte Zeit. Wenn man oculiret /
wird das Blat weg geſchnitten und das Auge hat es alsdann nicht mehr nöthig. Es
muß demnach das Blat das Auge zu ſeiner
Reiffe bringen und daher ihm eine Nahrung zu bereiten / die es anders woher nicht
haben mag. Ich habe zwar vielfältig mir
vorgenommen gehabt zu dem Ende einige
Ver-

Versuche anzustellen / jedoch hat es sich niemahls dazu schicken wollen. Man darf
nur die Blätter an Zweigen hin und wieder abbrechen / ehe sie Augen gewinnen /
und insonderheit die Blätter wegnehmen /
ehe sie selbst zu ihrer Reiffe kommen / und
indem sie noch in ihrem Wachsthume sind;
so wird sichs zeigen / daß daselbst entweder
gar keine Augen wachsen / oder doch dieselben nicht zu ihrer völligen Reiffe kommen /
und mit der Zeit verderben. Unterdessen
habe ich doch eines und das andere wahrgenommen / welches diesen Gebrauch der
Blätter bestetiget. Als vergangenen
Sommer der verpflantzte Braun-Kohl in
dem Garten wie ein Wald anzusehen war /
indem er nicht allein einen sehr starcken und
hohen Stengel gewonnen / sondern auch seine Blätter ausgebreitet hatte; so ward er
in zwey biß drey Tagen auf einmahl von
der Menge der Raupen aller seiner Blätter
beraubet. Die starcken und frischen Stengel fiengen hin und wieder / wo die Blätter
gestanden hatten / von neuem auszuschla-
gen. Es kam aber zu keinen Kräfften /
sondern verwelckte gleich wieder. Und jetzt im
Frühejahre verdirbet auch dasjenige / was
den Winter über von den jungen Sprossen
sich noch erhalten. Ja ob gleich an einigen
Stengeln die Sprossen schon einige Grösse
erreichten / daß man sie abschneiden konte; so
hatte

hatte doch der Kohl keinen rechten Geschmack.
Und sahe man hieraus/ daß ihm eine Nahrung durch den Verlust der Blätter abgegangen war/ die er durch die Wurtzel
und von dem Stengel nicht erhalten konnte. Man siehet über dieses/ daß die Zwie-
bel-Gewächse/ wo Blätter/ Blumen und
Saame ihre beste Krafft aus der Zwiebel
ziehen/ die auch deswegen verweset und zu
dünnen Schaalen wird/ weil der zehe
Safft alle in die Blätter/ den Stengel und
dadurch in die Blume und den Saamen
steiget/ in einem glatten Stengel aufschießen.
Und die Wurtzel-Gewächse/ die für die
Blüthe und den Saamen ihre Krafft aus
der starcken Wurtzel nehmen (§.234.)/ haben an ihrem Stengel auch wenig oder gar
nichts von Blättern. Hingegen eben diese Gewächse breiten nahe an der Erde ihre
Blätter weit aus/ damit sie nicht allein
viel Thau auffangen/ sondern auch von
der Wärme der Sonne/ die nahe an der
Erde stärcker ist als in der Höhe/ den
Safft darinnen recht kochen/ oder digeri-
ren / als welcher nicht leicht ausdun-
stet/ indem die Blätter nicht wie bey andern Pflantzen in der Hitze gleich verwelcken.
Und den Safft/ der in ihnen zubereitet
wird/ führen sie der Wurtzel zu/ die ihn
bis zu der Zeit verwahret/ da sie einen
Stengel treibet und in Saamen gehet.
  (Physik. III.) Yy Wer

Wer sich in der Natur umsehen wil/ der
wird mehr dergleichen Exempel antreffen/
wodurch der Gebrauch der Blätter erhellet/
den wir angegeben. Man hat nur dieses
zu mercken/ daß die Natur bey der Aehn=
lichkeit auch einigen Unterscheid liebet/ da=
mit ihr Reichthum desto grösser wird und
die Mannigfaltigkeit der Dinge in eine
grössere Zahl erwächset. Denn aus dieser
Ursache ist die Aehnlichkeit unterweilen so
versteckt/ daß man vermeinet Exempel wie=
der die Allgemeinheit anzutreffen/ wo sie
für dieselbe streiten.

Blätter
bereiten
Nahrung
zu.

§. 249. Die Blätter der Bäume so
wohl/ als aller übrigen Gewächse/ fan=
gen den Thau häuffig auf. Und da die
Gewächse/ welche in der grossen Hitze welck
worden/ davon wieder frisch werden; so
siehet man daraus/ daß sie auch denselben
in sich ziehen. Ja man darf nur verwelck=
te Kräuter ins Wasser stecken/ so ziehet
sich dasselbe in die Blätter hinein. Man
findet/ daß einige Pflantzen schon wieder
frisch werden und sich erhohlen/ so bald die
Sonne unter gegangen und die Lufft nun
beginnet feuchte zu werden. Daraus sie=
het man/ daß die Blätter so gar die Feuch=
tigkeit aus der Lufft an sich ziehen. Ich
habe solches auch schon an einem andern
Orte durch einen Versuch bestetiget/ daß
die Blätter die Feuchtigkeit insonderheit
von

von der verkehrten Seite an sich ziehen (§.
71. T. III. Exper.). Und da die Blätter
voll von dem bläsigen Wesen sind/ welches
zur Veränderung der Nahrung dienet (§.
227.); die Bläßlein aber in den Blättern
von einer grünen Materie erfüllet werden/
die sonder Zweiffel nahrhaffte Theile in sich
hält (§. 94. T. II. Exper.): so darf einem
um so viel weniger bedencklich fallen/ daß
die Blätter Nahrung zubereiten sollen. An
dem weissen Kraute oder Kohle sehen wir
es gantz augenscheinlich. Denn wenn man
ein Kraut-Haupt/ welches von der Wurtzel und dem Stengel abgeschnitten wor-
den/ in einem feuchten Keller liegen lässet/
so wächset es aus und die Blätter werden
safftloß. Was demnach heraus wäch-
set/ erhält seine Nahrung aus den Blättern und die Blätter haben sie zubereitet
und verwahret. Es ist hier mit den Blättern eben so beschaffen wie mit den Zwiebeln und den dicken Wurtzeln in den Zwie-
bel- und Wurtzel-Gewächsen (§.230.). Ja
wir haben auch schon (§. 248.) gesehen/
daß die Blätter der Wurtzel-Gewächse für
die Wurtzeln den Nahrungs-Safft mit zubereiten helffen.

§. 250. Der Stiel gehet mitten durch Nutzen
das Blat durch und wird immer dünner. des Stie-
Er theilet von den Seiten seine Aeste nach les in den
der Breite des Blates und diese werffen Blät-
Yy 2 wieder tern.

wieder ihre kleinere Aeſtlein aus/ welche
gleichſam ein Netze formiren. Der Stiel
befeſtiget demnach das Blat und macht es
ſteif/ daß es an dem Baume feſt und ausgebreitet ſtehen kan. Man ſiehet es gar
augenſcheinlich an den jungen Blättern/
wo die Faſern des Stieles und der von ihn
abſtammenden Aeſtleinen noch nicht ihre
rechte Feſtigkeit erreichet haben. Denn
wenn man einen Zweig von einem Baume
abſchneidet/ ſo werden die Blätter welck
und fallen zuſammen. Wenn aber die
Faſern wieder vom Saffte ſtarren/ in dem
der Zweig entweder ins Waſſer geſtellet/
oder geleget worden/ daß es entwederdurch
die Faſern des Holtzes hinauf und auch ſelbſt
in die Blätter ſteigen/ oder auch gleich
durch die Eröffnungen der Blätter hinein
dringen und in die Faſern geleitet werden
können; ſo ſtehet das Blat wieder ſteif und
ausgebreitet an dem Zweige. Es wird
aber das Blat an dem Stengel oder dem
Aeſtlein befeſtiget durch die Faſern/ welche
aus dem holtzigen Weſen in die Blätter
gehen. Den wie die Blätter wechſels-
weiſe an dem Stengel und den Aeſten von
beyden Seiten ſtehen; ſo werden von dem
holtzigen Weſen einige Faſern abgeſondert
und durch den Stiel in das Blat geleitet/
ja/ es gehet auch von dem Marcke zugleich
ein Theil mit darein/ welches abſonderlich

in

in solchen Pflantzen wohl zu erkennen ist/
die ein starckes Marck und ein dünnes hol=
tziges Wesen haben.   Und dieses ist die
Ursache/ warum in einigen Pflantzen der
Stengel immer dünner wird/ welches noch
mercklicher geschiehet/ wenn bey den Blät=
tern neue Zweiglein heraus wachsen/ die
sowohl als das Blat einen Theil Fasern
und Marck von dem Stamme wegnehmen.
Durch diese Fasern wird der Nahrungs=
Safft ordentlicher Weise in die Blätter
gebracht/ und hat demnach der Stiel fer=
ner den Nutzen in den Blättern/ den der
Stengel in den Pflantzen und der Staur
in den Bäumen hat/ nemlich daß er dem
Blate die Nahrung zuführet.   Denn daß
dem Blate durch den Stiel Nahrung zu=
geführet werden kan/ siehet man augen=
scheinlich/ wenn man ein Zweiglein/ was
verwelcken wil/ ins Wasser stellet: denn
da die Blätter sich hier erhohlen und wie=
der frisch werden/ das Blat aber mit dem
Stengel oder Zweiglein keine andere Ge=
meinschafft hat als durch die höltzernen Fa=
sern/ welche durch den Stiel durchgehen
und durch seine Aestlein sich von neuem ver=
theilen (§. 94. T. III. Exper.); so muß ihnen
Nahrung durch den Stiel zugeführet wer=
den.   Allein weil auch durch die Blätter
angenommener Safft biß in die Wurtzeln
kommen kan (§. 250.); so kan zugleich in

Yy 3   einigen

einigen Fällen der Stiel die Nahrung in den Stengel und gar in die Wurtzel leiten. Und in der That haben wir hiervon ein klares Exempel an den Kraut - Häuptern/ darauf ich mich vorhin beruffen.

Nutzen der Aestlein von den Stielen. §. 251. Der Stiel des Blates/ welcher nach der Länge durchgehet/ vertheilet dergestalt seine Aestlein durch die Breite des Blates/ daß die Fasern oder Röhren/ welche in dem Stiele sind/ nach und nach von ihm abgeleitet/ in ein neues Bündlein zusammen gefasset und mit Rinde überkleidet werden (§. 94. T. III. Exper.). Und auf eine gleiche Weise entspringen die kleineren Reiser aus den Aestleinen/ die ein Netze formiren (ſ. 250.). Da nun durch den Stiel des Blates der Safft ihm zugeführet wird (§. cit.); so vertheilen die Aestlein und die daraus entspringende Reiserlein den Safft durch das gantze Blat und bringen ihn in die bläsige Materie/ welche innerhalb dem Netze sich häuffig befindet. Hingegen da auch durch den Stiel der Safft aus dem Blate/ sonderlich in das Auge geleitet wird (ſ. 248.)/ welcher in dem bläsigen Wesen verfertiget worden; so bringen die Reiserlein und die Aestlein den Safft auch in den Stiel zusammen/ welcher aus dem Blate entweder in den Stengel/ oder in das Auge und in einigen Pflantzen in das daselbst hervor wachsende

Zweig-

Zweiglein zurücke geführet wird. Daß
demnach die Blätter in dem letzten Falle
öffters verderben und gantz dürre werden/
oder auch abfallen/ nicht allein weil das
Zweiglein den Nahrungs-Safft zu sich
nimmet und es dieselben beraubet; sondern auch weil der in ihnen befindliche
Safft zurücke tritt. Denn die Blätter
werden nicht bloß welck und verdorren/wie
es aus Mangel des Safftes geschiehet/
sondern sie verzehren sich/nehmen nach und
nach ab/ehe sie verdorren. Es gehen aber
Fasern aus dem Stiele des Blates in das
Auge und in das bey dem Blate aus dem
Stengel hervor sprossende Zweiglein/ und
kan man demnach den Weg zeigen/dadurch
der Safft aus dem Blate in das Auge
kommet. Es lässet sich auch gar wohl be-
greiffen/wie dieses zugehet/daß es von dem
Blate/ welches eher ist als das Auge oder
an ihm ausschlagende Zweiglein/ in sich
von seinen Fasern einige bekommet. Indem das Auge durchbrechen wil/ so stösset
es an einige Fasern mit an/ die aus dem
holtzigen Wesen des Stengels in den Stiel
des Blates gehen. Je grösser es wird/ je
mehr dehnet es dieselben aus und drücket
sie nach der Seite herüber. Endlich wenn
es durchbricht/ reisset es die Fasern des
Stieles/ welche bisher übermäßig gedehnet worden/ vollends entzwey/ und ziehet

Yy 4 den

den oberen Theil mit sich nach der Seite
etwas herauf / der an der noch weichen
klebrigen Materie / daraus das junge
Stämmlein im Auge bestehet / hangen
bleibet und endlich mit verwächset. Denn
das von lebendigem Holtze eines an das
andere leicht anwächset / zeiget das Oculi=
ren und Pfropffen / da ein frembdes Auge
und ein frembdes Reiß an einen fremden
Stamm anwachsen. Und zwar wachsen
beyde dergestalt an / daß ihnen Safft durch
die Safft=Röhren des Stammes zugefüh=
ret werden kan / folgends müssen Safft=
Röhren des Stammes sich mit den Safft=
Röhren des Auges und des Pfropff=Reises
vereinigen. Wenn dieses nicht geschähe /
so würde auch der Baum oder Ast / wel=
cher aus dem Pfropff=Reise oder dem Auge
wächset / an dem Stamme nicht feste ste=
hen und bey zunehmender Last abbrechen /
wie auch unterweilen im Oculiren zu ge=
schehen pfleget / wenn das Auge nicht ge=
hörig angewachsen. Weil aber in Pflan=
tzen alle Fasern des Stengels in die Blät=
ter und was oben heraus wächset verthei=
let werden / auch alle Fasern des Stieles /
die durch das Blat nach der Breite ver=
theilet werden / Safft zuführen; so siehet
man augenscheinlich / daß der Safft durch
das gantze holtzige Wesen auffsteiget / aus=
genommen die Lufft=Röhren / die eine an=

dere

dere Abſicht haben (§. 226.). Hingegen
da in den Bäumen die Blätter und Augen ihre Faſern hauptſächlich aus dem jungen Holtze erhalten; ſo wird auch der Safft
hauptſächlich durch die Faſern des jungen
Holtzes in Bäumen zum Wachsthume zugeführet. Es beſtehet aber der Stiel und
ſeine Aeſtlein wie alle übrige Theile aus
der Rinde/ dem holtzigen Weſen und dem
Marcke/ und dieſe Theile ſind wiederum
aus den verſchiedenen Faſern und blä-
ſigem Weſen zuſammen geſetzet: wovon
wir nicht überall ins beſondere von neuem
reden wollen.

§. 252. Der gröſte Theil der Blätter
beſtehet aus dem bläſigen Weſen/ welches
ſich gar deutlich zeiget/ wenn das Häutlein
abgeſondert worden. Es läſſet ſich daſſelbe mit der zarten Spitze eines Feder-Meſ-
ſerleins leichte abſchaben und unterweilen
wird es durch beſondere Zufälle abgelöſet/
als durch einen ſchädlichen Thau oder von
Ungezieffer. Das bläſige Weſen dienet in
den Pflantzen zur Verdauung (§. 227.).
Derowegen da ſich daſſelbe in den Blättern in der gröſten Menge befindet/ ſo
wird eben dadurch beſtetiget/ daß darinnen der Nahrungs-Safft auf das kräff-
tigſte zubereitet werden muß/ indem der-
jenige/ welcher in andern Theilen ſchon
verdauet worden/ doch hier noch weiter

Nutzen des bläſigen Weſens in Blättern.

Yy 5　　　　verän-

verändert wird.   Und in der That findet
sich zweyerley in den Blättern / welches bey
andern Theilen nicht anzutreffen : beydes
aber nutzet zu der Zubereitung des kräfftigen Nahrungs = Safftes.   Die Blätter
hängen frey in der Lufft und werden von
dem Winde hin und wieder beweget / von
der Sonne aber durchschienen / indem die
Strahlen / weil sie dünne sind / ihr Wesen gantz durchdringen.   Hierdurch wird
die wässerige Feuchtigkeit ausgedunstet /
welche bey dem Nahrungs = Saffte nichts
nutze ist (§. 394. Phyl.) und die nahrhafften
Theile bleiben zurücke.   Damit aber auch
nicht zu viel ausdunsten kan / so sind nur
hin und wieder weite Eröffnungen an dem
Blate (§. 71. T. III. Exper.).   Man siehet
dannenhero an selbigem Orte auf einigen
Blättern in der Hitze Tröpfflein stehen /
wenn die Ausdunstung starck geschiehet
und die Blätter gleichsam schwitzen.   Der
Thau / welcher nicht ein nahrloses Wasser
ist / sondern eine Materie / davon sich
nahrhaffte Theile absondern lassen / befeuchtet die Blätter und ersetzet den Abgang der unnützen Feuchtigkeit.   Aber eben
das Häutlein / welches das Blat verwahret / daß nicht überall etwas von innen heraus und von aussen hinein kommen kan /
hindert es / daß sich von dem Thaue nicht
zu viel hinein ziehet.   Und solchergestalt
wird

wird das überflüßige abgesondert / und
hingegen immer mehr und mehr nahrhaff-
tes an dessen Stelle gebracht. Der Wind
und die durchstreichende Lufft führen / was
ausdunstet gleich weg / damit es nicht an
dem Blate faul wird und den inneren Safft
verunreiniget. Die durchdringende Wärme der Sonne kan die Scheidung der ele-
mentarischen Theile desto kräfftiger befördern / wie denen in der Chymie erfahrenen
gar wohl begreifflich ist. Dergleichen Leichtigkeit auszudunsten / und das ausgedunste-
te mit etwas dienlicherem zu ersetzen und
dergleichen reichlichen Genuß / von der
durchdringenden Krafft der Sonne treffen
wir bey keinem Theile der Pflantzen an.
Wir finden aber auch in der That einen
Vorrath von einer Materie / der von dem
veränderten Saffte abgesondert wird / in
den Bläßleinen / wodurch das Blat seine
grüne Farbe hat / und / was sich vom
Thaue und der Feuchtigkeit der Lufft in
das Blat ziehet / dringet in diese Materie /
als welche ihre Farbe ändert / wenn zu
viel Wasser in das Blat kommet (§. 71.
T. III. Exper.). Und deswegen sehen wir
auch / daß diese Materie ihre Farbe ändert / wenn das Blat anfängt zu verderben / und davon gelbe wird.

Das

Das 6. Capitel.

Von den Augen oder Knospen.

§. 253.

Nutzen
der Au-
gen.

DEr Nutzen der Augen in den Bäumen fället einem jeden vor sich in
die Augen und hat man nicht nöthig davon einen weitläufftigen Beweis zu
führen. Die Augen/ welche im vorherge-
henden Sommer hervor kommen und den
Winter über als ein todtes Wesen an dem
Baume zu sehen gewesen/ schlagen im Frühlinge aus und kommet aus ihnen ein neuer
Zweig mit seinen Blättern/ oder es wachsen auch Blüten und Blätter heraus/ wen
es ein tragbahres Auge ist. Denn die
Augen an den Bäumen sind von zweyerley Art/ entweder **tragbahre**/ oder **un-
tragbahre.** Jene bringen Blüten und
Früchte/ diese hingegen einen neuen Zweig.
Und demnach bestehet der Nutzen der Au-
gen darinnen/ daß sie entweder einen neuen
Zweig treiben; oder Blüten bringen und
Früchte tragen.

Innere
Beschaf-
fenheit
des Au-
ges.

§. 254. Das Auge hält alles im kleinen in sich/ was daraus den Sommer über
wächset. Aus einem Auge/ das tragbahr
ist/ kommen Blüten und aus den Blüten
wächst die Frucht. Alle aber sind schon
im

im kleinen darinnen anzutreffen und inson=
derheit zu Anfange des Frühlinges/ wenn
die Bäume nun ausschlagen wollen/ selbst
mit blossen Augen zu erkennen/ wenn man
das Auge oder die Knospe geschickt zer=
gliedert. Aus einem Auge/ was nicht
tragbahr ist/ wächset ein gantzes Reiß.
Aber auch dieses ist mit allen seinen Blät=
tern schon ordentlich im Auge enthalten/
und abermahls ohne ein Vergrösserungs=
Glaß deutlich zu erkennen/ wenn das Auge
aufzubrechen beginnet. Aus einem Auge/
das nicht tragbahr ist/ wächset in der That
mehr als aus einem tragbahren. Denn
die gantze Sommer=Latte mit ihren Blät=
tern träget mehr aus als die Blüten/ von
denen öffters kaum eine Frucht bringet/
insonderheit an Bäumen/ wo die Früch=
te klein sind/ die Sommer=Latten aber
lang getrieben werden/ als wir ein Exem=
pel an den Kirschbäumen haben. Unter=
dessen sind doch die tragbahren Augen viel
dicker als die andern/ absonderlich im Früh=
linge/ wenn sie bald ausschlagen wollen
und der Safft schon hinein getreten. Die
Ursache ist leicht zu errathen. Die Blü=
ten stehen alle neben einander und kommen
auf einmahl in kurtzem zu ihrer Vollkom=
menheit: Hingegen das neue Reiß treibet
nach und nach in die Länge und wächset
nach und nach in die Dicke/ und liegen
die

die kleinen Blätter nach der Länge an
dem gantz dünnen und kurtzen Stengel nach Proportion deſſen Gröſſe auf einander.   Es iſt demnach das Auge ein groſſes Kunſt-Stücke der Natur/ das keine
Kunſt nachahmen kan/ als wodurch ſoviel
im kleinen nicht zuſammen geſetzt werden
kan/ als ſich unterſchiedene Theile in den
Theilen des Auges befinden und nach dieſem nicht einmahl durch die beſten Ver-
gröſſerungs-Gläſer völlig zu erkennen ge-
ben/ wenn ſie durch den Wachsthum ſo
gar ungemein vergröſſert worden.   Wer
bey dem Auge daran gedencket/ was vorhin umſtändlich von dem Stengel und den
Blättern beygebracht worden/ der wird
die Subtilität der Natur/ davon wir ſonſt
Zeugnis abgeleget (§. 3. Phyſ.), auch hier
von neuem zu bewundern hohe Urſache fin-
den/ dagegen alle Subtilität/ welche die
Kunſt erreichen kan/ und die von Menſchen bewundert wird/ für nichts zu achten.

Wie das Auge ſei-ne Nah-rung er-hält.   §. 255.   Das junge Auge erhält eine
kräfftige Nahrung aus dem Blate/ als
ohne welches es nicht zu gehöriger Reiffe
kommen kan/ damis es ausſchläget und
entweder ein Reiß treibet/ oder Blüten
bringet (§.248.).   Da es aber gleichwohl
auch Nahrung aus den Wurtzeln durch
den Stengel erhält/ indem es ja im Frühlinge davon zu einer groſſen Knoſpe wird
und

und ausschläget; so siehet man/ daß der
Safft allein/ der aus der Wurtzel durch
dem Stengel hinauf steiget/ nicht gnung
ist zu seinem Wachsthume.   Derowegen
muß es aus dem Blate eine Materie er=
halten/ wodurch der aus dem Stamme
hinein dringende Safft sich weiter verän=
dern und zu einer geschickten Nahrung ver=
wandeln lässet.   Gleichwie nun aber be=
sondere Fasern aus dem Stiele des Blates
in das Auge gehen/ dadurch ihm diejeni=
ge Nahrung zugeführet wird/ die es zu
seiner Reiffe brauchet (§.248.); so findet
sich an ihme zugleich ein kleines Würtze=
lein/ welches bis in die höltzernen Fasern/
wo es durchgebrochen/ gehet.   Und dadurch
kan der Safft/ welcher im Frühlinge zwi=
schen der Rinde und dem Holtze häuffig
hinauf steiget/ in das Auge dringen und
es zum Ausschlagen bringen.   Derowegen
muß man es auch im Oculiren in acht neh=
men/ daß man es nicht versehret/ wenn
das Auge fortkommen sol.   Wenn der
Ast/ der aus dem Auge gewachsen/ groß
wird/ so verwandelt es sich in einen festen
Knorren und dienet zur Befestigung des
Astes an dem Baume.   Damit aber auch
der Ast/ der aus dem Auge wächset/ seine
Nahrung durch den Stamm aus der
Wurtzel erhalten kan; so werden von dem
holtzigen Wesen des Astes/ oder des jungen
Stämm=

Stämmleins/ daran das Auge ausschlä-
get/ einige Fasern hingeleitet/ auf eben die
Art und Weise/ wie ich es vorhin erklä-
ret/ daß sie aus dem Stiele des Blates
hinein kommen.

Wie die   §. 256.   Ich habe schon oben erinnert/
Augen   daß die Augen aus dem Marcke kommen
hervor   (§. 245.).   Damit ich nun dieses ausser
kommen.   allen Zweiffel setzen möchte/ so war ich begierig durch Hülffe des Vergrösserungs-
Glases zu untersuchen/ wie das Auge mit
dem Reise oder Stengel/ daran es aus-
schläget/ zusammen hänget.   Ich nahm
anfangs ein Stücklein Holtz von einem
Maulbeer-Baume und schnitt es nach der
Länge durch/ daß zugleich das Auge mitten durchschnitten ward.   Man sahe hier
mit blossen Augen/ daß Fasern aus dem
holtzigen Wesen an der Rinde in das Auge giengen/ hingegen andere neben ihm an
dem Marcke unten herauf gerade fort liessen.   Solchergestalt hatte es das Ansehen/
als wenn das Auge mit dem Marcke gar
nichts zu thun hätte/ sondern bloß aus den
Fasern/ oder auch zwischen ihnen herauf
gekommen wäre.   Gleichwohl war das
Marck daselbst/ wo das Auge stund/ etwas breiter und die Fasern waren in einen
Bogen herüber gedruckt/ daß man sahe/
es müste daselbst etwas gewesen seyn/ daß
sie starck gegen die Rinde gedruckt hätte.
                                               Und

Und dieſes letztere kam mit dem Durchbruche des Auges durch die Rinde überein.
Ich verſuchte es mit einem Auge von einem Kirſchbaume und fand es auf gleiche
Weiſe. Weil ſichs mit dem Auge nicht
recht zeigen wollte/ ſo nahm ich ein junges Zweiglein an dem zweyjährigen Holtze
und ſchnitt beydes an einander mitten
durch/ da man auch ohne das Vergröſſe-
rungs⸗Glaß gantz eigentlich ſehen konnte/
wie die Faſern/ welche nach der Länge des
zweyjährigen Holtzes herauf giengen/ wo
das Zweiglein war/ dergeſtalt in daſſelbe
lieffen/ daß die an dem unteren Theile
von der einen Seite des Zweigleins herauf
giengen/ die aber an dem oberen Theile
des Holtzes in einen Bogen gebogen waren und von der anderen Seite des
Zweigleins wieder herauf giengen. In der
mitten aber an dem Marcke gieng zwar
das Marck in dem Zweiglein nicht mit dem
Marcke des Aeſtleins in einem fort/ es
war doch aber ein von den Faſern unter⸗
ſchiedenes hartes Weſen daſelbſt anzutreffen. Und dieſes kam abermahls mit dem
Durchbruche des Auges aus dem Marcke
überein. Jedoch war ich damit noch nicht
zu frieden/ ſondern verlangte gerne den
Durchbruch zwiſchen den höltzernen Faſern
deutlicher zu ſehen/ wo es möglich wäre/
indem man ihn aus dem bisherigen mehr

schliessen muß/ als daß man sagen kan/
man habe ihn observiret. Ich schnitt demnach ein Auge an dem Stengel des braunen
Kohles nach der Länge durch/ weil dieses
Gewächse viel Marck hat. Und hier konte man besser sehen/ wie sich das Marck
aus dem Stengel bey dem Auge herüber
gab/ die Fasern auf eben die Art/ wie ich
erst von dem Zweiglein des Maulbeer-
Baumes erinnert/ zu beyden Seiten fort-
giengen/ und das Marck in dem jungen
Stengel des ausschlagenden Auges mit
dem Marcke des Stengels eines war.
Jedoch zeigte sichs nicht in einem jeden
Schnitte so deutlich wie in dem andern/
sondern in einigen sahe man gleichfals Fasern
die Länge herauf lauffen zwischen dem Auge
und dem Marcke. Weil ich nun mit dem
Vertical-Schnitte nicht so zu stande kommen konnte/ wie ich wünschte; so fiel mir
ein/ daß es mit dem Horizontal-Schnitte
besser gehen müste. Denn weil die Fasern
um das Marck in einem Circul herum
stehen; so müste sich da/ wo das Auge
stehet/ entweder eine Oeffnung zeigen/ o-
der wenigstens müsten die Fasern weiter
herüber gedruckt seyn/ daß sie mit den andern nicht so in einer Ordnung stehen/ wie
in einem Durchschnitte/ wo kein Durchbruch geschehen. Weil nun in dem Kohl-
Stengel die Fasern sich gar deutlich von
dem

dem übrigen Wesen unterscheiden/ so
schnitt ich den Stengel dergestalt durch/
daß zugleich der junge Stengel des ausschlagenden Ortes mit durchschnitten ward/
und da zeigte sich der Durchbruch über die
massen angenehm/ daß man ihn auch schon
mit blossen Augen erkennen konnte. Deñ
die Fasern waren nach der Seite herüber
gedruckt/ daß man einen kleinen offenen
Gang sahe/ dadurch das Marck aus dem
Kohl=Stengel in den jungen Stengel
des Auges gieng/ welches sich darinnen erweiterte. Und hieraus war klar/
daß der Horizontal=Schnitt dem Vert-
ical=Schnitte vorzuziehen ist/ wenn man
den Durchbruch des Auges aus dem Marcke erkennen will. Man siehet aber auch
hieraus/ weil der Ausgang sehr enge ist/
daß das Auge in dem ersten Durchbruche
sehr kleine seyn muß/ und dannenhero leicht
geschehen kan/ daß nicht überall eine merckliche Spur zurücke verbleibet. Unterdessen
war ich begierig zu erfahren/ ob man in
den Bäumen den Durchbruch der Augen
gleichfals deutlich erblicken könne. Ich
schnitt demnach ein Horizontal=Scheiblein
ab/ welches durch das Auge zugleich mit
durchgieng. Da sahe man durch das Ver-
grösserungs=Glaß/ daß die Fasern/ welche
das holtzige Wesen ausmachen/ an dem
Orte/ wo das Auge stund/ durchbrochen

und

und von einander gerückt waren/ das Marck
aber im Durchgange in einem bis in das
Auge hinein gieng/ jedoch mit dem Un-
terscheide/ daß da die Bläßlein des Marckes im Holtze gantz weiß aussahen/ sie von
dem Durchgange an bis in das Auge gantz
grünlicht aussahen. Wo die Bläßlein in
dem Marcke durchschnitten waren/ da sahe alles leer aus: aber so zeigete sichs nicht
in dem Auge und dem Durchgange. Auf
der andern Fläche des Durchschnittes war
dieses alles noch deutlicher zu sehen. Allein
wie ich die Scheiblein umwandte/ sahe
man den Durchbruch des Auges nur noch
in einem von der andern Seite/ in dem
andern aber war nichts davon auf der
andern Seite zu spüren. Dieses erinnere
ich zu dem Ende/ damit man nicht die Observation in Zweiffel ziehet/ wenn man sie
wiederhohlen wil und sie bey einem unrechten Schnitte mislinget. Wie ich denn
auch noch anmercke/ daß von der einen
Seite die weissen leeren Bläßlein des
Marckes bis in den Durchgang zwischen
dem holtzigen Wesen giengen. Ich fand
es auf eben solche Weise in dem Holunder/
wo die Augen schon ausschlugen. In Augen von den Kirschbäumen konnte man es
auch finden/ allein man muste es mehr
vergrössern/ wenn sichs deutlich zeigen sollte. Sonst gab sich hier der Unterscheid
des

des Marckes/ davon ich vorhin geredet/
noch deutlicher zu erkennen. Nach meinen Gedancken sollten die jungen Wur-
tzeln/ welche aus dem Aste oder dem Stamme einer grossen Wurtzel hervor kommen/
gleichfals aus dem Marcke entspringen (§.
238.). Ich nahm demnach einige von den
Wurtzel-Gewächsen und schnitt gleichfals Scheiblein von den starcken Wurtzeln
ab/ wo zur Seite kleine heraus gewachsen
waren/ dergestalt daß der Schnitt mitten durch das kleine Würtzelein gieng/ und
man sahe ebenfalls/ daß dasselbe aus dem
Marcke heraus durch die herum stehende
Fasern durchgebrochen war. In der Ha-
ber-Wurtzel/ da das Marck gar sehr von
dem übrigen Wesen unterschieden ist/ konte man sehen/ wie das zur Seite heraus
lauffende Würtzelein biß in das Mittel des
Marckes gieng. In der Petersilie zeigete
sichs gleichfalls gantz eigentlich/ daß man
es auch mit blossen Augen sehen konnte.
Und da um das Marck herum Adern ste-
hen/ die den starck schmeckenden Safft in
sich haben/ und gantz anders als das ü-
brige Wesen aussehen/ so giebet auch der
Anblick blossen Augen zu erkennen/ wie
der Durchbruch aus dem Marcke enge ist/
nach diesem aber die junge Wurtzel sich immer mehr und mehr erweitert/ wenn sie aus
den Adern heraus ist. Ich habe starcke

Zz 3   Wur-

Wurtzeln genommen/ die einen sehr weiten Umfang und dabey ein über die massen
kleines Marck haben/ daß die junge Wurtzel durch sehr viele Reihen verschiedener
Fasern hat durchbrechen müssen/ und dessen ungeachtet gefunden/ daß die junge
Wurtzeln/ welche zur Seite auswuchsen/
bis in das Marck hinein giengen. Aus
diesem allem nun erhellet zur Gnüge/ daß
sowohl die Augen/ als die jungen Wurtzeln aus dem Marcke kommen/ und ich
dannenhero den Gebrauch des Marckes
vor diesem aus andern von mir entdeckten
Gründen (a) recht angezeiget. Ich bin
der Meinung/ daß die Blätter gleichfalls
aus dem Marcke ihres jungen Stengels
hervor gebrochen/ wie alles noch so klein
gewesen/ daß man es nicht sehen kan/ und
daß das Marck erst ein safftloses Wesen wird/ wenn Blätter/ Augen und
Wurtzeln ihm den kräfftigen Safft benom-
men/ wovon die Kohl-Stengel ein klares
Exempel geben: allein ich lasse die Ausführung dieser und anderer Materien annoch
bis zu einer andern Zeit ausgesetzt/ da ich
Gelegenheit habe alles mit mehreren Observationen und Versuchen zu bestetigen.

Das

(a) Vid. Entdeckung der Ursache von
Vermehrung des Getreydes c. 6, §. 24.
f. 61.

Das 7. Capitel.
Von den Blumen und dem Saamen.

§. 257.

Die Pflantzen blühen/ wenn sie Saamen tragen/ und die Blume oder Blüthe hält den Saamen im kleinen schon in sich. Die Bäume insonderheit blühen/ wenn sie Früchte tragen/ und die Blüthe hält auch die Frucht in sich/ wenn sie zu ihrer rechten Vollkommenheit gediehen/ oder sitzet auf der Frucht. Derowegen da alles in der Natur/ wo GOtt nichts vergeblich macht (§. 1049. Met.)/ dem Raume und der Zeit nach mit einander verknüpfft ist (§. 548. Met.); so muß die Blume oder Blüthe um des Saamens willen seyn (§. 545. Met.). Dieses wird wohl niemand leugnen/ der nur ein wenig mit Nachdencken die Sachen anzusehen gewohnet ist/ und ich halte vor gewis/ daß eine Frucht entweder gar nicht fortkommen würde/ oder wenigstens keinen fruchtbahren Saamen tragen/ wenn die Blume/ welche darauf sitzet/ weggenommen würde/ ehe sie aufblühet. Und dergleichen Versuche würden die Nothwendigkeit der Blume bestetigen/ auch andere ähnliche den Nutzen der besonderen Theile

Nutzen der Blumen oder Blüthen.

deut-

deutlicher vor Augen legen. Jedoch ist
hier viele Behutsamkeit nöthig: denn nicht
alle Früchte / woran die Blüthe verblühet/
gelangen zum Wachsthume / viel weniger
zur Reiffe. Es fehlet bisher an Versuchen
und fället dannenhero schweer den Nutzen
eines jeden Theiles auszumachen. Unterdessen da man in Erkäntnis der Natur mit
gegründeten Muthmassungen den Anfang
machet / damit man dadurch zu Versuchen
und weiteren Untersuchungen Gelegenheit
an die Hand bekommet; so müssen wir uns
auch hier mit demjenigen vergnügen / was
sich aus den zur Zeit vorhandenen Gründen muthmassen lässet.

Theile
der Blu-
me.

§. 258. Die Natur zeiget in den Blumen und Blüthen einen so grossen Unterscheid / daß es fast nicht möglich zu seyn
scheinet allgemeine Theile derselben zu bestimmen. Wer sich in der Natur nicht
selbst umgesehen hat / was sie in Gärten
und Wäldern / auf dem Felde und den
Wiesen / für Pracht hierinnen zeiget / der
darf nur die Schrifften derer aufschlagen/
welche die blühenden Kräuter in geschickten
Figuren abbilden / oder / wenn er vielen
Unterscheid gleich beyeinander angemercket
haben wil / *Malpighii* Anatomie der Pflantzen (a) nachschlagen; so wird er ihn zu bewundern

———————————————

(a) Tabb. XXII. biß XXXVII.

wundern Urſache gnung haben. Allein
da die Natur bey dem groſſen Unterſcheide
der Dinge doch beſtändig die Aehnlichkeit
liebet/ wovon ſich der Grund aus den Eigenſchafften GOttes beſtetigen läſſet/ wenn
man deutliche Begriffe davon hat/ wie ich
in der Metaphyſick/ oder meinen vernünfftigen Gedancken von GOTT/ der Welt
und der Seele des Menſchen/ gegeben/
indem in GOtt als dem Urheber aller Din-
ge/ die letzten Gründe zu finden ſind/ warum die Sachen ſo und nicht anders ſeyn:
ſo findet ſich auch bey den Blumen und
Blüthen Aehnlichkeit/ wenn man ſie nur
mit rechten Augen anſiehet. Der ſcharf-
ſinnige **Junge**/ welcher den Unterſcheid der
Pflantzen nach ihren verſchiedenen Theilen
beſtimmet/ hat auch den Unterſcheid der
Blumen in Ordnung zu bringen ſich angelegen ſeyn laſſen (b) und wer es lieſet/
der wird finden/ wie der Unterſcheid ſelbſt
der beſonderen Theile von den Blumen ſich
in gewiſſe Claſſen vertheilen läſſet. Allein
da wir ſo weit nicht gehen/ indem man
noch nicht ſo weit kommen iſt/ daß ſich
von dem Unterſcheide der beſonderen Theile
der Grund anzeigen lieſſe; ſo bleiben wir
auch nur bey den allgemeinen Theilen/ die
bey einer vollkommenen Blume oder Blü-

Zz 5 the

(b) in Iſagoge phytoſcopica c. 1 5. & ſeqq.

the anzutreffen. Eine vollkommene Blume
hat Blätter (folia), Fädelein (stamina)
und einen Griffel (stylum) an dem Saa-
men-Behältnisse oder der Frucht. Man
nehme eine Kirsch-Blüthe/ so kan man
alle diese Theile gantz eigentlich sehen. Die
Blätter/ welche um den Kelch (calicem)
oben herum stehen und an ihm befestiget
sind/ breiten sich im Kreyse herum aus.
In der Mitten gehet der Griffel heraus und
sitzet an der kleinen Frucht feste/ wenn die
Blüthe zu ihrer völligen Vollkommenheit
gediehen und nicht taub ist/ massen ihr
sonst die Frucht fehlet und der Griffel auf
dem Stiele der Blüthe stehet. Endlich
um den Griffel herum stehen die Fädelein
zwischen ihm und den Blättern. So findet man es fast durchgehends bey den fruchtbahren Bäumen in Gärten/ ausser daß einige die Blüthe auf der Frucht/ nicht aber
die Frucht innerhalb der Blüthe haben/ als
da sind Biernen/ Aepffel und Quitten.
In unvollkommenen Blumen fehlet unterweilen ein Theil; allein mehr dem Ansehen
nach/ als in der That: Denn es ist immer
etwas vorhanden/ was die Stelle dessen
vertritt/ was zu fehlen scheinet.

Nutzen der Theile in den Blumen. §. 259. Die Blume oder Blüthe ist
um des Saamens willen (§.257.) und
demnach muß sie etwas zu seinem Wachsthume beytragen. Und weil kein Theil

für

für die langeweile da ſeyn kan ($.1049.
Met.); ſo muß auch ein jeder zum Wachsthume des Saamens etwas beytragen.
Der Blumen-Griffel ſtehet mitten auf der
Frucht/ wo der Saamen iſt/ und man
darf nicht zweiffeln/ daß aus ihm Fäſerlein
in den Saamen gehen. Man findet über
dieſes/ daß er am längſten an der Frucht
ſtehen bleibet/ wenn die Blätter und Fädelein ſchon abgefallen. Ja ich habe in
Kürbiſſen wahrgenommen/ daß/ wenn er
abgebrochen ward/ weil er noch gantz friſch
war/ die Kürbiſſe nicht fortkamen: welches
zwar eigentlich die Urſache hatte/ weil der
Kürbis daſelbſt auffſprung/ daß ſich Näſſe
von auſſen hinein ziehen konnte und er an-
fieng zu faulen. Die Verknüpffung des
Blumen-Griffels mit dem Saamen zeiget
demnach/ daß etwas aus ihm in den Saamen gebracht werden muß. Die Faden
ſtehen um den Griffel herum und haben o-
ben ein Häuptlein (*capitellum*)/ daraus ein
ſubtiler Staub kommet/ welcher auf das
Häuptlein an dem Griffel fället. Es hat
demnach das Anſehen/ daß dieſer ſubtile
Staub/ oder wenigſtens ein Theil davon/
durch den Stiel des Griffels in den Saamen gebracht wird. Und daher muthmaſ-
ſet man ferner/ daß die Saamen-Körn-
lein in dem Saamen-Behältniſſe dadurch
fruchtbahr gemacht werden. Die Frucht-
barkeit

barkeit des Saamens bestehet in dem Keim=
lein oder Pflántzlein/ welches darinnen ver=
borgen lieget. Derowegen hat es das An=
sehen/ daß dieses Keimlein der Pflántzlein
das Saamen=Körnlein durch den Grif=
fel erhált/ der es von den umstehenden Fä=
derlein oder Faden innerhalb dem Staube
bekommen. Da der Saame seine gewisse
Zeit zum Wachsthume und zur Reiffe
brauchet/ und die Natur in Erzeugung
lebendiger Geschöpffe/ die einen aus ver=
schiedenen Gliedmassen zusammen gesetzten
Leib haben/ einige Verwandlung vornim=
met (§. 446. Phys.); so kan freylich das
Pflántzlein nicht in solcher Gestalt in den
subtilen Stáubleinen vorhanden seyn/ wie
es sich in dem Saamen=Körnlein zeiget:
Vielmehr da es aus verschiedenen Theilen
bestehet/ so muß ein Theil nach dem an=
dern heraus wachsen/ wie wir selbst sehen/
daß nach diesem aus ihm ein Theil der
Pflantze nach dem andern heraus wáchset.
Und daher ist es kein Wunder/ daß man
durch die Vergrösserungs=Gláser nichts
davon in dem subtilen Staube der Blu=
men entdecken kan/ wie der gelehrte Pro=
fessor Medicinæ und Physicæ in Giessen
Herr **Verdrieß** erfahren/ als er den Staub
von sehr vielen Blumen durch das Ver=
grösserungs=Glaß betrachtet (a). Es verdie=
net

(a) in Actis Erudit. A. 1724. p. 409.

net dieſes noch weiter unterſucht zu werden. Unterdeſſen gewinnet doch die Muthmaſſung eine ſehr groſſe Wahrſcheinlichkeit/
wenn man erweget/ was es für eine Beſchaffenheit mit der Erzeugung der Menſchen und der Thiere hat/ und dabey be-
dencket/ wie weit die Natur die Aehnlichkeit zu lieben pfleget. Die Blätter der
Blumen haben nicht allein das bläſige Weſen in groſſer Menge wie die andern Blätter und darinnen einen beſonderen Safft/
den der Geruch und Geſchmack gnungſam
zu erkennen giebet; ſondern auch viele Fä-
ſerlein/ dadurch der Safft geleitet werden
kan. Da nun der Saame ein fleiſchiges
Weſen hat/ darinnen gleichfalls ölichte
und ſaltzige Theile anzutreffen/ wie wir
in den Blättern finden/ und die Blätter
an dem Saamen-Behältniſſe feſte ſtehen;
ſo ſcheinet es wohl glaublich zu ſeyn/ daß
die Blumen-Blätter einen ſubtilen Safft
mit ölichten und ſaltzigen Theilen in den
Saamen leiten/ und deswegen auch eine
Weile ſtehen bleiben/ ehe ſie abfallen. Unterdeſſen macht noch *Malpighius* (b) einen
Scrupel/ indem er erzehlet/ daß er öffters
die Blätter von den Blumen weggenom-
men/ ehe ſie aufgeblühet/ und unterweilen gefunden/ daß der Saame nicht fort-
kommen/

(b) in Anat. plant. part. 1. f. 56.

kommen/ unterweilen doch aber gesehen/
daß er seine gehörige Grösse erreichet. Allein da man aus der blossen Grösse noch
nicht urtheilen kan/ ob er sonst in allem
seine gehörige Beschaffenheit hat; so kan
dieser Scrupel nichts weiter würcken/ als
daß wir von dem angegebenen Nutzen der
Blätter von den Blumen durch mehrere
Observationen und Versuche mehrere Gewisheit zu erlangen trachten.

Nutzen
des Saa-
mens.

§. 260. Der Saame dienet dazu/ daß
die Art der Pflantzen erhalten wird und
nicht untergehet : denn es ist männiglich
bekand/ daß aus dem Saamen eine Pflantze von eben der Art wächset/ wie diejenige
gewesen/ welche den Saamen hervor gebracht. Und da die Haupt-Absicht GOttes bey der Zusammensetzung der Pflantzen
ist/ daß sie ihr Geschlechte oder ihre Art erhalten sollen/ so lange die Erde dauret (§.
218.); so laufft endlich alles bey den
Pflantzen da hinaus/ daß ein tüchtiger
Saame erzeuget wird. Es wird aber der
Saame in grosser Menge erzeuget/ weil der
gröste Theil durch zufällige Ursachen verlohren gehet. Denn in den Wäldern und
auf den Wiesen muß der Saame vor sich
in die Erde fallen und daselbst zum Wachsthume gedeyen. Wenn er fortkommen
soll/ so muß er tief gnung in die Erde
kommen und darinnen seine Nahrung finden.

den. Wo er nun bloß durch seine Schweere herunter fället und von den Winden hin
und wieder gewehet wird/ wenn absonderlich die Pflantzen und Bäume einen flie-
genden Saamen haben; da trifft er entweder nicht einen Boden an/ wo er in die
Erde kommen kan/ oder wenn er ja in die
Erde kommet/ so ist das Erdreich nicht in
dem Zustande/ wie es erfordert wird/
wenn der Saame den Winter über unversehret in der Erde soll erhalten werden und
im Frühlinge keimen und auswachsen. Um
dieser Ursache willen wäre es nicht möglich
gewesen/ daß die Bäume und Pflantzen
sich durch so viele tausend Jahre/ als die
Erde stehet/ von selbsten besaamet und erhalten hätten/ woferne nicht der Saame
in einer grossen Menge hervor gebracht
würde. Unterdessen hat doch GOtt diesen Uberfluß in Ansehung der gantzen Erde
nicht überflüßig seyn lassen; sondern Menschen und Thieren zur Speise verordnet/
was sonst für die langeweile verderben würde. Es ist wohl nicht zu zweiffeln/ daß
anfangs/ als wenige Menschen gewesen/
das Getreyde und die Garten-Gewächse
sich gleichfalls selbst besaamet/ und hat da-
hero auch die Menge des Saamens bey ihnen eben diese Ursache: Allein nachdem die
Menschen gesehen/ was sie zu ihrer Nahrung gebraucht/ so haben sie es durch ihren

ren Fleiß in grösserer Menge hervor ge-
bracht/ gleichwie es möglich wäre/ daß
auch die übrigen Bäume und Gewächse in
grösserer Menge erzeuget würden/ wenn
man Fleiß daran wenden wollte/ wie bey
einigen wohl nöthig wäre/ die man zum
Nutzen im menschlichen Leben brauchet und
wegen des vielen Gebrauches rar zu werden beginnen.   Z. E. Man besorget nicht
ohne Grund an allen Orten mit der Zeit
einen Holtz-Mangel/ wodurch ein grosser
Schaden dem menschlichen Geschlechte er-
wachsen würde/ wenn er empfindlich werden sollte/ indem das Holtz nicht allein
zur Feurung/ sondern auch zur Woh-
nung und zu vielen Werckzeugen und
nöthigem Hausgeräthe gebraucht wird.
Derowegen sollte man auch davor sorgen/
wie man den Wachsthum der wilden
Bäume auf vielerley Art und Weise be-
förderte: wovon schon der Herr von **Car-
lowitz** (a) diensame Vorschläge gethan.
Nur wäre zu wünschen/ daß man darauf
acht hätte.   Allein die Menschen gehen
nicht gerne an etwas neues/ biß sie durch
die äusserste Noth darzu getrieben werden.

Es wird einem Einwurffe begegnet.   §. 261. Wer sich in dem Garten-
Baue umgesehen/ dem dörffte dabey ein
Zweiffel entstehen/ daß der Saame wie-
derum

(a) in Sylvicultura Oeconomica.

derum eine Pflantze von seiner Art hervor-
bringe. Denn wir finden einige Exempel/
dadurch das Gegentheil zu erhellen scheinet.
Z. E. wenn ein Kern von einer Abricose ge-
stecket wird; so wächset daraus nicht ein
Abricosen-Baum/ sondern vielmehr ein
Morellen-Baum. Abricosen aber und
Morellen sind so wenig Früchte von einerley Art/ als die verschiedenen Arten der
Biernen und Kirschen. Gleichergestalt
wenn man den Kern von einer gepfropfften
Kirsche oder Bierne stecket/ so wächset ein
anderer schlechter Baum daraus/ der schlech-
tere Kirschen und Biernen träget. Ja es
ist bekandt/ daß auch selbst das Holtz und
die Blätter der Bäume einen klaren Unterscheid zeigen. Dieses weiset bey den Abri-
cosen- und Morellen-Bäumen so gleich der
blosse Augenschein aus/ wenn man das
Holtz und die Blätter gegen einander hält.
Unter den Blumen/ als Tulipanen und
Leucojen finden sich gleichfals Exempel.
Es ist demnach zu mercken/ daß Abricosen und Morellen und so auch die Früchte anderer Bäume/ die aus Kernen wach-
sen/ und die Früchte von denen die Kerne
genommen seyn/ allerdings von einerley
Art sind. Denn z. E. die Abricosen sind
bloß durch Pfropffen und Oculiren von
den Morellen entstanden/ massen sonst
nicht möglich wäre/ daß sie sich hätten er-

(*Physik. III.*) Aa a halten

halten können. Man setze / GOTT habe
anfangs einen Abricosen = Baum hervor=
gebracht. Weil man nicht sagen kan /
daß das Oculiren und Pfropffen gleich im
Anfange im Brauch gewesen; so muß man
setzen / daß sich die Abricosen=Bäume durch
die Kerne ihrer Früchte fortgepflantzet hät=
ten. Nun wachsen aus den Kernen blosse
Morellen = Bäume / und demnach wären
die Abricosen=Bäume unter gegangen und
an deren stat Morellen = Bäume kommen.
Man kan demnach nicht anders aus der
Sache kommen / als wenn man annim=
met / daß durch das wiederhohlete Oculi=
ren und Pfropffen die Bäume verbessert
werden. Der Versuch ist etwas langwei=
lig: es wäre aber der Mühe werth / daß
ein Garten=Liebhaber / der Gelegenheit da=
zu hat / ihn anstellete. Man dörffte nur
von gemeinen Bäumen / wie sie aus den
Kernen gewachsen / oder auch von Wald=
Obste auf Stämme von ihrer Art oculiren
und pfropffen. Von denen oculirten und
gepfropfften Bäumen oculirte und pfropff=
te man weiter / aber wieder auf wilde
Stämme / von dergleichen die ersten Au=
gen und Pfropff=Reiser genommen waren:
so bin ich versichert / daß man endlich aus
den schlechtesten Morellen die schönsten A=
bricosen und aus anderen schlechten Früch=
ten / die besseren von ihrer Art bekommen
würde.

würde. Gleiche Bewandnis hat es mit
andern Gewächsen / die sich durch Versetzen verbessern lassen. Die Blumen aber/
welche schlechter werden / sind eben durch
die Kunst verbessert worden / da sie ihrer
eigentlichen Art nach schlechter sind. Allein dieses deutlicher zu erklären stehet noch
nicht in unserer Gewalt / so lange wir nicht
die Ursachen von den natürlichen Begeben-
heiten bey den Gewächsen ins besondere untersuchen und dasjenige / was wir in der
Garten-Kunst grösten Theils dem Glücke
überlassen müssen / mehr in unsere Gewalt
bringen.

§. 262. Der Saame bestehet aus ei- Theile
ner Schaale und einem inneren Häutlein / des Saa-
dem fleischigen Wesen und einem Pfläntz- mens.
lein. Und also kommet es mit einem Eye
überein. Denn auch dieses hat eine Schaale und von innen ein zartes Häutlein / es
hat das Eye weiß und den Dotter / welches
dem fleischigen Wesen des Saamens gleichet / und dabey das Hühnlein / wie man
es insgemein nennet / oder eine Materie /
daraus das Hühnlein wird durch Zuzie-
hung der Nahrung anfangs aus dem Eye-
weise / nach diesem aber aus dem Dotter.
Derowegen haben auch schon unter den
alten Welt-Weisen einige den Saamen
für ein Eye gehalten. Und solchergestalt
ist der Saame ein Ausleger der Eyr/
und diese sind ein Ausleger des Saamens.

Aaa 2 Welt

Wenn man in einem etwas mit Deutlich=
keit vorgehen siehet / so kan man davon auf
den ähnlichen Theil in dem andern schlies=
sen. Man erkennet auch aus dieser Aehn=
lichkeit bey der grossen Menge der verschie=
denen Arten des Saamens und der Eyre
bey den Thieren / daraus sie alle insge=
sammt erzeuget werden ($. 442. Phys.), wie
die Natur auf allgemeine Gründe gegrün=
det ist / und es ist das Werck eines Na=
turkündigers / daß er hauptsächlich diesel=
ben heraus zu bringen ihm angelegen seyn
lässet: denn dadurch bekommet man mit
wenigem viele Erkäntnis in seine Gewalt.
Dieses aber ist eine Arbeit / welche dazu
dienet / daß die Erkäntnis der Natur voll=
kommener wird / nachdem sie vorher auf
Gewisheit gebracht worden.

Nutzen
der
Schaa=
le.

§. 263. Der Saame hat entweder ei=
ne harte / oder wenigstens eine zehe Schaa=
le zu seiner Verwahrung / damit er in der
Erde weder von Ungezieffer / noch von ü=
berflüßiger Feuchtigkeit / noch durch ande=
re Zufälle Schaden nehmen kan. Das
erste ist vor sich klar: die übrigen beyden
Ursachen aber brauchen einer Erläuterung.
Ich rechne unter die Zufälle / dadurch der
Saame verdorben werden kan / daß er
nicht fortkommet / wenn das subtile Häut=
lein und das aus dem Pfläntzlein hervorra=
gende Würtzelein versehret wird. Denn
in

in beyden Fällen kommet der Saame nicht
fort/ sondern muß verderben/ wenn auch
gleich sonst alles vorhanden ist/ was sein
Keimen und Aufgehen befördert. Aus dem
kleinen Würtzelein entspringet die Wurtzel. Wird dieses abgestoßen/ so kan das
Pfläntzlein im Saamen keine Wurtzel trei-
ben/ folgends keine Nahrung aus der Erde ziehen/ ohne welche der Keim/ wenn er
anfängt zu treiben/ nicht fortwachsen kan.
Ja dieses kleine Würtzelein/ welches über
den fleischigen Theil des Saamens hervor
raget/ giebet auch einen Theil von dem
Stämmlein oder dem Stengel ab/ wie es
der Augenschein weiset/ wenn man auf die
aufgehenden Kerne von Obste/ Bohnen/
Kürbissen und Gurcken/ und anderen dergleichen Saamen mehr acht hat/ wo das
fleischige Wesen in zwey Lappen abgetheilet zugleich mit aufgehet. Wird nun das
Würtzlein abgestoßen/ so fehlet es auch an
diesem Theile des Stengels und kan der
Saame nicht aufgehen. Es kan aber leichte abgestoßen werden/ weil es über das
fleischige Wesen heraus gehet und gantz
frey lieget/ wenn die harte oder zehe Schaale weg ist. Das subtile Häutlein ist gleichfals von unumgänglichem Nutzen/ wen͂
der Saame auswachsen und aufgehen sol/
wie ich es bald mit mehrerem zeigen werde.
So bald sich die Feuchtigkeit hinein ziehet/

Aaa 3 sondert

sondert es sich von dem fleischigen Wesen
ab / und kan gar leichte in der Erde Schaden nehmen. Hingegen leget es sich an
die harte oder zehe Schaale feste an / und
bleibet in allen Veränderungen des Saamens unversehret. Man darf nur Saamen ohne Schaalen in die Erde bringen;
so wird sich der Schade / der sich durch vielerley Zufälle zutragen kan / augenscheinlich
zeigen. Uberflüßige Feuchtigkeit kan eine
Fäulnis verursachen. Derowegen hat die
Schaale nur hin und wieder einige Oeff-
nungen / wodurch die Feuchtigkeit hinein-
dringen kan (§. 166. T. I. Exper.)

**Nutzen
des
Häut-
leins.** §. 264. Daß ich dem Häutlein unter
der zehen Schaale oder auch der Haut /
welche ausser der harten Schaale den Saamen überkleidet / einen unentbehrlichen Nutzen zuzuschreiben angefangen / dazu hat
mich die Aehnlichkeit des Saamens mit dem
Eye verleitet (§. 263.). Denn ich habe
in bebrüteten Eyern gefunden / daß aus
dem jungen Hühnlein in das Häutlein A-
dern gehen / die von Blutte voll sind / und
solchergestalt dasselbe die Stelle des Mut-
terkuchens vertritt (§. 199.). Derowegen
habe ich vermeinet / es müsten auch in diesem
Häutlein Adern seyn / darein sich der Nahrungs = Safft aus dem fleischigen Wesen
zöge und daraus er in das junge Pfläntzlein
ferner geleitet würde. Ich habe demnach
Bohnen

Bohnen eingequollen und ein paar Tage
im Waſſer liegen laſſen. Als ich die Schaale abzog / ſo lag das Häutlein ſehr feſte an
ihr an. Ich ſonderte mit der Spitze eines
Federmeſſerleins ein Stücklein ab und klei-
bete es auf ein gläſernes Scheiblein / damit
ich es bequem unter das Vergröſſerungs-
Glaß bringen konnte. Da ſahe ich die
ſtarrenden Adern eben ſo wie in dem Häutlein eines bebrütteten Eyes liegen / die kleinere Aeſtlein auswarffen. Ja als das
Häutlein trocknen worden war / blieben
die Adern erhaben darauf liegen / daß man
ſie mit bloſſen Augen gantz eigentlich erkennen konnte. Ich ſcheelete hingegen auch
das ſubtile Häutlein ab / welches die Lappen des fleiſchigen Weſens von innen be-
kleidet / darinnen war nicht die allergering-
ſte Spur von einigen Aederlein zu ſpüren:
ſondern es ſahe vielmehr durchgehends bloß
ſo aus / wie das übrige Häutlein an den
Orten / wo keine Adern waren / nemlich
wie ein Häutlein auszuſehen pfleget / darinnen nichts von einigen Fäſerlein zu ſpüren.
Und ſolchergeſtalt erachte ich klar zu ſeyn /
daß das Häutlein dazu nöthig iſt / daß der
Saame keimen und auswachſen kan.

§. 265. Das fleiſchige Weſen des
Saamens kommet mit dem Eyer-Weiſſe
und dem Dotter überein. Nun dienet
beydes zur Nahrung der Frucht / die in

*Nutzen
des flei-
ſchigen
Weſens.*

Aaa 4 dem

dem Eye ausgebrüttet wird, Derowegen
kan man auch daraus abnehmen/ daß
daß fleischige Wesen im Saamen gleichfals zur ersten Nahrung des Pflänzleins
dienet/ welches in dem Saamen anzu-
treffen/ damit es eine Wurtzel treiben und
aufgehen kan. Wenn es aufgehet/ so
ist es eben so viel als wenn das Hühnlein
aus dem Eye auskreucht. Gleichwie nun
daßelbe nicht mehr seine Nahrung aus
dem Eye nimmet/ sondern sie nach seiner
Art nun von etwas anderem suchet; eben
so braucht das Pflänzlein nicht mehr Nahrung aus dem fleischigen Wesen zu hoh-
len/ wenn es eine Wurtzel hat/ die aus
der Erde Nahrung haben kan. Und deswegen verfaulet es entweder in der Erde/
wenn das Pflänzlein aufgegangen ist; oder
es gehet mit auf und verwelcket an dem
kleinen Stämmlein oder Stengel. Und
eben daraus erkennet man/ daß das fleischige Wesen dem Pflänzlein zur ersten
Nahrung dienet/ bis es in den Stand
kommet seine Nahrung aus der Erde zu
nehmen. Man siehet aber auch/ wie
GOTT in der Natur nichts überflüßiges leidet: indem die Theile der Pflantzen
verwesen und wieder vergehen/ so bald sie
das ihre verrichtet/ wozu sie sind gemacht
worden.

§. 266.

§. 266. Das Pfläntzlein in dem Saamen ist der Haupt-Theil des Saamens/
um deſſen willen die übrigen Theile ſind
(§. 263. 264. 265.). Sein Nutzen iſt vor
ſich klar: es iſt nemlich der Theil/ daraus die Pflantze wächſet. In dem vollkommenen Saamen/ als den Bohnen
und den Kernen von Obſte/ kan man ſeine Theile am beſten ſehen. Es ſind aber
derſelben drey/ nemlich das Wurtzelein/
welches über das fleiſchige Weſen hervor
raget/ ein paar Blättlein/ welche man
insgemein die **Hertz-Blättlein** zu nennen pfleget/ und ein Aeuglein/ welches
mitten zwiſchen den Hertz-Blättern ſtehet. Die erſten beyden Theile ſind
gleich in dem Saamen gar eigentlich zu ſehen. Das Aeuglein aber zeiget ſich erſt/
wenn das Pfläntzlein aufgegangen/ und
eine weile geſtanden hat. Das Würtzelein giebt die Wurtzel und einen Theil von
dem Stämmlein oder Stengel (§. 265.);
die Hertz-Blättlein kommen durch die
Nahrung aus dem fleiſchigen Weſen zu
ihrer Reiffe und dieſe bringen endlich das
Aeuglein zu ſeiner Reiffe/ daher ſie ab-
fallen/ wenn dieſes ausſchläget und fort-
wächſet. Gleichwie aber in der Natur
überall ein groſſer Unterſcheid anzutreffen; ſo findet ſich auch in dieſem Stücke.

Aaa 5 Man

Nutzen des Pflänt-leins und ſei-ner Thei-le.

Man kan ihn am besten in gewisse Classen bringen/ wenn man den vollkommenen Saamen annimmet und damit den übrigen vergleichet.

Ende des andern Theiles.

Register

Register/
Darinnen die vornehmsten Sachen nach den §§. citiret zu finden.

Gehirn=

Rücken.

Bbb 3 Ver-

Zähne.

Ende des Registers.